Springer-Lehrbuch

Hans M. Dietz

 Math1
Mathematik für
Wirtschaftswissenschaftler

 Springer

Prof. Dr. Hans M. Dietz
Institut für Mathematik
Universität Paderborn
Warburger Str. 100
33098 Paderborn
Deutschland
dietz@upb.de

ISBN 978-3-540-89051-5   e-ISBN 978-3-540-89052-2

DOI 10.1007/978-3-540-89052-2

Springer-Lehrbuch ISSN 0937-7433

Bibliografische Information der Deutschen Nationalbibliothek
Die Deutsche Nationalbibliothek verzeichnet diese Publikation in der Deutschen Nationalbibliografie;
detaillierte bibliografische Daten sind im Internet über http://dnb.d-nb.de abrufbar.

Mathematics Subject Classification: 00A06, 91-01, 91B02

© 2009 Springer-Verlag Berlin Heidelberg

Einbandgestaltung: WMX Design GmbH, Heidelberg

Gedruckt auf säurefreiem Papier

9 8 7 6 5 4 3 2

springer.de

Vorwort

Die modernen Wirtschaftswissenschaften bedienen sich in bisher nicht gekanntem Maße mathematischer Methoden – und dies mit steigender Tendenz. Entsprechend wachsen die Ansprüche an die mathematischen Fähigkeiten der Studierenden. EÜMath richtet sich an Studierende der Wirtschaftswissenschaften und verwandter Studiengänge mit dem Ziel, sie diesen wachsenden Ansprüchen entsprechend auszubilden. Das Buch vermittelt mathematische Kenntnisse, die für ein erfolgreiches Bachelor- und Masterstudium unerlässlich sind.

EÜMath ist als dreibändiges Werk konzipiert und basiert auf dem dreisemestrigen Vorlesungszyklus "Mathematik für Wirtschaftswissenschaftler I bis III", den ich seit mehreren Jahren an der Universität Paderborn anbiete. Die Bände 1 bis 3 können unmittelbar als Begleitlektüre zu diesen Kursen dienen. Sie sind jedoch etwas breiter angelegt, so dass sie sich als Referenz- und Nachschlagewerk für das gesamte Studium eignen. Der vorliegende Band 1 behandelt vor allem Methoden der eindimensionalen reellen Analysis (reelle Funktionen, Differential- und Integralrechnung, Extremwertprobleme) mit ökonomischen Anwendungen.

EÜMath will zeigen, dass die LeserIn "viel mehr Mathematik kann" als zuvor angenommen – und Mathematik schnell, effizient und sogar mit Freude auf ökonomische Probleme anzuwenden versteht. Deswegen wird nur ein absolutes Minimum an mathematischen Vorkenntnissen vorausgesetzt und alles darüber hinaus Nötige im Text selbst eingeführt. Sprache und Symbolik der Mathematik werden mit besonders ausführlichen Erläuterungen versehen; die behandelten Themen reichhaltig illustriert. Am Ende der Lektüre sollte es dann kein Problem sein, auch recht mathematisch formulierte Texte lesen und verstehen zu können.

Ein besonderes Anliegen von EÜMath ist es, nicht so sehr fertige Ergebnisse der Mathematik zu präsentieren, als vielmehr aufzuzeigen, wie eine systematische Arbeitsmethodik zu den Ergebnissen führt. Dabei werden auch Techniken vermittelt, die helfen, das Wesentliche "zu sehen" und so mit einem möglichst geringen Rechenaufwand auskommen. Zahlreiche Übungsaufgaben bieten Gelegenheit, diese Techniken zu trainieren.

Es ist mir ein Bedürfnis, all jenen herzlich zu danken, die mich bei der Arbeit an diesem Buch in vielfältiger Hinsicht unterstützten – sei es durch die kritische Auseinandersetzung mit dem Manuskript und wertvolle Anregungen zu seiner Verbesserung, durch die gelungene typografische Umsetzung des Manuskriptes in LaTeX, durch die Anfertigung schöner Illustrationen oder durch wertvolle Hilfe bei der redaktionellen Bearbeitung. Mein Dank dafür gebührt insbesondere meinen Mitarbeitern und Studierenden Anna Peters, Christoph Schwetka, Susanne Kunz, Claudia Lemke und Mariam Majidi. Herausragendes leisteten Kristin und Ellen Borgmeier, Irina Miller, Eva Münkhoff, Tanja Sauermann und Trân Vân Nuong, denen ich auf diesem Wege für ihre engagierte, überaus wertvolle Unterstützung besonders herzlich danke.

Paderborn, im Dezember 2008   Hans M. Dietz

Inhaltsverzeichnis

TEIL I

Vorkenntnisse und Grundlagen

0

Grundlagen

0.1 "Das Notwendigste zuerst"

0.1.1 Vorkenntnisse

Im vorliegenden Text versuchen wir, mit einem Minimum an vorausgesetzten Schulkenntnissen auszukommen. Dazu zählen:

- *Zahlbegriffe*
  Wir setzen voraus, dass die LeserIn weiß, was eine natürliche, ganze, rationale bzw. reelle Zahl ist.

- *elementare Arithmetik*
  Hierzu gehören die Grundrechenarten, Termumformungen sowie die Bruchrechnung.

- *etwas Geometrie*
  Die LeserIn sollte schon einmal etwas über den Strahlensatz sowie über den Satz des Pythagoras gehört haben.

- *Zahlengerade und Intervalle*
  Reelle Zahlen lassen sich als Punkte einer Zahlengeraden auffassen (siehe Skizze).

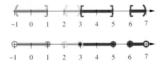

Strecken- oder strahlförmige Teilstücke, wie die farblich hervorgehobenen, nennt man Intervalle . Wir sehen zwei gleichwertige Arten der zeichnerischen Darstellung: Bei der ersten wird die Zugehörigkeit bzw. Nichtzugehörigkeit eines Endpunktes zu dem betreffenden Intervall durch eine eckige bzw. runde Klammer dargestellt, bei der zweiten entsprechend durch einen Vollpunkt bzw. Hohlpunkt.

- *Ungleichungen*
  Die Bedeutung der Ungleichung "$a < b$" zwischen reellen Zahlen a und b wird als bekannt vorausgesetzt. Wir erinnern daran, dass die Ungleichung "$a \le b$" besagt, dass gilt $a = b$ **oder** $a < b$.

Alles, was über dieses hinausgehend benötigt wird, werden wir im Folgenden selbst – zumindest im Sinne einer Erinnerung – bereitstellen.

Bezeichnungsweisen im Text

Damit innerhalb des Textes leicht Bezüge hergestellt werden können, werden wichtige Textpassagen nach dem Muster

Satz 12.11. *Es sei* ...

fortlaufend numeriert, wobei die Numerierung nicht zwischen "Definition", "Satz", "Hilfssatz", "Bemerkung" und "Aufgabe" unterscheidet. Weiterhin werden wichtige Formeln nach dem Muster

$$(x + y)^2 = x^2 + 2xy + y^2 \tag{12.11}$$

numeriert. Bei späteren Bezügen zielt die Formulierung "Nach Satz 14.11 gilt ..." auf den *Satz*, die Formulierung "Nach (14.11) gilt ..." auf die *Formel*. Die Angabe

Satz 12.12. (↗ S.482). *Es sei* ...

besagt, dass auf S.482 die Begründung des Satzes 12.12 zu finden ist.

Beispiel 12.13 (↗Ü*, ↗L, ↗F 12.10) *Es seien* ...

ist so zu lesen: Das Beispiel 12.13 ist eine Fortsetzung (↗F) von Beispiel 12.10; es soll überprüft, begründet oder zu Ende geführt werden – und zwar als Übungsaufgabe (↗Ü). Dazu findet sich im Lösungsteil eine teilweise oder vollständige Lösung (↗L). Das Sternchen (*) verweist auf eine Aufgabe höheren Schwierigkeitsgrades, die – zumindest beim ersten Lesen – übersprungen werden kann.

"M.a.W.", "g.d.w." und "o.B.d.A." sind gängige Abkürzunge für "*mit anderen Worten*", "*genau dann, wenn*" und "*ohne Beschränkung der Allgemeinheit*".

0.2   Grundlagen logischen Schließens

0.2.1   Motivation

"Wenn Isabell Geld hat, kauft sie Schuhe" ist so ein Satz, der verstehen lässt, warum der Handel boomt. Folgt aber daraus, dass, wenn Isabell Schuhe kauft, sie notwendigerweise Geld hat? Oder ist es nicht vielmehr so, dass sie notwendigerweise Schuhe kauft, wenn sie Geld hat? Wer die Antwort sofort weiß, mag dieses Kapitel getrost überschlagen. Wer sich nicht ganz sicher ist, sollte es lieber lesen.

Wir werden in diesem Kapitel mit Hilfe der Mathematik der logischen Struktur umgangs- oder fachsprachlicher Texte nachspüren und dem Leser damit helfen, diese Texte besser verstehen und auch verfertigen zu können.

0.2.2 Aussagen und Verknüpfungen zwischen Aussagen

Logische Aussagen: Begriff und Beispiele

Unter einer Aussage (im Sinne der mathematischen Logik) versteht man einen in einer natürlichen oder künstlichen Sprache formulierten Satz, dem sich genau eines der beiden Attribute "wahr" oder "falsch" zuordnen lässt.

Jeder kennt Beispiele für Aussagen aus unserer Umgangssprache wie diese:

A: `"Erwin hat Geld."`

B: `"Erwin trinkt Bier."`

C: `"Erwin wiegt mindestens 95 kg."`

D: `"Erwin isst in der Mensa."`

(Die Vorliebe für "Erwin" wird später nachlassen.) All diesen Sätzen ist gemeinsam, dass man das durch sie Gesagte für wahr oder falsch ansehen kann. Dagegen wird kaum jemand auf die Idee kommen, über einen "Wahrheitsgehalt" der folgenden Formulierungen zu sprechen:

E: `"Ach je!"`

F: `"Es lebe die Regierung!"`

Stellt man sich jedoch vor, dass diese Formulierungen gar nicht wörtlich gemeint sind, sondern z.B. verschlüsselte Botschaften darstellen, wird plausibel, dass auch ihnen ein Wahrheitswert zukommen kann - unabhängig davon, ob wir diesen zu beurteilen imstande sind. Dasselbe gilt für folgenden Satz, wie er für die Computersprache typisch ist:

`type(x,integer); true`

Wir halten fest: Wenn wir über Aussagen im Sinne der mathematischen Logik sprechen, haben wir nicht primär den *Inhalt* der Aussagen im Blick, sondern lediglich die Eigenschaft, dass diesen jeweils genau einer der beiden Wahrheitswerte "wahr" oder "falsch" zugeordnet werden kann.

Wenn es nun nicht primär um den Inhalt einzelner Aussagen geht (dies wäre Gegenstand der *Semantik*), worum geht es dann? Betrachten wir folgende Formulierung:

G: `"Dafür, dass Erwin Bier trinkt, wenn er in der Mensa isst, ist notwendig, dass er kein Geld hat oder unter 95 kg wiegt."`

Dieser Satz wurde aus den Aussagen A bis D sozusagen "zusammengebaut" (man spricht dann von einer Aussage*verbindung*). Angenommen, wir wüssten nun von jeder der Aussagen A bis D, ob sie wahr oder falsch ist. Wie können wir dann erkennen, ob die zusammengesetzte Aussage G wahr ist? Mit Fragen dieser Art beschäftigt sich die Aussagenlogik. Es geht dabei um die Beherrschung von Regeln, mit denen der Wahrheitswert von Aussageverbindungen bestimmt werden kann, wenn der Wahrheitswert der Teilaussagen bekannt ist.

Symbolik

In der mathematischen Logik - wie überall in der Mathematik - herrscht das Bestreben nach Kürze und Genauigkeit. Daher ist es üblich, auch logische Aussagen mit abkürzenden Symbolen zu bezeichnen. Den Wahrheitswert einer Aussage - soweit bekannt - bezeichnet man mit "W" oder "1" für "wahr", mit "F" oder "0" für "falsch".
Sind zwei Aussagen A und B gegeben, schreiben wir A ⇔ B oder kürzer
A = B, wenn beide stets gleichzeitig wahr bzw. falsch sind. Beide Zeichen beziehen sich also nur auf den Wahrheitswert, jedoch nicht auf die Aussage*form*. So gilt etwa

`Es regnet.`   ⇔   `Es ist nicht wahr, dass es nicht regnet.`

Aussageverbindungen

Wir erinnern an unsere ersten beiden Aussagen

A: `Erwin hat Geld`   und   B: `Erwin trinkt Bier`

und betrachten nun einige daraus abgeleitete Aussageverbindungen - in umgangssprachlicher Langform und in mathematischer Kurzform.

"Negation:"

Erwin hat   kein   Geld.

$\neg A$

"Konjunktion:"

Erwin hat Geld,   und   er (Erwin) trinkt Bier.

A $\wedge$ B

"Disjunktion:"

Erwin hat Geld,   oder   er (Erwin) trinkt Bier.

A $\vee$ B

"Implikation:"

Wenn   Erwin Geld hat,   (dann)   trinkt er (Erwin) Bier.

A $\rightarrow$ B

"Äquivalenz:"

Genau wenn   Erwin Geld hat,   (dann)   trinkt er (Erwin) Bier.

A $\leftrightarrow$ B

Jedem sind Aussageverbindungen dieser Art umgangssprachlich geläufig. Es handelt sich sozusagen um die Grundbausteine logischer Aussageverknüpfungen. Wir wollen diese einfachen Beispiele auf ihren intuitiven Wahrheitsgehalt untersuchen und davon ausgehend eine präzise mathematische Formulierung für Aussageverbindungen ermöglichen, die von den stilistischen Variationen oder allgemein der Unschärfe der natürlichen Sprache unbeeinflusst bleibt.

Die oben genannten Aussageverbindungen sind ihrerseits wiederum ("neue") Aussagen und können somit wahr oder falsch sein, in Abhängigkeit davon, ob die in sie eingehenden Aussagen A bzw. B wahr oder falsch sind. Beginnen wir mit der Frage, wann wir die neuen Aussagen sprachlogisch für wahr halten würden.

- Bei der **Negation** ist dies intuitiv klar: Die Aussage

  $\neg A$:   Erwin hat kein Geld

  wird dann und nur dann für *wahr* gehalten, wenn die Aussage

  A: Erwin hat Geld.

  für *falsch* gehalten wird. Diesen Umstand können wir durch eine *Wahrheitstafel* nach folgendem Muster ausdrücken (mit $\overline{A} := \neg A$):

$$
\begin{array}{c|c}
A & \overline{A} \\
\hline
0 & 1 \\
1 & 0
\end{array}
$$

- Auch bei der **Konjunktion** liegen die Dinge klar: Die Aussage

  A ∧ B: Erwin hat Geld, und er (Erwin) trinkt Bier.

  wird dann und nur dann für wahr zu halten sein, wenn sowohl die Aussage A: Erwin hat Geld als auch die Aussage B: Erwin trinkt Bier zutrifft (wahr ist). Die Wahrheitstafel nimmt hier folgende Form an:

$$
\begin{array}{cc|c}
A & B & A \wedge B \\
\hline
0 & 0 & 0 \\
0 & 1 & 0 \\
1 & 0 & 0 \\
1 & 1 & 1
\end{array}
$$

- Bei der **Disjunktion** (dem logischen "oder") begegnet uns erstmalig das Problem, dass Umgangssprache oft unterschiedlich interpretiert wird. Klar ist, dass die Aussage

  A ∨ B: Erwin hat Geld, oder er (Erwin) trinkt Bier ...

  falsch sein wird, wenn Erwin weder Geld hat noch Bier trinkt,
  wahr sein wird, wenn Erwin (zwar) Geld hat, jedoch kein Bier trinkt, und ebenfalls
  wahr sein wird, wenn Erwin kein Geld hat, jedoch (immerhin) Bier trinkt.

  Was aber ist, wenn Erwin sowohl Geld hat als auch Bier trinkt?
  Als Hilfestellung verweisen wir darauf, dass unsere Aussage *nicht* lautet

    H: Entweder hat Erwin Geld, oder er trinkt Bier.

  Daher vereinbaren wir als sinnvolle Konvention, dass A∨B auch in diesem letztgenannten Fall wahr ist (es handelt sich also um das sogenannte "nicht-ausschließende Oder"). Missverständnisse sind am besten mittels der Wahrheitstafel zu vermeiden:

$$
\begin{array}{cc|c}
A & B & A \vee B \\
\hline
0 & 0 & 0 \\
0 & 1 & 1 \\
1 & 0 & 1 \\
1 & 1 & 1
\end{array}
$$

- Noch mehr Anlass zum Nachdenken gibt die **Implikation**

  A → B: Wenn Erwin Geld hat, (dann) trinkt er (Erwin) Bier.

  Jeder, der sich davon überzeugen kann, dass Erwin Geld hat (also A wahr ist), wird die Aussage A → B für wahr halten, wenn Erwin tatsächlich Bier trinkt (also B wahr ist), und umgekehrt für falsch, wenn er eben kein Bier trinkt (mithin B falsch ist).

Wie aber ist die Aussage A → B zu bewerten, wenn Erwin kein Geld hat (also A falsch ist)? Wir müssen uns darüber klar werden, dass die Aussage A → B über diesen Fall überhaupt nichts aussagt. Besser verständlich wird dies, wenn wir die Aussage A → B auf folgende "Langform" bringen:

`Wenn Erwin Geld hat, dann trinkt er Bier;` wenn er dagegen kein Geld hat, macht er, was er will (trinkt Bier oder auch nicht).

Jeder, der sieht, dass Erwin kein Geld hat, wird dieser Aussage sofort zustimmen - egal, ob Erwin Bier trinkt oder nicht. Insgesamt kann die Aussage A → B somit nur in einem einzigen Fall als falsch gelten – nämlich wenn Erwin zwar Geld hat, jedoch kein Bier trinkt.

Das Ergebnis fassen wir in einer Tabelle zusammen:

A	B	A → B
0	0	1
0	1	1
1	0	0
1	1	1

- Bei der **Äquivalenz** liegen die Dinge wieder einfacher: Die Aussage ist immer dann wahr, wenn A und B *beide* wahr oder *beide* falsch sind. Tabellarisch:

A	B	A ↔ B
0	0	1
0	1	0
1	0	0
1	1	1

Wir haben nun für einige umgangssprachliche Aussageverbindungen eine mit dem Alltagsdenken verträgliche logische Bewertung vorgenommen. Nun erheben wir diese in den Rang einer mathematischen Definition, damit die dabei vollzogenen Operationen unabhängig von sprachlichen Unschärfen präzise fassbar sind.

Definition 0.1. *Gegeben seien zwei Aussagen* A *und* B. *Dann besitzen die Aussagen* ¬A, A∧B, A∨B, A→B *und* A↔B *Wahrheitswerte gemäß folgender Tabelle:*

A	B	¬A	A ∧ B	A ∨ B	A → B	A ↔ B
0	0	1	0	0	1	1
0	1	1	0	1	1	0
1	0	0	0	1	0	0
1	1	0	1	1	1	1

Einige Hinweise zur "Übersetzung" in die Umgangssprache

Es ist nicht immer einfach, aus umgangssprachlichen Formulierungen ihren logischen Gehalt herauszudestillieren. Das liegt daran, dass die logischen Operationen nicht selten in stilistischer Verkleidung einherkommen. Das trifft besonders auf die logische Konjunktion zu. Wir betrachten einige Beispiele für Formulierungen:

> (1a) *Erwin hat zwar kein Geld, trinkt aber Bier.*

> (1b) *Obwohl Erwin kein Geld hat, trinkt er Bier.*

> (1c) *Erwin hat kein Geld, trotzdem trinkt er Bier.*

All diese Formulierungen sind stilistische Spielarten derselben logischen Aussage, die in der etwas trockenen Standardversion lautet:

> (1) *Erwin hat kein Geld* **und** *(er) trinkt Bier.*

Diese *logische Konjunktion* lässt sich durch eine Vielzahl weiterer *lexikalischer Konjunktionen* umschreiben. So kann das Wort "und" außer durch "aber" oder "trotzdem" z.B. auch durch "doch", "jedoch", "dennoch", "immerhin" oder ein bloßes Komma ersetzt werden. Es ist sogar möglich, das Wörtchen "wenn" einzusetzen:

> (1d) *Wenn Erwin auch kein Geld hat, so trinkt er doch Bier.*

Dass es sich um keine Implikation handelt, ist am ehesten am Fehlen des Wörtchens "dann" erkennbar.

Neben der Konjunktion ist es die Implikation, die außer durch "wenn ... dann" in relativ vielen stilistischen Spielarten vorkommt. Diese hatten wir bereits unter dem Stichwort "notwendig - hinreichend" umrissen.
Bei der Äquivalenz kann die Floskel "genau dann" ersetzt werden durch "dann und nur dann" oder "beziehungsweise (bzw.)".
Die Negation dagegen ist fast immer leicht an den Formulierungen "nicht" oder "kein" ablesbar.

Ein anderes "Übersetzungsproblem" offenbart sich in folgendem Satz:

$$\underbrace{\textit{Erwin hat Geld}}_{A} \quad \wedge \quad \underbrace{\textit{trinkt Bier}}_{B} \quad \vee \quad \underbrace{\textit{sonnt sich.}}_{C} \qquad (1)$$

Dass dieser Satz sprachlich unverständlich ist, kann nicht wundern – denn seine Übersetzung in logische Symbolik ist es ja erst recht; der Ausdruck (1) ist nämlich ohne Klammern nicht korrekt interpretierbar. Symbolische Klammern müssen daher nötigenfalls auch in der natürlichen Sprache erkennbar sein, was nicht immer ganz einfach ist. Im vorliegenden Fall besteht die Möglichkeit, die Klammersetzung durch Kommata auszudrücken:

$$\underbrace{Erwin\ hat\ Geld}_{A}\ \underbrace{,\ und}_{\wedge}\ \underbrace{trinkt\ Bier}_{(\ B}\ \underbrace{oder}_{\vee}\ \underbrace{sonnt\ sich.}_{C\ )} \qquad (2)$$

$$\underbrace{Erwin\ hat\ Geld}_{(\ A}\ \underbrace{und}_{\wedge}\ \underbrace{trinkt\ Bier}_{B\ )}\ \underbrace{,\ oder}_{\vee}\ \underbrace{(er)\ sonnt\ sich.}_{C} \qquad (3)$$

Bei komplizierteren Konstruktionen oder Schachtelsätzen kann es dann schon schwieriger werden.

Einfachste Rechenregeln

Die bisher betrachteten Aussageverknüpfungen sind – je nach Anzahl der beteiligten Partner – einstellig (Negation) und zweistellig (alle anderen). Das Ergebnis jeder Verknüpfung lässt sich wiederum mit einer weiteren Aussage verknüpfen. Auf diese Weise entstehen Verbindungen mit bis zu drei beteiligten Aussagen. Für deren Berechnung stellen wir hier die einfachsten Regeln zuammen:

	Konjunktion			**Disjunktion**		
(L1)	$A \wedge B$	$=$	$B \wedge A$	$A \vee B$	$=$	$B \vee A$
(L2)	$A \wedge (B \wedge C)$	$=$	$(A \wedge B) \wedge C$	$A \vee (B \vee C)$	$=$	$(A \vee B) \vee C$
(L3)	$A \wedge 1$	$=$	A	$A \vee 0$	$=$	A
(L4)	$A \wedge (B \vee C)$	$=$	$(A \wedge B) \vee (A \wedge C)$	$A \vee (B \wedge C)$	$=$	$(A \vee B) \wedge (A \vee C)$

Wir heben hervor, dass es sich hierbei um nicht wirklich viele Regeln handelt, denn die Regeln zur Disjunktion sind denen zur Konjunktion äußerst ähnlich: Man braucht lediglich gleichzeitig folgende Zeichen auszutauschen: $\wedge \leftrightarrow \vee$ und $0 \Leftrightarrow 1$. Auf diese Weise brauchen wir uns nur die 4 Regeln z.B. aus der linken Spalte einzuprägen.

Die ersten drei Regeln (L1) bis (L3) werden als *Kommutativgesetz*, *Assoziativgesetz* und Gesetz vom *neutralen Element* bezeichnet; sie entsprechen den gleichnamigen Regeln für das Rechnen mit Zahlen, wenn man die Operationszeichen wie folgt liest:

$$\wedge\ \text{lies:}\ \cdot\quad \text{und}\quad \vee\ \text{lies:}\ +$$

Insofern dürfte es kein Problem sein, sich diese Regeln einzuprägen und sie richtig anzuwenden; ihre Bedeutung ist grundlegend.

Ähnliches gilt für die sogenannten *Distributivgesetze* (L4), die benötigt werden, wenn wir die zwei verschiedenen Operationen $\land$ und $\lor$ gleichzeitig betrachten.
Die linke der beiden Formeln (und nur diese!!!) lässt sich auf Zahlenrechnungen übertragen:

$$A \land (B \lor C) \Longleftrightarrow a \cdot (b + c)$$

Es gibt zwei weitere Regeln, die intuitiv so einleuchtend sind, dass wir sie unkommentiert nennen können:

(L5) $A \land A = A$ $A \lor A = A$ "Idempotenz"
(L6) $A \land 0 = 0$ $A \lor 1 = 1$ "Absorption"

Wegen ihrer Einfachheit ist es nicht einmal erforderlich, sich diese Regeln besonders einzuprägen.

Alle hier genannten Regeln bedürfen streng genommen eines Beweises. Wir demonstrieren hier exemplarisch, wie sich (L4) für die Konjunktion nachweisen ließe. Die linke Seite des Ausdruckes ist $L := A \land \overline{A}$, die rechte Seite 0.
Das Gleichheitszeichen behauptet, dass beide Seiten stets denselben Wahrheitswert (also 0) besitzen. Den Nachweis kann man anhand folgender Tabelle führen:

A	$\overline{A}$	$L = A \land \overline{A}$	$R = 0$
0	1	0	0
1	0	0	0

Hierbei bezeichnen die blauen Einträge die möglichen Belegungen der Variablen A mit Wahrheitswerten, die grünen die resultierenden Belegungen der linken Seite L und die roten die Belegungen der rechten Seite. Wir sehen, dass die grünen und roten Einträge in allen Zeilen (also stets) übereinstimmen, was zu zeigen war.

Alle anderen Regeln lassen sich ähnlich nachweisen, worauf wir hier aus Gründen der Einfachheit verzichten wollen.

Einbeziehung der Negation

Interessanter wird es, wenn Konjunktion (bzw. Disjunktion) auf die Negation treffen. Hier gelten die sogenannten DeMorganschen Regeln:

(L6) $\overline{A \land B} = \overline{A} \lor \overline{B}$
(L7) $\overline{A \lor B} = \overline{A} \land \overline{B}$

deren Wahrheitstafeln wir in die Übungsaufgaben verweisen. Ihre Bedeutung zur Vereinfachung logischer Ausdrücke kann kaum überschätzt werden. Als Beispiel betrachten wir folgende Aussage:

$$\text{Es ist nicht wahr, dass } \textbf{Erwin Geld hat und Bier trinkt.} \tag{4}$$

$$\neg \qquad (\qquad A \qquad \wedge \qquad B \qquad) \tag{5}$$

Der rote Satzteil zeigt an, dass es sich um die Negation der Aussage $A \wedge B$ handelt. Mit Hilfe der De Morganschen Regeln können wir nun zunächst die Formel (5) umstellen und das Ergebnis dann "zurückübersetzen" in die Umgangssprache:

$$\overline{A} \qquad \vee \qquad \overline{B} \tag{6}$$

$$(\neg \qquad) \vee \qquad (\neg \qquad)$$

$$\textbf{Erwin hat kein Geld oder trinkt kein Bier.} \tag{7}$$

Diese Aussage klingt weitaus verständlicher als die ursprüngliche, obwohl beide Aussagen (4) und (7) logisch gleichwertig sind. Hier haben wir also ein Beispiel dafür, wie aussagenlogische Formelmanipulation helfen kann, umgangssprachliche Formulierungen besser verständlich zu machen.

Sofort plausibel sind die beiden folgenden Regeln, die auch als "Satz vom ausgeschlossenen Dritten" bekannt sind:

$$(\text{L9}) \qquad A \wedge \overline{A} = 0 \qquad A \vee \overline{A} = 1$$

Sie drücken aus, dass stets nur eine Aussage oder ihre Negation wahr sein kann, eine dritte Möglichkeit hingegen nicht existiert.

Auswertung längerer Ausdrücke

Durch die logische Verknüpfung mehrerer Aussagen können recht komplexe Ausdrücke entstehen. Damit die Reihenfolge der auszuführenden Operationen unmissverständlich festgelegt ist, bedarf es normalerweise einer *Klammersetzung*.

Wir illustrieren das an folgendem Beispiel mit drei "Beteiligten":

$$A \wedge B \vee C \tag{8}$$

Die auftretenden Operationen sind jedoch jeweils nur zweistellig – also für zwei "Partner" – erklärt. Daher ließe sich (8) auf mindestens zwei Arten verstehen:

$$(A \wedge B) \vee C \qquad \text{vs.} \qquad A \wedge (B \vee C)$$

Beide Seiten sind nicht gleich, denn die Wahrheitswerte können durchaus verschieden sein. So haben wir z.B. im konkreten Fall A=0, B=C=1

$$1 = (0 \wedge 1) \vee 1 \quad \text{vs.} \quad 0 \wedge (1 \vee 1) = 0.$$

Wir sehen: Der Ausdruck (8) ist ohne nähere Angabe zur Auswertungsreihenfolge sinnlos.

Leider können sich Situationen einstellen, wo sich die benötigten Klammern schnell häufen, etwa hier:

$$(\neg A) \to (((\neg B) \vee C) \wedge (\neg(D \vee E))) \tag{9}$$

Hätten wir es mit Zahlen zu tun, die zu addieren bzw. zu multiplizieren wären, könnte das Prinzip "Punktrechnung geht vor Strichrechnung" Entlastung schaffen. Eine ganz analoge Entlastung schaffen hier die folgenden

Vorrangregeln:	zuerst	(I)	$\neg$
	dann	(II)	$\wedge, \vee$
	zuletzt	(III)	$\to, \leftrightarrow$

d.h., stets werden zunächst die vorhandenen Negationen ausgeführt, dann folgen gleichrangig die Konjunktionen und Disjunktion, schließlich ebenfalls gleichrangig Implikation und Äquivalenz. Auf diese Weise kann man (9) kürzer so schreiben

$$\neg A \to (\neg B \vee C) \wedge \neg (D \vee E)$$

und dabei 8 Klammern einsparen. Die verbleibenden Klammern sind notwendig, weil $\wedge$ und $\vee$ untereinander gleichrangig sind.

In der Literatur werden die Vorrangregeln mitunter noch stärker differenziert, z.B. indem gefordert wird

(IIa) $\wedge$ und   (IIb) $\vee$.

Wir werden davon hier jedoch keinen Gebrauch machen – einerseits, weil wir versuchen werden, mit möglichst wenig Merk-Stoff auszukommen, zweitens, weil es ohnehin sicherer ist, in Zweifelsfällen Klammern zu setzen, und drittens, weil durch (IIa) vs. (IIb) die Symmetrie zwischen $\wedge$ und $\vee$ aufgehoben wird.

Mehr zur Implikation

In diesem Abschnitt beschäftigen wir uns etwas ausführlicher mit der Implikation. Dies hat zwei Gründe: Einerseits besitzt die Implikation besonders viele logische und sprachliche "Verkleidungen", andererseits spielt sie in mathematischen Argumentationen eine fundamentale Rolle.

Betrachten wir beispielsweise folgende drei Formulierungen:

(F1)   Wenn   Erwin Geld hat,   (dann)   trinkt er Bier.

                          A $\rightarrow$ B

(F2)   Erwin hat <u>kein</u> Geld,   oder   er trinkt Bier.

                      $\neg$ A $\vee$ B

(F3)   Wenn   Erwin <u>kein</u> Bier trinkt,   (dann)   hat er (auch) <u>kein</u> Geld.

                    $\neg$ B $\rightarrow$ $\neg$ A

Wir behaupten, dass diese drei Aussagen äquivalent (d.h., wertverlaufsgleich) sind. Obwohl wir also vollkommen verschieden wirkende Formulierungen vor uns haben, drücken diese – hinsichtlich ihres logischen Gehaltes – dasselbe aus. Wir erlangen dadurch zunächst mehr sprachliche Variabilität, gelangen darüber dann aber auch zu neuen Einsichten. – Wir formulieren unsere Behauptung etwas "mathematischer" und erhalten folgenden

Satz 0.2. $A \rightarrow B$ $\Leftrightarrow$ $\neg A \vee B$ $\Leftrightarrow$ $\neg B \rightarrow \neg A$

Ein mathematischer Satz ist seiner Natur nach selbst eine Aussage, die allerdings den Anspruch erhebt, wahr zu sein. Dieser Anspruch bedarf selbstverständlich eines Beweises. Hier kann dieser Beweis wieder in Gestalt einer Wahrheitstafel für alle drei Aussagen geführt werden. Diese könnte z.B. so aufgebaut werden:

Beweis

(1)	(2)	(3)	(4)	(5)	(6)	(7)
A	B	$\neg$A	$\neg$B	$\neg A \vee B$	$A \rightarrow B$	$A \leftrightarrow B$
0	0	1	$\cdots$	1	1	$\cdots$
0	1	1	$\cdots$	1	1	$\cdots$
1	0	0	$\cdots$	0	0	$\cdots$
1	1	1	$\cdots$	1	1	$\cdots$

    also   (F2) $\Leftrightarrow$ (F1)

                                                 q.e.d.

Wir erläutern kurz, wie die sichtbaren Einträge zustande kommen, und überlassen es dem Leser, die fehlenden Einträge zu ergänzen. In den Spalten (1) und (2) werden zunächst die möglichen Belegungen der logischen Variablen A und B aufgelistet. Die Spalten (3) (Negation von A) und (6) (Implikation) können aus unserer Definitionstabelle (0.1) abgeschrieben werden. Neu nachzudenken ist also lediglich bei der Auffüllung der Spalte (5). Dazu werden lediglich die Einträge der Spalten (2) und (3) (hellblau) durch ein logisches "oder" verbunden. Wir sehen nun, dass die Einträge in den Spalten (6) und (7) zeilenweise übereinstimmen und wir schließen daraus: (F1) ⇔ (F2).

Es ist nicht das Anliegen dieses Textes, den Leser mit Beweisen zu traktieren. Allerdings ist es sicher sinnvoll, wenigstens exemplarisch damit umgehen zu können und in wichtigen Fällen zumindest die Grundideen einer Beweisführung zu verstehen. Wir nennen diese "Begründungen".

Negation der Implikation

Nun zu den angekündigten neuen Erkenntnissen. *Erstens* fragen wir: Wie lautet die Negation von (F1)? Die nächstliegende Antwort

$(\overline{F1})$:   Es ist nicht wahr, dass wenn Erwin Geld hat,

er Bier trinkt.   (10)

ist zwar eine korrekte Negation, aber wenig aufschlussreich. Negieren wir dagegen die zu (F1) äquivalente Formulierung (F2), können wir zunächst ganz formal schreiben

$$
\begin{aligned}
(\overline{F2}) &= \overline{(\overline{A} \vee B)} \\
&= \overline{(\overline{A})} \wedge \overline{B} \quad \text{(de Morgansche Regel)} \\
&= A \wedge \overline{B} \quad \text{(doppelte Negation)}
\end{aligned}
$$

und das Ergebnis

$$(\overline{A \to B}) = A \wedge \overline{B} \qquad (11)$$

in Umgangssprache übersetzen:

$(\overline{F2})$ Erwin hat Geld   und   trinkt   kein   Bier.

$\wedge$ $\neg$

Im Gegensatz zu anderen Möglichkeiten ist diese Formulierung kurz, bündig und verständlich. Wir sehen also, dass es auf dem Wege über eine formale Manipulation gelingen kann, schwerfällige umgangssprachliche Formulierungen zu vereinfachen.

Indirekte Beweise

Mathematische Aussagen haben oft die Form einer Implikation:

Satz: *Wenn* ··· *(eine Voraussetzung erfüllt ist),*

dann ··· *(tritt eine Folge ein).*   (12)

Wir wissen nunmehr, dass logisch gleichbedeutend formuliert werden könnte:

Wenn ··· *(eine Folge nicht eintritt),*

dann ··· *(kann auch die Vorraussetzung nicht erfüllt sein).*   (13)

Mitunter kann die Voraussetzung auf sehr viele Arten erfüllt sein, was es schwer macht, den Satz direkt zu beweisen. Gleichzeitig kann es sein, dass die Folge nur auf wenige Arten nicht eintreten kann. Dann wird man es bevorzugen, den Satz in der Formulierung (13) zu beweisen. Es handelt sich um einen sogenannten *indirekten* Beweis. Überzeugende Beispiele dieser Art werden wir später mehrfach finden.

Ein gängiger Irrtum

Der Satz

U: "Wenn Erwin Geld hat, dann trinkt er Bier."

wird nicht selten so "verneint":

V: "Wenn Erwin kein Geld hat, dann trinkt er kein Bier."

Wir betrachten einfach eine Wahrheitstafel:

A	B	U	¬A	¬B	V	¬U
0	0	1	1	1	1	0
0	1	1	1	0	0	0
1	0	0	0	1	1	1
1	1	1	0	0	1	0

In den Zeilen mit roten Einträgen sind die Wahrheitswerte von U und V verschieden, in den anderen Zeilen nicht. Anders formuliert: Wenn U wahr ist, kann V ebenfalls wahr, ebenso aber auch falsch sein – und umgekehrt. In diesem Sinne haben die beiden Aussagen U und V "nichts miteinander zu tun". Anhand der blauen Spalte sehen wir, dass V ebensowenig mit der Verneinung $\overline{U}$ von U zu tun hat.

Notwendig - hinreichend

Im mathematischen Sprachgebrauch werden auch die Wörter "notwendig" und "hinreichend" zur Beschreibung von Implikationen benutzt. So sind folgende Formulierungen gleichbedeutend:

I: Wenn Erwin Geld hat, dann   trinkt er Bier.

$$A \quad \rightarrow \quad B$$

X: Dass Erwin Geld hat,   ist hinreichend dafür,
   dass er Bier trinkt.

Y: Dafür, dass Erwin Geld hat,   ist notwendig,
   dass er Bier trinkt.

Als Merkregel zur Verwendung dieser Formulierungen kann man sich einprägen:

Die Voraussetzung ist hinreichend für die Folge.
Für die Voraussetzung ist die Folge notwendig.

kürzer: *Die Voraussetzung ist hinlänglich, die Folge notwendig.*

Die dritte Formulierung Y mag etwas überraschen – ist es nicht vielmehr so, dass Erwin zum Biertrinken Geld benötigt? Die Antwort lautet: Wir wissen es nicht! (Wir erinnern an die Langform unserer Implikation: Wenn Erwin Geld hat, trinkt er Bier, wenn er dagegen kein Geld hat, kann er machen, was er will ... (Vielleicht lässt er sich ja ein Bier spendieren.) Die Aussage

`Dafür, dass Erwin Bier trinkt, ist notwendig, dass er Geld hat.`

$$B \qquad\rightarrow\qquad A$$

ist also nicht gleichbedeutend mit I! (Sie ist es vielmehr mit $\overline{A} \rightarrow \overline{B}$ und gehört damit zum Thema "gängiger Irrtum".)

Ein Wort zur Äquivalenz

Nach allem Bisherigen wird die folgende Aussage sofort einleuchten:

Satz 0.3. $A \leftrightarrow B$ $\Leftrightarrow$ $(A \rightarrow B) \wedge (B \rightarrow A)$ $\Leftrightarrow$ $\overline{A} \leftrightarrow \overline{B}$

Der Nutzen dieser Aussage ist folgender: Eine Äquivalenz kann nachgewiesen werden, indem man Implikationen in beiden Richtungen nachweist. Ebenso kann man statt der Äquivalenz von A und B die Äquivalenz von $\overline{A}$ und $\overline{B}$ nachweisen – je nachdem, was leichter ist.

0.2.3   Prädikate

Was sind Prädikate?

Eine typische Aussage i.S. der Aussagenlogik könnte lauten "Cäsar ist ein Mops."
Hierbei wird das Prädikat "ist ein Mops" auf das Individuum Cäsar bezogen. Dasselbe Prädikat lässt sich auch auf andere Individuen anwenden, wobei jedesmal eine neue logische Aussage entsteht.

Die logische Analyse von auf diese Weise entstandenen Aussagen ist Gegenstand der sogenannten *Prädikatenlogik*.

Ein Prädikat kann dabei als eine Funktion P aufgefasst werden, die jedem Individuum x die Aussage $P(x)$ zuordnet (hier z.B. $P(x) \overset{\triangle}{=}$ " x ist ein Mops"). Die Aussage $P(x)$ kann wahr oder falsch sein; ob sie wahr oder falsch ist, kann überdies von x abhängen. Werden verschiedene Prädikate P,P', ... auf x angewandt, lassen sich die Aussagen P(x), P'(x), ... wiederum aussagenlogisch miteinander verknüpfen – durch Konjunktion, Disjunktion usw.

Existenzaussagen und Generalisierungen

Nunmehr ist ein neuer Typ von Aussagen möglich: Aussagen darüber, für welche Individuen aus einer bestimmten Gesamtheit bestimmte Prädikate wahr sind. Von besonderem Interesse sind *Existenzaussagen* und *Generalisierungen*.

Eine typische *Existenzaussage* ist "Es gibt einen Mops". Die mathematische Interpretation lautet "Es gibt *mindestens* einen Mops" (andernfalls würde man sagen "Es gibt *genau* einen Mops"). Für die Phrase "es gibt (mindestens)" hat sich das mathematische Zeichen $\exists$ eingebürgert. Damit können wir unsere Existenzaussage kurz so notieren

E: $\exists$ x: P(x)

sozusagen als wörtliche Übersetzung von

"Es gibt ein Individuum, welches ein Mops ist."

Eine typische *Generalisierung* ist die Aussage "Jeder hat Geld". Ausführlicher und umständlicher ist gemeint:
"Für alle Individuen gilt: Das (jeweilige) Individuum hat Geld."
Kürzen wir die Phrase "für alle" durch das mathematische Zeichen $\forall$ ab, können wir die gesamte Aussage so notieren:

G: $\forall$ x: Q(x)

wobei Q(x) bedeutet: x hat Geld.

Wir bemerken, dass die Formulierungen E und G wiederum neue Aussagen darstellen, die wahr oder falsch sein können (auch wenn der Leser eventuell dahin tendiert, die Aussage G für falsch zu halten). Sie können – wie im Abschnitt über Aussagenlogik beschrieben – miteinander verknüpft werden.

Wir bemerken weiterhin, dass die Individuen, auf die sich die Prädikate in E oder G beziehen, stillschweigend gewissen Einschränkungen unterliegen: So ist im Fall E normalerweise von Hunden, im Fall G normalerweise von Menschen die Rede. Wenn sich solche Einschränkungen nicht in natürlicher Weise aus dem Kontext ergeben, müssen sie mit angegeben werden. So könnten wir mit H die Gesamtheit aller Hunde, mit M die Gesamtheit aller Menschen bezeichnen und abkürzend schreiben "$x \in H$" für "x ist ein Hund". Unsere beiden Aussagen E und G können dann ausführlicher so geschrieben werden:

E: $\exists$ x $\in H$: P(x)

G: $\forall$ x $\in M$: Q(x)

Verbundene Prädikate

Mitunter trifft man auf Aussagen wie diese:

S: Zu jedem linken Schuh existiert ein rechter.

Hier ist schon ein wenig mehr Sorgfalt bei der Formalisierung nötig. Wir könnten z.B. mit L die Gesamtheit aller linken Schuhe auf der Welt bezeichnen und dann schreiben:

S: $\forall\, x \in$ L: A(x)

mit der Interpretation

A(x):   es gibt einen zu x passenden rechten Schuh.

Hierbei fällt auf, dass rechte und linke Schuhe recht unsymmetrisch behandelt werden. Also verfeinern wir die Aussage A(x), indem wir auch die Gesamtheit R aller rechten Schuhe auf dieser Welt betrachten und schreiben

$$A(\text{x}): \exists y \in R: B(x,y)$$

mit der Interpretation

B(x, y):   y passt zu x.

Wir erhalten

S: $\forall\, x \in$ L $\exists y \in$ R: $B(x,y)$

Bei B(x,y) haben wir es mit einem sogenannten *verbundenen Prädikat* zu tun.

Rechenregeln

Wie schon bemerkt, stellen prädikatenlogische Ausdrücke als Ganzes selbst Aussagen dar, die wiederum logisch miteinander verknüpft werden können. Dafür bedarf es im Grunde keiner neuen Regeln. Eine gewisse Sorgfalt ist allerdings bei der Negation von Existenzaussagen und Generalisierungen angebracht.

Wir betrachten z.B. folgende Aussage:

M: Jeder Paderborner besitzt einen Lodenmantel.

$\qquad$ $\forall$ $\qquad$ x $\qquad$ L(x)

Wie lautet die Negation? (Gemeint ist eine verständliche Version der korrekten, aber verklausulierten Formulierung

$\overline{\text{M}}$: Es ist nicht wahr, dass jeder Paderborner einen Lodenmantel besitzt.)

$\qquad$ $\neg$ $\qquad$ $\forall$ $\qquad$ x $\qquad$ L(x)

Bei Umfragen im Hörsaal lautete die erste Antwort stets

Kein Paderborner besitzt einen Lodenmantel.

$\qquad$ $\neg\exists$ $\qquad$ x $\qquad$ L(x).

Falsch – wieder das Ergebnis eines beliebten Missverständnisses! Wie aber lautet die korrekte Negation?

Bevor wir diese Frage konkret beantworten, halten wir folgende allgemeine Beobachtung fest: Unsere neuen Aussageformen *Generalisierung* und *Existenzaussage* können wir als Sonderform von Konjunktion und Disjunktion auffassen – nämlich solche mit beliebig vielen Partnern. Wenn z.B. aus dem Kontext klar ist, dass die folgenden Aussagen sich nur auf drei konkrete Individuen u, v, w beziehen können, dann kann man schreiben

$$\forall x: \quad P(x) \quad \Longleftrightarrow \quad P(u) \wedge P(v) \wedge P(w)$$
$$\exists x: \quad Q(x) \quad \Longleftrightarrow \quad Q(u) \vee Q(v) \vee Q(w).$$

Mit Hilfe dieser Sichtweise wird schnell klar, welche der weiter oben für " $\wedge$ " und " $\vee$ " angeführten Rechenregeln sich unmittelbar auf $\forall$ und $\exists$ übertragen lassen. So haben wir z.B als Verallgemeinerung von (L2) das Assoziativgesetz

$$(\forall x: P(x)) \wedge (\forall x: P'(x)) \quad = \quad \forall x: (P(x) \wedge P'(x))$$
$$(\exists x: Q(x)) \vee (\exists x: Q'(x)) \quad = \quad \exists x: (Q(x) \vee Q'(x)). \tag{14}$$

Ebenso leuchtet ein, dass z.B. hier aufzupassen ist:

$$(\exists x: Q(x)) \wedge (\exists x: Q'(x)) \quad \neq \quad \exists x: (Q(x) \wedge Q'(x)).$$

Und last but not least wird klar, dass bei der Negation derartiger Ausdrücke wiederum die De Morganschen Regeln gelten:

Satz 0.4.
$$\neg\, (\exists\ x: P(x)) \quad = \quad \forall\ x: \neg\, P(x)$$
$$\neg\, (\forall\ x: P(x)) \quad = \quad \exists\ x: \neg\, P(x)$$

Damit finden wir nun die korrekte Negation der Aussage M:

$\overline{M}$: Es gibt (mindestens) einen Paderborner,

$\qquad\qquad \exists \qquad x$:

der keinen Lodenmantel besitzt.

$\qquad\qquad \neg \qquad L(x)$.

Beispiele 0.5.

(i) Aussage: Jeder Student hat Geld.
   Negation: Es gibt (mindestens) einen Studenten, der kein Geld hat.

(ii) Aussage: Es gibt Studenten, die gern in der Mensa essen.
   Negation: Alle Studenten essen ungern in der Mensa.
   (Kein Student isst gern in der Mensa.)

(iii) Aussage: `Zu jedem linken Schuh existiert ein rechter.` Wir sehen uns hier die formale Negation näher an:

$$S \quad = \quad \forall \, x \in L \quad \exists \, y \in R \colon B(x,y)$$
$$= \quad \forall \, x \in L \qquad A(x)$$

Die Negation liefert formal

$$\overline{S} = \exists \, x \in L \colon \quad \overline{A(x)} \quad \text{mit } \overline{A(x)} = \forall \, y \in R \colon \overline{B(x,y)}$$

also

$$\overline{S} = \exists \, x \in L \colon \quad \forall \, x \in R \colon \overline{B}(x,y)$$

Wörtlich übersetzt gibt dies:

> `Es gibt einen linken Schuh, zu dem jeder rechte Schuh nicht passt.`

Stilistisch schöner klingt vielleicht:

> `Es gibt einen linken Schuh ohne rechten.`   △

0.2.4 Allgemeingültige Aussagen

Aussagen, die stets wahr sind – unabhängig davon, welche Wahrheitswerte eventuell darin enthaltene Variablen annehmen –, nennt man *allgemeingültig*. Einfachste, allerdings auch nicht sehr interessante Beispiele dieser Art sind z.B.

> `Ein Schimmel ist weiß`

oder

> `Es regnet oder es regnet nicht.`

Interessanter wird es dann, wenn die Allgemeingültigkeit nicht ganz so offensichtlich ist. Ein Beispiel: Die Aussage

$$A \wedge B \quad \longrightarrow \quad A \vee B \tag{15}$$

ist stets wahr. (Dies ist anhand einer Wahrheitstabelle sofort zu sehen.) Der Satz in Blau verkörpert übrigens selbst eine Aussage, die von (15) zu unterscheiden ist. Es handelt sich vielmehr um eine Aussage über die Aussage (15). Sie kann auch so formuliert werden:

> `Die Aussage` $A \wedge B \quad \longrightarrow \quad A \vee B$ `ist allgemeingültig` (16)

und füllt nun schon fast eine ganze Zeile. Deswegen haben sich verschiedene Abkürzungen hierfür eingebürgert, z.B.

$$ag(\, A \wedge B \quad \longrightarrow \quad A \vee B \,)$$

oder – noch kürzer – die populäre Schreibweise

$$A \wedge B \implies A \vee B. \tag{17}$$

Der Nutzen allgemeingültiger Aussagen

wird besser sichtbar, wenn wir uns z.B. folgende Aussage über reelle Zahlen a,b ansehen:

Satz 0.6. $a > 0 \ \wedge \ b > 0 \ \implies \ ab > 0.$

Der Inhalt des Satzes ist uns vertraut: Das `Produkt positiver Zahlen ergibt eine positive Zahl`. Dies ist eine Regel, die sehr nützlich ist, weil wir sie *immer* anwenden können. Logisch handelt es sich um eine allgemeingültige Aussage. Mit anderen Worten: Aufgabe der Mathematik ist es, allgemeingültige Aussagen zu gewinnen.

Zur Natur mathematischer Formulierungen

Unser kleines Beispiel macht deutlich, dass ein mathematischer **Satz** nichts weiter ist als eine wahre bzw. allgemeingültige Aussage. Sein **Beweis** hat die Aufgabe, den Leser von der Allgemeingültigkeit zu überzeugen. **Definitionen** hingegen sind *nicht* beweisbar. Sie dienen lediglich zur präzisen Bestimmung neuer Begriffe.

0.2.5   Ergänzende Anmerkungen

Die in diesem Abschnitt vorgestellte Aussagenlogik hat wesentlich mehr Bezüge zur Ökonomie, als sich auf den ersten Blick erkennen lässt. Man kann mit ihr sogar richtig Geld verdienen: Bekanntlich beruht ein großer Teil der modernen Wirtschaft auf dem Einsatz von Computern und moderner Kommunikationstechnologien; und all diese Technologien beruhen ihrerseits auf der Aussagenlogik zur Formulierung und Übertragung von Informationen. Nullen und Einsen als Ziffern, aber auch als Wahrheitswerte, werden in Form unterschiedlicher Spannungen oder als Lichtimpulse physikalisch über Leitungsnetze verbreitet und in Computern verarbeitet. Vor diesem Hintergrund gewinnt eine weitere logische Operation an Bedeutung: Das *ausschließende* "oder" (engl.: *exclusive* **or**, in der Schaltungstechnik XOR). Zur Erinnerung: Wir hatten das logische "oder" als eine Ausssageverbindung im *nichtausschließenden* Sinne eingeführt, und so ist es auch zum Standard in der (mathematischen) Aussagenlogik geworden:

`Erwin hat Geld,`   oder   `er (Erwin) trinkt Bier.`

A $\vee$ B

Das ausschließende "oder" liest sich dagegen so:

Entweder   `hat Erwin Geld,`   oder   `er (Erwin) trinkt Bier.`

A $\otimes$ B

Der Unterschied wird durch einen Vergleich der Wahrheitstabellen sichtbar

A	B	A ∨ B	A ⊗ B
0	0	0	0
0	1	1	1
1	0	1	1
1	1	1	0

0.2.6   Aufgaben

Aufgabe 0.7 (↗L). Untersuchen Sie anhand von Wahrheitstafeln, welche der folgenden Gleichungen gelten:

a) $(A \wedge B) \vee C = A \wedge (B \vee C)$

b) $(A \wedge B) \to C = A \wedge (B \to C)$

c) $\overline{A \wedge B \wedge C} = \overline{A} \vee \overline{B} \vee \overline{C}$.

Überlegen Sie, ob Ihr Ergebnis einfacher durch Verwendung umgangssprachlicher Formulierungen erzielbar wäre.

(Interpretationsvorschlag:

A :$\overset{\wedge}{=}$ Das Mensaessen schmeckt.

B :$\overset{\wedge}{=}$ Die Studenten haben genug Geld.

C :$\overset{\wedge}{=}$ Die Mensa ist überfüllt.)

Aufgabe 0.8 (↗L). Wir betrachten folgende Aussagen:

- N: Es ist Nacht.
- S: Die Studenten haben Durst.
- B: Das Bier ist knapp.
- P: Die Studenten besuchen die Schnüffelparty.

(i) Drücken Sie die folgenden Aussagen durch N, S, B und/ oder P aus (in Gestalt aussagenlogischer Ausdrücke):

- U: Es ist Nacht, und die Studenten haben Durst.
- V: Es ist Nacht, und die Studenten haben keinen Durst.
- W: Es ist Nacht, und die Studenten besuchen die Schnüffelparty oder haben Durst.
- X: Wenn es Nacht und das Bier knapp ist, besuchen die Studenten die Schnüffelparty.
- Y: Dafür, dass die Studenten zur Schnüffelparty gehen, ist notwendig, dass das Bier nicht knapp ist.
- Z: Hinreichend dafür, dass das Bier knapp ist, ist, dass die Studenten Durst haben und die Schnüffelparty besuchen.

(ii) Interpretieren Sie

a) $(B \wedge P) \longrightarrow S$.

b) $\neg(S \longrightarrow B)$.

c) $\neg((\neg B \wedge \neg S) \vee \neg N)$.

(iii) Negieren Sie die Ausdrücke unter (i).

(iv) Interpretieren Sie die Ergebnisse von (iii) umgangssprachlich.

Aufgabe 0.9 (⟋L). Geben Sie alternative Formulierungen an unter Verwendung von "notwendig" und "hinreichend":

(i) Wenn es Nudeln gibt, isst der Student P. Asta in der Mensa.

(ii) Genau dann, wenn die Studenten durstig sind, besuchen die Studenten die Schnüffel-Party-Nachlese-Party.

(iii) Es sei n eine beliebige natürliche Zahl. Wenn n durch 2 und 3 teilbar ist, so ist n auch durch 6 teilbar.

Aufgabe 0.10 (⟋L, *Gemischtes aus Paderborn*). Wir betrachten die folgenden Aussagen über Essgewohnheiten in der Mensa und über die Paderborner Bekleidungsordnung:

A: Jeder Student wählt ein Hauptgericht und ein Dessert.

B: Kein Student, der sich für eine Vorsuppe entscheidet, wählt auch ein Dessert.

C: Wenn jeder Student ein Hauptgericht wählt, so gibt es auch einen, der sich für ein Dessert entscheidet.

D: Wenn es einen Paderborner gibt, der keinen Lodenmantel besitzt, dann haben alle Paderborner mehrere Lodenhüte.

Verneinen Sie diese Aussagen umgangssprachlich. Versuchen Sie, dabei mehrere logisch gleichwertige Formulierungen zu finden. Überzeugen Sie sich von der Richtigkeit Ihrer Ergebnisse, indem Sie die ursprünglichen Aussagen und ihre Verneinungen durch logische Ausdrücke beschreiben.

0.3 Mengen und Mengenoperationen

0.3.1 Begriffe

Die moderne Mathematik und die meisten ihrer Anwendungen sind darauf angewiesen, Sachverhalte präzise und logisch korrekt formulieren zu können. Zugleich besteht der Wunsch nach möglichst kurzen Formulierungen. Die von Georg Cantor[1] begründete Mengenlehre bedient diese Anforderungen in idealer Weise und hat sich daher zu einem zentralen Hilfsmittel der Mathematik entwickelt. Bereits wenige Begriffe und Schreibweisen aus der Mengenlehre genügen, um die Lesbarkeit mathematikhaltiger Texte signifikant zu erhöhen. Daher gehen wir auf die wichtigsten im Weiteren kurz ein.

---

[1] Georg Cantor, 3.3.1845 -6.1.1918

Der grundlegendste Begriff ist der Begriff einer Menge, den Georg Cantor seinerzeit so formulierte:

Mengenbegriff nach Georg Cantor: *Eine* Menge *ist eine Zusammenfassung bestimmter wohlunterschiedener Objekte unserer Anschauung oder unseres Denkens, welche* Elemente *dieser Menge genannt werden, zu einem Ganzen.*

Hervorzuheben ist hierbei zweierlei: *Erstens:* Die Elemente einer Menge sind wohlunterschieden. *Zweitens:* Es gibt ein gemeinsames Merkmal, welches sie als Elemente dieser Menge qualifiziert. Betrachten wir beispielsweise die Menge aller römischen Kaiser, so unterscheidet sich z.B. Cäsar von Augustus. Das ihnen gemeinsame Merkmal ist, römischer Kaiser (gewesen) zu sein.

Die Tatsache, dass ein Objekt x Element einer Menge M ist, wird durch die Schreibweise "$x \in M$" ausgedrückt. Man formuliert: "x ist Element von M", "x gehört zu M", "x gehört der Menge M an" o.ä. Wenn z.B. M die Menge aller römischen Kaiser bezeichnet, kann man schreiben: Caesar $\in$ M, Augustus $\in$ M, …

Um genau zu beschreiben, von welcher Menge die Rede sein soll, gibt es mehrere Möglichkeiten; wir nennen hier drei davon:

(1) *Verbale Beschreibung:* Wir könnten z.B. definieren
   S:= Menge aller Studenten der Paderborner Universität
   P:= Menge alle Paderborner
   A:= Menge aller im Pub gehandelten Biersorten
   $\mathbb{P}$:= Menge aller Primzahlen zwischen 10 und 20 usw.
   Der kritische Leser mag anmerken, dass diese Beschreibungen nicht präzise genug sind. Was ist z.B. ein "Paderborner"? Jemand, der dort geboren wurde? Oder jemand, der sich gerade dort aufhält? Oder gar ein Trockengebäck, ähnlich dem Paderborner "Berliner" (der übrigens in Berlin unbekannt ist)? – Im Rahmen dieses Textes wollen wir also von verbalen Formulierungen nur dann Gebrauch machen, wenn die Hoffnung begründet erscheint, es werde keine zu große Wirrnis entstehen.

(2) *Aufzählung:* Wenn eine Menge nur endlich viele Elemente enthält, kann man sie durch deren Aufzählung beschreiben. Üblicherweise setzt man die Aufzählung in geschweifte Klammern, um die aufgezählten Objekte von der sie umfassenden Menge zu unterscheiden. So schreibt sich die Menge $\mathbb{P}$ aller Primzahlen zwischen 10 und 20 als

$$\mathbb{P} = \{11, 13, 17, 19\}.$$

(Wir bemerken, dass die Reihenfolge, in der die Elemente genannt werden, unerheblich ist; wir hätten also z.B. auch schreiben können
$\mathbb{P} = \{19, 11, 13, 17\}$.) Bei unendlichen Mengen ist es selbstverständlich

nicht möglich, alle Elemente aufzuzählen. Hier ist es nicht unüblich, eine abbrechende Aufzählung anzugeben, etwa wie folgt:

$$\mathbb{N} := \{1, 2, 3, 4, 5, 6, ...\}.$$

(Hier ist mit $\mathbb{N}$ die Menge der natürlichen Zahlen gemeint.)

(3) *Angabe einer logischen Zugehörigkeitsbedingung:* Wir betrachten folgendes Beispiel:
$$G := \{ x \in \mathbb{N} \mid x \text{ ist durch } 2 \text{ teilbar} \}.$$

Hierdurch wird die Menge G als eine Menge von Objekten x beschrieben, die

- alle ein und derselben *Grundmenge* (hier: der Menge $\mathbb{N}$ natürlicher Zahlen, s.o.) entstammen und
- für die das Zugehörigkeits*prädikat* "x ist durch 2 teilbar" *wahr* ist.

Bekanntlich nennt man eine natürliche Zahl *gerade*, wenn sie durch 2 teilbar ist; wir könnten unsere Menge G also auch verbal beschreiben: G ist die Menge der geraden natürlichen Zahlen.

Man beachte: Zwischen einer Menge und den in ihr enthaltenen Elementen ist gedanklich zu unterscheiden! So ist die Menge $\{5\}$, die nur die Zahl 5 enthält, etwas anderes als die Zahl 5 selbst. Bildlich gesprochen ist die Menge eine Art Gefäß (und als solches von seinem Inhalt zu unterscheiden). Insofern gilt für jede beliebige Menge M: $M \notin M$ (das Zeichen $\notin$ symbolisiert, dass M *kein* Element von sich selbst ist).

In allen bisherigen Beispielen enthielten die betrachteten Mengen Elemente. Aus systematischen Gründen lässt man zu, dass eine Menge auch keinerlei Elemente enthalten kann und nennt das Ergebnis $\emptyset := \{\}$ die *leere Menge*.

0.3.2   Visualisierung

Zur Visualisierung von Mengen benutzt man gern sogenannte Venn-Diagramme. Das folgende Venn-Diagramm zeigt zwei beliebige Mengen A und B in abstrakter Form:

Auf den ersten Blick könnte man glauben, zwei bestimmte Teilmengen einer Ebene zu sehen. Die Skizze ist jedoch nur *symbolisch* zu interpretieren: Die Umrandungen symbolisieren die Mengenklammern $\{\}$, während die Innenflächen als *Symbol* für die Gesamtheit aller Elemente von A bzw. B stehen, unabhängig davon, wieviele Elemente im konkreten Fall tatsächlich in den Mengen A bzw. B enthalten sind. (Insbesondere kann jede der beiden Mengen endlich oder auch leer sein. Ob die Innenflächen gefärbt, schraffiert oder anderweitig hervorgehoben werden, ist unerheblich.)

Unsere Skizze zeigt die beiden Mengen A und B sozusagen in *allgemeiner* Lage, d.h., keine der folgenden vier Möglichkeiten wird ausgeschlossen: Es könnte Elemente geben, die

(a) sowohl der Menge A als auch der Menge B angehören

(b) der Menge A, aber nicht der Menge B angehören

(c) der Menge B, aber nicht der Menge A angehören

(d) keiner der beiden Mengen angehören.

(Erst bei konkreter Benennung der Mengen A und B wird sichtbar, ob tatsächlich alle vier Möglichkeiten bestehen.)

Beispiel 0.11. Zur Illustration tauchen wir in die Welt der Biertrinker ein: Es mögen A und Q die Mengen der Biersorten bezeichnen, die in den beiden Lokalen "Armer Hans" und "Quelle" angeboten werden; wir haben dann

A   :=   {Paderborner Silberpilsener, **K**rombacher,**B**rinkhoffs}

Q   :=   {**R**adeberger, **K**rombacher, **F**elsenkeller, **H**asseröder, **W**icküler,
            Ur-Krostitzer}

Natürlich gibt es auch Biersorten, die in beiden Lokalen nicht zu haben sind, wie z.B. Sternburg, Köstritzer,Veltins u.a.

Unsere Skizze könnte dann konkretisiert werden (die Punkte bezeichnen einzelne Biermarken, gekennzeichnet durch ihren Anfangsbuchstaben):

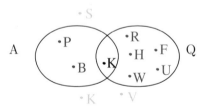

(Die Aufzählung der nicht in A oder B enthaltenen Biersorten muss leider unvollständig bleiben.)   △

0.3.3 Inklusionen, Gleichheit

Wir kehren zu abstrakten Venn-Diagrammen zurück und merken an, dass neben der allgemeinen Lage auch speziellere Situationen visualisiert werden können, z.B. diese:

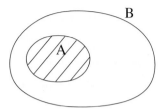

Auf diese bezieht sich die folgende

Definition 0.12. *Es seien* A *und* B *Mengen. Die Menge* A *heißt* Teilmenge *der Menge* B *(symbolisch* A $\subseteq$ B*), wenn jedes Element von* A *zugleich ein Element von* B *ist.*

(Man sagt auch, die Menge A sei in der Menge B enthalten bzw. B sei eine Obermenge von A.) Ein Beispiel: Es gilt $\mathbb{P} \subseteq \mathbb{N}$, denn jede Primzahl ist zugleich auch eine natürliche Zahl (die Bedingungen der Definition sind für A= $\mathbb{P}$ und B= $\mathbb{N}$ erfüllt). Man beachte: Die Menge B braucht nicht wirklich "mehr" Elemente zu enthalten als die Menge A. So gilt beispielsweise auch $\mathbb{P} \subseteq \mathbb{P}$.

Eine formale Art, die Definition auszudrücken, ist

$$A \subseteq B \Longleftrightarrow (x \in A \Longrightarrow x \in B).$$

Man nennt diese Enthaltenseinsbeziehung auch *Inklusion.*

Wir sehen zwei Mengen dann und nur dann als gleich an, wenn sie dieselben Elemente haben. Das lässt sich mit Hilfe der Inklusion auch so ausdrücken:

Definition 0.13. *Zwei Mengen* A *und* B *heißen gleich (symbolisch* A=B*), wenn gilt* A $\subseteq$ B *und* B $\subseteq$ A.

0.3.4 Operationen mit Mengen

Wir betrachten nun einige Standardoperationen, mit denen aus zwei gegebenen Mengen "neue" Mengen erzeugt werden können.

Definition 0.14. *Es seien* A *und* B *beliebige Mengen. Die durch*

$$\begin{aligned}
A \cap B \quad &:= \quad (x \,|\, x \in A \wedge x \in B)\,, \\
A \cup B \quad &:= \quad (x \,|\, x \in A \vee x \in B) \; bzw. \\
A \setminus B \quad &:= \quad (x \,|\, x \in A \wedge x \notin B)
\end{aligned}$$

definierten Mengen heißen Durchschnitt, Vereinigung *bzw.* Differenz *von* A *und* B. *Die durch*

$$A \triangle B \quad := \quad (A \setminus B) \cup (B \setminus A)$$

definierte Menge heißt symmetrische Differenz *von* A *und* B.

Der Sinn dieser Operationen wird am schnellsten anhand von Venn-Diagrammen sichtbar:

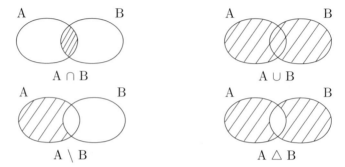

Verbal kann man diese Operationen so beschreiben: Sind A und B gegeben, so enthält

- A $\cap$ B alle Elemente, die *sowohl* in A *als auch* in B
- A $\cup$ B alle Elemente, die in A *oder* in B
- A $\setminus$ B alle Elemente, die *zwar* in A, *nicht aber* in B
- A $\triangle$ B alle Elemente, die *entweder* in A *oder* in B

enthalten sind.

Beispiel 0.15 (↗F 0.11)**.** Entsprechend haben wir hier

- A $\cap$ B $=$ {**Krombacher**}
- A $\cup$ B $=$ {Paderborner Silberpilsener, Krombacher, Brinkhoffs, Radeberger, Felsenkeller, Hasseröder, Wicküler, Ur-Krostitzer }
- A $\setminus$ B $=$ {Paderborner Silberpilsener, Brinkhoffs}
- A $\triangle$ B $=$ {Paderborner Silberpilsener, Brinkhoffs, Radeberger, Paulaner, Hasseröder, Wicküler, Ur-Krostitzer }   △

Wir sehen, dass unsere Mengenoperationen eine bequeme Möglichkeit bieten, kurz und präzise zu sagen, wovon die Rede ist.

Definition 0.16. *Zwei Mengen* A, B *heißen* disjunkt, *wenn gilt* A $\cap$ B $= \emptyset$.

Beispiel 0.17 (↗F 0.15)**.** Hier sind die Mengen A und B nicht disjunkt (denn A $\cap$ B enthält das Element Krombacher), wohl aber die Mengen B und A $\setminus$ B.   △

Eine weitere, sogenannte "einstellige" Mengenoperation ist hier zu nennen, die gern verwendet wird, wenn alle betrachteten Mengen als Teilmengen ein- und derselben Grundmenge – nennen wir sie Ω – aufgefasst werden können. Für jede beliebige Menge $A \subseteq \Omega$ nennt man die Menge $\overline{A} := \Omega \setminus A$ das (mengentheoretische) *Komplement* von A.

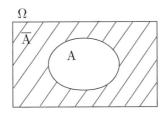

Beispiel 0.18 ($\nearrow$F 0.17). Wenn Ω die Menge aller Biersorten dieser Welt bezeichnet, so gilt

$$\overline{A} = \{\text{Radeberger, Hasseröder, Wicküler, Sternburg, Köstritzer, Veltins, \dots }\}$$

diese Menge enthält alle Biersorten der Welt außer denen, die in A sind. $\triangle$

0.3.5   Beziehungen zur Logik

Es besteht eine sehr enge Beziehung zwischen Logik und Mengenlehre. Dass ein Element x einer Menge A angehöre, ist eine Aussage über x (also ein Prädikat $Z(x)$), welches in Abhängigkeit vom gewählten x wahr oder falsch sein kann. Die Menge A enthält damit genau diejenigen x, für die $Z(x)$ wahr ist. Somit ist die Sprache der Mengenlehre zugleich als Sprache von Aussagen- und Prädikatenlogik interpretierbar.

Diese Analogien werden sogar formal sichtbar, wenn wir uns zweistellige Mengenoperationen ansehen: Definitionsgemäß war z.B.

$$A \cap B := (x \mid x \in A \wedge x \in B),$$
$$A \cup B := (x \mid x \in A \vee x \in B).$$

Der Übergang von Logik zu Mengenlehre vollzieht sich hier sozusagen durch Abrundung der Winkel $\wedge$ bzw. $\vee$ zu $\cap$ bzw. $\cup$. Auch die einstellige Mengenoperation "Komplement" hat ihr logisches Abbild, nämlich in Gestalt der Negation: Unter der Voraussetzung $x \in \Omega$ für alle x gilt

$$x \in \overline{A} \iff x \notin A.$$

0.3.6   Rechenregeln und ihre Anwendungen

Naturgemäß können auch für das Arbeiten mit den Mengenoperationen $\cup, \cap, \triangle$ usw. Rechenregeln aufgestellt werden. Diese sind aufgrund der engen Beziehung zwischen Logik und Mengenlehre sehr naheliegend und können aus dem Abschnitt "Einfachste Rechenregeln" auf Seite 11 im Grunde einfach abgeschrieben werden (wobei lediglich Winkel in Bögen zu verwandeln sind). Wir nehmen an, dass A und B beliebige Mengen sind sowie Ω eine gemeinsame Obermenge beider Mengen ist. Damit erhalten wir in Analogie zu (L1) bis (L4) sofort folgendes Regelwerk:

	Durchschnitt			**Vereinigung**	
(S1)	$A \cap B$	$=$	$B \cap A$	$A \cup B$	$=$	$B \cup A$
(S2)	$A \cap (B \cap C)$	$=$	$(A \cap B) \cap C$	$A \cup (B \cup C)$	$=$	$(A \cup B) \cup C$
(S3)	$A \cap \Omega$	$=$	A	$A \cup \emptyset$	$=$	A
(S4)	$A \cap (B \cup C)$	$=$	$(A \cap B) \cup (A \cap C)$	$A \cup (B \cap C)$	$=$	$(A \cup B) \cap (A \cup C)$

Es handelt sich bei (S1), (S2) und (S4) wiederum um Kommutativ-, Assoziativ- bzw. Distributivgesetze. Die folgenden beiden Gesetze betreffen die "Idempotenz" (Unwirksamkeit der Wiederholung) und die "Absorption":

$$(S5) \quad A \cap A \;=\; A \qquad A \cup A \;=\; A$$
$$(S6) \quad A \cap \emptyset \;=\; \emptyset \qquad A \cup \Omega \;=\; \Omega$$

So besagt die linke Gleichung in (S6), dass der Durchschnitt jeder beliebigen Menge A mit der leeren Menge leer ist (denn es gibt in $\emptyset$ keine Elemente und daher erst recht keine, die gleichzeitig zu A gehören könnten). Auf diese Weise wird die Menge A von der leeren Menge $\emptyset$ "absorbiert".

Besonders wichtig sind die "**DeMorganschen Regeln**":

$$(S7) \quad \overline{A \cap B} \;=\; \overline{A} \cup \overline{B} \qquad \overline{A \cup B} \;=\; \overline{A} \cap \overline{B}$$

Das Gegenstück zum "Satz vom ausgeschlossenen Dritten" lautet hier

$$(S8) \quad A \cap \overline{A} \;=\; \emptyset \qquad A \cup \overline{A} \;=\; \Omega$$

Weitere sinnvolle Regeln lassen sich unmittelbar aus den Venn-Diagrammen der Abschnitte 0.3.2 und 0.3.4 ablesen. Wir beschränken uns auf die folgenden, die oft nützlich sind:

$$(S9) \quad A \backslash B \;=\; A \cap \overline{B}$$
$$(S10) \quad A \subseteq B \;\Rightarrow\; A \cap B = A$$
$$(S11) \quad A \subseteq B \;\Rightarrow\; A \cup B = B$$

Wenn kompliziertere Ausdrücke notiert werden, ist es erforderlich, die Ausführungsreihenfolge durch Klammersetzung eindeutig festzulegen. So geben z.B. die Ausdrücke

$$(A \backslash B) \cup C \quad \text{und} \quad A \backslash (B \cup C)$$

zwei zumeist verschiedene Mengen wieder. (Wir verzichten in diesem Text bewusst darauf, Klammern mit Hilfe von Vorrangregeln einsparen zu wollen, weil uns das nicht sehr oft wirklich helfen würde.)

Wie geht man mit all diesen Rechenregeln sinnvoll um? Dazu einige einfache Beispiele:

Beispiel 0.19. *Für beliebige Mengen A,B,C gilt*

(i) $A\backslash B = A\backslash(A \cap B)$

(ii) $A \cup B = (A\backslash B) \cup B$

(iii) $A \triangle B = (A \cup B) \backslash (A \cap B)$

Denn: Im Fall (i) können wir (ausführlichst) schreiben

$$
\begin{aligned}
A\backslash(A \cap B) &= A & \cap & \overline{(A \cap B)} && \text{(nach (S9))} \\
&= A & \cap & (\overline{A} \cup \overline{B}) && \text{(DeMorgan)} \\
&= (A \cap \overline{A}) & \cup & (A \cap \overline{B}) && \text{(Distributivgesetz (S4))} \\
&= \emptyset & \cup & (A \cap \overline{B}) && \text{(``ausgeschlossenes Drittes'' (S8))} \\
&= A & \cap & \overline{B} && \text{(``neutrales Element'' (S3))} \\
&= A\backslash B & && && \text{((S9))}
\end{aligned}
$$

Analog erhalten wir im Fall (ii)

$$
\begin{aligned}
(A\backslash B) \cup B &= (A \cap \overline{B}) & \cup & B && \text{((S9))} \\
&= (A \cup B) & \cap & (\overline{B} \cup B) && \text{(Distributivgesetz)} \\
&= (A \cup B) & \cap & \Omega && \text{(``ausgeschlossenes Drittes'')} \\
&= A & \cup & B && \text{(neutrales Element)}
\end{aligned}
$$

Im Fall (iii) haben wir

$$
\begin{aligned}
A \triangle B &= (A\backslash B) & \cup & (B\backslash A) && \text{(Definition)} \\
&= (A \cap \overline{B}) & \cup & (B \cap \overline{A}) && \text{((S9))} \\
&= (A \cup B) \cap (A \cup \overline{A}) & \cap & (\overline{B} \cup B) \cap (\overline{B}\,\overline{A}) && \text{(Distributivgesetz)} \\
&= (A \cup B) \cap \Omega & \cap & \Omega \cap (\overline{B} \cup \overline{A}) && \text{((S8))} \\
&= (A \cup B) & \cap & (\overline{B} \cup \overline{A}) && \text{((S3))} \\
&= (A \cup B) & \cap & \overline{(B \cap A)} && \text{(De Morgan)} \\
&= (A \cup B) & \backslash & (A \cap B) && \text{((S9))}
\end{aligned}
$$

$\triangle$

Vorsicht: *Die oben angegebenen Rechenregeln für den Durchschnitt $\cap$ und die Vereinigung $\cup$ lassen sich nicht ohne weiteres auf die Differenz $\backslash$ und symmetrische Differenz $\triangle$ übertragen.*

0.3.7   Das kartesische Produkt von Mengen

Definition 0.20. *Gegeben seien zwei Mengen A und B. Dann heißt*
$A \times B := \{(x,y) \mid x \in A, y \in B\}$ *das* kartesische Produkt *von A und B.*

Die Schreibweise (x, y) symbolisiert hierbei ein geordnetes Paar, bei dem es auf die Reihenfolge, in der x und y genannt werden, ankommt. Das kartesische Produkt A $\times$ B enthält also genau alle geordneten Paare (x, y), wobei x der Menge A, y der Menge B entstammt.

Beispiel 0.21. Zu den attraktivsten Gründen für Städtereisen zählt zweifellos die absolut unverwechselbare Ausstattung größerer Städte mit Verbrauchermärkten. Während es in einer Stadt z.B. jeweils einen real-Markt, einen Media-Markt und einen Praktiker-Markt gibt, gibt es in einer anderen Stadt z.B. jeweils einen real-Markt, einen Media-Markt und einen Praktiker-Markt. Setzen wir einmal A:= {real-Markt, Media-Markt, Praktiker} und B:= {Hannover, Braunschweig} sehen wir mit etwas Schreibarbeit

A $\times$ B := {(real; Hannover), (real; Braunschweig),
     (Media-Markt; Hannover), (Media-Markt; Braunschweig),
     (Praktiker; Hannover), (Praktiker; Braunschweig)}.

Was ist damit gewonnen? Jedes Element liefert die genaue Angabe eines Marktes, in dem z.B. ein bestimmter (ebenfalls unverwechselbarer) Artikel gekauft worden sein könnte. $\triangle$

Wir gehen kurz auf die Frage ein, warum bei kartesischen Produkten geordnete Paare (x, y) eine Rolle spielen. In unserem Beispiel ist bei jedem Paar (x, y) x stets als Name eines Verbrauchermarktes, y stets als Name einer Stadt zu interpretieren. Hätten wir entsprechende Werte zugelassen, so würde das Paar (Hamm, Hamm) nur ein- und dasselbe Wort, aber in zwei verschiedenen Bedeutungen enthalten: einmal den Verbrauchermarkt namens Hamm, zum anderen die Stadt Hamm. Welche Interpretation die Richtige ist, kann nur daran erkannt werden, an welcher Stelle des Paares (Hamm, Hamm) das Wort Hamm abgelesen wurde.

Beispiel 0.22. Ein idealer Würfel werde zweimal geworfen. Sie gewinnen, wenn der zweite Wurf eine höhere Augenzahl zeigt als der erste; bei gleicher Augenzahl endet das Spiel unentschieden. Setzen wir A:=B:=$\{1, 2, 3, 4, 5, 6\}$, so können wir A $\times$ B := $\{(1, 1), ..., (1, 6), (2, 1), ..., (6, 6)\}$ als die Menge aller möglichen Wurfergebnisse interpretieren: An der ersten Stelle z.B. des Paares $(3, 5)$ steht das Ergebnis des ersten Wurfes (eine Drei), an der zweiten Stelle das des zweiten Wurfes (eine Fünf). Hier haben Sie gewonnen. Das Paar $(3, 5)$ sollte nicht mit dem Paar $(5, 3)$ verwechselt werden: In diesem Fall hätten Sie nämlich verloren. $\triangle$

In einem geordneten Paar (x, y) nennt man x und y auch "Koordinaten". Wichtige Beispiele für kartesische Produkte sind also Koordinatensysteme, auf die im Punkt 0.4.5 eingegangen wird. Wir greifen hier schon einmal vor und visualisieren unser letztes Beispiel mit einer Skizze.

Die Mengen A und B werden als Teil der waagerechten bzw. senkrechten Koordinatenachse interpretiert. Die Koordinaten des hervorgehobenen Punktes $x = (5.3)$ werden der Reihe nach auf der ersten und der zweiten Achse abgelesen. Auf diese Weise kann x als Element von A×B interpretiert werden, und die gesamte Menge A×B ergibt sich als die Gesamtheit der lilafarbenen Punkte in der Ebene.

0.3.7.1 Produkte mit mehreren Faktoren

Bisher wurde das kartesische Produkt A × B aus zwei Mengen A und B betrachtet. In verschiedenen Anwendungen sind auch Produkte aus mehreren Faktoren von Interesse.

Definition 0.23. *Es seien $n \geq 2$ eine natürliche Zahl und $A_1, ..., A_n$ beliebige Mengen. Dann heißt die durch*

$$A_1 \times ... \times A_n := \{(x_1, ..., x_n) \mid x_1 \in A_1, ..., x_n \in A_n\}$$

definierte Menge das kartesische Produkt der Mengen $A_1, ..., A_n$.

Man nennt Ausdrücke der Form $(x_1, ..., x_n)$ (geordnete) *n-Tupel* und $x_1, ..., x_n$ dessen Koordinaten; wichtig ist hierbei wiederum die Reihenfolge der Nennung. Ein wichtiger Spezialfall ist derjenige, bei dem sämtliche Faktoren identisch sind, also $A_1 = A_2 = ... = A_n =: A$ gilt. In diesem Fall schreiben wir auch A^n statt $A \times ... \times A$ und nennen dies die *n-te kartesische Potenz von* A. Im Fall $A = \mathbb{R}$ haben wir es mit der Menge $A^n = \mathbb{R}^n$ zu tun, die aus der Schule bekannt sein sollte – mehr dazu im Abschnitt 0.4.5.

0.3.8 Anmerkungen und Erweiterungen

Zu mehrfachen Produkten

Im Bereich der reellen Zahlen wird das dreifache Produkt $a \cdot b \cdot c$ nicht direkt definiert, sondern als Ergebnis zweier aufeinanderfolgender Multiplikationen je zweier Faktoren; z.B. so: $a \cdot b \cdot c := (a \cdot b) \cdot c$ (aber auch diese Definition wäre möglich: $a \cdot b \cdot c := a \cdot (b \cdot c)$). Das *Assoziativgesetz* der Multiplikation stellt sicher, dass das Ergebnis nicht von der Wahl einer von mehreren möglichen

Definitionsmöglichkeiten abhängt. Betrachten wir die zweifache Multiplikation von Mengen A, B, C so finden wir strenggenommen

$$(A \times B) \times C = \{((x,y),z) \mid x \in A, y \in B, z \in C\} \text{ und}$$
$$A \times (B \times C) = \{(x,(y,z)) \mid x \in A, y \in B, z \in C\}.$$

Da sich beide Seiten nur durch die rot hervorgehobenen, nicht informativen Klammern unterscheiden, wollen wir diese weglassen und infolgedessen als gleich ansehen.

Mengenoperationen mit unendlich vielen Operanden

Wir hatten Operationen wie die mengentheoretische Vereinigung A ∪ B und den mengentheoretischen Durchschnitt A ∩ B zweier Mengen A und B betrachtet. Durch mehrfache Hintereinanderausführung kann man Vereinigungen (bzw. Durchschnitte) beliebig endlich vieler Mengen bilden, so z.B. die folgende Menge:

$$\{1\} \cup \{2\} \cup \{3\} \cup ... \cup \{n\} = \{1, 2, 3, ..., n\}$$

(es handelt sich um einen sogenannten Abschnitt der Menge natürlicher Zahlen). Naheliegenderweise ist

$$\{1\} \cup \{2\} \cup \{3\} \cup ... \cup \{n\} \cup ... = \{1, 2, 3, ..., n, ...\} = \mathbb{N} \qquad (18)$$

die "gesamte" Menge natürlicher Zahlen; man erhält sie, indem unendlich viele der links stehenden Mengen vereinigt werden. Was hierbei genau gemeint ist, zeigt folgende

Definition 0.24. *Es sei I eine beliebige nichtleere Menge. Jedem $i \in I$ sei eine Menge A_i zugeordnet. Dann ist durch*

$$\bigcup_{i \in I} A_i := \{x \mid x \text{ gehört mindestens einer } der \text{ Mengen } A_i, i \in I, an\}$$
$$\bigcap_{i \in I} A_i := \{x \mid x \text{ gehört allen } Mengen A_i, i \in I, an\}$$

die mengentheoretische Vereinigung bzw. der mengentheoretische Durchschnitt der Mengen A_i, $i \in I$, definiert.

Beispiel 0.25. Wir wählen $I := N$ und $A_i := 2i$ sowie $B_i := (\frac{-1}{n}, 1 + \frac{1}{n})$ für $i \in I$. Dann wird $\bigcup_{i \in I} A_i = \{2, 4, 6, ...\}$ (also die Menge der geraden Zahlen); $\bigcap_{i \in I} B_i = [0, 1]$. △

0.3.9   Aufgaben

Aufgabe 0.26. Es bezeichne Ω die Menge aller Einwohner von Teutonien und darunter

M: die Menge aller Personen männlichen Geschlechts

N: die Menge aller nichtrauchenden Personen

V: die Menge aller vermögenden Personen.

Beschreiben Sie die folgenden Mengen verbal:

- $\overline{M} \cup N$
- $(V \cap N) \cup M$
- $V \triangle (\overline{M} \triangle N)$
- $(V \cap M) \cup (V \cap \overline{M}) \cup (\overline{V} \cap M)$
- $\overline{\overline{M} \cup N \cup V}$

Aufgabe 0.27 (↗L). Wir bezeichnen mit P die Menge aller Paderborner und mit A, B und C die Menge derjenigen Paderborner, die (A) genau einen Lodenmantel, (B) mindestens einen Lodenmantel bzw. (C) mehrere Lodenhüte besitzen. Geben Sie Formeln an, die folgenden Mengen der A, B, C ausdrücken:

- D: die Menge aller Paderborner, die mehrere Lodenmäntel besitzen
- E: die Menge aller Paderborner, die entweder mehrere Lodenmäntel oder mehrere Lodenhüte besitzen
- F: die Menge aller Paderborner, die höchstens einen Lodenmantel oder -hut besitzen
- G: die Menge derjenigen Paderborner, die, wenn sie überhaupt einen Lodenmantel haben, dann auch gleich mehrere davon, aber höchstens einen Lodenhut besitzen.

Aufgabe 0.28 (↗L). Man vereinfache:

- (i) $A \cap (B \cup [A \cap (B \cup [A \cap B])])$
- (ii) $(A \cap B) \cup (A \cap \bar{B}) \cup (\bar{A} \cap B)$

(Hinweis: Verwenden Sie die "DeMorganschen Regeln" (S10) und (S11) auf Seite 32.)

Aufgabe 0.29 (↗L). Welche Identitäten sind korrekt, welche nicht?

- (i) $A \triangle (B \triangle C) = (A \triangle B) \triangle C$
- (ii) $A \backslash (B \backslash C) = (A \backslash B) \backslash C$
- (iii) $A \backslash (B \cap C) = (A \backslash B) \cap C$

(Die korrekte(n) Identität(en) sind formelmäßig zu begründen, die falschen durch Gegenbeispiele – z.B. in Form von Venn-Diagrammen – zu widerlegen.)

Aufgabe 0.30 (↗L). Gegeben seien folgende mengentheoretische Ausdrücke. Zeichnen Sie die dazugehörigen Venn-Diagramme.

- a) $(M \cup N) \backslash P$
- b) $(M \backslash N) \cup P$
- c) $N \cup (M \cap P)$
- d) $(M \cap P) \backslash N$
- e) $M \cap N \cap P$
- f) $(M \cap P) \cup (N \backslash (M \cup P))$

Aufgabe 0.31. Gegeben seien folgende Venn-Diagramme. Man beschreibe die schraffierten Mengen durch mengentheoretische Ausdrücke!

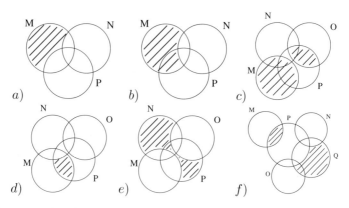

Aufgabe 0.32 (↗L). Es seien folgende kartesischen Produkte gegeben:

- $A := (1,5) \times (1,3)$.
- $B := (2,8] \times (2,4]$.
- $C := [4,6] \times [0,7]$.

Skizzieren Sie A, B, C und folgende Mengen:

a) $(B \cup C) \setminus A$.

b) $(A \cap B) \cup (B \cap C)$.

c) $(A \triangle B) \triangle C$.

0.4   Zahlensysteme

In diesem Abschnitt stellen wir wiederholend zusammen, was wir in diesem Text an Wissen und Bezeichnungen über Zahlensysteme voraussetzen (die Bezeichnungen dürften mittlerweile in allen Schulbüchern Standard sein).

0.4.1 $\mathbb{N}$

Mit $\mathbb{N}$ bezeichnen wir die Menge der *natürlichen* Zahlen:

$$\mathbb{N} := \{1, 2, 3, 4, 5, 6, \cdots\}.$$

Obwohl unsere Aufzählung zwangsläufig nach wenigen Schritten abbrechen muss, können wir annehmen, dass sie von jedermann richtig interpretiert wird.

Bemerkung 0.33. Null ist definitionsgemäß *keine* natürliche Zahl. Will man sie zu den natürlichen Zahlen hinzunehmen, entsteht die neue Menge
$\mathbb{N}_0 := \mathbb{N} \cup \{0\}$.

0.4.2 $\mathbb{Z}$

Nimmt man weiterhin negative Werte natürlicher Zahlen hinzu, entsteht die Menge

$$\mathbb{Z} := \mathbb{N}_0 \cup \{-n \ \mid n \in \mathbb{N}\}$$

der *ganzen Zahlen*. Unter Verwendung einer zweiseitigen Aufzählung könnten wir auch schreiben $\mathbb{Z} = \{..., -3, -2, -1, 0, 1, 2, 3, ...\}$.

0.4.3 $\mathbb{Q}$

Brüche mit ganzzahligem Zähler und Nenner ergeben Werte, die selbst nicht mehr notwendig ganzzahlig sind. Man fasst sie in der Menge $\mathbb{Q}$ zusammen:

$$\mathbb{Q} := \left\{ \frac{p}{q} \ \mid p, q \in \mathbb{Z}, \ q \neq 0 \right\}. \tag{19}$$

Man nennt sie Menge der *rationalen* Zahlen (ausgehend von dem lateinischen und englischen Wort ratio für Bruch).

In (19) steht der Ausdruck $\frac{p}{q}$ für einen beliebigen Bruch der angegebenen Art. Bekanntlich lassen sich Brüche kürzen oder erweitern, ohne dass ihr Zahlenwert sich ändert. Auf diese Weise kann jede rationale Zahl auf vielfache Weise in der Form $\frac{p}{q}$ geschrieben werden, wobei der Zähler p und der Nenner q ganzzahlig sind. So handelt es sich bei

$$\frac{3}{2}, \quad \frac{-1032}{-688}, \quad \frac{15}{10}$$

zwar um verschiedene Brüche, diese stellen aber sämtlich ein- und dieselbe Zahl (mit der Dezimaldarstellung $Z = 1,5$) dar.

0.4.4 $\mathbb{R}$

Relativ einfache Überlegungen zeigen, dass es Zahlen gibt, die *nicht* rational sind. So ist die Seitenlänge x eines Quadrats mit dem Flächeninhalt 2 eine Lösung der Gleichung $x^2 = 2$, die keinesfalls rational sein kann. DEDEKIND zeigte überdies, dass zwischen je zwei verschiedenen rationalen Zahlen mindestens eine Zahl liegen muss, die nicht rational ist (und umgekehrt). Man nennt derartige Zahlen *irrational*. Obwohl sie keine Darstellung als Bruch mit ganzzahligem Zähler oder Nenner besitzen, lassen sie sich jedoch beliebig genau durch solche Brüche annähern. Vervollständigen wir die Menge $\mathbb{Q}$ um alle derartigen fehlenden irrationalen Zahlen, gelangen wir zu der Menge $\mathbb{R}$ der sogenannten *reellen* Zahlen. Sie können als Punkte auf einer (unendlich langen) Zahlengeraden visualisiert werden:

Was ist z.B. an dem visualisierten Punkt x reell? Er kann nicht nur als Punkt, sondern zugleich als Länge der hervorgehobenen Strecke interpretiert werden; es entspricht ihm also (zumindest in unserer Vorstellung) ein reales Objekt.

Die Angabe dieser Länge könnte z.B. in Form einer Dezimalzahl erfolgen. Wir bemerken, dass jede Dezimalzahl mit nur endlich vielen (von Null verschiedenen) Nachkommastellen eine *rationale* Zahl ist, während jede irrationale Zahl notwendigerweise eine Dezimaldarstellung mit unendlich vielen von Null verschiedenen Nachkommastellen besitzt. Also können wir – einfach durch Hinschreiben genügend vieler Kommastellen – jede beliebige reelle Zahl durch rationale Zahlen approximieren.

Beispiel 0.34. Die Darstellung

$$x = 0.7251$$

bedeutet nichts anderes als

$$x = \frac{7251}{10000},$$

also ist x *rational*. Die Dezimaldarstellung können wir übrigens so interpretieren:

$$
\begin{aligned}
x &= \frac{(7000 + 200 + 50 + 1)}{10000} \\
&= \frac{7}{10} \quad + \quad \frac{2}{100} \quad + \quad \frac{5}{1000} \quad + \quad \frac{1}{10000} \\
&= 7 \cdot 10^{-1} \quad + \quad 2 \cdot 10^{-2} \quad + \quad 5 \cdot 10^{-3} \quad + \quad 1 \cdot 10^{-4}
\end{aligned}
$$

in allgemeiner Form

$$x = q_1 \cdot 10^{-1} + q_2 \cdot 10^{-2} + q_3 \cdot 10^{-3} + q_4 \cdot 10^{-4},$$

worin $q_1, \ldots, q_4$ die vier von Null verschiedenen Dezimalziffern von x bezeichnen. △

Beispiel 0.35. Wir betrachten nun eine beliebige irrationale Zahl, deren Dezimaldarstellung so beginnt:

$$x = 0.141592654....$$

Wenn wir nur die ersten drei Dezimalstellen ansehen, finden wir

$$0.141 \leq x \leq 0.142.$$

Die beiden äußeren Zahlen lassen sich als Bruch schreiben, sind also rational:

$$\frac{141}{1000} \leq x \leq \frac{142}{1000}$$

symbolisch
$$L \leq x \leq R.$$

Der "Abstand" von L und R ist $R - L = \frac{1}{1000}$, wir können also sowohl L als auch R als eine Näherung der irrationalen Zahl x durch eine rational Zahl ansehen, die auf $\frac{1}{1000}$ genau ist.

Verwenden wir nun statt 3 sogar 6 Dezimalen, finden wir entsprechend
$$L' := \frac{141592}{1000000} \leq x \leq \frac{141593}{1000000} =: R',$$

wobei sich der Abstand von R' zu L' auf $\frac{1}{1000000}$ vermindert hat. Die Näherung von x durch L' (oder R') ist also schon auf $\frac{1}{1000000}$ genau. $\triangle$

Eine abstrakte Notation der Zahl x aus dem letzten Beispiel ist
$$x = 0.q_1 q_2 q_3 q_4 \ldots q_N \ldots.$$

Bei Näherung durch Zahlen mit nur endlich vielen Nachkommastellen schreibt man auch
$$x = \lim_{n \to \infty} (q_1 10^{-1} + q_2 10^{-2} + \ldots + q_n 10^{-n}).$$

Im Abschnitt 4 (Folgen und Reihen) geben wir dieser Schreibweise einen präzisen Sinn.

0.4.5 $\mathbb{R}^n$, Koordinatensysteme, Visualisierung

Es sei n eine beliebige natürliche Zahl. Das n-fache kartesische Produkt von $\mathbb{R}$ mit sich selbst wird mit dem Symbol $\mathbb{R}^n$ bezeichnet. Jedes Element x dieser Menge hat die Form $x = (x_1, \ldots, x_n)$, wobei $x_1, \ldots, x_n$ reelle Zahlen sind und als *Koordinaten* von x bezeichnet werden. Sie bieten eine Möglichkeit zur Visualisierung der Menge $\mathbb{R}^n$ mit Hilfe eines kartesischen Koordinatensystems. Im Fall $n = 1$ handelt es sich um den oben abgebildeten Zahlenstrahl, im Fall $n = 2$ hingegen um die kartesische Koordinatenebene:

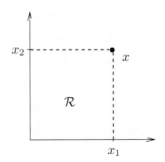

Ein beliebiger Punkt $x = (x_1, x_2) \in \mathbb{R}^2$ wird eingezeichnet, indem der Wert x_1 auf der waagerechten und der Wert x_2 auf der senkrechten Koordinatenachse abgetragen wird; anschließend werden, ausgehend von den markierten Punkten, lotrechte Geraden (blau) eingezeichnet. Genau in deren Schnittpunkt liegt der Punkt x.

Sinngemäß kann man auch im Fall $n = 3$ vorgehen; auf Einzelheiten gehen wir im Band *BÖ* Math 2 ein.

0.4.6   Etwas Neues: Die Menge $\mathbb{C}$

So, wie die Menge der natürlichen Zahlen nicht genügt, um z.B. Minuten als Bruchteile einer Stunde auszudrücken oder wie die Menge der rationalen Zahlen nicht genügt, um z.B. den Flächeninhalt eines Kreises korrekt anzugeben, erweist sich auch bei der Menge $\mathbb{R}$ reeller Zahlen, dass sie zur Lösung bestimmter Aufgaben nicht genügt. Insbesondere können wir dort keine Lösung der einfachen algebraischen Gleichung

$$x^2 + 1 = 0 \tag{20}$$

finden, denn für jede reelle Zahl x gilt $x^2 \geq 0$ und somit $x^2 + 1 > 0$.

Rein formal hat (20) die Lösungen $-\sqrt{-1}$ und $\sqrt{-1}$. Diese formalen Lösungen haben z.B. in der Technik durchaus eine sinnvolle Interpretation. Sie bieten ferner große Vorteile auf dem Weg zu einer einheitlichen Theorie algebraischer Gleichungen, wie sie auch in der Wirtschaftsmathematik benötigt wird (konkrete Anwendungen davon werden wir in den Bänden *BÖ* Math 2 und *BÖ* Math 3 antreffen). Deswegen bietet es sich an, die Menge $\mathbb{R}$ um diese Lösungen, ihre Vielfachen und Potenzen zu erweitern. Auf diese Weise gelangen wir zur nächstgrößeren Zahlenmenge $\mathbb{C}$ - der Menge der komplexen Zahlen. Auf Einzelheiten gehen wir im Punkt 0.7.4 "Polynome und komplexe Zahlen" ein.

0.4.7   Nützliche Ergänzungen

Naturgemäß wollen wir hier auch die Kenntnis der in den bekannten Zahlensystemen herrschenden Rechengesetze voraussetzen. Diese werden allerdings oft unbewusst gebraucht, wodurch sich Fehler einschleichen können. Deswegen gehen wir hier kurz auf ausgewählte Rechenregeln, ihren Nutzen und typische Fehlerquellen ein.

Das Kommutativgesetz

der Addition lautet

$$\forall a, b \in M: \quad a + b = b + a,$$

wobei für M wahlweise jedes der erwähnten Zahlensysteme ($\mathbb{N}, \mathbb{Z}, \mathbb{Q}, \mathbb{R}, \mathbb{R}^n, \mathbb{C}$) eingesetzt werden kann. *Ohne* dieses Gesetz hätten wir zwischen Additionsergebnissen $a + b$ und $b + a$ zu unterscheiden! Glücklicherweise ist dies nicht der Fall. (Im Band *BÖ* Math 2 werden wir jedoch eine Rechenoperation kennenlernen, für die das Kommutativgesetz *nicht* gilt.)

Das Assoziativgesetz

der Addition lautet

$$\forall a, b, c \in M : \quad (a + b) + c = a + (b + c),$$

(M wie zuvor) und erlaubt uns, mehrfache Additionen bequemstens durchzuführen. Wir erinnern: Die Addition ist ursprünglich nur als Operation zwischen *zwei* gegebenen Zahlen a und b definiert, wobei dem Paar (a, b) das Ergebnis $a + b$ zugeordnet wird. Ein Ausdruck der Form

$$a + b + c$$

kann *praktisch* immer nur in *zwei* Schritten berechnet werden – egal, ob im Kopf oder mit einem Computer: Zunächst werden zwei der drei Zahlen addiert, dann wird zu dem entstandenen Additionsergebnis die noch fehlende dritte Zahl addiert. Um klarzumachen, in welcher Reihenfolge vorgegangen wird, sind Klammern zu setzen. *Ohne* Kommutativ- und Assoziativgesetz wären folgende zwölf Berechnungsergebnisse zu unterscheiden:

$$\begin{array}{cccc}
(a + b) + c & (b + a) + c & c + (a + b) & c + (b + a) \\
(a + c) + b & (c + a) + b & b + (a + c) & b + (c + a) \\
(b + c) + a & (c + b) + a & a + (b + c) & a + (c + b)
\end{array}$$

(Dabei bedeutet z.B. $c + (a + b)$: Man berechne zunächst $d := a + b$ und anschließend $c + d$ (unter Beachtung der Reihenfolge der Summanden)).

Dank Kommutativgesetz können die Terme in Grau vernachlässigt werden, da sie lediglich durch Umordnung der Summanden in den schwarzen Termen entstehen. Bleiben immer noch drei denkbare Berechnungsergebnisse (schwarz). Das Assoziativgesetz sorgt dafür, dass auch diese sich nicht unterscheiden. Also: Erst dank beider Gesetze können wir die vorangehenden 12 Formeln zu dem kurzen Ausdruck

$$a + b + c$$

zusammenfassen.

Mehrfache Additionen und das Summenzeichen

Aufgrund der vorangehenden Überlegungen können nun auch Summen mit mehr als zwei Summanden "klammerfrei" notiert werden. Weil die Anzahl n der Summanden groß werden kann, ist es hier nun sinnvoller, die Summanden zu numerieren, statt sie einfach mit $a, b, c, \ldots$ usw. zu benennen:

$$a_1 + a_2 + \ldots + a_n. \tag{21}$$

Die laufende Nummer – z.B. 2 – eines Summanden wird hierbei als *Index* bezeichnet und typischerweise tiefgestellt: a_2. Unter Verwendung des Summenzeichens Σ kann die Summe (21) kürzer so notiert werden:

$$\sum_{k=1}^{n} a_k \quad := \quad a_1 + \ldots + a_n \tag{22}$$

Hierbei nennt man 1 und n die untere bzw. obere *Summationsgrenze* und k den *Summationsindex*. (Dieser spielt nur innerhalb der Summenformel eine Rolle und kann völlig beliebig bezeichnet werden; es gilt also z.B.

$$\sum_{k=1}^{n} a_k \quad = \quad \sum_{\xi=1}^{n} a_\xi$$

– hier wurde also lediglich k in ξ umbenannt.) Ein Beispiel zur Interpretation von (22): Es gilt

$$\sum_{s=5}^{8} \frac{1}{s^2} \quad = \quad \frac{1}{5^2} + \frac{1}{6^2} + \frac{1}{7^2} + \frac{1}{8^2};$$

hierbei ist $\frac{1}{s^2}$ als a_s zu lesen, sukzessive für $s = 5, 6, 7, 8$ zu berechnen und anschließend zu summieren.

Zur Multiplikation

Auch für die Multiplikation gilt ein Kommutativ- und ein Assoziativgesetz. Beide sind nahezu wortgleich mit denen der Addition; man erhält erstere, indem in letzteren einfach das Pluszeichen "+" durch das Multiplikationszeichen "·" (bzw. ein Leerzeichen) ersetzt wird.

Auf diese Weise können auch mehrfache Produkte "klammerfrei" notiert werden, und zur Vereinfachung lässt sich das Produktzeichen "$\prod$" verwenden:

$$\prod_{k=1}^{n} a_k \quad := \quad a_1 \cdot \ldots \cdot a_n$$

"Gemischte Operationen" und beliebte Fehler

Treffen in einem Ausdruck Multiplikation und Addition aufeinander, so ist das *Distributivgesetz* hilfreich; es lautet:

$$\forall a, b, c \in M : \quad a(b+c) = ab + ac. \tag{23}$$

Fehlerquelle: *Überaus beliebt ist es, auf der linken Seite von (23) die Klammern zu vergessen. Man erhält eine "Gleichung", die nicht allgemein gilt:*

$$a(b+c) \quad \neq \quad ab + c. \tag{24}$$

(Wer sich unsicher ist, sollte im Zweifelsfall anhand einiger weniger Zahlenbeispiele überprüfen, ob eine vermutete "Gleichung" tatsächlich gelten kann. So haben wir z.B.

$$3(5 + 7) = 36 \quad \neq \quad 22 = 3 \cdot 5 + 7$$

womit klar ist, dass in (24) kein Gleichheitszeichen stehen kann.)

Fehlerquelle: *Bei "gemischten" Operationen gilt kein Assoziativgesetz:*

$$(a + b) \cdot c \quad \neq \quad (a \cdot b) + c. \tag{25}$$

Deswegen ist hier (im Gegensatz zur "reinen" Addition oder Multiplikation) *größter Wert auf die Klammersetzung* zu legen.

(Aufgrund der gängigen Konvention "Punktrechnung geht vor Strichrechnung" können auf der rechten Seite von (25) die Klammern eingespart werden. Es gilt daher vereinbarungsgemäß

$$(a \cdot b) + c \quad = \quad a \cdot b + c.$$

Wir sehen daran: Wer in (23) die Klammern vergisst, wendet ein nicht geltendes "Rechengesetz" an – und darf die Prüfung wiederholen ...)

Die Symbole "∞" und "−∞"

können oft nützlich sein, um Sachverhalte kurz und präzise zu beschreiben. Wir halten jedoch fest: Es handelt sich nicht um reelle Zahlen, sondern um abstrakte Symbole, um die die Menge $\mathbb{R}$ bei Bedarf erweitert werden kann. Wir schreiben

$$\overline{\mathbb{R}} := \quad \{-\infty\} \ \cup \ \mathbb{R} \ \cup \ \{\infty\}$$

und lassen folgende Ungleichungen *per definitionem* für alle $a \in \mathbb{R}$ gelten:

$$-\infty \quad < \quad a \quad < \quad \infty \tag{26}$$

Wir können dann in $\overline{\mathbb{R}}$ sogar **fast** ganz so wie in $\mathbb{R}$ rechnen. Genauer: Die aus $\mathbb{R}$ bekannte Addition und Multiplikation "$a + b$" bzw. "$a \cdot b$" lassen sich so erweitern, dass für a oder b die Symbole ∞ bzw. $-\infty$ eingesetzt werden können, wobei allerdings folgende Einschränkung zu beachten ist:

Die Ausdrücke

$$0 \cdot \infty \quad , \quad \infty - \infty \quad , \quad \frac{\infty}{\infty} \qquad \textit{sowie deren "Verwandte"}$$

sind nicht definiert!

Die Bezeichnung "Verwandte" bezieht sich auf Ausdrücke, die aus den zuvor genannten durch einfachste Änderungen – wie der Reihenfolge oder des Vorzeichens – hervorgehen. Auf diese Weise können wir z.B. ganz beruhigt rechnen

$$5 + \infty = \infty \quad , \quad -3 - \infty = -\infty \quad , \quad \infty + \infty = \infty$$

oder

$$5 \cdot \infty = \infty \quad , \quad (-3) \cdot (-\infty) = \infty \quad , \quad \infty \cdot \infty = \infty,$$

aber **Achtung:**

$$-\infty + \infty \;\;\not{/}\!\!\!/ \;\; , \;\; \frac{-\infty}{-\infty} \;\;\not{/}\!\!\!/ \;\; , \;\; (-\infty) \cdot 0 \;\;\not{/}\!\!\!/ \,.$$

0.4.8   Aufgaben

Aufgabe 0.36 (↗L). Jede rationale Zahl $q \neq 0$ lässt sich in eindeutiger Weise als Bruch

$$q = \frac{z}{n}$$

schreiben, wobei z und n teilerfremde ganze Zahlen sind und n positiv ist. Geben Sie eine solche Darstellung an für

$$q = \frac{18}{27}, \;\; q = -\frac{5}{125}, \;\; q = -0{,}66, \;\; q = \frac{420}{2475}, \;\; q = \frac{7}{8 + \frac{1}{6}}, \;\; q = 0{,}\bar{3}.$$

Aufgabe 0.37 (↗L). Stellen Sie fest, welche der folgenden Ausdrücke sich unter Verwendung der oben eingeführten Konventionen sinnvoll auswerten lassen und berechnen Sie sie:

a) $\dfrac{1 - \infty}{1 + \infty}$ b) ∞^2 c) $(1 + \infty)(1 - \infty)$

(Kann der Term c) durch Ausmultiplizieren ermittelt werden?)

Aufgabe 0.38. Weisen Sie durch direktes Nachrechnen nach, dass für $a, b \in \mathbb{R}$ die folgende binomische Formel gilt:

$$(a + b)^2 \;\; = \;\; a^2 + 2ab + b^2$$

Welche Rechengesetze werden für Ihre Rechnung benötigt?

0.5   Ungleichungen und Beträge

0.5.1   Ungleichungen

Zum Gebrauch von Ungleichungszeichen

Ungleichungen zählen aus irgendeinem Grunde zu den Mysterien der Schulausbildung – vielleicht deswegen, weil ihr Nutzen (im Gegensatz zu dem von Gleichungen) oft nicht so recht plausibel wurde. Können wir hier unterstellen, dass aus der Schule zumindest *bekannt* ist, was die Zeichen

$$<, \quad \leq, \quad \geq, \quad >$$

bedeuten, wenn sie zwischen zwei reelle Zahlen gesetzt werden?

Beispiel 0.39. In einer Übungsaufgabe sollte (durch Ankreuzen) festgestellt werden, welche der folgenden Ungleichungen gelten:

$$\bigcirc \ 7 < 5 \quad \bigcirc \ 5 \leq 5 \quad \bigcirc \ 7 \geq 5 \quad \bigcirc \ 7 > 5.$$

Zahlreiche Antworten sahen so aus:

$$\bigcirc \ 7 < 5 \quad \bigcirc \ 5 \leq 5 \quad \bigcirc \ 7 \geq 5 \quad \otimes \ 7 > 5.$$

Diese sind falsch! Richtig hätte es heißen müssen:

$$\bigcirc \ 7 < 5 \quad \otimes \ 5 \leq 5 \quad \otimes \ 7 \geq 5 \quad \otimes \ 7 > 5.$$

$$\triangle$$

Wir sehen hier bereits *zwei* beliebte Fehlerquellen; Unsicherheit besteht erstens dahingehend, ob denn gilt "$5 \leq 5$", und zweitens, ob gilt "$7 \geq 5$". Gern wird gesagt:

bzw.

> "Es gilt doch $5 = 5$, also gilt nicht $5 \leq 5$."

> "Es gilt doch $7 > 5$, also gilt nicht $7 \geq 5$."

Falsch! Wir stellen klar: Jede Ungleichung kann als eine logische Aussage aufgefasst werden. Diese kann wahr oder falsch sein. So ist die Aussage "$7 < 5$" bekanntermaßen falsch. Die Aussage "$7 > 5$" hingegen ist wahr. Die Aussage "$7 \geq 5$" ist aber ebenfalls wahr, denn sie bedeutet ausführlich:

> Es gilt   "$7 > 5$"   oder   "$7 = 5$".

Als logische Disjunktion ist diese Aussage wahr, sobald eine der beiden Teilaussagen wahr ist; hier ist die erste Teilaussage wahr, also auch die Gesamtaussage "$7 \geq 5$". Ähnlich überzeugt man sich davon, dass auch die Aussage "$5 \leq 5$" wahr ist.

Fazit: *Es darf jedes "Ungleichungs-"Zeichen hingeschrieben werden, welches zu einer wahren Aussage führt, aber kein anderes.*

Fehler wie in unserem Beispiel oben haben ihre Ursache meistens darin, dass *Wahrheits-* und *Informations*gehalt einer Ungleichung verwechselt werden.

Immerhin wird dabei noch bemerkt, dass zwischen ">" und "$\geq$" ein Unterschied besteht. Leider ist das nicht der Fall, wenn – wie leider viel zu oft – die Formel

$$x \geq 0$$

so übersetzt wird:

$$\text{``}x \text{ ist positiv.''}$$

Wieder falsch! x könnte ja auch gleich Null sein. Diese Möglichkeit wird infolge falscher Übersetzung übersehen – oft mit fatalen Folgen. Um dies zu vermeiden, hier noch einmal die korrekten Übersetzungen:

$$
\begin{aligned}
x \text{ ist positiv} &\quad\Longleftrightarrow\quad x > 0 \\
x \text{ ist nichtnegativ} &\quad\Longleftrightarrow\quad x \geq 0
\end{aligned}
$$

"Eine Ungleichung genügt"

Wir betrachten einmal die Ungleichung "$\leq$" etwas näher. Ihre charakteristischen Eigenschaften sind folgende:

Satz 0.40. *Für beliebige reelle Zahlen a, b, c gilt*

(U1) $a \leq a$ "Reflexivität"

(U2) $a \leq b \wedge b \leq a \Rightarrow a = b$ "Antisymmetrie"

(U3) $a \leq b \wedge b \leq c \Rightarrow a \leq c$ "Transitivität"

Die erste Bedingung erlaubt, die Pfeilrichtung in der zweiten umzukehren:

$$a \leq b \quad \wedge \quad b \leq a \quad\Longleftrightarrow\quad a = b$$

auf diese Weise kann die *Gleichheit* mit Hilfe *zweier Ungleichungen* geschrieben werden.

Auch alle anderen bisher aufgetretenen Ungleichungs-Zeichen lassen sich auf das eine Zeichen "$\leq$" zurückführen. Es gilt nämlich für beliebige reelle Zahlen a und b

- $a \geq b \quad\Longleftrightarrow\quad b \leq a$
- $a < b \quad\Longleftrightarrow\quad a \leq b \wedge \neg(a = b)$
- $a > b \quad\Longleftrightarrow\quad b < a.$

Weiterhin führen wir noch die negierten Ungleichungszeichen

$$\not<, \quad \not\leq, \quad \neq, \quad \not\geq, \quad \not>;$$

ein, die geschrieben werden können, wenn die entsprechende Ungleichung *nicht* gilt. (So sind auch "$7 \not< 5$", "$7 \neq 5$" etc. wahre Aussagen.)

Auch diese Zeichen lassen sich letztlich auf das Zeichen "$\leq$" zurückführen. Z.B. gilt

$$a \not> b \quad \Longleftrightarrow \quad \neg(a > b).$$

Wegen dieser engen Zusammenhänge ist es nicht erforderlich, an dieser Stelle alle nur denkbaren Eigenschaften jedes einzelnen Ungleichungstyps aufzulisten. Wichtig ist jedoch folgende Feststellung: Alle genannten "Un"gleichungen mit Ausnahme von $\neq$ sind *transitiv*, es gilt also für beliebige reelle Zahlen a, b und c

$$a \,\square\, b \quad \wedge \quad b \,\square\, c \quad \Longrightarrow \quad a \,\square\, c \tag{27}$$

wobei für $\square$ ein beliebiges der Zeichen

$$<, \quad \leq, \quad =, \quad \geq, \quad >$$

gewählt und an allen drei Stellen *gleichzeitig* eingesetzt werden kann.

Ungleichungen mit Variablen

Wir haben nun geklärt, welche Ungleichungszeichen zwischen zwei beliebige reelle Zahlen gesetzt werden dürfen. Interessanter sind natürlich solche Ungleichungen, die Variablen enthalten. Ihrer Natur nach handelt es sich um logische Aussagen in Gestalt eines Prädikates. Beispiel: Die Ungleichung

$$a > 7$$

ist ein Prädikat über a; wir könnten auch schreiben "$P(a)$". Es besagt von der ansonsten nicht näher bezeichneten reellen Zahl a, dass sie größer als 7 sei. Statements dieser Art werden oft benötigt, um Mengen zu beschreiben. So könnte man etwa ein Intervall so definieren:

$$(7, \infty) := \{a \in \mathbb{R} \mid a > 7\}.$$

Hierbei ist natürlich sehr leicht zu sehen, wie die beschriebene Menge "aussieht". Etwas schwieriger wirken schon Formulierungen wie diese:

Aufgabe 0.41. Bestimmen Sie die Lösung(smenge) L der Ungleichung $2x - 4 > 12 - 5x$!

Was ist wirklich gemeint? Immerhin ist ja offensichtlich, was als Lösungsmenge anzusehen ist:

$$L := \{x \in \mathbb{R} \mid 2x - 4 > 12 - 5x\}.$$

In Wirklichkeit wird hier danach gefragt, ob sich dieselbe Menge nicht auch noch *einfacher* beschreiben ließe, z.B. in Form eines Intervalls o.ä. (In diesem Beispiel lautet die Antwort JA, wie wir gleich sehen werden.) Wir halten jedoch fest: Auch hier geht es um die Beschreibung von Mengen.

Äquivalenzumformungen von Ungleichungen

Zur Lösung der Aufgabe 0.41 müssen wir die Ungleichung $2x - 4 > 12 - 5x$ ein wenig umformen. Wir betrachten das Problem etwas allgemeiner und fragen nach den Regeln, nach denen eine beliebig gegebene Ungleichung umgeformt werden kann. Diese **U**mformungs-**R**egeln für **U**ngleichungen kann man sich nach folgendem Schema einprägen:

> (URU 1)   *Addition einer Konstanten* erhält
>
> (URU 2)   *Multiplikation mit einem positiven Faktor* erhält
>
> (URU 3)   *Multiplikation mit einem negativen Faktor* kehrt um,

wobei sich "erhält" und "kehrt um" auf die Richtung des Ungleichungszeichens bezieht (und "Addition" auch die Subtraktion sowie "Multiplikation" auch die Division umfasst). Die präzise Aussage hierzu lautet:

Satz 0.42 (Umformungsregeln für Ungleichungen).

(URU 1) Für beliebige reelle Zahlen a, b, c gilt

$$a \,\square\, b \quad \Leftrightarrow \quad a + c \,\square\, b + c$$

für $\square \in \{<, \not<, \leq, \not\leq, =, \neq, \geq, \not\geq, >, \not>\}$.

(URU 2) Für beliebige reelle Zahlen a, b und beliebige $\lambda > 0$ gilt

$$a \,\square\, b \quad \Leftrightarrow \quad \lambda a \,\square\, \lambda b$$

für $\square \in \{<, \not<, \leq, \not\leq, =, \neq, \geq, \not\geq, >, \not>\}$.

(URU 3) Für beliebige reelle Zahlen a, b und beliebige $\lambda < 0$ gilt

$$a \,\square\, b \quad \Leftrightarrow \quad \lambda a \star \lambda b$$

wobei $\square$ für ein beliebiges Zeichen der ersten Zeile und $\star$ für das zugehörige Zeichen der zweiten Zeile folgender Tabelle steht:

$\square$	$<,$	$\not<,$	$\leq,$	$\not\leq,$	$=,$	$\neq,$	$\geq,$	$\not\geq,$	$>,$	$\not>$
$\star$	$>$	$\not>$	$\geq$	$\not\geq$	$=$	$\neq$	$\leq$	$\not\leq$	$<$	$\not<.$

Die Schreibweise der Aussagen macht deutlich, dass es sich hierbei um *Äquivalenzumformungen* handelt: Die Ausgangsungleichung (links) ist genau dann erfüllt (wahr), wenn die Zielungleichung (rechts) erfüllt – also wahr – ist. Damit können wir alle Umformungen in beiden Richtungen vornehmen: In (URU 1) ist also gleichermaßen von der Addition wie von der Subtraktion die Rede; in (URU 2) und (URU 3) geht es nicht allein um die Multiplikation, sondern zugleich um die Division.

Beispiel 0.43. Die folgenden vier Ungleichungen sind äquivalent:

$$
\begin{array}{rcll}
2x - 4 & < & 12 - 5x & \parallel \text{Addiere die Konstante 4:} \\
2x & < & 16 - 5x & \parallel \text{Addiere die Konstante } 5x: \\
7x & < & 16 & \parallel \text{Multipliziere mit } \frac{1}{7}: \\
x & < & \frac{16}{7} & \parallel \text{Fertig!}
\end{array}
$$

Die gesuchte Lösung(smenge) L der Ungleichung $2x - 4 > 12 - 5x$ ist also gegeben durch

$$
L = \left\{ x \in \mathbb{R} \quad | \ x < \frac{16}{7} \right\}
$$

bzw. einfacher

$$
L = \left(-\infty, \frac{16}{7} \right).
$$

$\triangle$

Wir sehen: Eine Umformung einer gegebenen Ungleichung ist genau dann eine Äquivalenzumformung, wenn sie die Lösungsmenge der Ungleichung erhält.

Nun zu etwas schwierigeren Anwendungen der Rechenregeln.

Beispiel 0.44. Man bestimme die Lösungsmenge L der Ungleichung $xY \leq 5$, worin Y eine gegebene Konstante bezeichnet.

Lösung: Die Idee ist hier sehr simpel: Wir würden gern die gegebene Ungleichung durch Y dividieren und wären fertig. Das Problem dabei: Über Y wissen wir nichts. Drei Fälle sind möglich:

(1) $Y > 0$: Wir können hier durch Y dividieren, wobei die Ungleichungsrichtung erhalten bleibt (URU 2):

$$
xY \leq 5 \Leftrightarrow x \leq \frac{5}{Y}; \ \text{ es folgt } \ L = \left(-\infty, \frac{5}{Y} \right].
$$

(2) $Y = 0$: Die gegebene Ungleichung lautet nun in Wirklichkeit $x \cdot 0 < 5$, also $0 < 5$: Diese Ungleichung gilt immer, unabhängig davon, welchen Wert x annimmt. Sie ist also für jede reelle Zahl x erfüllt. Es folgt $L = \mathbb{R}$.

(3) $Y < 0$: Nun können wir wiederum dividieren, jedoch kehrt sich diesmal das Ungleichungszeichen um, weil Y *negativ* ist (URU 3):

$$
xY \leq 5 \Leftrightarrow x \geq \frac{5}{Y}; \ \text{ es folgt } \ L = \left[\frac{5}{Y}, \infty \right).
$$

Wir fassen zusammen:

$$
L = \begin{cases} \left(-\infty, \frac{5}{Y} \right] & \text{für } Y > 0 \\ \mathbb{R} & \text{für } Y = 0 \\ \left[\frac{5}{Y}, \infty \right) & \text{für } Y < 0 \end{cases}
$$

$\triangle$

In diesem Beispiel spielte Y die Rolle eines exogenen Parameters - also einer von außen vorgegebenen Konstanten, deren konkreter Wert uns nicht bekannt ist. In Abhängigkeit davon kann die Lösungsmenge variieren; dazu dient die Fallunterscheidung. Fallunterscheidungen können aber auch innerhalb einer Lösungsmenge sinnvoll sein:

Beispiel 0.45. Gesucht ist die Lösungsmenge L der Ungleichung

$$\frac{4x+3}{8-2x} > 7. \tag{28}$$

Lösung: Wir bemerken zunächst, dass der linke Term überhaupt nur dann hingeschrieben werden kann, wenn der Nenner ungleich Null ist. Es gilt

$$8 - 2x \neq 0 \quad \text{bzw.} \quad x \neq 4. \tag{29}$$

Um den störenden Bruch zu eliminieren, würden wir gern beide Seiten von (28) mit dem Nenner $8-2x$ multiplizieren. Dabei ist das Vorzeichen von $8-2x$ zu beachten, welches grundsätzlich ja noch von x abhängen kann. Es gibt also zwei Fälle, in denen wir jeweils ein bestimmtes Vorzeichen voraussetzen. Diese Fall-Voraussetzung darf im weiteren Lösungsablauf nicht vergessen werden!

- *Fall 1:* $8 - 2x > 0$ bzw. $x < 4$:
  In diesem Fall ist der Nenner in (28) positiv, wir können nach (URU 1) bei Erhalt der Ungleichungsrichtung multiplizieren:

$$
\begin{array}{lll}
4x+3 & > \; 7(8-2x) & \| \text{ rechte Seite ausmultiplizieren:} \\
4x+3 & > \; 56-14x & \| \; 14x \text{ addieren, 3 subtrahieren:} \\
18x & > \; 53 & \| \text{ durch 18 dividieren:} \\
x & > \; \frac{53}{18} &
\end{array}
$$

Dieses Ergebnis ist zusammen mit der Fall-Voraussetzung $x < 4 = \frac{72}{18}$ zu betrachten; das Gesamtergebnis im Fall 1 lautet also:

$$\frac{53}{18} < x < \frac{72}{18}.$$

(Anders formuliert: Für Fall 1 haben wir die Lösungsteilmenge $L_1 := (\frac{53}{18}, \frac{72}{18})$ gefunden.)

- *Fall 2:* $8 - 2x < 0$ bzw. $4 < x$:
  Da wir (28) diesmal mit einem *negativen* Nenner multiplizieren, kehrt sich die Ungleichungsrichtung um (URU 3); es folgt

$$
\begin{array}{lll}
4x+3 & < \; 7(8-2x) & \| \text{ rechte Seite ausmultiplizieren:} \\
4x+3 & < \; 56-14x & \| \; 14x \text{ addieren, 3 subtrahieren:} \\
18x & < \; 53 & \| \text{ durch 18 dividieren:} \\
x & < \; \frac{53}{18} &
\end{array}
$$

Dieses Ergebnis steht aber im Widerspruch zur Fall-Voraussetzung $\frac{72}{18} = 4 < x$. Demzufolge steuert Fall 2 nur die leere Menge als Lösungsteilmenge bei:

$$L_2 = \emptyset.$$

Als Gesamt-Lösungsmenge L erhalten wir die Vereinigung der Lösungsmengen für die beiden sich ausschließenden Fälle:

$$L = L_1 \cup L_2 = \left(\frac{53}{18}, \frac{72}{18}\right) \cup \emptyset = \left(\frac{53}{18}, \frac{72}{18}\right).$$

$\triangle$

Nicht-Äquivalenz-Umformungen

Es gibt zahlreiche mathematische Fragestellungen, bei denen man z.B. zeigen möchte, dass eine Größe x höchstens (oder mindestens) so groß ist wie eine gegebene Konstante K. Dann sind oft auch schon solche Umformungen hilfreich, die der *Äquivalenz*forderung *nicht notwendig* genügen. Wir verweisen hier hauptsächlich auf die folgenden beiden, teils schon aus (27) bekannten "Merkregeln":

(4) *Ungleichungen sind transitiv.*

(5) *Gleichsinnige Ungleichungen lassen sich addieren.*

Zur Illustration zunächst zwei Beispiele:

Beispiel 0.46. Man will zeigen, dass gilt $x > 0$. Bekannt sei schon, dass gilt $x > z$ und $z > 0$. Man folgert nun nach (27):

$$x > z \wedge z > 0 \quad \Rightarrow \quad x > 0.$$

Hierbei handelt es sich *nicht* um eine Äquivalenzumformung, weil sich aus $x > 0$ nicht folgern lässt, dass auch $x > z \wedge z \geq 0$ gilt. Trotzdem ist das Ziel erreicht. $\triangle$

Das logisch Wesentliche: Aus zwei gegebenen Ungleichungen wurde auf eine dritte als eine *notwendige* Folge geschlossen.

Wir betrachten ein Beispiel zur Additivität gleichsinniger Ungleichungen:

Beispiel 0.47. Ein Unternehmen bringt zwei Güter X und Y in den Mengen x und y aus. Aus technischen Gründen unterliegen die Ausbringungsmengen folgenden Beschränkungen:

$$6x - 4y < 8 \qquad (1)$$
$$4x + 4y < 28 \qquad (2)$$

Die Unternehmensleitung interessiert sich für die Antwort auf die folgende

> Frage: Kann die Ausbringungsmenge x unter diesen Beschränkungen beliebig groß gewählt werden?

Ein Student im Praktikum versucht die Antwort zu finden, und bildet einfach die Summe (3) beider Ungleichungen:

$$6x - 4y < 8 \qquad (1)$$
$$4x + 4y < 28 \qquad (2)$$
$$\dots\dots\dots\dots\dots$$
$$10x \qquad\quad < 36 \qquad (3)$$

Er schließt daraus auf die

Antwort: Nein. In jedem Fall muss gelten $x < \frac{18}{5}$. $\triangle$

Wir bemerken, dass auch hier keine Äquivalenzumformung vorgenommen wurde, denn aus (3) lässt sich nicht auf die beiden Ungleichungen (1) und (2) zurückschließen. Bei durch logisches "und" verbundenen Ungleichungen spricht man auch von einem Ungleichungs*system*. Solche Systeme werden im Band *BO* Math 2 eingehend betrachtet. – Eine mathematisch genaue Aussage zur Additivität ist diese:

Satz 0.48.

(i) *Für beliebige reelle Zahlen* a, b, c, d *gilt*

$$a \,\square\, b \ \wedge\ c \,\square\, d \quad \Rightarrow \quad a + c \,\square\, b + d$$

mit $\square \in \{\, <, \leq, =, \geq, >, \,\}$.

(ii) *Für beliebige reelle Zahlen* a, b, c, d *gilt*

$$a \,\square\, b \ \wedge\ c = d \quad \Rightarrow \quad a + c \,\square\, b + d$$

mit $\square \in \{\, <, \not<, \leq, \not\leq, =, \neq, \geq, \not\geq, >, \not> \,\}$.

(iii) *Für beliebige reelle Zahlen* a, b, c, d *gilt*

$$a < b \ \wedge\ c \leq d \quad \Rightarrow \quad a + c \ < \ b + d.$$

Durch die zahlreichen Auswahlmöglichkeiten für das Symbol $\square$ ergeben sich hieraus zahlreiche Einzelaussagen. So folgt aus (i) bei Verwendung von $\leq$ anstelle von $\square$ die Aussage

$$a \leq b \ \wedge\ c \leq d \quad \Rightarrow \quad a + c \leq b + d,$$

ebenso wie bei Verwendung von $<$ statt $\square$ folgt

$$a < b \ \wedge\ c < d \quad \Rightarrow \quad a + c < b + d.$$

Wir sehen nun, dass die letzte Aussage durch Punkt (iii) verschärft wird, denn dieselbe Folge tritt unter einer *schwächeren* Voraussetzung ein.

Es gibt auch Umformungen, die ganz ähnlich aussehen , aber mit Vorsicht zu genießen sind:

Achtung:

(i) *Ungleichungen sind nicht multiplikativ:*

$$a \,\square\, b \quad \wedge \quad c \,\square\, d \quad \cancel{\Rightarrow} \quad a \cdot c \,\square\, b \cdot d$$

(ii) *Vorsicht vor "reziproken Ungleichungen":*

$$a < b \quad \cancel{\Rightarrow} \quad \frac{1}{a} > \frac{1}{b}$$

Warum Achtung? Betrachten wir ein Beispiel zum Fall (i):

$$3 < 7 \quad \wedge \quad 4 < 8 \quad \Rightarrow \quad 3 \cdot 4 < 7 \cdot 8$$

Dieser Schluss ist korrekt. Wir können daraus jedoch leider nicht schließen, dass er *immer* korrekt ist! Dasselbe gilt für (ii). M.a.W.: *Der Blitz* $\cancel{}$ *besagt, dass die Schlussweisen nicht* allgemeingültig *sind,* d.h., es gibt

Gegenbeispiele 0.49.

(i) Es gilt $4 < 7$ und $-11 < -10$, aber nicht $4 \cdot (-11) < 7 \cdot (-10)$.

(ii) Es gilt $-2 < 2$, aber nicht $\frac{1}{(-2)} > \frac{1}{2}$. $\hfill \triangle$

0.5.2 Der Absolutbetrag

Zum Begriff

Für den Absolutbetrag gilt das für Ungleichungen Gesagte sozusagen "in Potenz": Obwohl als Schulstoff vorausgesetzt, bereitet der Umgang damit vielen Studierenden ernsthafte Schwierigkeiten. Wir beginnen mit dem A und O für den sicheren Umgang mit Absolutbeträgen – der

Definition 0.50. *Für eine beliebige reelle Zahl x heißt*

$$|x| = \begin{cases} x & \text{falls } x \geq 0 \text{ gilt} \\ -x & \text{falls } x < 0 \text{ gilt} \end{cases}$$

der Absolutbetrag *(kurz: Betrag) von x. (Für $|x|$ schreiben wir auch* abs(x)*).*

Die ganze Kunst beim Umgang mit Beträgen besteht nun darin, sich einfach auf diese Definition zu besinnen. Sie gibt uns nämlich den Schlüssel dafür in die Hand, Beträge auch *ohne* Betragsstriche auszudrücken. Wenn also eine Zahl x gegeben ist, müssen wir lediglich entscheiden: Ist $x \geq 0$? Falls JA (oberer Fall) ist $|x|$ dasselbe wie x; falls NEIN (unterer Fall der Definition) ist $|x|$ dasselbe wie $-x$.

Fast banal mag die Feststellung wirken , dass für alle reellen x gilt

$$|x| \geq 0 \tag{30}$$

$$|x| = |-x|. \tag{31}$$

Erste Beispiele

Beispiel 0.51. Es gilt

- $|7| = 7$ (oberer Fall)
- $|\text{- }33| = 33$ (unterer Fall)
- $|0| = 0$ (oberer Fall).

Weiterhin gilt für beliebige $w \geq 0$ und $x, z \in \mathbb{R}$

- $\big||x|\big| = |x|$ (lies $|y| = y$ für $y := |x|$, wegen (30) liegt der obere Fall vor)
- $|z^2| = z^2$ (oberer Fall)
- $|\sqrt{w}| = \sqrt{w}$ (oberer Fall).   △

Beispiel 0.52. Es sollen alle reellen Zahlen x bestimmt werden, für die gilt

$$2x + |x| = 4. \tag{32}$$

Lösung: Da jede der gesuchten Zahlen x zunächst unbekannt ist, müssen wir zwei Fälle unterscheiden:

(1) "oberer Fall" $x \geq 0$:

Wir können die Betragsstriche nun einfach weglassen, (32) geht über in $2x + x = 4$ mit der eindeutigen Lösung $x = \frac{4}{3}$.

(2) "unterer Fall" $x < 0$:

Nun gilt $|x| = -x$, und (32) geht über in $2x - x = 4$ mit der eindeutigen Lösung $x = 4$. Leider widerspricht diese Lösung der Fallvoraussetzung $x < 0$ und entfällt.

Ergebnis: (32) hat genau eine Lösung, nämlich $x = \frac{4}{3}$.   △

Beispiel 0.53. Für eine beliebige positive Zahl K sollen alle reellen Zahlen x mit

$$|x| \leq K \tag{33}$$

bestimmt werden.

Lösung: Wir gehen genauso vor wie im vorherigen Beispiel:

(1) "oberer Fall" $x \geq 0$:

Wegen $|x| = x$ geht (33) über in $x \leq K$. Zusammen mit der "Fallvoraussetzung" $x \geq 0$ folgt $x \in [0, K] =: L_1$.

(2) "unterer Fall" $x < 0$:

Wegen $|x| = -x$ geht (33) über in $-x \leq K$. Das störende Minuszeichen links eliminieren wir durch Multiplikation dieser Ungleichung mit dem Faktor -1; dabei kehrt sich die Ungleichungsrichtung um: $x \geq -K$. Zusammen mit der "Fallvoraussetzung" $x < 0$ folgt $x \in [-K, 0) =: L_2$.

Wir setzen nun die beiden disjunkten Lösungsteilmengen L_1 und L_2 zusammen und finden die Gesamtlösungsmenge: $L = [-K, K]$.   △

Sinngemäß wäre vorzugehen, wenn in (33) eine strikte Ungleichung vorläge. Die Ergebnisse werden uns oft sehr helfen, deswegen fassen wir sie hier zusammen:

$$|x| \leq K \quad \Longleftrightarrow \quad x \in [-K, K]$$
$$|x| < K \quad \Longleftrightarrow \quad x \in (-K, K) \tag{34}$$

Eine einfache Folgerung überlassen wir dem Leser als Übung: Für beliebige Konstanten $K > 0$ und $x_0 \in \mathbb{R}$ gilt:

$$|x - x_0| \leq K \quad \Longleftrightarrow \quad x \in [x_0 - K, x_0 + K]$$
$$|x - x_0| < K \quad \Longleftrightarrow \quad x \in (x_0 - K, x_0 + K). \tag{35}$$

(*Hinweis:* Man ersetze einfach in (34) das x durch $x - x_0$.) Es empfiehlt sich, sich die Formeln (34) und (35) einzuprägen, denn Ungleichungen, wie sie hier auf der linken Seite stehen, kommen relativ häufig vor. Nunmehr ist es eine Sache von Sekunden, die Betragsstriche "loszuwerden".

Beispiel 0.54. Gesucht sind alle reellen Zahlen x, die der Ungleichung

$$\big|\,|x - 2| - 1\,\big| < 5 \tag{36}$$

genügen.

Lösung: Bei dieser Ungleichung werden Beträge geschachtelt. Es bietet sich also an, Fallunterscheidungen für die äußeren und die inneren Beträge zu kombinieren. Wir versuchen es z.B. erst einmal "innen" mit der Fallunterscheidung bezüglich $|x - 2|$:

Fall 1: $x - 2 \geq 0$ (gleichbedeutend mit: $x \geq 2$):
Hier geht (36) über in $|x - 2 - 1| < 5$, also

$$|x - 3| < 5. \tag{37}$$

Dank der Erkenntnisse aus (35) bleibt uns eine erneute Fallunterscheidung erspart; wir finden als allgemeine Lösung von (37): $x \in (3 - 5, 3 + 5) = (-2, 8)$. Wir müssen allerdings die Fallvoraussetzung $x \geq 2$ beachten und erhalten so als Lösungsmenge für den ersten Fall "nur" $L_1 = [2, 8)$.

Fall 2: $x - 2 < 0$ (gleichbedeutend mit: $x < 2$):
Diesmal geht (36) über in $|-(x - 2) - 1| < 5$, d.h., $|1 - x| < 5$ bzw. gleichbedeutend $|x - 1| < 5$ mit der allgemeinen Lösung $x \in (1 - 5, 1 + 5) = (-4, 6)$. Unter Beachtung der Fallvoraussetzung $x < 2$ bleibt hiervon als Teillösungsmenge $L_2 := (-4, 2)$ übrig.

Die Gesamtlösungsmenge ist Vereinigung beider Teillösungen:

$$L = (-4, 2) \ \cup \ [2, 8) \ = \ (-4, 8). \qquad \triangle$$

Alternativlösung zum Beispiel 0.54: Wir wollen zeigen, dass viele Wege nach Rom führen. Ebenso wie "von innen" hätten wir auch "von außen" beginnen können: Wir setzen $Y := |x - 2|$ und beachten dabei, dass aufgrund dieser Definition gilt

$$Y \geq 0 \qquad (38)$$

Die zu lösende Ungleichung lautet nun

$$|Y - 1| < 5$$

mit der allgemeinen Lösung $Y \in (1-5, 1+5) = (-4, 6)$. Unter Beachtung von (38) verengt sich diese Lösungsmenge bezüglich Y auf das Intervall $H := [0, 6)$.

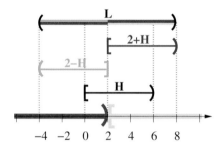

Wir berücksichtigen nun noch, dass $Y = |x - 2|$ gesetzt wurde und versuchen, diese Gleichung nach x aufzulösen. Wir haben zwei Fälle:

(a) $Y = x - 2$ bzw. $x = 2 + Y$, falls $x - 2 \geq 0$ gilt.
   Es folgt $x \in (2 + H) \cap [2, \infty) = (2 + [0, 6)) \cap [2, \infty) = [2, 8)$.

(b) $Y = 2 - x$ bzw. $x = 2 - Y$, falls $x - 2 < 0$ gilt.
   Es folgt $x \in (2 - H) \cap (-\infty, 2) = (2 + (-6, 0]) \cap (-\infty, 2)$
   $= (-4, 2] \cap (-\infty, 2) = (-4, 2)$.

Durch Vereinigung der beiden Teillösungen ergibt sich auch hier die Gesamtlösung $L = (-4, 8)$. *Anmerkung:* Man beachte, dass in der Zeile zu (b) die grüne Menge durch die rote Fallbedingung noch verkleinert wurde.   △

Wir halten fest, dass für die Auflösung von (Un-)Gleichungen mit Beträgen hauptsächlich zwei Dinge benötigt werden:

- Kenntnis der Definition
- Sorgfalt beim Arbeiten.

Beispiel 0.55. Gesucht sind alle reellen Zahlen x, die der Ungleichung

$$x^2 + x \geq 6 \qquad (39)$$

genügen.

Lösung: Es handelt sich hierbei um eine sogenannte *quadratische Ungleichung.* Sie lässt sich auf die Form

$$x^2 + x - 6 \geq 0 \tag{40}$$

bringen. Der quadratische Ausdruck links beschreibt eine Funktion von x, deren Graph eine Parabel ist; somit könnten wir versuchen, die Ungleichung sozusagen grafisch – anhand unserer Kenntnisse über Parabeln – zu lösen. Wir wollen jedoch zukünftigen Kapiteln nicht vorgreifen, sondern "elementar" vorgehen. Nun sehen wir, dass auf der linken Seite von (40) nichts anderes als das Binom $(x+3)(x-2)$ steht. Wir haben also die Ungleichung $(x+3)(x-2) \geq 0$ zu lösen. Dazu unterscheiden wir die beiden Fälle

(1) (x+3)(x-2) > 0
(2) (x+3)(x-2) = 0.

Nun gilt bekanntlich für ein beliebiges Produkt ab zweier Faktoren a und b:

$$ab > 0 \quad \Leftrightarrow \quad (a > 0 \wedge b > 0) \quad \vee \quad (a < 0 \wedge b < 0).$$

Also lässt sich (1) so bearbeiten:

$$\begin{aligned}
(x+3)(x-2) > 0 \quad &\Leftrightarrow (x+3 > 0 \wedge x-2 > 0) \vee (x+3 < 0 \wedge x-2 < 0) \\
&\Leftrightarrow (x > -3 \wedge x > 2) \qquad\quad \vee \ (x < -3 \wedge x < 2) \\
&\Leftrightarrow (x > 2) \qquad\qquad\qquad\quad \vee \ (x < -3).
\end{aligned}$$

Die Lösungsteilmenge zu (1) lautet daher $L_1 = (-\infty, -3) \cup (2, \infty)$.

Leichter geht noch (2): Allgemein gilt ja

$$ab = 0 \quad \Leftrightarrow \quad a = 0 \vee b = 0,$$

m.a.W.: Ein Produkt ist genau dann Null, wenn mindestens ein Faktor Null wird. Es folgt:

$$(x+3)(x-2) = 0 \quad \Leftrightarrow \quad x+3 = 0 \vee x-2 = 0 \quad \Leftrightarrow \quad x = -3 \vee x = 2.$$

Die Lösungsteilmenge zu (2) lautet $L_2 = \{-3, 2\}$.

Die Gesamtlösungsmenge ist die Vereinigung der beiden Teilmengen, also $L = (-\infty, -3] \cup [2, \infty)$. $\qquad\qquad\qquad\qquad\qquad\qquad\qquad\qquad \triangle$

Ein allgemeinerer Blick auf den Absolutbetrag

Für jede reelle Zahl x lässt sich $|x|$ als *Abstand* dieser Zahl vom Nullpunkt interpretieren. Welche Erkenntnisse ergeben sich daraus?

Satz 0.56. *Für alle* $x, y, \lambda \in \mathbb{R}$ *gilt*

(N1) $|x| \geq 0$ *und* $|x| = 0 \Leftrightarrow x = 0$.

(N2) $|\lambda x| = |\lambda|\,|x|$.

(N3) $|x + y| \leq |x| + |y|$.

Einige Kommentare:

(N1) besagt Selbstverständliches: Jeder Abstand vom Nullpunkt ist stets größer oder gleich Null, und zwar Null genau dann, wenn x selbst der Nullpunkt ist.

(N2) betrifft die Vervielfachung von x um einen Faktor λ (der auch negativ sein könnte): Klar ist, dass sich dann der Abstand von x zu 0 um den Betrag des Faktors λ vervielfacht.

(N3) ist die berühmte *Dreiecksungleichung*.

Die folgende Skizze erklärt den Sachverhalt: Je nach Lage der drei Zahlen x, y, und z auf der Zahlengeraden kann in (N3) Gleichheit (oben) oder strikte Ungleichheit (unten) gelten. (Die formale Begründung überlassen wir dem interessierten Leser als Übung.)

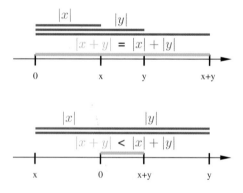

Anmerkung: Ihren Namen verdankt die Dreiecksungleichung folgender Überlegung: Angenommen, jemand will von der Stadt A in die Stadt C reisen. Dann ist der kürzeste Weg dahin der direkte, während die Route über eine Zwischenstation B einen Umweg bedeuten kann.

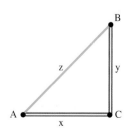

0.5.3 Aufgaben

Aufgabe 0.57 (/L). Bestimmen Sie alle reellen Zahlen x, für die gilt

a) $\frac{x}{2x-3} > 7$

b) $|x - 1| > 2$ <u>und</u> $|x - 5| \geq 1$

c) $x + \frac{3}{x} < 4$

Aufgabe 0.58. Es seien a, b, c und d positive reelle Zahlen mit $a < b$ und $c < d$. Kann man daraus schließen $\frac{a}{c} < \frac{b}{d}$?

Aufgabe 0.59. Welche der folgenden Aussagen über reelle Zahlen u, v, x, y, z sind richtig, welche falsch?

1) $x \leq y \wedge y < z \iff x < z$

2) $x \leq y \wedge u \leq v \implies x + u \leq y + v$

3) $xy \leq xz \implies y \leq z$

4) $x^2 < 12x - 35 \implies x \in (6, 7)$

5) $x \leq y \implies x^2 \leq y^2$

6) $|x| > |x - 1| \implies x > \frac{1}{2}$

<u>Hinweis:</u> *Begründen Sie Ihre Entscheidung durch eine geeignete Argumentation (bzw. Nebenrechnung). Falsche (also nicht allgemeingültige Aussagen) können am besten mit Hilfe eines Gegenbeispieles widerlegt werden.*

Aufgabe 0.60 (/L). Bestimmen Sie die Menge M aller derjenigen reellen Zahlen x, für die gilt

$$||x - 1| - |x - 2|| < \frac{1}{2}.$$

0.6 Potenzen und Potenzgesetze

0.6.1 Vorbemerkung

Hinter dieser harmlosen Überschrift verbirgt sich das wohl diffizilste Kapitel schulischen Vorwissens. Einschlägige Erfahrungen besagen, dass ca. 50% aller Versagensfälle in wirtschaftsmathematischen Klausuren auf mangelnde Kenntnisse der Potenzgesetze zurückzuführen sind. Aber auch viele bestandene Klausuren verlieren durch geschickten Missbrauch von Potenzgesetzen an Glanz. Die interessantesten ökonomischen Themen werden zur Tortur, wenn die Potenzgesetze nicht sicher beherrscht werden. Last but not least: Ausreichende Freizügigkeit vorausgesetzt, lässt sich mit Hilfe der Potenzgesetze sogar *Unmögliches beweisen!* Eine Kostprobe gefällig?

"Satz": $\qquad 1 \;=\; -1$

Beweis: Bekanntlich gilt
$$2 \;=\; \tfrac{6}{3}$$
also folgt
$$(-1)^2 \;=\; (-1)^{6/3}$$
und somit
$$1 \;=\; (-1)^{6/3}.$$
Wir ziehen nun die Quadratwurzel und finden
$$1 \;=\; (-1)^{3/3}$$
bzw., weil $\tfrac{3}{3}$ unstrittig Eins ist,
$$1 \;=\; -1$$

$\qquad\qquad\qquad\qquad\qquad\qquad\qquad$ q.e.d.

Wo steckt der Fehler? Wer ihn nicht sofort findet, sei getröstet: Die Unsicherheiten setzen meist schon ein, wenn es zu entscheiden gilt, welche der folgenden, ihrer Art nach beliebten Aussagen zutreffen:

$$\sqrt[3]{-1} \;=\; -1 \qquad\qquad \sqrt{x^2} \;=\; x$$

$$\sqrt{4} \;=\; \pm 2 \qquad\qquad \sqrt{x}^{\,2} \;=\; x$$

(Wer hier ganz sicher ist, richtig entschieden zu haben, möge dieses Kapitel überspringen.)

Dabei ist das Thema "Potenzgesetze" an sich nicht so schwierig. Aus diesem Grunde werden wir hier in Form eines kurzen Streifzuges alles Notwendige selbst herleiten und bereitstellen. Dabei setzen wir keinerlei Schulwissen über Potenzen und ihre Gesetze voraus, für den Leser mag es vielmehr hilfreich sein, zunächst alles vermeintlich darüber zuvor in der Schule Gelernte zu vergessen.

Wir beginnen zunächst mit dem Potenzbegriff und den Potenzgesetzen. Später werden wir das Thema erweitern auf Exponentialausdrücke und Logarithmen, die zugehörigen Funktionen und alles Wissenswerte darüber.
Eine kleine historische Anmerkung: Sowohl der Potenzbegriff als auch die Potenzgesetze wurden im Ergebnis eines langen Entwicklungsprozesses, der etwa zu Euklids Zeiten vor über 2300 Jahren begann und bis in die Renaissance hinein andauerte, geschaffen bzw. entdeckt. Wir werden sehen, dass sich diese Entwicklung – ausgehend von unserem heutigen Kenntnisstand – in kürzester Zeit nachvollziehen lässt. Das Beste dabei: Jede Leserin und jeder Leser kann dies selbst tun!

0.6.2 Ausgangspunkt

Ausgangspunkt für die Entstehung des mathematischen Begriffs der Potenz war der Wunsch, mehrfache Produkte einer Zahl mit sich selbst möglichst bequem zu notieren. Sei x eine beliebige reelle und n eine beliebige natürliche Zahl, so setzt man

$$x^n := \underbrace{x \cdot x \cdot \ldots \cdot x}_{n \,\text{Faktoren}} \tag{41}$$

und bezeichnet dies als die "n-te Potenz von x". In diesem Zusammenhang nennt man x die *Basis* und n den *Exponenten*. Offensichtlich gelten für das Rechnen mit Potenzen folgende Rechengesetze:

$$
\begin{array}{llcl}
\text{(P1)} & x^m \cdot x^n & = & x^{m+n} \\
\text{(P2)} & x^n \cdot y^n & = & (xy)^n \\
\text{(P3)} & (x^n)^m & = & x^{m \cdot n}
\end{array}
$$

($x, y \in \mathbb{R}; m, n \in \mathbb{N}$). So einfach diese Gesetze sind, so fundamental ist ihre Bedeutung für alles Weitere. Weil das so ist, empfehlen wir dem Leser, sich auf zweierlei Weise auf die nächsten Kapitel vorzubereiten:

- erstens durch Auswendiglernen der Gesetze,
- zweitens durch Erwerb einer "Reparaturstrategie" für den Vergessensfall.

Als Hilfestellung zu "erstens" merken wir an, dass die Potenzgesetze ähnlich wichtig sind wie der Geburtstag der Freundin oder des Freundes, die PIN-Nummer des Handys oder (fortgeschrittenenfalls) die eigene Kontonummer: Wer sich davon nichts merken kann, hat eh keine Chance.

Natürlich kann man ja auch einmal etwas vergessen. (Der Autor weiß das genau.) Daher also zur Frage "zweitens": Wie kann man vergessene Potenzgesetze reparieren? Die Antwort lautet: Mit einer Prise gesunden Menschenverstandes selbst herleiten! Und das geht so:

Herleitung von P1:

0. Ausgangspunkt: $\qquad\qquad x^m \cdot x^n \quad = \quad \ldots$

1. ausführlich: $\qquad\qquad\qquad = \underbrace{x \cdot \ldots \cdot x}_{m \,\text{Fakt.}} \cdot \underbrace{x \cdot \ldots \cdot x}_{n \,\text{Fakt.}}$

2. also: $\qquad\qquad\qquad\qquad = \underbrace{x \cdot \ldots \ldots \ldots \cdot x}_{m + n \,\text{Fakt.}}$

3. kurz: $\qquad\qquad\qquad\qquad = x^{m+n}$

Herleitung von P2:

0. Ausgangspunkt: $x^n \cdot y^n \;=\; ...$

1. ausführlich: $= \underbrace{x \cdot x \cdots\cdot x}_{n \text{ Fakt.}} \cdot \underbrace{y \cdot y \cdots\cdot y}_{n \text{ Fakt.}}$

2. sortieren: $= \underbrace{(xy) \cdot (xy) \cdots\cdots\cdots (xy)}_{n \text{ Fakt.} (xy)}$

3. kurz: $= (xy)^n$

Herleitung von P3:

0. Ausgangspunkt: $(x^m)^n \;=\; ...$

1. ausführlich:
- "äußere Potenz" $= \underbrace{(x^m) \cdot (x^m) \cdots\cdots\cdots (x^m)}_{n \text{ Fakt.}}$

- "innere Potenz" $= \underbrace{\underbrace{(x \cdots x)}_{m \text{ Fakt.}} \cdot \underbrace{(x \cdots x)}_{m \text{ Fakt.}} \cdots \underbrace{(x \cdots x)}_{m \text{ Fakt.}}}_{n \text{ mal}}$

2. also: $= \underbrace{x \cdots\cdots\cdots\cdots\cdots\cdots x}_{m \cdot n \text{ Fakt.}}$

3. kurz: $= (x)^{m \cdot n}$

Fertig!   □

0.6.3 "Mehr Exponenten"

Nachdem wir Potenzausdrücke der Form x^p definiert haben, wollen wir auf einen Umstand besonders hinweisen: Während die Basis x völlig beliebig gewählt werden kann, muss der Exponent p eine natürliche Zahl sein (denn nur dafür hat unsere Vereinbarung (41) einen Sinn). Es stellt sich die Frage, ob Potenzausdrücke nicht schrittweise auch für "mehr Exponenten" sinnvoll definierbar sind (zu denken wäre an die Null, positive und negative rationale Zahlen oder gar beliebige reelle Zahlen). Wir wollen dieser Frage zunächst aus reiner Neugier nachgehen und später sehen, welchen Nutzen wir daraus ziehen können. Nun ist damit zu rechnen, dass als "Preis für mehr Exponenten" eventuell "weniger Basen" zulässig sein könnten. Deswegen werden wir nach jedem Erweiterungsschritt eine kurze Zwischenbilanz des bisher Erreichten ziehen. In diesem Sinne fixieren wir nochmals unseren

Ausgangspunkt: *Ausdrücke der Form x^p sind bisher definiert für beliebige Paare (x, p) in der Menge*

$$\mathbb{R} \times \mathbb{N}.$$

Es handelt sich hierbei um eine Teilmenge des $\mathbb{R}^2$, die in unserer Skizze rechts als blaues Linienmuster dargestellt ist. Wir nehmen nun ausdrücklich einen naiven Standpunkt ein und stellen uns vor, Zahlenwerte von Ausdrücken der Form x^p mit anderen als den soeben zugelassenen Werten seien uns "völlig unbekannt". Bei unserem Bestreben, diese Werte für neue Exponenten sinnvoll zu definieren, müssen wir uns zunächst klarmachen, was "sinnvoll" ist.

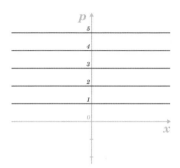

Um zu erkennen, wo das Problem liegt, fragen wir uns, welchen Zahlenwert z.B. der Ausdruck x^0 für eine gegebene Basis x haben könnte. Weil uns dieser Zahlenwert unbekannt ist, greifen wir eine beliebige Zahl willkürlich vom Himmel – etwa die 5 – und nehmen einmal an, dies sei die richtige, d.h., es gelte $x^0 = 5$. Aus dem Potenzgesetz (P1)

$$x^m x^n = x^{m+n}$$

folgte nun speziell für $m = n = 0$

$$x^0 x^0 = x^{0+0} (= x^0),$$

in unserem Fall also

$$\text{``}5 \cdot 5 = 5\text{''},$$

was unmöglich ist. Die Wahl $x^0 = 5$ würde also – gleichgültig, welchen Wert x hat – das Potenzgesetz (P1) außer Kraft setzen, mit der Folge, dass selbst einfachste Rechnungen nur noch mit größter Vorsicht ausführbar wären.

Fazit: Es ist *nicht sinnvoll*, einen neuen Potenzausdruck – wie hier x^0 – sozusagen *"gegen die Potenzgesetze"* zu definieren. *Sinnvoll* kann nur sein, dies vielmehr *im Einklang mit dem Potenzgesetzen* zu tun. Wir zeigen dies zunächst anhand des Exponenten Null.

0.6.4   Der Exponent Null

Wir nehmen nun an, der Ausdruck x^0 sei für eine geeignete Basis x wohldefiniert; lediglich sein Zahlenwert sei uns unbekannt. Unter der Annahme, dass das Potenzgesetz (P1)

$$x^m x^n = x^{m+n}$$

weiterhin gültig ist und insbesondere als "neue" Exponenten $m = 0$ oder $n = 0$ zulässig sind, wollen wir den Zahlenwert von x^0 identifizieren.

Dazu setzen wir $n = 0$ in (P1) ein, und es folgt

$$x^m x^0 = x^{m+0} = x^m \tag{42}$$

für jede Zahl $x \in \mathbb{R}$, für die wir "x^0" definieren können, und jedes $m \in \mathbb{N}_0$. Im einfachsten Fall $m = 0$ nimmt (42) die Form

$$x^0 x^0 = x^0 \tag{43}$$

an. Die "Unbekannte" in dieser Gleichung ist $u := x^0$; und die Gleichung ist quadratisch:

$$u \cdot u = u \tag{44}$$

Es ist offensichtlich, dass genau *zwei* Lösungen existieren, nämlich $u_1 = 0$ und $u_2 = 1$.

Wir können bis hier also feststellen: Wenn x^0 im Einklang mit den Potenzgesetzen definiert ist, muss *notwendigerweise* gelten $x^0 = 0$ oder $x^0 = 1$, und zwar unabhängig davon, welchen reellen Wert x hat.

Um zu erkennen, welcher von den beiden Werten 0 oder 1 der richtige ist, verwenden wir wiederum die Gleichung (42), diesmal jedoch für den "zweiteinfachsten" Wert $m = 1$. Dann erhalten wir nämlich eine weitere notwendige Bedingung an x^0:

$$x\, x^0 = x \tag{45}$$

Auch in dieser Gleichung betrachten wir x als "gegeben" und x^0 als "unbekannt". Sie ist *eindeutig* nach x^0 auflösbar, wenn $x \neq 0$ gilt und man deshalb beide Seiten durch x dividieren kann; man findet dann

$$x^0 = \frac{x}{x} = 1$$

als einzig sinnvollen Kandidaten für x^0. Wir fixieren unser erstes Ergebnis[2]:

---

[2]Die Festsetzung $x^0 = 1$ wird Michael Stiefel, Rechenmeister und Mathematikgelehrter in Wittenberg und Jena, in seinem Werk "Arithmetica integra" (1544) zugeschrieben.

Definition 0.61. *Für $x \in \mathbb{R} \setminus \{0\}$ ist $x^0 := 1$.*

Es bleibt die Frage, ob auch dem Ausdruck 0^0 ein sinnvoller Wert zugeordnet werden kann. In diesem Fall liefert die Gleichung (45) leider keine neue Erkenntnis, denn wegen $x = 0$ kann man sie *nicht* eindeutig nach x^0 auflösen. Vielmehr ist jeder beliebige Zahlenwert für x^0 zulässig. Daher bleibt es dabei, dass wir *zwei* Kandidaten – 0 und 1 – für 0^0 haben. Ohne auf Details einzugehen, merken wir an, dass auch die bisher noch nicht ausgenutzten Potenzgesetze (P2) und (P3) nichts Neues bringen. Mit anderen Worten: Wir könnten in vollem Übereinklang mit den Potenzgesetzen definieren $0^0 = 1$, aber ebenso $0^0 = 0$!

Diese Mehrdeutigkeit ist ein wesentlicher Grund dafür, dass in vielen (älteren) Texten über Mathematik 0^0 als "nicht definiert" bezeichnet wird. Weil keine der beiden Möglichkeiten den Potenzgesetzen widerspricht, ist es eine Frage der mathematischen Zweckmäßigkeit, ob und wie 0^0 definiert wird. Wir treffen hier die folgende

Konvention 0.62. $0^0 := 1$.

Der Vorteil: Wir haben eine *einheitliche* Definition von x^0 für alle $x \in \mathbb{R}$, und im Einklang mit den Potenzgesetzen lassen sich zahlreiche mathematische Formeln und Aussagen *systematisch vereinfachen*.

Zwischenbilanz: *Der Ausdruck x^p ist wohldefiniert für beliebige (x, p) in der Menge*
$$\mathbb{R} \times \mathbb{N} \quad \cup \quad \mathbb{R} \times \{0\}.$$

Das neu hinzugekommene Definitionsgebiet ist in unserer Skizze als rote Linie dargestellt.

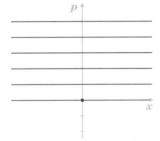

0.6.5   Positive rationale Exponenten

Im nächsten Schritt fragen wir uns, wie Ausdrücke der Form x^r sinnvoll definierbar wären, bei denen der Exponent r positiv, aber nicht notwendig ganzzahlig vorausgesetzt wird. Wir nehmen zunächst an, dass er zumindest rational sei, d.h., von der Form $r = z/n$ mit $z, n \in \mathbb{N}$. Unter der Bedingung, dass das dritte Potenzgesetz (P3) weiterhin gilt, können wir schreiben

$$x^r = x^{(z/n)} = (x^{(1/n)})^z = u^z,$$

wobei wir $u := x^{1/n}$ gesetzt haben. Der Potenzausdruck u^z hat einen natürlichen Exponenten und kann daher für jeden Wert von u problemlos gemäß
(41) berechnet werden, sobald nur u bekannt ist. Auf diese Weise kann der
noch unbekannte Zahlenwert von x^r auf den (ebenfalls noch unbekannten)
Zahlenwert von $u = x^{(1/n)}$ zurückgeführt werden. Wir können uns also darauf
beschränken, den Wert von Ausdrücken der Form

$$u := x^{1/n}$$

für jedes geeignete x zu identifizieren. Setzen wir beide Seiten dieser Gleichung
in die n-te Potenz, so folgt aus (P3) *notwendigerweise*

$$u^n = (x^{(1/n)})^n = x. \tag{46}$$

In dieser Gleichung sind x als gegeben und u als unbekannt anzusehen. Ob
und welche Lösungen existieren, hängt allerdings von n ab. Betrachten wir
zunächst die beiden Spezialfälle (a) $n = 2$ und (b) $n = 3$:

(a) Hier lautet die Gleichung (46)

$$u^2 = x,$$

sie ist dann und *nur* dann lösbar, wenn gilt $x \geq 0$. Bei $x = 0$ lautet die
Lösung $u = 0$, während bei $x > 0$ *zwei* verschiedene Lösungen existieren,
die sich nur im Vorzeichen unterscheiden.

(b) Im Fall $n = 3$ haben wir es mit der kubischen Gleichung

$$u^3 = x,$$

zu tun, die stets lösbar ist, und zwar eindeutig. Die Lösung ist genau
dann nichtnegativ, wenn x selbst nichtnegativ ist.

Es leuchtet unmittelbar ein, dass auch bei beliebigem $n \in N$ stets genau eine
dieser beiden Situationen vorliegt, nämlich (a), wenn n gerade ist, ansonsten
(b). Wir sehen daraus, dass genau die *nichtnegativen* Basen x die Eigenschaft
haben, dass die Gleichung

$$u^n = x \tag{47}$$

für *jedes* $n \in \mathbb{N}$ lösbar ist. Dabei existiert in jedem Fall eine nichtnegative
Lösung, während bei geradzahligen Werten von n (und nur bei diesen) auch
negative Lösungen möglich sind. Aus Gründen der Einheitlichkeit entscheiden
wir uns für die stets eindeutig bestimmte nichtnegative Lösung von Gleichung
(47), für die der Begriff der n-ten *Wurzel* geschaffen wurde:

Definition 0.63. *Für $x \geq 0$ und beliebiges $n \in \mathbb{N}$ bezeichnet man die eindeutig bestimmte nichtnegative Lösung der Gleichung $u^n = x$ als n-te Wurzel
aus x; symbolisch: $x^{1/n}$ oder auch $\sqrt[n]{x}$.*

Hierbei wird die Zahl x – allgemeiner: alles, was unter dem Wurzelzeichen steht – als *Radikand* bezeichnet. Wurzelausdrücke bilden leider eine kräftig sprudelnde Fehlerquelle, deshalb

Achtung:

- *Radikanden müssen immer nichtnegativ sein!*
- *Wurzeln liefern immer nichtnegative Ergebnisse!*

Zur Erinnerung: "nichtnegativ" bedeutet "$\geq$", also nicht dasselbe wie "positiv" ("> 0"). Wir kommen zum Ergebnis:

Definition 0.64. *Für beliebiges $x \geq 0$ und $z \in \mathbb{N}_0$ setzen wir*

$$x^{z/n} := \left(x^{1/n}\right)^z.$$

Zwischenbilanz: *Der Ausdruck x^p ist wohldefiniert für alle (x, p) in der Menge*

$$\mathbb{R} \times \mathbb{N} \quad \cup \quad \mathbb{R} \times \{0\} \quad \cup \quad [0, \infty) \times \mathbb{Q}_+ \,.$$

Der Zuwachs unseres Definitionsbereiches ist in unserer Skizze als ein hellblaues Linienmuster angedeutet – "angedeutet" deshalb, weil diese Linien "unendlich dicht" liegen.

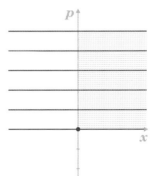

0.6.6 Negative Exponenten

Im vorletzten Schritt wenden wir uns Ausdrücken der Form x^p zu, bei denen der Exponent p negative Werte annehmen dürfen soll. Wir schreiben zur Verdeutlichung $p = -r$, wobei r eine positive rationale Zahl sei. Wiederum betrachten wir den Zahlenwert von $x^p = x^{-r}$ als wohldefiniert, jedoch völlig unbekannt. Dabei nehmen wir an, dass x^r bereits definiert und bekannt ist und das Potenzgesetz (P1) Anwendung findet.

Aus (P1) folgt nun direkt $x^r x^{-r} = x^{r-r} = x^0 = 1$, worin der rote Term unbekannt, der blaue bekannt ist. Dividieren wir durch x^r (wofür $x \neq 0$ vorauszusetzen ist), so folgt sofort

$$x^{-r} = \frac{1}{x^r} \tag{48}$$

d.h., einziger Kandidat für x^{-r} ist *notwendigerweise* der Reziprokwert von x^r.

Klar ist, dass dieser nur existieren kann, wenn $x \neq 0$ gilt. Davon abgesehen, können wir

(i) beliebige $x(\neq 0)$ zulassen, wenn r ganzzahlig (also eine natürliche Zahl) ist,

(ii) nur $x > 0$ zulassen, wenn r nichtganzzahlig ist (weil hier Wurzeln auftreten).

Zwischenbilanz: *Der Ausdruck x^p ist wohldefiniert für alle (x, p) in der Menge*

$$\mathbb{R} \times \mathbb{N} \quad \cup \quad \mathbb{R} \times \{0\} \qquad \cup \quad [0, \infty) \times \mathbb{Q}_+$$
$$\cup \quad \mathbb{R} \setminus \{0\} \times (-\mathbb{N}) \quad \cup \quad (0, \infty) \times (\mathbb{Q}_- \setminus \mathbb{Z})$$

Neu hinzugekommen sind die beiden letztgenannten Teilmengen, die als dunkelblaues bzw. türkisfarbenes Linienmuster in der unteren Bildhälfte zu sehen sind.

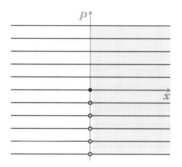

0.6.7   Beliebige reelle Exponenten

Im letzten Schritt wollen wir Potenzen x^p für beliebige reellwertige Exponenten definieren. Es fehlt dazu lediglich eine Vereinbarung für den Fall, dass p eine irrationale Zahl ist. Wir können dazu ausnutzen, dass sich p beliebig genau durch rationale Zahlen p_N approximieren lässt und die Ausdrücke x^{p_N} bereits vollständig definiert sind. Unter x^p verstehen wir dann einfach den Grenzwert der Potenzausdrücke x^{p_N} für $N \to \infty$. (Eine genaue Behandlung des Grenzwertbegriffes bleibt allerdings dem Kapitel 4 "Folgen und Reihen" vorbehalten.)

Anschaulich können wir den Vorgang so interpretieren, dass in unserer Skizze das unendlich dichte Linienmuster zu einer Vollfläche aufgefüllt wird:

Schlussbilanz: *Der Ausdruck x^p ist wohldefiniert für alle (x, p) in der Menge*

$$\mathbb{R} \times \mathbb{N} \quad \cup \quad \mathbb{R} \times \{0\} \qquad \cup \quad [0, \infty) \times [0, \infty)$$
$$\cup \quad \mathbb{R} \backslash \{0\} \times (-\mathbb{N}) \quad \cup \quad (0, \infty) \times (-\infty, 0).$$

Unsere Skizze zeigt, dass die Menge aller Paare (x, p), für die x^p sinnvoll definiert wurde, eine vergleichsweise komplizierte Teilmenge von $\mathbb{R} \times \mathbb{R}$ bildet. Gleichzeitig haben wir bei allen Definitionsschritten von x^p lediglich aus *einzelnen* Potenzgesetzen Bedingungen abgeleitet; deswegen folgt allein aus der Definition noch *nicht*, dass *alle* Potenzgesetze weiterhin gelten. Dies bleibt im nächsten Schritt zu überprüfen.

0.6.8 Zur Gültigkeit der Potenzgesetze

Wir erinnern nochmals an die drei Potenzgesetze, jetzt lediglich weniger suggestiv notiert:

$$
\begin{array}{llll}
(P1) & x^p x^q & = & x^{p+q} \\
(P2) & x^p y^p & = & (xy)^p \\
(P3) & (x^p)^q & = & x^{pq}
\end{array}
$$

Ausgangspunkt war folgende Erkenntnis:

> *(P1) bis (P3) gelten ohne Einschränkung,*
> *solange die Exponenten p und q natürlich sind.* $\hspace{2em}$ (49)

"Ohne Einschränkung" heißt hier: die Basen x und y können beliebig reellwertig gewählt werden; dann sind alle in (P1) bis (P3) auftretenden Potenzausdrücke wohldefiniert, und die behaupteten Gleichungen gelten.

Wir wollen nun möglichst einfache Bedingungen dafür angeben, dass diese drei Gesetze auch gelten, wenn "neue" Exponenten auftreten. Die einfachste Bedingung dafür lautet:

> *(P1) bis (P3) gelten ohne Einschränkung,*
> *solange die Basen x und y positiv sind.* $\hspace{2em}$ (50)

"Ohne Einschränkung" heißt hier: Die *Exponenten* p und q können beliebig gewählt werden. Merke also:

Bei positiven Basen kann man nach Herzenslust rechnen!

Unsere Skizze verdeutlicht das: Sind nämlich die Basen x, y positiv, bewegen wir uns während der gesamten Rechnung immer nur in der hervorgehobenen Menge, d.h., es entstehen stets wohldefinierte Ausdrücke mit positiver Basis, und es gelten die behaupteten Gleichungen.

Wenn keiner der beiden Fälle (49) oder (50) vorliegt, können wir immerhin sagen:

$$\text{(P1) und (P2) gelten, sobald alle darin} \qquad (51)$$
$$\text{enthaltenen Potenzausdrücke wohldefiniert sind.}$$

Ausführlicher: (P1) enthält die drei Ausdrücke x^p, x^q und x^{p+q}. Sind diese drei wohldefiniert, so gilt auch die von (P1) behauptete Gleichung. – Analog enthält (P2) die drei Ausdrücke x^p, y^p und $(xy)^p$. Sind diese einzeln wohldefiniert, so gilt wiederum die behauptete Gleichheit.

Vorsicht: *ist jedoch bei (P3) geboten: Dieses "Gesetz" braucht selbst dann nicht zu gelten, wenn alle vorkommenden Ausdrücke einzeln sinnvoll sind.* Hier ein Beispiel:

$$\text{``}((-1)^2)^{\frac{1}{2}} = (-1)^1\text{''}$$

Dies ist natürlich keine Gleichung, sondern Unfug. Jedoch: Alle "Einzelteile" sind es nicht. Der links stehende Ausdruck $(-1)^2$ ist sinnvoll und liefert den Zahlenwert 1. Rechnen wir damit auf der linken Seite weiter, so steht dort $(1)^{\frac{1}{2}}$ – auch dieser Ausdruck ist sinnvoll; er hat den Zahlenwert 1. Aber auch die rechte Seite $(-1)^1 = -1$ ist sinnvoll – nur stimmt dieser Zahlenwert leider nicht mit dem auf der linken Seite überein.

Bemerkung 0.65. Zur Ursache dieses Problems: Gern hätten wir ein Gesetz der Form

$$(x^p)^q = x^{pq}$$

Nun ist die Multiplikation bekanntlich kommutativ: $pq = qp$. Also müsste unser Gesetz konsequenterweise lauten

$$\text{(P3')} \qquad (x^p)^q \quad = \quad x^{pq} \quad = \quad x^{qp} \quad = \quad (x^q)^p.$$

Nun haben wir den Übeltäter: In unserem Beispiel bedeutet die Gleichung (P3') ausführlich

$$((-1)^2)^{\frac{1}{2}} = (-1)^1 = \left((-1)^{\frac{1}{2}}\right)^2.$$

Man sieht auf einen Blick, dass der orangefarbene Ausdruck keinen Sinn hat. Also kann (P3') und folglich auch (P3) in diesem Fall nicht gelten.

Dem aufmerksamen Leser wird nicht entgangen sein, dass es ein Fehlschluss vom genau gleichen Typ ist, mit dessen Hilfe sich die "Gleichung $1 = -1$ beweisen" ließ.

Immerhin vermuten wir nach diesen Betrachtungen:

$$
\text{(P3') gilt, sobald alle darin enthaltenen}
$$
$$
\text{Potenzausdrücke wohldefiniert sind:} \qquad (52)
$$
$$
(x^p)^q = x^{pq} = x^{qp} = (x^q)^p
$$

Es bleibt nachzuweisen, dass unsere Aussagen (49) bis (52) tatsächlich wahr sind. Interessanterweise ist dies weniger mathematisch schwierig als vielmehr – wegen der vielen Fallunterscheidungen – schreibaufwendig, so dass wir es dem Leser überlassen wollen, sich in ausgewählten (oder fleißigenfalls allen) Fällen davon zu überzeugen.

0.6.9 Das Rechnen mit Potenzen

Das Ziel unseres Exkurses war es, die Fähigkeit zum sicheren Umgang mit der "Potenzrechnung" im weitesten Sinne zu vermitteln. Nachdem nun der Potenzbegriff an sich geklärt ist, behaupten wir: Für alles Weitere genügt es, sich die Potenzgesetze (P1) bis (P3) (und eventuell noch die Konvention $x^0 = 1$) einzuprägen.

In der eigentlichen Potenz"rechnung" geht es meist darum, kompliziert wirkende potenzhaltige Ausdrücke zu vereinfachen; manchmal aber auch darum, einfache Ausdrücke geschickt zu verkomplizieren. Im ersten Schritt sollte man sich klarmachen, dass die Potenzgesetze (P1) bis (P3) mitunter in verkleideter Form auftreten – z.B. durch Verwendung von Brüchen oder von Wurzelzeichen (dadurch entstehen die sogenannten "Wurzelgesetze", die überhaupt nichts Neues bieten). Einige Beispiele zur Illustration:

"Neue Form"		Standardform (mit $x^{-n} = (x^{-1})^n$)		Typ
$\dfrac{x^m}{x^n}$	$= x^{m-n}$	$x^m x^{-n}$	$= x^{m-n}$	(P1)
$\dfrac{x^p}{y^p}$	$= \left(\dfrac{x}{y}\right)^p$	$x^p(y^{-1})^p$	$= (xy^{-1})^p$	(P2)
$\sqrt[n]{x}\,\sqrt[n]{y}$	$= \sqrt[n]{xy}$	$x^{\frac{1}{n}} y^{\frac{1}{n}}$	$= (xy)^{\frac{1}{n}}$	(P2)
$\sqrt[m]{\sqrt[n]{x}}$	$= \sqrt[m\cdot n]{x}$	$(x^{\frac{1}{n}})^{\frac{1}{m}}$	$= x^{\frac{1}{mn}}$	(P3)
$\sqrt[n]{\dfrac{x}{y}}$	$= \dfrac{\sqrt[n]{x}}{\sqrt[n]{y}}$	$(xy^{-1})^{\frac{1}{n}}$	$= x^{\frac{1}{n}} y^{-\frac{1}{n}}$	(P2)

Die Vereinfachung potenzhaltiger Ausdrücke ist auf unterschiedlichste Weise möglich. Es empfiehlt sich jedoch, stets schrittweise vorzugehen und den Überblick darüber zu behalten, welche Gesetze angewandt werden. Wir illustrieren das an einigen einfachen Beispielen.

Beispiel 0.66. Der Term $(24^4 \cdot 2^6 \cdot 3)^{\frac{4}{3}}$ soll vereinfacht werden. Dazu versuchen wir zunächst, die hier auftretenden Basen 2, 3 und 24 zu vereinheitlichen. Es gilt $24 = 8 \cdot 3 = 2^3 \cdot 3$, somit können wir schreiben

$$
\begin{aligned}
(24^4 \cdot 2^6 \cdot 3)^{\frac{4}{3}}
&= ((2^3 \cdot 3)^4 \cdot 2^6 \cdot 3^2)^{\frac{4}{3}} & \| &\quad \text{wende (P2) an:} \\
&= ((2^3)^4 \cdot 3^4 \cdot 2^6 \cdot 3^2)^{\frac{4}{3}} & \| &\quad \text{wende (P3) an:} \\
&= ((2^{3 \cdot 4} \cdot 3^4 \cdot 2^6 \cdot 3^2)^{\frac{4}{3}} & \| &\quad \text{Rechnung, Faktortausch} \\
&= ((2^{12} \cdot 2^6) \cdot (3^4 \cdot 3^2))^{\frac{4}{3}} & \| &\quad \text{wende (P1) 2x an:} \\
&= ((2^{18}) \cdot (3^6))^{\frac{4}{3}} & \| &\quad \text{wende (P2) an:} \\
&= (2^{18})^{\frac{4}{3}} \cdot (3^6)^{\frac{4}{3}} & \| &\quad \text{wende (P3) 2x an:} \\
&= 2^{18 \cdot \frac{4}{3}} \cdot 3^{6 \cdot \frac{4}{3}} & \| &\quad \text{ausrechnen:} \\
&= 2^{24} \cdot 3^8.
\end{aligned}
$$

$\triangle$

Diese Rechnung mag länglich anmuten, jedoch zeigt sie sehr genau, an welcher Stelle welches Gesetz verwendet wird. Mit etwas Übung kann man natürlich diese vielen Schritte zu wenigen zusammenfassen.

Beispiel 0.67. Wir vereinfachen den Bruch

$$
q := \frac{(24^4 \cdot 2^6 \cdot 3)^{\frac{4}{3}}}{(2^8 \cdot \sqrt[3]{9})^{\frac{3}{2}} \cdot 5}.
$$

Da wir den Zähler schon soeben vereinfacht haben, wenden wir uns dem Nenner zu, eliminieren zunächst das Wurzelzeichen und vereinfachen dann wie im vorigen Beispiel:

$$
\begin{aligned}
(2^8 \cdot \sqrt[3]{9})^{\frac{3}{2}} \cdot 5
&= (2^8 \cdot (3^2)^{\frac{1}{3}})^{\frac{3}{2}} \cdot 5 \\
&= (2^8 \cdot 3^{\frac{2}{3}})^{\frac{3}{2}} \cdot 5 \\
&= (2^8)^{\frac{3}{2}} \cdot (3^{\frac{2}{3}})^{\frac{3}{2}} \cdot 5 \\
&= 2^{12} \cdot 3 \cdot 5
\end{aligned}
$$

Für den Quotienten insgesamt heißt das:

$$
q = \frac{2^{24} \cdot 3^8}{2^{12} \cdot 3 \cdot 5} = \frac{2^{12} \cdot 3^7}{5}.
$$

Das Ergebnis kann auch in der Form

$$
2^{12} \cdot 3^7 \cdot 5^{-1}
$$

notiert werden. Welcher der beiden Schreibweisen auf der rechten Seite der Vorzug gegeben wird, ist natürlich Geschmackssache. $\triangle$

Beispiel 0.68. Der Ausdruck

$$A := \sqrt[3]{a^{2x}\, b^{9x}\, \sqrt[6]{a^{24x}}}$$

(a, b positive Konstanten) soll vereinfacht werden. Beim inneren Wurzelausdruck ist das mittels (P3) möglich:

$$w := \quad \sqrt[6]{a^{24x}} \quad = \quad (a^{24x})^{\frac{1}{6}} \quad = \quad a^{24x\cdot\frac{1}{6}} \quad = \quad a^{4x};$$

es folgt

$$
\begin{aligned}
A \;&=\; \sqrt[3]{a^{2x}\cdot b^{9x}\cdot a^{4x}} \\
&=\; (a^{2x}\cdot b^{9x}\cdot a^{4x})^{\frac{1}{3}} \quad\| \quad \text{umschreiben} \\
&=\; (a^{2x}\cdot a^{4x}\cdot b^{9x})^{\frac{1}{3}} \quad\| \quad \text{umordnen} \\
&=\; (a^{6x}\cdot b^{9x})^{\frac{1}{3}} \quad\quad\| \quad \text{Potenzen zusammenfassen nach (P1)} \\
&=\; (a^{6x})^{\frac{1}{3}}\cdot (b^{9x})^{\frac{1}{3}} \quad\| \quad \text{(P2)} \\
&=\; a^{6x\cdot\frac{1}{3}}\cdot b^{9x\cdot\frac{1}{3}} \quad\quad\| \quad \text{(P3)} \\
&=\; a^{2x}\cdot b^{3x}.
\end{aligned}
$$

$\triangle$

Mitunter will man Ausdrücke nicht vereinfachen, sondern gegebenenfalls sogar verkomplizieren.

Beispiel 0.69 (↗Ü)**.** Der Ausdruck

$$x^{\alpha} y^{\beta}$$

(x, $y \geq 0$, α, $\beta > 0$) soll auf die auf die Form

$$(x^{\gamma} y^{1-\gamma})^{r}$$

mit $\gamma \in (0,1)$ und passendem $r > 0$ (und zwar welchem?) gebracht werden.

(Zum Zweck dieser Umformung: Es geht um eine einheitliche Darstellung von Produktionsfunktionen, die im Band $\mathcal{HO}$ Math 3 näher untersucht werden.)

$\triangle$

0.6.10 Logarithmen

Die sogenannte "Logarithmenrechnung" ist, gemessen an ihrem Potential zur realen Furchteinflößung, so etwas wie eine potenzierte Potenzrechnung: Oft wird schon der leiseste Versuch einer Anwendung aus barer (Ehr-) Furcht unterlassen – völlig zu Unrecht, wie wir gleich sehen werden. Die "Logarithmenrechnung" ist nämlich auch nur Potenzrechnung, lediglich anders notiert.

Der Logarithmusbegriff

Bisher war unsere Blickrichtung folgende: Gegeben eine Basis a und ein Exponent p, wurde der Wert des Potenzausdruckes $a^p =: x$ gesucht. Nun stellen wir die Frage umgekehrt: Wenn der Wert der Potenz x und die Basis a bekannt sind, soll der dazu passende Exponent bestimmt werden. Man schreibt dann

$$p =: \log_a x :\Longleftrightarrow a^p = x \quad (a > 0, x > 0)$$

und nennt p den *Logarithmus* zur Basis a von x.

Beispiele 0.70.

$$
\begin{array}{rclcrcl}
2^5 & = & 32 & \Longleftrightarrow & 5 & = & \log_2 32 \\
10^3 & = & 1000 & \Longleftrightarrow & 3 & = & \log_{10} 1000 \\
(\tfrac{1}{2})^7 & = & \tfrac{1}{128} & \Longleftrightarrow & 7 & = & \log_{1/2} \tfrac{1}{128} \\
2^{-7} & = & \tfrac{1}{128} & \Longleftrightarrow & -7 & = & \log_2 \tfrac{1}{128} \\
\sqrt{64} & = & 8 & \Longleftrightarrow & \tfrac{1}{2} & = & \log_{64} 8
\end{array}
$$

$\triangle$

Wir heben hervor, dass aus Vereinfachungsgründen von vornherein nur *positive* Basen (und deswegen auch nur positive *Potenzen* – d.h., Werte des Argumentes x –) zugelassen werden. Aufgrund der Definition gelten die folgenden beiden wichtigen Identitäten:

$$a^{\log_a x} = x \quad \text{und} \quad \log_a a^p = p \tag{53}$$

Wir halten fest: Logarithmen sind ihrer Natur nach *Exponenten*! (Spräche man durchweg von Exponenten, wäre die Logarithmenrechnung eine "Exponentenrechnung" und als solche eventuell besser akzeptiert worden – aber die Tradition hat sich halt anders entschieden.)

Es gibt einige Zahlen, die sich als Basen besonderer Beliebtheit erfreuen – zu nennen wären die 2, die 10 und die Eulersche Konstante $e = 2,71\ldots$ Zur Vereinfachung schreibt man dafür

$$
\begin{array}{rcl}
\log_2 y & =: & \operatorname{ld} y \\
\log_{10} y & =: & \lg y \\
\log_e y & =: & \ln y
\end{array}
$$

und nennt dieses den *dyadischen*, *dekadischen* bzw. *natürlichen* Logarithmus von y. Die Identitäten (53) nehmen hier die spezielle Form

$$
\begin{array}{lcl}
2^{\operatorname{ld} x} = x & \text{und} & \operatorname{ld} 2^p = p \\
10^{\lg x} = x & \text{und} & \lg 10^p = p \\
e^{\ln x} = x & \text{und} & \ln e^p = p
\end{array}
$$

an. Der Leser möge sich von der Bezeichnungsvielfalt ($\log_a$, ld, lg, ln) nicht abschrecken lassen – es ist nämlich leicht möglich, Logarithmen verschiedener Basen ineinander umzurechnen, so dass jedermann im Prinzip nur seinen "Lieblingslogarithmus" kennen muss – diesen allerdings leidlich gut. Im Rahmen dieses Textes werden wir uns hauptsächlich auf den natürlichen Logarithmus (auch *logarithmus naturalis* genannt) beziehen.

Logarithmengesetze

Jeder, der ein handelsübliches mathematisches Tabellenwerk aufschlägt, wird darin "Logarithmengesetze" finden, deren Anzahl erheblich variieren kann. Da wir in diesem Text mit möglichst wenig Formeln auskommen wollen, sei hier zunächst hervorgehoben, dass es sich bei den "Logarithmengesetzen" eigentlich auch nur um Potenzgesetze handelt, die lediglich logarithmisch – also mit Blick auf die Exponenten – interpretiert werden. Also sind es nach wie vor die Potenzgesetze, auf die es ankommt. Wir werden in unserem gesamten Text mit zwei bis drei ihrer logarithmischen Interpretationen auskommen. Natürlich kann es nicht schaden, wenn man sich diese auswendig einprägt:

$$(L1) \qquad \log_a xy \;=\; \log_a x + \log_a y$$

$$(L2) \qquad \log_a x^p \;=\; p\log_a x$$

$$(L3) \qquad \log_a x \;=\; \frac{\log_b x}{\log_b a}$$

$(x, y, a, b > 0,\ p \in \mathbb{R})$.

Sehen wir uns z.B. das erste dieser Gesetze einmal näher an. In seiner ursprünglichsten Formulierung lautet es als Potenzgesetz $x^m x^n = x^{(m+n)}$. Wir richten den Blick diesmal auf die Exponenten: Der Exponent $m + n$ auf der rechten Seite ist nichts anderes als die Summe der beiden Exponenten m und n auf der linken Seite. Die ganze Kunst besteht nun darin, diese Exponenten nicht Exponenten, sondern Logarithmen zu nennen, wobei jeweils dazuzusagen ist, (a) *wovon* und (b) *bezüglich welcher Basis* der Logarithmus gebildet wird. Diesen Vorgang zeigen wir in der nebenstehenden Übersicht oben.

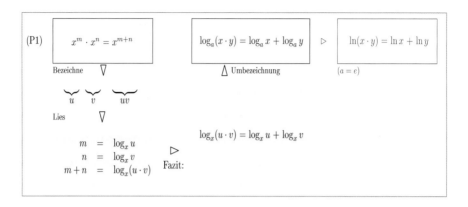

(Zur Erläuterung: Wenn wir die beiden Faktoren auf der linken Seite der Gleichung $x^m x^n = x^{(m+n)}$ einmal mit u und v bezeichnen (gelbes Feld links oben) und beachten, dass die Basis aller drei Ausdrücke jeweils x ist, können wir die logarithmische Schreibweise der drei Exponenten m, n und $m + n$ ablesen (gelbes Feld links unten). Die Gleichung $m + n = m + n$ liest sich jetzt so:

$$\log_x(u) + \log_x(v) = \log_x(uv)$$

(gelbes Feld rechts unten). Wechseln wir zu neuen Bezeichnungen: $x \leftrightarrow a, u \leftrightarrow x, v \leftrightarrow y$, erhalten wir Formel $(L1)$.)

In ganz ähnlicher Weise können wir auch $(L2)$ und $(L3)$ erhalten, wie den weiteren Übersichten zu entnehmen ist.

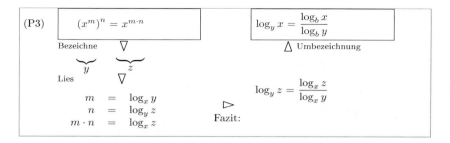

Spezialfall:

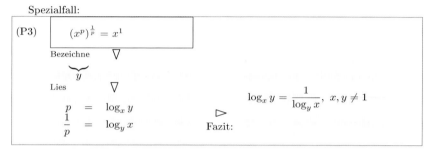

Wir bemerken, dass die Anzahl vermeintlich "neuer" Gesetze schnell erhöht werden kann, wenn man statt Produkten Quotienten notiert oder z.B. das Wurzelzeichen verwendet, z.B. so:

$$\log_a\left(\tfrac{x}{y}\right) \;=\; \log_a x - \log_a y$$

$$\log_a \sqrt[p]{x} \;=\; \frac{\log_a x}{p}$$

Schreiben wir hingegen durchweg Quotienten und Wurzeln als Potenzausdrücke (also xy^{-1} statt $\tfrac{x}{y}$ und $x^{\frac{1}{p}}$ statt $\sqrt[p]{x}$), brauchen wir uns am wenigsten einzuprägen.

0.6.11   Aufgaben

Aufgabe 0.71. Berechnen bzw. vereinfachen Sie die folgenden Ausdrücke soweit wie möglich (ohne Verwendung des Taschenrechners) unter Angabe der jeweils benutzten Potenzgesetze:

(a) $(2^2)^3 + 3^3 \cdot 2^3$

(b) $(a^2 b^3)^2 - 5 \cdot 0^1$

(c) $\sqrt[4]{81} + \sqrt[5]{64} : \sqrt[5]{2} - 5^1$

(d) $(x^2)^{-3} - x^0$

(e) $(-3x^3)^2 + 4^0$

(f) $\sqrt[2]{\sqrt[5]{1024}}$

(g) $\sqrt[4]{a^{-3}}$

Aufgabe 0.72 ($\nearrow$L). Vereinfachen Sie die folgenden Gleichungen und Ungleichungen soweit wie möglich:

(a) $\sqrt{x+11} - \sqrt{x} = 1$

(b) $x^2 + 4x + 5 \geq 0$

(c) $\sqrt[x]{500} = 40$

(d) $5^x = 100$

(e) $\lg(3x) = 2 + \lg(x-1)$

(f) $\frac{5x-20}{x} < 3$

Aufgabe 0.73 ($\nearrow$L). Bringen Sie die nachfolgenden Berechnungsvorschriften auf die Form

$$f(x) = ax^b.$$

Geben Sie die dabei verwendeten Werte a und b an.

(i) $f(x) = \sqrt[4]{(7^2 x)^3}$

(ii) $f(x) = 5e^{2(\ln(3x))}$

(iii) $f(x) = 8\ln(e^{4x^2})^2$

(iv) $f(x) = 5(e^{-3\ln(2x)})^2$

Aufgabe 0.74 ($\nearrow$L). Bringen Sie die nachfolgenden Berechnungsvorschriften auf die Form

$$f(x) = ae^{bx}.$$

(i) $f(x) = 64 \cdot 8^{-x}$

(ii) $f(x) = 2\ln(e^{e^{-x}})$

Aufgabe 0.75. Zeigen Sie: Für beliebige $a, b, x, y > 0$ gilt

$$(\log_a x) = (\log_b y) \quad \Rightarrow \quad (\log_a x) = (\log_b y) = \log_{ab} xy$$

0.7 Polynome

0.7.1 Vorbemerkung

In diesem Abschnitt erinnern wir kurz an einige Vorkenntnisse aus der Schule, die sich auf Polynome beziehen.

Begriffliches

Definition 0.76. *Es seien* $n \in \mathbb{N}_0$ *und* $a_0, a_1, ..., a_n \in \mathbb{R}$ *beliebige Konstanten. Ein Ausdruck der Form*

$$P(x) = a_n x^n + a_{n-1} x^{n-1} + ... + a_1 x^1 + a_0 \qquad (54)$$

heißt Polynom *(in der Unbestimmten* x*); die Konstanten* $a_0, ..., a_n$ *heißen seine Koeffizienten. Die Menge aller Polynome in der Unbestimmten* x *werde mit* $\mathcal{P}[x]$ *bezeichnet.*

(Systematischer könnte man statt (54) auch schreiben $P(x) = ... a_0 x^0$, was meist aus Bequemlichkeit unterbleibt.)

Beispiel 0.77. Im Fall $n = 3$ könnten Polynome sein

a)	$7x^3$	-	$\frac{1}{2}x^2$	+	$\pi \cdot x^1$	+	215
b)	$2x^3$	+	$0 \cdot x^2$	+	$0 \cdot x^1$	+	0
c)	$0 \cdot x^3$	+	$1\,x^2$	+	$0 \cdot x^1$	+	0
d)	$0 \cdot x^3$	+	$0 \cdot x^2$	+	$3 \cdot x^1$	+	3
e)	$0 \cdot x^3$	+	$0 \cdot x^2$	+	$0 \cdot x^1$	+	7

Wir sehen (schwarz hervorgehoben), dass auch Ausdrücke, die auf den ersten Blick von (54) verschieden sind, auf die Form (54) gebracht werden können, wenn gegebenenfalls scheinbar fehlende Bestandteile passend hinzugeschrieben werden (cyanfarben). Natürlich geschieht dies hier nur, um die Natur als Polynom hervorzuheben; denn Summanden, die gleich Null sind, werden üblicherweise aus Bequemlichkeit nicht geschrieben. Wir sehen auch, dass einzelne – beim Nullpolynom sogar alle – Koeffizienten eines Polynoms verschwinden[3] können.   △

Die in (54) auftretenden Summanden nennt man auch Glieder eines Polynoms. Charakteristisch für Polynome ist, dass es sich um *endliche* Summen handelt, deren Glieder stets nur Vielfache geeigneter *nichtnegativ-ganzzahliger Potenzen* der Unbestimmten x sind. *Keine Polynome* sind auf diese Weise z.B. die Ausdrücke

---

[3]d.h., den Wert Null annehmen

$3x^{\frac{1}{2}} + 2$ (der Exponent $\frac{1}{2}$ ist zwar nichtnegativ, aber nicht ganzzahlig),

$24x^{-4} + x^3 + x^2 + x + 1$ (der Exponent -4 ist negativ),

$\sin x$ (dies ist keine Potenz von x),

$\dfrac{x^2 + x}{x^{17} - 4}$ (dies ist ein unkürzbarer Bruch, der sich nicht als Summe einfacher Potenzen schreiben lässt).

Der Grad eines Polynoms

Existiert eine größte ganze Zahl k mit $a_k \neq 0$, so nennt man diese den *Grad* des Polynoms. Auf diese Weise handelt es sich in den Beispielen a) und b) um Polynome dritten Grades, die Beispiele c) bis e) geben je ein Polynom vom Grade 2, 1 und 0 an. Hervorzuheben ist, dass also auch "gewöhnliche" reelle Zahlen Polynome sind. Diese haben, soweit von Null verschieden, den Grad 0. Die Zahl 0 kann als "Nullpolynom" aufgefasst werden und ist von Polynomen vom Grad 0 zu unterscheiden. Dem Nullpolynom weisen wir aus Gründen, die erst später einzusehen sind, den Grad $-\infty$ zu. Polynome vom Grad 3, 2 bzw. 1 nennt man auch *kubisch, quadratisch* bzw. *linear*. Die Menge aller Polynome vom Grad k werde mit $\mathcal{P}_k[x]$ bezeichnet ($k = 0, 1, 2, \ldots$). Ist ein beliebiges Polynom $P(x)$ gegeben, schreiben wir auch *grad* $P(x)$ für seinen Grad.

Auswertung eines Polynoms

Die Unbestimmte x dient gewissermaßen als Platzhalter für einen beliebigen (reellen) Zahlenwert. Ersetzt man x durch einen konkreten Zahlenwert c und führt die durch (54) beschriebene Berechnung (bestehend aus Potenzierung von c, Multiplikation mit den Koeffizienten und Summation) aus, erhält man den *Wert* des Polynoms $P(x)$ an der Stelle $x = c$, kurz $P(c)$. Betrachten wir z.B. das Polynom $3x^2 - 6x + 12 =: P(x)$, finden wir leicht z.B. $P(0) = 12$, $P(1) = 9$, $P(10) = 252$ etc.

0.7.2   Das Rechnen mit Polynomen

Es mag unmittelbar einleuchten, dass die **Summe** zweier Polynome wiederum ein Polynom ist, ebenso ist jedes **Vielfache** eines Polynoms wiederum ein Polynom.[4] Dies beruht darauf, dass mit Polynomen ebenso wie mit beliebigen anderen Termen gerechnet werden kann, wobei lediglich die üblichen Rechenregeln für Termumformungen zu beachten sind. Einfache Beispiele können das leicht illustrieren:

---

[4]Dabei unterstellen wir, dass sämtliche auftretenden Polynome sich auf ein- und dieselbe Unbestimmte beziehen.

$$
\begin{array}{rrrrrr}
P(x) := & 18x^4 & & -\frac{1}{10}x^2 & + x & + 13 \\
+\ Q(x) := & & 100x^3 & +\frac{3}{5}x^2 & & -101 \\
\hline
S(x) := & 18x^4 & +\ 100x^3 & +\frac{1}{2}x^2 & + x & -\ 88
\end{array}
$$

Bei der Summation zweier Polynome (hier $P(x)$ und $Q(x)$)braucht man also lediglich die Koeffizienten der korrespondierenden Glieder aufzusummieren, um die Koeffizienten des Summenpolynoms (hier $S(x)$ genannt) zu erhalten. Noch einfacher liegen die Dinge bei einer Vervielfachung. So gilt z.B.

$$
\begin{array}{rl}
3P(x) = & 3\ (\ 18x^4 - \frac{1}{10}x^2 + \quad x + 13\ ) \\
=:\ M(x) = & 54x^4 - \frac{3}{10}x^2 + 3x + 39
\end{array}
$$

D.h., die Koeffizienten des vervielfachten Polynoms (hier: $M(x)$) entstehen einfach durch entsprechende Vervielfachung der Koeffizienten des Ausgangspolynoms (hier: $P(x)$).

Wir bemerken, dass diese Manipulationen selbstverständlich auch durch allgemeine Formeln beschrieben werden können. Wir nehmen dazu einmal an, dass sich die beteiligten Partner mit einem passenden $n \in \mathbb{N}$ und geeigneten Koeffizienten in der allgemeinen Form wie folgt notieren lassen:

$$
\begin{array}{rlllll}
P(x) & = & p_n x^n & + & \cdots & + & p_1 x^1 & + & p_0 \\
Q(x) & = & q_n x^n & + & \cdots & + & q_1 x^1 & + & q_0
\end{array}
$$

(Diese Darstellung ist stets möglich, wenn n mindestens so groß gewählt wird wie das Maximum aus *grad* $P(x)$ und *grad* $Q(x)$, wobei "überflüssige" Koeffizienten den Wert Null annehmen.) Es folgt dann sofort

$$
P(x) + Q(x) = (p_n + q_n)x^n + \cdots + (p_1 + q_1)x^1 + (p_0 + q_0)
$$

und für jede beliebige Konstante $\lambda \in \mathbb{R}$

$$
\lambda P(x) = (\lambda p_n)x^n + \cdots + (\lambda p_1)x^1 + (\lambda p_0).
$$

Multiplikation von Polynomen

Es überrascht nicht, dass auch die Multiplikation zweier Polynome wiederum ein Polynom ergibt. Wie schon zuvor werden die beiden "Beteiligten" als Terme aufgefasst, die diesmal – unter Beachtung der üblichen Rechenregeln – auszumultiplizieren sind. Allerdings ist hierbei schon etwas mehr Sorgfalt vonnöten als bei der (einfachen positionsgerechten) Addition und Vervielfachung.

Beispiel 0.78. Es seien $P(x) := 3x + 4$ und $Q(x) := 2x - 7$. Durch Ausmultiplizieren erhalten wir das Polynom $R(x) := 6x^2 - 13x - 28$. Die Rechnung, die zwar im Kopf erfolgen kann, wird in jedem Fall einem gedanklichen Schema folgen, welches z.B. so aussehen könnte:

Produkt:	Faktoren:	2.Potenz:	1.Potenz:	0.Potenz:
$R(x) :=$	$(3x+4)(2x-7)$			
$=$		$3x \cdot 2x$		
$+$			$3x \cdot (-7)$	
$+$			$4(2x)$	
$+$				$4 \cdot (-7)$
$R(x) =$		$6x^2$	$-13x$	-28

$\triangle$

Beispiel 0.79. Den Nutzen unseres Schemas kann man anhand eines "größeren" Beispiels besser erkennen. Wir wollen diesmal die beiden Polynome $A(x) := 3x^4 + 2x^3 + x^2 - 1$ und $B(x) := 20x^3 - 12x^2 - \frac{1}{2}x + 1$ miteinander multiplizieren. Es ist offensichtlich, dass dabei u.a. der Summand $3x^4$ aus $A(x)$ mit dem Summanden $20x^3$ aus $B(x)$ zu multiplizieren sein wird. Das entsprechende Teilergebnis lautet $60x^7$; also erhalten wir als Ergebnispolynom ein Polynom vom Grade $4 + 3 = 7$. Es ist plausibel, dass dies stets gilt:

Der Grad eines Produktpolynoms ist gleich
der Summe der Grade der Faktorpolynome.

Bei der Rechnung folgen wir wieder unserem bekannten Schema (siehe folgende Seite).

$$C(x) = (3x^4 + 2x^3 + x^2 - 1)(20x^3 - 12x^2 - \tfrac{1}{2}x + 1)$$

$$
\begin{array}{l}
+\ 60x^7 \\
+\ {-36x^6} \quad -\tfrac{3}{2}x^5 \quad +3x^4 \\
+\ 40x^6 \quad -24x^5 \quad -x^4 \quad 2x^3 \\
+\ 20x^5 \quad -12x^4 \quad -\tfrac{1}{2}x^3 \quad x^2 \\
+\ {-20x^3} \quad 12x^2 \quad \tfrac{1}{2}x \quad -1 \\
\end{array}
$$

$$= 60x^7 + 4x^6 - 5\tfrac{1}{2}x^5 - 10x^4 - 18\tfrac{1}{2}x^3 + 13x^2 + \tfrac{1}{2}x - 1$$

$\triangle$

Als Verallgemeinerung unserer Beispiele erhalten wir folgenden

Satz 0.80. *Gegeben seien zwei Polynome*

$$P(x) = p_m x^m + \cdots + p_1 x^1 + p_0$$
$$Q(x) = q_n x^n + \cdots + q_1 x^1 + q_0.$$

Dann ist das Produkt $R(x) := P(x)Q(x)$ wiederum ein Polynom und besitzt eine Darstellung der Form

$$R(x) = r_{m+n} x^{m+n} + \cdots + r_1 x + r_0,$$

wobei die Koeffizienten nach der Vorschrift

$$r_k = p_k q_0 + p_{k-1} q_1 + \cdots + p_1 q_{k-1} + p_0 q_k$$

zu bilden sind ($k = 0, \cdots, m + n$). Weiterhin gilt

$$grad\ R(x) = gradP(x) + gradQ(x).$$

Dieser Satz mag abstrakt klingen, lässt sich aber sehr gut anwenden.

Beispiel 0.81. Wir beziehen uns auf das Beispiel unserer Übersicht mit

$$A(x) = 3x^4 + 2x^3 + x^2 + 0x \quad \text{und} \quad B(x) = 20x^3 - 12x^2 - \frac{1}{2}x + 1$$

lies:

$$P(x) = p_4 x^4 + \ldots + p_0 \quad Q(x) = q_3 x^3 + \ldots + q_0.$$

Hier gilt $m = 4$ und $n = 3$. Das Produkt $R(x) := P(x)Q(x)$ aus beiden Polynomen ist vom Grade $m + n = 4 + 3 = 7$ und wurde mit Hilfe unserer Übersicht bereits berechnet. Wir versuchen nun, das Produktpolynom *direkt* aus den Angaben des Satzes 0.80 zu berechnen. Danach lautet die allgemeine Form von $R(x) = C(x)$

$$R(x) = r_7 x^7 + \ldots + r_3 x^3 + \ldots + r_1 x^1 + r_0.$$

Wir berechnen nun beispielsweise den Koeffizienten r_3 von x^3. Unser Satz besagt dann

$$
\begin{aligned}
r_3 &= & p_3\ q_0 &+& p_2\ q_1 &+& p_1\ q_2 &+& p_0\ q_3 \\
&= & 2\ 1 & & 1\ (-\tfrac{1}{2}) & & 0\ (-12) & & (-1)\ 20 \\
&= & -18\tfrac{1}{2}
\end{aligned}
$$

- wie schon in der Übersicht ermittelt.   △

An dieser Stelle wollen wir anmerken, dass alles oben Geschriebene mit Hilfe des Summenzeichens kürzer notiert werden kann. So können wir schreiben

$$P(x) = \sum_{l=0}^{n} p_l x^l, \quad Q(x) = \sum_{l=0}^{n} q_l x^l \quad \text{und} \quad R(x) \sum_{l=0}^{m+n} r_l x^l;$$

die Koeffizienten ergeben sich aus

$$r_k = \sum_{l=0}^{k} p_l q_{k-l}, \quad k = 0, ..., m + n.$$

Polynomdivision

Fassen wir zwei gegebene Polynome $Z(x)$ und $N(x)$ als Terme auf, so können wir diese nicht nur miteinander multiplizieren, sondern ebenfalls durcheinander dividieren, solange der jeweilige Nenner nicht das Nullpolynom ist. Dabei entsteht, ähnlich wie bei der Division ganzer Zahlen, die Frage nach der *Teilbarkeit*.

Wir erinnern: Dividiert man zwei ganze Zahlen Z und N (mit $N > 0$) durcheinander, so braucht der Quotient $\frac{Z}{N}$ bekanntlich *nicht mehr ganzzahlig* zu sein.

- Er ist dann und nur dann ganzzahlig, wenn Z durch N teilbar ist. Wir können in diesem Fall schreiben $\frac{Z}{N} = Q$ oder gleichbedeutend $Z = QN + 0$ (z.B. $12 = 3 \cdot 4 + 0$.)
- Wenn Z *nicht* durch N teilbar ist, tritt in der letzten Gleichung ein Divisionsrest R auf: $Z = QN + R$, für diesen gilt $0 < R < N$; und Q ist lediglich der ganzzahlige Anteil des Quotienten. (Ein Beispiel: $13 = 3 \cdot 4 + 1$ mit $0 < 1 < 4$.)

Die Verhältnisse bei der Polynomdivision sind nun ganz ähnlich; es müssen im wesentlichen nur "ganzzahlig" bzw. "ganze Zahl" durch "Polynom" ersetzt werden. Bilden wir den Quotienten

$$Q(x) := \frac{Z(x)}{N(x)}$$

zweier Polynome $Z(x)$ und $N(x) \neq 0$, braucht dieser im Allgemeinen *kein Polynom* zu sein; ist er es doch, so sagt man, $Z(x)$ sei durch $N(x)$ *teilbar*.

- Genau wenn $Z(x)$ durch $N(x)$ teilbar ist, können wir schreiben

$$\frac{Z(x)}{N(x)} = Q(x)$$

oder gleichbedeutend $Z(x) = Q(x)N(x) + 0$, wobei $Q(x)$ wiederum ein Polynom ist.

- Wenn $Z(x)$ dagegen nicht durch $N(x)$ teilbar ist, tritt wiederum ein Divisionsrest $R(x)$ auf:

$$Z(x) = Q(x)N(x) + R(x);$$

dieser ist selbst wiederum ein Polynom und genügt der Bedingung $-\infty < grad\, R(x) < grad\, N(x)$. (Es handelt sich also um ein von Null verschiedenes Polynom, welches einen geringeren Grad hat als das Nennerpolynom $N(x)$.)

Beispiel 0.82. Bekanntlich gilt

$$x^2 - 1 = (x+1)(x-1);$$

dies können wir so lesen:

$$Z(x) = Q(x)N(x) + 0$$

und Z(x) kann "polynomwertig" durch $N(x)$ geteilt werden:

$$\frac{Z(x)}{N(x)} = \frac{x^2 - 1}{x - 1} = x + 1 = Q(x). \qquad \triangle$$

Beispiel 0.83. Addieren wir im Zähler des vorangehenden Beispiels die Zahl 3, ohne den Nenner zu verändern, kann die Division nicht mehr aufgehen – vielmehr muss die Zahl 3 als Divisionsrest übrigbleiben. In der Tat gilt

$$\begin{aligned} x^2 + 2 \;&=\; (x^2 - 1) + 3 \;&=\; (x+1)(x-1) + 3 \\ \text{lies (mit dem neuen Z\"ahler)} & \\ Z(x) \;&=\; \cdots \;&=\; Q(x)N(x) + R(x). \end{aligned}$$

(Man beachte: Hier ist $R(x) = 3$ nicht als Zahl, sondern als Polynom zu sehen. Es ist vom Grad Null, hat also einen geringeren Grad als der Nenner $N(x) = x - 1$.) $\triangle$

Wir bemerken, dass in diesen beiden Beispielen die "Divison" so einfach ablief, weil das Ergebnis im Grunde vorher bereits bekannt war. Interessanter ist die Frage, wie eine Polynomdivison ausgeführt werden kann, wenn das Ergebnis nicht zuvor bekannt ist und eventuell noch nicht einmal etwas über die Teilbarkeit gesagt werden kann. Die Antwort ähnelt der bei der schrittweisen manuellen Division ganzer Zahlen mit mehreren Dezimalstellen; im Ergebnis erhält man die Zahl Q zusammen mit einem eventuellen Divisionsrest R. Hier wenden wir ein ähnliches Verfahren auf $Z(x)$ und $N(x)$ an und erhalten $Q(x)$ und $R(x)$.

Wir verdeutlichen das Wesentliche anhand eines Beispiels, in dem wir einmal die Lösungsabläufe für eine gewöhnliche Division von Dezimalzahlen und für eine Polynomdivision vergleichend nebeneinander notieren. Die Aufgaben lauten "$(x^2 - 1) : (x - 1)$" (links) bzw. "$144 : 12$" (rechts) .

	Polynomdivision	gewöhnliche Division
1.	$(x^2 - 1) : (x - 1) = x + 1$	$144 : 12 = 12$
2.	$\underline{x^2 - x}$	$\underline{12}$
3.	$x - 1$	24
4.	$\underline{x - 1}$	$\underline{24}$
5.	0	0

Obwohl die Analogien offensichtlich sind, fügen wir einige Erläuterungen zur *Polynomdivision* an, die sich auf die numerierten Zeilen beziehen:

1. Es wird die Aufgabe notiert (schwarz) und zunächst der blaue Teil der Lösung ermittelt: Man teilt dabei *nicht* $(x^2 - 1)$ durch $(x - 1)$, sondern lediglich x^2 durch x mit dem Ergebnis x. (Es werden also nur die *Leitterme*[5] durcheinander dividiert.)

2. Man notiert das x-fache des Divisors $(x - 1)$, also $x^2 - x$, unterhalb des Dividenden $x^2 - 1$, anschließend wird eine Subtraktion ausgeführt.

3. Hier wird das Subtraktionsergebnis $x - 1$ notiert (es handelt sich zugleich um den neuen Dividenden). Man fährt nun fort wie unter 1., d.h., man teilt die *Leitterme* von Dividend und Divisor durcheinander, hier: $x : x = 1$. Diese Zahl wird zum Ergebnis addiert.

4. Nun wird Schritt 2 wiederholt: Wir notieren das 1-fache des Divisors $(x - 1)$, also $x - 1$, unterhalb des aktuellen Dividenden $x - 1$, anschließend führen wir eine Subtraktion aus.

5. Das Ergebnis (0) ist von geringerem Grad als der Divisor, somit "Divisionsrest". Dies zeigt das Ende der Rechnung an. Man unterscheidet noch: *Ist der Rest Null (wie hier), ist der Dividend durch den Divisor teilbar, andernfalls* nicht.

Die folgenden Beispiele erklären sich nun von selbst.

Beispiel 0.84.

$$
\begin{array}{l}
(x^2 + \ x - 42) : (x - 6) = x + 7 \\
\underline{x^2 - 6x} \\
\qquad\quad 7x - 42 \\
\qquad\quad \underline{7x - 42} \\
\qquad\qquad\qquad 0
\end{array}
$$

Unter dem Strich steht wiederum der Divisions"rest" Null, also ist das Zählerpolynom durch das Nennerpolynom teilbar, und der Quotient ist das Polynom $Q(x) = x + 7$. $\qquad\triangle$

Beispiel 0.85. Eine leichte Änderung bewirkt Erhebliches:

$$
\begin{array}{l}
(x^3 \qquad\ + \quad x - 43) : (x - 6) = x^2 + 6x + 37 \qquad \text{Rest: } 179 \\
\underline{x^3 - 6x^2} \\
\qquad 6x^2 + \quad x - 43 \\
\qquad \underline{6x^2 - 36x} \\
\qquad\qquad\quad 37x - 43 \\
\qquad\qquad\quad \underline{37x - 222} \\
\qquad\qquad\qquad\quad 179
\end{array}
$$

An dem Divisionsrest 179 (aufzufassen als Polynom vom Grade Null) sehen wir, dass diesmal das Zählerpolynom nicht durch das Nennerpolynom teilbar

---

[5]d.h., die Glieder höchsten Grades

ist. Der "polynomwertige Anteil" des Quotienten ist hier $Q(x) = x^2 + 6x + 37$. Das Divisionsergebnis kann auch so notiert werden:

$$\frac{x^3 + x - 43}{x - 6} = x^2 + 6x + 37 + \frac{179}{x - 6}$$

Unsere Beispiele zeigen, dass sich bei der Polynomdivison bestimmte typische Abläufe wiederholen. Dabei ist vor jedem neuen Durchlauf zu prüfen, ob eventuell schon das Ende der Rechnung erreicht ist; wenn ja, ist das Ergebnis abzulesen. Eine formale Beschreibung solcher Abläufe wird *Algorithmus* genannt. (Der Leser möge sich von diesem der Informatik entlehnten Namen nicht beeindrucken lassen – jedes Kochrezept ist auch ein Algorithmus.) Für Interessenten an einer allgemeinen, nicht allein auf Beispiele bezogenen Beschreibung fügen wir den Algorithmus der Polynomdivision an. Er ist in den gelben Feldern der nebenstehenden Übersicht enthalten. Zur besseren Verständlichkeit werden alle Schritte nochmals ausführlich auf das Beispiel $(x^2 - 1) : (x - 1)$ bezogen (graue Felder).

ABLAUF POLYNOMDIVISION

0. **Anfangswert:**
   $Q := 0$
   △

1. *Aufgabe:*
   $Z : N$
   ▷

2. **Prüfe:**
   $? \; Grad(Z) \geq Grad(N) \; ?$

   | STOP |
   | Q Ergebnis |
   | Z Rest |

   JA / NEIN ▷
   ▷

3. **Berechne:**
   $\dfrac{\text{Leitterm } Z}{\text{Leitterm } N} =: R$
   ▷

4. **Berechne:**
   $Q^*_{neu} := Q + R$
   ▷

5. **Berechne:**
   $Z^*_{neu} := Z - (R \cdot N)$
   "neu" weglassen,
   ↪ weiter mit Schritt 1

BEISPIEL

0. $Q := 0$
   ▷

1. $(x^2 - 1) : (x - 1)$
   ▷

2. $? \; 2 \geq 1 \; ?$
   JA √
   ▷

3. $\dfrac{x^2}{x} = x$
   ▷

4. $Q_{neu} := 0 + x$
   ▷

5. $\begin{array}{r} x^2 - 1 \\ x^2 - x \\ \hline x - 1 \end{array} \;\div$
   ↪ Weiter bei 1'

1'. $(x - 1) : (x - 1)$
   ▷

2'. $? \; 1 \geq 1 \; ?$
   JA √
   ▷

3'. $\dfrac{x}{x} = 1$
   ▷

4'. $Q_{neu} := x + 1$
   ▷

5'. $\begin{array}{r} x - 1 \\ x - 1 \\ \hline 0 \end{array} \;\div$
   ↪ Weiter bei 1"

1". $0 : (x - 1)$
   ▷

2". $? \; -\infty \geq 1 \; ?$
   NEIN ▷ STOP
   Ergebnis $x + 1$
   Rest 0

0.7.3   Nullstellen und Polynomzerlegung

Nullstellen und Linearfaktoren

Definition 0.86. *Gegeben sei ein beliebiges Polynom $P(x)$. Jede reelle Zahl z mit $P(z) = 0$ heißt eine Nullstelle von $P(x)$.*

Nullstellen von Polynomen sind nicht nur von großem Interesse in praktischen Anwendungen, sondern auch in der Theorie – sie erlauben nämlich, Polynome "verständlicher" darzustellen.

Satz 0.87 (↗S.499)**.** *Es sei $P(x)$ ein beliebiges Polynom und z eine (reelle) Nullstelle von $P(x)$. Dann existiert ein Polynom $Q(x)$ derart, dass gilt*

$$P(x) = Q(x)(x - z). \tag{55}$$

Mit anderen Worten: Es ist möglich, das Polynom $P(x)$ ohne Rest durch $(x - z)$ zu dividieren; als Quotient ergibt sich das eindeutig bestimmte Polynom $Q(x)$. Der als Faktor bei $Q(x)$ stehende Term $(x - z)$ ist ein lineares Polynom und wird als *Linearfaktor* bezeichnet; eine Darstellung der Art (55) wird daher auch *Abspaltung eines Linearfaktors* genannt.

Linearfaktoren sind deswegen beliebt, weil sie die einfachsten nicht-konstanten Polynome sind und zugleich gestatten, ihre einzige Nullstelle – nämlich z – direkt abzulesen. Aber auch das Quotientenpolynom $Q(x)$ ist "einfacher" als $P(x)$, weil es einen *geringeren* Grad[6] hat als $P(x)$.

Beispiel 0.88. Es sei $P(x) = x^4 - 2x^3 + 2x^2 - 2x + 1$. Durch Probieren ist leicht zu sehen: $P(1) = 0$. Weil also $z = 1$ eine Nullstelle von $P(x)$ ist, können wir $P(x)$ ohne Rest durch den Term $(x - z) = (x - 1)$ dividieren:

$$
\begin{array}{l}
(x^4 - 2x^3 + 2x^2 - 2x + 1) : (x - 1) = x^3 - x^2 + x - 1 \\
\underline{x^4 - x^3} \\
\quad\; -x^3 + 2x^2 - 2x + 1 \\
\quad\; \underline{-x^3 + x^2} \\
\qquad\quad x^2 - 2x + 1 \\
\qquad\quad \underline{x^2 - x} \\
\qquad\qquad\quad -x + 1 \\
\qquad\qquad\quad \underline{-x + 1} \\
\qquad\qquad\qquad\quad 0
\end{array}
$$

Die Formel (55) lautet hier konkret

$$x^4 - 2x^3 + 2x^2 - 2x + 1 = P(x) = Q(x)(x - z) = (x^3 - x^2 + x - 1)(x - 1).$$

---

[6]Dies gilt streng genommen nur bis auf den ohnehin trivialen Fall $P(x) = 0$.

Wir heben hervor, dass auf beiden Seiten faktisch dasselbe Polynom steht, lediglich die Darstellungen sind verschieden. Während die linke in gewissem Sinne systematischer ist, gibt die rechte mehr direkten Einblick in das Verhalten von $P(x)$: Eine Nullstelle ($z = 1$) wird explizit verraten.   △

Naturgemäß stellt sich angesichts der Darstellung (55) die Frage, ob sich das Quotientenpolynom $Q(x)$ seinerseits weiter vereinfachen ließe.

Beispiel 0.89 (╱F 0.88). Durch Hinsehen oder Probieren stellen wir fest, dass für das Polynom $Q(x) = x^3 - x^2 + x - 1$ ebenfalls gilt $Q(1) = 0$, also können wir es ohne Rest durch $(x - 1)$ dividieren:

$$(x^3 - x^2 + x - 1) : (x - 1) = x^2 + 1$$
$$\underline{x^3 - x^2}$$
$$x - 1$$
$$\underline{x - 1}$$
$$0$$

Somit gilt $Q(x) = (x^2 + 1)(x - 1)$. Wir bemerken, dass wir das Ausgangspolynom nun schon *zweimal* durch den Linearfaktor $(x - 1)$ dividieren konnten; es gilt also

$$P(x) = \underbrace{(x^2 + 1)}_{N(x)} \cdot \underbrace{(x - 1) \cdot (x - 1)}_{L(x)} = (x^2 + 1) \cdot (x - 1)^2 \tag{56}$$

und wir bezeichnen $z = 1$ als *zweifache* Nullstelle von $P(x)$.

Leider lässt sich das nun verbleibende Quotientenpolynom $N(x) = x^2 + 1$ *nicht* in gleicher Weise vereinfachen. Jeder nur denkbare abzuspaltende Linearfaktor müsste nämlich eine (reelle) Nullstelle dieses Polynoms enthalten – was unmöglich ist, denn für jedes reelle x gilt $N(x) = x^2 + 1 \geq 1 > 0$!
Wir haben also mit (56) eine Darstellung von $P(x)$ gefunden, die sich nicht weiter vereinfachen lässt. Der Linearfaktoranteil $L(x)$ fasst alle in $P(x)$ enthaltenen (reellen) Nullstellen zusammen und gibt somit eine komplette Übersicht über die Nullstellen von $P(x)$, während der Faktor $N(x)$ keinerlei reelle Nullstellen besitzt.   △

Die Darstellung (56) enthält die beiden Polynome $N(x)$ und $L(x)$. $L(x)$ besteht *vollständig* aus Linearfaktoren, $N(x)$ enthält *keinerlei* Linearfaktoren. Auf diese Weise gelangen wir zu der Vermutung, dass sich jedes beliebige Polynom $P(x)$ in der Form (56) schreiben lässt, wobei einer der Teile $N(x)$ oder $L(x)$ fehlen kann. Diese Vermutung lässt sich tatsächlich allgemein beweisen und ist Gegenstand des sogenannten Fundamentalsatzes der Algebra, den wir weiter unten angeben werden. Dazu benötigen wir noch einige kleine Vorbereitungen.

Quadratische Gleichungen

Zum Ersten stellen wir fest, dass das Produkt zweier beliebiger Linearfaktoren ein quadratisches Polynom ergibt:

$$Z(x) = (x - z_1)(x - z_2) = x^2 - (z_1 + z_2)x + z_1 z_2. \tag{57}$$

Wir können dieses konventionell schreiben als

$$Z(x) = x^2 + px + q. \tag{58}$$

Also gibt es quadratische Polynome, die sich in Linearfaktoren zerlegen lassen, andererseits gibt es auch solche, bei denen das nicht möglich ist. Die Unterscheidung ist seit Vietas Zeiten anhand der Kenntnis von p und q möglich.

Satz 0.90. *Ein quadratisches Polynom*

$$Z(x) = x^2 + px + q$$

besitzt genau dann eine Linearfaktorzerlegung (57) *mit reellen Nullstellen z_1 und z_2, wenn gilt*

$$D := \frac{p^2}{4} - q \geq 0.$$

In diesem Fall gilt die "p-q-Formel":

$$z_{1/2} = -\frac{p}{2} \overset{+}{-} \sqrt{D},$$

wobei z_1 und z_2 dann und nur dann identisch sind, wenn gilt $D = 0$.

(Die hier auftretende Größe D wird auch als *Diskriminante* bezeichnet.)

Mehrfache Nullstellen

Zum Zweiten kehren wir zu der Beobachtung aus Beispiel 0.89 zurück, dass sich ein Polynom u.U. mehrfach durch ein- und denselben Linearfaktor teilen lässt. Dies ist Anlass für folgende

Definition 0.91. *Es seien $P(x)$ ein beliebiges Polynom und z eine beliebige Nullstelle von $P(x)$. Die größte natürliche Zahl k derart, dass $P(x)$ durch $(x - z)^k$ teilbar ist, heißt* (algebraische) *Vielfachheit der Nullstelle z.*

Schließlich betrachten wir noch einige einfache Beispiele.

Beispiel 0.92. Wir versuchen, das Polynom $U(x) = x^3 - 9x^2 + 26x - 24$ zu vereinfachen. Probieren wir die "einfachsten" Zahlen $0, 1, 2, \ldots$ was legitim ist, finden wir als erste Nullstelle: $z_1 = 2$. Nach Division von $U(x)$ durch $(x - 2)$ bleibt als Quotient $V(x) := x^2 - 7x + 12$. Mit Hilfe der p-q-Formel finden wir die beiden weiteren Nullstellen $z_2 = 3$ und $z_3 = 4$. Insgesamt folgt

$$U(x) = (x - 2)(x - 3)(x - 4).$$

Hier liegt der "günstigste" Fall vor - dieses Polynom zerfällt vollständig in Linearfaktoren.

$\triangle$

Beispiel 0.93. Das Polynom $W(x) = (x^2 + x + 1)^2$ besitzt keine reellen Nullstellen. Die Ursache: Bereits $x^2 + x + 1$ hat keine solchen (neben der p-q-Formel zeigt dies auch folgender Einzeiler: $x^2 + x + 1 = (x + 1/2)^2 + 3/4 \geq 3/4 > 0$.)

$\triangle$

Beispiel 0.94. Multiplizieren wir die Polynome $P(x)$, $U(x)$ und $W(x)$ aus den Beispielen 0.88, 0.92 und 0.93 miteinander und anschließend mit dem Faktor 7, erhalten wir das Polynom

$$T(x) := 7(x^4 - 2x^3 + 2x^2 - 2x + 1)\,(x^3 - 9x^2 + 26x - 24)\,(x^2 + x + 1)^2. \quad (59)$$

Statt diesen Ausdruck auszumultiplizieren, schreiben wir vielmehr sofort seine Zerlegung hin, die ja bereits durch die bekannten Zerlegungen der Faktoren gegeben ist; zunächst in der (59) entsprechenden Reihenfolge:

$$T(x) = 7(x^2 + 1)(x - 1)^2\,(x - 2)(x - 3)(x - 4)\,(x^2 + x + 1)^2.$$

Wir können die Faktoren "sortieren" und einzeln aufführen:

$$T(x) = 7(x-1)(x-1)(x-2)(x-3)(x-4)(x^2+1)(x^2+x+1)(x^2+x+1) \quad (60)$$

oder aber entsprechend ihren Vielfachheiten zusammenfassen:

$$T(x) = \underbrace{7}_{a_{11}} \cdot \underbrace{(x-1)^2(x-2)(x-3)(x-4)}_{L(x)} \cdot \underbrace{(x^2+1)(x^2+x+1)^2}_{N'(x)} \quad (61)$$

Obwohl $T(x)$ als Polynom 11. Grades an sich ein kompliziertes Objekt ist, sehen wir hieran sofort: $T(x)$ hat die Nullstellen 1 (mit der Vielfachheit 2) sowie 2, 3 und 4 (jeweils mit Vielfachheit 1); weitere Nullstellen existieren nicht. Der Teil $L(x)$ zerfällt vollständig in insgesamt fünf Linearfaktoren, der Teil $N'(x)$ hingegen ist das Produkt von insgesamt drei quadratischen Faktoren, die keine reellen Nullstellen haben. $\triangle$

Der Fundamentalsatz der Algebra

Satz 0.95 (Fundamentalsatz der Algebra über $\mathbb{R}$).

(I) Jedes beliebige Polynom n-ten Grades ($n \in \mathbb{N}$)

$$P(x) = \sum_{k=0}^{n} a_k x^k$$

mit reellen Koeffizienten $a_0, ..., a_n$ besitzt höchstens n mit ihren Vielfachheiten berücksichtigte reelle Nullstellen.

(II) Dabei existiert eine Darstellung der Gestalt

$$P(x) = a_n L(x) N(x), \tag{62}$$

wobei das Polynom $L(x)$ eine den reellen Nullstellen von $P(x)$ entsprechende Linearfaktorzerlegung und das Polynom $N(x)$ keinerlei reelle Nullstellen besitzt; Details folgen.

(III) Werden die Gesamtzahl aller Nullstellen mit ν und die Nullstellen selbst – soweit vorhanden – mit $z_1, ..., z_\nu$ bezeichnet, so hat $L(x)$ im Fall $\nu > 0$ die Form

$$L(x) = (x - z_1)....(x - z_\nu)(x - z_\nu) \tag{63}$$

andernfalls gilt $L(x) = 1$.

(IV) Das Polynom $N(x)$ lässt sich im Fall $\nu < n$ als das Produkt von quadratischen Polynomen[7] der Form $(x^2 + \alpha_i x + \beta_i)$, die sämtlich keine reellen Nullstellen besitzen, darstellen; im Fall $\nu = n$ gilt $N(x) = 1$.

Neu an diesem Satz ist insbesondere der Teil (IV), den wir hier ohne nähere Begründung zitieren. Wir werden von der Möglichkeit, ein Polynom ohne reelle Nullstellen als das Produkt von quadratischen Polynomen darzustellen, in diesem Text keinen Gebrauch machen. Nichtsdestoweniger ist darin eine interessante Erkenntnis verborgen, die wir kurz beleuchten:

Man könnte sich wünschen, dass jedes Polynom n-ten Grades mit reellen Koeffizienten eine vollständige Linarfaktorzerlegung besitzt. Leider ist, wie wir sahen, dies nicht durchweg möglich, weil es Polynome ohne reelle Nullstellen gibt. Der Fundamentalsatz besagt nun, dass die entscheidende Ursache dafür in den darin enthaltenen quadratischen Polynomen besteht, die keine reellen Nullstellen besitzen. Könnte man also erreichen, dass alle quadratischen Gleichungen lösbar werden, wäre dieses Problem behoben.

Wie könnte das funktionieren? Das einfachste quadratische Polynom ohne reelle Nullstellen ist wohl

$$x^2 + 1.$$

Nullstellen – sofern existent – müssten die Gleichung

$$x^2 = -1$$

lösen. Rein formal ist

$$i := \sqrt{-1}$$

eine Lösung, allerdings kann eine solche Zahl nicht in $\mathbb{R}$ gefunden werden. Nennt man i jedoch "imaginäre Einheit" und nimmt i unter Beachtung gewisser Rechenregeln zu $\mathbb{R}$ hinzu, erhält man die Menge $\mathbb{C}$ komplexer Zahlen (siehe Punkt 0.7.4). Es stellt sich dann heraus, dass jedes Polynom mit reellen (oder sogar komplexen) Koeffizienten über $\mathbb{C}$ *vollständig* in Linearfaktoren zerfällt.

---

[7] deren Anzahl ist $(n - \nu)/2$

Nutzanwendungen

Abschließend gehen wir auf einen interessanten Nutzaspekt unserer Sätze ein, nämlich den der Nullstellen*bestimmung*. Diese wird uns in den folgenden Kapiteln, z.B. über ökonomische Funktionen, mehrfach begegnen.

Wir erinnern dazu an unser erstes Beispiel: Ausgangspunkt war ein Polynom $P(x)$ "hohen" (= vierten) Grades. Angenommen, die Aufgabe hätte gelautet, *alle Nullstellen* von $P(x)$ zu ermitteln. Uns hat sehr geholfen, dass wir eine erste Nullstelle (nämlich $z = 1$) erraten konnten. Damit konnten wir das Problem vereinfachen, indem wir $P(x)$ durch $(x - z)$ dividierten. Falls nämlich $P(x)$ nun noch weitere Nullstellen besitzen sollte, müsste es sich dabei zugleich um Nullstellen des Divisionsergebnisses $Q(x)$ handeln. Wir gelangten so zu der neuen, aber einfacheren Aufgabenstellung, alle Nullstellen von $Q(x)$ zu ermitteln – dieses Polynom hatte aber nur noch den Grad 3! (Der Rest ist dem Leser bekannt.)

Auf analoge Weise lassen sich beliebige Polynome *rekursiv* auf Nullstellen untersuchen – wobei nach jedem Schritt ein einfacheres Polynom zur weiteren Untersuchung übrigbleibt.

Übrigens: Wie kann man Nullstellen von Polynomen leicht "erraten"? Natürlich sind nur in speziellen Fällen Tipps zu geben. Wir nehmen also ein Polynom

$$P(x) = \sum_{k=0}^{n} a_k x^k$$

n-ten Grades. Dann folgt aus dem Fundamentalsatz

Jede Nullstelle von $P(x)$ - soweit vorhanden - ist ein Teiler von a_0.

Diese Beobachtung ist hauptsächlich in zwei Fällen von Nutzen:

(1) Wenn a_0 ganzzahlig ist und überdies angenommen werden kann, dass auch mindestens eine Nullstelle von $P(x)$ – etwa z_1 – ganzzahlig ist (dies trifft öfters für ökonomische Aufgaben zu), brauchen wir uns nur noch die Teiler von a_0 anzusehen – denn nur diese sind potentielle "Kandidaten" für z_1.

(2) Wenn gilt $a_0 = 0$, ist $z_1 = 0$ eine Nullstelle.

Beispiel 0.96. In einem Lehrbuch wird die Aufgabe gestellt, alle Nullstellen des Polynoms $K(x) = x^3 - 11x^2 - 705x - 693$ zu bestimmen. Die Studenten glauben, dass der Dozent selbst keine Lust auf komplizierte Rechnungen hatte und vermuten daher, dass es eine ganzzahlige Lösung geben müsse. Als Kandiaten dafür sehen sie nur die ganzzahligen Teiler von $a_0 = 693$ an. Um diese zu ermitteln, zerlegen sie a_0 schrittweise in Primfaktoren:

$$-693 = -3 \cdot 231 = -3 \cdot 3 \cdot 77 = -3 \cdot 3 \cdot 7 \cdot 11$$

Streng genommen heißt das

$$-693 = -1 \cdot 3 \cdot 3 \cdot 7 \cdot 11. \tag{64}$$

Teiler von $a_0 = 693$ sind also nicht nur -1 und die Primfaktoren selbst, sondern auch sämtliche in (64) enthaltenen Teilprodukte sowie – notabene – dazu jeweils auch die negativen Werte. Daher beschließt man, folgende Kandidaten daraufhin zu untersuchen, ob es sich um Nullstellen handelt: $-1, +1, +3, -3, +7, -7$ usw.

Es klappt jedoch schon beim ersten Kandidaten: $K(-1) = 0$! – Die weiteren Nullstellen werden nach Division von $K(x)$ durch den Linearfaktor $x - (-1)$ mit Hilfe der p-q-Formel gefunden; es sind -21 und 33 (beide ebenfalls Teiler von $a_0 = -693$!). $\triangle$

0.7.4   Ausblick: Polynome und komplexe Zahlen

Wir kehren zu der quadratischen Gleichung

$$x^2 + 1 = 0$$

zurück, die keine reelle Lösung besitzt. Nullstellen – sofern existent – müssten die Gleichung

$$x^2 = -1 \tag{65}$$

lösen. Rein formal ist

$$i := \sqrt{-1}$$

eine Lösung, die allerdings nur in unserer Vorstellung existiert und deswegen als *imaginäre Einheit* bezeichnet wird. Wir nehmen diese nun zu den reellen Zahlen hinzu und rechnen damit genauso, wie mit jeder anderen Unbestimmten x, wobei die Gleichung (65) zur Vereinfachung genutzt wird.

Definition 0.97. *Jede Auswertung eines Polynoms $P(x)$ mit reellen Koeffizienten an der Stelle $x = i$ unter Beachtung der Regel $i^2 = -1$ heißt eine* komplexe Zahl. *Die Menge aller komplexen Zahlen wird mit $\mathbb{C}$ bezeichnet; formal:*

$$\mathbb{C} := \{\, P(x) \ \mid P \in \mathscr{P}[x], \quad x = i \ \text{ mit } i^2 = -1 \}$$

Beispiel 0.98. Die reelle Zahl 5 kann als Polynom P nullten Grades interpretiert werden: $P(x) := a_0 := 5$. Die Auswertung an der Stelle $x = i$ liefert $P(x) = P(i) = 5$. Also ist 5 zugleich eine komplexe Zahl. Da das für die Zahl 5 Gesagte sinngemäß auf jede beliebige reelle Zahl zutrifft, haben wir folgende Regel gefunden: *Jede reelle Zahl ist zugleich eine komplexe Zahl*; formal: $\mathbb{R} \subsetneq \mathbb{C}$. $\triangle$

Beispiel 0.99. Wir betrachten das Polynom $Q(x) := 3x + 4$ und werten es an der Stelle $x = i$ aus. Das Ergebnis ist $z := 3i + 4$ – eine komplexe, aber keine reelle Zahl. Wir folgern: $\mathbb{C} \setminus \mathbb{R} \neq \emptyset$, d.h. es gibt komplexe Zahlen, die keine reellen Zahlen sind. $\triangle$

Beispiel 0.100. Das Polynom $R(x) := 10x^2 + 4x + 2$ ergibt bei Auswertung an der Stelle $x = i$ zunächst

$$w := R(i) = 10i^2 + 4i + 2.$$

Die Regel $i^2 = -1$ liefert dann die komplexe Zahl

$$w = 10(-1) + 4i + 2 = 4i - 38.$$

$\triangle$

Beispiel 0.101. Wir betrachten das Polynom $S(x) := x^3 - x^2 + x - 1$. Hier folgt

$$
\begin{aligned}
v := S(i) \quad &= i^3 + 2i^2 + 3i + 5 \\
&= i(i^2) + 2i^2 + 3i + 5 \\
&= i(-1) + 2(-1) + 3i + 5 \\
&= 2i + 3.
\end{aligned}
$$

$\triangle$

Die Regel $i^2 = -1$ führt offensichtlich dazu, dass Potenzen der Form i^n stets einen der vier Werte $i, -i, 1, -1$ liefern. Folglich gilt

Satz 0.102. $\mathbb{C} = \{a + ib \mid a, b \in \mathbb{R}\}.$

Mit anderen Worten: Jede komplexe Zahl ist von der Form $a + ib$ mit gewissen reellen Konstanten a und b. Noch anders gesagt: Sie ist von der Form $x_1 + ix_2$ mit gewissen $x_1, x_2 \in \mathbb{R}$. Deswegen können wir komplexe Zahlen in der "komplexen Zahlenebene" visualisieren:

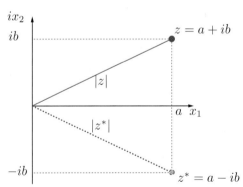

Nachdem nun das Prinzip verstanden ist, geben wir einige weitere Rechenbeispiele:

Beispiel 0.103. Es seien $u := 5 + 3i$ und $v := 3 - 2i$ gegeben.

- Addition:

$$u + v = (5 + 3i) + (3 - 2i) = 8 + i.$$

- Multiplikation:

$$
\begin{aligned}
u \cdot v &= (5+3i) \cdot (3-2i) \\
&= 15 - 10i + 9i - 6i^2 \\
&= 15 - 10i + 9i - 6(-1) \\
&= 21 - i.
\end{aligned}
$$

- Division:

$$
\begin{aligned}
\frac{u}{v} &= \frac{5+3i}{3-2i} = \frac{(5+3i)(3+2i)}{(3-2i)(3+2i)} = \frac{15+10i+9i+6i^2}{9+6i-6i-4i^2} \\
&= \frac{9+19i}{13} = \frac{9}{13} + \frac{19}{13}i.
\end{aligned}
$$

$\triangle$

Nach diesem Schema kann in der Menge $\mathbb{C}$ nach Herzenslust gerechnet werden.

Bei der Division hatte sich folgender kleine Kniff als hilfreich erwiesen: Der Bruch mit dem Nenner $v = 3 + (-2i)$ wurde durch die Zahl $v^* := 3-(-2i)$ erweitert. Dadurch wurde der Nenner reellwertig. Ganz allgemein nennt man für eine komplexe Zahl $z = a + ib$, die beliebig vorgegeben werden kann, $z^* := a - ib$ die zu z *konjugiert-komplexe* Zahl. Das Produkt zz^* ist stets reellwertig, und in unserer Skizze gibt $|z| := \sqrt{zz^*}$ den Abstand von z zum Koordinatenursprung an.

Wir sehen, dass die Konstruktion der Menge $\mathbb{C}$ sicherlich gewöhnungsbedürftig, jedoch nicht wirklich schwierig ist. Der praktische Nutzen dagegen ist gar nicht hoch genug einzuschätzen. Fast alle bedeutenden technischen Errungenschaften der letzten 100 Jahre sind damit "errechnet" worden. Die Ursache: Komplexe Zahlen lösen *jede* algebraische Gleichung. Wir werden in den Bänden $\mathcal{BO}$ Math 2 und $\mathcal{BO}$ Math 3 folgenden Satz anwenden:

Satz 0.104 (Fundamentalsatz der Algebra über $\mathbb{C}$). *Jedes beliebige Polynom n-ten Grades ($n \in \mathbb{N}$)*

$$
P(x) = \sum_{k=0}^{n} = 0^n a_k x^k
$$

mit komplexen Koeffizienten $a_0, \ldots, a_n$ besitzt genau n mit ihren Vielfachheiten berücksichtigte komplexe *Nullstellen und lässt sich in der Form*

$$
P(x) = a_n (x - z_1) \ldots (x - z_n) \tag{66}
$$

darstellen, wobei $z_1, \ldots, z_n$ die mit ihren Vielfachheiten berücksichtigten Nullstellen von P sind.

0.7.5   Aufgaben

Aufgabe 0.105 ($\nearrow$L). Bestimmen Sie sämtliche Nullstellen und die Polynomzerlegung für folgende Polynome:

(i) $x^3 - x^2 - 8x + 12$

(ii) $x^6 - x^2$

(iii) $x^3 - x^2 - 4x - 6$

Hinweis: Sämtliche Nullstellen – soweit vorhanden – sind ganzzahlig.

Aufgabe 0.106 ($\nearrow$L). Ermitteln Sie, ob folgende Polynome durcheinander teilbar sind:

(i) $x^4 - 1$ durch $x - 1$

(ii) $x^3 + 1$ durch $x - 1$

(iii) $x^{n+1} - 1$ durch $x^n - 1 (n \in \mathbb{N})$

(iv) $2x^9 - x^7 - 2x^6 + x^5 + 11x^4 - x^3 + x^2 - 11x + 10$ durch $x^4 - x + 1$.

Ermitteln Sie im Falle der Teilbarkeit den Quotienten und in den übrigen Fällen auch den Divisionsrest.

Aufgabe 0.107 ($\nearrow$L). Gegeben seien die komplexen Zahlen $a := 1 + i$, $b := 1 - i$, $c := 5 - 2i$ und $d := 10i$. Berechnen Sie

(i) $a + b$ und $3c - 4d$

(ii) ab und ba

(iii) $(ab)d$ und $a(bd)$

(iv) a^*, b^*, $(ab)^*$ und $(ba)^*$

(v) a/b und c/d.

Hinweis: $\dfrac{a}{b} = \dfrac{ab^*}{bb^*}$

1

Relationen

1.1 Motivation

Die Beziehungen (oder umgangssprachlich "Relationen") zwischen ökonomischen Objekten und Größen können sehr vielfältig sein. *Herstellungsbeziehungen* drücken aus, ob ein bestimmtes Produkt von einer bestimmten Firma hergestellt wurde oder nicht. *Ordnungsbeziehungen* bestehen z.B. zwischen den Preisen, die von verschiedenen Herstellern für dasselbe Produkt gefordert werden. *Funktionelle Beziehungen* bestehen beispielsweise zwischen dem Ernteertrag auf einem Feld und der eingesetzten Düngemittelmenge. Wenn ein Haushalt den Kauf eines neuen Fernsehers dem einer neuen Waschmaschine vorzieht ("präferiert"), stehen Fernseher und Waschmaschine in einer *Präferenzbeziehung*.

Alle diese und noch weitere Beziehungen lassen sich unter Verwendung mathematischer Begriffe und Symbolik kurz und präzise ausdrücken. Wir geben hier eine Einführung und werden besonders ausgiebig in den Bänden EWMath 2 und EWMath 3 darauf zurückgreifen, wenn es um das tiefere mathematische Verständnis ökonomischer Zusammenhänge geht.

1.2 Begriffe

Relationen

Definition 1.1. *Es seien A und B nichtleere Mengen. Eine (nichtleere) Teilmenge $\mathscr{R}$ des kartesischen Produktes $A \times B$ heißt* Relation *(in $A \times B$)*[1].

Wenn ein Paar $(x, y) \in A \times B$ der Relation $\mathscr{R}$ angehört, sagt man auch, "x und y stehen in Relation $\mathscr{R}$ zueinander".
Wir werden meist kurz "$x \mathscr{R} y$" anstelle von "$(x, y) \in \mathscr{R}$" schreiben. Wenn klar ist, welche Art von Beziehung mit $\mathscr{R}$ gemeint ist, ist die Interpretation wie folgt: Gehört das Paar (x, y) zu $\mathscr{R}$, besteht zwischen x und y die betreffende

---

[1] Gilt $A = B$, sagt man auch, $\mathscr{R}$ sei eine Relation "in A".

Beziehung, andernfalls nicht. Oft verwendet man zur kürzeren und prägnanteren Darstellung statt des Namens R ein Symbol, z.B. "$\lhd$", und schreibt dann "$x \lhd y$" statt "$x\,\mathcal{R}\,y$". Das Nichtbestehen dieser Beziehung wird einfach durch das Durchstreichen des Relationssymbols gekennzeichnet: z.B. bedeutet "$x \not\lhd y$" ausführlich "$(x, y) \notin \mathcal{R}$".

Beispiel 1.2. In den Mengen A:={Cafete, Mensa, Pizzeria, Pub} und B: ={Krombacher, Veltins, Warsteiner} mögen die gastronomischen Einrichtungen auf einem Uni-Campus und die dort insgesamt gehandelten Biersorten zusammengefasst werden. Wer nun etwas genauer wissen will, welche Biersorte wo zu haben ist, der sehe sich die folgende Relation $\mathcal{S}$ wie "Sortiment" an:

$$\mathcal{S} = \{ \begin{array}{lll} \text{(Cafete, Krombacher)}, & \text{(Cafete, Veltins)}, & \text{(Cafete, Warsteiner)}, \\ \text{(Mensa, Krombacher)}, & \text{(Mensa, Veltins)}, & \text{(Mensa, Warsteiner)}, \\ \text{(Pizzeria, Krombacher)}, & \text{(Pizzeria, Veltins)}, & \text{(Pizzeria, Warsteiner)}, \\ \text{(Pub, Krombacher)}, & \text{(Pub, Veltins)}, & \text{(Pub, Warsteiner)} \quad \} \end{array}$$

Diejenigen Paare, die zwar zu A × B gehören, nicht aber zu $\mathcal{S}$, sind hier der besseren Übersicht halber in Blaßgrau mit aufgeführt. Betrachten wir die beiden Paare (Cafete, Veltins) und (Cafete, Warsteiner) etwas näher. Das erste von beiden ist blau-rot und gehört zu $\mathcal{S}$, was bedeutet: In der Cafete wird Veltins ausgeschenkt. Das zweite Paar ist blaßgrau und gehört *nicht* zu $\mathcal{S}$; diesmal schließen wir: In der Cafete gibt es *kein* Warsteiner Bier!   △

Beispiel 1.3. In der Menge $\mathbb{R}^2 = \mathbb{R} \times \mathbb{R}$ wird durch $(x, y) \in \mathcal{I} :\Leftrightarrow x = y$ eine Relation definiert - es handelt sich einfach um die Identität (Gleichheit) von x und y. Wir können diese Relation – aufgefasst als Teilmenge von $\mathbb{R}^2$ – wie folgt visualisieren. (Es handelt sich um die rote Diagonale in der Skizze.)

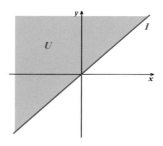

△

Beispiel 1.4. In derselben Menge $\mathbb{R}^2 = \mathbb{R} \times \mathbb{R}$ wird durch $(x, y) \in \mathcal{U} :\Leftrightarrow x \leq y$ eine weitere Relation definiert – es handelt sich um die uns aus dem Abschnitt 0.5 wohlbekannte Ungleichung. In der Skizze erkennen wir $\mathcal{U}$ als blassrote Teilmenge von $\mathbb{R}^2$ (einschließlich der dunkelroten Grenzlinie, denn Gleichheit ist zugelassen).   △

Beispiel 1.5. Wir betrachten die Menge $\mathbb{N}_0 \times \mathbb{N}_0$ und darin die Relation "$\equiv$", die so definiert wird: $x \equiv y :\Leftrightarrow x$ *und* y *haben bei Division durch 3 denselben Rest.* In diesem Fall nennt man x und y auch *kongruent* (modulo 3).

Beispielsweise sind die Zahlen 0, 3 und 63 untereinander kongruent (modulo 3), denn alle drei Zahlen sind durch 3 teilbar und haben daher ein- und denselben Divisionsrest 0. Dagegen gilt $5 \not\equiv 22$, denn 5 hat bei Division durch 3 den Rest 2, während 22 den Divisionsrest 1 hat.

Kongruenzen spielen in der Ökonomie eine große Rolle, wenn es z.B. darum geht, den Zugang zu großen Bankkonten durch Verschlüsselung zu sichern. $\triangle$

Umkehrrelationen

Dem Leser mag eine gewisse Willkür in der Verteilung der Rollen zwischen den Mengen A (als erster Faktor) und B (als zweiter Faktor des Produktes $A \times B$) sehen. In der Tat hätte man z.B. die in Beispiel 1.3 angegebene Menge $\mathscr{S}$ spiegelbildlich notieren und auf diese Weise eine Relation $\mathscr{R}'$ in der Menge $B \times A$ erhalten können. Es besteht folgender Zusammenhang:

$$(x,y) \in \mathscr{R} \subseteq A \times B \Longleftrightarrow (y,x) \in \mathscr{R}' \subseteq B \times A$$

Insofern lediglich die Notationsreihenfolge "umgekehrt" wurde, spricht man auch von $\mathscr{R}'$ als der *Umkehrrelation* zu $\mathscr{R}$. Allgemein wird dieser Begriff wie folgt definiert:

Definition 1.6. *Es sei* $\mathscr{R}$ *eine Relation in einem nichtleeren kartesischen Produkt* $A \times B$. *Dann heißt die durch*

$$(x,y) \in \mathscr{R}' :\Longleftrightarrow (y,x) \in \mathscr{R}$$

definierte Relation $\mathscr{R}'$ *die zu* $\mathscr{R}$ *konverse Relation oder auch* Umkehrrelation *zu* $\mathscr{R}$, *symbolisch:* $\mathscr{R}' =: \mathscr{R}^{-1}$.

Beispiel 1.7. Wir betrachten die Relation $\mathscr{M}$, die im folgenden Bild links als gelbliche Teilfläche des Rechtecks $[-3,3] \times [0,9]$ einschließlich des rot hervorgehobenen Randes grafisch dargestellt wird. Hier gilt $A = [-3,3]$, $B = [0,9]$, und eine formale Beschreibung der Zugehörigkeit zu $\mathscr{M}$ ist durch

$$(x,y) \in \mathscr{M} :\Longleftrightarrow y \geqslant x^2 \qquad \text{für } (x,y) \in A \times B$$

gegeben. (Dabei gilt genau für die Punkte im gelben Feld die strikte Ungleichung $y > x^2$; die Punkte auf der roten Linie dagegen genügen der Gleichung $y = x^2$.) Die Umkehrrelation $\mathscr{M}^{-1}$ ist im rechten Bild dargestellt.

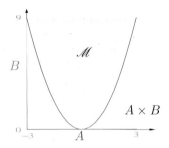
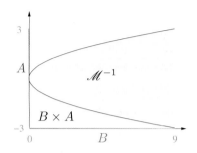

$\triangle$

1.3   Spezielle Relationen

Die Vielfalt aller möglichen Relationen lässt sich strukturieren, indem wichtige Eigenschaften von Relationen betrachtet werden. Hier ist eine erste Auswahl davon:

Definition 1.8. *Es sei A eine nichtleere Menge. Eine Relation $\mathscr{R} \subseteq A \times A$ heißt*

- reflexiv, *wenn gilt* (R) $x\mathscr{R}x$ für alle $x \in A$
- symmetrisch, *wenn gilt* (S) $x\mathscr{R}y \Rightarrow y\mathscr{R}x$
- antisymmetrisch, *wenn gilt* (A) $y\mathscr{R}x \wedge x\mathscr{R}y \Rightarrow x = y$
- transitiv, *wenn gilt* (T) $x\mathscr{R}y \wedge y\mathscr{R}z \Rightarrow x\mathscr{R}z$
- vollständig, *wenn gilt* (V) für alle $x, y \in A : x\mathscr{R}y \vee y\mathscr{R}x.$

Die Eigenschaften (R), (A) und (T) sind uns bereits bei der Ungleichung "$\leq$" begegnet, die dazu dient, reelle Zahlen zu *ordnen* (Abschnitt 0.5 "Ungleichungen und Beträge"). Deswegen werden wir für Relationen dieser Art den Begriff "Ordnungsrelation" vergeben. Je nach Vorhandensein anderer Kombinationen dieser Eigenschaften unterscheiden wir weitere Typen von Relationen.

Definition 1.9. *Es sei A eine nichtleere Menge. Eine Relation $\mathscr{R} \subseteq A \times A$ mit den Eigenschaften*

- *(R), (S) und (T) heißt* Äquivalenzrelation,
- *(R), (A) und (T) heißt* Ordnungsrelation,
- *(R), (T) und (V) heißt* Präferenz.

Alle drei Typen von Relationen spielen eine große Rolle in der Ökonomie. Wir sehen uns zunächst ein weiteres Beispiel für eine Ordnungsrelation an:

Beispiel 1.10. Auf einer Lebensmittelmesse kann man Preise gewinnen. Ein "Preis" besteht allgemein aus k Kilogramm Allgäuer Käse und w Flaschen Dornfelder Spätburgunder Jahrgang 2006. Gewinner können zwischen verschiedenen Preisen wählen. Der Besucher N. Immersatt freut sich auf einen möglichen Gewinn und fragt sich, nach welcher Regel er sich zwischen verschiedenen Preisen entscheiden würde. Eins ist ihm jedoch sofort klar: Bestünde die Alternative "4 kg Käse mit 5 Flaschen Wein" gegen "3 kg Käse mit 4 Flaschen Wein", wäre ihm der erste Gewinn selbstverständlich lieber. Und selbst ein beliebiger Gewinn "x kg Käse mit y Flaschen Wein" ist höchstens so gut wie der erste, solange gilt $x \leq 4$ und $y \leq 5$. $\triangle$

Alle hier erwähnten "Gewinne" sind ökonomisch gesprochen "Güterbündel", mathematisch gesehen einfach Zahlenpaare. Das erlaubt uns, das hier angewandte Ordnungsprinzip in eine mathematische Form zu bringen.

Definition 1.11. *Für beliebige* $\underline{x} = (x, y)$ *und* $\underline{x}' = (x', y') \in \mathbb{R}^2$ *sei*

$$\underline{x} \leq \underline{x}' : \quad \Longleftrightarrow \quad x \leq x' \ \wedge \ y \leq y'$$

(Sprechweise: "$\underline{x}$ ist kleiner (oder) gleich $\underline{x}'$").

Wichtig: Das Zeichen "$\leq$" sieht nur so aus wie das aus dem R^1 bekannte gewöhnliche "$\leq$"-Zeichen, hat jedoch eine andere Bedeutung, ist also etwas Neues! Mittels "$\leq$" werden Zahlenpaare *koordinatenweise* verglichen. Dabei darf das "$\leq$"-Zeichen genau dann zwischen zwei Zahlenpaare $\underline{x}$ und $\underline{x}'$ gesetzt werden, wenn zwischen *allen* Koordinaten von $\underline{x}$ und $\underline{x}'$ gleichzeitig "$\leq$" geschrieben werden kann. Beispielsweise gilt

$$(1,2) \quad \leq \quad (1,2) \quad \leq \quad (1,3) \quad \leq \quad (2,4).$$

Warum? Nehmen wir die mittlere Ungleichung:

lies: $(\ 1, 2 \ ) \quad \leq \quad (\ 1, 3 \ )$ und

Achtung. Es gibt Zahlenpaare $\underline{x}$ und $\underline{x}'$ die sich *nicht* mittels "$\leq$" vergleichen lassen, so z.B. $x = (3, 2)$ und $x' = (1, 6)$

$$(3, 2 \ ) \quad \leq \quad (\ 1, 6 \ )$$

Definition 1.12. *Zwei Zahlenpaare* $\underline{x} = (x, y)$ *und* $\underline{x}' = (x', y') \in \mathbb{R}^2$ *heißen* *unvergleichbar (bezüglich* $\leq$*, symbolisch* $\underline{x} \curlywedge \underline{x}'$*), wenn weder* $\underline{x} \leq \underline{x}'$ *noch* $\underline{x}' \leq \underline{x}$ *gilt.*

Nach dem Bisherigen ist folgende Aussage plausibel:

Satz 1.13. *"$\leq$" ist eine Ordnungsrelation in* $\mathbb{R}^2$*, jedoch* nicht *vollständig.*

Um Ordnungsrelationen wie "$\leq$" im $\mathbb{R}^1$ von "$\leq$" im $\mathbb{R}^2$ zu unterscheiden, nennt man erstere auch "vollständige Ordnung", letztere auch "Halbordnung".

Unsere Relation "$\leq$" wird auch "gewöhnliche Halbordnung im $\mathbb{R}^2$" genannt. Zahlenpaare, die sich damit nicht vergleichen lassen, sind übrigens ökonomisch keineswegs lästig, sondern eher interessant. Um auch sie vergleichen zu können, zieht man Präferenzen heran.

Beispiel 1.14 ($\nearrow$F 1.10). Herr N. Immersatts Freund G. Nügsam wendet ein, dass eine Auswahl sicher nur zwischen solchen Lotteriegewinnen möglich sein wird, bei denen "mehr Käse" durch "weniger Wein" ersetzt wird oder umgekehrt. Er müsse sich also fragen, nach welcher Regel er sich z.B. zwischen dem Gewinn $(3, 2)\hat{=}$ "3 kg Käse mit 2 Flaschen Wein" einerseits und dem Gewinn $(1, 6)\hat{=}$ "1 kg Käse mit 6 Flaschen Wein" entscheiden würde. Weil diese Gewinne mittels $\leq$ unvergleichbar sind, überlegt sich N. Immersatt, jedem Preis eine Punktzahl zuzuordnen: Besteht der Preis aus k kg Käse und w Flaschen Wein, ordnet er ihm $2k + w$ Punkte zu.

Fassen wir die Preise als Paare der Form $(k, w) \in \mathbb{N} \times \mathbb{N}$ auf, haben wir auf diese Weise eine Relation in $\mathbb{N}^2$ definiert: Wir sagen, der Preis (k', w') ist *mindestens so gut* wie der Preis (k, w), symbolisch $(k, w) \preceq (k', w')$, wenn gilt

$$2k + w \leq 2k' + w'.$$

Dem Leser überlassen wir, sich zu überlegen, dass die Relation $\preceq$ tatsächlich die Eigenschaften (R), (T) und (V) besitzt, also eine *Präferenzrelation* ist. $\triangle$

Beispiel 1.15. Im letzten Beispiel ist "Präferenz" nicht strikt gemeint; d.h., es gibt Preise, die zwar verschieden, jedoch trotzdem im Sinne dieser Präferenz gleichwertig sind. Beispielsweise unterscheiden sich die Preise $(3, 3)$ und $(2, 5)$ sehr wohl, jeder von beiden ist jedoch *mindestens so gut* wie der andere: $(3, 3) \preceq (2, 5) \preceq (3, 3)$, denn beide Preise haben denselben Punktwert 9. In Situationen wie dieser würde man umgangssprachlich sagen, dass beide Preise gleichwertig – also äquivalent – sind. In der Tat ist es das Anliegen von Äquivalenzrelationen, Gleichwertigkeit auszudrücken. $\triangle$

Beispiel 1.16 ($\nearrow$F 1.15). Wir nennen zwei Preise (k, w) und (k', w') *gleichwertig* (symbolisch $(k, w) \simeq (k', w')$), wenn gilt $(k, w) \preceq (k', w') \preceq (k, w)$. Man überlegt sich leicht, dass "$\simeq$" eine Äquivalenzrelation in $\mathbb{N}^2$ ist. $\triangle$

Zur Übung zwei weitere Beispiele:

Beispiel 1.17 ($\nearrow$F 1.3). Die Gleichheit "$=$" ist eine Äquivalenzrelation, denn sie ist offensichtlich

- reflexiv $(x = x)$
- symmetrisch $(x = y \quad \Rightarrow \quad y = x)$ und
- transitiv $(x = y \wedge y = z \quad \Rightarrow \quad x = z)$.

(Es handelt sich bei exakter Gleichheit sozusagen um die "stärkste Form" von Äquivalenz. Die Relation "$=$" ist übrigens *nicht* vollständig, denn für ein beliebiges Paar (x, y) braucht weder $x = y$ noch $y = x$ zu gelten). $\triangle$

Beispiel 1.18 (╱F 1.5). Die Kongruenz "$\equiv$" ist ebenfalls eine Äquivalenzrelation, denn sie ist

- reflexiv $\qquad\qquad (x \equiv x)$
- symmetrisch $\qquad\quad (x \equiv y \quad \Rightarrow \quad y \equiv x)$ und
- transitiv $\qquad\qquad (x \equiv y \wedge y \equiv z \quad \Rightarrow \quad x \equiv z)$.

Wir können diese Äquivalenz als eine etwas schwächere Form von Gleichwertigkeit interpretieren: Zwischen Zahlen wird nicht unterschieden, wenn sie bei Divison durch 3 denselben Rest haben. (Diese Unterscheidung wäre z.B. im Hinblick auf das Knacken eines Safes auch unerheblich, wenn alle kongruenten Zahlen dazu gleich gut geeignet wären.) $\qquad\qquad\triangle$

Unser Beispiel 1.16 zeigt eine *spezielle* Präferenzrelation. Der Vergleich zweier Preise beruhte darauf, dass jedem Güterbündel eine Maßzahl des Nutzens – ein *Nutzenindex* – zugeordnet und anschließend diese Maßzahlen verglichen wurden. Im konkreten Fall handelt es sich bei diesem Index um einen abstrakten Punktwert, ebenso hätte man aber den Marktpreis des Bündels verwenden können. Die Idee, beliebige Objekte anhand von Maßzahlen zu vergleichen, lässt sich jedoch ganz universell einsetzen:

Satz 1.19. *Es seien A eine beliebige nichtleere Menge und $p : A \to \mathbb{R}$ eine beliebige reelle Funktion. Dann wird durch*

$$a \leq_p b \quad :\Longleftrightarrow \quad p(a) \leq p(b)$$

eine Präferenzrelation "$\leq_p$" $\in A \times A$ definiert. Weiterhin definiert

$$a \sim_p b \quad :\Leftrightarrow \quad a \leq_p b \ \wedge \ b \leq_p a$$

eine Äquivalenzrelation in $A \times A$.

Weitere interessante Zusammenhänge zwischen Halbordnungen und Präferenzen werden in den Bänden *BO* Math 2 und *BO* Math 3 vertieft. Insbesondere werden wir untersuchen, welche Funktionen p dazu geeignet sind, in ökonomischer Hinsicht sinnvolle Präferenzen zu definieren.

1.4   Aufgaben

Aufgabe 1.20 ($\nearrow$L). In $A \times B$ mit $A := B := [0, \infty)^2$ betrachten wir die Relation "$\trianglelefteq$", definiert durch

$$\underline{x} \trianglelefteq \underline{y} \quad :\Longleftrightarrow \quad 3x_1 + 4x_2 \leq 3y_1 + 4y_2$$

(i) Skizzieren Sie in der Menge $D = [0, \infty)^2$ alle Punkte $\underline{y} = (y_1, y_2)$ mit

$$(2, 1) \ \trianglelefteq \ (y_1, y_2) \, .$$

(ii) Begründen Sie, warum es sich bei "$\trianglelefteq$" um eine Präferenzrelation handelt.

(iii) Wir interpretieren "$\underline{x} \trianglelefteq \underline{y}$" als "*das Güterbündel $\underline{x}$ ist nicht besser als das Güterbündel $\underline{y}$*". Welche Güterbündel sind dann "*genauso gut*" wie $\underline{x} = (2, 1)$?

Aufgabe 1.21. Begründen Sie Satz 1.19.

Aufgabe 1.22 ($\nearrow$L). Überlegen Sie sich, dass für beliebige $\underline{x}$, $\underline{x}'$ aus $[0, \infty)^2$ gilt

$$\underline{x} \leq \underline{x}' \quad \Longrightarrow \quad \underline{x} \trianglelefteq \underline{x}' \tag{1.1}$$

worin $\trianglelefteq$ die Präferenzrelation aus Aufgabe 1.20 bezeichnet. Was bedeutet das ökonomisch?

Aufgabe 1.23 ($\nearrow$L). In der Menge $\mathbb{N} \times \mathbb{N}$ betrachten wir die Relationen

(i) "$<$" (die übliche "kleiner als"-Relation)

(ii) "$\,|\,$" mit $a \,|\, b \quad :\Longleftrightarrow \quad b$ ist durch a teilbar

(iii) "$\bowtie$" mit $a \bowtie b \quad :\Longleftrightarrow \quad a \,|\, b \ \wedge \ b \,|\, a$

Stellen Sie für jede dieser drei Relationen fest, über welche der Eigenschaften (R), (A), (S), (T) und (V) nach Definition 1.8 sie verfügt.

2

Abbildungen

2.1 Begriffe

Definition 2.1. *Es seien D und W nichtleere Mengen. Eine Relation $f \subseteq D \times W$ heißt* Abbildung *oder auch* Funktion von D nach W, *wenn zu jedem $x \in D$ genau ein $y \in W$ existiert mit $(x, y) \in f$.*

Wir bezeichnen die Menge D als *Definitionsbereich* und die Menge W als *Wertebereich* (oder auch *Wertevorrat*) von f. Die Besonderheit einer *Abbildung* als spezieller Relation besteht darin, dass jedem Element x des Definitionsbereiches *genau ein* Element y des Wertebereiches zugeordnet wird.

In diesem Zusammenhang sind folgende Bezeichnungen und Schreibweisen üblich:

- x wird "*Argumentwert von f*", "*Stelle*" oder "*Punkt*" genannt;

- y heißt "*Funktionswert von f an der Stelle x*", "*Wert der Abbildung f an der Stelle x*" oder "*Bildpunkt von x unter der Abbildung f*";

- für y schreibt man auch $f(x)$.

(Die blassen Textteile werden oft weggelassen.)

Statt zu sagen "f ist eine Abbildung von D nach W" schreibt man kürzer "$f : D \to W$" oder auch "$D \xrightarrow{f} W$". Dass einem Argument x der Funktionswert y bzw. $f(x)$ zugeordnet wird, wird so symbolisiert: $x \to y$ bzw. $x \to f(x)$. Die Menge $\{(x, f(x)) \mid x \in D\} \subseteq D \times W$ kann man oft grafisch darstellen. Jede solche grafische Darstellung heißt *Graph* von f (symbolisch: $\mathrm{graph}(f)$)

Beispiel 2.2. Es seien $D := \mathbb{R}$ und $W := \mathbb{R}$. Die Relation q werde durch $(x, y) \in q \Leftrightarrow y = x^2$ für $x, y \in \mathbb{R}$ definiert.

Weil zu jedem $x \in D$ genau ein $y = x^2 \in W$ gehört, handelt es sich um eine Abbildung (Funktion) im Sinne von Definition 2.1. Das Bild rechts zeigt $D \times W = \mathbb{R} \times \mathbb{R}$, als cremefarbende Fläche und die rote Kurve all diejenige Punkte davon, die der Relation q angehören.

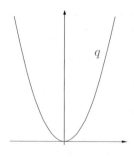

$\triangle$

Beispiel 2.3. An einem bestimmten Tag wurden an drei verschiedenen Standorten von Theaterkassen folgende Anzahlen von Theaterkarten verkauft:

Kaiserin-Auguste-Allee	Prinzregentenstr.	Luitpoldallee
222	311	507

(2.1)

Wir können diese Tabelle als "Abbildung" oder "Funktion" interpretieren, wenn wir den Definitionsbereich D durch $D :=$ {Kaiserin-Auguste-Allee, Prinzregentenstraße, Luitpoldallee}, und den Wertevorrat W z.B. durch $W :=$ {270, 311, 222, 18, 507} definieren. Dann wird durch die gegebene Tabelle die Relation

$$f := \{(\text{Kaiserin-Auguste-Allee}, 222), (\text{Prinzregentenstraße}, 311),$$
$$(\text{Luitpoldallee}, 507)\}$$

beschrieben.

Weil jedem Standort $x \in D$ genau eine Anzahl $y \in W$ verkaufter Karten zugeordnet wird, handelt es sich bei f in der Tat um eine Abbildung. (In diesem Zusammenhang wird (2.1) als *Wertetabelle* von f bezeichnet.)

Keine Abbildung ist hingegen die Relation

$$g := \{(\text{Kaiserin-Auguste-Allee}, 222), (\text{Prinzregentenstraße}, 311),$$
$$(\text{Luitpoldallee}, 507), (\text{Luitpoldallee}, 222)\},$$

denn dem Element Luitpoldallee aus den Definitionsbereich D werden unzulässigerweise *zwei* Elemente des Wertevorrates W zugeordnet. $\triangle$

Es kann mitunter sinnvoll sein, den Definitionsbereich einer gegebenen Abbildung $f : D \to W$ zu verkleinern, den Wertevorrat und die Zuordnungsvorschrift jedoch beizubehalten:

Definition 2.4. *Gegeben seien eine Abbildung $f : D \to W$ und eine Teilmenge $E \cup D$. Die auf der Menge E durch die Festsetzung $h(x) := f(x)$, $x \in E$, definierte Abbildung $h : E \to W$ heißt* Einschränkung von f auf E, *symbolisch: $h =: f\big|_E$.*

Beispiel 2.5 ($\nearrow$F 2.2). Durch Einschränkung der Abbildung q auf die Teilmenge $E := [0, \infty)$ ihres ursprünglichen Definitionsbereiches werden jetzt nur noch Argumente $x \geq 0$ zugelassen, negative Argumente hingegen werden ausgeschlossen. Das ist z.B. dann sinnvoll, wenn x ökonomisch als Menge eines bstimmten Gutes, als Preis o.ä. zu interpretieren ist. Der Graph der Einschränkung $q|_E$ umfasst nunmehr sozusagen nur noch die "rechte Hälfte" der obigen Skizze. $\triangle$

Beispiel 2.6 ($\nearrow$F 2.3). Angenommen, ein Bereichsleiter ist für die Verkaufsstellen in der Prinzregentenstraße und in Luitpoldallee zuständig. Er könnte dann z.B. nur die folgende Teil-Tabelle liefern:

Prinzregentenstr.	Luitpoldallee
311	507

(2.2)

Mathematisch entspricht diese der Einschränkung $f|_E$ von f auf die Menge $E := \{$Prinzregentenstraße, Luitpoldallee$\}$. $\triangle$

2.2 Komposition von Abbildungen

Definition 2.7. *Gegeben seien nichtleere Mengen* D, E, W *und* V *mit* $W \subseteq E$ *sowie zwei Abbildungen* $f : D \to W$ *und* $g : W \to V$. *Die durch die Festlegung* $h(x) := g(f(x))$, $x \in D$, *definierte Abbildung* $h : D \to V$ *heißt die Zusammensetzung (oder* Komposition) *von* f *und* g; *symbolisch:* $h =: g \circ f$.

Der Sachverhalt kann anschaulich so illustriert werden: Gegeben sind die Abbildungen

$$f : D \to W , \quad g : E \to V$$

durch Hintereinanderausführung der beiden wird hieraus

$$h : D \xrightarrow{\hspace{3cm}} V.$$

Die zusammengesetzte Funktion wird somit auch durch einen zusammengesetzten Pfeil dargestellt.

Beispiel 2.8. Wir wählen $D := E := W := V := [0, \infty)$ und $f(x) := x^2$, $g(y) := \frac{1}{1+y}$, $x, y \in D$. Es wird dann $g \circ f(x) = g(f(x)) = \frac{1}{1+x^2}$ für $x \in D$. $\triangle$

Weitere Beispiele folgen im Abschnitt 5.4 "Mittelbare Funktionen".

2.3 Bild und Urbild

Gegeben sei eine Abbildung $f : D \to W$. Für jedes Element $x \in D$ hatten wir $f(x)$ als Bild von x (unter f) bezeichnet. Wir betrachten nun nicht mehr einzelne Argumentwerte allein, sondern ganze Teilmengen von D.

Definition 2.9.

- *Für jede Teilmenge $S \subseteq D$ bezeichnen wir die Menge $f(S) := \{f(x) \mid x \in D\}$ als das* Bild *von S unter f.*

- *Umgekehrt bezeichnen wir für jede Teilmenge $V \subseteq W$ des Wertevorrates die Menge $f^{-1}(V) := \{f \in V\} := \{x \in D \mid f(x) \in V\}$ als das* Urbild *von V unter f.*

Bei dem Bild $f(S)$ von S handelt es sich um die Menge aller möglichen Bildpunkte $f(x)$, für die gilt $x \in S$. Das folgende Bild zeigt den Zusammenhang ganz allgemein mit Hilfe von Venn-Diagrammen: Der Blick startet bei *jedem* Punkt x in der Menge S (links) und läuft dann entlang dem dargestellten Pfeil zu dem zugehörigen Bildpunkt $f(x)$ (rechts); die Zusammenfassung aller so gefundenen Bildpunkte ergibt dann die Menge $f(S)$ (rechts im Bild).

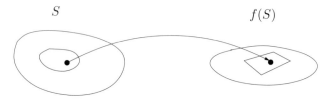

Bild 2.1: Bild $V = f(S)$ einer Menge S

Umgekehrt beschreibt das Urbild $U := f^{-1}(V) = \{f \in V\}$ die Menge aller möglichen Argumentwerte x, die mittels f in die Teilmenge V von W abgebildet werden. Der Blick läuft diesmal sozusagen rückwärts (nächstes Bild): Ausgehend von einem beliebigen Punkt $y \in V$ (rechts) werden alle Pfeile, die auf y zulaufen, rückwärts durchlaufen, und die an ihren Ursprüngen liegenden x-Werte (links) werden in der Menge U zusammengefasst.

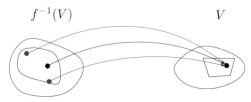

Bild 2.2: Urbild $f^{-1}(V)$ einer Menge V

In unseren Venn-Diagrammen werden Mengen stets zwar *logisch* korrekt, aber nicht unbedingt *geometrisch* korrekt abgebildet. Wenn es sich bei D und W z.B. um Teilmengen der reellen Achse $\mathbb{R}$ handelt, können diese statt in einem Venn-Diagramm auch in einem Koordinatensystem abgebildet werden.

Beispiel 2.10. Wir betrachten nochmals die Abbildung $f : D \to W$ mit $D := W := \mathbb{R}$ und $f(x) := x^2$, $x \in \mathbb{R}$. In unseren beiden Skizzen ist D als waagerechte und W als senkrechte Koordinatenachse dargestellt.

a) Es gilt $f(1) = f(-1) = 1$, d.h. mehrere (genauer: je zwei) Argumente können dasselbe Bild haben.

b) Daher ist $f^{-1}(\{1\}) = \{-1,1\}$ (d.h., hier ist das Urbild einer einelementigen Menge zweielementig; Bild rechts)

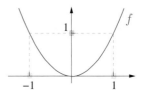

Bild 2.3: B1

c) Allgemeiner hat man $f([0,1]) = f([-1,0]) = [0,1]$ und weiterhin $f([a,1]) = [0,1]$ für jedes $a \in [-1,0]$, d.h., es gibt unendlich viele Teilmengen S von $D = \mathbb{R}$, die ein und dasselbe Bild haben (Bild rechts).

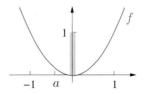

Bild 2.4: B2

d) Das Urbild dieses Bildes ist die größtmögliche derartige Menge und enthält alle übrigen: $f^{-1}([0,1]) = [-1,1]$.

e) Das Bild des gesamten Definitionsbereiches ist nicht der ganze Wertevorrat: $f(\mathbb{R}) = [0,\infty) \subset \mathbb{R}$, d.h. nicht jeder Wert im Wertevorrat wird tatsächlich als Funktionswert angenommen. (So gibt es z.B. kein $x \in D$ mit $f(x) = x^2 = -1$.)

f) Das Urbild des gesamten Wertevorrates dagegen ist der gesamte Definitionsbereich: $f^{-1}(\mathbb{R}) = \mathbb{R}$.

$\triangle$

Beispiel 2.11. Etwas anders verhält sich hingegen die Abbildung $g : E \to X$ mit $E := X := \mathbb{R}$ und $g(x) := x^3$ für $x \in \mathbb{R}$. Hier gilt z.B.

$$g^{-1}(\{y\}) = \left\{ y^{\frac{1}{3}} \right\} \text{ für jedes } y \geqslant 0$$

$$g^{-1}(\{y\}) = \left\{ -|y|^{\frac{1}{3}} \right\} \text{ für jedes } y < 0.$$

Jeder Wert im Wertevorrat ist tatsächlich auch Funktionswert - und zwar für genau ein zugehöriges Argument. Je zwei verschiedene Mengen $S \neq S'$ von Argumenten haben auch verschiedene Bilder: $g(S) \neq g(S')$. Ebenso haben je zwei verschiedene Teilmengen $V \neq V'$ des Wertevorrates unterschiedliche Urbilder: $g^{-1}(V) \neq g^{-1}(V')$. Schließlich gilt $g(E) = W$. $\triangle$

2.4　Eineindeutigkeit und Umkehrabbildung

In diesem Abschnitt wollen wir weitere Eigenschaften von Abbildungen diskutieren, die ganz allgemein formuliert werden können.

Definition 2.12. *Eine Abbildung* $f : D \to W$ *heißt*

- injektiv, *wenn für alle* $x, x' \in D$ *gilt* $f(x) = f(x') \Rightarrow x = x'$
- surjektiv, *wenn zu jedem* $y \in W$ *ein* $x \in D$ *existiert mit* $f(x) = y$
- bijektiv, *wenn* f *sowohl injektiv als auch surjektiv ist.*

Statt "injektiv" sagt man auch "eineindeutig" (kurz "1-1"), und statt "surjektiv" sagt man auch "Abbildung von D auf W".

Die verbale Interpretation dieser drei Eigenschaften ist folgende: Ist eine Abbildung

- *injektiv*, so wird jeder mögliche Funktionswert aus W *höchstens* einmal angenommen;
- *surjektiv*, so wird jeder mögliche Funktionswert aus W *mindestens* einmal angenommen;
- *bijektiv*, so wird jeder mögliche Funktionswert *genau* einmal angenommen.

Man kann auch sagen: Ist eine Abbildung

- *nicht* injektiv, so wird mindestens ein Funktionswert mehrfach vergeben
- *nicht* surjektiv, so gibt es mindestens ein Element $y \in W$, welches nicht als Funktionswert vergeben wird.

Liegt einer dieser beiden Fälle vor, ist f nicht bijektiv. In der Sprache von Bild und Urbild haben wir folgenden

Satz 2.13. *Eine Abbildung* $f : D \to W$ *ist genau dann*

- *injektiv, wenn das Urbild* $\{ f \in V \}$ *jeder einelementigen Menge* $V = \{y\}$, $y \in W$, *höchstens ein Element enthält*
- *surjektiv, wenn gilt* $f(D) = W$.

Es lassen sich - je nachdem, ob die Eigenschaften injektiv bzw. surjektiv vorliegen oder nicht - vier Typen von Abbildungen unterscheiden. Die folgenden Bilder zeigen Beispiele dafür.

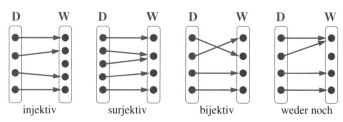

Bemerkung 2.14. Diese vielleicht etwas abstrakt klingenden Begriffe werden etwas besser fassbar, wenn wir einmal den Begriff einer Gleichung ins Spiel bringen. Wir betrachten dazu bei beliebig gegebenem $y \in W$ die Gleichung

$$f(x) = y \tag{2.3}$$

Dann ist f genau dann

- injektiv, wenn die Gleichung (2.3) – sofern überhaupt lösbar – *eindeutig lösbar* ist;

- surjektiv, wenn die Gleichung (2.3) *stets* lösbar ist (aber dabei nicht unbedingt eindeutig);

- bijektiv, wenn (2.3) *stets* lösbar ist, und zwar *eindeutig*.

"Eindeutig lösbar" heißt dabei stets, dass es *genau eine* Lösung gibt.

Beispiel 2.15. Die Identität $\mathrm{id}_A : A \to A$ ist "die einfachste" bijektive Abbildung.   △

Beispiel 2.16. Wir betrachten die vier Abbildungen

$$
\begin{array}{llll}
q : & \mathbb{R} \to \mathbb{R} : & x \to x^2 \\
r : & [0, \infty) \to \mathbb{R} : & x \to x^2 \\
s : & \mathbb{R} \to [0, \infty) : & x \to x^2 \\
t : & [0, \infty) \to [0, \infty) : & x \to x^2.
\end{array}
$$

Obwohl hier stets ein- und dieselbe Zuordnungsvorschrift verwendet wird, handelt es sich allein dadurch, dass sich Definitions- oder Wertebereiche unterscheiden, begrifflich um *verschiedene* Abbildungen.

Um zu beurteilen, ob diese injektiv bzw. surjektiv sind, untersuchen wir die Lösbarkeit der Gleichungen $q(x) = y, \dots, t(x) = y$. Algebraisch nehmen all diese Gleichungen dieselbe Form an:

$$x^2 = y. \tag{2.4}$$

Hier gibt es folgende Fälle:

- Die algebraische Gleichung (2.4) ist *in* $\mathbb{R}$ unlösbar, sobald y negativ ist. Da in den Wertebereichen von q und r negative Werte y zugelassen sind, können diese nicht als Funktionswerte angenommen werden, daher sind q und r *nicht surjektiv*.

- Umgekehrt ist die Gleichung (2.4) *in* $\mathbb{R}$ lösbar, sobald $y \geq 0$ gilt (dies trifft bei den Abbildungen s und t für *alle* y im Wertevorrat zu). Lösungen *in* $\mathbb{R}$ sind $x = -\sqrt{y}$ und $x = \sqrt{y}$. Zumindest die nichtnegative Lösung $\sqrt{(y)}$ gehört sowohl zu D_s als auch zu D_t. Wir schließen hieraus: s und t sind surjektiv.

- Wenn (2.4) wegen $y > 0$ lösbar ist, gehört die negative Lösung $x = -\sqrt{y}$ ebenso wie die positive Lösung $\sqrt{y}$ zum Definitionsbereich der Funktionen q und s. Also sind die Gleichungen $q(x) = y$ und $s(x) = y$ mehrdeutig lösbar und daher q und s nicht injektiv. Im Falle von r und t hingegen wird die negative Lösung als nicht zum Definitionsbereich gehörig ausgeschlossen. Daher sind $r(x) = y$ bzw. $t(x) = y$ eindeutig lösbar, also r und t injektiv.

Wir fassen das Ergebnis in einer Tabelle zusammen:

	injektiv	surjektiv	$D \times W$
q	-	-	weiß, lila, grün, gelb
r	✓	-	grün, gelb
s	-	✓	lila, grün,
t	✓	✓	grün,

Die nachfolgende Skizze zeigt die vier Funktionen im Vergleich. Die zugehörigen Mengen $D \times W$ sind wie in der Tabelle angegeben eingefärbt. Die Skizze suggeriert, dass bei einer

- nicht injektiven Funktion der Definitionsbereich "zu groß"
- nicht surjektiven Funktion der Wertevorrat "zu groß"

ist. Durch Verkleinerung der "zu großen" Mengen lässt sich eine bijektive Abbildung erreichen (so ist die Abbildung t gänzlich innerhalb des grünen Feldes darstellbar).

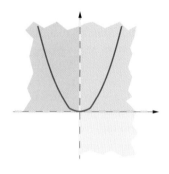

Bild 2.5:

2.4.1 Umkehrabbildungen

Der praktische Nutzen bijektiver Abbildungen besteht darin, dass sie – aufgefasst als Relation – eine Umkehrrelation besitzen, die ebenfalls wieder eine Abbildung ist. Dies ist auch in ökonomischen Zusammenhängen bedeutsam. Wir werden darauf in den Kapiteln 5 (reelle Funktionen) und 13 (reelle Funktionen in der Ökonomie) ausführlicher eingehen. An dieser Stelle geben wir die wichtigsten Begriffe an, die wir auch in den Bänden *BÖ* Math 2 und *BÖ* Math 3 stark benötigen:

Definition 2.17. *Es sei* $f : D \to W$ *eine bijektive Abbildung. Dann heißt die durch* $h(y) = x :\Longleftrightarrow f(x) = y$ *(*$x \in D$*,* $y \in W$*) definierte Abbildung* $h : W \to D$ *die* Umkehrabbildung *von* f*, symbolisch:* $h = f^{-1}$ *(sprich "f oben minus Eins").*

f^{-1} wird auch als Umkehr*funktion* von f bezeichnet.

Achtung: *Jede Funktion hat – aufgefasst als Relation – eine Umkehrrelation (diese ist aber nicht notwendig eine Abbildung).*

Satz 2.18. *Es sei* $f : D \to W$ *eine bijektive Abbildung mit Umkehrabbildung* f^{-1}*. Dann gilt für alle* $x \in D$ *und alle* $y \in W$

$$f^{-1}(f(x)) = x \quad \text{und} \quad f(f^{-1}(y)) = y. \tag{2.5}$$

Denn: Setzen wir in (2.5) die rechte Gleichung in die linke ein und umgekehrt, erhalten wir die behaupteten beiden Gleichungen.

Die Gleichung (2.5) können wir in Kurzform so schreiben:

$$f^{-1} \circ f = id_D, f \circ f^{-1} = id_W,$$

2.5 Aufgaben

Aufgabe 2.19. Wir betrachten die Abbildung $q : D \to W$ mit $D := W := \mathbb{R}$ und $q(x) := x^2, x \in \mathbb{R}$.

 (i) Bestimmen Sie die Bilder der Mengen $\{-2, -1, 0, 1, 2\}$, $(-\infty, -1)$ und $[-3, 2]$ unter q.

 (ii) Bestimmen Sie die Urbilder derselben Mengen bezüglich q.

Aufgabe 2.20 (↗L). Gegeben sei die Menge

 (i) $M := \{1, 2, 3, 4, 5\}$

 (ii) $M := \mathbb{N}$.

Stellen Sie in beiden Fällen fest, ob man eine Abbildung $A : M \to M$ finden kann, die injektiv, aber nicht surjektiv ist. Woraus erklären Sie sich den Unterschied in den Ergebnissen von (i) und (ii)?

TEIL II

Analysis im $\mathbb{R}^1$

3

Wissenswertes über die Menge $\mathbb{R}$ reeller Zahlen

3.1 Intervalle

An dieser Stelle stellen wir einige der in diesem Text benutzten Schreibweisen zusammen und präzisieren Bezeichnungen, die wir im Abschnitt 0.1 "Das Notwendigste zuerst" eher intuitiv eingeführt hatten. Als *Intervall* bezeichnen wir jede Teilmenge M von $\mathbb{R}$, die mit geeigneten Konstanten $a, b \in \mathbb{R}$ auf eine der folgenden 9 Arten dargestellt werden kann:

$$
\begin{array}{llll}
[a,b] & := & \{x \in \mathbb{R} | a \le x \le b\} \qquad & [a,\infty) := \{x \in \mathbb{R} | x \ge a\} \\
[a,b) & := & \{x \in \mathbb{R} | a \le x < b\} & (-\infty,b] := \{x \in \mathbb{R} | x \le b\} \\
(a,b] & := & \{x \in \mathbb{R} | a < x \le b\} & (a,\infty) := \{x \in \mathbb{R} | x > a\} \\
(a,b) & := & \{x \in \mathbb{R} | a < x < b\} & (-\infty,b) := \{x \in \mathbb{R} | x < b\} \\
& & & (-\infty,\infty) := \mathbb{R}
\end{array}
$$

Dabei bezeichnen wir

- $[a,b]$, $[a,\infty)$, $(-\infty,b]$ als *abgeschlossene* Intervalle
- (a,b), (a,∞), $(-\infty,b)$, $(-\infty,\infty)$ als *offene* Intervalle
- $[a,b)$, $(a,b]$ als *halboffene* Intervalle.

Die Zahlen a, b und gegebenenfalls $-\infty$ bzw. ∞ nennt man *Intervallgrenzen*. Eine eckige Klammer (oder ein Vollpunkt) neben einer Intervallgrenze symbolisiert, dass die betreffende Grenze zum Intervall dazugehört, eine runde Klammer (oder ein Hohlpunkt) symbolisiert, dass die betreffende Grenze *nicht* dazugehört[1]. Die folgende Skizze zeigt einige Beispiele:

Obwohl scheinbar eine Feinheit, ist es oft wichtig, auf die Zugehörigkeit oder Nichtzugehörigkeit der Intervallgrenzen zum Intervall zu achten.

---

[1]Statt einer einwärts gerichteten runden Klammer kann man auch eine auswärts gerichtete eckige Klammer verwenden: $[a,b) = [a,b[$ usw.

Wir heben hervor, dass wir aus Gründen der Bequemlichkeit den Zahlen $a, b \in \mathbb{R}$ keinerlei Beschränkung auferlegen, insbesondere wollen wir die Fälle $a > b$ und $a = b$ zulassen. Unsere Definitionen bleiben dann sinnvoll, müssen lediglich korrekt interpretiert werden: Im Fall $a > b$ sind mangels Erfüllbarkeit der geforderten Ungleichungen alle vier "Intervalle" $[a, b], [a, b), (a, b]$ und (a, b) leer. Im Fall $a = b$ trifft das auf die Intervalle $[a, b), (a, b]$ und (a, b) zu, während das "Intervall" $[a, b]$ lediglich den Punkt $a\,(= b)$ enthält. Intervalle wie diese – also höchstens einen Punkt enthaltend – nennen wir *ausgeartet*; alle übrigen *nichtausgeartet* , *echt* oder *Intervall positiver Länge* .

3.2 Schranken und Grenzen

3.2.1 Motivation

In der Ökonomie ist eine Aussage wie

"Die Kosten dieses Investitionsvorhabens betragen mindestens
zwei und höchstens drei Millionen Euro."

von hohem Nutzen. Oft wird die Entscheidung über Investitionen anhand ähnlicher Aussagen getroffen, weil die genauen Kosten zum gegebenen Zeitpunkt nur grob abgeschätzt werden und sich womöglich noch ändern können. Immerhin hat man so eine untere und eine obere "Schranke" erhalten, zwischen denen sich die tatsächlichen Kosten bewegen können.

Wir gehen daran, diese Begriffe mathematisch exakt zu fassen.

3.2.2 Schranken

Definition 3.1. *Eine Teilmenge $M \subseteq \mathbb{R}$ heißt* $\begin{Bmatrix} \text{nach unten} \\ \text{nach oben} \end{Bmatrix}$ *beschränkt,*
wenn es eine Zahl $\begin{Bmatrix} U \\ O \end{Bmatrix}$ *in $\mathbb{R}$ gibt mit* $\begin{Bmatrix} U \leqslant x \\ x \leqslant O \end{Bmatrix}$ *für alle $x \in M$. (In diesem*
Fall nennt man $\begin{Bmatrix} U \\ O \end{Bmatrix}$ *eine* $\begin{Bmatrix} \text{untere} \\ \text{obere} \end{Bmatrix}$ *Schranke von M.) M heißt (schlechthin) beschränkt, wenn M sowohl nach unten als auch nach oben beschränkt ist, andernfalls heißt M unbeschränkt.*

Wir merken an, dass eine unbeschränkte Menge definitionsgemäß durchaus nach oben beschränkt oder nach unten beschränkt sein kann, nur eben nicht beides gleichzeitig. Eine visuelle Vorstellung des Sachverhaltes könnte so aussehen:

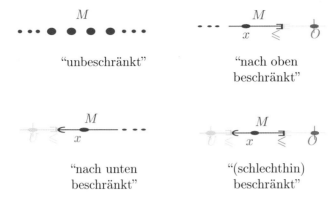

Bemerkungen 3.2 (↗S.499).

(1) Eine Menge $M \subseteq \mathbb{R}$ ist genau dann beschränkt, wenn eine Konstante K existiert mit
$$|x| \leqslant K \text{ für alle } x \in M. \tag{3.1}$$

(2) Die leere Menge $\emptyset$ ist (mangels darin enthaltener Elemente, denen Bedingungen aufzuerlegen wären) definitionsgemäß beschränkt.

(3) Eine nach unten (oben) beschränkte Menge M hat unendlich viele untere (obere) Schranken; eine *nicht* nach unten (oben) beschränkte Menge M hat *keine* untere (obere) Schranke.

Im nachfolgendem Bild sehen wir als Beispiel für eine Menge M ein halboffenes Intervall der Form $[x^*, x_*)$.

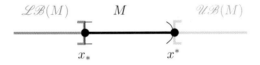

Bild 3.1:

Alle möglichen unteren Schranken der Menge M sind hellrot eingezeichnet. Wir sehen, dass es unendlich viele derartige Schranken gibt, die sich zu einer Menge $\mathscr{LB}(M)$ zusammenfassen lassen. Analog sind alle möglichen oberen Schranken von M hellblau eingezeichnet und bilden eine Menge $\mathscr{UB}(M)$[2]. Formal können wir definieren

$$\mathscr{LB}(M) := \{\, y \in \mathbb{R} \mid y \leqslant x \text{ für alle } x \in M \,\}$$
$$\mathscr{UB}(M) := \{\, y \in \mathbb{R} \mid x \leqslant y \text{ für alle } x \in M \,\}.$$

Direkt aus der Skizze lesen wir ab, dass es sich um Intervalle handelt:

$$\mathscr{LB}(M) = (-\infty, x_*], \quad \mathscr{UB}(M) = [x^*, \infty).$$

---

[2]Die Bezeichnungen $\mathscr{LB}$ und $\mathscr{UB}$ lehnen sich an die englischen Begriffe "lower bound" und "upper bound" an.

3.2.3 Minimum und Maximum

Der Punkt x_* in Skizze 3.1 spielt eine Sonderrolle:

- x_* ist eine untere Schranke von M

- x_* gehört selbst zu M (im Unterschied zu allen anderen unteren Schranken von M).

Punkte wie diesen wollen wir als "minimales Element von M" bezeichnen:

Definition 3.3. *Es sei $M \subseteq \mathbb{R}$ nichtleer. Ein Element* $\left\{ \begin{matrix} x_\circ \\ x^\circ \end{matrix} \right\}$ *in M heißt* $\left\{ \begin{matrix} minimales \\ maximales \end{matrix} \right\}$ *Element von M, wenn es kein $x \in M$ gibt mit* $\left\{ \begin{matrix} x < x_\circ \\ x^\circ < x \end{matrix} \right\}$. *In diesem Fall schreibt man* $\left\{ \begin{matrix} x_\circ =: \min M \\ x^\circ =: \max M \end{matrix} \right\}$.

(Statt "minimales Element von M" bzw. "maximales Element von M" sind auch die kürzeren Bezeichnungen "Minimum von M" bzw. "Maximum von M" üblich.) Die folgende alternative Charakterisierung überlassen wir dem Leser zur Nachprüfung:

Satz 3.4. *Ein Element* $\left\{ \begin{matrix} x_\circ \\ x^\circ \end{matrix} \right\}$ *in M ist genau dann* $\left\{ \begin{matrix} minimales \\ maximales \end{matrix} \right\}$ *Element von M, wenn gilt* $\left\{ \begin{matrix} x_\circ \leqslant x \\ x \leqslant x^\circ \end{matrix} \right\}$ *für alle $x \in M$.*

Anmerkungen:

(0) Man beachte: Ein Punkt $x_\circ$ (x°) kann definitionsgemäß nur dann das Minimum (Maximum) einer Menge M sein, wenn er dieser Menge angehört.

(1) Eine Menge M braucht weder ein Minimum noch ein Maximum zu besitzen, und zwar selbst dann nicht, wenn sie nach unten bzw. oben beschränkt ist. (In Bild 3.1 ist der Punkt x^* *nicht* Maximum von M - obwohl er eine obere Schranke von M ist -, weil er dieser Menge *nicht* angehört.)

3.2.4 Grenzen

Im Bild 3.1 fällt weiterhin auf, dass der Punkt x_* die *größte aller unteren Schranken* von M und der Punkt x^* die *kleinste aller oberen Schranken* von M ist. Für derartige Schranken wollen wir den Begriff "Grenzen" verwenden.

Um zu einer exakten Definition zu gelangen, beobachten wir zunächst, dass die beiden Punkte x_* und x^* von allen unteren (bzw. oberen) Schranken der Menge M "am nächsten" liegen und in diesem Sinne die Menge M von der Menge ihrer unteren (bzw. oberen) Schranken "trennen".

Nun ist jeder Punkt $x \in M$ zugleich obere Schranke von $\mathscr{LB}(M)$ und untere Schranke von $\mathscr{UB}(M)$. Die Menge *aller* oberen Schranken von $\mathscr{LB}(M)$ ist in Bild 3.2 als dunkelrotes Intervall I dargestellt, die Menge *aller* unteren Schranken von $\mathscr{UB}(M)$ als dunkelblaues Intervall J.[3]

Wir können nun x_* (bzw. x^*) so charakterisieren: Es ist der einzige Punkt, der beiden roten (bzw. blauen) Intervallen gleichzeitig angehört (und sie dadurch "trennt").

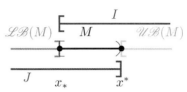

Bild 3.2:

Formal kann diese Beobachtung so ausgedrückt werden:

Hilfssatz 3.5. *Es sei* $M \subseteq \mathbb{R}$ *nach* $\begin{Bmatrix} unten \\ oben \end{Bmatrix}$ *beschränkt. Dann existieren Punkte* x_* *und* $x^* \in \mathbb{R}$ *mit* $\begin{Bmatrix} \mathscr{UB}(\mathscr{LB}(M)) \cap \mathscr{LB}(M) = \{x_*\} \\ \mathscr{LB}(\mathscr{UB}(M)) \cap \mathscr{UB}(M) = \{x^*\} \end{Bmatrix}$.

Definition 3.6. *In der Situation von Hilfssatz 3.5 heißt*

$\begin{Bmatrix} x_* \text{ untere Grenze } oder \text{ das Infimum} \\ x^* \text{ obere Grenze } oder \text{ das Supremum} \end{Bmatrix}$ *von* M, *symbolisch* $\begin{Bmatrix} x_* =: \inf M \\ x^* =: \sup M \end{Bmatrix}$.

Wir bemerken, dass das Infimum (Supremum) einer nach unten (oben) beschränkten Menge jeweils eindeutig bestimmte reelle Zahlen sind. Beide können gleich sein (wenn nämlich M nur einen Punkt enthält). Nicht überraschend ist folgende Erkenntnis, die wir z.B. aus Bild 3.1 direkt ablesen können.

Hilfssatz 3.7. *Besitzt die Menge* M *ein Minimum* $x_\circ$ *bzw. ein Maximimum* x°, *so stimmt dieses mit dem Infimum bzw. Supremum von* M *überein:*

$$\min M = \inf M \quad bzw. \quad \max M = \sup M.$$

Aus Bequemlichkeitsgründen vereinbaren wir nun noch ergänzend:

Definition 3.8. *Für jede nicht nach* $\begin{Bmatrix} unten \\ oben \end{Bmatrix}$ *beschränkte Teilmenge* $M \subseteq \mathbb{R}$ *sei* $\begin{Bmatrix} \inf M := -\infty \\ \sup M := \infty \end{Bmatrix}$.

Nachfolgend wird noch einmal eine visuelle Übersicht über den Zusammenhang von Infimum und Supremum einerseits und Minimum und Maximum andererseits gegeben:

---

[3]Es gilt dabei also $I = \mathscr{UB}(\mathscr{LB}(M))$ und $J = \mathscr{LB}(\mathscr{UB}(M))$.

$$M = \longleftrightarrow \quad \longleftrightarrow \quad \longleftrightarrow \quad \longleftrightarrow$$

	(a, b)	$(a, b]$	$[a, b)$	$[a, b]$
$\inf M =$	a	a	a	a
$\min M =$	$-$	$-$	a	a
$\sup M =$	b	b	b	b
$\max M =$	$-$	b	$-$	b

Wir können das Infimum (Supremum) einer nach unten (oben) beschränkten Menge aber auch so charakterisieren:

Hilfssatz 3.9. *Es sei* $M \subseteq \mathbb{R}$ *eine nach* $\left\{ \begin{matrix} unten \\ oben \end{matrix} \right\}$ *beschränkte Menge. Dann gilt:*

$$\left\{ \begin{matrix} \inf M = \max \mathscr{LB}(M) \\ \sup M = \min \mathscr{UB}(M) \end{matrix} \right\} .$$

3.2.5 Ausblick

Wir haben uns hier ausschließlich mit Schranken und Grenzen von Mengen reeller Zahlen beschäftigt, die mit Hilfe der gewöhnlichen Ordnung "$\leq$" geordnet werden.

Damit ist den Bedürfnissen des vorliegenden ersten Bandes von $\mathcal{EO}$ Math Genüge getan. Aus ökonomischer Sicht ist es jedoch sehr interessant, auch Zahlenpaare oder allgemein "n-Tupel" $x = (x_1, \ldots, x_n)$ reeller Zahlen vergleichen zu können, die wir allgemein als "Güterbündel", "Faktorbündel" oder "Nutzenbündel" interpretieren können und die sich zumindest teilweise mit Hilfe der Halbordnung "$\leq$" im $\mathbb{R}^2$ bzw. $\mathbb{R}^n$ ordnen lassen. Nun wird es interessant, was etwa unter einem "maximalen Nutzenbündel" zu verstehen ist. Auf diese Frage gehen wir in den folgenden Bänden von $\mathcal{EO}$ Math ein. Unsere hier verwendeten Begriffe lassen sich jedoch weitgehend übertragen.

3.3 $\mathbb{R}$ als metrischer Raum

Betrachten wir zwei beliebige reelle Zahlen a und b, so ist es üblich, die Zahl $d(a, b) := |b - a|$ als ihren *Abstand* aufzufassen. Wir können also sagen, dass es sich bei $\mathbb{R}$ um eine Menge handelt, in der eine Abstandsmessung möglich ist. Diese so selbstverständlich erscheinende Tatsache ist in Wirklichkeit eine der wichtigsten Grundlagen der Analysis. Vertraute Begriffe wie "offenes Intervall", "Randpunkt" usw. sind eng damit verbunden. Daher wollen wir hier einige Eigenschaften und Konsequenzen dieses in der Menge $\mathbb{R}$ üblichen "Abstandes" d zusammenstellen, um später auch in anderen Mengen sinnvolle Abstandsbegriffe – sogenannte "*Metriken*" – verwenden zu können. Wir zeigen dann, wie sich die "vertrauten" und auch neue Begriffe daraus ergeben.

Zunächst ist unser Abstand stets nichtnegativ und genau dann Null, wenn a und b identisch sind:

$$\text{(D1)} \qquad |b - a| \geq 0 \quad \text{und} \quad |b - a| = 0 \Longleftrightarrow a = b$$

Der Abstand von b zu a ist genauso groß wie der von a zu b:

$$\text{(D2)} \qquad |b - a| = |a - b|.$$

Weiterhin gilt für beliebige Zahlen $a, b, c \in \mathbb{R}$ folgende "Dreiecksungleichung":

$$\text{(D3)} \qquad |c - a| \leq |b - a| + |c - b| \tag{3.2}$$

Diese drei Eigenschaften leiten sich direkt aus den Eigenschaften (N1) - (N3) des Absolutbetrages gemäß Satz 0.56 ab und sollten für jedweden Abstand in irgendeiner Menge M gelten.

Definition 3.10. *Gegeben sei eine nichtleere Menge M. Eine Abbildung d : $M \times M \to \mathbb{R}$ heißt* Metrik, *wenn sie folgende Eigenschaften besitzt:*

$(D1)$ $d(a, b) \geq 0$ *und* $d(a, b) = 0 \Longleftrightarrow a = b$ *"Nichtnegativität"*

$(D2)$ $d(a, b) = d(b, a)$ *"Symmetrie"*

$(D3)$ $d(a, c) \leq d(a, b) + d(b, c)$ *"Dreiecksungleichung"*

für alle $a, b, c \in M$.

Wird eine Menge M mit einer Metrik d versehen, nennt man das Paar (M, d) einen *metrischen Raum*.

Das Konzept der Metrik erlaubt nicht allein, Punkten einer Geraden, einer Ebene oder des dreidimensionalen Raumes in gewohnter Weise einen Abstand zuzuweisen, sondern auch vergleichsweise abstrakteren Objekten wie Funktionen oder Matrizen (die in den Bänden H̶Ö Math 2 bzw. 3 besprochen werden). Auf diese Weise können wir mit einer großen Vielfalt von Objekten so umgehen, als wären es Punkte im $\mathbb{R}^1$ oder $\mathbb{R}^2$.

Wir wollen nun auf zentrale Konzepte wie "offene Menge", "Umgebung" oder "Randpunkt" eingehen. Im vorliegenden Band benötigen wir diese zwar nur mit Bezug auf den $\mathbb{R}^1$. Verstehen lassen sich diese Konzepte jedoch viel besser, wenn wir sie im $\mathbb{R}^2$ veranschaulichen, was wir im Weiteren tun wollen. Dabei verwenden wir als Metrik den "gewöhnlichen" Abstand zweier Punkte $x = (x_1, x_2)$ und $y = (y_1, y_2)$ des $\mathbb{R}^2$: Im Sinne des Satzes von Pythagoras setzen wir

$$d(x, y) := \sqrt{(x_1 - y_1)^2 + (x_2 - y_2)^2}$$

(siehe Skizze).

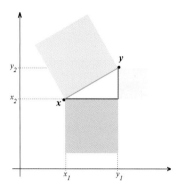

Ausgangspunkt ist der Begriff der Umgebung:

Definition 3.11. *Es seien (M, d) ein metrischer Raum sowie $x \in M$ und $\varepsilon > 0$ beliebig gegeben. Die Menge $U_\varepsilon(x) := \{y \in M \mid d(y, x) < \varepsilon\}$ heißt ε-Umgebung von x.*

Im $\mathbb{R}^1$ handelt es sich einfach um ein offenes Intervall der Länge 2ε um den Punkt x, im $\mathbb{R}^2$ um einen randlosen Vollkreis mit dem Radius ε und x als Mittelpunkt.

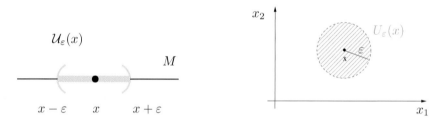

Typischerweise stellt man sich vor, die Zahl ε sei "klein". Dann enthält $U_\varepsilon(x)$ all diejenigen Punkte, die "nahe bei x" liegen, was den Begriff "Umgebung" erklärt. Wir können nun die Punkte einer Menge klassifizieren:

Definition 3.12. *Es sei A eine beliebige Teilmenge von M. Ein Punkt $x \in M$ heißt innerer Punkt von A, wenn es eine ε-Umgebung $U_\varepsilon(x)$ von x gibt, die ganz in A liegt. Die Menge aller inneren Punkte von A heißt Inneres von A, symbolisch A°.*

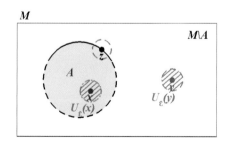

In dieser Skizze ist x ein innerer Punkt von A, y und z sind dagegen keine inneren Punkte. Betrachten wir statt der Menge A ihr Komplement $M \backslash A$, so ist y immerhin davon ein innerer Punkt:

Definition 3.13. *Es sei A eine beliebige Teilmenge von M. Ein Punkt $y \in M$ heißt* äußerer *Punkt von A, wenn es eine ε-Umgebung $U_\varepsilon(y)$ von y gibt, die ganz in $M \backslash A$ liegt. Die Menge aller äußeren Punkte von A heißt* Äußeres *von A, symbolisch $A^{)(}$.*

Für den Punkt z in unserer Skizze trifft Folgendes zu:

Definition 3.14. *Es sei A eine beliebige Teilmenge von M. Ein Punkt $z \in M$ heißt* Randpunkt *von A, wenn er weder innerer noch äußerer Punkt ist. Die Menge aller Randpunkte von A heißt* Rand *von A, symbolisch ∂A.*

Die folgende Skizze zeigt, wie wir auf diese Weise alle Punkte von M bezüglich ihrer Lage zu A klassifiziert haben:

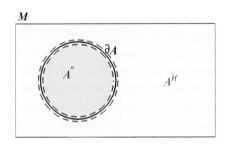

Die Unterscheidung zwischen inneren Punkten und Randpunkten von A wird uns im Zusammenhang mit Extremwertuntersuchungen (Kapitel 11) sehr nützen. – Je nachdem, ob der Rand ∂A zu A gehört oder nicht, können wir weiterhin folgende Unterscheidungen treffen:

Definition 3.15. *Die Menge A heißt* offen, *wenn gilt $A = A^\circ$. Die Menge A heißt* abgeschlossen, *wenn gilt $M \backslash A = A^{)(}$.*

Hilfssatz 3.16. *Die Menge A ist genau dann offen, wenn sie keinen ihrer Randpunkte enthält (es gilt $A = A \backslash \partial A$), und genau dann abgeschlossen, wenn sie sämtliche ihrer Randpunkte enthält ($A = A \cup \partial A$).*

Falls A nicht ohnehin schon abgeschlossen ist, kann man einfach die Randpunkte dazunehmen. Man nennt allgemein $A^c := A \cup \partial A$ den *Abschluss* (oder die *abgeschlossene Hülle*) von A.

Schließlich nennen wir noch einige Zusammenhänge zwischen unseren Begriffen, die leicht einzusehen sind:

Hilfssatz 3.17. *Es seien A und B beliebige Teilmengen eines metrischen Raumes M. Dann gilt*

(i) *A ist offen $\Longleftrightarrow$ $M\backslash A$ ist abgeschlossen*

(ii) *$\partial A = A^c\backslash A^\circ$*

(iii) *$(A^\circ)^\circ = A^\circ$, $(A^c)^c = A^c$*

(iv) *$A \subset B \Longrightarrow A^\circ \subset B^\circ$, $A^c \subset B^c$, $\partial A \subset \partial B$.*

In den folgenden Kapiteln werden wir Punkte auch dahingehend zu unterscheiden haben, ob sie "beliebig nahe liegende Nachbarpunkte" in einer gegebenen Menge haben oder nicht. Diesem Zweck dienen die Begriffe "Häufungspunkt" und "isolierter Punkt". Die mathematisch exakte Formulierung ist diese:

Definition 3.18. *Es sei A eine beliebige Teilmenge von M. Ein Punkt $h \in M$ heißt* Häufungspunkt *von A, wenn in jeder ε-Umgebung $U_\varepsilon(h)$ von h ein von h verschiedener Punkt p aus M liegt. Ein Punkt i in A, der kein Häufungspunkt von A ist, heißt* isolierter Punkt *von A.*

Zu beachten ist, dass ein Häufungspunkt von A nicht unbedingt zu A gehören muss, ein isolierter Punkt von A dagegen schon. Das folgende Bild links illustriert den Sachverhalt allgemein: Wir sehen zwei Häufungspunkte h und h' der Menge A (blau), wobei h zu A gehört, h' dagegen nicht. Die Punkte i_1 bis i_5 sind sämtlich isoliert. Das Bild rechts erklärt den Namen "Häufungspunkt" von h: Die Nachbarpunkte aus A "häufen sich" dort an.

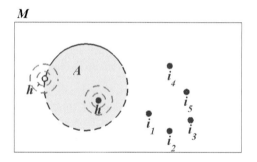
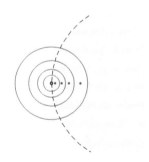

Die bisherigen Illustrationen unserer neuen Begriffe haben sich meist auf den $\mathbb{R}^2$ bezogen. Wir wollen diese Begriffe nun nochmals speziell für den $\mathbb{R}^1$ vergleichend veranschaulichen.

Beispiel 3.19. Wir wählen $M = \mathbb{R}^1$ und

$$A \quad := \quad [-1, 0) \cup (0, 1) \cup \{2\} \cup [3, \infty)$$

Dann haben wir:

Inneres:	A°	$=$	$(-1, 0) \cup (0, 1) \cup (3, \infty)$
Rand:	∂A	$=$	$\{-1, 0, 1, 2, 3\}$
Abschluss:	A^c	$=$	$[-1, 1] \cup \{2\} \cup [3, \infty)$
Äußeres:	$A^{)(}$	$=$	$(-\infty, -1) \cup (1, 2) \cup (2, 3)$
Menge aller HP:			$[-1, 1] \cup [3, \infty)$
Menge aller iP:			$\{2\}$

$\triangle$

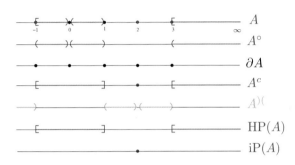

Wir folgen der Suggestion unseres Bildes und treffen folgende

Vereinbarung 3.20. *Gilt für eine beliebige nichtleere Menge $A \subseteq \mathbb{R}$*

$$\sup A = +\infty \quad (bzw. \inf A = -\infty),$$

so nennen wir $+\infty$ (bzw. $-\infty$) einen (uneigentlichen) Rand- und Häufungspunkt von A.

Abschließend erinnern wir daran, dass wir im $\mathbb{R}^1$ auch über den Begriff der Beschränktheit verfügen. Wir nennen eine Teilmenge $A \subseteq \mathbb{R}^1$ *kompakt*, wenn sie beschränkt und abgeschlossen ist. Die wichtigsten Beispiele für kompakte Mengen sind

- abgeschlossene Intervalle $[a, b]$
- Vereinigungen endlich vieler abgeschlossener Intervalle
- endliche Mengen.

3.4   Aufgaben

Aufgabe 3.21 (⟋L). Man zeige:

(i) Wenn eine Menge M ein Minimum (Maximum) besitzt, ist dieses eindeutig bestimmt.

(ii) Wenn eine Menge M ein Minimum (Maximum) besitzt, ist diese notwendig nach unten (oben) beschränkt.

Aufgabe 3.22 (⟋L). Es sei

  a) $M := (0, 1] \cap \mathbb{Q}$

  b) $M := \mathbb{N}$

  c) $M := \{ \frac{1}{n} \mid n \in \mathbb{N} \}$

Bestimmen Sie, soweit existent, das Minimum, Maximum, Infimum und Supremum von M.

Aufgabe 3.23 (⟋L). Gegeben seien die folgenden Teilmengen von $\mathbb{R}$:

$A := \{1\}$, $B := [0, 1]$, $C := (0, 1)$, $D = (-4, 11] \cup [12, 20]$, $E = \mathbb{N}$, $F = \mathbb{Q}$ und $G = \mathbb{R}$. Bestimmen Sie für jede dieser Mengen

  - das Innere (also A°, B°, …)

  - den Rand (also ∂A, ∂B, …)

  - den Abschluss (also A^c, B^c, …).

Aufgabe 3.24. Begründen Sie die Aussagen des Hilfssatzes 3.17.

4

Folgen, Reihen, Konvergenz

4.1 Folgen

4.1.1 Motivation und Definition

In diesem Kapitel werden wir uns mit den in gewissem Sinne einfachsten reellen Funktionen beschäftigen, die der Abbildung aufeinander*folgender* Größen dienen und für die sich deshalb auch die spezielle Bezeichnung *Folgen* eingebürgert hat. Sie spielen nicht nur innerhalb der Mathematik, sondern auch in der Ökonomie eine große Rolle. Ein typisches Beispiel für ihr Auftreten in der Ökonomie ist dieses:

Beispiel 4.1. Angenommen, jemand legt einen festen Geldbetrag C auf einem Sparkonto mit einer Verzinsung von 2.5% p.a. an und will wissen, über welchen Geldbetrag er am Ende des ersten, zweiten, dritten usw. Jahres verfügen kann. Es leuchtet ein, dass dies genau das 1.025–fache, das $1.025 \cdot 1.025$–fache, das 1.025^3–fache usw. des ursprünglichen Betrages sein wird. Am Ende des n-ten Jahres wird sich dann ein Gesamtkapital von $a(n) := 1.025^n \cdot C$ Geldeinheiten ergeben. $\triangle$

Wir können den Wert $a(n)$ als Funktionswert einer Funktion a auffassen, die auf $D = \mathbb{N}$ oder auch auf $D = \mathbb{N}_0$ definiert ist (im letzteren Fall interpretieren wir $a(0)$ als das Ausgangskapital).

Definition 4.2. *Eine Abbildung* $a : D \to \mathbb{R}$ *heißt (unendliche) Folge, wenn ihr Definitionsbereich von der Form* $D = \mathbb{N}_k := \{n \in \mathbb{Z} | n \geq k\}$ *ist.*

Zu den Bezeichnungen

- Die Werte $a(k), a(k+1), a(k+2), \ldots$ heißen *Glieder der Folge* a.
- Die Formel zur Berechnung von $a(n)$ mit beliebigem $n \in D$ wird auch *allgemeines Glied der Folge* a genannt.
- Die in der Definition auftretende Zahl k ist die Nummer des ersten Folgengliedes und wird nur gelegentlich einmal von 1 oder 0 verschieden sein. *Solange nicht ausdrücklich anders gesagt, setzen wir daher generell* $D = \mathbb{N}$ *oder* $D = \mathbb{N}_0$ *voraus.*

- Die Argumente der Folge a werden zwecks Einsparung von Klammern gern als Indizes geschrieben, d.h., man schreibt $a_1, a_2, a_3, \ldots$ statt $a(1)$, $a(2)$, $a(3)$, $\ldots$ und für die gesamte Folge schreibt man kurz $a = (a_n)_{n \in D}$ oder noch kürzer $a = (a_n)$, solange keine Missverständnisse möglich sind.

Wesentlich an dieser Definition ist, dass der Definitionsbereich nicht von vorneherein nach oben beschränkt wird, sondern im Gegenteil alle hinreichend großen natürlichen Zahlen enthält; ökonomisch bedeutet dieses, dass der sukzessive Verzinsungsprozess zumindest gedanklich bis in alle Ewigkeit weiterlaufen kann.

4.1.2 Beschreibung von Folgen

Um eine bestimmte Folge (a_n) genau zu beschreiben, benötigt man eine Bildungsvorschrift für das allgemeine Glied a_n. Es bestehen mehrere Möglichkeiten, diese anzugeben, die wichtigsten sind die *geschlossene (nicht-rekursive)* und die *rekursive* Darstellung.

Geschlossene Darstellung

Hierbei genügt es (zumindest im Prinzip), die Zahl n zu kennen, um den Wert a_n direkt berechnen zu können.

Beispiel 4.3 ($\diagup$F 4.1).

Bildungs-vorschrift:	erste 4 Folgeglieder	Anmerkungen
(1) $c_n := A^n$	$A, A^2, A^3, A^4, \ldots$	(Beispiel (4.1.) mit C=1, $A := 1,025$)
(2) $b_n := n$	$1, 2, 3, 4, \ldots$	(die natürlichen Zahlen)
(3) $g_n := 2n$	$2, 4, 6, 8, \ldots$	(die geraden natürlichen Zahlen)
(4) $u_n := 2n - 1$	$1, 3, 5, 7, \ldots$	(die ungeraden natürlichen Zahlen)
(5) $p_n := 2^n$	$2, 4, 8, 16, \ldots$	(die natürlichen Potenzen der Zahl 2)
(6) $r_n := 2^{-n}$	$\frac{1}{2}, \frac{1}{4}, \frac{1}{8}, \frac{1}{16}, \ldots$	(die natürlichen Potenzen der Zahl $\frac{1}{2}$)
(7) $q_n := n^2$	$1, 4, 9, 16, \ldots$	(die Quadrate der natürlichen Zahlen)

Der Vorteil einer solchen geschlossenen Darstellung ist es, dass allein die Angabe des Index genügt, um den Wert des Folgengliedes in einem Schritt zu berechnen und dass auch die Abhängigkeit der Folgenglieder vom Index direkt sichtbar wird. $\triangle$

Rekursive Darstellungen

werden oft verwendet, um Folgenglieder auf Computern zu berechnen und dabei Rechenaufwand einzusparen. Bei der Berechnung des jeweils nächsten Folgengliedes wird auf die bereits zuvor berechneten Glieder zurückgegriffen. Im einfachsten Fall wird jedes Folgenglied direkt aus dem Vorgänger – soweit vorhanden – ermittelt. Die dazu verwendete Formel heißt *Rekursionsformel*.

Weil das erste Folgenglied kein Vorgängerglied besitzt, muss dessen Wert als sogenannter *Anfangswert* der Folge direkt angegeben werden.

Beispiel 4.4 (⟋F 4.3)**.** Wir sehen uns die Folgen des vorherigen Beispiels nochmals an – diesmal in rekursiver Notierung. Bei einer Folge mit dem allgemeinen Glied a_n müssen wir dazu

- erstens a_n durch a_{n-1} (statt durch n) ausdrücken und
- zweitens einen Anfangswert a_1 (bzw. a_0) angeben.

Bei unserer ersten Folge (c_n) gilt die Bildungsvorschrift $c_n = A^n$; es folgt nun $c_n = A \cdot A^{n-1} = A \cdot c_{n-1}$, wodurch die gesuchte Rekursion gegeben ist. Als Anfangswert hatten wir $c_1 = A$ benannt.

Behandeln wir auch die übrigen Folgen nach demselben Muster, erhalten wir folgende vergleichende Übersicht:

	geschlossene Formel:	Rekursionsformel:		Anfangswert
(1)	$c_n := A^n$	$c_n := c_{n-1} \cdot A$	$(n \geq 2)$;	$c_1 := 1.025$
(2)	$b_n := n$	$b_n := b_{n-1} + 1$	$(n \geq 2)$;	$b_1 := 1$
(3)	$g_n := 2n$	$g_n := g_{n-1} + 2$	$(n \geq 2)$;	$g_1 := 2$
(4)	$u_n := 2n - 1$	$u_n := u_{n-1} + 2$	$(n \geq 2)$;	$u_1 := 1$
(5)	$p_n := 2^n$	$p_n := p_{n-1} \cdot 2$	$(n \geq 2)$;	$p_1 := 2$
(6)	$r_n := 2^{(-n)}$	$r_n := r_{n-1} \cdot \left(\frac{1}{2}\right)$	$(n \geq 2)$;	$r_1 := \frac{1}{2}$
(7)	$q_n := n^2$	$q_n := q_{n-1}^2 + 2q_{n-1} + 1$		$q_1 := 1$

Zwei Anmerkungen hierzu:

- Die Beispiele (3) und (4) zeigen, dass ein- und dieselbe Rekursions*formel* – je nach gewähltem Anfangswert – ganz unterschiedliche Folgen erzeugen kann.
- Das Beispiel (7) erfordert etwas Überlegung; das Ergebnis findet man mit Hilfe der binomischen Formel $n^2 = (n-1)^2 + 2(n-1) + 1$.   △

4.1.3 Nullfolgen

Einführung

Von besonderem Interesse sind Folgen, deren Glieder sich einem bestimmten Wert immer mehr annähern. Als "bestimmten Wert" wählen wir zunächst der Einfachheit halber die Null.

Beispiel 4.5. Betrachten wir die Folge mit dem allgemeinen Glied $\alpha_n := \frac{1}{n}$, so sehen wir bereits nach der Notation der ersten Glieder

$$1, \frac{1}{2}, \frac{1}{3}, \frac{1}{4}, \frac{1}{5}, \frac{1}{6}, \dots$$

dass die Folgenglieder immer näher an den Wert Null heranrücken:

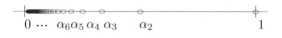

Beispiel 4.6. Dasselbe lässt sich über die Folge (β_n) mit dem allgemeinen Glied $\beta_n := (-1)^n \frac{2}{n}$, deren erste Glieder

$$-2, 1, -\frac{2}{3}, \frac{1}{2}, -\frac{2}{5}, \frac{1}{3}, ...$$

lauten, sagen. Die Entwicklung der Folgenglieder kann man sehr schön in einem Koordinatensystem darstellen:

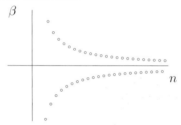

Jeder der eingezeichneten Punkte hat Koordinaten der Form (n, β_n) und repräsentiert somit ein Folgenglied. Den "Ablauf" der Folge mit zunehmendem n kann man verfolgen, indem man die aus den Punkten gebildete Kette von links nach rechts betrachtet. △

Beispiel 4.7. Es sei (γ_n) die Folge mit dem allgemeinen Glied $\gamma_n := 0$. (Die Glieder dieser Folge hängen nicht wirklich von n ab, sondern sind vielmehr konstant. Eine solche Folge nennt man *stationär.*) Hier haben sich die Folgenglieder sozusagen "perfekt" an die Null angenähert. △

Begriffsbildung

Es bietet sich an, Folgen wie diese als *Nullfolgen* und die Zahl Null als ihren *Grenzwert* zu bezeichnen. Damit "Nullfolge" zu einem mathematischen Begriff werden kann, benötigen wir allerdings eine Formulierung, die sich gegebenenfalls rechnerisch nachprüfen lässt. Dazu beobachten wir folgende Eigenschaft aller drei Folgen: Gleichgültig, wie klein man eine positive Konstante (nennen wir sie ε) auch wählen mag, gibt es in jedem Fall nur *endlich* viele Folgenglieder, deren Abstand zur Null *größer oder gleich* ε ist.

Definition 4.8. *Eine Folge (a_n) heißt* Nullfolge, *wenn es zu jedem $\varepsilon > 0$ ein $n_0 = n_0(\varepsilon) \in D$ derart gibt, dass gilt*

$$|a_n| < \varepsilon \tag{4.1}$$

für alle $n \geq n_0$.

In diesem Fall sagt man auch, die Folge konvergiere gegen Null und schreibt symbolisch

$$\lim_{n \to \infty} a_n = 0 \quad bzw. \quad a_n \to 0 \ (n \to \infty).$$

Das Wesentliche an dieser Definition ist, dass die Zahl ε beliebig klein gewählt werden kann. Welche Zahl als n_0 gewählt werden kann, wird meist von ε abhängen.

Beispiel 4.9 ($\nearrow$F 4.5)**.** Wir betrachten wiederum die Folge $(\alpha_n) = (\frac{1}{n})$. Wählen wir z.B. $\varepsilon = \frac{1}{10}$, so ist die Bedingung

$$|\alpha_n| < \varepsilon \tag{4.2}$$

erfüllt, sobald wir $n \geq 11$ wählen. Bei einem viel kleineren Wert für ε, z.B. $\varepsilon = \frac{1}{100000}$, ist (4.2) erst für viel größere Werte von n erfüllt, genauer: für alle $n \geq 100001$. Wir können also $n_0(\frac{1}{10}) = 11$ und $n_0(\frac{1}{100000}) = 100001$ wählen. $\triangle$

Beispiel 4.10 ($\nearrow$F 4.7)**.** Im Fall der Folge (γ_n) mit $\gamma_n = 0$ für alle $n \in \mathbb{N}$ gilt für jedes $\varepsilon > 0$ und jedes $n \in \mathbb{N}$ $0 = |\gamma_n| < \varepsilon$. Wir können also (unabhängig von der Wahl von $\varepsilon > 0$) $n_0 = 1$ wählen. $\triangle$

Die folgende Skizze visualisiert den Begriff der Nullfolge:

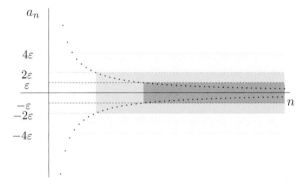

Gibt man sich nacheinander immer kleinere Genauigkeitsschranken ε vor (z.B. $\varepsilon = 0.4$, $\varepsilon = 0.2$, $\varepsilon = 0.1$), so verbleiben in jedem Fall **fast alle** Folgenglieder in den zugehörigen, immer engeren "ε-Schläuchen" (hier: gelb, orange, rot).

("*Fast alle*" steht hier für "*alle bis auf endlich viele*". Allgemein wird die sperrige Formulierung

Es gibt ein $n_0 = n_0(\varepsilon)$ derart, dass für alle $n \geq n_0$ gilt ...

gern durch die gängige Abkürzung

Für fast alle n gilt ...

ersetzt.)

Schnell-Erkennung von Nullfolgen

Nun wollen wir der Frage nachgehen, wie man einer gegebenen Folge (a_n) möglichst schnell ansieht, ob sie eine Nullfolge ist.

Die Idee dazu: Wir stellen uns einen Mini-Katalog "bekannter Nullfolgen" zusammen. Wenn dann eine beliebige Folge gegeben ist, fragen wir, ob sie eventuell schon in diesem Katalog enthalten ist und wenn nicht, ob sie auf einfache Art auf den Katalog zurückgeführt werden kann.

Vorab bemerken wir, dass das Vorzeichen der Folgenglieder für die Eigenschaft "Nullfolge" unerheblich ist:

Satz 4.11. (a_n) *ist eine Nullfolge* $\Longleftrightarrow$ $(|a_n|)$ *ist eine Nullfolge.*

Bei unserer Überprüfung können wir uns daher auf die Folge der Absolutbeträge beschränken; anders gesagt, wir können annehmen, dass eine Folge (a_n) gegeben ist, für die gilt $a_n \geq 0$, $n \in \mathbb{N}$.

Um zu überprüfen, ob es sich um eine Nullfolge handelt, sehen wir zuerst in folgendem "Mini-Katalog" nach:

Beispiel 4.12 ("Nullfolgen-Katalog", $\nearrow$Ü**).** Die Folgen (a_n) mit

  (i) $a_n = n^{-p}$ $(p > 0)$

  (ii) $a_n = b^{-n}$ $(b > 1)$; insbesondere $a_n = e^{-n}$

sind Nullfolgen. $\triangle$

Kommt die gegebene Folge (α_n) darin nicht vor, fragen wir uns, ob sie eventuell auf "bekannte" Nullfolgen zurückgeführt werden kann. Die Basis dafür liefert folgender

Satz 4.13 ("Nullfolgen-Erhaltungssatz"). *Es seien* (a_n) *und* (b_n) *Nullfolgen. Dann sind ebenfalls Nullfolgen*

  (i) $(\alpha_n) := (\lambda \cdot a_n)$ $(\lambda \in \mathbb{R})$

  (ii) $(\beta_n) := (a_n + b_n)$

  (iii) $(\gamma_n) := (a_n \cdot b_n)$

  (iv) $(\delta_n) := (|a_n|^p)$ $(p > 0)$

Wenn keine dieser Möglichkeiten zutrifft, könnten wir versuchen, unsere Folge (a_n) zwischen Null und einer bekannten Nullfolge (ρ_n) "einzuklemmen". Folgende Skizze zeigt die Idee:

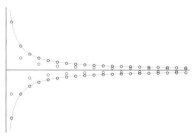

Und so können wir diese Idee nachrechnen:

Satz 4.14. *Ist (ρ_n) eine Nullfolge, so ist auch jede Folge (a_n) mit*

$$|a_n| \leq |\rho_n|$$

für alle hinreichend großen n eine Nullfolge.

Nützlich ist weiterhin folgender

Satz 4.15. *Ändert man* endlich *viele Glieder einer Nullfolge in beliebiger Weise ab, ist die veränderte Folge wiederum eine Nullfolge.*

Ebenso kann man den Anfangsindex (bisher zumeist $n = 0$ oder $n = 1$) ändern und sogar die gesamte Folge "verschieben", ohne dass die Nullfolgeneigenschaft verlorengeht:

Satz 4.16. $(a_n)_{n \in \mathbb{N}}$ *ist Nullfolge* $\Longleftrightarrow$ $(a_{n+1})_{n \in \mathbb{N}}$ *ist Nullfolge.*

Wir demonstrieren nun die Anwendung unserer "Erkennungsstrategie":

Beispiel 4.17. Welche dieser Folgen sind Nullfolgen?

(a) $\left(\dfrac{1}{\sqrt{n}} \right)$ 　　　 (b) $(-1)^n \left(\dfrac{1}{\sqrt{n}} \right)$ 　 (c) $\left(\dfrac{1}{\sqrt{n}} \right) + (-1)^n \left(\dfrac{1}{\sqrt{n}} \right)$

(d) $233\, e^{-n} - 1521\, n^{-\sqrt{5}}$ 　 (e) $\dfrac{1}{2 + \sin n \cdot \frac{\pi}{2}}$ 　 (f) $\dfrac{400000}{\sqrt{n + \sin n}}$

(g) $(e^{-n} \cdot \sin n)$

Lösung:

(a) Wir können schreiben $(\frac{1}{\sqrt{n}}) = (n^{-\frac{1}{2}})$ – dieses ist eine Nullfolge aus unserem "Minikatalog".

(b) Nehmen wir statt der Folgenglieder ihre Absolutbeträge, erhalten wir die Folge aus (a), die eine Nullfolge ist – also ist auch die Folge aus (b) eine Nullfolge.

(c) Als Summe der beiden vorangehenden Nullfolgen konvergiert diese Folge ebenfalls gegen Null.

(d) Diese Folge ist Summe von Vielfachen der Folgen (e^{-n}) und $(n^{-\sqrt{5}})$, die unserem Nullfolgen-Katalog angehören und als solche ebenfalls Nullfolge.

(e) Hier können wir keine der bisherigen Regeln einsetzen. (Dennoch könnte eine Nullfolge vorliegen!) Wir überzeugen uns, dass tatsächlich keine Nullfolge vorliegt: Es gilt nämlich

$$\sin n \cdot \frac{\pi}{2} = \begin{cases} 0 & \text{wenn } n \text{ gerade ist} \\ 1 & \text{für } n = 1, 5, 9, 13, \ldots \\ -1 & \text{für } n = 3, 7, 11, \ldots \end{cases}$$

und folglich

$$\frac{1}{2+\sin n \cdot \frac{\pi}{2}} = \begin{cases} \frac{1}{2} & \text{für gerades } n \\ \frac{1}{3} & \text{für } n = 1,5,9,13,\dots \\ 1 & \text{für } n = 3,7,11,\dots \end{cases}$$

(f) Es genügt, die Folge $\left(\frac{1}{\sqrt{n+\sin n}}\right)$ zu betrachten (denn das 400000-fache davon ist dann genausoviel bzw. genausowenig eine Nullfolge). Es gilt stets $\sin n \geq -1$, also $n + \sin n \geq n - 1$. Wir ziehen die Wurzel und finden $\sqrt{n+\sin n} \geq \sqrt{n-1}$ und damit $0 \leq \frac{1}{\sqrt{n+\sin n}} \leq \frac{1}{\sqrt{n-1}}$.
Die Glieder auf der rechten Seite konvergieren gegen Null, also nach Satz 4.14 auch unsere Ausgangsfolge.

(g) Da der Sinus nur Werte zwischen -1 und +1 annimmt, können wir schreiben,

$$|e^{-n} \cdot \sin n| \leq e^{-n},$$

wobei rechts die Glieder einer Katalog-Nullfolge stehen. Mithin ist auch $(e^{-n} \cdot \sin n)$ eine Nullfolge.   △

4.1.4   Beliebige konvergente Folgen

Bisher hatten wir Folgen betrachtet, deren Glieder sich der Null annähern. Nun wollen wir Folgen betrachten, die sich irgendeinem Wert a – der auch von Null verschieden sein kann – annähern. Wir können solche Folgen leicht auf Nullfolgen zurückführen:

Definition 4.18. *Eine beliebige Folge (a_n) heißt konvergent, wenn es eine Konstante a derart gibt, dass die Folge (b_n) mit dem allgemeinen Glied $b_n := a_n - a$ eine Nullfolge ist. In diesem Fall sagt man, die Folge (a_n) konvergiere gegen a und nennt die Konstante a den Grenzwert[1] der Folge (a_n); symbolisch*

$$a = \lim_{n\to\infty} a_n \quad oder \quad a_n \to a \ (n \to \infty).$$

Eine Folge, die nicht konvergent ist, heißt divergent.

Jede Nullfolge ist also eine spezielle konvergente Folge und zwar mit dem Grenzwert Null.

Beispiel 4.19. Jede stationäre Folge (s_n) ist konvergent. (In diesem Fall existiert eine Konstante s mit $s_n = \text{const} = s$ für alle $n \in D$. Es ist offensichtlich, dass die Folge $(s_n - s)$ eine Nullfolge ist. Also konvergiert (s_n) gegen s.   △

---

[1]Der kritische Leser mag fragen, warum *von dem* Grenzwert die Rede ist oder ob nicht vielmehr auch mehrere Grenzwerte existieren könnten. Man kann jedoch zeigen, dass der letztere Fall nicht möglich ist.

Beispiel 4.20. Wir sahen, dass die Folgen (α_n) und (β_n) aus Beispiel 4.5 und 4.6 Nullfolgen sind, und betrachten die Folgen (f_n) und (g_n) mit

$$f_n := \frac{1}{n} + 5 \quad \text{sowie} \quad g_n := 2 + 2^{-n}.$$

Es gilt also

$$f_n = \alpha_n + 5 \quad \text{sowie} \quad g_n = \beta_n + 2, \quad n \in \mathbb{N}$$

Folglich sind die Folgen (f_n) und (g_n) konvergent, und es gilt

$$\lim_{n\to\infty} f_n = 5 \quad \text{sowie} \quad \lim_{n\to\infty} g_n = 2 \qquad \triangle$$

Das folgende Beispiel zeigt nun eine Folge, die nicht konvergiert:

Beispiel 4.21 ($\nearrow$Ü, $\nearrow$L). Die ersten Glieder der Folge (m_n), $n \in \mathbb{N}$, mit dem allgemeinen Glied $m_n := (-1)^n$ lauten $-1, 1, -1, 1, -1, 1, -1, 1, \ldots$ Wenn diese Folge einen (endlichen) Grenzwert hätte, so hätte zumindest jedes zweite Folgenglied einen festen, von n unabhängigen Mindestabstand dazu. Daher schließen wir, dass diese Folge *divergiert*. (Den *formalen* Nachweis überlassen wir dem Leser als Übung.) $\qquad \triangle$

Beispiel 4.22. Die einfache Folge (ξ_n) mit $\xi_n := n$ durchläuft alle natürlichen Zahlen; es findet offensichtlich keine Annäherung an irgendeinen (endlichen) Grenzwert statt. Die Folge ist also ebenfalls divergent. $\qquad \triangle$

Wir fassen vorläufig zusammen: Jede beliebige Folge ist entweder konvergent oder divergent. Wird eine beliebig vorgegebene Folge betrachtet, ist leider nicht immer offensichtlich, ob diese Folge konvergiert und wenn ja, gegen welchen Grenzwert. Unser nächstes Ziel ist daher, einige wenige möglichst einfache Bedingungen anzugeben, die erkennen lassen, ob eine Folge konvergiert. Wir betrachten dazu zunächst einige weitere Eigenschaften von Folgen.

4.1.5   Beschränkte Folgen

Definition 4.23. *Eine Folge $a = (a_n)_{n\in D}$ heißt $\left\{ \begin{array}{c} \text{nach unten} \\ \text{nach oben} \end{array} \right\}$ beschränkt,*

wenn es eine Konstante $\left\{ \begin{array}{c} U \\ O \end{array} \right\}$ gibt mit $\left\{ \begin{array}{c} U \le a_n \\ a_n \le O \end{array} \right\}$ für alle $n \in D$. (In diesem

Fall nennt man $\left\{ \begin{array}{c} U \\ O \end{array} \right\}$ eine $\left\{ \begin{array}{c} \text{untere} \\ \text{obere} \end{array} \right\}$ Schranke der Folge). Die Folge $(a_n)_{n\in D}$

heißt (schlechthin) beschränkt, wenn sie sowohl nach unten als auch nach oben beschränkt ist, andernfalls unbeschränkt.

Die Glieder einer nach $\left\{ \begin{array}{c} \text{unten} \\ \text{oben} \end{array} \right\}$ beschränkten Folge können den Wert $\left\{ \begin{array}{c} U \\ O \end{array} \right\}$

nicht $\left\{ \begin{array}{c} \text{unterschreiten} \\ \text{überschreiten} \end{array} \right\}$. Eine Folge ist daher genau dann beschränkt, wenn sämtliche Folgenglieder zwischen U und O liegen, sozusagen "eingeklemmt" sind. In diesem Fall sind auch die Absolutbeträge sämtlicher Folgenglieder beschränkt, und zwar nach unten durch 0 und nach oben durch den größeren der beiden Werte $|U|, |O|$. Wir können also formulieren:

Satz 4.24. *Eine Folge* $(a_n)_{n \in D}$ *ist genau dann beschränkt, wenn es eine Konstante* K *gibt mit*

$$|a_n| \leq K \quad \text{für alle } n \in D. \tag{4.3}$$

Wir erinnern daran, dass $|a_n| \leq K$ gleichbedeutend ist mit $-K \leq a_n \leq K$. Wenn eine solche Konstante K existiert, ist $-K$ eine untere und $+K$ eine obere Schranke für die Folge (a_n). Die Zahl K wird daher (schlechthin) als "Schranke" für die Folge $(a_n)_{n \in D}$ bezeichnet. Man beachte, dass gemäß unserer Definition eine Folge, die zwar nach unten oder nach oben beschränkt ist, jedoch nicht beides *gleichzeitig*, *unbeschränkt* heißt.

Beispiel 4.25. Für die Folge $(\frac{1}{n})_{n \in \mathbb{N}}$ gilt $|\frac{1}{n}| \leq 1$; erst recht aber z.B. $|\frac{1}{n}| \leq 200$ für alle $\{n \in \mathbb{N}\}$. Man kann also z.B. $K = 1$ oder erst recht $K = 200$ wählen und sieht, dass die Bedingung aus Satz 4.24 erfüllt ist. Daher ist diese Folge beschränkt.   △

Beispiel 4.26. Für die Folge $(r_n)_{n \in D}$ mit $r_n = (\frac{1}{2})^n$, $n \in \mathbb{N}$, aus Beispiel 4.4 gilt $|r_n| \leq \frac{1}{2}$ für alle $\{n \in \mathbb{N}\}$. Also ist diese Folge ebenfalls beschränkt.   △

Beispiel 4.27. Die Folge $(t_n)_{n \in D}$ mit $t_n = 3^n$, $n \in \mathbb{N}$, ist nach unten, aber nicht nach oben beschränkt. (Formal kann man z.B. so argumentieren: Es sei $K > 0$ eine beliebige Konstante. Dann folgt für alle diejenigen $n \in \mathbb{N}$, für die $n > \log_3 K$ gilt, $t_n = 3^n > 3^{\log_3 K} = K$. Also kann K keine obere Schranke für die Folge (t_n) sein. Weil $K > 0$ hierbei beliebig gewählt wurde, kann keine obere Schranke für (t_n) existieren.)   △

Beispiel 4.28 (↗Ü). Die Folge $(\delta_n) = ((-1)^n n^3)$ ist weder nach oben noch nach unten beschränkt.   △

Beispiel 4.29 (↗Ü). Das Thema "beschränkte Folgen" hat mit dem Bezug zu "Schranken" auch einen Bezug zu "Grenzen" (vgl. Kapitel 3.2). Es gilt nämlich:

Eine Folge (a_n) *ist genau dann beschränkt, wenn gilt* $\sup\{|a_n| \,|\, n \in D\} < \infty$.
    △

4.1.6 Monotone Folgen

Definition 4.30. *Eine Folge* $(a_n)_{n \in D}$ *heißt monoton* $\left\{ \begin{matrix} \text{wachsend} \\ \text{fallend} \end{matrix} \right\}$, *wenn für alle* $m, n \in D$ *gilt*

$$m < n \Longleftrightarrow a_m \left\{ \begin{matrix} \leq \\ \geq \end{matrix} \right\} a_n,$$

und streng monoton $\left\{ \begin{array}{c} \text{wachsend} \\ \text{fallend} \end{array} \right\}$, *wenn für alle* $m, n \in D$ *gilt*

$$m < n \Longrightarrow a_m \left\{ \begin{array}{c} < \\ > \end{array} \right\} a_n.$$

Unter einer monotonen *Folge verstehen wir eine Folge, die monoton wachsend oder monoton fallend ist.*

Beispiel 4.31. (mit $D = \mathbb{N}$)

(1) Die Folgen $(\frac{1}{n}), ((\frac{1}{2})^n), (\frac{1}{1+n^2}), (-n), (-2^n)$ sind streng monoton fallend.

(2) Die Folgen $(n), (2^n), (2n+1), (1 - \frac{1}{n})$ sind streng monoton wachsend.

(3) Die Folgen $(\alpha_n) = (1.025^n), (\beta_n) = (\sqrt{n}), (\gamma_n) = (n^2 + n)$ sind sämtlich streng monoton wachsend.

(4) Die Folge $(1, 1, 2, 2, 3, 3, 4, 4, 5, 5, ...)$ ist wachsend, aber nicht streng.

(5) Die (konstante) Folge $(1, 1, 1, ...)$ ist sowohl monoton wachsend als auch monoton fallend, aber beides nicht streng.

(6) Die alternierende Folge $(1 + (-1)^n) = (0, 2, 0, 2, 0, 2, ...)$ ist weder monoton wachsend noch monoton fallend, kurz: nicht monoton. △

Die Beispiele (4) und (5) verdeutlichen, dass "monoton wachsend" vom Begriff her nicht gleichbedeutend ist mit "echtem" Wachstum. Bei einer monotonen Folge ist zugelassen, dass aufeinanderfolgende Glieder gleich sind. Lediglich bei einer streng monotonen müssen je zwei Folgenglieder verschieden sein. Aus diesem Grunde werden wir statt "monoton wachsend (fallend)" auch sagen "monoton nichtfallend (nichtwachsend)".

Aufgabe 4.32. Welche dieser Folgen $(a_n)_{n \in \mathbb{N}}$ sind monoton wachsend bzw. fallend, welche beschränkt (und wodurch)?

(a) $a_n = 5 - \left(\frac{1}{3}\right)^n$ (b) $a_n = 5 + \left(-\frac{1}{3}\right)^n$ (c) $a_n = \left(\frac{n}{10}\right)\left(\frac{n}{10-1}\right)$

4.1.7   Konvergenzuntersuchungen

Das zentrale Problem bei der Betrachtung einer beliebigen Folge ist es, festzustellen, ob sie konvergent ist und falls ja, den Grenzwert zu ermitteln. In den ersten Beispielen hatten wir es nur mit einfachsten arithmetischen Ausdrücken zu tun, so dass es leicht war, über Konvergenz und Grenzwert zu entscheiden. Immerhin ist auf diese Weise ein kleiner Fundus von konvergenten und divergenten Folgen entstanden.

Wir wollen hier nun einige weitere Hilfsmittel für Konvergenzuntersuchungen zusammenstellen. Diese beruhen auf der

(A) Beschränktheit

(B) Monotonie

(C) Zurückführung komplizierter Folgen auf einfache.

Konvergenz und Beschränktheit

Satz 4.33. *Jede konvergente Folge ist beschränkt.*

Nach oben unbeschränkt kann eine Folge (a_n) ja nur dadurch sein, dass mit wachsendem n hinreichend viele Folgenglieder über alle Grenzen wachsen, was bei einer konvergenten Folge unmöglich ist. Ebensowenig kann eine konvergente Folge nach unten unbeschränkt sein.

Die Aussage des Satzes lässt sich für praktische Anwendungen auch so formulieren:

Eine unbeschränkte Folge ist nicht konvergent.

Unsere wenigen Beispiele lassen erkennen, dass die Untersuchung auf Beschränktheit oft einfacher ist als die auf Konvergenz.

Beispiel 4.34. Die Folgen $(\alpha_n) = (1.025^n)$, $(\beta_n) = (\sqrt{n})$, $(\gamma_n) = (n^2 + n)$, $(\delta_n) = ((-1)^n n^3)$ und $(t_n) = (3^n)$ sind nicht konvergent, weil unbeschränkt (siehe Beispiele 4.27 und 4.31). △

Mithin ist die Beschränktheit eine *notwendige* Konvergenzbedingung. Sie ist jedoch leider *nicht hinreichend:*

Beispiel 4.35. Die alternierende Folge $(u_n) := ((-1)^n)$ ist zwar beschränkt (es gilt $|u_n| \leq 1$ für alle n), aber offensichtlich nicht konvergent. △

Konvergenz und Monotonie

Satz 4.36. *Eine monotone Folge ist genau dann konvergent, wenn sie beschränkt ist.*

Statt anhand einer formalen Begründung betrachten wir ein instruktives

Beispiel 4.37. Wir betrachten die Folgen $(\alpha_n) = (\sqrt{n})$ und $(\beta_n) = (1 - \frac{1}{n})$. Beide sind offensichtlich streng wachsend.

- Die erstere ist unbeschränkt, also divergent.
- Die zweite Folge hingegen ist beschränkt; es gilt ja

$$0 \leq \beta_n = 1 - \frac{1}{n} \leq 1.$$

Während hier die Folgenglieder einerseits immer größer werden, werden sie andererseits von oben "eingeklemmt" durch die obere Schranke 1. Dieser nähern sie sich immer mehr an; es gilt

$$\lim_{n\to\infty} \beta_n = 1.$$

Allgemein können wir sagen: *Jede beschränkte wachsende Folge (β_n) ist konvergent, und es gilt*

$$\lim_{n\to\infty} \beta_n = \sup\{\beta_n | n \in D\}. \qquad \triangle$$

"Konvergenzerhaltung"

Steht man vor der Aufgabe, eine "unbekannte" und womöglich komplizierte Folge zu analysieren, kann man sich die Arbeit erleichtern, indem man diese Folge möglichst auf eine oder mehrere bereits bekannte, zumindest aber einfachere Folgen zurückführt. Sie also z.B. als Summe, Vielfaches o.ä. von solchen darstellt. Dabei hilft der folgende

Satz 4.38 (Konvergenzerhaltungssatz). *Es seien $(a_n)_{n\in\mathbb{N}}$ und $(b_n)_{n\in\mathbb{N}}$ zwei konvergente Folgen mit den Grenzwerten a bzw. b, und $\lambda \in \mathbb{R}$ sowie $\beta > 0$ beliebige Konstanten. Dann gilt:*

(i) $\lambda a_n \quad\to\quad \lambda a$

(ii) $a_n + b_n \to a + b$

(iii) $a_n \cdot b_n \quad\to\quad a \cdot b$

(iv) $\frac{a_n}{b_n} \quad\to\quad \frac{a}{b}$*, falls $b_n \neq 0$ für alle $n \in \mathbb{N}$ und $b \neq 0$*

(v) $(a_n)^k \quad\to\quad a^k$ *für jedes zulässige[1] k*

(vi) $\beta^{a_n} \quad\to\quad \beta^a$ *(insbesondere $e^{a_n} \to e^a$)*

(vii) $\ln a_n \quad\to\quad \ln a$*, sofern $a_n > 0$ für alle n und $a > 0$*

(viii) $\sin a_n \quad\to\quad \sin a$ *und* $\cos a_n \to \cos a$*.*

Beispiel 4.39. Gesucht sind die Grenzwerte (soweit existent) der Folgen mit den nachfolgenden allgemeinen Gliedern und $D = \mathbb{N}$:

(1) $-\dfrac{3}{n}$ (2) $5 - \dfrac{3}{n}$ (3) $\dfrac{1}{n^2}$ (4) $\dfrac{5 - \frac{3}{n}}{20 + \frac{1}{n^2}}$

(5) $\sqrt{\dfrac{5 - \frac{3}{n}}{5 + \frac{1}{n^2}}}$ (6) $\sin(e^{5-(3/n)})$ (7) $\dfrac{5n^3 - 3n^2}{20n^3 + n}$

Lösung: (Wir schreiben kurz "KE" für "Konvergenzerhaltungssatz".)

   (1) Wir können schreiben $-\frac{3}{n} = \lambda a_n$ mit $\lambda = -3$, $a_n = \frac{1}{n}$. Aus (4.5) wissen wir, dass gilt $a_n \to 0$, also folgt mittels KE (i) nun $-\frac{3}{n} \to 0$.

   (2) Wir interpretieren 5 als allgemeines Glied einer stationären Folge (die natürlich gegen 5 konvergiert), weiterhin sahen wir soeben $-\frac{3}{n} \to 0$. Aus

---

[1] so dass a_n^k und a^k sämtlich wohldefiniert sind

KE (ii) folgt somit

$$5 - \frac{3}{n} \to 5 + 0 = 5.$$

(3) Diesmal verwenden wir die "Produktregel" KE (iii): Aus $\frac{1}{n} \to 0$ folgt damit

$$\frac{1}{n^2} = \frac{1}{n} \cdot \frac{1}{n} \to 0 \cdot 0 = 0.$$

(4) In diesem Beispiel haben wir es mit einem Quotienten zu tun. Den Grenzwert seines Zählers haben wir unter (2) berechnet. Ganz analog folgt für den Nenner $20 + \frac{1}{n^2} \to 20$. Da Zähler und Nenner beide konvergieren und der Nenner nicht verschwindet, kommt die "Quotientenregel" KE (iv) zum Einsatz:

$$\frac{5 - \frac{3}{n}}{20 + \frac{1}{n^2}} \to \frac{5}{20} = \frac{1}{4}.$$

(5) Diese Folge entsteht aus der vorigen, indem aus allen Gliedern die Quadratwurzel gezogen wird (was möglich ist, weil diese Glieder sämtlich positiv sind). Wir schreiben die Quadratwurzel als Potenz mit dem Exponenten $\frac{1}{2}$ und finden mittels KE (v)

$$\sqrt{\frac{5 - \frac{3}{n}}{5 + \frac{1}{n^2}}} = \left(\frac{5 - \frac{3}{n}}{5 + \frac{1}{n^2}} \right)^{\frac{1}{2}} \to \left(\frac{1}{1} \right)^{\frac{1}{2}} = 1.$$

(6) Wir gehen in zwei Schritten vor und betrachten zunächst die "innere" Folge (i_n) mit $i_n := e^{5 - \frac{3}{n}}$. Aus (2) wissen wir $5 - \frac{3}{n} \to 0$, aus KE (vi) folgt daher $i_n = e^{5 - \frac{3}{n}} \to e^5$. Im zweiten Schritt betrachten wir nun die Gesamtfolge: Dafür folgt mit KE (vi)

$$\sin \left(e^{5 - \frac{3}{n}} \right) = \sin(i_n) \to \sin(e^5).$$

(7) Wiederum haben wir es mit einem Quotienten zu tun, der diesmal allerdings zunächst Schwierigkeiten bereitet, denn Zähler $Z_n := 5n^3 - 3n^2$ und Nenner $N_n := 20n^3 + n$ wachsen jeweils – als Polynome dritten Grades mit positivem Leitkoeffizienten – über alle Grenzen. Wir helfen uns mit einem Kniff, indem wir Zähler und Nenner jeweils durch n^3 teilen (den Bruch also mit $\frac{1}{n^3}$ erweitern); dann folgt

$$\frac{5n^3 - 3n^2}{20n^3 + n} = \frac{\frac{5n^3 - 3n^2}{n^3}}{\frac{20n^3 + n}{n^3}} = \frac{5 - \frac{3}{n}}{20 + \frac{1}{n^2}}.$$

Für den neuen Bruch auf der rechten Seite ist der Grenzwert aus (4) bekannt; es folgt

$$\frac{5n^3 - 3n^2}{20n^3 + n} \to \frac{1}{4}. \qquad \triangle$$

4.1.8 Bestimmt divergente Folgen

Weiter oben betrachteten wir die einfache Folge $(\xi_n) = (n)$. Diese Folge divergiert, dennoch würde man gern verallgemeinernd "unendlich (∞)" als Grenzwert dieser Folge ansehen. Ökonomisch haben solche Folgen durchaus ihren Sinn: Für einen Investor wäre eine Folge von Return-Zahlungen (c_n), die gegen Unendlich strebt, das höchste Glück. Auch hier steht zunächst die Frage, wie diese Eigenschaft rechnerisch überprüft werden könnte. Bei der Folge (ξ_n) beobachten wir, dass – gleichgültig, wie groß man eine Konstante M auch wählen mag – fast alle Folgenglieder größer sind als M.

Definition 4.40. *Es sei (a_n) eine beliebige Folge. Wir schreiben*

$$\lim_{n \to \infty} a_n = \infty \quad (bzw. \lim_{n \to \infty} a_n = -\infty),$$

wenn für jedes $M > 0$ ein $n_0 = n_0\,(M)$ existiert, so dass für alle $n \geq n_0$ gilt

$$a_n > M \quad (bzw. \ a_n < -M).$$

In diesen Fällen sagen wir, die Folge (a_n) divergiere bestimmt.

Gilt $\lim_{n \to \infty} a_n = \infty$, so sagt man auch, die Folgenglieder a_n *wachsen über alle Grenzen.*

Nicht alle divergenten Folgen divergieren bestimmt, wie man am Beispiel der alternierenden Folge $((-1)^n) = (-1, 1, -1, 1, -1, 1, ...)$ sieht, deswegen ist folgende Unterscheidung sinnvoll.

Definition 4.41. *Eine divergente, jedoch nicht bestimmt divergente Folge heißt unbestimmt divergent.*

Unbestimmt divergente Folgen werden von uns kaum benötigt; wir lassen es deswegen mit ihrer Erwähnung bewenden. Bestimmt divergente Folgen als Folgen mit dem "Grenzwert $\pm \infty$" lassen sich dagegen mathematisch ähnlich systematisch behandeln wie konvergente Folgen.

Direkt aus der Definition folgt z.B., dass jede bestimmt divergente Folge *unbeschränkt* ist. Hier ist ein Minikatalog solcher Folgen:

Beispiel 4.42 ($\nearrow$Ü). Die Folgen (a_n) mit

  (i) $a_n = n^p$ $(p > 0)$

  (ii) $a_n = b^n$ $(b > 1)$; insbesondere $a_n = e^n$

 (iii) $a_n = \ln n$

divergieren bestimmt; es gilt $\lim_{n \to \infty} a_n = \infty$. $\triangle$

Neben den hier aufgeführten finden wir schnell weitere bestimmt divergente Folgen, wenn wir erstere vervielfachen, summieren usw.

Wir wollen nun, da wir über den Begriff "bestimmte Divergenz" verfügen, zwei Aussagen aus Satz 4.36 über monotone Folgen wie folgt verfeinern:

Satz 4.43.

(i) Jede monotone Folge ist entweder konvergent oder bestimmt divergent.

(ii) Eine monotone Folge konvergiert genau dann, wenn sie beschränkt ist.

4.2 Reihen

4.2.1 Begriffe und Beispiele

Gegeben sei eine beliebige Folge $(a_n)_{n \in D}$. (Soweit nicht ausdrücklich anders gesagt, werden wir in diesem Abschnitt voraussetzen $D = \mathbb{N}_0$.) Wir setzen nun $s_0 := a_0, s_1 := a_0 + a_1, ..., s_n := a_0 + ... + a_n, ...$ Summen dieser Art nennt man auch *Partialsummen* der zugrundeliegenden Folge. Unter Verwendung des Summenzeichens Σ lassen sie sich kürzer so notieren:

$$\sum_{k=0}^{n} a_k \quad := \quad a_0 + ... + a_n.$$

Definition 4.44. *Die Folge (s_n) von Partialsummen einer gegebenen Folge (a_n) wird als Reihe bezeichnet; symbolisch:*

$$(s_n) = (\Sigma a_n).$$

Reihen spielen eine erhebliche Rolle in der Ökonomie. Wir erinnern an unser erstes Beispiel, dort hieß es

Beispiel 4.45 (⟋F 4.4). "Angenommen, jemand legt einen festen Geldbetrag C auf einem Sparkonto mit einer Verzinsung von 2.5% p.a. an und will wissen, über welchen Geldbetrag er am Ende des ersten, zweiten, dritten usw. Jahres verfügen kann ...." Wir setzen $i := 0.025$ und betrachten, obwohl wir die Antwort schon kennen, diesmal die Zahlungsverläufe etwas detaillierter.

Zeit-punkt n	Zahlung	Saldo s_n	Art der Zahlung
0	$a_0 = C$	$s_0 = C$	anfängliche Einzahlung
1	$a_1 = iC$	$s_1 = (1+i)C$	a_1: Zinsen für das 1. Jahr
2	$a_2 = i(1+i)C$	$s_2 = (1+i)^2 C$	a_2: Zinsen für das 2. Jahr
3	$a_3 = i(1+i)^2 C$	$s_3 = (1+i)^3 C$	a_3: Zinsen für das 3. Jahr
...	...	...	...
n	$i \cdot (1+i)^{n-1} C$	$(1+i)^n C$	a_n: Zinsen für das n-te Jahr

Hier haben wir es also mit einer Folge $(a_n)_{n \in N_0}$ von jährlichen Gutschriften zu tun. Die zugehörige Partialsummenfolge $(s_n)_{n \in N_0}$ gibt dann die Salden des Kontos nach $n = 0, 1, 2, ...$ Jahren an (wobei keinerlei Entnahmen unterstellt werden). Es gilt $s_n \to \infty$ – ganz im Sinne des Investors.   △

Betrachten wir nun einmal nur die Folge der Zinszahlungen am Ende des ersten bis n-ten Jahres. Um besser "sehen" zu können, verwenden wir folgende

Bezeichnungen: $z_n := a_{n+1}$ für $n \in \mathbb{N}_0$ und $\beta := 1+i$. Es folgt dann $z_n = iC\beta^n$ für $n \in \mathbb{N}_0$. Die (kumulative) Gesamtsumme aller aufgelaufenen Zinsen nach $n = 1, 2, \ldots$ wird dann durch die Reihe $(\Sigma z_n) = (iC\Sigma\beta^n)$ beschrieben. $\triangle$

Dieses kleine Beispiel lässt erahnen, dass gerade in der Finanzmathematik zahlreiche Anwendungen des Themas Folgen und Reihen gegeben sind. Diesem Bereich haben wir ein eigenes Kapitel gewidmet (Abschnitt 14). An dieser Stelle wollen wir lediglich auf die wichtigsten mathematischen Grundlagen eingehen.

Reihen von dem Typ, wie er hier in Rot hervorgehoben wurde, spielen dabei eine besondere Rolle.

4.2.2 Zur Berechnung endlicher Summen

Da eine Reihe nichts anderes ist als Folgen von Partialsummen einer gegebenen Folge, hat man diese "sofort im Griff", wenn man die Partialsummen in expliziter Form kennt. Ihrer Natur nach handelt es sich um endliche Summen, womit hier Summen aus endlich vielen Summanden gemeint sind. Wir zeigen anhand einiger Beispiele, wie sich diese in günstigen Fällen durch Formeln ausdrücken lassen, die das Summenzeichen nicht enthalten.

Beispiel 4.46. Gesucht wird eine geschlossene Formel für die endliche Summe

$$s_n := \sum_{k=1}^{n} k$$

($n \in \mathbb{N}$). Für die ersten drei Werte von n, also $n = 1, 2, 3$ ergibt sich als Summe $s_n = 1, 3, 6$. Mit etwas Probieren sehen wir, dass in allen drei Fällen gilt

$$s_n = \frac{n(n+1)}{2} \qquad (4.4)$$

Die Frage lautet: Gilt diese Formel außer für $n = 1, 2, 3$ auch für alle anderen $n \in \mathbb{N}$? Wir überzeugen uns davon, indem wir Folgendes festhalten bzw. noch nachweisen:

(i) (4.4) gilt für das kleinstmögliche n ($= 1$).

(ii) Wenn (4.4) für irgendein $n \in \mathbb{N}$ gilt, dann auch für $n + 1$.

Wenn diese beiden Aussagen wahr sind, so wenden wir

- zunächst (ii) auf $n = 1$ an und folgern, dass (4.4) auch für $n = 2$ gilt,
- danach (ii) auf $n = 2$ an und folgern, dass (4.4) auch für $n = 3$ gilt,
- danach (ii) auf $n = 3$ an und folgern, dass (4.4) auch für $n = 4$ gilt,

usw.

Auf diese Weise erreichen wir schließlich jede natürliche Zahl und wissen: (4.4) gilt für alle $n \in \mathbb{N}$.

Da (i) bereits durch Probieren erledigt war, verbleibt uns nur noch (ii) nach-zuweisen: Dazu nehmen wir an, (4.4) gelte für irgendein $n \in \mathbb{N}$. Wir haben zu zeigen, dass (4.4) auch für $n + 1$ gilt, d.h., dass gilt

$$s_{n+1} \quad = \quad \frac{(n+1)(n+1+1)}{2} \quad = \quad \frac{(n+1)(n+2)}{2}. \tag{4.5}$$

Nun können wir unsere endliche Summe links zunächst umschreiben:

$$s_{n+1} \quad = \sum_{k=1}^{n+1} k$$
$$= \sum_{k=1}^{n} k + n + 1.$$

Aufgrund der Annahme, (4.4) gelte für n, folgt hieraus mit etwas Bruchrech-nung

$$s_{n+1} \quad = \frac{n(n+1)}{2} + n + 1$$
$$= \frac{n(n+1)}{2} + \frac{2n+2}{2}$$
$$= \frac{n^2 + n + 2n + 2}{2}$$
$$= \frac{(n+1)(n+2)}{2},$$

wie in (4.5) gefordert. Auf diese Weise ist (4.4) für alle $n \in \mathbb{N}$ bewiesen. Das Fazit lautet: *Für alle $n \in \mathbb{N}$ gilt*

$$\sum_{k=1}^{n} k \quad = \quad \frac{n(n+1)}{2} \tag{4.6}$$

$$\triangle$$

Anmerkung: Das hier verwendete Beweisprinzip nennt man *vollständige In-duktion.* Damit lassen sich Aussagen vom Typ

Für alle $n \in \mathbb{N}$ gilt $A(n)$

beweisen. Allgemein formuliert, besteht die vollständige Induktion aus dem Nachweis von

(i) $A(1)$

(ii) $A(n) \implies A(n+1)$

Dabei bezeichnet man den Nachweis von (i) auch als *Induktionsanfang*, den von (ii) als *Induktionsschluss* und $A(n)$ als *Induktionssannahme.*

Wir leiten zur Illustration eine weitere nützliche Formel her:

Beispiel 4.47. Für alle $n \in \mathbb{N}$ gilt

$$\sum_{k=1}^{n} k^2 = \frac{n(n+\frac{1}{2})(n+1)}{3} \tag{4.7}$$

Induktionsanfang:
Für $n = 1$ ist (4.7) korrekt, denn beide Seiten ergeben den Wert 1.
Induktionsannahme:
Wir nehmen an, (4.7) gelte für ein beliebiges, aber festes $n \in \mathbb{N}$.
Induktionsschluss:
Nun wollen wir zeigen, dass (4.7) auch für $n + 1$ gilt, konkret:

$$\sum_{k=1}^{n+1} k^2 = \frac{(n+1)(n+\frac{3}{2})(n+2)}{3}. \tag{4.8}$$

Wir beginnen damit, dass wir die Summe auf der linken Seite aufsplitten:

$$\sum_{k=1}^{n+1} k^2 = \sum_{k=1}^{n} k^2 + (n+1)^2$$

Indem wir für die Summe auf der rechten Seite unsere Induktionsannahme (4.7) einsetzen, folgt mit etwas Bruchrechnung und dem binomischen Satz

$$\begin{aligned}
\sum_{k=1}^{n+1} k^2 &= \frac{n(n+\frac{1}{2})(n+1)}{3} + (n+1)^2 \\
&= \frac{(n+1)}{3}\left(n(n+\tfrac{1}{2}) + 3(n+1)\right) \\
&= \frac{(n+1)}{3}\left(n^2 + \tfrac{7}{2}n + 3\right) \\
&= \frac{(n+1)}{3}\left((n+\tfrac{3}{2})(n+2)\right) \\
&= (n+1)(n+\tfrac{3}{2})\frac{(n+2)}{3}
\end{aligned}$$

wie gefordert. △

Beiden bisherigen Beispielen ist gemeinsam, dass eine zunächst lediglich *vermutete* Formel als für alle n gültig nachzuweisen war. Dies war mit Hilfe der vollständigen Induktion relativ leicht zu bewerkstelligen. Eine andere Frage ist es, wie man zu "möglichst gut vermuteten" Formeln kommt. Hierauf gibt es leider keine universelle Antwort. Für den besonders interessanten Spezialfall der Summe

$$\sum_{k=0}^{n} \beta^k \tag{4.9}$$

beantworten wir die Frage im folgenden Abschnitt.

4.2.3   Die geometrische Reihe

Definition 4.48. *Eine Reihe der Form* $(\Sigma \beta^k)$, *wobei* $\beta \in \mathbb{R}$ *eine gegebene Konstante bezeichnet, heißt* geometrische *Reihe.*

Ihre Partialsummen bezeichnen wir mit

$$s_n := \beta^0 + \cdots + \beta^{n-1} + \beta^n. \tag{4.10}$$

Diese Formel erlaubt, s_n zu berechnen. Im Fall $\beta = 1$ gilt $\beta^k = 1$ für alle k und somit $s_n = n + 1$. Wir suchen nun nach einer ähnlich kurzen Formel für s_n im Fall $\beta \neq 1$.

Multiplizieren wir beide Seiten von (4.10) mit β, folgt sofort

$$
\begin{array}{rcccccccccc}
\beta s_n & = & & & \beta^1 & + & \cdots & + & \beta^n & + & \beta^{n+1} & & \\
& = & \beta^0 & + & \beta^1 & + & \cdots & + & \beta^n & + & \beta^{n+1} & - & 1 \\
\beta s_n & = & & & & \underbrace{}_{s_n} & & & & + & \beta^{n+1} & - & 1.
\end{array}
$$

Zusammenfassung der s_n enthaltenden Summanden ergibt

$$(\beta - 1)s_n = \beta^{n+1} - 1.$$

Diese Gleichung können wir nach s_n auflösen, weil $\beta \neq 1$ vorausgesetzt wurde, und finden folgende

Partialsummenformel:

$$s_n = \begin{cases} \sum_{k=0}^{n} \beta^k = \frac{1-\beta^{n+1}}{1-\beta} & (\beta \neq 1) \\ n + 1 & (\beta = 1) \end{cases}. \tag{4.11}$$

Diese Formel, die jeden nur denkbaren Wert von β erfasst, ist von vielfachem Nutzen: Erstens können wir, wo nötig, leicht Zahlenergebnisse berechnen oder "zahlenhaltige" Formeln herleiten. Mindestens ebenso wichtig ist jedoch folgende, nahezu kostenlose Erkenntnis:

Satz 4.49. *Es sei* (s_n) *die Partialsummenfolge der geometrischen Reihe* $(\Sigma \; \beta^n)$.

(i) Im Fall $|\beta| < 1$ *gilt* $s_n \to \frac{1}{1-\beta}$.

(ii) Im Fall $\beta \geq 1$ *gilt* $s_n \to \infty$.

(iii) In allen übrigen Folgen divergiert die Folge (s_n) *unbestimmt.*

Wir gehen kurz auf den ersten, weil wichtigsten Fall ein. Wenn nämlich $|\beta| < 1$ gilt, ist (β^n) eine Nullfolge (siehe Satz 4.11 und Beispiel 4.12(ii)), und es folgt

$$\lim_{n \to \infty} s_n = \lim \frac{1 - \beta^n}{1 - \beta} = \frac{1 - \lim \beta^n}{1 - \beta} = \frac{1}{1 - \beta},$$

wie behauptet. Die beiden anderen Teilaussagen (*ii*) und (*iii*) sind ebenfalls leicht einzusehen (siehe Aufgabe 4.65).

In den Fällen (i) und (ii) des Satzes schreibt man

$$\lim_{n \to \infty} s_n =: \sum_{k=0}^{\infty} \beta^k$$

und bezeichnet auch den rechts stehenden (endlichen oder unendlichen) Grenzwert als unendliche Reihe. Es gilt also insbesondere im Konvergenzfall

$$\sum_{k=0}^{\infty} \beta^k = \tfrac{1}{1-\beta} \quad (|\beta| < 1).$$

4.2.4   Weitere konvergente Reihen

Wenn auch die geometrische Reihe in diesem Text die mit Abstand größte Rolle spielt, werden wir es gelegentlich auch mit anderen Reihen zu tun haben. Dabei wird – ähnlich wie bei Folgen – die zentrale Frage die nach der Konvergenz und gegebenenfalls nach dem Grenzwert sein. Da wir Reihen als Folgen von Partialsummen begreifen, stehen uns alle Begriffe und Aussagen aus dem Abschnitt über Folgen zur Verfügung und bedürfen keiner besonderen Wiederholung. Hinzuweisen ist lediglich auf die folgenden *Sprechweisen:* Ist eine beliebige Folge (a_n) gegeben, sagt man, *die Reihe $(\sum a_n)$ konvergiert* (divergiert bestimmt/divergiert unbestimmt), wenn dies für die Folge (s_n) ihrer Partialsummen zutrifft.
In den beiden erstgenannten Fällen schreibt man auch

$$\lim_{n \to \infty} s_n =: \sum_{k=0}^{\infty} a_k$$

und nennt den rechts stehenden Ausdruck "unendliche Reihe".

Wir sahen relativ leicht, dass die geometrische Reihe $(\sum \beta^n)$ genau dann konvergiert, wenn gilt $|\beta| < 1$. Der Grund: Wir konnten eine explizite Formel für die Partialsummen angeben. Bei anderen praktisch interessanten Reihen gelingt das nicht immer so einfach, so dass der Konvergenznachweis auf anderem Wege geführt wird. Die folgenden Hilfestellungen dürften sofort einleuchten:

Satz 4.50. *Es seien $(\sum a_n)$ und $(\sum b_n)$ konvergente Reihen. Dann*

(*i*)   *sind (a_n) und (b_n) Nullfolgen ("notwendige Konvergenzbedingung"),*

(*ii*)   *konvergiert auch die Reihe $(\sum(a_n + b_n))$, und es gilt*

$$\sum_{k=0}^{\infty} (a_k + b_k) = \sum_{k=0}^{\infty} a_k + \sum_{k=0}^{\infty} b_k \,,$$

(iii) konvergiert für jedes $\lambda \in \mathbb{R}$ auch die Reihe $(\sum \lambda a_n)$, wobei gilt

$$\sum_{k=0}^{\infty} \lambda a_k = \lambda \sum_{k=0}^{\infty} a_k \, ,$$

(iv) konvergiert auch jede Reihe $(\sum c_n)$ mit $|c_n| \leq |a_n|$ für alle hinreichend großen n ("Majorantenkriterium"),

·(v) konvergiert auch jede Reihe $(\sum d_n)$, die aus $(\sum a_n)$ durch Abänderung endlich vieler Glieder der Folge (a_n) hervorgeht,

(vi) konvergiert auch jede Reihe, die aus $(\sum a_n)$ durch eine Indexverschiebung hervorgeht, d.h., jede Reihe $(\sum b_n)$, für die mit einem festen $\delta \in \mathbb{Z}$ und alle hinreichend großen n gilt $a_n = b_{n+\delta}$.

Beispiel 4.51. Konvergiert die Reihe $\left(\sum e^{-\frac{1}{n}}\right)$? Wir sehen uns zunächst die allgemeinen Glieder an: Es gilt $e^{-\frac{1}{n}} \to e^0 = 1$; also ist $\left(e^{-\frac{1}{n}}\right)$ keine Nullfolge. Daher kann die Reihe nicht konvergieren.   △

Beispiel 4.52. Die Reihe $(\sum(2^{-n} + 3^{-n}))$ konvergiert nach (ii); es gilt

$$\sum_{k=0}^{\infty}(2^{-k} + 3^{-k}) = \sum_{k=0}^{\infty} 2^{-k} + \sum_{k=0}^{\infty} 3^{-k} = \frac{1}{1 - \frac{1}{2}} + \frac{1}{1 - \frac{1}{3}} = \frac{7}{2}.$$ △

Vorsicht: *Eine "Summenreihe" kann konvergieren, obwohl die Summandenreihen dies nicht tun. Beispielsweise konvergiert die Reihe $(\sum 0)$ mit dem allgemeinen Glied $a_n = 0$. Nun können wir schreiben $a_n = b_n + c_n$ mit $b_n := (-1)^n$ und $c_n := (-1)^{n+1}$, aber die Summandenreihen $(\sum b_n)$ und $(\sum c_n)$ divergieren.*

Beispiel 4.53. Die Reihe $(\sum a_n) := \left(\sum(\frac{1}{5})^{n+10}\right)$ konvergiert. Warum? Ihre Glieder sind identisch mit dem 10., 11., 12., ... usw. Glied der geometrischen Reihe $(\sum b_n) := \left(\sum(\frac{1}{5})^n\right)$; wir haben es also mit einer "verschobenen" geometrischen Reihe zu tun, wobei formal gilt $b_{n+10} = a_n$ für alle n. In diesem Fall könnten wir aber auch anders argumentieren: Wir haben

$$\sum_{k=0}^{\infty} \left(\frac{1}{5}\right)^{k+10} = \left(\frac{1}{5}\right)^{10} \sum_{k=0}^{\infty} \left(\frac{1}{5}\right)^k = \left(\frac{1}{5}\right)^{10} \frac{5}{4}.$$ △

Beispiel 4.54. Konvergiert die Reihe $\left(\sum 3^{-n^2}\right)$? Offenbar gilt für alle n: $n^2 \geq n$, somit $-n^2 \leq -n$ und daher $0 \leq 3^{-n^2} \leq 3^{-n}$. Anders formuliert gilt $|3^{-n^2}| \leq |3^{-n}|$. Nach dem Majorantenkriterium konvergiert $\left(\sum 3^{-n^2}\right)$, denn die geometrische Reihe $(\sum 3^{-n})$ liefert eine konvergente Majorante. (Wir bemerken, dass der Satz in diesem Fall zwar eine Konvergenzaussage, nicht aber auch den zugehörigen Grenzwert liefert.)   △

Wenn wir mit diesen einfachen Mitteln nicht weiterkommen, hilft oft folgender

Satz 4.55 (Konvergenzkriterium von d'Alembert).

(i) Gibt es eine Zahl $q < 1$ derart, dass für fast alle Glieder der Reihe $(\sum a_n)$ gilt $|\frac{a_{n+1}}{a_n}| \leq q$, so ist diese Reihe konvergent.

(ii) Gibt es eine Zahl $Q > 1$ derart, dass für fast alle Glieder der Reihe $(\sum a_n)$ gilt $|\frac{a_{n+1}}{a_n}| \geq Q$, so ist diese Reihe divergent.

Bei der geometrischen Reihe $(\sum \beta^n)$ ist der Quotient aufeinanderfolgender Glieder $|\frac{a_{n+1}}{a_n}|$ konstant, und zwar gleich $|\beta|$. Die Reihe konvergiert für $|\beta| < 1$ und divergiert für $|\beta| > 1$. Die Idee von d'Alembert ist also einfach: Wenn die Glieder einer Reihe schneller betragsmäßig klein werden als die einer konvergenten geometrischen Vergleichsreihe, dann sollte sie konvergieren; wenn sie dagegen schneller betragsmäßig groß werden als die einer divergenten geometrischen Vergleichsreihe, dann sollte sie divergieren.

Beispiel 4.56. Die Reihe $\left(\sum \frac{\lambda^n}{n!}\right)$, wobei λ eine gegebene Konstante bezeichnet, wird sich später als wichtig erweisen. Wir behaupten: Diese Reihe ist bei jeder Wahl von $\lambda \in \mathbb{R}$ konvergent.
Hier gilt nämlich $a_n = \frac{\lambda^n}{n!}$, und folglich ist

$$\left|\frac{a_{n+1}}{a_n}\right| = \left|\frac{\left(\frac{\lambda^{n+1}}{(n+1)!}\right)}{\frac{\lambda^n}{n!}}\right| = \frac{|\lambda|}{n+1}. \tag{4.12}$$

Diese Zahlen durchlaufen eine Nullfolge, gleichgültig, wie groß die Konstante λ gewählt wird, und nehmen daher für hinreichend große n nur noch Werte an, die kleiner sind als z.B. $q = \frac{1}{2}$. Nach d'Alembert konvergiert unsere Reihe.
$\triangle$

Unbeschadet der Bezeichnung "Kriterium" erlauben es die Bedingungen von d'Alembert nicht in allen Fällen, über die Konvergenz einer Reihe abschließend zu urteilen. Für die Zwecke unsereres Textes genügen sie allerdings vollkommen. Zur Illustration des Gesagten geben wir jedoch ein

Nichtbeispiel 4.57. Für die harmonische Reihe $\left(\sum \frac{1}{n}\right)$ gilt $a_n = \frac{1}{n}$ und somit $\frac{a_{n+1}}{a_n} = \frac{n}{n+1} < 1$ für alle n. Wegen $\frac{n}{n+1} \to 1$ können wir jedoch keine Zahl $q < 1$ finden, mit der sogar gelten würde $\frac{a_{n+1}}{a_n} = \frac{n}{n+1} \leq q < 1$. Die Bedingung (i) des Kriteriums von d'Alembert ist also für kein $q < 1$ erfüllt, und der Satz hilft nicht weiter.
$\triangle$

4.2.5 Bestimmt divergente Reihen

Satz 4.58 ($\nearrow$S.499)**.** *Für die harmonische Reihe gilt $\sum_{k=1}^{\infty} \frac{1}{k} = \infty$.*

Durch den Vergleich mit der harmonischen Reihe lassen sich auch viele andere Reihen der Divergenz überführen:

Satz 4.59. *Sei* $(\sum a_n)$ *eine bestimmt divergente Reihe mit* $\sum_{k=0}^{\infty} a_n = \infty$. *Dann divergiert auch jede Reihe* $((\sum c_n))$ *bestimmt gegen* ∞, *für die gilt* $|c_n| \geq |a_n|$ *für fast alle* n.

Beispiel 4.60. Es gilt $\sum_{k=0}^{\infty} \frac{1}{\sqrt{k}} = \infty$, denn die harmonische Reihe ist eine divergente "Minorante": Wir haben $\frac{1}{\sqrt{k}} \geq \frac{1}{k}$ für alle k und somit $\sum_{k=0}^{\infty} \frac{1}{\sqrt{k}} \geq \sum_{k=0}^{\infty} \frac{1}{\sqrt{k}} = \infty$. △

Ähnlich wie bei konvergenten Reihen lassen sich (mit etwas Vorsicht) aus gegebenen bestimmt divergenten Reihen durch Summation, Vervielfachung, Verschiebung etc. "neue" Reihen erzeugen, die ebenfalls bestimmt divergieren. Auf Einzelheiten braucht hier nicht eingegangen zu werden.

4.3   Aufgaben

Aufgabe 4.61. Geben Sie jeweils die ersten 10 Glieder der Folge $a = (a_n)_{n \in \mathbb{N}}$ zahlenmäßig an, wenn für das allgemeine Glied a_n gilt

   a) $a_n = (-1)^n$

   b) $a_n = (-1)^n \cdot \frac{1}{n}$

   c) $a_n = 2^n$

   d) $a_n = (-\frac{1}{10})^n$

Aufgabe 4.62. Geben Sie jeweils die ersten 8 Glieder der Folge $a = (a_n)_{n \in \mathbb{N}}$ zahlenmäßig an, wenn gilt

   a) $a_{n+1} = \frac{a_n}{2}$, $n \in \mathbb{N}$, und $a_1 = 4096$

   b) $a_{n+1} = 1,05 a_n$, $n \in \mathbb{N}$, und $a_1 = 1$

   c) $a_{n+1} = (a_n)^2 - a_n$, $n \in \mathbb{N}$, und $a_1 = 3$.

Aufgabe 4.63. Geben Sie für die Folgen aus Aufgabe 4.61 rekursive Bildungsvorschriften an.

Aufgabe 4.64. Geben Sie für die Folgen aus den Aufgaben 4.62 a) und 4.62 b) das allgemeine Glied an.

Aufgabe 4.65 (↗L). Begründen Sie die Aussagen (ii) und (iii) von Satz 4.49.

Aufgabe 4.66. Zeigen Sie (↗Satz 4.58): Für die harmonische Reihe gilt $\sum_{k=1}^{\infty} \frac{1}{k} = \infty$.

Aufgabe 4.67 ($\nearrow$L)**.** Bestimmen Sie die eigentlichen oder uneigentlichen Grenzwerte der Folgen, deren allgemeine Glieder folgende Gestalt haben:

a) $\frac{1}{1+n^2}$

b) $(1+n^2)(4-\frac{1}{n^3})$

c) $\frac{1+\sqrt{n}}{1+n}$

d) $\frac{1+\sin^2 n}{1+2n}$

e) $(\frac{1}{n^2}-\frac{1}{n})(10n+\sqrt{n})$

Aufgabe 4.68.

(1) Man überlege sich, dass eine konvergente Folge nur einen Grenzwert besitzen kann.

(2) Man überlege sich, dass folgende Aussagen gelten:

    (i) Für jede monoton wachsende Folge (a_n) gilt $\lim a_n = \sup\{a_n \mid n \in D\}$

    (ii) Für jede monoton fallende Folge (a_n) gilt $\lim a_n = \inf\{a_n \mid n \in D\}$.

Aufgabe 4.69 ($\nearrow$L)**.** Zeigen Sie, dass folgende Reihen konvergieren. (Es ist nicht erforderlich, den Grenzwert zu ermitteln.)

a) $\Sigma_n\, e^{-n}$

b) $\Sigma_n\, \frac{1}{\alpha^n(1+e^{-n})}$ mit dem Parameter $\alpha \in (0,1)$

c) $\Sigma_n\, e^{-n^2}$

5

Reelle Funktionen einer Variablen - Grundlagen

5.1 Motivation und Grundlagen

5.1.1 Motivation

Ökonomische Zusammenhänge werden oft dergestalt untersucht, dass eine bestimmte ökonomische Größe – etwa ein erzielter Gewinn – in einen funktionellen Zusammenhang mit einer anderen Größe – z.B. dem Absatz eines bestimmten Gutes – gestellt wird. Das mathematische Abbild eines solchen Zusammenhang stellt eine reellwertige Funktion einer reellen Veränderlichen – kurz "reelle Funktion"– dar. Kennt man ihre mathematischen Eigenschaften, so lassen sich diese direkt ökonomisch interpretieren und führen so zu neuen Einsichten.

Damit ist der weitere Plan dieses Textes bereits umrissen: In den Abschnitten 5 bis 12 werden zunächst die mathematischen Eigenschaften reeller Funktionen untersucht, um dann in den Abschnitten 13 und 14 beispielhaft auf ausgewählte ökonomische Fragestellungen angewandt zu werden.

5.1.2 Mathematische Vorgehensweise

Bei den im "mathematischen" Teil dieses Textes betrachteten Funktionen sind Argumente wie Funktionswerte reelle Zahlen. Es handelt sich dabei um Abbildungen im Sinne von Kapitel 2, und alles dort über Injektivität, Umkehrabbildung etc. Gesagte findet hier Anwendung. Hier sollen nun darüber hinaus eine Reihe spezieller Eigenschaften reeller Funktionen, wie z.B. Monotonie oder Konvexität, die für ökonomische Anwendungen von Belang sind, betrachtet werden.

Ein zentrales Anliegen ist es dabei, qualitative Erkenntnisse auf *möglichst einfachem* Wege – im Idealfall schon durch "Hinsehen" – zu erzielen und exzessive Zahlenrechnerei zu vermeiden. Zu diesem Zweck werden wir

- erstens: den Umgang mit Graphen reeller Funktionen trainieren,

- zweitens: durchgängig ein- und dasselbe *Baukastenprinzip* einsetzen.

Dieses Baukastenprinzip durchzieht fast alle nachfolgenden Kapitel wie ein roter Faden: Angenommen, wir wollen wissen, ob eine gegebene reelle Funktion eine bestimmte Eigenschaft $\mathscr{E}$ besitzt (z.B. ob sie differenzierbar ist). Zur Überprüfung stehen folgende Bausteine zur Verfügung:

(1.) die *Definition* von $\mathscr{E}$
(als präzise und nachprüfbare Beschreibung)

(2.) ein *Katalog* von Grundfunktionen
(der angibt, ob diese die Eigenschaft $\mathscr{E}$ besitzen)

(3.) ”*Erhaltungssätze*”
(mit denen $\mathscr{E}$ von *bekannten* auf *neue* Funktionen übertragen wird)

(4.) *rechenbare Kriterien*
(z.B. Überprüfung des Vorzeichens einer Ableitung)

(5.) ”*Abschlusssätze*”
(mit denen vom Inneren auf den Rand des Definitionsbereiches geschlossen werden kann, was Untersuchungen oft erleichtert).

5.1.3   Was sind “ökonomische Funktionen”?

Am Ende dieses Bandes werden die zuvor gewonnenen mathematischen Erkenntnisse beispielhaft auf ”ökonomische Funktionen” angewendet. Es handelt hierbei um reelle Funktionen im üblichen mathematischen Sinne, die insofern zu ”ökonomischen Funktionen” werden, als sie als Modelle für ökonomische Zusammenhänge dienen. Ihre Argumente und Funktionswerte werden dabei als wohlbestimmte ökonomische Größen interpretiert, wobei ersteren meist die Rolle einer Ursache oder eines ”Inputs” zukommt und letzteren die Rolle einer Wirkung oder eines ”Outputs” zugeschrieben wird. Die Zuordnungsvorschriften (Berechnungsformeln) der Funktionen hängen oft wesentlich von den für Input- und Outputgrößen gewählten *Maßeinheiten* ab.

Einige der wichtigsten Klassen ökonomischer Funktionen sollen hier stichwortartig aufgeführt werden. Als Definitionsbereich D sehen wir durchweg die nichtnegative reelle Halbachse $[0, \infty)$ oder ein sinnvolles Teilintervall davon an.

(1) Eine *Produktionsfunktion* $x \to p(x)$ beschreibt den mengenmäßigen Zusammenhang zwischen Faktoreinsatz x und Produktionsergebnis $p(x)$ bei der Produktion eines einzelnen Gutes Y, wobei nur ein einziger Produktionsfaktor X als variabel angesehen wird. Dabei nennt man die Größe $\frac{p(x)}{x} =: p_\emptyset(x) (x \neq 0)$ *Durchschnittsproduktivität* (an der Stelle x). In der Tat gibt dieser Wert den durchschnittlichen Produktionsausstoß je eingesetzter Einheit des Produktionsfaktors X an unter der Voraussetzung, dass insgesamt x Einheiten des Faktors X eingesetzt werden.

(2) Eine *(Gesamt-) Kostenfunktion* $x \to K(x)$ erfasst die gesamten Kosten (in GE), die bei der Herstellung von x Mengeneinheiten eines Gutes X entstehen.

Weiterhin bezeichnet man bei gegebenem $x > 0$ die Größe $k(x) := \frac{K(x)}{x}$ als *Stückkosten* (an der Stelle x). Sie können als unternehmensinterner Herstellungspreis jeder Einheit des erzeugten Gutes X angesehen werden, der bei einer Losgröße von insgesamt x Mengeneinheiten entsteht. Entsprechend wird durch die Zuordnung $x \to k(x)$, $x > 0$, die *Stückkosten(funktion)* definiert.

(3) Eine *Erlös-* oder auch *Umsatzfunktion* $x \to E(x)$ drückt den Erlös $E(x)$ eines Unternehmens beim Absatz von x Mengeneinheiten eines produzierten Gutes X aus.

(4) Eine *Gewinnfunktion* $x \to G(x)$ gibt den Gewinn $G(x)$ eines Unternehmens beim Absatz von x Mengeneinheiten eines Gutes X an. Dieser ensteht als Differenz von Erlös und Kosten; es gilt also $G = E - K$.

(5) Eine *Nachfragefunktion* $p \to N(p)$ drückt die auf einem Markt nachgefragte Menge eines Gutes X als Funktion des Preises p von X aus.

(6) Eine *Angebotsfunktion* $p \to A(p)$ gibt das auf einem Markt bestehende (oder erwartete) Angebot an einem Gut X als Funktion seines Preises an.

(7) Eine *Nutzenfunktion* $x \to u(x)$ drückt mittels $u(x)$ den Nutzen aus, den ein ökonomisches Subjekt (ein Individuum, ein Haushalt, eine Gesellschaft) dem Besitz einer Menge von x Einheiten eines Gutes X subjektiv beimisst.

Weitere Beispiele werden in den nachfolgenden Abschnitten betrachtet. Wir merken jedoch an, dass wir die Anzahl unserer Funktionen wie in den Beispielen (1) und (2) sofort verdoppeln können, indem wir zu jeder der betrachteten Funktionen f eine *Durchschnittsfunktion* $f_\emptyset$ assoziieren, wobei die Output- durch die Inputgröße dividiert wird: $f_\emptyset(x) := \frac{f(x)}{x}(x \neq 0)$.

Ein Wort zu unseren symbolischen Bezeichnungen: Die hier verwendeten sind "Vorzugsbezeichnungen", die ihrer Einprägsamkeit wegen gewählt wurden. Sie werden in den folgenden Abschnitten zwar häufig wiederkehren, ebenso aber auch variiert werden[1].

Auf den folgenden Umstand ist besonders hinzuweisen: Die Rolle von Input- und Outputgrößen wechselt in der ökonomischen Literatur häufig. Dies trifft besonders auf den Zusammenhang zwischen dem Preis p und der angebotenen (bzw. nachgefragten) Menge x eines Gutes zu. Während es aus der Sicht des Konsumenten vernünftig ist, die nachgefragte Menge x als Funktion des Preises p zu sehen ("$x = x(p)$"), findet sich aus der Perspektive der Anbieter gern die umgekehrte Darstellung "$p = p(x)$". Diesem Perspektivenwechsel entspricht mathematisch der Übergang von einer Funktion zu ihrer Umkehrfunktion.

---

[1]Grundsätzlich gilt auch hier: Die Wahl der Bezeichnungen ist völlig beliebig, und in der Literatur überdies nicht einheitlich.

Eine weitere Besonderheit ist diese: Das Angebot x kann bereits erlöschen ($=0$ sein), sobald der Preis einen gewissen Mindestwert $p_{min} > 0$ unterschreitet. Also gibt es zu der Menge x viele Preise (nämlich alle Preise zwischen 0 und p_{min}). Von einer "Funktion" kann in diesem Fall nicht die Rede sein; vielmehr handelt es sich um eine Relation im Sinne von Kapitel 1. Wir werden daher von der *Preis-Angebots-Relation* sprechen.

5.1.4 Konventionen und Bezeichnungsweisen

Beschreibung reeller Funktionen

Reelle Funktionen im weitesten Sinne sind Abbildungen[2]

$$f : D \to W$$

mit $D, W \subseteq \mathbb{R}$. Zu ihrer Beschreibung benötigt man streng genommen drei Angaben:

- die des Definitionsbereiches D
- die des Wertevorrates W
- die der Zuordnungsvorschrift $x \to f(x)$.

Beispielsweise liefert die Schreibweise

$$q : [0,1] \to \mathbb{R} : x \to x^2, \tag{5.1}$$

zu lesen als

$$< Name > : D \to W : x \to f(x),$$

alle notwendigen Angaben. Gleichbedeutend zu (5.1) verwenden wir die folgenden Schreibweisen:

- `... die Funktion` q `mit` $q(x) := x^2$, $x \in [0,1]$
- $q : x \to x^2$, $x \in [0,1]$.

Dabei vereinbaren wir aus Vereinfachungsgründen, dass $W = \mathbb{R}$ gilt, wenn – wie hier – keine ausdrückliche Angabe des Wertevorrates W erfolgt. Die exakte Angabe des Definitionsbereiches ist jedoch *immer* erforderlich. Dies hat gute Gründe, wie wir später vielfach sehen werden.

Namensgebung

Wie üblich, kann der Name einer Funktion frei vereinbart werden und unterliegt dem Geschmack des Nutzers. Oft wird man den Namen so wählen, dass er einen Bezug zum betrachteten Problem wiedergibt.

---

[2](Bei einer etwas engeren Interpretation verwendet man die Bezeichnung "reelle Funktion" nur dann, wenn der Definitionsbereich D ein echtes Intervall ist oder zumindest enthält (im Gegensatz zu Folgen, bei denen dies nicht der Fall ist). Diese Unterscheidung ist jedoch für uns nicht wesentlich.)

Nur folgende Namen, die weiter unten erklärt werden, gelten in diesem Text als reserviert:

$$\textbf{abs, \quad cos, \quad e, \quad id, \quad ln, \quad ld, \quad lg, \quad sgn, \quad sin.}$$

Zu beachten ist, dass der Funktions*name* (wie beispielsweise q) sozusagen "die gesamte Funktion" umfasst und *nicht zu verwechseln* ist mit der Angabe $q(x)$ eines einzelnen Funktions*wertes*.

Zur Rolle des Definitionsbereiches

Der Funktionsname umfasst die "gesamte" Funktion, also neben der Zuordnungsvorschrift auch ihren Definitionsbereich und Wertevorrat. Auf diese Weise handelt es sich bei a und b mit

$$a : [0,1] \to \mathbb{R} : x \to 3x + 4$$
$$b : [0,2] \to \mathbb{R} : x \to 3x + 4$$

um *verschiedene* Funktionen, obwohl sie dieselbe Zuordnungsvorschrift

$$a(x) = b(x) = 3x + 4$$

verwenden, und zwar allein deswegen, weil sie verschiedene Definitionsbereiche haben.

Die Genauigkeit, mit der wir auf die Angabe des Definitionsbereiches achten wollen, hat sowohl mathematische als auch ökonomische Gründe.

- *Mathematisch* ist von Belang, dass bestimmte Eigenschaften von Funktionen auch vom Definitionsbereich abhängen. (So kann die Funktion a höchstens den Funktionswert 7 annehmen, bei b dagegen ist dies 10.)
- *Ökonomisch* gibt der Definitionsbereich typischerweise den Handlungsspielraum eines Unternehmens - allgemeiner: eines ökonomischen Agenten - an.

Es kann vorkommen, dass wir – bei im Übrigen unveränderten Bedingungen – den Definitionsbereich einer Funktion verkleinern wollen. Für diesen Fall haben wir den Begriff der *Einschränkung* besprochen (Abschnitt 2.1). So gilt z.B. $a = b\big|_{[0,1]}$.

Funktion $\neq$ Ausdruck

Es klang schon an, dass Formulierungen wie diese, die man leider öfters lesen kann:

$$\text{"Gegeben sei die Funktion } f(x) := \frac{1}{1+x}." \tag{5.2}$$

sozusagen "schlechtes Mathematisch" sind, denn hier wird lediglich eine Zuordnungsvorschrift angegeben, nicht aber klar gesagt, auf welchen Definitionsbereich sie sich erstrecken soll.

Immerhin können wir (5.1) entnehmen, wie groß der Definitionsbereich von f *höchstens* sein kann. Auf der rechten Seite von (5.2) steht ein *Ausdruck*, nämlich

$$\frac{1}{1+x}.$$

Dieser Ausdruck ist sinnvoll, sobald es sich bei x um eine reelle Zahl $x \neq -1$ handelt. So gesehen ist $\mathbb{R} \setminus \{-1\}$ die größte Teilmenge von $\mathbb{R}$, auf der mit ausschließlicher Anwendung dieses Ausdruckes Funktionswerte berechnet werden können. Wir sprechen hierbei vom *natürlichen Definitonsbereich* dieses Ausdruckes bzw. vom *größtmöglichen (bzw. maximalen) Definitionsbereich* der durch diesen Ausdruck definierten Funktion.

Derartige implizite Angaben von Definitionsbereichen sind zwar möglich, verleiten praktisch jedoch häufig zu Fehlern und sind überdies oft *ökonomisch unsinnig*. Wenn wir z.B. $f(x)$ als diejenige Menge eines Gutes X interpretieren wollen, die bei dem Preis x auf einem Markt nachgefragt wird, werden wir sinnvollerweise annehmen, dass der Preis x nichtnegativ ist. Also werden wir z.B. $D := [0, \infty)$ (statt der größtmöglichen Menge $\mathbb{R} \setminus \{-1\}$) als ökonomisch sinnvollen Definitionsbereich vereinbaren.

Bestimmung natürlicher Definitionsbereiche

Bei praktischen Berechnungen stehen wir sehr oft vor der Aufgabe, den natürlichen Definitionsbereich eines Ausdrucks zu überprüfen – und plötzlich tut sich ein immenser Reichtum an Fehlerquellen auf, meist in Verbindung mit Brüchen, Wurzeln und Logarithmen. Wir geben hier einige sehr praktische Merkregeln an in Gestalt dieser

Achtungszeichen:

!	Alles Hingeschriebene muss wohldefiniert sein! Speziell:		
!	$\frac{1}{etwas}$	verlangt	etwas $\neq 0$
!	$\sqrt{etwas}$	verlangt	etwas ≥ 0
!	$\ln\{etwas\}$	verlangt	etwas > 0 .

Beispiel 5.1. Für welche reellen Zahlen x ist der Ausdruck

$$\sqrt{x^2 - 4} \tag{5.3}$$

sinnvoll?

Lösung: Wir haben aufgrund des dritten Achtungszeichens lediglich zu prüfen, für welche reellen x gilt $x^2 - 4 \geq 0$. Äquivalent hierzu ist $x^2 \geq 4$ bzw. $|x| \geq 2$.

Ergebnis: Der Ausdruck (5.3) ist sinnvoll für alle rellen x mit $|x| \geq 2$; diese bilden die Menge $(-\infty, -2] \cup [2, \infty)$.   △

Beispiel 5.2. Durch den Ausdruck

$$f(x) := \frac{1}{\ln\left(\sqrt{x-4}-1\right)} \tag{5.4}$$

soll eine Funktion $f : D \to \mathbb{R}$ auf der Menge D aller reellen x, für die (5.4) sinnvoll ist, definiert werden. Man bestimme D.

Ergebnis: $D = (5, \infty) \setminus \{8\}$.

Lösungsweg: Gemäß unserer Achtungszeichen entstehen drei Bedingungen:

(1) $\ln \ldots$ verlangt $\left\{\sqrt{x-4}-1\right\} > 0$
(2) $\frac{1}{\ln(\ldots)}$ verlangt $\ln(\ldots) \neq 0$, also $\sqrt{x-4}-1 \neq 1$
(3) $\sqrt{x-4}$ verlangt $x - 4 \geq 0$.

Durch offensichtliche Vereinfachung der rechten Seiten lauten diese kürzer:

(1) $\sqrt{x-4} > 1$
(2) $\sqrt{x-4} \neq 2$
(3) $x \geq 4$.

Vorausgesetzt, (3) ist erfüllt, ist das Quadrieren für (1) und (2) eine Äquivalenzumformung. Unsere drei gleichzeitigen Bedingungen lassen sich daher so schreiben:

(1) $x - 4 > 1$ bzw. $x > 5$
(2) $x - 4 \neq 4$ bzw. $x \neq 8$
(3) $x \geq 4$.

Die dritte Bedingung folgt aus der ersten, daher das o.a. Ergebnis.   △

Stückweise Definition von Funktionen

Gelegentlich lassen sich Funktionen auf ihrem Definitionsbereich nicht durch einen einzigen arithmetischen Ausdruck beschreiben.

Beispiel 5.3. Auf der Menge $D := [0, \infty)$ definieren wir eine Funktion K durch

$$K(x) := \begin{cases} 2x & x \in [0,1] \\ x+1 & x \in (1,5] \\ 2x+4 & \text{sonst} \end{cases}$$

Durch eine "Weiche" getrennt, werden die drei verschiedenen Ausdrücke $2x$, $x+1$ bzw. $2x+4$ angesteuert, je nachdem, welche Fallvoraussetzung für einen gegebenen Wert $x \in D$ erfüllt ist. Beispielsweise ist für $x = 3$ die Bedingung $x \in (1, 5]$ erfüllt, also folgt $K(3) = 3 + 1 = 4$.

Die Fallvoraussetzungen beziehen sich sämtlich auf den Definitionsbereich D (und nicht etwa auf ganz $\mathbb{R}$) und zerlegen diesen in disjunkte Teilmengen (hier im Beipiel sind das drei). Die Bedingung "sonst" bedeutet daher hier $x \in (5, \infty)$ (und nicht etwa $x \in \mathbb{R} \setminus [0, 5]$). $\triangle$

Bemerkung 5.4. Funktionen wie die unseres Beispiels kommen in der Ökonomie häufig vor. Wir können $K(x)$ z.B. als die (idealisierten) Gesamtkosten interpretieren, die einem Unternehmen entstehen, um eine Gesamtmenge x eines bestimmten Gutes zu erzeugen. Die drei Teildefinitionen entsprechen dabei geometrisch den drei Geradenstücken in nachfolgender Skizze und ökonomisch den folgenden drei Phasen: Bei Produktionsaufnahme (I) steigen die Gesamtkosten zunächst relativ schnell an, der Anstieg verlangsamt sich dann in einer Konsolidierungsphase (II). Eine weitere extensive Produktionserhöhung (III) erhöht dann die Kosten je produzierter Einheit wieder, z.B. durch den Übergang zu einem teureren Mehrschichtsystem.

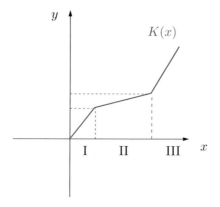

Beispiel 5.5. In ökonomischen Texten finden sich gern Formulierungen wie diese:

"Zwischen dem Preis p für ein Gut (in T€/t) und der bei diesem Preis nachgefragten Menge x (in t) bestehe die Beziehung

$$x = 64 - p^2 \tag{5.5}$$

..."

Es ist klar, dass die Beziehung (5.5) nur *innerhalb sinnvoller Grenzen* bestehen kann (ansonsten würde sich z.B. bei einem Preis von 10 T€/t eine Nachfrage von minus 36 t ergeben, was offensichtlich ökonomisch unsinnig ist). Bei weitestgehender Auslegung "sinnvoller Grenzen" sollten zumindest sowohl der Preis p als auch die Nachfrage x *nichtnegativ* sein. Dies gilt exakt für Preise zwischen 0 und 8 T €/t. Gemäß (5.5) könnten wir also eine Nachfragefunktion N so ansetzen: $N : [0, \infty) \to [0, \infty)$:

$$N(p) = \begin{cases} 64 - p^2 & p \in [0, 8] \\ 0 & \text{sonst .} \end{cases} \qquad (5.6)$$

$\triangle$

Rolle von Maßeinheiten

Bisher hatten wir Funktionen sozusagen "rein mathematisch" betrachtet. In ökonomischen Zusammenhängen sind zusätzlich immer noch die verwendeten Maßeinheiten im Auge zu behalten. Im letzten Beispiel hatten wir das durch in Grau eingefügte mögliche Maßeinheiten angedeutet. Allgemein üblich sind die Kürzel GE für "Geldeinheit(en)" und ME für "Mengeneinheit(en)".

Achtung: *Ein Wechsel von Maßeinheiten kann zur Folge haben, dass derselbe Sachverhalt durch eine "völlig andere" Funktion beschrieben wird.*

Beispiel 5.6 (↗F 5.5). Wir wollen dasselbe Nachfrageverhalten jetzt bei veränderten Maßeinheiten betrachten:

(a) Die Menge soll nunmehr in kg gemessen werden.

(b) Der Preis soll in €/kg gemessen werden.

Wir bemerken, dass sich durch (b) Zahlenangaben für den Preis nicht ändern: Mussten zuvor z.B. 4 Tausend € je t Gut bezahlt werden, sind dies exakt 4 € je kg. Allerdings ändern sich durch (a) alle Mengenangaben auf das 1000-fache, denn z.B. beim Preis 0 werden nunmehr 64000 kg statt bisher 64 t nachgefragt.

Wir haben es daher mit der "neuen" Nachfragefunktion $N^\circ : [0, \infty) \to \mathbb{R}$ mit

$$N^\circ(p) := \begin{cases} 1000(64 - p^2) & \text{für } p \in [0, 8] \\ 0 & \text{sonst} \end{cases}$$

zu tun. $\triangle$

Wir bemerken, dass der Wechsel von Maßeinheiten nicht nur Auswirkungen auf Berechnungsvorschriften haben kann (wie hier im Beispiel), sondern ggf. auch auf den Definitionsbereich und den Wertevorrat.

5.2   Der Katalog von Grundfunktionen

5.2.1   Affine und lineare Funktionen

Definition 5.7. *Eine Funktion $f : \mathbb{R} \to \mathbb{R}$ heißt* affin, *wenn ihre Zuordnungsvorschrift von der Form $f(x) = ax + b, x \in \mathbb{R}$, ist, wobei a und b beliebige reelle Konstanten bezeichnen. Im Spezialfall $b = 0$ heißt f* linear.

Graphische Darstellung

Die nachfolgende Skizze zeigt in Rot den Graphen einer affinen Funktion. Wir bemerken, dass die Konstante b direkt als *Achsenabschnitt* auf der Ordinatenachse ablesbar ist (das folgt aus der Gleichung $f(0) = 0 \cdot x + b = b$), während die Konstante a als *Anstieg* von f bezeichnet wird. Sie kann als das vorzeichenbehaftete Verhältnis

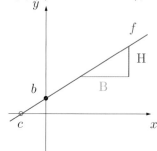

$$a = \text{``Anstieg''} = \frac{\text{``Höhe''}}{\text{``Breite''}} = \frac{H}{B}$$

eines beliebigen Steigungsdreiecks ermittelt werden, wie z.B. im Bild rechts.

Typischerweise stehen wir vor der Aufgabe, den Graphen von f erst einmal zu zeichnen – ein ablesbares Steigungsdreieck ist also zunächst nicht vorhanden. Hier bieten sich zwei Auswege an:

- Im Fall $a \neq 0$ können wir die Gleichung $f(x) = ax + b = 0$ nach x auflösen und erhalten den *Achsenabschnitt* $c = \frac{-b}{a}$ auf der Abszissenachse. Wenn dieser nicht ebenfalls gleich Null ist, zeichnen wir eine Gerade durch die Punkte $(0, b)$ und $(c, 0)$ - fertig!

- *Stets* können wir ein Steigungsdreieck wie im folgenden Bild verwenden: als Grundseite dient eine Strecke der Länge 1, als Höhe eine Strecke mit der Länge $|a|$, die rechts an die Grundseite angesetzt wird (und zwar nach oben, falls $a \geq 0$ gilt, und nach unten, falls $a < 0$ gilt; falls $a = 0$ gilt, ist unser Steigungs"dreieck" in Wirklichkeit eine Strecke).

Mit der zweitgenannten Methode können wir insbesondere den Graphen jeder *linearen* Funktion skizzieren, wie hier im Bild den der Funktion $x \to \frac{x}{2}$, $x \in \mathbb{R}$. Wir können erkennen: Bei den linearen Funktionen handelt es sich um affine Funktionen, deren Graph durch den Koordinatenursprung verläuft.

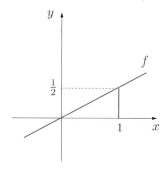

Zu den Bezeichnungen

Im allgemeinen Sprachgebrauch hat es sich eingebürgert, nicht immer zwischen den Begriffen "affin" und "linear" zu unterscheiden. Wir werden das hier jedoch tun. Es gilt: Jede lineare Funktion ist auch affin, nicht jede affine Funktion ist auch linear.

Beispiel 5.8. Die Abbildung ...

- $x \to 0$ (mit $a = b = 0$) ist affin und linear
- $x \to 1$ (mit $a = 0, b = 1$) ist affin, aber nicht linear
- $x \to x$ (mit $a = 1, b = 0$) ist affin und linear
- $x \to 5x - 2$ (mit $a = 5, b = -2$) ist affin, aber nicht linear

$\triangle$

Die einfachsten linearen Funktionen sind – nicht sehr überraschend – die "Nullabbildung" $x \to 0$ und die *Identität*:

$$id : \mathbb{R} \to \mathbb{R} : x \to x.$$

Die Eigenschaft der Linearität lässt sich so charakterisieren:

Satz 5.9. *Eine Funktion $f : \mathbb{R} \to \mathbb{R}$ ist dann und nur dann linear, wenn für beliebige $x, y, \lambda \in \mathbb{R}$ gilt*

$$f(x + y) = f(x) + f(y) \qquad \text{"Additivität" und} \qquad (5.7)$$

$$f(\lambda x) = \lambda f(x) \qquad \text{"Homogenität".} \qquad (5.8)$$

Die beiden hier aufgeführten Eigenschaften *Additivität* und *Homogenität* von f sind für sich genommen interessant, sowohl mathematisch als auch ökonomisch.

Mathematisch besagt (5.7), dass sich Addition und Funktionswertbildung vertauschen lassen (was für Berechnungen von großem Vorteil ist) und (5.8), dass Argumente x und Funktionswerte $f(x)$ zueinander proportional sind (wodurch sich die geradlinige Form des Graphen von f erklärt).

Eine *ökonomische* Interpretation könnte so lauten: Wir nehmen einmal an, die Funktion f sei eine Produktionsfunktion und beschreibe den Zusammenhang zwischen der täglich eingesetzen Menge x eines Produktionsfaktors (z.B. Arbeit) und der dabei erzielten Menge $f(x)$ des Outputs (z.B. Treibstoff). Die Additivität (5.7) drückt aus, dass sich die Produktion eines Arbeitstages verlustfrei auf zwei Arbeitstage aufteilen lässt, indem die eingesetzte Arbeit entsprechend aufgeteilt wird. Noch einleuchtender ist die Eigenschaft (5.8): Sie besagt, dass Faktoreinsatz und Produktionsergebnis zueinander proportional sind.

5.2.2   Potenzfunktionen

Im Abschnitt 0.6 hatten wir uns ausführlich mit Potenz*ausdrücken* der Form x^p und ihrem Definitionsbereich beschäftigt. An dieser Stelle gehen wir daran, mit Hilfe dieser Ausdrücke *Funktionen* zu definieren. Dabei fixieren wir jeweils den Exponenten als Parameter, während x die Rolle des Funktionsargumentes übernimmt. Bei gegebenem Parameter p wählen wir den Definitionsbereich jeweils größtmöglich:

Definition 5.10. *Es seien $p \in \mathbb{R}$ beliebig und*

$$D := \begin{cases} \mathbb{R} & \text{falls } p \in \mathbb{N} \\ \mathbb{R}\backslash\{0\} & \text{falls } p \in \mathbb{Z}\backslash\mathbb{N} \\ [0, \infty) & \text{falls } p \in (0, \infty)\backslash\mathbb{N} \\ (0, \infty) & \text{sonst.} \end{cases}$$

Eine Funktion $f : D \to \mathbb{R}$ heißt Potenzfunktion, wenn sie eine Zuordnungsvorschrift der Form

$$f(x) = x^p, \quad x \in D,$$

besitzt.

Zu beachten ist also, dass die Definitionsbereiche der Potenzfunktionen vom gewählten Exponenten abhängen.

In vielen nachfolgenden Anwendungen werden wir diese uneinheitlichen Definitionsbereiche aus Vereinfachungsgründen einschränken. Wenn wir Potenzfunktionen für sämtliche reellen Exponenten vergleichend betrachten wollen wie in nachfolgender Skizze, wählen wir den einheitlichen Definitionsbereich $(0, \infty)$.

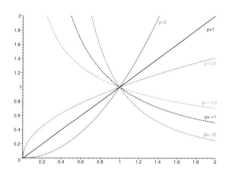

Diese Skizze kann man sich unter dem Stichwort "Potenzzwiebel" gut einprägen. Bei Potenzfunktionen mit ganzzahligen Exponenten ist der natürliche Definitionsbereich viel größer, nämlich $\mathbb{R}$ bzw. $\mathbb{R} \setminus \{0\}$. Dort haben die Graphen folgendes Aussehen:

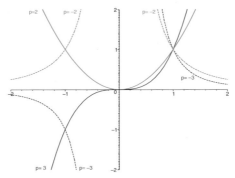

Wir weisen noch darauf hin, dass die Klasse der Potenzfunktionen selbstverständlich auch die sogenannten "Wurzelfunktionen" enthält:

$$[0, \infty) \to \mathbb{R} : x \to \sqrt[n]{x}$$

denn diese lassen sich als Potenzfunktionen der Form $x \to x^{1/n}$ ($n \in \mathbb{N}$) darstellen.

5.2.3 Exponentialfunktionen

Definition 5.11. *Eine Funktion $f : \mathbb{R} \to \mathbb{R}$ heißt* Exponentialfunktion *(zur
Basis b), wenn ihre Zuordnungsvorschrift von der Form $f(x) = b^x$, $x \in \mathbb{R}$, ist,
wobei b eine beliebige positive Konstante bezeichnet. (Im speziellen Fall $b = e$
nennt man f die e-*Funktion *und schreibt statt f einfach e oder* exp.*)*

Eine Übersicht über die Graphen verschiedener Exponentialfunktionen ist folgender Skizze zu entnehmen:

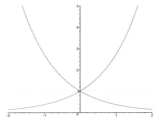

Wir bemerken, dass die Bildungsvorschrift b^x dieser Funktion wiederum ein
*Potenz*ausdruck ist. Im Vergleich zu Potenzfunktionen werden hier jedoch die
Rollen von Basis und Exponent vertauscht: Diesmal fungiert die Basis b als
Parameter, und der *Exponent x* fungiert als Argument – daher der Name Exponentialfunktion. Wir setzen die Basis b als *positiv* voraus, um einen größtmöglichen Definitionsbereich zu erzielen (denn dann ist der Ausdruck b^x für
alle $x \in \mathbb{R}$ wohldefiniert).

Für die e-Funktion gilt – als direkte Folge der Potenzgesetze –

$$e^0 = 1, \quad e^1 = e, \quad e^x e^y = e^{x+y} \quad (x, y \in \mathbb{R}).$$

Auch alle anderen Exponentialfunktionen können mit der Basis e (statt b) notiert werden, denn es gilt (mit der Vereinbarung $\alpha := \ln b$)

$$b^x = e^{\alpha x}.$$

Infolgedessen lässt sich jede Exponentialfunktion als Potenz der e-Funktion auffassen:

$$b^x = e^{\alpha x} = (e^x)^\alpha$$

nach Potenzgesetz (P3).

5.2.4 Logarithmusfunktionen

Definition 5.12. *Eine Funktion $f : (0, \infty) \to \mathbb{R}$ heißt Logarithmusfunktion (zur Basis a), wenn ihre Zuordnungsvorschrift von der Form $f(x) = \log_a(x), x \in (0, \infty)$, ist, wobei a eine beliebige positive Konstante bezeichnet. (In den speziellen Fällen $a = e$, $a = 10$ und $a = 2$ nennt man*

   $f =: \ln$ *("natürlicher Logarithmus"),*
   $f =: \lg$ *("dekadischer Logarithmus") bzw.*
   $f =: \operatorname{ld}$ *("dyadischer Logarithmus").*

In allen Fällen besteht somit die Beziehung

$$a^{f(x)} = x,$$

$x \in (0, \infty)$, was plausibel macht, dass die Basis a der Logarithmusfunktion als *positiv* vorausgesetzt wird.

In diesem Text werden wir weitgehend mit der natürlichen Logarithmusfunktion ln auskommen, dennoch sind zum Vergleich die Graphen verschiedener Logarithmusfunktionen in folgender Skizze dargestellt:

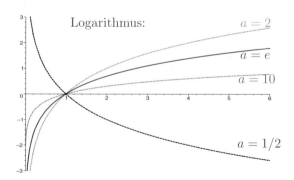

"Die" Logarithmusfunktion ln ist rot und etwas kräftiger hervorgehoben. Ihre Sonderrolle verdankt sie der Tatsache, dass jede andere Logarithmusfunktion ganz einfach durch sie ausgedrückt werden kann: Es gilt nämlich gemäß Logarithmengesetz (L3) (vgl. S.77)

$$\log_a x = \frac{\ln x}{\ln a}$$

für alle $a, x > 0$.

Wir erinnern weiterhin daran, dass für Logarithmen die Beziehungen

$$b^{\log_b(x)} = x \quad bzw. \quad \log_b(b^y) = y \tag{5.9}$$

charakteristisch sind. Insbesondere gilt für "die" Exponentialfunktion und "die" Logarithmusfunktion für alle $x > 0$

$$e^{\ln x} = x \quad bzw. \quad \ln e^x = x$$

Die Bedeutung dieser einfachen Identitäten kann gar nicht überschätzt werden.

5.2.5   Die Winkelfunktionen Sinus und Cosinus

In der Ökonomie erweisen sich auch die Funktionen sin und cos $: \mathbb{R} \to \mathbb{R}$ als nützlich, z.B. zur Beschreibung saisonaler Schwankungen. Ihre Graphen sind nachfolgender Skizze zu entnehmen

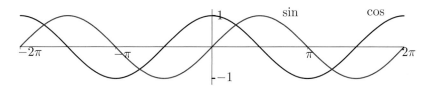

Wir erinnern hier kurz an die Definition der Werte $\sin x$ und $\cos x$: Gegeben seien ein Kreis vom Radius r und ein darin enthaltener Sektor vom Innenwinkel x. Dann lässt sich in diesen Sektor ein rechtwinkliges Dreieck einfügen wie in der Skizze ersichtlich:

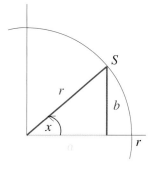

Die Größen

$$\sin x := \frac{a}{r} \quad \text{und} \quad \cos x := \frac{b}{r}$$

heißen dann "Sinus" bzw. "Cosinus" des Winkels x.

Der Winkel x kann dabei in zweierlei Skalen angegeben werden - im *Gradmaß* ($0°$ bis $360°$) oder im reellwertigen *Bogenmaß*. Wir verwenden hier durchweg das Bogenmaß. Nehmen wir einmal an, es gelte $r = 1$ (unser Kreis ist also der *Einheitskreis*): Dann gibt das Bogenmaß x nichts anderes an als die *vorzeichenbehaftete* Länge des Weges, den die Spitze des roten Zeigers bei seiner Drehung aus der (waagerechten) Ausgangslage entlang des Kreisbogens durchlaufen hat. Warum *vorzeichenbehaftet*? Ein *positives* Vorzeichen weist darauf hin, dass der rote "Zeiger" sich in *Pfeilrichtung* – also entgegen dem Uhrzeigersinn – dreht; *negative* Werte beziehen sich auf die umgekehrte Drehrichtung.)

Auf diese Weise entspricht eine volle Umdrehung des Zeigers im positiven Sinn einem Bogenmaß von 2π (dies ist genau der Umfang des Einheitskreises). Da der Zeiger nach jeder vollen Umdrehung an derselben Stelle steht, werden für die Winkelangabe beliebig große Werte und auch beliebige negative Werte zugelassen. Der oben abgebildete Kreissektor entspricht dann außer dem Winkel x selbst auch noch allen Winkeln der Form $x + 2k\pi$, wobei k eine beliebige ganze Zahl ist und die Anzahl von Weiterdrehungen in positiver oder negativer Richtung angibt. – Dementsprechend ergeben sich für all diese Winkel dieselben Werte der Sinus- und Cosinusfunktion, m.a.W., diese Funktionen sind *periodisch* mit einer Periodenlänge von 2π. Formal kann man schreiben:

$$\forall x \in \mathbb{R} \, \forall k \in \mathbb{Z} : \quad \sin x = \sin(x + 2k\pi) \quad \wedge \quad \cos x = \cos(x + 2k\pi).$$

5.3   Weitere nützliche Funktionen

Es gibt einige weitere Funktionen und Funktionenklassen, die in der Praxis anzutreffen sind, die wir aber nicht zu den Grundfunktionen zählen wollen – sei es, weil sie nur sehr speziellen Zwecken dienen oder sich in einfacher Weise aus Grundfunktionen ergeben.

Die Betragsfunktion und ihre Verwandtschaft

Hier stellen wir einige Funktionen zusammen, die uns gelegentlich helfen, komplizierte Ausdrücke kompakt zu notieren.

Definition 5.13. *Die durch* $\text{abs}(x) := |x|$, $x \in \mathbb{R}$, *definierte Funktion* abs: $\mathbb{R} \to \mathbb{R}$ *heißt (Absolut-) Betragsfunktion. (Statt* abs *schreibt man auch* $|\cdot|$.)

Definition 5.14. *Die durch*

$$\mathrm{sgn}(x) := \begin{cases} 1 & \text{für } x > 0 \\ 0 & \text{für } x = 0 \\ -1 & \text{sonst} \end{cases}$$

$x \in \mathbb{R}$, *definierte Funktion* sgn: $\mathbb{R} \to \mathbb{R}$ *heißt Signumfunktion.*

Die Graphen dieser beiden Funktionen sind der folgenden Skizze zu entnehmen (zum Vergleich die Identität *id*):

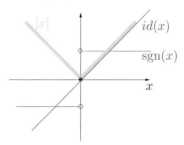

Beispiel 5.15. Für jedes reelle x ist die Gleichung $y^3 = x$ eindeutig nach y auflösbar. Zur Darstellung der Lösung bietet sich an, das Zeichen $\sqrt[3]{\cdot}$ einzusetzen, was aber nur zulässig ist, wenn gilt $x \geq 0$; eine Fallunterscheidung ist erforderlich:

$$y = \begin{cases} \sqrt[3]{x} & \text{falls } x \geq 0 \text{ gilt} \\ -\sqrt[3]{-x} & \text{sonst} \end{cases}$$

Doch es geht auch einfacher, nämlich: $y = \mathrm{sgn}(x)\sqrt[3]{|x|}$ △

Definition 5.16. *Für jede beliebige Zahl* $x \in \mathbb{R}$ *heißt*

$$x^+ := \left.\begin{cases} x & \text{für } x \geq 0 \\ 0 & \text{sonst} \end{cases}\right\} \quad \text{Positivteil}$$

und

$$x^- := \left.\begin{cases} 0 & \text{für } x \geq 0 \\ -x & \text{sonst} \end{cases}\right\} \quad \text{Negativteil von } x.$$

Die durch $x \mapsto x^+$ *bzw.* $x \mapsto x^-$ *auf ganz* $\mathbb{R}$ *definierten Funktionen erhalten dieselben Bezeichnungen.*

Die Graphen beider Funktionen sind nachfolgend skizziert.

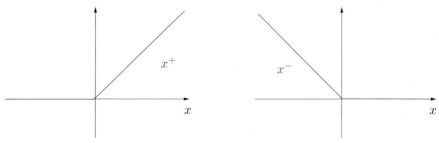

Direkt aus der Skizze kann abgelesen werden, dass für alle reellen x gilt:

$$x = id(x) = x^+ - x^- \quad \text{und} \quad |x| = x^+ + x^-.$$

Unter Verwendung dieser beiden neuen Funktionen können oft Bezeichnungen vereinfacht und Weichen eingespart werden.

Beispiel 5.17 (↗F 5.15). Hier können wir auch schreiben

$$y = \sqrt[3]{x^+} - \sqrt[3]{x^-}$$

△

Beispiel 5.18 (↗F 5.6). Die Nachfragefunktion $N : [0, \infty) \to [0, \infty)$:

$$N(p) = \begin{cases} 64 - p^2 & p \in [0, 8] \\ 0 & \text{sonst} \end{cases} \tag{5.10}$$

kann mit Hilfe des Positivteils bequemer so geschrieben werden:

$$N(p) = (64 - p^2)^+, \quad p \geq 0.$$

△

Zum Schluss noch ein besonders einfacher Funktionentyp:

Definition 5.19. *Es seien D und A beliebige Mengen mit $A \subseteq D$. Die durch*

$$\mathbb{1}_A(x) := \begin{cases} 1 & \text{für } x \in A \\ 0 & \text{sonst} \end{cases} \tag{5.11}$$

$x \in D$, definierte Funktion $\mathbb{1}_A : D \to \mathbb{R}$ heißt Indikatorfunktion *der Menge A.*

Wie der Name schon andeutet, zeigt der Funktionswert einfach nur an, ob ein gewählter Argumentwert x in der Menge A liegt. Auch damit lassen sich Weichen einsparen. Es gilt z.B. für $x \in \mathbb{R}$

$$\text{sgn}(x) = \mathbb{1}_{(0,\infty)}(x) - \mathbb{1}_{(-\infty,0)}(x).$$

Ganzzahligkeitsfunktionen

Im Handel ist es oft üblich, einen gegebenen Geldbetrag x auf ganze Einheiten (Euro, \$ oder Cent) abzurunden. Mathematisch können wir das Ergebnis mit dieser Funktion beschreiben:

Definition 5.20. *Für jede beliebige reelle Zahl x bezeichne $\lfloor x \rfloor$ die größte ganze Zahl k mit der Eigenschaft $k \leq x$. Die durch $\lfloor \cdot \rfloor : \mathbb{R} \to \mathbb{R} : x \to \lfloor x \rfloor$ definierte Funktion heißt* floor-, entire- *oder* entier-Funktion.

Man nennt $\lfloor x \rfloor$ auch den ganzzahligen Anteil von x. Zu beachten ist, dass dieser auch negativ sein kann. Formal kann man schreiben

$$\lfloor x \rfloor = \max\{k \in \mathbb{Z} \quad |k \leq x\}$$

Statt $\lfloor x \rfloor$ ist auch die etwas ältere Schreibweise $[x]$ gebräuchlich.

Beispiel 5.21.

(1) $\left[\frac{7}{8}\right] = 0$ (2) $\left[\frac{8}{8}\right] = [1] = 1$ (3) $\left[\frac{9}{8}\right] = 1$

(4) $[\pi] = 3$ (5) $\left[-\frac{7}{8}\right] = -1$ (6) $\left[-\frac{8}{8}\right] = [-1] - 1$

$\triangle$

Für Interessenten sei einmal der Graph von $[\cdot]$ skizziert. Eine derartige Funktion wird naheliegenderweise als "Treppenfunktion" bezeichnet. Bei der Skizze ist auf Genauigkeit zu achten, soweit es die "Enden" der Stufen betrifft.

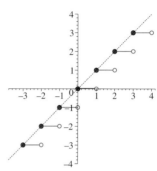

Für das Gegenstück der Abrundung – die Aufrundung – steht ebenfalls eine Funktion zur Verfügung:

Definition 5.22. *Für jede beliebige reelle Zahl x bezeichne $\lceil x \rceil$ die kleinste ganze Zahl k mit der Eigenschaft $k \geq x$. Die durch $\lceil \cdot \rceil : \mathbb{R} \to \mathbb{R} : x \to \lceil x \rceil$ definierte Funktion heißt* ceiling-Funktion.

Moderne Mathematikprogramme wie Mathematica, Maple oder MuPad und eventuell schon komfortablere Taschenrechner stellen diese alle hier genannten Funktionen zur Verfügung.

Rationale Funktionen

Definition 5.23. *Eine Funktion $f : \mathbb{R} \to \mathbb{R}$ heißt* ganz-rational *oder* Polynom(funktion), *wenn ihre Zuordnungsvorschrift von der Form*

$$f(x) = \sum_{k=0}^{n} = a_k x^k = a_0 + a_1 x + \ldots + a_n x^n,$$

$x \in \mathbb{R}$, *ist, wobei $n \in \mathbb{N}$ und $a_0, \ldots, a_n \in \mathbb{R}$ beliebige Konstanten sind.*

Offensichtlich lassen sich Polynomfunktionen durch Vervielfachung und anschließende Summation aus Grundfunktionen gewinnen, so dass wir es hier mit ihrer Erwähnung bewenden lassen. Etwas komplizierter sind die folgenden Funktionen:

Definition 5.24. *Eine Funktion* $f : D \to \mathbb{R}$ *heißt* gebrochen-rational, *wenn ihre Zuordnungsvorschrift von der Form*

$$f(x) = \frac{P(x)}{Q(x)}$$

$x \in D$, *ist, wobei* P *und* Q *Polynome sind.*

Solange nichts anderes gesagt wird, werden wir den Definitionsbereich D als größtmöglich annehmen. Dieser Definitionsbereich hängt explizit vom Nennerpolynom Q – genauer: von dessen Nullstellen – ab und ensteht dadurch, dass aus $\mathbb{R}$ die Nullstellen von Q entfernt werden.

Eine ausführliche Diskussion der Graphen derartiger Funktionen ist nicht Gegenstand dieses Textes. Wir betrachten daher nur die folgenden beiden Beispiele:

Beispiel 5.25. $f : x \to \frac{1}{(x+1)(x-1)}$ auf $D_f = \mathbb{R} \backslash \{-1, 1\}$ $\triangle$

Beispiel 5.26. $g : x \to \frac{1}{(x+1) \cdot x \cdot (x-1)}$ auf $D_f = \mathbb{R} \backslash \{-1, 0, 1\}$ $\triangle$

Die Graphen beider Funktionen sind in nebenstehender Skizze zu sehen. Diese Beispiele sind dahingehend instruktiv, als sie das Verhalten der Graphen in der Nähe der Nullstellen des Nennerpolynoms zum Ausdruck bringen.

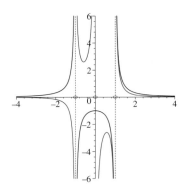

5.4 Mittelbare Funktionen

Das im Punkt 2.2 über die Komposition *beliebiger* zwei Abbildungen

$$f : D \to W , \quad g : E \to V$$

zu einer neuen Abbildung

$$g \circ f : D \xrightarrow{\hspace{3cm}} V$$

Gesagte beziehen wir nun auf den Spezialfall reeller Funktionen. Die reelle Funktion $g \circ f$, deren Bildungsvorschrift

$$g \circ f(x) := g(f(x)), \quad x \in D, \tag{5.12}$$

als Hintereinanderausführung von f und g interpretiert werden kann, wird auch als *zusammengesetzte* oder *mittelbare* Funktion bezeichnet. Entsprechend ihrer Stellung in der Berechnungsformel (5.12) bezeichnen wir g als äußere und f als innere Funktion.

Bemerkung 5.27. Die Bezeichnung "mittelbare Funktion" lässt sich gut an einem ökonomischen Beispiel verdeutlichen.

Wir nehmen an, ein Landwirt verkauft die von ihm angebauten Kartoffeln auf dem Markt zu einem Preis von p [GE/ME]. Je höher sein Ernteertrag e ausfiel, umso geringer wird er den Preis p ansetzen, wenn er die gesamte Ernte veräußern will. Wir können daher den Kartoffelpreis p als Funktion $p = P(e)$ des Ertrages e schreiben. Der Ertrag e wiederum hängt zum Beispiel vom Düngemitteleinsatz d ab: Es gibt eine Funktion E, so dass gilt $e = E(d)$. Auf diese Weise hängt der Kartoffelpreis (zunächst mittelbar) vom Düngemitteleinsatz ab.

Die zusammengesetzte Funktion $P \circ E$ macht diesen zunächst mittelbaren Zusammenhang unmittelbar sichtbar; sie gibt *direkt* an, wie der Kartoffelpreis vom Düngemitteleinsatz abhängt: $p = P \circ E(d) = P(E(d))$.

Die Komposition reeller Funktionen lässt sich gut veranschaulichen.

Wir betrachten zum Beispiel die Funktionen $f : [0, \infty) \to (0, \infty) : x \to x^2 + 1$ und $g : (0, \infty) \to \mathbb{R}; y \to \ln y$ sowie deren Komposition $h := g \circ f$. Rechnerisch folgt sofort

$$h(x) = g \circ f(x) = \ln(x^2 + 1)$$

für $x \in [0, \infty)$.

Wie steht es um die Visualisierung? Die Graphen von f und g für sich genommen sind schnell skizziert – siehe die drei Bilder.

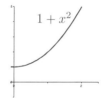
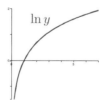
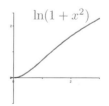

(Wir schreiben dabei $y := f(x)$, $z := g(y)$.) Für die Skizze des Graphen von $h = g \circ f$ greifen wir einmal auf die Hilfe eines Computers zurück (Bild rechts). Es ist anhand dieser drei Skizzen leider nicht so recht plausibel, wie der rechte Graph aus den beiden linken hervorgeht.

Das ändert sich, wenn wir einmal die drei hier abgebildeten Koordinatensysteme zusammenbringen, in dem wir sie als Teil eines dreidimensionalen Raumes – sozusagen als drei Wände eines Zimmers, in das wir schauen – darstellen.

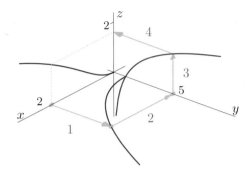

Dieses Bild zeigt den Graphen von f (rot) in dem liegenden (x, y)-Koordinaten-system, den Graphen von g (blau) in dem senkrechten (y, z)-Koordinaten-system rechts und den Graphen von $h = g \circ f$ (lila) in dem senkrechten (x, z)-Koordinatensystem links. Und so ensteht der Graph von h aus denen von f und g: Wir wählen zunächst einen beliebigen Punkt x der x-Achse aus, gelangen entlang der beiden Pfeile 1 und 2 zu dem zugehörigen Funk-tionswert $y := f(x)$ und von dort entlang der Pfeile 3 und 4 zum Funkti-onswert $z := g(y) = g(f(x)) = h(x)$. Nun können wir den Punkt (x, z) des Graphen von h als Schnittpunkt der beiden gestrichelten Linien in das (x, z)-Koordinatensystem einzeichnen.

5.5   Umkehrfunktionen

Bereits im Kapitel 2.4.1 hatten wir den Begriff der Umkehrfunktion ein-geführt. Wir erinnern: Eine reelle Funktion $f : D \to W$ hat genau dann eine Umkehrfunktion $u := f^{-1}$, wenn sie bijektiv ist. In diesem Fall gilt

$$u \circ f = id_D \quad \text{und} \quad f \circ u = id_W,$$

woran der Zusammenhang zu mittelbaren Funktionen erkennbar wird.

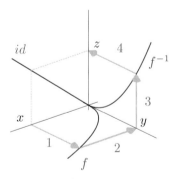

Die Frage, ob eine gegebene Funktion f eine Umkehrfunktion besitzt – und wenn ja, wie deren Berechnungsvorschrift lautet – stellt sich in der Ökonomie besonders häufig. Deshalb wollen wir hier kurz darauf eingehen, wie man möglichst schnell zu einer Antwort gelangt. Der Schlüssel dazu liegt in der Gleichung

$$f(x) = y. \tag{5.13}$$

Aufgrund von Bemerkung 2.14 ist die Funktion f genau dann

- *surjektiv*, wenn (5.13) für jedes $y \in W$ mindestens eine Lösung $x \in D$
- *injektiv*, wenn (5.13) für jedes $y \in W$ höchstens eine Lösung $x \in D$

besitzt.

Sie ist *bijektiv*, wenn beides gleichzeitig zutrifft.

Praktische Vorgehensweise:

- *Wir untersuchen, ob die Gleichung $f(x) = y$ für jedes $y \in W$ genau eine Lösung $x \in D$ besitzt.*
- *Falls ja, existiert die Umkehrfunktion $u = f^{-1} : W \to D$ und hat die Berechnungsvorschrift $u(y) = x$.*

Besondere Betonung liegt hierbei auf "$y \in W$" und "$x \in D$".

Beispiel 5.28. Es soll festgestellt werden, ob die Funktion $f : \mathbb{R} \to \mathbb{R} :$ $x \to x^3$ eine Umkehrfunktion besitzt und wenn ja, welche.

Lösung: In diesem Beispiel haben wir $D = W = \mathbb{R}$, deswegen untersuchen wir, ob die Gleichung (5.13), die hier die konkrete Form

$$x^3 = y \tag{5.14}$$

besitzt, für $y \in \mathbb{R}$ genau eine Lösung $x \in \mathbb{R}$ hat. Das ist der Fall: Schon im Beispiel 5.17 hatten wir gesehen: Für jedes $y \in \mathbb{R}$ ist die eindeutig bestimmte Lösung von 5.14 gegeben durch

$$x = \operatorname{sgn}(y) \ \sqrt[3]{|y|}.$$

Also ist f bijektiv, und die Umkehrfunktion $u := f^{-1}$ ist gegeben durch $u : \mathbb{R} \to \mathbb{R}$ mit

$$u(y) = \operatorname{sgn}(y) \ \sqrt[3]{|y|}, \quad x \in \mathbb{R}.$$

△

Bei der Anwendung dieser Methode darf man sich nicht dadurch irritieren lassen, dass in der Praxis oft völlig andere Bezeichnungen angewandt werden.

Beispiel 5.29. Eine sogenannte "Nachfragefunktion" $N : D \to W$ sei durch die Angaben $D := [0, 64]$, $W := [0, 16]$ und

$$N(p) = 2\sqrt{64 - p} \quad [\text{ME}] \tag{5.15}$$

für $p \in D$ [GE/ME] gegeben. (Hierbei wird p als der Preis eines Gutes in [GE/ME] und $N(p)$ als die bei diesem Preis auf einem Markt nachgefragte Menge dieses Gutes [in ME] interpretiert.) Es soll festgestellt werden, ob N eine Umkehrfunktion besitzt; wenn ja, ist die Berechnungsvorschrift zu ermitteln.

Dazu schreiben wir die Gleichung (5.13) in der Form

$$n = N(p)$$

und untersuchen ihre Lösbarkeit bei gegebenem $n \in W = [0, 16]$; konkret:

$$n = 2\sqrt{64 - p} \tag{5.16}$$

lässt sich quadrieren zu

$$n^2 = 4(64 - p) \tag{5.17}$$

und nach p auflösen:

$$p = 64 - \frac{n^2}{4}. \tag{5.18}$$

Dieses ist tatsächlich eine *reellwertige* Lösung von (5.16), und zwar die einzige. Es bleibt zu überprüfen, ob sie in $D = [0, 8]$ liegt. Wir überlegen:

$$n \in W \implies n \geq 0 \implies \frac{n^2}{4} \geq 0 \implies p \leq 64 - 0 = 64$$

$$n \in W \implies n \leq 16 \implies \frac{n^2}{4} \leq \frac{256}{4} \implies p \geq 64 - 64 = 0$$

Es folgt: $p \in D$. Damit besitzt (5.13) für jedes $n \in W$ genau eine Lösung $p \in D$, die Funktion N ist bijektiv, und die Umkehrfunktion N^{-1} ist gegeben durch

$$N^{-1} : [0, 8] \rightarrow [0, 64] : n \rightarrow 64 - \frac{n^2}{4}. \tag{5.19}$$

$$\triangle$$

Bemerkungen 5.30.

(1) Während in (5.15) die nachgefragte Menge n als "Ergebnis" des Preises interpretiert wird, scheint (5.18) den Preis p als "Ergebnis" der Menge darzustellen, was paradox erscheinen mag (schließlich trifft jeder Kunde seine Kaufentscheidung erst dann, wenn er den Preis kennt). Das ist es aber nur auf den ersten Blick, denn die auf einem Markt geforderten Preise sind ihrerseits eine Reaktion auf das Käuferverhalten. Bei dieser etwas komplexeren Sichtweise hängen also Marktgrößen oft wechselseitig zusammen, daher sind Funktion und Umkehrfunktion sozusagen "gleichberechtigt".

(2) Der Übergang von Funktion zu Umkehrfunktion bzw. umgekehrt wird oft vereinfacht so notiert:

$$n = n(p) \iff p = p(n).$$

Auch wenn auf den ersten Blick klar zu sein scheint, was gemeint ist: Bei dieser Schreibweise werden *dieselben* Namen für *verschiedene* Objekte verwendet – einmal für Variable (also Zahlen), ein andermal für Funktionen –, was bei weiteren Rechnungen zu Irrtümern führen kann.

5.6   Manipulationen des Graphen

In diesem Abschnitt beschäftigen wir uns mit einfachen Manipulationen des Graphen einer gegebenen Funktion $f : D \to W$, durch die sich verschiedene "neue" Funktionen erzeugen lassen. Als einfaches Beispiel mag die Funktion $f = \sqrt{\cdot}$ mit $D := [0, \infty)$ und $W := \mathbb{R}$ dienen, aus der dann verschiedene weitere Funktionen erzeugt werden.

5.6.1   Vertikale Verschiebungen (Shifts)

Gegeben sei eine beliebige reelle Konstante a. Durch die Festsetzung

$$g := f + a : D \to \mathbb{R} : x \mapsto f(x) + a$$

wird eine neue Funktion g definiert, deren Graph einfach durch eine vertikale Verschiebung des Graphen von f um den Wert a entsteht. Es handelt sich um eine Verschiebung nach oben, wenn $a > 0$ gilt, andernfalls um eine Verschiebung nach unten.

Die Skizze zeigt die Graphen der Funktionen $\sqrt{\cdot} - 2$, $\sqrt{\cdot} - 1$, $\sqrt{\cdot}$, $\sqrt{\cdot} + 1$ und $\sqrt{\cdot} + 2$.

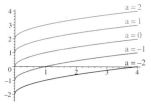

5.6.2   Horizontale Verschiebungen

Will man die gegebene Funktion – genauer: ihren Graphen – nach rechts oder links verschieben, muss man diesmal *erforderlichenfalls den Definitionsbereich verschieben* und dann lediglich das *Argument um den Verschiebungsbetrag korrigieren*.

Beispiel 5.31. "Linksverschiebung der Wurzelfunktion um den Wert 3": Man setzt $D_g := [-3, \infty)$ und $g(x) := \sqrt{x + 3}$. Das Resultat ist in nebenstehender Skizze zu besichtigen. Man beachte: Die *Links*verschiebung wurde durch Addition des *positiven* Wertes 3 im Argument erreicht.

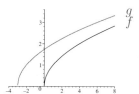

$\triangle$

Beispiel 5.32.

Eine ganze Familie verschobener Graphen präsentiert die nächste Skizze:

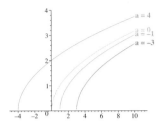

$\triangle$

5.6.3 Vertikale Stauchung/Streckung

Will man den Graphen der gegebenen Funktion vertikal stauchen bzw.
strecken, wird einfach der Funktionswert $f(x)$ an jeder Stelle $x \in D$ mit ein-
und demselben Stauchungs- bzw. Streckungsfaktor $\alpha > 0$ multipliziert; dabei
handelt es sich im Falle $0 < \alpha < 1$ um eine echte Stauchung, im Fall $\alpha > 1$
um eine echte Streckung.

Beispiel 5.33. Wir betrachten die
auf $D = [0, \infty)$ wie folgt definierten Funktionen mit Werten in $\mathbb{R}$:
$h(x) := \frac{1}{10} \cdot f(x)$
$j(x) := \frac{1}{2} \cdot f(x)$
$k(x) := 2 \cdot f(x)$

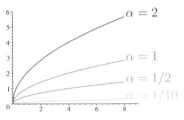

$\triangle$

5.6.4 Horizontale Stauchung/Streckung

Eine horizontale Stauchung oder Streckung des Graphen der gegebenen
Funktion lässt sich erreichen, wenn nicht der Funktions*wert* $f(x)$, sondern
das Funktions*argument* x mit einem Stauchungs- bzw. Streckungsfaktor $\beta > 0$
multipliziert wird. Anders formuliert, definiert man auf $D = [0, \infty)$ eine neue
Funktion l durch $l(x) := f(\beta x)$, $x \in D$. Achtung: Diesmal liegen die Dinge
umgekehrt; ein Faktor $\beta < 1$ führt nicht zu einer Stauchung, sondern zu einer
Streckung; eine Stauchung wird durch einen Faktor $\beta > 1$ erzielt.

Die Skizze zeigt die Wirkung solcher
Manipulationen für die Faktoren $\beta =
\frac{1}{16}$, $\beta = \frac{1}{4}$ und $\beta = 4$.

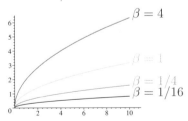

5.6.5   Ökonomische Interpretation von Stauchungen/Streckungen

Stauchungen und Streckungen sind für Ökonomen immer dann auf der Tagesordnung, wenn es darum geht, die benutzten Maßeinheiten zu verändern. Folgendes Beispiel mag dies illustrieren: Wir nehmen an, eine Firma stelle einen speziellen Mantelstoff als Rollenware mit fester Breite her. Vor der Entscheidung, welche Menge davon (in laufenden Kilometern) im laufenden Jahr produziert werden soll, wird zunächst ermittelt, zu welchem Preis der Stoff absetzbar sein wird. Beträgt der Preis 36 €/m, wird die Firma in diesem Jahr 6 laufende Kilometer der Ware herstellen ("anbieten"), und allgemein werde bei einem Preis von p €/m eine Menge von $\sqrt{p}$ laufenden Kilometern angeboten.

Die nebenstehende Skizze zeigt die uns wohlvertraute Wurzelfunktion $f = \sqrt{\cdot}$, ergänzt um die verwendeten Maßeinheiten, wodurch sich f zu einer sogenannten "Angebotsfunktion" qualifiziert:

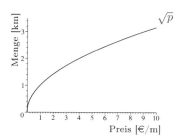

Modifikation 1:

Wir nehmen nun an, dieselbe Überlegung wäre nicht für den deutschen, sondern für den amerikanischen Markt anzustellen. Natürlich würde die Firma zunächst den Absatzpreis auf Dollarbasis ermitteln. Welche Menge $h(q)$ an Stoff (in km) wird die Firma bei einem Marktpreis von q [\$/m] anbieten? Nehmen wir als Währungsparität an 1 € = 1.2 \$, so folgt für den Dollarpreis q des laufenden Meters Stoff $q = 1.2\,p$. Da die Angebote zu den sich entsprechenden Preisen natürlich gleich sind, muss gelten:

$$f(p) = f\left(\frac{q}{1.2}\right) = h(q) \qquad \text{bzw.}$$
$$\sqrt{p} = \sqrt{\frac{q}{1.2}} = h(q),$$

d.h., bei Verwendung von Dollar-Preisen hätte die Angebotsfunktion h die Form

$$h(q) = \sqrt{\frac{q}{1.2}}, \; q \geqslant 0,$$

haben müssen. Deren Graph ist gegenüber dem der ursprünglichen Angebotsfunktion um den Faktor 1.2 horizontal gestreckt. Man beachte:

Die *Stauchung* der ursprünglichen Währungseinheit 1 € auf den Wert 1 \$ = $\frac{1}{1.2}$€[3] wird durch eine *Streckung* des Angebotsgraphen beantwortet; dieselbe Angebotshöhe wird diesmal nämlich erst bei einem höheren zahlenmäßigen Meter-Preis erreicht.

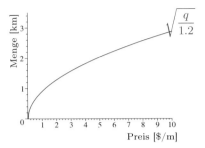

Modifikation 2:

Kritiker werden einwenden, dass sich der Absatzpreis auf einem amerikanischen Markt natürlich auch auf ein dort übliches Längenmaß – sagen wir, auf jeweils 1 ft = 30.48 cm – beziehen müsste. Nennen wir den in Dollar ausgedrückten Preis für 1ft Stoff u, so gilt offenbar $u = 0.3048q = 0.3048 \cdot 1.2p$, also $u = 0.36576p$; die entsprechende Angebotsfunktion werde mit k bezeichnet und berechnet sich zu

$$k(u) = \sqrt{\frac{u}{0.36576}}, \ u \geqslant 0.$$

Der Graph von k ist gegenüber dem der ursprünglichen €-Angebotsfunktion f um den Faktor $1/0.36576$ und gegenüber der \$-Angebotsfunktion um den Faktor $1/0.3048$ horizontal *gestreckt*, und zwar als Antwort auf eine *Stauchung* der Preiseinheit 1\$/m auf 1\$/ft. Bei einem Preis von u \$/ft werden nunmehr $k(u)$ laufende Kilometer Stoff produziert.

Modifikation 3:

Wenn der für den amerikanischen Markt produzierte Stoff nicht in Europa, sondern im amerikanischen Zweigwerk der Firma produziert wird, wird die Gesamtlänge des produzierten Stoffes wohl nicht in Kilometern, sondern eher in amerikanischen Meilen (mit der Umrechnung 1.60934 km= 1 statute mile) ausgedrückt. Diesmal müssen nicht die Argumente der Angebotsfunktion, sondern ihre Funktionswerte korrigiert werden. $k(u)$ produzierte Kilometer sind dann $k(u)/1.60934$ laufende Meilen. Die Angebotsfunktion lautet nunmehr

$$l(u) := k(u)/1.60934 = \frac{1}{1.60934}\sqrt{\frac{u}{0.36576}}, \ u \geqslant 0;$$

sie gibt an, dass bei einem Preis von u \$ je Fuß Stoff $l(u)$ laufende Meilen des Stoffes hergestellt werden. Hier sind die Wirkungen ebenfalls gegenläufig: Die Streckung der Maßeinheit von km auf mile bewirkt eine entsprechende Stauchung des Funktionswertes.

---

[3]und damit der Preiseinheit 1€/m= $\frac{1}{1.2}$€/m auf den Wert 1\$/m= $\frac{1}{1.2}$€/m

Zusammenfassung:

Beim Wechsel verwendeter Maßeinheiten ist damit zu rechnen, dass ein- und derselbe faktische Zusammenhang durch verschiedene mathematische Formeln bzw. Funktionen beschrieben wird.

Wie sehr sich diese unterscheiden können, wird durch einen vergleichenden Blick auf alle vier verwendeten Funktionen deutlich:

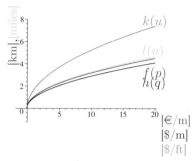

5.6.6   Berücksichtigung von Definitions- und Wertebereich

Bei den meisten bisher besprochenen Modifikationen blieben Definitions- und Wertebereich der Funktionen erhalten. Dies lag allerdings in der Natur des speziellen Beispiels; im Allgemeinen wird man bei Verschiebungen, Streckungen bzw. Stauchungen darauf zu achten haben, dass gegebenenfalls auch der Definitionsbereich und/oder der Wertebereich mit zu verschieben, zu stauchen bzw. zu strecken sind. Betrachten wir zur Illustration die Funktion

$$F : D \to W : x \to \sqrt{x} \quad \text{mit } D := [0,4] \text{ und } W := [0,2].$$

Diesmal ist bei einer

- Vertikalverschiebung der Wertebereich mit zu verschieben;
  Beispiel: Vertikale Verschiebung um den Wert $+3$;
  aus F wird $G : [0,4] \to [3,5] : x \to G(x) = \sqrt{x} + 3$
- Horizontalverschiebung der Definitionsbereich mit zu verschieben
  Beispiel: Linksverschiebung um den Wert $+3$;
  aus F wird $H : [-3,1] \to [0,2] : x \to H(x) := \sqrt{x+3}$
- vertikalen Stauchung oder Streckung wiederum der Wertebereich mit zu ändern
  Beispiel: Vertikale Streckung um den Faktor 5;
  aus F wird $K : [0,4] \to [0,10] : x \to K(x) := 5\sqrt{x}$
- horizontalen Streckung oder Stauchung der Definitionsbereich zu ändern
  Beispiel: Horizontale Streckung um den Faktor 2;
  aus F wird $L : [0,8] \to [0,2] : x \to L(x) := \sqrt{\frac{x}{2}}$.

Allgemein erhält man nach erfolgter Verschiebung, Streckung oder Stauchung eine Funktion G mit "neuem" Definitionsbereich D_G und Wertebereich W_G. Wird D um a verschoben/gestreckt, erhält man $D_G = a\, D := \{a + x | x \in D\}$ bzw. $D_G = a \cdot D := \{a \cdot x | x \in D\}$; Entsprechendes gilt für den Wertebereich W.

5.6.7 Spiegelungen

Spiegelungen an der Abszissenachse (Vertikale Spiegelung)

Bei einer Spiegelung des Graphen von f an der Abszissenachse geht – bei gleichbleibendem Definitionsbereich D – jeder Funktionswert $f(x)$ über in den Wert $-f(x)$, $(x \in D)$; es handelt sich also um eine einfache Vorzeichenumkehr. Dabei ist der *Werte*bereich mit zu spiegeln und geht über in $-W := \{y \in \mathbb{R} \,|\, -y \in W\}$.

Der gespiegelte Graph gehört dann zu der durch $g : D \rightarrow -W : x \rightarrow -f(x)$ definierten Funktion g. Eine solche Spiegelung kann auch als eine vertikale Streckung interpretiert werden – nämlich um den Faktor -1.

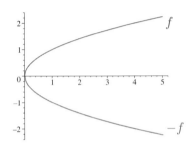

Spiegelungen an der Ordinatenachse (Horizontale Spiegelung)

Im Gegensatz zur vertikalen Spiegelung wirkt sich eine horizontale Spiegelung an der Ordinatenachse diesmal nicht auf den Wertebereich, sondern auf den Definitionsbereich aus, der ebenfalls zu spiegeln ist.

Damit geht der ursprüngliche Definitionsbereich D über in den gespiegelten Bereich

$$-D := \{x \in \mathbb{R} \,|\, -x \in D\}.$$

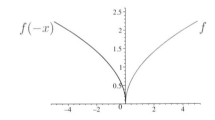

Der gespiegelte Graph gehört dann zu der durch $h : -D \rightarrow W : x \rightarrow h(x)$ mit $h(x) := f(-x)$ definierten Funktion h.

Wir erwähnen diese (und die folgende) Art von Spiegelungen eher aus systematischen Gründen; ökonomische Anwendungen davon dürften Ausnahmecharakter haben.

Spiegelungen am Ursprung (Punktspiegelungen)

Bei einer derartigen Spiegelung wird - zunächst rein geometrisch betrachtet - jedem Punkt $(x, f(x))$ aus der (x, y)-Ebene sein Spiegelbild bezüglich des Ursprungs zugeordnet; dies ist der Punkt $(-x, -f(x))$.

Stellt man sich jeden Punkt des Graphen von f auf diese Weise gespiegelt vor, entsteht eine neue Kurve. Im Falle $f : [0, \infty) \to \mathbb{R} : x \to \sqrt{x}$ kann man sich die resultierende Kurve leicht vorstellen:

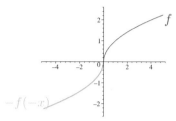

Es ist leicht zu sehen, dass eine solche Spiegelung nichts anderes ist als die *Hintereinanderausführung* einer *horizontalen* und einer *vertikalen* Spiegelung (wobei die Reihenfolge beliebig ist). Der gespiegelte Graph ist der der Funktion $k : -D \to -W : x \to -f(-x)$.

Die aufmerksame LeserIn wird bemerken, dass in unserer Skizze bei der Darstellung der horizontalen und der vertikalen Achse verschiedene "Längenmaßstäbe" angewendet wurden. Diese Darstellungsweise ist legitim und mitunter die einzige Möglichkeit, um in einer Skizze überhaupt etwas sehen zu können.

Spiegelungen an der Winkelhalbierenden (Umkehrfunktionen)

Nun kommen wir zu einer Spiegelung, die eine gewisse Sorgfalt erfordert. Die Winkelhalbierende, um die es gehen soll, ist die des 1. und 3. Quadranten, m.a.W: Der Graph der Funktion id $: \mathbb{R} \to \mathbb{R}$. .

Wird ein Punkt (x, y) vorgegeben, so fällt man von diesem aus das Lot auf diese Winkelhalbierende, und verlängert es – durch die Winkelhalbierende hindurch – auf die doppelte Länge. Der Punkt, an dem die so gebildete Strecke endet, ist der Bildpunkt von (x, y); nennen wir ihn (x', y').

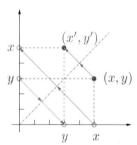

Die Skizze zeigt, dass (x, y) und (x', y') durch die folgende einfache Beziehung verbunden sind:

$$(x', y') = (y, x);$$

mit anderen Worten: bei dieser Art von Spiegelung werden die *Koordinaten* eines gegebenen Punktes einfach vertauscht. Das kann man daran ablesen, dass mit dem Punkt (x, y) selbst auch die beiden Hilfspunkte $(x, 0)$ und $(0, y)$, die beim Ablesen der Koordinaten von (x, y) auf den Achsen von Interesse sind, gespiegelt werden und nach der Spiegelung gerade diejenigen Hilfspunkte (rot) ergeben, an denen die Koordinaten des Punktes (x', y') abzulesen sind.

Auf diese Weise lassen sich problemlos – sozusagen Punkt für Punkt – ganze Kurven spiegeln. Das Resultat sieht im Falle des Wurzelgraphen folgendermaßen aus:

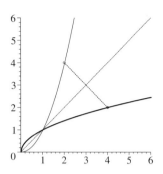

Die Graphik suggeriert, dass die gespiegelte Kurve (rot) in unserem Beispiel wiederum Graph einer "neuen" Funktion sein könnte. Das folgende Beispiel rät hingegen zur Vorsicht:

Dieser Graph kann *kein* Funktionsgraph sein, denn zu jedem Abszissenwert gehören mehrere – genauer: sogar unendlich viele – Ordinatenwerte. Der Unterschied zwischen den beiden Graphiken besteht darin, dass die Wurzelfunktion injektiv ist, während die Sinusfunktion nicht injektiv ist.

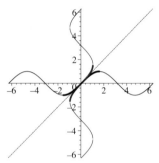

Anders formuliert: Zu jeder als Funktionswert auftretenden Zahl $f(x)$ existiert im Fall $f = \sqrt{\cdot}$ genau ein $x \in D$, im Fall $f = \sin$ existieren unendlich viele $x \in D$.

Satz 5.34.

   (i) *Der gespiegelte Graph einer reellen Funktion f ist dann und nur dann wieder ein Funktionsgraph – etwa einer Funktion g –, wenn f injektiv ist. In diesem Fall ist der Definitionsbereich D_g identisch mit der Menge $f(D)$ der von f angenommenen Funktionswerte, während $W_g = D_f$ gilt.*

   (ii) *Wenn in diesem Fall f nicht nur injektiv, sondern sogar surjektiv ist, d.h., wenn zudem gilt $f(D) = W$, ist die so erhaltene Funktion g genau die Umkehrfunktion von f: $g = f^{-1}$.*

Wir visualisieren die Umkehrbeziehung einmal grafisch für den Fall $f : D := [0, 4] \to W := [0, 2] : x \to \sqrt{x}$. Wir wollen uns überzeugen, dass folgendes gilt:

   (1) $g \circ f(x) = id_D(x) = x$ für alle $x \in D$; und

   (2) $f \circ g(y) = id_W(y) = y$ für alle $y \in W$.

Die Beziehung (1) lässt sich aus folgender Skizze ablesen:

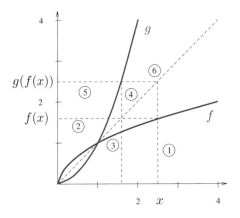

Man wählt sich zunächst einen beliebigen Wert x auf der Abszissenachse und durchläuft dann gedanklich die Schritte ① bis ⑥ : ① Über den Graphen von f findet man ② zum Funktionswert $y = f(x)$ auf der Ordinatenachse; um diesen als Argument von g zu verwenden, überträgt man ihn durch Spiegelung ③ auf die Abszissenachse, setzt ihn dann ④ in die Funktion g ein und liest ⑤ den Funktionswert $g(y) = g(f(x))$ ab. Durch abermalige Spiegelung ⑥ erkennt man: $g(f(x)) = x$.

Die Beziehung (2) kann an derselben Skizze abgelesen werden, wenn man sich zunächst den Wert $y \in W_f = D_g$ beliebig gewählt denkt und anschließend nacheinander gedanklich die Schritte ④ – ⑤ – ⑥ – ① – ② – ③ durchläuft.

5.7 Einfache Operationen mit reellen Funktionen

Auch in diesem Abschnitt gehen wir der Frage nach, wie aus gegebenen Funktionen "neue" Funktionen entstehen. Wir werden sehen, dass man mit Funktionen im Grunde fast genauso rechnen kann wie mit Zahlen.

Gegeben sei eine nichtleere Menge $D \subseteq \mathbb{R}$ als Definitionsbereich aller im folgenden auftretenden Funktionen. Aus Vereinfachungsgründen wählen wir als Wertebereich durchgängig $W := \mathbb{R}$. Weiterhin sei eine Funktion $f : D \to \mathbb{R}$ gegeben.

Zunächst betrachten wir einige Funktionen, die sich aus f allein "herstellen" lassen.

Definition 5.35. *Es sei c eine beliebige reelle Konstante. Die durch die nachfolgende Festlegung auf D definierte Funktion* $h : D \to W$:

$$\left.\begin{array}{l} h(x) := c \cdot f(x) \\ h(x) := |f(x)| \\ h(x) := (f(x))^+ \\ h(x) := (f(x))^- \end{array}\right\} , \; x \in D, \; \textit{heißt} \; \left.\begin{array}{l} \textit{c-Faches} \\ \textit{(Absolut-)Betrag} \\ \textit{Positivteil} \\ \textit{Negativteil} \end{array}\right\} \; \textit{von } f,$$

$$\textit{symbolisch: } h := \left\{\begin{array}{l} c \cdot f \\ |f| \\ f^+ \\ f^- \end{array}\right\} .$$

Statt "c-Faches" sagt man auch einfach "Vielfaches". Vielfache sind bereits aus dem vorangehenden Abschnitt bekannt, als vertikale Streckung, Stauchung und Spiegelung an der Abszissenachse besprochen wurden.

Die Wirkung des Übergangs von f zu $c \cdot f$, $|f|$, f^+ bzw. f^- lässt sich sehr einleuchtend an folgendem einfachen Beispiel betrachten: Es seien $D := \mathbb{R}$, $c := 2$ und f durch $f(x) := (x-1)x(x+1)$ definiert. Die Funktionen f (blau, durchgezogene Linie), $2f$ (blau, gestrichelte Linie) und f^+ (gelb) sind in Bild 5.1 zu sehen; das Bild 5.2 zeigt neben der Funktion f (blau) ihren Betrag $|f|$ (gelb).

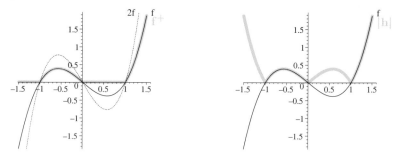

Bild 5.1:   Bild 5.2:

Wir setzen nun voraus, dass noch eine zweite Funktion $g : D \to \mathbb{R}$ gegeben sei, und betrachten Funktionen, die aus f in Verbindung mit g entstehen:

Definition 5.36. *Die durch die nachfolgende Festlegung auf D definierte Funktion* $h : D \to W$:

$$\left.\begin{array}{l} h(x) := f(x) + g(x) \\ h(x) := f(x) \cdot g(x) \\ h(x) := f(x) \vee g(x) \\ h(x) := f(x) \wedge g(x) \end{array}\right\} , \; x \in D, \; \textit{heißt} \; \left.\begin{array}{l} \textit{Summe} \\ \textit{Produkt} \\ \textit{Maximum} \\ \textit{Minimum} \end{array}\right\} \; \textit{von } f \textit{ und } g,$$

$$\textit{symbolisch: } h := \left\{\begin{array}{l} f + g \\ f \cdot g \\ f \vee g \\ f \wedge g \end{array}\right\} .$$

Die in dieser Aufzählung nur scheinbar fehlende *Differenz von f und g* erhalten wir durch die Festsetzung

$$f - g := f + (-1) \cdot g.$$

Ebenso nennen wir

$$h := \frac{f}{g} \quad \text{mit} \quad h(x) := \frac{f(x)}{g(x)}, x \in D,$$

den *Quotienten* von f und g; damit diese Definition sinnvoll sein kann, muss allerdings gelten $g(x)$ ungleich 0 für alle $x \in D$. Sinngemäßes gilt für die Schreibweise $\frac{1}{g}$ bzw. g^{-1} (aufzufassen als (-1)-te Potenz von g).

Wir wollen nun die Wirkung dieser Operationen auf gegebene Funktionen anhand nachfolgender Diagramme illustrieren und beginnen mit der Addition.

Beispiel 5.37. Wir betrachten die Funktionen

$$f : [0, \infty) \to \mathbb{R} : x \to \tfrac{1}{4}x(x-4) + 2 \qquad \text{(blau) und}$$
$$g : [0, \infty) \to \mathbb{R} : x \to \tfrac{1}{20}x(x-3)(x-6) + \tfrac{x}{4} \quad \text{(rot)}$$

im nachfolgenden Bild links. Der Graph der resultierenden Summenfunktion $h := f + g$ ist grün eingezeichnet.

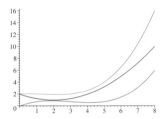 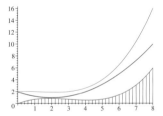

Wie kann man leicht erkennen, dass es sich tatsächlich um die Summe von f und g handelt? Anders formuliert: Wie könnte man f und g auf grafischem Wege addieren? Der Funktionswert $g(x)$ an jeder Stelle x wird durch die Länge der Verbindungsstrecke zwischen dem Abszissenpunkt $(x, 0)$ und dem Graphenpunkt $(x, g(x))$ repräsentiert. Im Bild oben rechts sind für einige x-Werte solche Verbindungsstrecken rot eingezeichnet. Jetzt stelle man sich vor, jede dieser Verbindungsstrecken werde soweit senkrecht nach oben verschoben, dass sie genau auf dem Graphen der Funktion f "steht" (Bild).

Nun liegen die oberen Endpunkte aller rot eingezeichneten Strecken auf dem Graphen von $h = f + g$.

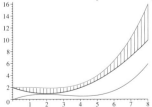

$\triangle$

Beispiel 5.38. Ebenso einfach ist es nun, auch die Differenz zweier gegebener Funktionen auf grafischem Wege zu ermitteln. Wir zeigen das an folgendem ökonomischen Beispiel:

Ein Zementwerk bringt Portlandzement auf den Markt. Die Herstellungskosten belaufen sich bei einer Ausbringungsmenge von x Mengeneinheiten [ME] Zement auf insgesamt $K(x) = 4x^2 + 2x + 36$ Geldeinheiten [GE]. Das Unternehmen ist "Preisnehmer" (price taker) auf einem polypolistischen Markt, erzielt bei einem Preis von 7 [GE/ME] und einem Absatz von x [ME] des Zementes also einen Erlös von $E(x) = px = 42x$ Geldeinheiten.

Es ist leicht, die Graphen der Kostenfunktion K (rot) und der Erlösfunktion E (blau) in einem Koordinatensystem darzustellen (siehe Bild).

Von Interesse ist nun bei gegebener Ausbringungsmenge x die Differenz von Erlös $E(x)$ und Kosten $K(x)$, die – sofern größer als Null – den Unternehmensgewinn, andernfalls einen Verlust darstellt. Wir setzen also $G(x) := E(x) - K(x)$ und bezeichnen die so definierte Funktion $G : [0, \infty) \to \mathbb{R}$ als "Gewinnfunktion" (im Bild grün).

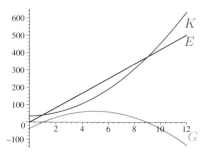

Das folgende Bild zeigt, wie die Funktion G auf grafischem Wege ermittelt werden kann: Die zwischen den Graphen der beiden Funktionen E und K skizzierten senkrechten Verbindungslinien stellen die Differenz zwischen $E(x)$ und $K(x)$ bei jeweils gegebenem x-Wert dar.

Die Länge jeder Linie repräsentiert den absoluten Wert dieser Differenz, die Farbe das Vorzeichen: graue Linien stehen für eine positive Differenz ($E(x) > K(x)$), rote für eine negative Differenz ($E(x) < K(x)$).

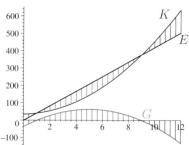

Jede der senkrechten Linien wird nun senkrecht verschoben, und zwar

- mit dem unteren Ende bis auf die x-Achse im Fall grauer Linien,
- mit dem oberen Ende bis auf die x-Achse im Fall roter Linien.

Die Verbindungslinie der nicht auf der x-Achse liegenden Endpunkte[4] dieser verschobenen Linien ergibt dann den Graphen der Gewinnfunktion G.   △

---

[4]soweit vorhanden

5.8   Aufgaben

Aufgabe 5.39. Bestimmen Sie die Definitionsbereiche der folgenden Ausdrücke:

(a) $\ln(e^{\sqrt{x+4}} - 1)$

(b) $\dfrac{\sqrt{x^2 - 6x + 8}}{x}$

(c) $\dfrac{x^2 + 2x + 1}{2x^2 - 5x + 4}$

Aufgabe 5.40. Skizzieren Sie die Graphen folgenden Funktionen auf möglichst einfacher Weise:

(a) $f(x) = 2\sin(x + 1)$

(b) $g(x) = e^{-2x}$

(c) $h(x) = \sqrt{x + 3}$

(d) $k(x) = \frac{1}{x+4}$

(Beschriften Sie jeweils 2 Punkte auf dem Graphen.)

Aufgabe 5.41. Durch die Ausdrücke

$$f(x) := 1 + \sqrt{9 - 3x}, \quad g(x) := -2\ln(5 - x), \quad h(x) := 1 - \frac{1}{e^x} \cdot \frac{1}{e^x}$$

sollen 3 Funktionen f, g, h definiert werden.

(i) Bestimmen Sie die größtmöglichen Definitionsbereiche der Funktionen f, g und h.

(ii) Skizzieren Sie die Graphen der 3 Funktionen.

6

Beschränkte Funktionen

6.1 Motivation und Begriffe

Oft ist von Interesse, ob die Funktionswerte einer gegebenen Funktion beliebig groß bzw. klein werden können. Einen ersten Anhaltspunkt gibt uns die Beschränktheit:

Definition 6.1. *Eine Funktion* $f : D \to \mathbb{R}$ *heißt nach* $\begin{pmatrix} unten \\ oben \end{pmatrix}$ *beschränkt,*

wenn es eine Konstante $\begin{pmatrix} U \\ O \end{pmatrix}$ *gibt mit* $\begin{pmatrix} U \leq f(x) \\ O \geq f(x) \end{pmatrix}$ *für alle* $x \in D$. *(In*

diesem Fall nennt man $\begin{pmatrix} U \\ O \end{pmatrix}$ *eine* $\begin{pmatrix} untere \\ obere\ Schranke \end{pmatrix}$ *von* f*.)Die Funktion*

f heißt (schlechthin) *beschränkt, wenn sie sowohl nach unten als auch nach oben beschränkt ist, andernfalls* unbeschränkt.

Die Funktions*werte* einer nach $\begin{pmatrix} unten \\ oben \end{pmatrix}$ beschränkten Funktion können den

Wert $\begin{pmatrix} U \\ O \end{pmatrix}$ nicht $\begin{pmatrix} unterschreiten \\ überschreiten \end{pmatrix}$. Eine Funktion ist daher genau dann beschränkt, wenn sämtliche Funktionswerte zwischen U und O liegen, sozusagen "eingeklemmt" sind (siehe Skizze).

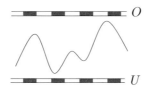

In diesem Fall sind auch die Absolutbeträge sämtlicher Funktionswerte beschränkt, und zwar nach unten durch 0 und nach oben durch den größeren der beiden Werte $|U|, |O|$. Wir können also formulieren:

Satz 6.2. *Eine Funktion $f : D \to \mathbb{R}$ ist genau dann beschränkt, wenn es eine Konstante K gibt mit*

$$|f(x)| \leq K \quad \text{für alle } x \in D. \tag{6.1}$$

Existiert eine solche Konstante K, kann kein Funktions*wert* vom Betrage her größer sein als diese. Sie wird daher (schlechthin) als "Schranke" für die Funktion f bezeichnet.

Achtung: *Gemäß unserer Definition heißt eine Funktion, die zwar nach unten oder nach oben beschränkt ist, jedoch nicht beides gleichzeitig,* unbeschränkt.

Wir gehen kurz auf den Zusammenhang zwischen beschränkten *Mengen* (i.S. von Definition 3.1) und beschränkten *Funktionen* ein. Gegeben sei eine Funktion $f : D \to \mathbb{R}$. Wir betrachten dann ihr Bild $f(D)$ – also die Menge aller Funktionswerte – und setzen

$$\sup f := \sup f(D) \quad \text{und} \quad \inf f := \inf f(D).$$

Satz 6.3. *Eine Funktion $f : D \to \mathbb{R}$ ist genau dann beschränkt, wenn ihr Bild $f(D)$ eine beschränkte Menge ist, d.h., wenn gilt*

$$-\infty < \inf f(D) \quad \text{und} \quad \sup f(D) < \infty.$$

6.2   Beispiele

Beispiel 6.4. Die Funktion

(i) $\sin : \mathbb{R} \to \mathbb{R}$ ist beschränkt (denn es gilt $-1 \leq \sin x \leq 1$ für alle $x \in \mathbb{R}$; siehe Skizze links)

(ii) $f : \mathbb{R} \to \mathbb{R} : x \to x^2$ ist nach unten, aber nicht nach oben beschränkt, also unbeschränkt; (schwarze Kurve in der Skizze rechts)

(iii) $g : [-1, 1] \to \mathbb{R} : x \to x^2$ ist beschränkt (es gilt nämlich $0 \leq g(x) \leq 1$ für alle $x \in [-1, 1]$) (blaue Kurve in der Skizze rechts).

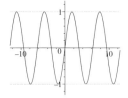
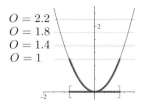

$O = 2.2$
$O = 1.8$
$O = 1.4$
$O = 1$

$\triangle$

Die Beispiele (ii) und (iii) zeigen, dass die Eigenschaft, beschränkt zu sein, nicht nur von der Berechnungsvorschrift, sondern auch vom zugrundeliegenden Definitionsbereich abhängt. Übrigens: Wir können die Funktion g als Einschränkung der Funktion f auf den verkleinerten Definitionsbereich $[-1, 1]$

auffassen und sagen daher, die Funktion f *sei auf dem Intervall* $[-1, 1]$ *beschränkt.*

Achtung: *Eine beschränkte Funktion kann – wie schon bemerkt – durchaus einen unbeschränkten Definitionsbereich besitzen und umgekehrt:*

- *die Funktion* $\sin : \mathbb{R} \to \mathbb{R}$ *ist beschränkt, ihr Definitionsbereich $D_{\sin} = \mathbb{R}$ ist es nicht;*
- *die Funktion* $h : (0, 1) \to \mathbb{R} : x \to \ln x$ *ist (n.u.) unbeschränkt, aber ihr Definitionsbereich $(0, 1)$ ist beschränkt.*

Beispiel 6.5 (Katalogfunktionen). Mit Ausnahme der Winkelfunktionen sind alle anderen Grundfunktionen unbeschränkt.

Im einzelnen heißt das: *Unbeschränkt* sind auf ihrem größtmöglichen Definitionsbereich

   (i) affine Funktionen $x \to ax + b$ (außer im Sonderfall $a = 0$)

  (ii) Potenzfunktionen $x \to x^p$ (außer im Sonderfall $p = 0$)

 (iii) Exponentialfunktionen $x \to e^{ax}$ (außer im Sonderfall $a = 0$)

 (iv) Logarithmusfunktionen $x \to \log_a x$ (mit $a > 0$);

beschränkt sind dagegen die Funktionen $x \to \sin x$ und $x \to \cos x$.   △

Beispiel 6.6 (eingeschränkte Katalogfunktionen). Aufgrund unserer guten Kenntnis dieser Katalogfunktionen können wir direkt ablesen, dass auch die unbeschränkten Funktionen zumindest auf "großen" Teilen ihres Definitionsbereiches beschränkt sind. So sind z.B. die

- Potenzfunktionen $x \to x^p$ mit $p < 0$ beschränkt auf jedem Intervall der Form $[c, \infty)$ mit $c > 0$ (Skizze links);
- Exponentialfunktionen $x \to e^{ax}$ mit $a > 0$ beschränkt auf jedem Intervall der Form $[c, \infty)$, $c \in \mathbb{R}$ (Skizze rechts);
- Exponentialfunktionen $x \to e^{ax}$ mit $a < 0$ beschränkt auf jedem Intervall der Form $(-\infty, c]$, $c \in \mathbb{R}$ (Skizze rechts).

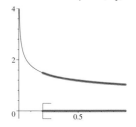
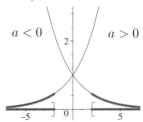

Weitere Beispiele dieser Art kann der Leser leicht beibringen.   △

Aus gegebenen beschränkten Funktionen lassen sich leicht weitere beschränkte Funktionen gewinnen, denn es gilt folgendes **Erhaltungsprinzip**:

> *Summe, Vielfache, Komposition, Minima und Maxima sowie Beträge beschränkter Funktionen sind beschränkt.*

Dies ist die genaue Formulierung:

Satz 6.7. *Es seien $f, g : D \to \mathbb{R}$ auf einem Intervall $D \subseteq \mathbb{R}$ definierte beschränkte Funktionen. Dann sind ebenfalls beschränkt die Funktionen*

(i) λf ($\lambda \in \mathbb{R}$)

(ii) $f + g$

(iii) $f \circ h$ für jede beliebige Funktion $h : \mathbb{R} \supseteq E \to D$

(iv) $\min(f, g)$ und $\max(f, g)$

(v) $|f|$.

Beispiel 6.8. Die Potenzfunktionen $f : x \to x^2$ und $g : x \to x^{1/2}$ sind auf $D := (0, 1]$ beschränkt. Mit ihnen ist auch die Funktion $h : x \to 417x^2 - \frac{1}{2}x^{1/2}$ beschränkt – als "Summe" von Vielfachen von f und g.   △

Achtung: *Der Quotient zweier beschränkter Funktionen kann durchaus unbeschränkt sein!*

Beispiel 6.9 (↗F 6.8). Die Funktion $\frac{g}{f} : x \to x^{-3/2}$ ist auf $(0, 1]$ unbeschränkt!   △

Zwischenbilanz

Die Frage, ob eine gegebene Funktion beschränkt ist, können wir bislang in folgenden Fällen leicht entscheiden:

- wenn die definitionsgemäße Antwort offensichtlich ist
- wenn die Funktion unserem Katalog angehört
- wenn sie sich durch "Erhaltung" auf beschränkte Funktionen zurückführen lässt.

Weitere Untersuchungsmethoden beruhen auf der Suche nach Extremwerten, die wir in Kapitel 11 besprechen.

6.3 Aufgaben

Aufgabe 6.10 (∕L). Für jede der nachfolgend angegebenen Funktionen untersuche man:

- Ist f_i beschränkt?
- Ist der Definitionsbereich D_i von f_i beschränkt?
- Bestimmen Sie in allen Fällen $\inf D$, $\sup D$, $\inf f$ und $\sup f$.

Die zu untersuchenden Funktionen sind:

1. $f_0 : [0, \infty) \to \mathbb{R} : f_0(x) = 7x - 2$
2. $f_1 : [0, 10) \to \mathbb{R} : f_1(x) = x^3 - 12x^2 + 60x + 15$
3. $f_2 : [0, \infty) \to \mathbb{R} : f_2(x) = 1 - e^{-x}$
4. $f_3 : (0, \infty) \to \mathbb{R} : f_3(x) = \frac{1}{x} e^x$

Aufgabe 6.11. Untersuchen Sie die nachfolgend beschriebenen Funktionen $f_1, ..., f_4$ auf Beschränktheit

$$
\begin{aligned}
f_1(x) &= 8x^2 - 32x + 104 &&\text{für } x \in D_1 = [0, \infty) \\
f_2(x) &= \sqrt{x} &&\text{für } x \in D_2 = [0, \infty) \\
f_3(x) &= \ln x &&\text{für } x \in D_3 = (0, \infty) \\
f_4(x) &= e^{-x^2} &&\text{für } x \in D_4 = [0, \infty)
\end{aligned}
$$

Aufgabe 6.12 (∕L). Auf dem Definitionsbereich $D := [0, \infty)$ werden zwei Funktionen $f : D \to \mathbb{R}$, $f(x) := e^{ax}$, und $g : D \to \mathbb{R}$, $g(x) := ax^2 + x$ betrachtet.

(i) Geben Sie Bedingungen an die darin enthaltene Konstante a an, die notwendig und hinreichend dafür sind, dass f beschränkt ist.

(ii) Geben Sie Bedingungen an die darin enthaltene Konstante a an, die notwendig und hinreichend dafür sind, dass g nach oben beschränkt ist.

Aufgabe 6.13. Man begründe die Aussagen von Satz 6.7!

7

Stetige Funktionen

7.1 Motivation und Begriffe

Die folgende Skizze zeigt die Graphen zweier Funktionen s und u:

Während die in blau dargestellte Kurve von s kontinuierlich verläuft, weist der rot dargestellte Graph von u Sprünge auf. Entsprechend nennt man im englischen Sprachgebrauch die Funktion s *continuous* und die Funktion u *discontinuous*. Im Deutschen haben sich dagegen die Begriffe "stetig" bzw. "unstetig" durchgesetzt.

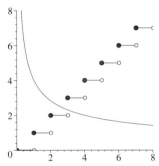

Beide Funktionenklassen haben ihren festen Platz in der Ökonomie. Stetige Funktionen werden zur Beschreibung *kontinuierlicher* Vorgänge herangezogen, unstetige zur Beschreibung *diskontinuierlicher*. Viele Produktionsvorgänge liefern einen Output $p(x)$, der kontinuierlich vom Input x abhängt. Die tarifliche Einkommensteuer $s(x)$ bei einem zu versteuernden Einkommen x hingegen verläuft diskontinuierlich, weil bei kontinuierlichem Verlauf eine Tabellierung der Einkommensteuer nicht möglich wäre.

Obwohl es also für beide Funktionentypen ökonomische Anwendungen gibt, erfreuen sich die stetigen Funktionen besonderer Beliebtheit. Die Ursachen liegen in ihrer einfachen Handhabbarkeit, in eleganten Resultaten, die für diese Funktionen erhältlich sind, und nicht zuletzt in – mathematischer Bequemlichkeit.

Wir kommen nun zu einer präziseren Bestimmung des Begriffes "Stetigkeit". Als Vorstufe könnte folgende griffige Formulierung dienen:

> *"Eine Funktion f ist stetig, wenn man ihren Graph zeichnen kann, ohne mit dem Stift abzusetzen."*

Diese Formulierung genügt, um den Sinn vieler Aussagen über stetige Funktionen zumindest intuitiv richtig zu erfassen, und wir werden in weiten Teilen dieses Textes damit auskommen. Mit Blick auf die intensiven Anwendungen der Mathematik im Band *BK* Math 3 mag es jedoch für interessierte Leser sinnvoll sein, neben dem "Stift" auch über ein mathematisches Argument zu verfügen. Wir gehen im folgenden Absatz kurz darauf ein (weniger interessierte Leser mögen ihn überspringen).

Formale Definition

Wir wollen zunächst mathematisch fassen, was es bedeutet, wenn eine Funktion f an einer Stelle x stetig ist. Die Abbildung links macht deutlich, worum es geht: Es sei (x_n) eine beliebige Folge von Argumenten, die gegen x konvergiert. Markieren wir die zugehörigen Punkte des Graphen von f durch kleine Kreise, so sehen wir, dass diese bei einer "stetigen" Funktion auf den Punkt $(x, f(x))$ zulaufen. Insbesondere gilt auch $f(x_n) \to f(x)$.

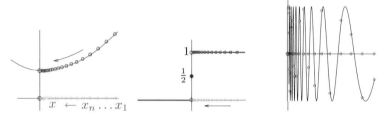

Bei einer an der Stelle x "unstetigen" Funktion trifft dies nicht zu, weil der Graph von f an der Stelle x "springt" oder gar ein chaotisches Verhalten zeigt (Bilder Mitte und rechts). Genauer: Im mittleren Bild gilt $f(x_n) = 1$ für alle n, jedoch $f(x) = f(0) = \frac{1}{2}$. Es folgt daher $\lim_{n \to \infty} f(x_n) \neq f(x)$. (Beim Grenzübergang $n \to \infty$ "springt" der Funktionswert sozusagen vom Wert 1 auf den Wert $\frac{1}{2}$; man spricht daher auch von einer *Sprungstelle*.) Im rechten Bild besitzt die chaotisch verlaufende Folge $(f(x_n))$ nicht einmal einen Grenzwert; es kann also erst recht nicht gelten $\lim_{n \to \infty} f(x_n) = f(x)$.

Definition 7.1. *Es sei $D \subseteq \mathbb{R}$ nichtleer. Eine Funktion $f : D \to \mathbb{R}$ heißt stetig an der Stelle $x \in D$, wenn für jede Folge (x_n) von Punkten aus D mit $x_n \to x$ gilt $f(x_n) \to f(x)$. Die Funktion f heißt stetig (schlechthin), wenn sie an jeder Stelle $x \in D$ stetig ist.*

Ist die Funktion f stetig an der Stelle x, schreibt man auch

$$\lim_{y \to x} f(y) = f(x).$$

Ist die Funktion f dagegen an einer Stelle x nicht stetig, so nennt man sie (an dieser Stelle) *unstetig*, und die Stelle x nennt man *Unstetigkeitsstelle* (siehe die Bilder Mitte und rechts).

Der Nachteil unserer Definition ist, dass es darin heißt *"jede* Folge ..." – denn davon gibt es schrecklich viele. Wollen wir nun anhand der Definition nachweisen, dass eine bestimmte Funktion an einer Stelle x stetig ist, können wir diese Folgen selbstverständlich nicht einzeln, sondern nur summarisch betrachten. Die folgende Abbildung macht deutlich, wie wir uns behelfen können:

Geben wir uns eine beliebige Genauigkeitsschranke ε vor, so werden bei einer stetigen Funktion die Funktionswerte $f(x_n)$ mit höherer Genauigkeit als ε bei $f(x)$ liegen, sobald nur die Argumente x_n hinreichend nahe bei x liegen (sagen wir, mit höherer Genauigkeit als ein passendes δ).

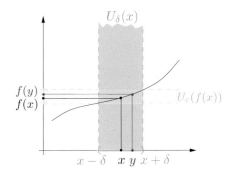

Satz 7.2. *Es seien D ein (nichtausgeartetes) Intervall und $f : D \to \mathbb{R}$ eine Funktion. Die Funktion f ist genau dann stetig an der Stelle $x \in D$, wenn zu jedem $\varepsilon > 0$ ein $\delta > 0$ derart existiert, dass gilt:*

$$|y - x| < \delta \Longrightarrow |f(y) - f(x)| < \varepsilon. \tag{7.1}$$

Einfache Anwendungsbeispiele

Diese Aussage klingt zunächst etwas abstrakt, ist aber bestens geeignet, beliebige Funktionen auf Stetigkeit zu untersuchen. Dies ist allerdings generell nicht das Anliegen dieses Textes. Wir beschränken uns daher darauf, die Wirkungsweise an zwei einfachen Beispielen zu demonstrieren. Der weniger interessierte Leser mag diese Beispiele überspringen.

Beispiel 7.3. Die identische Funktion $id : \mathbb{R} \to \mathbb{R} : x \to x$ ist stetig. (In der Tat: geben wir $\varepsilon > 0$ vor und setzen wir $\delta := \varepsilon$, so folgt aus $|y - x| < \delta$ sofort $|id(y) - id(x)| = |y - x| < \varepsilon$.) $\triangle$

Beispiel 7.4. Die Funktion $q : [-1, 1] \to \mathbb{R} : x \to x^2$ ist stetig. Sei $x \in [-1, 1]$ beliebig gewählt. Wir wollen mittels (7.1) zeigen, dass f dort stetig ist. Dazu nehmen wir an, $\varepsilon > 0$ sei gegeben, und müssen nun ein passendes δ bestimmen, so dass (7.1) gilt. Dazu überlegen wir:

Es gilt stets $f(y) - f(x) = y^2 - x^2 = (x + y)(x - y)$ und daher

$$
\begin{aligned}
|f(y) - f(x)| = |y^2 - x^2| &= |(x + y)(x - y)| = |x + y||x - y| \\
&\leq |x + y|\,\delta = |(x + x) + (y - x)|\delta \\
&\leq (|x + x| + |y - x|)\delta \\
&\leq (|x| + |x| + |(y - x)|)\delta \\
&\leq (|x| + |x| + \delta)\delta \\
&\leq (2 + \delta)\delta.
\end{aligned}
$$

Wir suchen zunächst nach einem $\delta > 0$, für welches der Ausdruck rechts gleich ϵ wird:

$$(2 + \delta)\delta = \varepsilon.$$

Dies ist gerade die positive Nullstelle der Gleichung

$$\delta^2 + 2\delta - \varepsilon = 0,$$

also $\delta = -1 + \sqrt{1 + \varepsilon}$. Sobald also gilt $|y - x| < -1 + \sqrt{1 + \varepsilon}$ folgt

$$|q(y) - q(x)| < \varepsilon. \qquad\qquad \triangle$$

7.2   Das Reservoir stetiger Funktionen

Wesentlich wichtiger als die beiden vorangehenden Beispiele an sich ist für uns die Feststellung, dass sich auf ähnliche Weise Folgendes zeigen lässt:

Satz 7.5. *Alle Katalogfunktionen sind stetig. (Im Einzelnen sind also auf ihrem größtmöglichen Definitionsbereich stetig:*

(i) *affine Funktionen $x \to ax + b$*

(ii) *Potenzfunktionen $x \to x^p$*

(iii) *Exponentialfunktionen $x \to e^{ax}$*

(iv) *Logarithmusfunktionen $x \to \log_a x$ (mit $a > 0$);*

(v) *die Winkelfunktionen $x \to \sin x$ und $x \to \cos x$*

(vi) *die Funktionen $x \to |x|, x \to x^+, x \to x^-$).*

Stetig sind ferner die Einschränkungen der Katalogfunktionen auf beliebige nichtausgeartete Intervalle.

Darüber hinaus gilt auch im Falle der Stetigkeit das schon beim Thema "Beschränktheit" verwendete Erhaltungsprinzip:

Summe, Vielfache, Komposition, Minima und Maxima sowie Beträge stetiger Funktionen sind stetig.

Dies ist die genaue Formulierung:

Satz 7.6. *Es seien $f, g : D \to \mathbb{R}$ auf einem Intervall $D \subseteq \mathbb{R}$ definierte stetige Funktionen. Dann sind ebenfalls stetig die Funktionen*

(i) *λf ($\lambda \in \mathbb{R}$)*

(ii) *$f + g$*

(iii) *$f \circ h$ für jede stetige Funktion $h : \mathbb{R} \subseteq E \to D$*

(iv) *$\min(f, g)$ und $\max(f, g)$*

(v) *$|f|$.*

Beispiel 7.7.

(a) Die Funktion $x \to 3\sin x - \cos x + 217$, $x \in \mathbb{R}$, ist eine Summe von Vielfachen der stetigen Funktionen $\sin, \cos$ und $1 = x^0$, und nach *(i)* und *(ii)* also stetig.

(b) $l(x) := \sin(e^{(-33x^{11})})$, $x \in \mathbb{R}$, kann gelesen werden als $f(h(l(x)))$ mit $l(x) = -33x^{11}, h(y) = e^y$ und mit $f(z) = \sin z$. Alle drei Funktionen sind stetig, damit zunächst auch die Komposition $h \circ l : x \to e^{-33x^{11}}$ und daher auch die "Gesamtfunktion" als Komposition $f \circ (h \circ l)$. (Hier wenden wir die Aussage *(iii)* des Satzes sozusagen zweifach an.)

(c) Die Funktion $z(x) = \max(\sin x, \cos x)$, $x \in \mathbb{R}$, ist das Maximum stetiger Funktionen und somit nach Punkt *(iv)* stetig. (Hier eine kleine Skizze:)

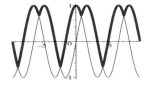

(d) Jedes Polynom $x \to P(x) = a_n x^n + a_{n-1} x^{n-1} + ... + a_1 x^1 + a_0$, aufgefasst als eine auf $\mathbb{R}$ oder einem geeigneten Intervall definierte Funktion, ist stetig. (Denn die Summanden sind Vielfache der stetigen Potenzfunktionen.)   △

Achtung: *Die folgenden Funktionen sind unstetig:*

(i) *die signum-Funktion $x \to \text{sgn}(x)$, $x \in \mathbb{R}$ (Unstetigkeitsstelle: $x = 0$),*

(ii) *die floor-Funktion $x \to \lfloor x \rfloor$, $x \in \mathbb{R}$ (Unstetigkeitsstellen: $x = n \in \mathbb{Z}$),*

(iii) *die ceiling-Funktion $x \to \lceil x \rceil$, $x \in \mathbb{R}$ (Unstetigkeitsstellen: wie (ii)).*

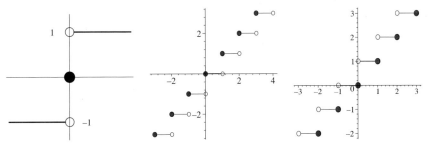

Unstetig *können* demzufolge auch sein: Summen, Vielfache, Kompositionen etc., die diese Funktionen enthalten.

Wir fassen zusammen: Unter Verwendung des Erhaltungsprinzipes erhalten wir eine riesige Zahl von stetigen Funktionen, mit denen wir arbeiten können. Unstetigkeiten treten typischerweise nur in Verbindung mit den wenigen vorgenannten Sonderfunktionen auf. Der Leser kann also darauf vertrauen, es in fast allen folgenden Abschnitten mit stetigen Funktionen zu tun zu haben; die wenigen Ausnahmen werden leicht erkennbar oder besonders gekennzeichnet sein.

7.3   Einige Anwendungen

Die Bedeutung des Begriffes "Stetigkeit" in der Mathematik kann gar nicht überschätzt werden. Wir wollen hier beispielhaft einige nahezu selbstverständliche Konsequenzen aufzeigen. Die erste ist der sogenannte "Zwischenwertsatz":

Satz 7.8. *Es seien $f : D \to \mathbb{R}$ eine stetige Funktion und $a < b \in D$. Dann wird jede zwischen $f(a)$ und $f(b)$ liegende Zahl als Funktionswert angenommen.*

(Die Skizze illustriert, worum es geht.) Wo liegt der Nutzen?

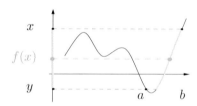

Beispiel 7.9. Von einer Funktion $f : [0, \infty) \to \mathbb{R}$ sei bekannt:

(a) $f(0) > 0$

(b) f ist stetig

(c) $f(x) \neq 0$ für alle x.

Kann f negative Werte annehmen? Die Antwort lautet: Nein! (Wenn dies nämlich doch der Fall wäre – etwa an einer Stelle $b > 0$, so hätten wir einerseits $f(b) < 0$, andererseits (mit $a := 0$) $f(a) > 0$. Als Zwischenwert der wird auch der Wert Null an einer passenden Stelle x als Funktionswert der stetigen Funktion f angenommen – im Widerspruch zu (c).)   △

Anwendungen dieser Schlussweise finden sich z.B. bei der Kurvendiskussion, bei Extremwertaufgaben etc.

Eine weitere wichtige Anwendung findet sich unter dem Stichwort **"Intervallhalbierungsmethode"** bei der zahlenmäßigen Lösung von Gleichungen der Form $f(x) = y$.

Beispiel 7.10. Gesucht ist – sofern existent – eine Lösung $x^* \geq 0$ der Gleichung

$$f(x) := x^2 + \sqrt{x} = 50,$$

diese soll näherungsweise mit einem Fehler von höchstens 0.1 angegeben werden.

Wir überlegen kurz, ob eine solche Lösung überhaupt existieren muss. Dies ist der Fall, denn wegen $f(1) = 2 < 50$ und z.B. $f(9) = 84 > 50$ muss die stetige Funktion f an mindestens einer Stelle x^* des Intervalls $(a, b) := (1, 9)$ den Wert 50 annehmen.

Wir wählen nun den Mittelpunkt des Intervalls

$$c := \frac{a + b}{2} = \frac{1 + 9}{2} = 5$$

als Näherungswert für x^*. Da x^* ebenfalls im Intervall (a, b) liegt, ist der absolute Näherungsfehler $|x^* - c|$ kleiner als die halbe Intervallbreite

$$\Delta := \frac{b - a}{2} = \frac{9 - 1}{2} = 4.$$

Da die Genauigkeit der Näherung bei Weitem noch nicht ausreicht, stellen wir fest, ob x^* in der linken oder in der rechten Intervallhälfte liegt. Dazu bestimmen wir den Funktionswert an der Stelle c:

$$f(c) = 5^2 + \sqrt{5} < 5^2 + 5 < 50.$$

Wir schließen: Die gesuchte Lösung x^* befindet sich in der rechten Hälfte $(c, b) = (5, 9)$ des Ausgangsintervalls $(a, b) = (1, 9)$. Nun setzen wir $a := c$ und wiederholen dieselbe Überlegung mit dem neuen Intervall $(a, b) = (5, 9)$ – so lange, bis die gewünschte Genauigkeit erreicht ist.

Die Rechnungen können tabellarisch so dargestellt werden:

Schritt:	$a =$	$b =$	$c =$	Δ	$f(a)$	$f(b)$	$f(c) \approx$
1	1	9	5	4	-50	84	27, 23
2	5	9	7	2	—	—	51,65
3	5	7	6	1	—	—	38,44
4	6	7	6,5	0,5	—	—	44,80
5	6,5	7	6,75	0,25	—	—	48,16
6	6,75	7	6,875	0,125	—	—	49,88
7	6,875	7	6,9375	0,0625	—	—	***

Ergebnis: 6,9375 ist ein Näherungswert für die gesuchte Lösung x^* und weicht davon absolut weniger als 0,0625 ab. △

Wir bemerken, dass sich infolge der Intervallhalbierung mit jedem Schritt unseres Verfahrens die Näherungsgenauigkeit verdoppelt. Es gibt jedoch auch Näherungsverfahren, die noch weitaus schneller zum Ziel führen. So werden wir im Kapitel 8 das sogenannte *Newton-Verfahren* kennenlernen.

Schließlich erwähnen wir noch folgende wichtige Erkenntnis:

Satz 7.11 (Maximumprinzip). *Es seien $D \subseteq \mathbb{R}$ eine nichtleere kompakte (d.h., beschränkte und abgeschlossene) Menge und $f : D \to \mathbb{R}$ eine stetige Funktion. Dann existiert eine Stelle $x° \in D$ mit $f(x) \leq f(x°)$ für alle $x \in D$.*

Die für uns interessantesten kompakten Mengen sind die abgeschlossenen Intervalle der Form $[a, b]$. Dann besagt der Satz mit anderen Worten: Eine auf einem Intervall $[a, b]$ definierte stetige Funktion besitzt einen größtmöglichen Funktionswert (nämlich $f(x°)$). Insbesondere ist f nach oben beschränkt. Unser Maximumprinzip ist implizit auch ein Minimumprinzip: Denn weil mit f auch die Funktion $-f$ stetig ist, besitzt diese (etwa an der Stelle $x_\circ$) einen größtmöglichen Funktionswert $-f(x°°)$; dann aber ist $f(x_\circ)$ der kleinstmögliche Funktionswert von f. Insbesondere ist f nach unten beschränkt. Als Nebenprodukt haben wir also gewonnen:

Folgerung 7.12. *Jede auf einer kompakten Menge definierte stetige Funktion ist beschränkt.*

7.4   Ergänzungen: Grenzwerte und Asymptoten

Die folgenden Begriffe erweisen sich bei der Untersuchung reeller Funktionen als nützlich:

Definition 7.13. *Es seien $D \subseteq \mathbb{R}$, $f : D \to \mathbb{R}$ eine Funktion und $x \in \overline{\mathbb{R}}$ ein Häufungspunkt von D. Wir sagen, f besitze an der Stelle x den rechtsseitigen (bzw. linksseitigen) Grenzwert $a \in \overline{\mathbb{R}}$, falls gilt*

$$a = \lim_{n \to \infty} f(x_n)$$

für jede gegen x konvergierende Folge $(x_n) \subseteq D$ mit $x_n > x$ (bzw. $x_n < x$) für alle $n \in \mathbb{N}$, vorausgesetzt, eine derartige Folge existiert. In diesem Fall schreiben wir

$$a =: \lim_{y \downarrow x} f(y) =: f(x+) \quad \text{bzw.} \quad a =: \lim_{y \uparrow x} f(y) =: f(x-).$$

Wenn die in der Definition genannten Voraussetzungen nicht erfüllt sind, sagen wir, $f(x+)$ (bzw. $f(x-)$) *existiere nicht*. Zu beachten ist weiterhin, dass sowohl für x als auch für a die *uneigentlichen* Werte $-\infty$ und $+\infty$ zugelassen sind.

Beispiel 7.14. Es seien $D := (0, \infty)$ und $f : D \to \mathbb{R}$ durch $f(x) := \frac{1}{x}$, $x \in D$, gegeben. Es gilt bekanntlich

$$\lim_{x \to 0} f(x) = \lim_{x \to 0} \frac{1}{x} = \infty$$

und

$$\lim_{x \to \infty} f(x) = \lim_{x \to \infty} \frac{1}{x} = 0.$$

Das schreiben wir jetzt kürzer:

$$f(0+) = \infty \quad \text{und} \quad f(\infty-) = 0.$$

Jedoch: $f(0-)$ existiert nicht (es gibt keine Folge in D mit $x_n \uparrow x$).   △

Als erste Nutzanwendung können wir über die Stetigkeit einer Funktion f nun auch so urteilen:

Satz 7.15. *Eine auf einer Menge $D \subseteq \mathbb{R}$ definierte Funktion $f : D \to \mathbb{R}$ ist genau dann an einem inneren Punkt $x \in D$ stetig, wenn die Grenzwerte $f(x+)$ und $f(x-)$ existieren und gilt $f(x-) = f(x) = f(x+)$.*

Als zweite Nutzanwendung können wir vieles kurz und bündig sagen, so z.B. das asymptotische Verhalten einer gegebenen Funktion f betreffend:

- Existieren reelle Konstanten a und b derart, dass für die auf D durch

$$g(x) := f(x) - (ax + b)$$

  definierte Funktion g gilt $g(\infty-) = 0$ (bzw. $g(\infty+) = 0$), so sagen wir, f besitze für $x \to \infty$ (bzw. für $x \to -\infty$) die *Asymptote* $ax + b$.
- Wir nennen eine Stelle $x \in \mathbb{R}$ *Polstelle* von f, wenn mindestens einer der Grenzwerte $f(x+)$ oder $f(x-)$ existiert und *nicht* endlich ist.

Weitere Nutzanwendungen werden uns im Kapitel über Extremwertprobleme begegnen.

7.5 Aufgaben

Aufgabe 7.16 (⟋L). Welche der nachfolgenden Funktionen sind stetig, welche unstetig? (Begründen Sie Ihre Entscheidungen und geben Sie im Falle unstetiger Funktionen die Unstetigkeitsstellen an!)

(a) $\sqrt{x} + x^{13}$, $x \geq 0$

(b) $\sin(x^2 + 1), x \in \mathbb{R}$

(c) $\frac{1}{x^2+1}, x \in \mathbb{R}$

(d) $1^{x^2-1}, x \in \mathbb{R} \backslash \{-1, 1\}$

(e) $|\cos x|, x \in \mathbb{R}$

(f) $f(x) = 1_{\mathbb{Q}}(x), x \in \mathbb{R}$

(g) $2^{\lfloor x \rfloor}, x \in \mathbb{R}$

(h) $\min(\frac{1}{2}, \max(-\frac{1}{2}, \lfloor x \rfloor)), x \in \mathbb{R}$

Aufgabe 7.17. (⋆) Begründen Sie mit Hilfe der $\varepsilon - \delta$–Relation, warum die Summe zweier stetiger Funktionen stetig ist.

Aufgabe 7.18. Welche der folgenden Aussagen sind richtig (allgemeingültig), welche falsch?

(a) Die Komposition $f \circ g$ einer stetigen Funktion f mit einer beschränkten Funktion g ist beschränkt.

(b) Die Komposition $f \circ g$ einer stetigen Funktion f mit einer stetigen Funktion $g : [a, b] \to \mathbb{R}$ ist beschränkt.

(c) Es gilt: f ist genau dann stetig, wenn $|f|$ stetig ist.

(d) Wenn eine stetige Funktion f den Wert 0 annimmt, aber die Werte -5 und $+5$ nicht, so ist sie beschränkt.

8

Differenzierbare Funktionen

8.1 Der Ableitungsbegriff

8.1.1 Motivation

Der Ableitungsbegriff ist zweifellos einer der wichtigsten im Thema "reelle Funktionen". Aus der Schulmathematik wird damit zunächst immer der Anstieg einer Tangente an den Graphen einer Funktion assoziiert. Wir werden sehen, dass die Bedeutung der Ableitung weit über diese Interpretation hinausgeht. Das gilt insbesondere mit Blick auf die Ökonomie, in der oft gefragt wird, wie sich kleinste Änderungen von Inputgrößen auf den Output auswirken.

Bevor wir zu derartigen Anwendungen kommen, benötigen wir zunächst präzise Begriffe.

8.1.2 Begriffe und Sprechweisen

Definition 8.1. *Es seien $D \subseteq \mathbb{R}$, $f : D \to \mathbb{R}$ und x_0 ein innerer Punkt von D. Existiert der endliche Grenzwert*

$$\lim_{h \to 0, h \neq 0} \frac{f(x_0 + h) - f(x_0)}{h} =: f'(x_0)$$

so heißt f differenzierbar an der Stelle x_0 und $f'(x_0)$ heißt Ableitung der Funktion f an der Stelle x_0.

Zur Interpretation der Ableitung

Wir nehmen an, es seien f, x_0 und eine Konstante h gegeben (bequemlichkeitshalber betrachten wir den Fall $h > 0$). Den hinter dem Limeszeichen stehenden Ausdruck

$$\frac{f(x_0 + h) - f(x_0)}{h} =: \frac{Z}{N} =: \mathsf{D}f(x_0, x_0 + h)$$

bezeichnet man als *Differenzenquotienten*. Seine *geometrische* Bedeutung lässt sich gut anhand folgender Skizze des Graphen von f erläutern.

Auf der Abszissenachse sind die Punkte x_0 und $x_0 + h$, auf der Ordinatenachse die zugehörigen Funktionswerte $f(x_0)$ und $f(x_0 + h)$ hervorgehoben.

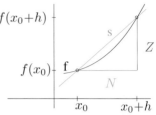

Ihnen entsprechen die beiden Punkte $(x_0, f(x_0))$ und $(x_0 + h, f(x_0 + h))$ auf dem Graphen von f. Durch diese verläuft eine eindeutig bestimmte Gerade s (türkis, auch als "Sekante" bezeichnet). Der Anstieg dieser Sekante kann an einem beliebigen Steigungsdreieck als das (vorzeichenbehaftete) Verhältnis Höhe : Grundseite abgelesen werden. Das in der Skizze eingetragene Steigungsdreieck hat die Höhe Z und die Grundseite N, mithin gibt der Differenzenquotient genau die *Steigung der Sekante s* an.

Lässt man nun die Konstante h gegen 0 gehen, wandert der rechte der beiden hervorgehobenen Punkte des Graphen – d.h. $(x_0 + h, f(x_0 + h))$ – auf den linken zu.

Dabei dreht sich die Sekante s – langsam ihre Farbe von türkis auf rot verändernd – um den Punkt $(x_0, f(x_0))$ im Uhrzeigersinn nach unten und geht in die in Grenzlage befindliche Tangente t über.

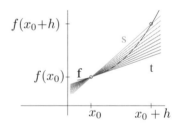

Gleichzeitig geht die Sekantensteigung $\mathsf{D}f(x_0, x_0 + h)$ in den Wert $f'(x_0)$ über. Also gibt $f'(x_0)$ die *Steigung der Tangente t* an den Graphen von f im Punkt $(x_0, f(x_0))$ wieder.

Differenzen- und Differentialquotient besitzen auch eine *quantitative* Interpretation: Setzen wir

$$\Delta x := \quad h$$
$$\Delta f := \quad f(x_0 + h) - f(x_0)$$

so kann ein Differenzenquotient gelesen werden als

$$\frac{\Delta f}{\Delta x} = \frac{f(x_0 + \Delta x) - f(x_0)}{\Delta x} = \frac{\text{\emph{(absoluter) Funktionswertzuwachs}}}{\text{\emph{(absoluter) Argumentzuwachs}}}.$$

Er drückt so die Wachstumsrate der Funktion beim Übergang vom Punkt x_0 zum Punkt $x_0 + h$ aus. Die Ableitung als Grenzwert dieser Wachstumsraten ist daher als "infinitesimale" oder auch "lokale" Wachstumsrate zu deuten. Auf Anwendungen gehen wir weiter unten ein.

Weitere Bezeichnungen

Da die Ableitung $f'(x_0)$ nichts anderes ist als ein Grenzwert von Differenzenquotienten, wird sie auch als *Differentialquotient* bezeichnet. Man schreibt ebenso

$$f'(x_0) =: \mathsf{D}f(x_0) =: \frac{df}{dx}\Big|_{x=x_0} =: \frac{d}{dx}f\Big|_{x=x_0}.$$

Die Quotientenschreibweise geht auf Leibniz zurück. Die dabei auftretenden Größen df und dx werden als das *Differential* von f bzw. von x bezeichnet. Sie sind rein formaler Natur und verstehen sich als "unendlich kleine" Größen, haben also keinen Zahlenwert. Deswegen ist der Quotient auf der rechten Seite rein symbolisch und kein "richtiger" Quotient. – Die Bezeichnung x_0 soll unterstreichen, dass es sich dabei sozusagen um einen "Ausgangspunkt" handelt; er kann selbstverständlich beliebig benannt werden.

Berechnungsbeispiele

Beispiel 8.2 (manuelle Berechnung der Ableitung für $x \to x^2$). Wir betrachten die auf ganz $\mathbb{R}$ definierte Funktion $f : x \to x^2$ und untersuchen anhand der Definition, ob sie an einer (beliebigen) Stelle x_0 differenzierbar ist. Dazu bilden wir den Differenzenquotienten:

$$\mathsf{D}f(x_0, x_0 + h) = \frac{f(x_0 + h) - f(x_0)}{h} = \frac{(x_0 + h)^2 - x_0^2}{h}$$
$$= \frac{x_0^2 + 2x_0 h + h^2 - x_0^2}{h} = 2x_0 + h.$$

Offensichtlich gilt

$$\lim_{h \to 0, h \neq 0} \mathsf{D}f(x_0, x_0 + h) = \lim_{h \to 0, h \neq 0}(2x_0 + h) = 2x_0,$$

also ist diese Funktion an der Stelle x_0 differenzierbar mit der Ableitung $f'(x_0) = 2x_0$. (Man beachte: x_0 wurde völlig beliebig gewählt, daher ist f an *jeder* Stelle x_0 in D_f differenzierbar.) △

Beispiel 8.3. Diesmal betrachten wir die auf ganz $\mathbb{R}$ definierte Betragsfunktion abs mit $\mathrm{abs}(x) := |x|$, $x \in \mathbb{R}$ und argumentieren zunächst *intuitiv*: Da der Graph dieser Funktion aus zwei aufeinander senkrecht stehenden Halbgeraden mit den Steigungen -1 bzw. +1 gebildet wird, deren jede zugleich Tangente an sich selbst ist, wird man erwarten, dass die Ableitung an jeder von Null verschiedenen Stelle x existiert und dabei gilt

$$\mathrm{abs}'(x) = \begin{cases} 1 & x > 0 \\ -1 & x < 0 \end{cases} \tag{8.1}$$

während an der Stelle $x = 0$ der Graph von abs einen "Knick" hat und somit dort eine Tangente – mithin auch eine Ableitung – nicht existieren kann.

Rechnerisch können wir die Ergebnisse unter (8.1) wie im vorangehenden Beispiel bestätigen, indem wir Differenzenquotienten und deren Grenzwerte betrachten. An der Stelle $x = 0$ hingegen sehen wir, dass zwar die beiden *einseitigen* Grenzwerte der Differenzenquotienten

$$\lim_{h \to 0, h > 0} \frac{|0 + h| - |0|}{h} = \lim_{h \to 0, h > 0} \frac{h}{h} = 1,$$

$$\lim_{h \to 0, h < 0} \frac{|0 + h| - |0|}{h} = \lim_{h \to 0, h < 0} \frac{-h}{h} = -1$$

existieren, jedoch *verschieden* sind; der "Gesamt-" Grenzwert

$$\lim_{h \to 0, h \neq 0} \frac{|0 + h| - |0|}{h}$$

kann also nicht existieren. $\triangle$

Erweiterung: Einseitige Ableitungen

Bei unserer Definition der Ableitung an einer Stelle x_0 wurde bisher vorausgesetzt, dass x_0 ein *innerer* Punkt des Definitionsbereiches sei. Damit soll sichergestellt werden, dass die für die Differenzenquotienten benötigten Funktionswerte $f(x_0 + h)$ zumindest für alle hinreichend kleinen h überhaupt definiert sind. Es kommt jedoch oft vor, dass f z.B. auf einem Intervall der Form $[a, b]$ definiert ist. Dann würde man gern auch an den Intervallenden so etwas wie einen Ableitungsbegriff haben. Abhilfe schafft hier der Begriff der rechts- oder linksseitigen Ableitung, der auch durch das letzte Beispiel motiviert ist:

Definition 8.4. *Es seien* $D \subseteq \mathbb{R}$, $f : D \to \mathbb{R}$ *und* x_0 *ein Punkt aus* D *mit der Eigenschaft, dass ein Intervall der Form* $[x_0, x_0 + \varepsilon)$ *bzw. der Form* $(x_0 - \varepsilon, x_0]$ *mit einem passenden* $\varepsilon > 0$ *ganz in* D *liegt. Existiert der endliche Grenzwert*

$$\lim_{h \to 0, h > 0} \frac{f(x_0 + h) - f(x_0)}{h} =: \mathsf{D}^+ f(x_0),$$

$$\lim_{h \to 0, h < 0} \frac{f(x_0 + h) - f(x_0)}{h} =: \mathsf{D}^- f(x_0)$$

so heißt f *rechtsseitig bzw. linksseitig differenzierbar an der Stelle* x_0. $\mathsf{D}^+ f(x_0)$ *und* $\mathsf{D}^- f(x_0)$ *heißen* rechtsseitige *bzw.* linksseitige Ableitung *der Funktion* f *an der Stelle* x_0.

Einseitige Ableitungen sind hauptsächlich an solchen Stellen interessant, an denen eine "gewöhnliche" Ableitung nicht existiert oder die am Rande des Definitionsbereiches liegen.

Beispiel 8.5 (⟋F 8.3)**.** Für die auf ganz $\mathbb{R}$ definierte Betragsfunktion abs hatten wir gefunden $\mathsf{D}^- \mathrm{abs}(0) = -1$, $\mathsf{D}^+ \mathrm{abs}(0) = 1$. $\triangle$

Natürlich lassen sich auch (etwas kompliziertere) Beispiele angeben, in denen nicht einmal einseitige Ableitungen existieren. Wir weisen noch darauf hin, dass die Schreibweise D^+ *nicht* bedeutet, dass diese einseitige Ableitung stets positiv sein müsste; ebensowenig ist D^- stets negativ! So gilt z.B. für die negative Betragsfunktion $-\mathrm{abs}$ $D^+(-\mathrm{abs})(0) = -1$.

Die folgende Aussage liegt auf der Hand:

Satz 8.6. *Es seien $D \subseteq \mathbb{R}$, $f : D \to \mathbb{R}$ und x_0 ein* innerer *Punkt von D. Die Funktion f ist genau dann differenzierbar an der Stelle x_0, wenn sie sowohl rechts- als auch linksseitig differenzierbar ist und beide einseitigen Ableitungen übereinstimmen. In diesem Fall gilt*

$$\mathsf{D}^+ f(x_0) = \mathsf{D}^- f(x_0) = \mathsf{D}f(x_0) = f'(x_0).$$

Vereinbarung 8.7. *Es seien $D \subseteq \mathbb{R}$ ein echtes Intervall und $f : D \to \mathbb{R}$ eine Funktion. Besitzt f in einem zu D gehörenden Randpunkt a eine einseitige Ableitung, nennen wir diese vereinfachend kurz* Ableitung *von f an der Stelle a und schreiben dafür symbolisch ebenfalls $f'(a)$.*

Differenzierbare Funktionen

Die beiden vorangehenden Beispiele 8.2 und 8.5 geben weiterhin Anlass zu folgender

Definition 8.8. *Es sei $D \subseteq \mathbb{R}$ ein echtes Intervall. Die Funktion $f : D \to \mathbb{R}$ heißt* differenzierbar, *wenn sie an* jedem *Punkt $x \in D$ eine (endliche) Ableitung $f'(x)$ besitzt. (Hierbei wird für jeden in D enthaltenen Randpunkt x unter "Ableitung" die entsprechende einseitige Ableitung verstanden.)*

Merke also: "differenzierbar" heißt

- erstens "*überall* differenzierbar"
- an den Intervallrändern *einseitig* differenzierbar.

(Es handelt sich also um einen Begriff, der aus reiner Bequemlichkeit geschaffen wurde.)

Beispiel 8.9. Die Betragsfunktion $\mathrm{abs}\colon \mathbb{R} \to \mathbb{R} : x \to |x|$ ist *nicht differenzierbar*, denn sie besitzt an der Stelle $x = 0$ keine Ableitung.   △

Mitunter will man nicht den ganzen Definitionsbereich, sondern nur einen Teil davon in den Blick nehmen. Dazu dient die folgende

Definition 8.10. *Die Funktion $f : D \to \mathbb{R}$ heißt differenzierbar auf einem Teilintervall $J \subseteq D$, wenn die Einschränkung $f\big|_J$ differenzierbar ist.*

Beispiel 8.11 ($\nearrow$F 8.9). Die Betragsfunktion ist auf jedem der beiden Intervalle $(-\infty, 0]$ und $[0, \infty)$ differenzierbar, wenn diese jeweils für sich allein genommen werden, denn dann genügt uns am Intervallende 0 vereinbarungsgemäß ja schon die jeweilige einseitige Ableitung.   △

Die Ableitung als Funktion

Bisher wurden unter dem Begriff Ableitung stets einzelne Zahlenwerte verstanden. Die Zuordnung

$$x \to f'(x)$$

definiert eine Funktion f' auf der Menge M aller Punkte $x \in D$, in denen eine endliche Ableitung $f'(x)$ existiert (ggf. als einseitige Ableitung, sofern x Randpunkt ist). Wir bezeichnen diese als *Ableitungsfunktion* oder einfach kurz als *Ableitung von* f. Für den Definitionsbereich schreiben wir, wie üblich, $M = D_{f'}$.

Bei einer differenzierbaren Funktion gilt $D_{f'} = D_f$, d.h., Ausgangsfunktion f und Ableitungsfunktion f' haben denselben Definitionsbereich. Im Allgemeinen gilt jedoch $D_{f'} \subseteq D_f$, es gilt also

> *Die Ableitung einer Funktion ist* höchstens *dort definiert, wo die Funktion selbst definiert ist.*

Beispiel 8.12 (↗Ü, ↗L)**.** Man stelle fest, an welchen Punkten x ihres Definitionsbereiches $\mathbb{R}$ die Funktion

(a) $f(x) = \mathrm{sgn}(x), x \in \mathbb{R}$,

(b) $g(x) = \frac{1}{x}, x > 0$,

eine Ableitung besitzt und bestimme diese.   △

8.1.2.1 Ableitungen ökonomischer Funktionen

Ökonomische Sprechweisen

Bei der Verwendung des Ableitungsbegriffes in der Ökonomie gibt es einige Besonderheiten zu beachten, auf die wir im Vorgriff auf das Kapitel 13 schon an dieser Stelle hinweisen:

In der Ökonomie hat es sich eingebürgert, sich statt des Begriffes "Ableitung" des Vorsatzes "Grenz-" oder des Attributes "marginal" zu bedienen. Wenn also eine Funktion K als "Kostenfunktion" interpretiert wird, so nennt man deren Ableitung K' gern "Grenzkosten" (ausführlicher: "Grenzkostenfunktion") oder auch "marginale Kosten". Wir stellen eine kleine Liste solcher Bezeichnungen zusammen:

Ausgangsfunktion	Ableitung	(englisch)
A: Angebotsfunktion	A': Grenzangebot	(marginal supply)
E: Erlösfunktion	E': Grenzerlös, marginaler Erlös	
G: Gewinnfunktion	G': Grenzgewinn, marginaler Gewinn	(marginal profit)
N: Nachfragefunktion	N': Grenznachfrage	(marginal demand)
p: Produktionsfunktion	p': Grenzproduktivität, marginale Produktivität	
U: Nutzenfunktion	U': Grenznutzen	(marginal utility) usw.

Merke also: *"Grenz-" bzw. "marginal" bedeutet "Ableitung" !!*

Maßeinheiten der Ableitung

Wie mehrfach betont, spielen Maßeinheiten in ökonomischen Anwendungen eine wichtige Rolle und sind daher auch bei der Ableitung zu beachten.

Beispiel 8.13. Wenn K eine "Kostenfunktion" ist, interpretiert man $K(x)$ als die in Geldeinheiten [GE] ausgedrückten Gesamtkosten bei der Herstellung von x Mengeneinheiten [ME] eines bestimmten Gutes X. Die Grenzkostenfunktion ist (soweit existent) durch den Grenzwert

$$K'(x) = \lim_{h \to 0, h \neq 0} \frac{K(x+h) - K(x)}{h} \quad \frac{[GE]}{[ME]}$$

definiert. Der Zähler des Bruches rechts drückt eine Kostendifferenz aus, wird also in Geldeinheiten [GE] erfasst, während der Nenner einen "Zuwachs" der Ausbringungsmenge x von X beschreibt und somit in Mengeneinheiten des Gutes X [ME] gemessen wird. Der gesamte Bruch hat also die Maßeinheit [GE/ME] – dies ist aber die Maßeinheit des Preises!   △

Ganz allgemein kann man sagen: Ist f eine ökonomische Funktion und bezeichnen E_y bzw. E_x die Maßeinheiten der Funktionswerte $y = f(x)$ bzw. von x selbst, so besitzt die Ableitung f' von f (soweit existent) die Maßeinheit

$$\left[\frac{E_y}{E_x} \right].$$

Deswegen folgender Hinweis:

Achtung: *Bei einer Änderung der Maßeinheiten kann sich nicht nur die Berechnungsvorschrift der Funktion f, sondern auch die ihrer Ableitung f' ändern!*

Grenz- und Durchschnittsgrößen

In der Ökonomie werden neben den Grenzgrößen auch gern sogenannte "Durchschnittsgrößen" betrachtet. Wir erinnern an Kapitel 5.1.3: Ist K z.B. eine Kostenfunktion, so bezeichnet man die Größe

$$k(x) := \frac{K(x)}{x}, \qquad (x > 0)$$

als "Stückkosten". Als alternative Bezeichnung ist auch "Durchschnittskosten" üblich. Diese Größe besitzt die Maßeinheit [GE/ME] – wie auch die Grenzkosten. Diese Besonderheit ist allgemein: Die Durchschnittsgrößen besitzen dieselbe Maßeinheit wie die Grenzgrößen. Aufgrund dieser Tatsache werden sie gern durcheinandergebracht, wovor hier zu warnen ist:

Achtung: *Grenzgrößen und Durchschnittsgrößen nicht verwechseln!!!*

8.1.3   Eine alternative Charakterisierung der Ableitung

Satz 8.14. *Es seien $D \subseteq \mathbb{R}$, $f : D \to \mathbb{R}$ und x_0 ein innerer Punkt von D. f ist genau dann differenzierbar an der Stelle x_0, wenn eine Konstante a derart existiert, dass für alle betragsmäßig hinreichend kleinen $h \in \mathbb{R}$ gilt*

$$f(x_0 + h) = f(x_0) + a \cdot h + R(x_0, x_0 + h) \tag{8.2}$$

mit

$$\lim_{h \to 0, h \neq 0} \frac{R(x_0, x_0 + h)}{h} = 0. \tag{8.3}$$

In diesem Fall gilt $a = f'(x_0)$.

Diese Aussage mag kompliziert wirken, sie ist es aber nicht wirklich. Sehen wir uns die Formel (8.2) etwas näher an. Man kann sie so lesen:

$f(x_0 + h)$	$=$	$f(x_0)$	$+$	$a \cdot h$	$+$	$R(x_0, x_0 + h)$
Funktionwert		Funktionswert				
am	$=$	am	$+$	Linearterm	$+$	Restglied
Nachbarpunkt		Ausgangspunkt		Funktionszuwachs Δf		

Den Funktionswert an einem Nachbarpunkt erhalten wir dadurch, dass wir zum Funktionswert am Ausgangspunkt einfach den Funktionszuwachs Δf addieren. Den Funktionszuwachs Δf können wir nun aufspalten in einen Linearterm, der zum Abstand h von Ausgangs- und Nachbarpunkt proportional ist, und ein Restglied.

Ohne Berücksichtigung des Restgliedes erhalten wir im Allgemeinen nur noch eine Näherungsgleichung:

$$f(x_0 + h) \approx f(x_0) + a \cdot h. \tag{8.4}$$

Der Fehler, der bei dieser Näherung begangen wird, ist exakt das Restglied

$$R(x_0, x_0 + h) = f(x_0 + h) - f(x_0) - ah. \tag{8.5}$$

Wir bemerken, dass eine Darstellung wie (8.4) *immer* hingeschrieben werden kann. Die Besonderheit des Satzes 8.14 besteht vielmehr in der Aussage (8.3): Sie besagt, dass bei einer *differenzierbaren* Funktion genau eine solche Darstellung gefunden werden kann, bei der das Restglied (8.4) "wesentlich schneller" gegen Null geht als h. Gleichzeitig wird die Konstante a in dieser Darstellung auf den Wert $f'(x_0)$ fixiert.

Was heißt nun "wesentlich schneller" als h gegen Null zu gehen? (8.3) besagt, dass gilt

$$\lim_{h \downarrow 0} \frac{R(\ldots)}{h} = 0.$$

Der *Nenner* h des Quotienten geht aber ebenfalls gegen Null. Der gesamte Bruch kann also nur deshalb gegen Null gehen, weil der Zähler sogar relativ zum Nenner gegen Null geht. Wir sagen auch: R geht "*von höherer Ordnung gegen Null als h*".

Beispiel 8.15 (⟋F 8.2). Wir versuchen nun, die Differenzierbarkeit derselben Funktion an derselben Stelle anhand der alternativen Charakterisierung durch Satz 8.14 zu überprüfen. Dazu suchen wir nach einer Darstellung der Art (8.2). Wir beginnen, indem wir einfach einmal die linke Seite hinschreiben und ausrechnen:

$$f(x_0 + h) = (x_0 + h)^2 = x_0^2 + 2x_0 h + h^2.$$

Nun versuchen wir, die auf der rechten Seite stehenden Terme im Sinne der Formel (8.2) zu interpretieren. Wir finden sofort

$$f(x_0 + h) = x_0^2 \qquad + 2x_0 h \qquad + h^2 \tag{8.6}$$
$$= f(x_0) \qquad + a \cdot h \qquad + R(x_0, x_0 + h). \tag{8.7}$$

D.h., die Darstellung (8.7) ist schon eine[1] Interpretation von (8.2) in der Form (8.2). Zu überprüfen bleibt, ob das Restglied (grün) schnell genug mit $h \to 0$ gegen Null konvergiert. Wir haben

$$\lim_{h \to 0, h \neq 0} \frac{R(x_0, x_0 + h)}{h} = \lim_{h \to 0, h \neq 0} \frac{h^2}{h} = 0,$$

---

[1] Eine von vielen möglichen; strukturell die nächstliegende.

also ist auch (8.3) erfüllt. Wir lesen aus (8.6) und (8.7) ab: Die Ableitung von f an der Stelle x_0 ist

$$f'(x_0) = a = 2x_0.$$

Dies ist nichts Neues, zeigt jedoch, dass Satz 8.14 durchaus brauchbar ist. $\triangle$

Die Tangentialfunktion

Um die Näherungsgleichung (8.4) interpretieren zu können, setzen wir einmal $x := x_0 + h$; dann gilt $h = x - x_0$, und (8.4) liest sich so:

$$f(x) \approx T(x) := f(x_0) + a(x - x_0); \tag{8.8}$$

kurz

$$f(x) \approx T(x),$$

noch kürzer:

$$f \approx T. \tag{8.9}$$

Die durch (8.8) definierte Funktion T ist affin. Also besagt (8.9), dass die "komplizierte" Funktion f sich durch die einfachere Funktion T annähern lässt. Diese Approximation wird im Allgemeinen nur in einer kleinen Umgebung von x_0 gut sein; sie ist tendenziell umso besser, je näher x bei x_0 liegt. Wir sprechen daher von einer *lokalen Approximation* der Funktion f durch die *Tangentialfunktion* T. Da diese von der Wahl des Ausgangspunktes x_0 abhängt, werden wir – wenn nötig – diesen als Index an den Namen von T anhängen und schreiben $T_{x_0}(x)$ statt $T(x)$.

Die nebenstehende Skizze verdeutlicht den Sachverhalt für unser Beispiel 8.15 mit $f(x) = x^2$. Wählen wir als Ausgangspunkt $x_0 = 1$, finden wir die Darstellung

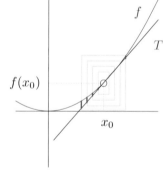

$$f(x) \approx T_1(x) = f(1) + f'(1)(x - 1)$$

für alle $x \in \mathbb{R}$.

Es ist offensichtlich, dass die Tangentialgerade nur in einer kleinen Umgebung des Berührungspunktes als gute Näherung für den Graphen der Quadratfunktion dienen kann. Je größer die Genauigkeitsforderung, umso kleiner wird diese Umgebung ausfallen (angedeutet durch immer kleinere Rechtecke um diesen Berührungspunkt).

Näherungszuwächse

Wir interessieren uns nun einmal für die Zuwächse der Funktion f und wollen diese vereinfacht berechnen. Dabei betrachten wir x_0 als einen Ausgangspunkt und $x = x_0 + h$ als einen Nachbarpunkt; die Differenz $\Delta x(x, x_0) := x - x_0 = h$ nennen wir *Argumentzuwachs*. Die Differenz der zugehörigen Funktionswerte $\Delta f(x, x_0) := f(x) - f(x_0)$ von Nachbar- und Ausgangspunkt nennen wir *Funktionszuwachs* von f.

Aus (8.8) folgt dann

$$f(x) - f(x_0) \approx T(x) - T(x_0) = a(x - x_0), \qquad (8.10)$$

d.h.

$$\Delta f(x, x_0) \approx \Delta T(x, x_0) = f'(x_0)(x - x_0). \qquad (8.11)$$

Wenn keine Missverständnisse möglich sind, kann man ohne konkreten Bezug auf x_0 und x noch kürzer schreiben

$$\Delta f \approx \Delta T.$$

Dies bedeutet, dass Zuwächse der (eventuell komplizierten) Funktion f näherungsweise durch Zuwächse der einfacheren Funktion T berechnet werden können.

Dieser Sachverhalt wird in nebenstehender Skizze verdeutlicht. Der Leser wird sich fragen, wo denn im Zeitalter hochleistungsfähiger Computer der Vorteil einer solchen Näherung liegen möge.

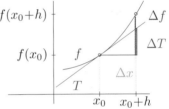

Wir merken an, dass zur Berechnung von

$$\Delta T = f'(x_0)(x - x_0)$$

die Kenntnis von $f'(x_0)$, (also nur eines einzigen Funktionswertes von f'), sowie von x und x_0 genügt. Vorteile ergeben sich also insbesondere dort, wo die Funktionswerte von f bzw. f' nicht anhand einer Formel berechnet werden können, sondern z.B. aus empirischen Untersuchungen ermittelt werden müssen. Daneben ist das Interesse an dieser Näherung natürlich traditionell bedingt.

Das Differential

Wir kommen noch einmal auf die Näherungsformel (8.11) zurück. Es ist klar, dass diese Näherung umso besser ist, je näher x bei x_0 liegt (und sie wird sogar von höherer Ordnung besser als der Abstand von x und x_0 klein wird). Man könnte grob formulieren, dass (8.11) asymptotisch exakt ist, d.h., dass die "Ungefähr–" Beziehung beim Grenzübergang $x \to x_0$ in eine exakte Beziehung übergeht. Für diese (fiktive) exakte Beziehung hat sich folgende Schreibweise eingebürgert: Man schreibt

$$df = f'(x_0)dx \qquad (8.12)$$

und nennt df das Differential von f, sowie dx das Differential von x (an der Stelle x_0). Infolge des Grenzüberganges sind diese Größen unendlich klein und in einem strengen mathematischen Sinne bedeutet (8.12) einfach "$0 = 0$". Wir betrachten daher (8.12) als puren Formalismus, der uns nichtsdestoweniger hilft, den Charakter der Näherung zu verstehen.

Wenn die Funktion f in konkreter Gestalt bekannt ist – z.B. durch die Gleichung $f(x) = x^2$ – wird das Differential konkretisiert:

$$df = 2x_0 dx$$

ist nunmehr das Differential unserer konkreten Funktion f an der Stelle x_0. Durch zusätzliche Angabe eines Zahlenwertes für x_0 – z.B. $x_0 = 11$ – lässt sich das Differential weiter konkretisieren:

$$df = 22dx \tag{8.13}$$

ist dann das Differential unserer Quadratfunktion an der Stelle $x_0 = 11$. *Was können wir damit anfangen?*

Angenommen, uns interessiert der Funktionswert an der Stelle $x = 11.1$, die um 0.1 von der Ausgangsstelle abweicht. Wir lesen (8.13) nun makroskopisch:

$$\Delta f \approx 22\Delta x = 22 \cdot 0{,}1 = 2{,}2.$$

Der neue Funktionswert an der Stelle $x = 11.1$ wird als näherungsweise um 2.2 größer sein als der an der Ausgangsstelle (in Höhe von 121), mithin also etwa 123.2 betragen. (Exakt wäre $123{,}21$ – die Näherung ist also nicht übel!)

Ökonomische Sprechweisen

Auch an dieser Stelle weisen wir auf die besonderen Formulierungen hin, die in der Ökonomie üblich sind. Wir betrachten dazu die letzten Zahlenbeispiele sozusagen "ökonomisch" und nehmen an, gegeben sei die Kostenfunktion K mit $K(x) := x^2$, $x \geq 0$. (Hierbei werden x in [ME] und $K(x)$ in [GE] gemessen.) Die momentane Ausbringungsmenge betrage $x_0 = 11$ Mengeneinheiten. Von Interesse ist der Kostenzuwachs ΔK, wenn die Ausbringung auf 11.1 Mengeneinheiten erhöht wird.

- Die exakte Antwort lautet

$$\Delta K = K(11.1) - K(11) = (11.1)^2 - 11^2 = 2.21.$$

Wir können sagen:

Erhöht man - ausgehend von der momentanen Ausbringungsmenge 11 - die Ausbringung um 0.1 ME, so erhöhen sich die Kosten exakt um 2.21 GE.

- Eine Näherungsantwort sieht so aus:

$$\Delta K \sim K'(11)\Delta x = K'(11)(11.1 - 11) = 22 \cdot 0.1 = 2.2.$$

Eine korrekte Sprechweise wäre nun:

Erhöht man - ausgehend von der momentanen Ausbringungsmenge 11 - die Ausbringung um 0.1 ME, so erhöhen sich die Kosten ungefähr *um 2.2 GE.*

Wir beobachten, dass die Kostenzuwächse in beiden Fällen (exakt oder ungefähr) beim 22-Fachen des Ausbringungszuwachses liegen.

Auch das Differential erfährt seine eigene Umschreibung. Hierbei gibt es mehrere Konkretheitsstufen: Das Differential

- ganz allgemein:

$$dK = K'dx$$

(Art der Funktion K und Ausgangspunkt x_0 sind beliebig)

- allgemein für die konkrete Funktion

$$dK = 2xdx$$

(Ausgangspunkt x_0 beliebig)

- konkret:

$$dK = 22dx \qquad (8.14)$$

Eine verbale Formulierung von (8.14) könnte so lauten:

Erhöht man - ausgehend von der momentanen Ausbringungsmenge 11 - die Ausbringung um eine marginale *Einheit, erhöhen sich sich die Kosten um* 22 marginale *Einheiten.*

8.2 Technik der Ableitung

8.2.1 Vorbemerkung

Nachdem wir uns nun eingehend mit dem Ableitungsbegriff und einigen Konsequenzen daraus beschäftigt haben, bleibt hauptsächlich folgende "kleine" Frage offen: Wie kann man bei einer beliebig vorgegebenen Funktion *möglichst schnell* feststellen, ob diese differenzierbar ist und wenn ja, welche Ableitung sie hat? (Immerhin haben unsere einfachen Beispiele gezeigt, dass der direkte Weg über die Definition zwar gangbar ist, doch auch langwierig werden kann.)

In den folgenden beiden Abschnitten werden wir diese Frage beantworten. Unsere Strategie wird haupsächlich aus folgenden beiden Schritten bestehen:

(1) Für die differenzierbaren Grundfunktionen unseres Kataloges werden wir die Ableitungen in einer Tabelle von *Grundableitungen* katalogisieren.

(2) Wir werden herausstellen, dass Funktionen, die sich auf einfache Art aus Grundfunktionen zusammensetzen, wiederum differenzierbar sind. (Es gilt also ein Erhaltungsprinzip, ähnlich wie bei beschränkten und stetigen Funktionen.) Damit können wir die Ableitungen zusammengesetzter Funktionen mittels einfacher *Rechenregeln* auf die Grundableitungen zurückführen.

Die so entwickelte Strategie wird es erlauben, mit etwas Übung in so gut wie allen Anwendungsfällen die benötigte Ableitung schnell und sicher zu ermitteln.

8.2.2 Grundableitungen

Satz 8.16 (Grundableitungen). *Affine, Exponentialfunktionen, Logarithmussowie die Winkelfunktionen* sin *und* cos *sind auf ihrem größtmöglichen Definitionsbereich differenzierbar. Potenzfunktionen* $x \to x^p$, *sind im Inneren ihres von $p \in \mathbb{R}$ abhängenden größtmöglichen Definitionsbereichs differenzierbar; im Fall $p \geq 1$ auch an dessen Rand (soweit vorhanden). Die Ableitungen werden gemäß folgender Tabelle gebildet:*

Funktionentyp	Bildungsvorschriften $f(x) = ...$	$f'(x) = ...$	Parameter	$D_{f'}$
affine Fkt.	$ax + b$	a	$a, b \in \mathbb{R}$	$D_f (= \mathbb{R})$
Potenzfkt.	x^p	px^{p-1}	$p \in \mathbb{R}$	*! abh. von p !*
Exponentialfkt.	e^x	e^x		$D_f (= \mathbb{R})$
Logarithmusfkt.	$\ln x$	x^{-1}		$D_f (= (0, \infty))$
Winkelfkt.	$\sin x$	$\cos x$		$D_f (= \mathbb{R})$
	$\cos x$	$-\sin x$		$D_f (= \mathbb{R})$
Exponentialfkt.	e^{ax}	ae^{ax}	$a \in \mathbb{R}$	$D_f (= \mathbb{R})$
Logarithmusfkt.	$\log_a x$	$(x \ln a)^{-1}$	$a > 0$	$D_f (= (0, \infty))$

Auf eine ausführliche Begründung dieses Satzes wollen wir an dieser Stelle verzichten, da sie (zumindest sinngemäß) in derselben Weise erfolgen kann wie in den Beispielen 8.5 und 8.15. Allerdings dürften einige ergänzende Hinweise hilfreich sein:

(1) Die angegebenen Regeln zur Bildung der Ableitung sprechen zwar für sich, dennoch sei dem Leser – besonders im Fall von Potenzfunktionen – empfohlen, ihre Anwendung kräftigst zu *üben!*

(2) Besondere Sorgfalt ist bei Potenzfunktionen weiterhin deshalb geboten, weil sich dort die Definitionsbereiche beim Ableiten verkleinern können - siehe der rot gedruckte Hinweis in der Tabelle (Beispiele 8.18 und 8.19).

(3) In allen anderen Fällen stimmen die Definitionsbereiche von Ausgangsfunktion f und Ableitungsfunktion f' überein. (Ist doch kein Problem – oder? Wer es genauer wissen will, siehe Beispiele 8.20 und 8.21).

(4) Eigentlich *nicht* in die Tabelle gehören die Ableitungen der Funktionen $x \to e^{ax}$, $(a \neq 1)$ bzw. $x \to \log_a x$, $(a \neq e)$, denn sie lassen sich über einfache Regeln aus den tabellierten Grundableitungen berechnen (daher in der Tabelle etwas blasser).

Hinsichtlich des Punktes (2) haben wir folgenden

Satz 8.17. *Es sei* $f : D_f \to \mathbb{R}$ *durch* $f(x) = x^p$ *(mit einer Konstanten* $p \in \mathbb{R}$) *definiert. Dann gilt*

$$D_{f'} = \{x \in D_f \ | x^{p-1} \text{ ist wohldefiniert}\}.$$

Praktisch heißt dies: Man bildet die Ableitung von $f(x) = x^p$ zunächst formal als $f'(x) = px^{p-1}$ und ermittelt dann deren Definitionsbereich $D_{f'}$. Dieser enthält alle diejenigen x, für die

- erstens $f(x)$ definiert ist (d.h., die dem Definitionsbereich D_f von f angehören)
- zweitens der Ausdruck x^{p-1} wohldefiniert ist (vgl. Kapitel 0.6).

Beispiel 8.18. Es sei $f(x) = \sqrt{x}$ (mit $D_f = [0, \infty)$). Die Ableitung bestimmt sich gemäß Tabelle formal als

$$f'(x) = (x^{\frac{1}{2}})' = \frac{1}{2}x^{-\frac{1}{2}}.$$

Diese Formel ergibt für $x = 0$ keinen Sinn; unserem Satz zufolge ist also die Ableitung $f'(x)$ an der Stelle $x = 0$ nicht definiert. (Wir können uns im Übrigen leicht selbst davon überzeugen: Die Differenzenquotienten

$$\frac{f(0+h) - f(0)}{h} = \frac{\sqrt{h}}{h}$$

wachsen nämlich für $h \downarrow 0$ über jede Grenze und können folglich nicht konvergieren.) Also folgt $D_{f'} = (0, \infty)$.   △

Beispiel 8.19. Diesmal betrachten wir $g(x) = x^{\frac{3}{2}}$ auf $D_g = [0, \infty)$. Aus der Tabelle folgt

$$g'(x) = \frac{3}{2}x^{\frac{1}{2}}.$$

Dieser Ausdruck ist auch an der Stelle $x = 0$, die den (linken) Rand des Definitionsbereiches der Funktion g bildet, sinnvoll. Unser Satz 8.17 besagt nun, dass insbesondere gilt

$$g'(0) = \frac{3}{2}0^{\frac{1}{2}} = 0.$$

Also haben wir $D_{g'} = [0, \infty)$. (Auch hier wäre ein direkter Nachweis möglich: Es gilt $\frac{g(0+h)-g(0)}{h} = \frac{h^{\frac{3}{2}}}{h} = h^{\frac{1}{2}} \to 0$ für $h \downarrow 0$.)   △

Nun greifen wir den Punkt (3) wieder auf:

Beispiel 8.20. Für die auf $(0, \infty)$ definierte Funktion $\ln x$ gilt nach Tabelle $\ln'(x) = \frac{1}{x}$; dieser Ausdruck ist als solcher sinnvoll für alle $x \in \mathbb{R}\backslash\{0\}$. Als Definitionsbereich von $\ln'$ finden wir jedoch $D_{\ln'} = (0, \infty)$ (und *nicht* etwa $(-\infty, 0) \cup (0, \infty)$, denn zum Definitionsbereich der Ableitung $\ln'$ können *höchstens* diejenigen $x \in \mathbb{R}$ gehören, die auch im Definitionsbereich $D_{\ln}$ der Ausgangsfunktion liegen).   △

Beispiel 8.21. Für die auf $D_k := [2, 3]$ definierte Funktion k mit $k(x) = \frac{1}{\sqrt{x}}$ finden wir nach Tabelle

$$k'(x) = (x^{-\frac{1}{2}})' = -\frac{1}{2}x^{-\frac{3}{2}}; \qquad (8.15)$$

dieser Ausdruck ist, für sich selbst betrachtet, für alle $x > 0$ sinnvoll. Als Definitionsbereich von k' finden wir dennoch $D'_k = [2, 3]$ als Menge aller derjenigen $x \in \mathbb{R}$, für die die Formel (8.15) sinnvoll ist *und* die dem ursprünglichem Definitionsbereich D_k angehören.   △

8.2.3 Erhaltungseigenschaften und Ableitungsregeln

Wir geben zunächst eine verbale Formulierung unseres Erhaltungsprinzips:

Summe, Vielfache, Produkte sowie Komposition differenzierbarer Funktionen sind differenzierbar.

Die genaue Formulierung lautet so:

Satz 8.22. *Es seien $f, g : D \to \mathbb{R}$ auf einem Intervall $D \subseteq \mathbb{R}$ definierte differenzierbare Funktionen. Dann sind die folgenden Funktionen ebenfalls differenzierbar:*

(i) λf $(\lambda \in \mathbb{R})$
(ii) $f + g$
(iii) $f \cdot g$
(iv) $f \circ h$ für jede auf einem Intervall $E \subseteq \mathbb{R}$ definierte differenzierbare Funktion $h : E \to D$

Ihre Ableitungen werden wie folgt gebildet:

$$
\begin{array}{llll}
(i) & (\lambda f)' & = & \lambda f' \\
(ii) & (f + g)' & = & f' + g' \\
(iii) & (f \cdot g)' & = & f' \cdot g + f \cdot g' \\
(iv) & (f \circ g)' & = & (f' \circ g) \cdot g' \\
& f(g(x))' & = & f'(g(x))g'(x), \quad x \in E
\end{array}
$$

("Homogenität") ⎫
("Additivität") ⎬ ("Linearität")
("Produktregel") ⎭
("Kettenregel", ausführlich:

Homogenität und Additivität sind auch als "Faktorregel" bzw. "Summenregel" bekannt. Auch bei diesem Satz werden wir auf eine ausführliche Begründung verzichten, vielmehr fügen wir einige Bemerkungen zu ihrem Gebrauch an.

Wir beginnen mit der Feststellung, dass dies eigentlich schon sämtliche Ableitungsregeln sind, die für alles Weitere benötigt werden. Die ersten beiden Regeln (über die Linearität der Ableitung) werden auf Schritt und Tritt eingesetzt, sind aber so einfach, dass dies sozusagen selbstverständlich geschieht. Etwas ernster zu nehmen sind die folgenden beiden Regeln – also die Produktregel und die Kettenregel. Diese Regeln sind außerordentlich nützlich und deswegen wichtig, jedoch nur durch ausreichendes Üben sicher zu beherrschen. Als Hilfestellung werden wir nachfolgend einige Beispiele betrachten. Dem Leser seien auch die angefügten Übungsaufgaben wärmstens empfohlen.

Beispiele zu den Linearitätsregeln

Beispiel 8.23. Wir betrachten die Funktion $g(x) := ax + b, x \in \mathbb{R}$, wobei a und b beliebig wählbare reelle Parameter sind. Es handelt sich um eine affine Funktion, deren Ableitung als Grundableitung tabelliert ist:

$$g'(x) = a, x \in \mathbb{R}.$$

Wir können aber auch lesen

$$g(x) = ah(x) + bk(x), x \in \mathbb{R},$$

mit der Vereinbarung $h(x) := x$ und $k(x) := 1(= x^0)$, $x \in \mathbb{R}$. Dabei sind h und k Potenzfunktionen mit den Ableitungen

$$h'(x) = 1 \quad \text{und} \quad k'(x) = 0, x \in \mathbb{R}.$$

Also folgt

$$\begin{aligned} g'(x) &= ah'(x) + bk'(x) \\ &= a \cdot 1 + b \cdot 0 = a, \end{aligned}$$

wie eigentlich schon bekannt. (Fazit: Wir hätten also darauf verzichten können, affine Funktionen in die Tabelle der Grundableitungen aufzunehmen.) $\triangle$

Beispiel 8.24. Diesmal sei eine Funktion K auf $(0, \infty)$ definiert durch

$$K(x) = 3x^{711} - \frac{1}{17}\sin x + \frac{32}{\sqrt{x}} + 35e^x, x > 0.$$

Es handelt sich um eine Summe von Vielfachen von Grundfunktionen, deswegen ist diese Funktion differenzierbar und besitzt die Ableitung

$$\begin{aligned} K'(x) &= 3(x^{711})' + (-\frac{1}{17})(\sin x)' + 32(x^{-\frac{1}{2}})' + 35(e^x)' \\ &= 3 \cdot 711x^{710} + (-\frac{1}{17})\cos x + 32(-\frac{1}{2})x^{-\frac{3}{2}} + 35e^x \end{aligned}$$

also

$$K'(x) = 2133x^{710} - \frac{1}{17}\cos x - 16x^{-\frac{3}{2}} + 35e^x, x > 0. \qquad \triangle$$

Einige Beispiele zur Produktregel

Beispiel 8.25. Wir betrachten die wohlbekannte Quadratfunktion $q : x \to x^2$ auf ganz $\mathbb{R}$. Ihre Ableitung ist uns aus einer direkten Rechnung längst bekannt, kann aber auch der Tabelle von Grundableitungen entnommen werden: $q'(x) = 2x$, $x \in \mathbb{R}$. Wir können diese Ableitung nun noch auf eine dritte Art berechnen: Wir schreiben

$$q(x) = u(x)v(x) \quad \text{mit} \quad u(x) := v(x) := x^1, x \in \mathbb{R}.$$

Die "Potenz"funktionen u und v besitzen die konstante Ableitung $u'(x) = 1 = v'(x)$, also folgt aus der Produktregel

$$\begin{aligned} q'(x) &= u'(x)v(x) + u(x)v'(x) \\ &= 1x + x1 \\ &= 2x. \end{aligned} \qquad \triangle$$

Beispiel 8.26. Es sei $h(x) := xe^x$, $x \in \mathbb{R}$. Wir interpretieren diesen Ausdruck so:

$$h(x) = xe^x = u(x)v(x)$$

und finden anhand der Produktregel

$$\begin{aligned} h'(x) &= u'(x)v(x) + u(x)v'(x) \\ &= 1e^x + xe^x \end{aligned}$$

also

$$h'(x) = (1 + x)e^x. \qquad \triangle$$

Beispiel 8.27. Es sei $z(x) := xe^x \sin x$ für $x \in \mathbb{R}$. Diesmal lesen wir

$$z(x) = (xe^x) \sin x$$

und finden mit Hilfe des vorherigen Beispiels

$$\begin{aligned} z'(x) &= (xe^x)' \sin x + (xe^x)(\sin' x) \\ &= (1 + x)e^x \sin x + xe^x \cos x \\ &= ((1 + x) \sin x + x \cos x)e^x. \end{aligned}$$

Zusammenfassungen sind immer Geschmackssache; wir können ebenso gut schreiben

$$z'(x) = 1e^x \sin x + xe^x \sin x + xe^x \cos x$$

und erkennen hieraus die Struktur des Ergebnisses viel besser:

$$\begin{aligned} z(x) &= xe^x \sin x \implies \\ z'(x) &= (x)'e^x \sin x + x(e^x)' \sin x + xe^x (\sin x)' \end{aligned} \qquad \triangle$$

Das letzte Beispiel zeigt:

> *Das Produkt mehrerer differenzierbarer Funktionen ist differen-*
> *zierbar und die Ableitung des Produktes ist die Summe von Pro-*
> *dukten, durch die die Ableitung "hindurchwandert".*

Wir können dieses Ergebnis auch als Formel schreiben: Sind $f_1, f_2, \ldots$ auf ein-
und demselben Intervall gegebene differenzierbare Funktionen, so ist ihr Produkt differenzierbar, und es gilt

$$(f_1 \cdot f_2 \cdot f_3)' = f_1' \cdot f_2 \cdot f_3 + f_1 \cdot f_2' \cdot f_3 + f_1 \cdot f_2 \cdot f_3'$$

$$(f_1 \cdot f_2 \cdot f_3 \cdot f_4)' = f_1' \cdot f_2 \cdot f_3 \cdot f_4 + f_1 \cdot f_2' \cdot f_3 \cdot f_4 + f_1 \cdot f_2 \cdot f_3' \cdot f_4 + f_1 \cdot f_2 \cdot f_3 \cdot f_4'$$

usw.

Einige Beispiele zur Kettenregel

Beispiel 8.28. Es seien $a \in \mathbb{R}$ beliebig und $\alpha(x) = e^{ax}, x \in \mathbb{R}$. Diese Funktion lässt sich interpretieren als $\alpha(x) = f(g(x))$ mit $f(y) := e^y$ und $g(x) = ax$.
Beide Funktionen sind auf ganz $\mathbb{R}$ definiert und differenzierbar, dabei gilt
$f'(y) = e^y$ und $g'(x) = a$. Daher ist auch α differenzierbar und aus der Kettenregel folgt

$$\alpha'(x) = f'(g(x))g'(x) = (e^{g(x)})g'(x) = e^{ax} \cdot a,$$

also

$$(e^{ax})' = ae^{ax}.$$

(Dies ist der Grund, warum wir diese Funktion nur etwas blasser in die Grund-
ableitungstabelle genommen haben.)   △

Beispiel 8.29. Wir betrachten die auf ganz $\mathbb{R}$ definierte Funktion β mit
$\beta(x) := e^{x^2}$. Wir schreiben $\beta(x) = f(g(x))$ mit $f(y) = e^y$ und $g(x) = x^2$,
$x, y \in \mathbb{R}$. Wiederum sind beide Funktionen differenzierbar und in der Grund-
ableitungstabelle enthalten, mithin ist auch die Funktion β differenzierbar. Es
folgt wegen $g'(x) = (x^2)' = 2x$

$$\beta'(x) = f'(g(x))g'(x) = (e^{g(x)})g'(x) = (2x)e^{x^2}, x \in \mathbb{R}.$$

△

Beispiel 8.30. Ebenfalls auf ganz $\mathbb{R}$ definiert ist die Funktion μ mit $\mu(x) :=$
$\sin e^x$. Diese Berechnungsformel interpretieren wir als $\mu(x) = f(g(x))$ mit
$f(y) := \sin y$, $g(x) = e^x$ (beide Funktionen sind auf ganz $\mathbb{R}$ definiert und
differenzierbar laut Katalog). Es folgt: μ ist differenzierbar mit

$$\mu'(x) = f'(g(x))g'(x) = (\cos e^x)e^x, x \in \mathbb{R}.$$

△

Kleine Formeln

Beispiel 8.31. Es sei nun f eine beliebige auf ganz $\mathbb{R}$ definierte differenzierbare Funktion und $t(x) := f(ax + b), x \in \mathbb{R}$, wobei a und b beliebige reelle Konstanten sind. Ist diese Funktion differenzierbar, und wenn, wie lautet die Ableitung? Wir lesen $t(x) = f(g(x))$ mit $g(x) = ax + b$ und $g'(x) = a$. Als Komposition differenzierbarer Funktionen ist die Funktion t differenzierbar, und es gilt

$$t'(x) = f'(g(x))g'(x)$$
$$= f'(ax + b)a.$$

Auf diese Weise haben wir folgende einfache Ableitungsregel gefunden:

$$(f(ax + b))' = af'(ax + b).$$

$\triangle$

Beispiel 8.32. Es sei n eine auf einem Intervall I definierte differenzierbare Funktion, die nirgends verschwindet (d.h., für die gilt $n(x) \neq 0$ für alle $x \in I$). Wir berechnen die Ableitung der "Reziprokfunktion" r mit $r(x) := \frac{1}{n(x)}$. Nach Kettenregel können wir schreiben

$$r(x) = n(x)^{-1} = f(n(x))$$

mit $f(y) := y^{-1}$. Diese Funktion ist auf ganz $\mathbb{R}\backslash\{0\}$ definiert und dort differenzierbar mit der Grundableitung $f'(y) = (-1)y^{-2}$. Also ist auch die Funktion r als Komposition von f und n differenzierbar. Es folgt

$$r'(x) = f'(n(x))n'(x) = (-1)(n(x))^{-2}n'(x),$$

was auch gern in der Form

$$\left(\frac{1}{n(x)}\right)' = -\frac{n'(x)}{n(x)^2}$$

geschrieben wird.

$\triangle$

Beispiel 8.33. Es seien nun z und n zwei auf ein- und demselben Intervall I definierte differenzierbare Funktionen, wobei für alle $x \in I$ gelte $n(x) \neq 0$. Wir berechnen die Ableitung des Quotienten

$$q(x) := \frac{z(x)}{n(x)}.$$

Hierzu schreiben wir $q(x) = z(x)r(x)$ (mit r wie im vorigen Beispiel) und benutzen die Produktregel:

$$q'(x) = z'(x)r(x) + z(x)r'(x).$$

Die Ableitung von r kennen wir bereits, also folgt

$$q'(x) = z'(x)n(x)^{-1} + z(x)\left(-\frac{n'(x)}{n(x)^2}\right).$$

Wir schreiben die gesamte Summe als Bruch, wozu wir den linken Summanden erweitern:

$$q'(x) = z'(x)\frac{n(x)}{n(x)^2} - z(x)\frac{n'(x)}{n(x)^2}.$$

Das Ergebnis ist die bekannte **Quotientenregel**:

$$\left(\frac{z(x)}{n(x)}\right)' = \frac{z'(x)n(x) - z(x)n'(x)}{n(x)^2}$$

$\triangle$

8.2.3.1   Mehrfache Verkettungen

Mit Hilfe der Kettenregel können auch mehrfach verschachtelte Funktionen sicher abgeleitet werden.

Beispiel 8.34. Eine Funktion γ werde auf ganz $\mathbb{R}$ durch $\gamma(x) := e^{e^{x^2}}$ definiert. Besitzt diese eine Ableitung und wenn ja, welche? Der Berechnungsausdruck wirkt auf den ersten Blick kompliziert. Wir wollen uns angewöhnen, auch komplizierte Ausdrücke nicht gleich in allen Einzelheiten, sondern zunächst in einer klaren Struktur zu sehen. In diesem Beispiel könnten wir zunächst vereinfachend lesen $\gamma(x) = f(etwas)$, wobei f die Exponentialfunktion bezeichnet und uns "etwas" zunächst nicht näher interessiert. Die Kettenregel besagt nun:

$$\gamma'(x) = f'(etwas) \cdot etwas',$$

wenn sowohl f als auch das "Etwas" differenzierbar sind. Da die Funktion f als wohlbekannte Katalogfunktion die Ableitung $f'(y) = e^y = f(y)$ besitzt, können wir schreiben

$$\gamma'(x) = e^{etwas} \cdot etwas'.$$

Wir sind nun schon einen Schritt weiter und brauchen uns erst jetzt mit der Ableitung von "etwas" zu beschäftigen (soweit diese existiert). Im vorliegenden Fall gilt "$etwas(x)$"$= e^{x^2}$. Diese Funktion ist zum Glück in Beispiel 8.29 schon betrachtet worden; wir hatten gesetzt $\beta(x) := e^{x^2}$ und gefunden $\beta'(x) = (2x)e^{x^2}$. Das Gesamtergebnis lautet also

$$\gamma'(x) = e^{e^{x^2}}e^{x^2}2x.$$

$\triangle$

Bemerkung 8.35. Wir wollen uns das Ergebnis des letzten Beispiels etwas näher ansehen. In der Tat könnten wir von Anfang an schreiben

$$\gamma(x) = e^{e^{x^2}} = h(f(g(x))),$$

wobei die Bezeichnungen durch die farblichen Hervorhebungen klar sein sollten. Die Ableitung lautet nun

$$\gamma'(x) = e^{e^{x^2}} e^{x^2}(2x),$$

dies bedeutet aber nichts anderes als

$$\gamma'(x) = h'(f(g(x)))f'(g(x))g'(x).$$

Auf diese Weise vermuten wir folgende "Mehrfachkettenregel"

$$(h(f(g(x))))' = h'(f(g(x)))f'(g(x))g'(x)$$

kürzer auch

$$(h \circ f \circ g)' = (h' \circ f \circ g)(f' \circ g)g'.$$

Beispiel 8.36. Die Funktion $\delta : \mathbb{R} \to \mathbb{R}$ sei durch $\delta(x) := e^{\sin(1+x^2)}$, $x \in \mathbb{R}$, definiert. Nach dem Muster der letzten Bemerkung lesen wir hier

$$\delta(x) = e^{\sin(1+x^2)},$$

und finden folglich

$$\delta'(x) = e^{\sin(1+x^2)}(\cos(1 + x^2))2x, x \in \mathbb{R}.$$

$\triangle$

Beispiel 8.37. Die Funktion $\lambda : \mathbb{R} \to \mathbb{R}$ sei durch $\lambda(x) := e^{\sin(1+\cos^2 x)}$, $x \in \mathbb{R}$, definiert. Wir erkennen eine Verschachtelung von vier Funktionen:

$$\lambda(x) = e^{\sin(1+(\cos x)^2)}$$

und finden folglich

$$\lambda'(x) = e^{\sin(1+(\cos x)^2)}(\cos(1 + (\cos x)^2))(2(\cos x))(-\sin x), \quad x \in \mathbb{R}.$$

$\triangle$

Beispiel 8.38. Für jede natürliche Zahl n sei $\phi_n(x) := x^n e^x$, $x \in \mathbb{R}$. Aus der Produktregel folgt nun

$$\phi_n'(x) = (x^n)' \cdot e^x + x^n \cdot (e^x)' = nx^{n-1}e^x + x^n e^x,$$

also

$$\phi_n'(x) = (n + x)x^{n-1}e^x, x \in \mathbb{R}.$$

(Wir können dies übrigens auch lesen als $\phi_n'(x) = (n + x)\phi_{n-1}(x)$.) $\triangle$

Ableitung von Umkehrfunktionen

Mit Hilfe der Kettenregel können auch Umkehrfunktionen bequem abgeleitet werden:

Satz 8.39. *Es seien I ein Intervall und $f : I \to J \subseteq \mathbb{R}$ eine bijektive Funktion mit der Umkehrfunktion $f^{-1} : J \to I$.*

(i) Wenn die Funktion f differenzierbar ist und ihre Ableitung nirgends verschwindet, so ist auch ihre Umkehrfunktion f^{-1} differenzierbar und ihre Ableitung verschwindet nirgends.

(ii) In diesem Fall gelten die Formeln

$$(f^{-1})'(y) = \frac{1}{f'(f^{-1}(y))} \quad \text{für alle } y \in J \tag{8.16}$$

bzw.

$$(f^{-1})'(f(x)) = \frac{1}{f'(x)} \quad \text{für alle } x \in I. \tag{8.17}$$

Wir verzichten hier auf einen Nachweis von (i) und konzentrieren uns stattdessen auf die Formeln (8.16) bzw. (8.17). Sie sind deswegen sehr nützlich, weil sie erlauben, die Ableitung der Umkehrfunktion selbst dann zu verwenden, wenn die Berechnungsvorschrift der Umkehrfunktion selbst nicht explizit bekannt ist. (In der Tat kommt die rechte Seite der zweiten Formel ohne diese aus.) Die Formeln werden deswegen in ökonomischen Berechnungen sehr häufig verwendet.

Wir überzeugen uns von ihrer Richtigkeit und schreiben dabei aus Bequemlichkeit $g := f^{-1}$. Weil g Umkehrfunktion von f ist, gilt für jedes $x \in I$

$$g(f(x)) = x.$$

Wir differenzieren beide Seiten (dabei die linke mittels Kettenregel) und finden

$$g'(f(x))f'(x) = 1.$$

Weil f' nirgends den Wert Null annimmt, können wir diese Gleichung nach $g'(\dots)$ auflösen:

$$g'(f(x)) = \frac{1}{f'(x)}.$$

Damit ist die *zweite* Formel gezeigt. Ersetzen wir nun noch $f(x)$ durch y, so wird $x = g(y) = f^{-1}(y)$, und es folgt

$$g'(y) = f^{-1}(y) = \frac{1}{f'(f^{-1}(y))}.$$

Also gilt auch die *erste* Formel (und zwar genaugenommen für alle $y \in J$, die sich als $y = f(x)$ mit einem $x \in I$ schreiben lassen – dies aber sind alle $y \in J$, denn f ist bijektiv).

Beispiel 8.40. Wir wenden das zuvor Gesagte auf die durch $f(x) := x^3$, $x > 0$, definierte Funktion $f : (0, \infty) \to (0, \infty)$ an, die den geforderten Voraussetzungen genügt: f ist bijektiv (siehe Beispiel 5.28), und es gilt $f'(x) = 3x^2 > 0$ für alle $x \in I := (0, \infty)$. Wir interpretieren unsere beiden Formeln wie folgt:

$$(f^{-1})'(y) = \frac{1}{f'(f^{-1}(y))} \quad \text{lies hier:} \quad (f^{-1})'(y) = \frac{1}{3(f^{-1}(y))^2} \qquad (8.18)$$

$$(f^{-1})'(f(x)) = \frac{1}{f'(x)} \quad \text{lies hier:} \quad (f^{-1})'(x^3) = \frac{1}{(3x^2)}. \qquad (8.19)$$

Wir ziehen nun zum Vergleich die explizite Formel von f^{-1} heran: $f^{-1}(y) = y^{\frac{1}{3}}, y > 0$. Explizites Ableiten (laut Katalog) ergibt $(f^{-1})'(y) = \frac{1}{3}y^{-\frac{2}{3}}$. Andererseits folgt aus (8.18) $(f^{-1})'(y) = \frac{1}{(3(y^{\frac{1}{3}})^2)} = \frac{1}{3}y^{-\frac{2}{3}}$ – beide Ergebnisse sind identisch. $\triangle$

Beliebte Fehler

Wie so oft, schleichen sich durch Nichtbeachtung kleiner, aber wichtiger Voraussetzungen gern Fehler ein.

Beispiel 8.41. Wir modifizieren unser vorheriges Beispiel ein klein wenig und betrachten diesmal die durch $g(x) := x^3, x \in \mathbb{R}$, definierte Funktion $g : \mathbb{R} \to \mathbb{R}$. Auch diese Funktion ist bijektiv (Beispiel 5.28) und differenzierbar mit der Ableitung $g'(x) = 3x^2, x \in \mathbb{R}$. Allerdings ist die Voraussetzung, dass "ihre Ableitung nirgends verschwindet" nicht erfüllt: Es gilt nämlich $g'(0) = 0$. Also können wir zumindest nicht aus Satz 8.39 schließen, dass die Umkehrfunktion g^{-1} (auf ihrem gesamten Definitionsbereich $\mathbb{R}$) differenzierbar sei.

In der Tat hatten wir in Beispiel 5.15 gefunden $g^{-1}(y) = \text{sgn}(y)|y|^{\frac{1}{3}}, y \in \mathbb{R}$. Unsere Skizze macht deutlich, dass der Graph dieser Funktion an der Stelle Null eine "senkrechte Tangente" besitzt, dort also keine endliche Ableitung existieren kann. Die Ursache: Der Graph der Ausgangsfunktion hat dort eine waagerechte Tangente!

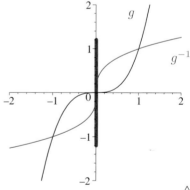

$\triangle$

Beispiel 8.42. In einer Klausur, die in zwei Versionen ausgegebenen wurde, lautete eine bestimmte Aufgabe

in der Version A:

Untersuchen Sie, ob die folgende Funktion differenzierbar ist:

$$u : \mathbb{R} \to \mathbb{R} : x \to \sqrt{2 + x^2}$$

(Falls ja: Geben Sie die Ableitung an! Falls nein: Begründen Sie Ihre Antwort!)

in der Version B

Untersuchen Sie, ob die folgende Funktion differenzierbar ist:

$$v : \mathbb{R} \to \mathbb{R} : x \to \sqrt{2 \cdot x^2}$$

(Falls ja: Geben Sie die Ableitung an! Falls nein: Begründen Sie Ihre Antwort!)

Ein Student (der 74.-beste seines Jahrganges) löste die Aufgabe der A-Version wie folgt und erhält die volle Punktzahl:

Ich schreibe $u(x) = f(g(x))$ mit $g : \mathbb{R} \to (0, \infty) : x \to 2 + x^2$ und $f : (0, \infty) \to (0, \infty) : y \to \sqrt{y}$. Beide Funktionen sind differenzierbar und besitzen die Ableitungen

$$g'(x) = 2x, \ x \in \mathbb{R},$$

$$f'(y) = \frac{1}{2\sqrt{y}}, \ y > 0.$$

Also ist auch ihre Komposition u differenzierbar. Mittels Kettenregel:

$$u'(x) = \frac{1}{2\sqrt{2 + x^2}} \, 2x = \frac{x}{\sqrt{2 + x^2}}.$$

Sein nicht 100%-ig sehscharfer Nachbar S.E.H. Behelf brütet über der B-Version und schreibt am Ende sehr Ähnliches:

Ich schreibe $v(x) = f(g(x))$ mit $g : \mathbb{R} \to (0, \infty) : x \to 2 \cdot x^2$ und $f : [0, \infty) \to [0, \infty) : y \to \sqrt{y}$. Beide Funktionen sind differenzierbar und besitzen die Ableitungen

$$g'(x) = 4x, \ x \in \mathbb{R},$$

$$f'(y) = \frac{1}{2\sqrt{y}}, \ y > 0.$$

Also ist auch ihre Komposition v differenzierbar. Mittels Kettenregel:

$$v'(x) = \frac{1}{2\sqrt{2 \cdot x^2}} \, 4x = \frac{2x}{\sqrt{2 \cdot x^2}}.$$

Die Klausur muss er allerdings wiederholen. Wieso?

- *Fehler 1:* Der Wertevorrat der Funktion g (und damit Definitionsbereich der Funktion f) wurde mit $(0, \infty)$ zu klein angesetzt (wegen $g(0) = 0$ muss 0 darin enthalten sein). Richtig wäre "$g : \mathbb{R} \to [0, \infty) : x \to 2 \cdot x^2$"

- *Fehler 2:* Auf dem (korrekten) Definitionsbereich $[0, \infty)$ ist die Funktion $f = \sqrt{\cdot}$ nicht (überall) differenzierbar! Die Ableitung existiert nur auf dem Intervall $(0, \infty)$, aber nicht an der Stelle Null.

- *Fehler 3:* Infolge dessen wird die Kettenregel falsch angewandt. (In der Tat ist die Funktion v an der Stelle $x = 0$ nicht differenzierbar. Man kann das schnell sehen, wenn man schreibt $v(x) = \sqrt{2x^2} = \sqrt{2}|x|$!!!)

Aber nicht diese Fehler, sondern vielmehr S.E.H. Behelfs Lösungs-"*Methode des scharfen Abschreibens*" bewogen den Korrektor, ihn zu einem weiteren Klausurtermin einzuladen. $\triangle$

8.3   Höhere Ableitungen

Gegeben sei auf einem Intervall D eine Funktion $f : D \to \mathbb{R}$. Existiert in einer Umgebung eines Punktes $x_0 \in D$ die Ableitung f' und ist diese an der Stelle $x_0 \in D$ ebenfalls differenzierbar, so lautet ihre Ableitung dort entspechend unseren bisherigen Gepflogenheiten

$$(f')'(x_0) = \mathsf{D}f'(x_0) = \frac{d}{dx}f'(x)_{|x=x_0}. \tag{8.20}$$

Man nennt diesen Wert die *zweite Ableitung der Funktion* f *an der Stelle* x_0 und schreibt statt (8.20) bezugnehmend auf die Ausgangsfunktion f

$$f''(x_0) = \mathsf{D}^2 f(x_0) = \frac{d^2}{dx^2}f(x)_{|x=x_0}.$$

Inhaltlich handelt es sich wie bisher um einen Grenzwert (der ggf. einseitig aufzufassen ist); es gilt also

$$f''(x_0) = \lim_{h \to 0, h \neq 0} \frac{f'(x_0 + h) - f'(x_0)}{h}.$$

Analog wie schon im Fall der ersten Ableitung gelangen wir zum Begriff der (Zweite-)Ableitungsfunktion f'', für deren Definitionsbereich gilt $D_{f''} \subseteq D_{f'} \subseteq D_f$. Alles in den Abschnitten 8.1 und 8.2 über Ableitungen Gesagte findet hier sinngemäße Anwendung – lediglich mit Bezug auf die "Ausgangsfunktion" f'.

Wenden wir unsere Überlegungen nunmehr auf f'' statt f' an, gelangen wir zur dritten Ableitung von f, davon ausgehend zur vierten usw. Allgemein bezeichnet man die n-te Ableitung von f an der Stelle x_0, falls sie existiert, mit

$$f^{(n)}(x_0) = \mathsf{D}^n f(x_0) = \left.\frac{d^n}{dx^n} f(x)\right|_{x=x_0},$$

$n \in \mathbb{N}$; weiterhin schreiben wir zwecks systematischer Vervollständigung $f^{(0)} := f$.

Beispiel 8.43. Es sei $f(x) = x^6$, $x \in \mathbb{R}$. Wir finden für $x \in \mathbb{R}$

$$\begin{aligned}
f'(x) &= 6 \cdot x^5, \\
f''(x) &= 6 \cdot 5 \cdot x^4, \\
f'''(x) &= 6 \cdot 5 \cdot 4 \cdot x^3 \\
f^{(4)}(x) &= 6 \cdot 5 \cdot 4 \cdot 3 \cdot x^2 \\
f^{(5)}(x) &= 6 \cdot 5 \cdot 4 \cdot 3 \cdot 2 \cdot x \\
f^{(6)}(x) &= 6 \cdot 5 \cdot 4 \cdot 3 \cdot 2 \cdot 1 \cdot 1 \\
f^{(n)}(x) &= 0 \text{ für alle } n \geq 7.
\end{aligned}$$

△

Beispiel 8.44. Wir verallgemeinern das vorherige Beispiel: Es sei $f(x) = x^n$, $x \in \mathbb{R}$, mit einem gegebenen Exponenten $n \in \mathbb{N}$. Nun folgt für $x \in \mathbb{R}$

$$\begin{aligned}
f'(x) &= n \cdot x^{n-1}, \\
f''(x) &= n \cdot (n-1) \cdot x^{n-2}, \\
f'''(x) &= n \cdot (n-1) \cdot (n-2) \cdot x^{n-3}
\end{aligned}$$

usw. bis

$$\begin{aligned}
f^{(n-1)}(x) &= n \cdot (n-1) \cdot \ldots \cdot 2 \cdot x \\
f^{(n)}(x) &= n \cdot (n-1) \cdot \ldots \cdot 2 \cdot 1 \\
f^{(m)}(x) &= 0 \text{ für alle } m \geq n+1.
\end{aligned}$$

△

Als Folgerung des letzten Beispiels können wir sagen: Bei jedem Polynom $P(x)$ verschwinden alle Ableitungen hinreichend hoher Ordnung. – Achtung ist geboten bei negativen und nicht-ganzen Exponenten:

Beispiel 8.45. Es sei $f(x) = x^{-1}, x > 0$. Wir finden für $x > 0$

$$\begin{aligned}
f'(x) &= (-1) \cdot x^{-2}, \\
f''(x) &= (-1)(-2) \cdot x^{-3}, \\
f'''(x) &= (-1)(-2)(-3) \cdot x^{-4}
\end{aligned}$$

usw., allgemein für $n \in \mathbb{N}$ also

$$f^{(n)}(x) = (-1)^n n! x^{-(n+1)}.$$

△

Bemerkung 8.46. Im vorigen Beispiel wird durch $f^{(n)}$ zugleich die $(n+1)$-te Ableitung der Logarithmusfunktion beschrieben.

Beispiel 8.47. Es sei $(x) = x^{\frac{1}{2}}, x > 0$. Wir finden für $x > 0$

$$
\begin{aligned}
f'(x) &= \tfrac{1}{2} \cdot x^{-\frac{1}{2}}, \\
f''(x) &= (\tfrac{1}{2})(-\tfrac{1}{2}) \cdot x^{-\frac{3}{2}}, \\
f'''(x) &= (\tfrac{1}{2})(-\tfrac{1}{2})(-\tfrac{3}{2})x^{-\frac{5}{2}} \\
f''''(x) &= (\tfrac{1}{2})(-\tfrac{1}{2})(-\tfrac{3}{2})(-\tfrac{5}{2})x^{-\frac{7}{2}}
\end{aligned}
$$

usw.   △

Relativ einfach sind jedoch Exponential- und trigonometrische Funktionen:

Beispiel 8.48. Es gilt für $\eta(x) := e^x, x \in \mathbb{R}$, $\eta'(x) = \eta(x) = e^x, x \in \mathbb{R}$. Deswegen gilt allgemein $\eta^{(n)}(x) = \eta(x) = e^x$.   △

Beispiel 8.49. Bei der Sinusfunktion sehen wir ein periodisches Verhalten:

$$
\begin{aligned}
\sin' x &= \cos x \\
\sin'' x &= -\sin x \\
\sin''' x &= -\cos x \\
\sin^{(4)} x &= \sin x
\end{aligned}
$$

usw. wie von vorn.   △

8.4 Einige nützliche Aussagen

In diesem Abschnitt werden einige Aussagen bereitgestellt, deren Nutzen sich an vielen Stellen der nachfolgenden Abschnitte erweisen wird. Ausgewählte mathematische Begründungen werden für interessierte Leser im Anhang beigefügt.

Stetigkeitssätze

Satz 8.50. *Ist eine Funktion $f : D \to \mathbb{R}$ an einem inneren Punkt x ihres Definitionsbereiches differenzierbar, so ist sie dort auch stetig.*

Eine sinngemäße Aussage gilt bezüglich der einseitigen Differenzierbar- bzw. Stetigkeit. Man gelangt unmittelbar zu der

Folgerung 8.51. *Eine differenzierbare Funktion ist stetig.*

Wir bemerken, dass die Umkehrung nicht gilt - eine stetige Funktion braucht also nicht differenzierbar zu sein. (Ein Beispiel dieser Art ist die Betragsfunktion abs: $\mathbb{R} \to \mathbb{R}$, die stetig ist, aber an der Stelle 0 keine Ableitung besitzt; vgl. die Skizze auf Seite 177 und das Berechnungsbeispiel 8.3 auf Seite 217.)

Wir bemerken weiterhin, dass die *Ableitung* einer differenzierbaren (und also stetigen) Funktion - soweit überhaupt überall definiert - dagegen nicht stetig zu sein braucht. Hat hingegen eine differenzierbare Funktion f eine überall stetige Ableitung, so nennt man f *stetig differenzierbar*. Die Menge aller auf D definierten stetig differenzierbaren Funktionen bezeichnen wir mit $C^{(1)}(D)$.

Mittelwertsätze

In den folgenden beiden Aussagen seien a und b beliebige reelle Zahlen mit $a < b$.

Satz 8.52 (↗S.500, "Satz von Rolle"). *Die Funktion $f : [a, b] \to \mathbb{R}$ sei stetig und auf (a, b) differenzierbar. Gilt dann $f(a) = f(b)$, so existiert eine Stelle $\xi \in (a, b)$ mit $f'(\xi) = 0$.*

Satz 8.53 (↗S.501, "Mittelwertsatz"). *Die Funktion $f : [a, b] \to \mathbb{R}$ sei stetig und auf (a, b) differenzierbar. Dann existiert eine Stelle $\xi \in (a, b)$ mit*

$$f'(\xi) = \frac{f(b) - f(a)}{b - a}.$$

Den Inhalt dieser beiden Sätze lässt sich sehr schön an folgenden beiden Bildern ablesen;

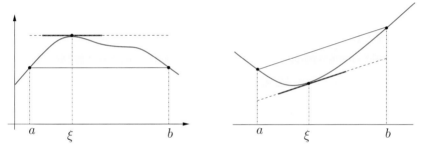

wir erkennen darüber hinaus, dass der Satz von Rolle (linkes Bild) nur ein Spezialfall des Mittelwertsatzes (rechtes Bild) ist. Ein vergröberndes Kürzel für den Mittelwertsatz könnte lauten:

" Sekantensteigung   =   Tangentensteigung "

besagend, dass die Steigung einer gegebenen Sekante (schwarz im Bild) dieselbe ist, wie die einer Tangente an einer passenden Stelle (blau).

Obwohl es auf den ersten Blick nicht offensichtlich erscheinen mag, existieren zahlreiche interessante Anwendungen dieser Sätze. Einige davon finden sich im nächsten Abschnitt über den Taylorschen Satz bzw. die Taylorsche Formel. Weitere Anwendungen ergeben sich im Zusammenhang mit monotonen oder konvexen Funktionen mit Fehlerabschätzungen sowie bei Extremwertproblemen.

Differenzierbarkeitsabschluss

Die folgende Aussage ist mitunter nützlich, wenn Funktionen durch uneinheitliche oder komplizierte Ausdrücke beschrieben werden:

Satz 8.54. *Die Funktion $f : [a,b] \to \mathbb{R}$ sei stetig und im Intervall (a,b) differenzierbar. Existiert der endliche Grenzwert*

$$\lim_{x \downarrow a} f'(a),$$

so ist f auch an der Stelle a (rechtsseitig) differenzierbar, und es gilt

$$D^+ f(a) = \lim_{x \downarrow a} f'(a).$$

(Eine sinngemäße Aussage gilt bezüglich der linksseitigen Differenzierbarkeit von f am rechten Randpunkt b.)

Anwendungen finden sich u.a. im Kapitel 13 über ökonomische Funktionen.

Die Regeln von Bernoulli - L'Hospital

Bei der Untersuchung von Folgen und Funktionen treten oft sogenannte "unbestimmte Ausdrücke" auf.

Beispiel 8.55. Es soll untersucht werden, ob der nur für $x \neq 0$ definierte Bruch $\frac{e^x - 1}{x}$ beim Grenzübergang $x \to 0$ konvergiert (und wenn ja, gegen welche Zahl). Nun konvergieren Zähler wie Nenner für sich genommen gegen Null, man könnte also folgende "Gleichung" aufschreiben:

$$\lim_{x \to 0} \frac{e^x - 1}{x} = \text{`` } \frac{0}{0} \text{ ''}$$

die selbstverständlich in strengem Sinne verboten ist.

Es könnte nun sein, dass der Zähler während des Grenzüberganges stets in einem festen Verhältnis zum Nenner steht und somit der Quotient trotzdem einen sinnvollen Grenzwert besitzt. Anders gesagt, müssen hierfür die Änderungsraten von Zähler und Nenner in einem festen Verhältnis stehen. Die Änderungsraten werden aber durch die Ableitungen gegeben. Daher die **Idee:**

> Man untersuche nicht den Bruch aus Zähler und Nenner, sondern denjenigen aus deren Ableitungen! $\qquad$ (8.21)

Im **Beispiel** führt das auf folgende *vermutete* Gleichung

$$\lim_{x \to 0} \frac{(e^x - 1)}{x} = \lim_{x \to 0} \frac{(e^x - 1)'}{x'} = \lim_{x \to 0} \frac{e^x}{1} = 1$$

Voilà! $\qquad\qquad\qquad\qquad\qquad\qquad\qquad\qquad\qquad\qquad\qquad\qquad \triangle$

Unbestimmte Ausdrücke können nicht nur in der Form "$\frac{0}{0}$" auftreten, sondern z.B. auch in der Form "$\frac{\infty}{\infty}$". Wir erinnern daran (siehe Seite 45), dass dieser

"Quotient" nicht definiert ist. Die Ursache: Die – auf den ersten Blick nahe-liegende – Annahme, es gelte "$\frac{\infty}{\infty}$" $= 1$, führt zu Widersprüchen, deswegen:

Achtung: "$\dfrac{\infty}{\infty} \neq 1$"

Beispiel 8.56. Zwei Funktionen $g, h : \mathbb{R} \to \mathbb{R}$ seien durch $g(x) := e^x$ und $h(x) := e^{2x}$, $x \in \mathbb{R}$, definiert. Es gilt dann

$$\lim_{x \to \infty} f(x) \quad = \quad \lim_{x \to \infty} g(x) \quad = \quad \infty.$$

Können wir daraus folgern

$$\lim_{x \to \infty} \frac{g(x)}{h(x)} \quad = \quad \frac{\lim_{x \to \infty} g(x)}{\lim_{x \to \infty} h(x)} \quad = \quad \text{"}\frac{\infty}{\infty} = 1\text{"}?$$

Die Antwort lautet: Nein! Direktes Nachrechnen ergibt nämlich

$$\lim_{x \to \infty} \frac{g(x)}{h(x)} \quad = \quad \lim_{x \to \infty} \frac{e^x}{e^{2x}} \quad = \quad \lim_{x \to \infty} \frac{1}{e^x} \quad = \quad 0. \tag{8.22}$$

Übrigens gilt außerdem

$$\lim_{x \to \infty} \frac{h(x)}{g(x)} = \lim_{x \to \infty} \frac{e^{2x}}{e^x} = \lim_{x \to \infty} e^x = \infty. \tag{8.23}$$

Wir sehen also, dass das Kürzel "$\frac{\infty}{\infty}$" für ganz unterschiedliche Ergebnisse steht.   △

Zum Sortiment unbestimmter Ausdrücke gehören weiterhin auch Ausdrücke der Form "$0 \cdot \infty$", "$\infty - \infty$" sowie "1^∞", die sich allerdings mit etwas Geschick auf die Quotientenform zurückführen lassen. Natürlich müssen sowohl die Idee (8.21) als auch das Resultat von Beispiel 8.56 noch streng begründet werden. Wir haben dazu folgenden Satz:

Satz 8.57. *Die Funktionen Z und N seien auf einer Menge $D \subseteq \mathbb{R}$ definiert und dort differenzierbar. Für einen (eventuell uneigentlichen) Häufungspunkt $a \in \overline{\mathbb{R}}$ von D sei $\lim\limits_{x \to a} \frac{Z(x)}{N(x)}$ ein unbestimmter Ausdruck, d.h. es gelte*

$$\lim_{x \to a} |Z(x)| = \lim_{x \to a} |N(x)| = U \quad mit \quad U = 0 \quad oder \quad U = \infty.$$

Wenn jedoch die Grenzwerte

$$\lim_{x \to a} Z'(x) = \zeta \in \overline{\mathbb{R}} \quad und \quad \lim_{x \to a} N'(x) = \nu \in \mathbb{R} \setminus \{0\}$$

existieren, so gilt

$$\lim_{x \to a} \frac{Z(x)}{N(x)} = \lim_{x \to a} \frac{Z'(x)}{N'(x)} = \frac{\zeta}{\nu}.$$

Wir bemerken, dass hierbei sowohl für a als auch für ζ die uneigentlichen Werte $+\infty$ und $-\infty$ zugelassen sind.

Bevor wir zu Anwendungsbeispielen kommen, sei erwähnt, dass unbestimmte Ausdrücke nicht nur in der Form "$\frac{0}{0}$" bzw. "$\frac{\infty}{\infty}$" auftreten können. Zum Sortiment gehören weiterhin auch Ausdrücke der Form "$0 \cdot \infty$", "$\infty - \infty$" sowie "1^∞", die sich allerdings mit etwas Geschick auf die Quotientenform zurückführen lassen.

Beispiel 8.58. Wir betrachten $Z(x) := 3x$ und $N(x) := x$ jeweils nur für $x > 0$. Obwohl wir Zähler und Nenner kürzen könnten, behalten wir einmal die Schreibweise $\frac{Z(x)}{N(x)} = \frac{3x}{x}$ bei. Es folgt formal

$$\lim_{x \to 0} \frac{Z(x)}{N(x)} = \text{``} \frac{0}{0} \text{''} \quad , \text{also}$$

$$\lim_{x \to 0} \frac{Z(x)}{N(x)} = \lim_{x \to 0} \frac{Z'(x)}{N'(x)} = \lim_{x \to 0} \frac{3}{1} = 3$$

(hier gilt also $\zeta = 3$ und $\nu = 1$.) $\triangle$

Das Beispiel ist natürlich extrem einfach, aber es macht deutlich, warum es auf die Ableitungen von Zähler und Nenner ankommt. Um einem Missverständnis vorzubeugen: Wenn in diesem Beispiel die Konstante a aus " $x \to a$" denselben Wert Null annimmt wie Zähler und Nenner des unbestimmten Ausdrucks, so hat das keinerlei systematische Bedeutung; a kann grundsätzlich völlig beliebig gewählt werden.

Beispiel 8.59. Diesmal untersuchen wir den Grenzwert

$$\lim_{x \to 1} \frac{x^2 - 1}{x - 1}.$$

Dieser hat die Form "$\frac{0}{0}$", denn Zähler und Nenner konvergieren beide einzeln gegen Null, wenn x gegen $a = 1$ konvergiert. Wir schreiben nun nach L'Hospital

$$\lim_{x \to 1} \frac{x^2 - 1}{x - 1} = \lim_{x \to 1} \frac{(x^2 - 1)'}{(x - 1)'} = \lim_{x \to 1} \frac{2x}{1} = 2. \quad \triangle$$

Beispiel 8.60. Auch der folgende Grenzwert ist von unbestimmter Form:

$$\lim_{x \to 0} \frac{(1 - \cos x)}{\sin x} = \text{``} \frac{0}{0} \text{''}.$$

Wir finden diesmal

$$\lim_{x \to 0} \frac{(1 - \cos x)}{\sin x} = \lim_{x \to 0} \frac{(1 - \cos x)'}{(\sin x)'} = \lim_{x \to 0} \frac{\sin x}{\cos x} = \frac{0}{1} = 0.$$

$\triangle$

Beispiel 8.61. Ähnlicher Fall mit anderem Ausgang: Formal gilt

$$\lim_{x \to 0} \frac{(e^x - e^{-x})}{x^2} = `` \frac{0}{0} " ;$$

es folgt

$$\lim_{x \to 0} \frac{e^x - e^{-x}}{x^2} = \lim_{x \to 0} \frac{(e^x - e^{-x})'}{(x^2)'}$$

$$= \lim_{x \to 0} \frac{e^x + e^{-x}}{2x} = `` \frac{2}{0} " = \infty \qquad \triangle$$

Beispiel 8.62. Diesmal treten uneigentliche Grenzwerte auf:

$$\lim_{x \to \infty} \frac{e^x}{\ln x} = `` \frac{\infty}{\infty} " .$$

Nach Bernoulli-LHospital betrachten wir stattdessen

$$\lim_{x \to \infty} \frac{(e^x)'}{(\ln x)'} = \lim_{x \to \infty} \frac{e^x}{\frac{1}{x}} = \lim_{x \to \infty} x e^x = \infty. \qquad \triangle$$

Bemerkung 8.63. Betrachten wir den Grenzwert desselben Quotienten für $x \to 0$ statt für $x \to \infty$, so finden wir

$$\lim_{x \to 0} \frac{e^x}{\ln x} = `` \frac{1}{-\infty} " = 0;$$

weil hierbei der Zähler von Null und ∞ verschieden ist, handelt es sich *nicht* um einen unbestimmten Ausdruck im engeren Sinne.

Beispiel 8.64. Gesucht ist $\lim_{x \downarrow 0} x \ln x$, soweit existent. Weil gilt $x \to 0$ und $\ln x \to -\infty$, haben wir hier - bis auf das Vorzeichen - einen unbestimmten Ausdruck der Form "$0 \cdot \infty$" vor uns. Können wir unseren Satz darauf anwenden? Folgender Trick hilft: Wir schreiben

$$\lim_{x \downarrow 0} x \ln x = \lim_{x \downarrow 0} \frac{\ln x}{\frac{1}{x}} = `` \frac{-\infty}{\infty} "$$

und finden

$$\lim_{x \downarrow 0} x \ln x = \lim_{x \downarrow 0} \frac{(\ln x)'}{\left(\frac{1}{x}\right)'} = \lim_{x \downarrow 0} \frac{\frac{1}{x}}{\frac{-1}{x^2}} = \lim_{x \downarrow 0} -x = 0. \qquad \triangle$$

Die Idee hinter unserer Umformung lässt sich formal so schreiben:

$$\text{``}0\cdot\infty\text{''} \quad=\quad \frac{\text{``}\infty\text{''}}{\frac{1}{0}} \quad=\quad \frac{\text{``}\infty\text{''}}{\infty}.$$

Wir kommen nun zu einem Beispiel, in dem die unbestimmte Form

$$\text{``}\,1^{\infty}\,\text{''}$$

auftritt.

Beispiel 8.65. Unser Problem ist diesmal etwas schwieriger, dafür erhalten wir aber ein wirklich nützliches Ergebnis. Gesucht ist (falls existent)

$$\lim_{x\to\infty}\left(1+\frac{\lambda}{x}\right)^{x} =: X,$$

wobei λ eine beliebige reelle Konstante bezeichnet. Offenbar gilt für $x\to\infty$ $\frac{\lambda}{x}\to 0$, also $1+\frac{\lambda}{x}\to 1$, und der gesuchte Grenzwert hat die unbestimmte Form "1^{∞}". Wie weiter?

Wir beobachten zunächst, dass gilt

$$\left(1+\frac{\lambda}{x}\right)^{x} = e^{\,x\ln\left(1+\frac{\lambda}{x}\right)}$$

und (auch im Sinne uneigentlicher Grenzwerte)

$$\lim_{x\to\infty} e^{\,x\ln\left(1+\frac{\lambda}{x}\right)} = e^{\lim\limits_{x\to\infty}\left(x\ln\left(1+\frac{\lambda}{x}\right)\right)}.$$

Also genügt es, im Falle der Existenz

$$\lim_{x\to\infty}\left(x\left(\ln\left(1+\frac{\lambda}{x}\right)\right)\right) =: Y$$

zu bestimmen, denn es gilt dann $X = e^{Y}$. Bei Y haben wir die unbestimmte Form "$\infty\cdot 0$" vor uns und schreiben daher

$$\lim_{x\to\infty}\left(x\left(\ln\left(1+\frac{\lambda}{x}\right)\right)\right) = \lim_{x\to\infty}\frac{\ln\left(1+\frac{\lambda}{x}\right)}{\left(\frac{1}{x}\right)} = \lim_{x\to\infty}\frac{\left(\ln\left(1+\frac{\lambda}{x}\right)\right)'}{\left(\frac{1}{x}\right)'}$$

$$= \lim_{x\to\infty}\frac{1}{\left(1+\frac{\lambda}{x}\right)}\cdot\frac{-\dfrac{\lambda}{x^{2}}}{-\dfrac{1}{x^{2}}} = \lim_{x\to\infty}\frac{\lambda}{\left(1+\frac{\lambda}{x}\right)} = \lambda.$$

Es folgt: $X = e^{\lambda}$. $\hfill\triangle$

Nun noch ein Blick auf die unbestimmte Form

$$\lim_{x \to a} f(x) \quad = \quad \text{``}\infty - \infty\text{''}.$$

Der Kniff: Wir setzen diese in die e-Funktion ein. Wir finden rein formal

$$\lim_{x \to a} e^{f(x)} \quad = \quad \text{``}e^{\infty - \infty}\text{''} \quad = \quad \frac{\text{``}e^{\infty}\text{''}}{e^{\infty}} \quad = \quad \frac{\text{``}\infty\text{''}}{\infty}.$$

Also untersuchen wir anstelle von $f(x)$ die Funktion $e^{f(x)}$. Finden wir einen Grenzwert

$$\lim_{x \to a} e^{f(x)} \quad =: \quad L \in [0, \infty],$$

so folgt sofort aus der Stetigkeit der e-Funktion

$$\lim_{x \to a} f(x) \quad = \quad \ln L \in [-\infty, \infty).$$

Beispiel 8.66. Gesucht ist – soweit existent – der Grenzwert

$$\lim_{x \to \infty} f(x) \quad = \quad \lim_{x \to \infty} (x - \ln x) \quad = \quad \text{``}\infty - \infty\text{''}.$$

Wir untersuchen stattdessen den Grenzwert

$$\lim_{x \to \infty} e^{f(x)} \quad = \quad \lim_{x \to \infty} e^{(x - \ln x)} \quad = \quad \lim_{x \to \infty} \frac{e^x}{x} \quad = \quad \frac{\text{``}\infty\text{''}}{\infty},$$

und finden

$$\lim_{x \to \infty} \frac{e^x}{x} \quad = \quad \lim_{x \to \infty} \frac{(e^x)'}{x'} \quad = \quad \lim_{x \to \infty} \frac{e^x}{1} \quad = \quad \infty.$$

Daraus schließen wir für das Ausgangsproblem

$$\lim_{x \to \infty} f(x) \quad = \quad \infty. \qquad\qquad \triangle$$

Das Newton-Verfahren

Zu den häufigsten Problemen der Praxis gehört die Lösung von Gleichungen der Form

$$f(x^\circ) = 0,$$

wobei die Funktion f gegeben ist und das Argument x° gesucht wird. Selbst wenn eine Lösung x° existiert – wovon man sich wie im Abschnitt 7.3 ausgeführt überzeugen kann –, gelingt es dennoch oft nicht, sie in Gestalt einer exakten Formel anzugeben. In einem solchen Fall ist dann eine hinreichend gute zahlenmäßige Näherung für x° gefragt. Das Newton-Verfahren ist ein sehr wirksames Hilfsmittel, um gegebene Näherungslösungen mit beliebiger Genauigkeit sukzessiv zu verbessern.

Die Idee des Verfahrens wird schnell anhand einer Skizze deutlich. Sie zeigt den Graphen einer differenzierbaren Funktion f (rot) in einer Umgebung der gesuchten Nullstelle x°:

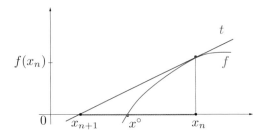

Es sei – z.B. durch Probieren – bereits eine Näherungslösung x_n für x° bekannt. Nun wird ein *Verbesserungsschritt* durchgeführt: Dazu wird im Punkt $(x_n, f(x_n))$ die Tangente t an den Graphen von f angelegt (blau) und deren Schnittpunkt x_{n+1} mit der x-Achse ermittelt. In unserer Skizze liegt x_{n+1} dann schon wesentlich näher bei x° als x_n. Mit anderen Worten: Wir haben in x_{n+1} eine bessere Näherungslösung gefunden. Man darf vermuten, dass dies "oft" so sein wird.

In der Praxis muss x_{n+1} natürlich nicht zeichnerisch, sondern rechnerisch ermittelt werden. Das kann mit Hilfe folgender kleinen Überlegung geschehen: Der Anstieg der eingezeichneten Tangente ist einerseits gleich $f'(x_n)$, andererseits kann er als das Verhältnis Höhe : Breite eines geeigneten Steigungsdreiecks ermittelt werden. Wählen wir das Dreieck wie in der Skizze, folgt

$$f'(x_n) = \frac{f(x_n) - f(x_{n+1})}{x_n - x_{n+1}}.$$

Unter Berücksichtigung der Identität $f(x_{n+1}) = 0$ folgt hieraus die Formel

$$x_{n+1} = x_n - \frac{f(x_n)}{f'(x_n)}$$

Wenn die Genauigkeit der so gefundenen Näherungslösung noch nicht ausreicht, wird man einen weiteren Verbesserungsschritt ausführen – diesmal ausgehend von x_{n+1} statt von x_n. Ausgehend von einer ersten Näherung x_1 lässt sich so sukzessive eine Folge (x_n) von Näherungslösungen gewinnen.

Beispiel 8.67. Gesucht wird die Lösung x° der Gleichung $xe^x = 5$ bzw. gleichbedeutend von $f(x) := x \cdot e^x - 5 = 0$. Wir probieren zunächst ein wenig und finden

$$0 \cdot e^0 - 5 < 0, \qquad 1 \cdot e^1 - 5 = e - 5 \ < 0, \qquad 2 \cdot e^2 - 5 \ > \ 2 \cdot 2^2 - 5 \ = 3.$$

Aufgrund der Stetigkeit von f muss sich die gesuchte Lösung x° also im Intervall $(1, 2)$ befinden. Wir starten nun ein Newtonverfahren mit der Anfangsnäherung $x_1 := 2$. Beispielhaft geben wir die Ergebnisse der ersten fünf Verbesserungsschritte mit jeweils 9 Nachkommastellen in der linken Spalte an:

Newtonverfahren:	Intervallhalbierung:
	$x_0 = 1$
$x_1 = 2$	$x_1 = 2$
$x_2 = 1.558892139$	$x_2 = 1.5$
$x_3 = 1.360741102$	$x_3 = 1.25$
$x_4 = 1.327536307$	$x_4 = 1.375$
$x_5 = 1.326725136$	$x_5 = 1.3125$
$x_6 = 1.326724665$	$x_6 = 1.3475$

Hier brechen wir die Rechnung ab, weil sich Änderungen nur noch in der sechsten Nachkommastelle zeigen. Wir vermuten daher, dass die Näherung schon mindestens auf 5 Nachkommastellen genau ist. Mit Hilfe des Computers finden wir die "exakte" Lösung

$$x° = 1.326724665\ldots$$

Unsere Näherung nach fünf Schritten ist verblüffend genau, nicht wahr?

Zum Vergleich zeigen wir in der rechten Spalte die Näherungsergebnisse, die wir bei Verwendung der Intervallhalbierungsmethode aus den beiden Anfangswerten $x_0 = 1$ und $x_1 = 2$ erhalten hätten. Wir sehen, dass das Newtonverfahren bei gleicher Schrittzahl wesentlich genauere Ergebnisse liefert.   △

Unser Beispiel demonstriert recht eindrucksvoll, was das Newtonverfahren zu leisten vermag. Allerdings kann dieses einzelne Beispiel nicht beweisen, dass das Verfahren *unter allen Umständen* so gut funktioniert. In der Tat lassen sich auch "ungünstige" Beispiele finden, in denen dies nicht der Fall ist.

Intuitiv ist klar, dass das Verfahren zumindest dann *"gut"* funktionieren wird, wenn die Anfangsnäherung *"hinreichend genau"* und die Funktion f einigermaßen *"gutartig"* ist. Diese hier noch unscharfe Formulierung lässt sich in eine präzise mathematische Form bringen: Man kann zeigen, dass die Folge (x_n) der Näherungslösungen gegen die exakte Lösung $x°$ konvergiert, sobald geeignete, nicht sehr einschränkende Voraussetzungen erfüllt sind. Da die Details den Rahmen dieses Buches übersteigen, wollen wir es hier bei der Feststellung belassen, dass das Newtonverfahren in der Praxis sehr häufig und mit großem Erfolg verwendet wird.

8.5 Satz von Taylor und die Taylorformel

Wir erinnern an die alternative Charakterisierung der Ableitung aus Abschnitt 8.1.3, die wir hier mit leicht modifizierten Bezeichnungen wiedergeben:

$$f(x) \qquad = f(x_0) \qquad\qquad + f'(x_0)(x - x_0) \qquad + R(x_0, x) \quad (\circ)$$

Funktionswert	konstanter	linearer	
am	= Funktionswert am	+ Korrekturterm	+ Restglied
Nachbarpunkt	Ausgangspunkt		

In das Restglied geht die Ableitungsfunktion f' ein. Wenden wir dieselbe Überlegung darauf an, können wir unsere Formel noch verfeinern. Das ist Gegenstand von

Satz 8.68 (Satz von Taylor). *Es seien $I \subseteq \mathbb{R}$ ein offenes Intervall, $n \in \mathbb{N}$ und $f : I \to \mathbb{R}$ $(n+1)$-fach stetig differenzierbar.*

(i) Dann gilt für beliebige zwei Punkte x_0 und x aus I

$$f(x) = f(x_0) + \frac{1}{1!}f'(x_0)(x - x_0) + \frac{1}{2!}f''(x_0)(x - x_0)^2 + \cdots$$

$$+ \frac{1}{n!}f^{(n)}(x_0)(x - x_0)^n + R_n(x_0, x). \tag{8.24}$$

(ii) Für das Restglied gilt

$$\lim_{x \to x_0,\, x \neq x_0} \frac{R_n(x_0, x)}{|x - x_0|^n} = 0.$$

(iii) Weiterhin existiert ein Punkt ξ echt zwischen x_0 und x mit

$$R_n(x_0, x) = \frac{1}{(n+1)!}f^{n+1}(\xi)(x - x_0)^{n+1}. \tag{8.25}$$

Einige Erläuterungen:

(1) Die Formel (8.24) wird auch "Taylor-Formel" genannt. Sie stimmt im Fall $n = 2$ mit unserer Formel ($\circ$) überein und unterscheidet sich für größere Werte von n von ihr durch die in Grüntönen eingefärbten Terme, die – für sich betrachtet – Polynome zweiten bis n-ten Grades darstellen.

(2) Lassen wir das Restglied weg, erhalten wir auf der rechten Seite von (8.24) das Polynom

$$P_n(x) := f(x) = f(x_0) + \frac{1}{1!}f'(x_0)(x - x_0) + \frac{1}{2!}f''(x_0)(x - x_0)^2 + \cdots$$

$$+ \frac{1}{n!}f^{(n)}(x_0)(x - x_0)^n$$

(das sogenannte *Taylorpolynom $n-ten$ Grades* für f an der Stelle x_0). Hierbei ist x die Unbestimmte, während alle anderen Größen konstant sind. Statt (8.24) können wir schreiben

$$f(x) \approx P_n(x) \tag{8.26}$$

d.h., das Taylorpolynom kann als Näherung für die Funktion f dienen, was wegen der einfachen Berechenbarkeit der Funktionswerte oft hilfreich ist.

(3) Der Näherungsfehler - d.h., Unterschied beider Seiten in (8.26) – beträgt exakt $R_n(x_0, x)$. Hierüber sagt uns Teil (ii) des Satzes, dass dieser Fehler äußerst schnell klein wird, wenn x gegen x_0 geht. (Genauer: Der Fehler konvergiert von höherer Ordnung gegen Null als $|x - x_0|^n$.)

(4) Wenn es einmal darum geht, die Genauigkeit der Näherung (8.26) abzuschätzen, ist die Formel (8.25) zur Stelle.

Beispiel 8.69. Wir wollen versuchen, die "komplizierte" Exponentialfunktion in der Nähe des Nullpunktes – sagen wir auf dem Intervall $D := (-1, 1)$ – durch Polynome anzunähern. Sei $n (\geq 2)$ beliebig, aber fest gewählt. Wir haben dann für $x \in D$ $f(x) = f'(x) = \cdots = f^n(x) = e^x$, und mit der Wahl $x_0 = 0$ gilt

$$f(x_0) = f'(x_0) = \cdots = f^n(x_0) = e^0 = 1.$$

Es folgt allgemein

$$\begin{aligned}
P_n(x) \quad &:= \quad f(x_0) + \tfrac{1}{1!}f'(x_0)(x - x_0) + \tfrac{1}{2!}f''(x_0)(x - x_0)^2 + \cdots \\
&\quad \cdots + \tfrac{1}{n!}f^{(n)}(x_0)(x - x_0)^n \\
&= \quad 1 + x + \tfrac{1}{2!}x^2 + \cdots + \tfrac{1}{n!}x^n
\end{aligned}$$

insbesondere

$$\begin{aligned}
P_0(x) &= 1 \\
P_1(x) &= 1 \quad + x \\
P_2(x) &= 1 \quad + x \quad + \tfrac{x^2}{2} \\
P_3(x) &= 1 \quad + x \quad + \tfrac{x^2}{2} \quad + \tfrac{x^3}{6}
\end{aligned}$$

usw. Wir haben also eine ganze Familie von Polynomen vor uns, mit denen man die e-Funktion annähern und damit vereinfacht berechnen kann.

Wir beobachten hierbei:

- P_0 und P_1 sind affin, enthalten also keine Krümmung.

- P_2 ist das erste Polynom, welches zur Krümmung des Graphen von f beiträgt.

Der Unterschied zu P_0 und P_1 besteht in dem quadratischen Anteil

$$\frac{1}{2!}\underbrace{f''(x_0)}(x - x_0)^2,$$

ob dieser vorkommt und mit welcher Stärke, wird durch den Wert $f''(x_0)$ bestimmt. $\triangle$

Wir sind jetzt soweit, die "*ökonomische Ernte*" dieses Abschnitts einzufahren. Sicherlich hat sich manche LeserIn schon gefragt, wozu ein Student der Wirtschaftswissenschaften die Taylor-Formel kennen sollte. Wir geben eine zweifache Antwort:

- *Wir verstehen jetzt, dass im Prinzip jede vernünftige Funktion beliebig genau als Polynom dargestellt werden kann.*

  Der Vorteil: Die Berechnung von Polynomen kommt mit den Grundrechenarten aus. Jeder Taschenrechner benutzt die Taylorformel, um komplizierte Funktionen auszuwerten.

- *Wir verstehen jetzt, dass für die Krümmung des Graphen von f hauptsächlich die zweite Ableitung von f "zuständig" ist.*

  Von dieser Tatsache werden wir später ausgiebig Gebrauch machen.

8.5.1 Zur Approximationsgenauigkeit

Im letzten Beispiel hatten wir eine ganze Familie von Polynomen P_0, P_1, P_2, ... betrachtet, mit denen sich die e-Funktion approximieren lässt. Man wird nun erwarten, dass die Näherung umso besser wird, je höher der Grad n des Taylorpolynoms ist.

Beispiel 8.70 (⁄F 8.69). Wir betrachten einmal die Formel (8.25) für das Restglied

$$R_n(x_0, x) = f(x) - P_n(x) = \frac{1}{(n+1)!} f^{n+1}(\xi)(x - x_0)^{n+1}$$

im konkreten Fall der e-Funktion. Bei festem x, $x_0 = 0$ und n nimmt sie hier die Form

$$R_n(0, x) = \frac{1}{(n+1)!} e^\xi x^{n+1}$$

an, wobei ξ eine geeignete Zahl zwischen x und 0 bezeichnet, die im Allgemeinen von x und n abhängen wird. Wir wollen versuchen, diesen Restterm betragsmäßig nach oben abzuschätzen. Dabei investieren wir das Vorwissen "$x \in (-1, 1)$", also auch $|\xi| < 1$. Dann folgt

$$|R_n(0, x)| = \frac{1}{(n+1)!} \underbrace{e^\xi}_{\leq e} \underbrace{|x^{n+1}|}_{\leq 1} \leq \frac{e}{(n+1)!} \; .$$

Speziell folgt so für alle $x \in (-1, 1)$ wegen $e < 3$

$$|R_1(0, x)| \leq \frac{e}{2} < 1.5$$

$$|R_5(0, x)| \leq \frac{e}{720} < 0.00378.$$

Was bedeutet die letzte Zeile?

Angenommen, wir berechnen für ein gegebenes x

- erstens den Wert e^x

- zweitens den Wert $P_5(x)$

und runden das Ergebnis jeweils auf zwei Stellen nach dem Komma, dann sind beide Ergebnisse identisch. Anders gesagt: Mit Hilfe von P_5 können wir die Werte der e-Funktion für jedes $x \in (-1, 1)$ auf zwei Kommastellen genau ausrechnen.   △

Die Genauigkeit bei der Approximation der e-Funktion durch P_0 bis P_3 ist sehr schön in folgender Skizze zu sehen:

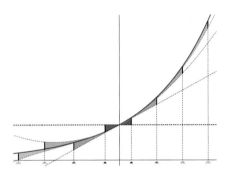

Der Graph der e-Funktion ist rot dargestellt, die Farben der Approximierenden P_0 bis P_3 nähern sich von Blau kommend an Rot an. Die farbigen Felder markieren Teile der Graphen mit ein- und derselben Approximationsgenauigkeit.

Beispiel 8.71. Wir betrachten die natürliche Logarithmusfunktion $f := \ln$ auf $(0, \infty)$ an der Stelle $x_0 = 1$. Es gilt bekanntlich

$$f'(x) = x^{-1},\ f''(x) = -x^{-2},\ f'''(x) = 2x^{-3},\ \dots,\ f^n(x) = (-1)^{n-1}(n-1)!x^{-n},$$

folglich $f^0(1) = 0$ sowie

$$f'(1) = 1,\ f''(x) = -1,\ f'''(x) = 2,\ \dots,\ f^n(x) = (-1)^{n-1}(n-1)!. \qquad (8.27)$$

Wenn wir P_n allgemein in Summenform schreiben

$$P_n(x) = \sum_{k=0}^{n} \frac{1}{k!} f^k(x_0)(x - x_0)^k$$

ergibt sich im konkreten Fall durch Kürzen von Fakultäten

$$P_n(x) = \sum_{k=1}^{n} \frac{1}{k!}(-1)^{k-1}(k-1)!(x-1)^k = \sum_{k=1}^{n} \frac{(-1)^{k-1}}{k}(x-1)^k$$

also z.B. für $n = 6$

$$\ln x \sim P_6(x) = (x-1) - \frac{(x-1)^2}{2} + \frac{(x-1)^3}{3} - \frac{(x-1)^4}{4} + \frac{(x-1)^5}{5} - \frac{(x-1)^6}{6}.$$

Auch dieser Ausdruck lässt sich leicht berechnen.   △

Bemerkung 8.72. Im Fall der Exponentialfunktion haben wir $x_0 = 0$ gewählt, hätten ebenso aber $x_0 = 1$ (wie bei der Logarithmusfunktion) oder sonst einen beliebigen reellen Wert x_0 verwenden können. Bei der Logarithmusfunktion hätten wir für x_0 eine beliebige positive Zahl festlegen können. Die entstehenden Taylorpolynome hängen im Allgemeinen von der Wahl des Wertes x_0 ab. (Unsere Wahl von x_0 war jeweils so getroffen, dass die Taylorpolynome möglichst einfach ausfallen. Diese richtige Wahl ist natürlich eine Sache des Geschicks und der Übung.)

8.5.2 Die Taylorreihe

Wir sahen, dass sich ein- und dieselbe Funktion f unter Umständen durch Taylorpolynome beliebig hohen Grades n darstellen lässt: Es gilt in der Nähe von x_0

$$f(x) \approx P_n(x) \text{ mit } P_n(x) \tag{8.28}$$

$$= f^0(x_0) + \ldots + \frac{1}{n!} f^n(x_0)(x - x_0)^n = \sum_{k=0}^{n} \frac{1}{k!} f^k(x_0)(x - x_0)^k$$

für beliebige $n \in \mathbb{N}$. Voraussetzung hierfür ist, dass f Ableitungen beliebig hoher Ordnung besitzt (m.a.W.: unendlich oft differenzierbar ist). Wenn die Restglieder $R_n(x_0, x)$ bei festem n und x_0 für $n \to \infty$ gegen Null konvergieren, kann man $f(x)$ in der Form einer unendlichen Reihe darstellen:

$$f(x) = \sum_{k=0}^{\infty} \frac{1}{k!} f^k(x_0)(x - x_0)^k \tag{8.29}$$

Man nennt dies die *Taylorreihe* (oder auch *Taylorentwicklung*) der Funktion f an der Stelle x_0. (Im Fall $x_0 = 0$ spricht man auch von einer *MacLaurin-Entwicklung*.)

Beispiel 8.73. Die MacLaurin-Entwicklung lautet im Falle der Exponentialfunktion

$$e^x = \sum_{k=0}^{\infty} \frac{x^k}{k!} \tag{8.30}$$

$\triangle$

Beispiel 8.74. Die Taylorentwicklung der natürlichen Logarithmusfunktion an der Stelle $x_0 = 1$ lautet

$$\ln x = \sum_{k=1}^{\infty} \frac{(-1)^{k-1}}{k}(x - 1)^k \tag{8.31}$$

$\triangle$

Jede Taylorreihe lässt sich in der noch allgemeineren Form einer sogenannten *Potenzreihe* notieren:

$$P(x) := \sum_{k=0}^{\infty} a_k (x - x_0)^k.$$

Bei gegebenem Wert von x_0 und festen Konstanten a_0, a_1, a_2, ... die als Koeffizienten der Potenzreihe bezeichnet werden, liefert sie im Konvergenzfall einen von x abhängenden Wert $P(x)$. Potenzreihen stellen somit eine weitere Möglichkeit dar, Berechnungsvorschriften für reelle Funktionen anzugeben. Sie bieten gleichzeitig die Möglichkeit, Funktionswerte näherungsweise zu berechnen (indem statt unendlich vieler nur hinreichend endlich viele Summanden betrachtet werden). Auf diese Weise schließt sich der Bogen von dem "diskreten" Thema Reihen zu dem "kontinuierlichen" Thema Funktionen.

8.6 Elastizitäten

8.6.1 Motivation

Wir erinnern an die Ableitung einer Funktion f an einem (inneren) Punkt x° ihres Definitionsbereiches D. Sie ist definiert als Grenzwert von Differenzenquotienten:

$$f'(x^\circ) := \lim_{\Delta x \to 0} \frac{f(x^\circ + \Delta x) - f(x^\circ)}{\Delta x}$$

Folgende Punkte hatten wir schon hervorgehoben:

(1) Die Ableitung ist eine marginale *absolute* Wachstumsrate.

(2) Sobald die Größen f und x eine ökonomische Interpretation besitzen, sind in der Regel Maßeinheiten zu beachten. Diese gehen auch in die Ableitung ein.

(3) Die erhaltene Ableitung ist – genauso wie die Funktion f selbst – "empfindlich" gegenüber der Wahl der Maßeinheit!

In der Ökonomie ist allerdings oft nicht die *absolute*, sondern die *relative* Wachstumsrate von Interesse. Eine typische Frage lautet: Um wieviel *Prozent* wird sich der Output verändern, wenn sich der Input um soundsoviel *Prozent* verändert?

Weiterhin ist es bei qualitativen Betrachtungen erwünscht, dass die Ergebnisse nicht von der Wahl der Maßeinheiten abhängen. Aus diesen Gründen wird eine maßeinheitenfreie (d.h., "dimensionslose") Maßzahl gesucht, die den relativen Funktionszuwachs als Folge eines relativen Argumentzuwachses beschreibt.

Beiden Wünschen genügt die "Elastizität".

8.6.2 Definition

Um die gesuchte (marginale) relative Änderungsrate einer Funktion $f : D \to \mathbb{R}$ zu definieren, nehmen wir zunächst an, es sei $x \neq 0$ ein beliebiges "Ausgangs-Argument". Dieses werde nun um den Wert Δx verändert zu $x + \Delta x$. Die dadurch bewirkte relative Änderung des Argumentes x ist gegeben durch den Quotienten $\frac{\Delta x}{x}$. Durch die Veränderung des Argumentes x zu $x + \Delta x$ verändert sich der Funktionswert von $f(x)$ zu $f(x + \Delta x)$. Die relative Änderung des Funktionswertes gegenüber dem alten Wert ist durch den Quotienten $\frac{f(x+\Delta x)-f(x)}{f(x)}$ gegeben. Das Verhältnis dieser relativen Änderungen

$$\frac{\dfrac{f(x + \Delta x) - f(x)}{f(x)}}{\dfrac{\Delta x}{x}}$$

wird auch als *Bogenelastizität* von f an der Stelle x bezeichnet. Wir heben hervor, dass diese eine sozusagen "makroskopische" Größe ist, weil sie von dem festen "makroskopischen" Wert Δx abhängt. Von Interesse ist nun das Verhalten dieser Bogenelastizitäten beim Grenzübergang $\Delta x \to 0$.

Definition 8.75. *Es seien $D \subseteq \mathbb{R}$ ein echtes Intervall und $f : D \to \mathbb{R}$ eine Funktion. Existiert an einer Stelle $x \neq 0 \in D$ mit $f(x) \neq 0$ der (endliche oder unendliche) Grenzwert*

$$\lim_{\Delta x \to 0} \frac{\dfrac{f(x + \Delta x) - f(x)}{f(x)}}{\dfrac{\Delta x}{x}} =: \varepsilon_f(x)\,, \tag{8.32}$$

so heißt dieser Elastizität *von f bezüglich x an der Stelle x. Die durch die Zuordnung $x \mapsto \varepsilon_f(x)$ definierte Funktion heißt Elastizität(sfunktion) von f bezüglich x.*

Wie immer soll der Grenzwert (8.32) als einseitiger Grenzwert verstanden werden, wenn es sich bei dem Punkt x um einen Randpunkt von D handelt. Der folgende Satz zeigt, wie Elastizitäten *ohne* Grenzbetrachtung berechnet werden können:

Satz 8.76. *Es seien $D \subseteq \mathbb{R}$ ein nichtleeres Intervall und $f : D \to \mathbb{R}$ eine differenzierbare Funktion. Dann existiert der Grenzwert (8.32) für jeden Punkt x in der Menge*

$$D_{\varepsilon_f} := \{\, x \in D \mid f(x) \neq 0 \,,\, x \neq 0 \,\}\,,$$

und es gilt

$$\varepsilon_f(x) = \frac{x\, f'(x)}{f(x)}\,. \tag{8.33}$$

Bemerkung 8.77. Der Ausdruck (8.33) ist zwar auch ohne die Voraussetzung $x \neq 0$ erklärt (und liefert dann einfach den Wert Null), verliert dann aber seine sinnvolle Interpretation als Elastizität.

8.6.3 Beispiele, Interpretationen, Sprechweisen

Ähnlich wie bei der Ableitung sind auch bei der Elastizität zwei Sichtweisen möglich:

- An einer festen Stelle betrachtet, liefert sie einen *Zahlenwert* mit einer bestimmten Interpretation.
- Als *Operation* ordnet sie einer gegebenen Funktion f die Elastizitätsfunktion ε_f zu.

Wir werden schnell sehen, dass die Operation Elastizität sozusagen "völlig andere" Eigenschaften hat als die Operation Ableitung. Als Konsequenz kommt unsere ansonsten bewährte Systematik (Katalog, Erhaltungsssätze usw.) hier nicht zum Tragen. Deswegen sehen wir uns zunächst einige Beispiele an.

Beispiel 8.78. Gegeben sei die Nachfragefunktion N mit $N(x) = \frac{40}{1+x^2}$, $x \geq 0$, (worin x als Preis eines Gutes und $N(x)$ als die zu diesem Preis nachgefragte Menge zu interpretieren sind).

Gesucht sind

(a) die Elastizitätsfunktion von N allgemein

(b) die Elastizität von N an der Stelle $x = 11$ sowie

(c) die ökonomische Interpretation dieses Wertes.

Lösung:
(a) Gemäß Formel (8.33) haben wir

$$\varepsilon_N(x) = \frac{xN'(x)}{N(x)}$$

an jeder Stelle $x > 0$, denn es gilt $N(x) > 0$ für alle $x \in D_N$. Für die Grenznachfrage gilt dort

$$N'(x) = \frac{-80x}{(1+x^2)^2}$$

also folgt

$$\varepsilon_N(x) = \frac{\dfrac{-80x^2}{(1+x^2)^2}}{\dfrac{40}{(1+x^2)}} = \frac{-2x^2}{1+x^2} \tag{8.34}$$

für $x \in D_N$.

(b) Wir setzen $x = 11$ in die Formel (8.34) ein und erhalten

$$\varepsilon_N(11) = -\frac{242}{122} = -\frac{121}{61}.$$

(c) Der so erhaltene Wert ist *negativ*, d.h., eine relative Erhöhung des Preises wird durch eine relativ sinkende Nachfrage begleitet (was auch ökonomisch sinnvoll ist). Folgende Formulierungen sind denkbar:

Erhöht man den Preis – ausgehend vom momentanen Wert von 11 [GE/ME] – um 1%, so sinkt die Nachfrage ungefähr *um $\frac{121}{61}$% .*

Alternativ:

Erhöht man den Preis – ausgehend vom momentanen Wert von 11 [GE/ME] – um ein marginales *Prozent, so sinkt die Nachfrage um $\frac{121}{61}$ marginale Prozent.*

Es fällt auf, dass bei einem Ausgangspreis von $x = 11$ [GE/ME] die Nachfrage nur schwach auf den Preisanstieg reagiert. Man sagt, die Nachfrage reagiere *unelastisch*. An der Stelle $x = 1$ dagegen haben wir

$$\varepsilon_N(1) = \frac{-2}{2} = -1,$$

d.h., prozentualer Preisanstieg und prozentualer Nachfrageabfall liegen (marginal betrachtet) in derselben Größenordnung. Man sagt hier, die Nachfrage reagiere *proportional elastisch*.   △

Die in diesem Beispiel aufgetretenen Sprechweisen sind in ökonomischen Anwendungen typisch. Eine vollständige Übersicht darüber gibt die folgende Definition:

Definition 8.79. *Gilt für die Elastizität einer Funktion f (an der Stelle x)*

$$\left.\begin{array}{c} \varepsilon_f(x) = 0 \\ 0 < |\varepsilon_f(x)| < 1 \\ |\varepsilon_f(x)| = 1 \\ |\varepsilon_f(x)| > 1 \\ |\varepsilon_f(x)| = \infty \end{array}\right\}, \text{ so heißt } f \text{ (an der Stelle } x\text{)} \left\{\begin{array}{l} \text{vollkommen unelastisch} \\ \text{unelastisch} \\ \text{proportional elastisch} \\ \text{elastisch} \\ \text{vollkommen elastisch} \end{array}\right\}.$$

Beispiel 8.80. Eine Gewinnfunktion G werde durch

$$G(x) = 50x - x^2 - 600, \quad x \geq 0,$$

beschrieben. Gesucht sind alle Stellen x, an denen die Gewinnfunktion vollkommen unelastisch reagiert.

Lösung: Wir haben alle $x > 0$ zu bestimmen, für die gilt $\varepsilon_G(x) = 0$. Das ist nach (8.34) gleichbedeutend mit $xG'(x) = 0$ und wegen $x > 0$ mit $G'(x) = 0$.

Nun gilt hier $G'(x) = 50 - 2x$, also ist $x = 25$ die gesuchte Stelle.   △

Beispiel 8.81. Eine Kostenfunktion werde durch $K(x) = \sqrt{x}\,e^x$, $x \geq 0$, gegeben. Gesucht sind alle Stellen x, an denen die Kostenfunktion elastisch reagiert.

Lösung:
Wir haben alle diejenigen $x > 0$ zu bestimmen, für die gilt

$$|\varepsilon_K(x)| > 1. \tag{8.35}$$

Dazu berechnen wir zunächst die Grenzkostenfunktion

$$K'(x) = \frac{1}{2\sqrt{x}}\,e^x + \sqrt{x}\,e^x, \quad x > 0,$$

und hieraus die Elastizitätsfunktion ε_K gemäß

$$\varepsilon_K(x) = \frac{xK'(x)}{K(x)} = \frac{1}{2} + x, \quad x > 0. \tag{8.36}$$

Da diese Funktion nur positive Werte annimmt, können wir in der Ungleichung (8.35) die Betragsstriche weglassen; sie geht dadurch über in

$$\frac{1}{2} + x > 1$$

mit der Lösungsmenge $\{\varepsilon_K > 1\} = (\frac{1}{2}, \infty)$. $\triangle$

Bemerkung 8.82. Der Ausdruck (8.36) lässt sich auch so schreiben:

$$\varepsilon_K(x) = \frac{K'(x)}{\frac{K(x)}{x}} = \frac{K'(x)}{k(x)},$$

d.h., die Elastizität einer Kostenfunktion ist gleich dem Quotienten aus Grenzkosten und Durchschnittskosten. Der Bereich, in dem die Kostenfunktion elastisch reagiert, ist also genau derselbe, in dem die Grenzkosten die Durchschnittskosten übersteigen. Wir werden im Kapitel 13.5 sehen, dass es oft ökonomisch sinnvoll ist, in diesem Bereich zu produzieren.

Wir beenden unsere Beispiele mit den

Elastizitäten der Katalogfunktionen

(1) *Lineare Funktionen:* Es sei $a \neq 0$ eine beliebige Konstante und $f(x) := ax$, $x \in \mathbb{R}$. Dann gilt $f'(x) = \text{const} = a$ und $f(x) \neq 0 \Leftrightarrow x \neq 0$; somit folgt

$$\varepsilon_f(x) = \frac{xa}{ax} = 1 = \text{const.}$$

für alle $x \in \mathbb{R} \setminus \{0\}$.

(2) *Affine Funktionen:* Es seien a und b beliebige Konstanten mit $a \neq 0$. Die Funktion f werde durch $f(x) := ax + b$, $x \in \mathbb{R}$, definiert. Wiederum gilt $f'(x) = \text{const} = a$; allerdings gilt diesmal $f(x) \neq 0 \iff ax + b \neq 0$ und somit $D_{\varepsilon_f} = \mathbb{R} \setminus \{-\frac{b}{a}\}$ sowie

$$\varepsilon_f(x) = \frac{xa}{ax + b}, \ x \in D_{\varepsilon_f}.$$

(Die Elastizitätsfunktion ist diesmal also nicht konstant. Man kann allerdings für $x \neq 0$ schreiben

$$\varepsilon_f(x) = \frac{a}{a + \dfrac{b}{x}}$$

woraus unmittelbar folgt $\varepsilon_f(x) \to 1$ für $|x| \to \infty$.)

(3) *Potenzfunktionen:* Wir betrachten auf $D := (0, \infty)$ die Potenzfunktion $f : x \to x^\rho$ (mit einer reellen Konstanten ρ). Es wird $f'(x) = \rho x^{\rho-1}$ und $f(x) \neq 0$ für alle $x \in D$; mithin wird $D_{\varepsilon_f} = D$ und

$$\varepsilon_f(x) = \frac{x \rho x^{\rho-1}}{x^\rho} = \rho, \ x \in D.$$

(4) *Exponentialfunktionen:* Auf $D := \mathbb{R}$ werde die Exponentialfunktion $f : x \to e^{\alpha x}$ (mit einer reellen Konstanten α) betrachtet. Wir haben $f'(x) = \alpha e^{\alpha x}$ und $f(x) \neq 0$ für alle $x \in D$, also gilt $D_{\varepsilon_f} = D$ und

$$\varepsilon_f(x) = \frac{x \alpha e^{\alpha x}}{e^{\alpha x}} = \alpha x, \ x \in D.$$

(5) *Der natürliche Logarithmus:* Für $f : (0, \infty) \to \mathbb{R} : x \to \ln x$ gilt $f'(x) = \frac{1}{x}$, $x \in (0, \infty)$, sowie $f(x) \neq 0 \iff x \neq 1$. Es wird $D_{\varepsilon_f} = (0, \infty) \setminus \{1\}$ und

$$\varepsilon_f(x) = \frac{x \cdot 1}{\dfrac{x}{\ln x}} = \frac{1}{\ln x}.$$

Rechenregeln mit Übersicht

Mit Hilfe der Erhaltungssätze können wir aus den Ableitungen der Katalogfunktionen auch die Ableitungen vieler anderer Funktionen bestimmen. Leider gilt dies nur bedingt für Elastizitäten, denn

> **Achtung:** *Für Elastizitäten gelten völlig andere Regeln als für Ableitungen!*.

In folgender Tabelle vergleichen wir die wichtigsten Rechenregeln für Ableitungen mit denen für Elastizitäten. Dies geschieht in schematischer Form, und wir unterstellen vereinfachend, dass alle auftretenden Größen wohldefiniert sind.

	Ableitung	Elastizität
Summenregel	$(f + g)' = f' + g'$	$\varepsilon_{f+g} \not\!\!\!\!\not{=} \varepsilon_f + \varepsilon_g$
Faktorregel	$(\lambda f)' = \lambda f'$	$\varepsilon_{\lambda f} = \varepsilon_f$
Produktregel	$(fg)' = f'g + fg'$	$\varepsilon_{fg} = \varepsilon_f + \varepsilon_g$
Kettenregel	$(f \circ g)' = (f' \circ g)g'$	$\varepsilon_{f \circ g} = (\varepsilon_f \circ g)\varepsilon_g$
(Umkehrfunktion)	$(f^{-1})' = \dfrac{1}{\phi' \circ \phi^{-1}}$	$\varepsilon_{f^{-1}} = \dfrac{1}{\varepsilon_f}$
Quotientenregel	$\left(\dfrac{f}{g}\right)' = \dfrac{f'g - fg'}{g^2}$	$\varepsilon_{\frac{f}{g}} = \varepsilon_f - \varepsilon_g$

Folgende Beobachtungen sind hervorzuheben:

Für Elastizitäten gilt die klassische Summenregel nicht!

Wegen der fehlenden Additivität ist die Operation $f \to \varepsilon_f$ *nicht linear*. Also können wir die Elastizität einer Summe, z.B. von Katalogfunktionen, nicht einfach als Summe der Elastizitäten der Summanden schreiben. Allgemeiner gesprochen: Hier versagen die "klassischen" Erhaltungsprinzipien, die uns bisher oft sehr geholfen haben.

Natürlich gibt es auch eine "Summenregel" für Elastizitäten. Diese ist allerdings von anderer Gestalt:
$$\varepsilon_{f+g} = \frac{f\varepsilon_g + g\varepsilon_f}{f + g}$$
(vorausgesetzt, der Nenner verschwindet nicht).

*Mit Ausnahme der Kettenregel gilt **keine** der Ableitungsregeln auch für Elastizitäten!*

Bei der Berechnung von Elastizitäten kann es daher effektiver sein, einfach sorgfältig zu rechnen, als sich auf diese Regeln zu stützen.

Die Rechenregeln für Elastizitäten sind dennoch intuitiv plausibel.

Beispiel 8.83. Ein Gut kann nach zwei verschiedenen Technologien gefertigt werden. Bei Technologie I entstehen aus einem Arbeitszeiteinsatz von x

Stunden $p(x)$ Mengeneinheiten Output, bei Technologie II sind es $3p(x)$ Mengeneinheiten. Für Technologie I gelte $\varepsilon_p(8) = 2$, d.h., bei einem momentanen Zeiteinsatz von h Stunden bewirkt eine weitere Steigerung des Zeiteinsatzes um 1% etwa eine zweiprozentige Steigerung des Outputs.

Was lässt sich über die Technologie II sagen?

Es ist klar, dass hier eine einprozentige Steigerung des Zeiteinsatzes zwar einen dreifach höheren absoluten Outputzuwachs ergeben wird, bezogen auf das von vornherein auch schon dreifach höhere Ausgangsniveau ist der *relative* Zuwachs jedoch derselbe. Fazit: Es gilt

$$\varepsilon_p = \varepsilon_{3p}. \qquad \triangle$$

Beispiel 8.84. Ein Gut werde nach einer zweistufigen Technologie produziert. In Stufe I entstehen aus x Mengeneinheiten des Produktionsfaktors I zunächst $y = u(x)$ Mengeneinheiten eines Produktionsfaktors II, aus diesen dann im zweiten Schritt $z = v(y)$ Mengeneinheiten des eigentlichen Produktes. Steigert man den Input x um ein marginales %, erhöht sich der Output der ersten Stufe um $y = \varepsilon_u(x)$ marginale %. Da dieser so gesteigerte Output zugleich Input der zweiten Stufe ist, erhöht sich der Gesamtoutput um marginale $\varepsilon_v(y) \cdot \varepsilon_u(x)$ %. Ergebnis ist die Kettenregel für Elastizitäten:

$$\varepsilon_{v \cdot u}(x) = \varepsilon_v(u(x))\varepsilon_u(x). \qquad \triangle$$

Die anderen Regeln lassen sich in ähnlicher Weise interpretieren und zur Gewinnung neuer Erkenntnisse ausnutzen.

Beispiel 8.85. Ein Monopolist kann von einem Gut $N(p) > 0$ Mengeneinheiten absetzen, wenn er einen Preis von $p \geq 0$ [GE/ME] fordert. Er erzielt dabei einen Umsatz von

$$U(p) := p \cdot N(p) \qquad (8.37)$$

Geldeinheiten.

Durch (8.37) wird eine Umsatzfunktion $U : [0, \infty) \to \mathbb{R}$ definiert. Sie ist das Produkt der beiden Funktionen

$$id : p \to p \quad \text{und} \quad N : p \to N(p).$$

Wir nehmen an, N sei differenzierbar. Dann ist nach der "Produktregel" die Elastizität von U als *Summe* der beiden Elastizitäten von id und N gegeben:

$$\varepsilon_U(p) = \varepsilon_{id}(p) + \varepsilon_N(p) \quad (p > 0).$$

Wegen $\varepsilon_{id}(p) = 1$ ergibt sich folgende bekannte Formel:

$$\varepsilon_U(p) = 1 + \varepsilon_N(p) \quad (p > 0)$$

(Wir bemerken, dass eine Nachfragefunktion vernünftigerweise als fallend anzunehmen ist; demzufolge ist auch ihre Elastizität nichtpositiv.) Insbesondere gilt für $p > 0$

$$\varepsilon_U(p) = 0 \quad \Leftrightarrow \quad \varepsilon_N(p) = -1.$$

Im Vorgriff auf Kapitel 13 sei erwähnt, dass die Bedingung links für das Vorliegen eines Umsatzmaximums an der Stelle p *notwendig* ist. Wir können wegen der äquivalenten Bedingung rechts nun sagen: Ein Umsatzmaximum kann nur bei einem solchen Preis liegen, bei dem die Nachfrage proportional elastisch ist. △

8.7 Aufgaben

Aufgabe 8.86 (╱L). Gegeben seien die Funktionen f, g, h, j, k und l durch

$$f(x) = 4\sqrt{x} - 12e^x + \ln(x) - 22\sin(x) \quad (x > 0)$$
$$g(x) = x^5 e^x \qquad\qquad\qquad\qquad\quad (x \in \mathbb{R})$$
$$h(x) = \sqrt{\ln(e^x + \sin x \cos x + 2)} \quad (x \in \mathbb{R})$$
$$j(x) = e^{\sqrt{x}} \qquad\qquad\qquad\qquad\quad (x > 0)$$
$$k(x) = \left(e^{\sqrt{x}}\right)^2 \qquad\qquad\qquad\quad (x > 0)$$
$$l(x) = \sqrt{x^2} \qquad\qquad\qquad\qquad\quad (x \in \mathbb{R})$$

(i) Bilden Sie die Ableitungen dieser Funktionen.

(ii) Welche Ableitungsregeln wurden dabei benutzt?
(Geben Sie diese in möglichst allgemeiner Form an!)

(iii) Stellen Sie fest, wo die Ableitungen definiert sind.

Aufgabe 8.87 (╱L). Bestimmen Sie die Elastizitätsfunktionen von

- $f(x) = x + 1 \quad (x \in \mathbb{R})$
- $g(x) = \sqrt{x+1} \quad (x \geq 0)$
- $h(x) = e^{-(x+1)^2} \quad (x \in \mathbb{R})$
- $k(x) = (x+1)\ln(x+1) \quad (x > -1)$
- $l(x) = 2(x+1) \quad (x \in \mathbb{R})$
- $m(x) = (x+1)^2 \quad (x \in \mathbb{R})$

und jeweils deren Wert an der Stelle $x = 2$. (Interpretieren Sie diesen.) Lassen sich Rechenregeln für Elastizitäten anwenden?

Aufgabe 8.88. Errechnen Sie die Elastizität als Funktion von x für:

(a)	$f(x)$	$= \quad 10 - 2(x-5)^2$	$D = \mathbb{R}$
(b)	$g(x)$	$= \quad 3\sqrt{x}$	$D = [0, \infty)$
(c)	$h(x)$	$= \quad 5e^{2x}$	$D = \mathbb{R}$

Bestimmen Sie dabei jeweils auch die Definitionsbereiche von ε und (außer im Fall (a)) diejenigen Teilmengen von D_ε, auf denen $|\varepsilon(x)| > 1$, $|\varepsilon(x)| = 1$ bzw. $|\varepsilon(x)| < 1$ gilt.

Aufgabe 8.89. Gegeben sei die Funktion $x(p) = \frac{30}{1+4e^{-p}}$. In der Ökonomie wird auch eine solche Funktion als Preisabsatzfunktion bezeichnet (siehe Kapitel 13).

(i) Bestimmen Sie die Elastizität $\varepsilon_x(p)$.

(ii) Bestimmen Sie die Elastizität für $p_0 = 5$.

(iii) Interpretieren Sie diesen Wert.

(iv) x_0 sei der Wert der Nachfrage bei $p_0 = 5$. Berechnen Sie $\varepsilon_p(x_0)$.

Aufgabe 8.90 ($\nearrow$L). Gegeben sei die Funktion $x_A(p) = p^2 + 6p + 9$ mit $2 \le p \le 10$. In der Ökonomie wird auch eine solche Funktion als Angebotsfunktion bezeichnet (siehe Kapitel 13).

(i) Man berechne die Elastizität der Angebotsmenge (bzgl. des Preises) in Abhängigkeit vom Preis und vereinfache das Ergebnis so weit wie möglich.

(ii) Man berechne ε_x für $p = 7$ und interpretiere diesen Wert.

(iii) Für welche Werte p ist x_A (un)elastisch?

9

Monotone Funktionen

9.1 Motivation und Übersicht

Die folgenden Bilder zeigen Beispiele für Graphen reeller Funktionen, die sich in ihrem Wachstumsverhalten unterscheiden.

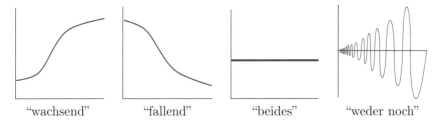

"wachsend"　　　　"fallend"　　　　"beides"　　　　"weder noch"

Je nach Art des Wachstums könnte man diese als "wachsend", "fallend", "beides" bzw. "weder wachsend noch fallend" bezeichnen. Weil Wachstumseigenschaften wesentliche Merkmale wichtiger Klassen ökonomischer Funktionen sind, werden wir sie hier etwas eingehender behandeln.

Wir haben hier nur Bilder vor Augen, benötigen aber präzise, nachrechenbare Bedingungen. Dazu formulieren wir zunächst die nötigen Definitionen. Ein typisches Problem ist es dann, von einer gegebenen Funktion zu entscheiden, *ob* bzw. *auf welchem Teil ihres Definitionsbereiches* sie (streng) wachsend bzw. fallend ist. Damit dies so einfach wie nur möglich geschehen kann, stellen wir uns im Weiteren einen passenden Werkzeugkasten zusammen. Darin werden enthalten sein:

(1) die Definition der Monotonie mit ersten Folgerungen

(2) der Katalog von Grundfunktionen

(3) Monotonie-"Erhaltungssätze"

(4) der Zusammenhang von Monotonie und erster Ableitung.

Auf ökonomische Anwendungen gehen wir dann im Kapitel 13 "Reelle Funktionen in der Ökonomie" ein.

9.2 Begriffe

Wir betrachten eine beliebige relle Funktion $f : D \to \mathbb{R}$. Falls sie sich wie im Bild ganz links verhält, kann man dies wie folgt exakt ausdrücken:

Definition 9.1. *Die Funktion f heißt*

$$\left\{ \begin{array}{c} \text{monoton wachsend} \\ \text{streng monoton wachsend} \end{array} \right\}, \text{ wenn gilt } x < y \Longrightarrow f(x) \left\{ \begin{array}{c} \leq \\ < \end{array} \right\} f(y). \quad (9.1)$$

für alle $x, y \in D$.

Statt "monoton wachsend" sagen wir auch "monoton nichtfallend" oder kurz "wachsend". Definitionsgemäß ist jede streng wachsende Funktion auch wachsend, umgekehrt braucht eine wachsende Funktion nicht streng wachsend zu sein, siehe Bild "beides". – Die folgende Definition bezieht sich auf das gegenteilige Verhalten (zweites Bild von links auf Seite 267):

Definition 9.2. *Die Funktion f heißt* (streng) monoton fallend, *wenn die Funktion $-f$ (streng) monoton wachsend ist.*

"Fallend" bzw. "streng fallend" lassen sich durch eine zu (9.1) analoge Bedingung charakterisieren, wobei lediglich die Ungleichungszeichen in umgekehrter Richtung auftreten. Eine Funktion ist genau dann gleichzeitig wachsend und fallend – und zwar beides nicht streng –, wenn sie konstant ist (Bild "beides", Seite 267). Umgekehrt braucht eine Funktion, die nicht wachsend ist, keinesfalls fallend zu sein (Bild "weder noch" Seite 267).

"Wachsend" bzw. "fallend" sind Eigenschaften, die sich auf den gesamten Definitionsbereich D der Funktion f beziehen. Daher geht der Definitionsbereich - quasi unsichtbar - mit in die Definition ein. Mitunter besitzt eine Funktion die erwünschten Eigenschaften nur auf einem Teil des Definitionsbereiches. Wenn die Bedingungen vom Typ (9.1) zumindest für alle x aus einer Teilmenge $I \subseteq D$ erfüllt sind, nennen wir die Funktion f (streng) monoton wachsend (bzw. fallend) *auf I*.

Wegen des einfachen Zusammenhanges von "wachsend" und "fallend" werden wir im Weiteren meist nur über wachsende Funktionen sprechen.

9.3 Erste Anwendungen und Ergänzungen

9.3.1 Monotonieprüfung mittels Definition

Gegeben sei eine Funktion f. Die Frage: "Ist f monoton?" kann – zumindest im Prinzip – *immer* durch direkte Überprüfung der Ungleichung (9.1) beantwortet werden ("Definitionsmethode"). Der Vorteil: Es handelt sich um sehr einfach formulierte Bedingungen; komplizierte Begriffe wie "Ableitung" kommen nicht vor. Der Nachteil: Es kann mitunter knifflig werden, die Ungleichungen (9.1) nachzuweisen. Dennoch ist die Definitionsmethode zweifach nützlich:

- *Erstens* können mit ihr die Monotonieeigenschaften der Grundfunktionen ermittelt und später als "bekannt" ausgenutzt werden.

- *Zweitens* können mit ihr die sogenannten "Erhaltungssätze" (siehe Abschnitt 9.5) formuliert werden.

Wir demonstrieren nun die Definitionsmethode anhand einfacher Beispiele. Gegeben sei eine Funktion $f : D \to \mathbb{R}$, die auf (strenges) Wachstum überprüft werden soll.

Vorgehensweise:

1) Wir wählen ein *beliebiges* Wertepaar x, y mit $x < y$ aus D aus.

2) Wir prüfen, ob gilt: $f(x) \leq f(y)$ (bzw. $f(x) < f(y)$).

3) *Entscheidung:* Lautet die Antwort ja, ist f monoton (bzw. streng monoton) wachsend, andernfalls nicht (zumindest nicht auf ganz D).

Beispiel 9.3 ($\nearrow$Ü, $\nearrow$L)**.** Wir untersuchen die quadratische Funktion $q : \mathbb{R} \to \mathbb{R} : x \mapsto x^2$. Ein Blick auf den Graphen von q lässt vermuten, dass q

A) auf $[0, \infty)$ streng monoton wachsend und

B) auf $(-\infty, 0]$ streng monoton fallend ist.

(Wir schreiben "vermuten" statt "beweist", weil natürlich jede (noch so gut gemeinte) Skizze nichts beweisen kann (eine Verfeinerung des Maßstabs könnte Unerwartetes zutage fördern)).

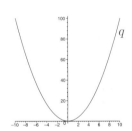

Teil A: Wir wählen beliebige $x, y \in [0, \infty)$ und müssen zeigen, dass aus der Voraussetzung $x < y$ folgt $x^2 = q(x) < q(y) = y^2$. Wir nehmen dazu an, die Voraussetzung $x < y$ sei erfüllt. Nun gibt es zwei Fälle:

Fall 1: Es gilt $x > 0$.

Eine Multiplikation der gegebenen Ungleichung $\qquad\qquad\qquad\qquad x \;<\; y$

mit dem *positiven* Faktor x ergibt dann $\qquad\qquad\qquad x \cdot x \;<\; x \cdot y,$

mit dem wegen $x < y$ positiven Faktor y hingegen $\qquad\quad x \cdot y \;<\; y \cdot y.$

Die letzten beiden Zeilen zusammen ergeben $\qquad\quad x \cdot x < x \cdot y < y \cdot y$

insbesondere $\qquad\qquad\qquad\qquad\qquad\qquad\qquad x^2 \;<\; y^2$

wie gefordert. Damit ist q auf $(0, \infty)$ streng wachsend.

Fall 2: Es gilt $x = 0$.

Dann gilt auch $x^2 = 0$. Aus der Voraussetzung $x < y$ folgt andererseits $y > 0$ und somit $y^2 > 0$. Also gilt auch hier $x^2 < y^2$.

Teil B: Es bleibt zu zeigen, dass q auf $(-\infty, 0]$ streng fallend ist, was analog zum Teil A geschehen kann. Die Einzelheiten überlassen wir dem Leser als Übung. Wegen zahlreicher beliebter Fehlerquellen empfehlen wir die Lektüre der Musterlösung im Lösungsteil. $\triangle$

Beispiel 9.4 ($\nearrow$Ü, $\nearrow$L).
Die kubische Funktion $k : \mathbb{R} \to \mathbb{R} :$
$x \mapsto x^3$ ist auf ganz $\mathbb{R}$ streng monoton
wachsend.
(Dies wird mitunter mit Verwunderung
registriert - hat der Graph von k doch
den bekannten Wendepunkt: Aber es
kommt hier - wie stets - darauf an,
die Kriterien der Definition wortwört-
lich zu überprüfen:

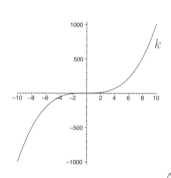

$\triangle$

Beispiel 9.5 ($\nearrow$Ü, $\nearrow$L). Die "Reziprokfunktion" $x \mapsto \dfrac{1}{x}$ ist auf $(0, \infty)$ streng monoton fallend. $\triangle$

9.3.2   Monotonieabschluss

Oft ist es relativ einfach, über die Monotonie einer Funktion im *Inneren* ihres Definitionsbereiches zu entscheiden, die Hinzunahme der *Rand*punkte ist jedoch umständlich oder verursacht gar Schwierigkeiten (siehe Beispiel 9.3; Beispiele dieser Art werden uns noch öfter begegnen). Die folgende Aussage räumt von vornherein mit diesen Schwierigkeiten auf. Sie ergibt sich direkt aus der Monotoniedefinition:

Satz 9.6 ($\nearrow$S.501). *Es sei f eine auf einem Intervall $D \subseteq \mathbb{R}$ mit $D^\circ \neq \emptyset$ definierte stetige Funktion.*

(i) *Ist f im Inneren D° von D monoton wachsend, so auch auf ganz D.*

(ii) *Ist f im Inneren D° von D streng monoton wachsend, so auch auf ganz D.*

Merke:

   " Bei stetigen Funktionen machen die Randpunkte mit".

Beispiel 9.7. Wir betrachten auf $[0, \infty)$ die stetige Funktion $x \to x^2$. In Beispiel 9.3 hatten wir zunächst gezeigt, dass q im *Inneren* $(0, \infty)$ des Definitionsbereiches streng wachsend ist. Aus Satz 9.6 folgt nun sofort, dass q auf dem *gesamten* Definitionsbereich $D = [0, \infty)$ streng wachsend ist.   △

Den vollen Nutzen von Satz 9.6 werden wir im nachfolgenden Abschnitt besser einschätzen können. Die Begründung überlassen wir dem Leser als Übung 9.6 (↗ S.501).

9.4   Monotonieeigenschaften der Grundfunktionen

9.4.1   Vorbemerkung

Bei der Untersuchung beliebiger Funktionen wollen wir – soweit möglich – auf die Eigenschaften der Grundfunktionen unseres Kataloges zurückgreifen. Daher stellen wir in diesem Abschnitt deren Monotonieeigenschaften zusammen. Sie lassen sich ähnlich wie in den letzten Beispielen nachweisen. Wir beschränken uns darauf, die Ergebnisse wiederzugeben, die sich anhand der abgebildeten Graphen gut einprägen lassen.

9.4.2   Affine Funktionen

Es gilt: *Eine affine Funktion $f : x \to ax + b$, $x \in D$, ist*

- *streng wachsend, falls $a > 0$ ist,*
- *streng fallend, falls $a < 0$ ist,*
- *sowohl wachsend als auch fallend (beides nicht streng), wenn $a = 0$ ist.*

9.4.3   Potenzfunktionen

Es gilt: *Die Funktionen $x \to x^p$ (Bild links auf Seite 267) sind*

- *streng wachsend auf $[0, \infty)$ für $p > 0$*
- *streng fallend auf $(0, \infty)$ für $p < 0$*
- *konstant auf $(0, \infty)$ für $p = 0$*

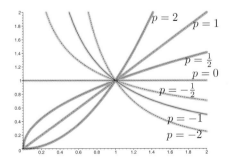
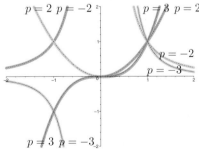

Anmerkung: *Für ganzzahlige Exponenten lassen sich die Potenzfunktionen auch auf $(-\infty, 0)$ bzw.$(-\infty, 0]$ fortsetzen (siehe Bild rechts).*

In diesem Fall gilt: *Die Funktion $x \to x^p$ ist streng*

- *wachsend auf $(-\infty, 0]$ für ungerade positive p (d.h., $p = 2n+1$, $n \in \mathbb{N}$)*
- *wachsend auf $(-\infty, 0)$ für gerade negative p (d.h., $p = -2n$, $n \in \mathbb{N}$)*
- *fallend auf $(-\infty, 0]$ für gerade positive p (d.h., $p = 2n$, $n \in \mathbb{N}$)*
- *fallend auf $(-\infty, 0)$ für ungerade negative p (d.h., $p = -2n+1$, $n \in \mathbb{N}$)*

9.4.4   Exponentialfunktionen

Es gilt: *Die Exponentialfunktionen $x \to e^{ax}$ sind*

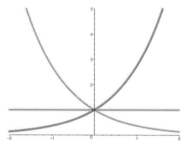

- *streng wachsend für $a > 0$*
- *streng fallend für $a < 0$*
- *beides (nicht streng) für $a = 0$.*

9.4.5   Die (natürliche) Logarithmusfunktion

Es gilt: *Die Funktion $x \to \log_a x$ ist*

- *streng wachsend für $a > 1$*
- *streng fallend für $a < 1$.*

Insbesondere ist "die Logarithmusfunktion" $x \to \ln x$ streng wachsend.

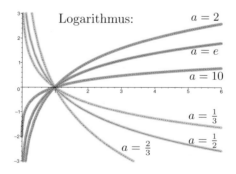

9.4.6 Die Winkelfunktionen

Die nachfolgende Abbildung zeigt die Graphen der Sinus- und Cosinus-funktion:

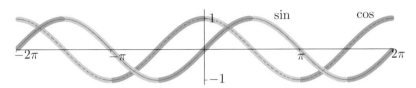

Es gilt: *Die Sinusfunktion* $x \to \sin x$ *ist*

- *streng wachsend auf allen Intervallen* $2k\,\pi + \left[-\dfrac{\pi}{2}, \dfrac{\pi}{2}\right]$, $k \in \mathbb{Z}$

- *streng fallend auf allen Intervallen* $2k\,\pi + \left[\dfrac{\pi}{2}, \dfrac{3\,\pi}{2}\right]$, $k \in \mathbb{Z}$.

Es gilt: *Die Cosinusfunktion* $x \to \cos(x)$ *ist*

- *streng fallend auf allen Intervallen* $2k\,\pi + [\,0, \pi\,]$, $k \in \mathbb{Z}$,

- *streng wachsend auf allen Intervallen* $2k\,\pi + [\,\pi, 2\,\pi\,]$, $k \in \mathbb{Z}$.

9.5 Erhaltungseigenschaften monotoner Funktionen

9.5.1 Das Wesentliche

Wir werden nun die Vorgehensweise für einen "Monotonie-Schnelltest" ent-wickeln. Die Grundidee besteht darin, die Monotonie "neuer" Funktionen auf die Monotonie bereits bekannter Funktionen zurückzuführen. Dies gelingt, wenn die "neue" Funktion aus den bekannten entsteht, indem diese verviel-facht, addiert, hintereinanderausgeführt oder auf ähnliche Weise verknüpft werden. *Erhaltungssätze* stellen sicher, dass diese Verknüpfungen bestehende Monotonieeigenschaften *erhalten*. Zusammengefasst besagen sie, dass

- *Summen, positive Vielfache, Zusammensetzungen, Maxima und Minima sowie Grenzwerte von Folgen wachsender Funktionen wiederum wach-send und*

- *negative Vielfache wachsender Funktionen fallend sind.*

(Sinngemäßes gilt, wenn man die Wörter "wachsend" und "fallend" austauscht.) Diese Aussagen erlauben in sehr vielen Fällen, einer Funktion ihre Monotonie sozusagen direkt anzusehen, ohne z.B. ihre Ableitung berechnen zu müssen.

Bei den nachfolgenden Aussagen verwenden wir folgende **generelle**

Voraussetzungen:
Es seien $D \subseteq \mathbb{R}$ eine nichtleere Menge; $f, f_1, f_2, f_3, \dots$ und g auf D definierte re-elle Funktionen; $E \subseteq \mathbb{R}$ eine nichtleere Menge mit $f(D) \subseteq E$ sowie $h : E \to \mathbb{R}$ eine reelle Funktion.

9.5.2   Summen und Vielfache monotoner Funktionen

Satz 9.8.

(i) *Ist f wachsend und g streng wachsend, so ist auch die Summe f + g streng wachsend.*

(ii) *Ist f streng wachsend und λ > 0, so ist λf wiederum streng wachsend.*

(iii) *Ist f streng wachsend und λ < 0, so ist λf streng fallend.*

(iv) *Alle vorangehenden Aussagen bleiben richtig, wenn die türkisfarbigen Wörter weglassen und/oder die Wörter "wachsend" und "fallend" gegeneinander ausgetauscht werden.*

Die Aussagen des Satzes in Tabellenform:
(mit den Abkürzungen ↗ bzw. ↘ und *s* für *wachsend* bzw. *fallend* und *streng*):

Wachstum und Addition

f	g	$f + g$	Stichworte
↗	s ↗	s ↗	"Gleichsinn"
↘	s ↘	s ↘	
andere Fälle			"UnGleichsinn": keine Aussage

Wachstum und Multiplikation

f	λ	λf	Stichworte
s ↗	> 0	s ↗	"positiv erhält"
s ↘	> 0	s ↘	
s ↗	< 0	s ↘	"negativ kehrt um"
s ↘	< 0	s ↗	
beliebig	$= 0$	↗ und ↘	"Null neutralisiert"

Hinweis: *s* durchgehend weglassbar

Man beachte bei Punkt *(i)* von Satz 9.8: Die *Summe* wachsender Funktionen ist bereits dann streng wachsend, wenn *ein einziger* Summand streng wachsend ist!

Beispiel 9.9. Die beiden auf ganz $\mathbb{R}$ definierten Funktionen $f : x \to x^3$ und $g : x \to 5$ sind wachsend, (die erstere sogar streng). Also ist auch ihre Summe $x \to x^3 + 5$ wachsend (und auch dies streng, obwohl nicht *beide* Summanden streng wachsen). △

Beispiel 9.10. Auf $D := (0,\pi)$ werde eine Funktion Ψ durch
$\Psi(x) := x^{(-3)} + \cos(-x) + 5$ definiert. Die ersten beiden Summanden des
Ausdruckes sind streng fallend *auf* $D(!)$; der dritte Summand – die Zahl 5
– definiert eine konstante (also auch fallende) Funktion. Als Summe dreier
fallender Funktionen, von denen zwei sogar streng fallen, ist Ψ streng fallend.

△

Achtung: *Über Summen von Funktionen mit unterschiedlichem Monotonieverhalten sagt der Satz 9.8 nichts aus. Es ist in solchen Fällen auch – zumindest ohne zusätzliche Untersuchungen – nicht möglich, generelle Aussagen zu
treffen.*

Beispiel 9.11. Zur Illustration betrachten wir die durch die Ausdrücke
$f(x) := x$ und $g(x) := \frac{1}{x}$ sowie $s(x) := f(x) + g(x)$ auf $D := (-2, 0)$ definierten
Funktionen.

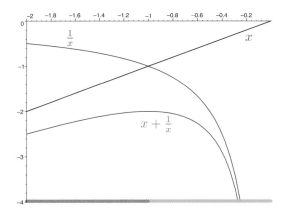

Die Funktion f (blau) ist streng wachsend, die Funktion g (rot) dagegen streng
fallend. Wir sehen jedoch: Die Summenfunktion s (violett) ist

- (auf ganz D) weder wachsend noch fallend,
- auf dem Intervall $(-2, -1]$ (hellblau unterlegt) streng wachsend,
- und auf dem Intervall $[-1, 0)$ (hellrot unterlegt) streng fallend.   △

Fazit: Die Summe ungleichsinnig monotoner Funktionen kann beliebige Wachstumseigenschaften aufweisen.

9.5.3   Monotonie mittelbarer Funktionen

Als eine weitere Möglichkeit der Verknüpfung betrachten wir nun die Komposition $h \circ f$ der Funktionen h und f. Wir erinnern: Es entsteht dabei die
durch $h \circ f(x) := h(f(x)), x \in D$, definierte Funktion[1].

---
[1] Man beachte die generellen Voraussetzungen aus Punkt 9.5.2.

Satz 9.12.

(i) *Sind h und f* **beide** *streng wachsend, so ist auch* $h \circ f$ *streng wachsend .*

(ii) *Ist h streng fallend, dagegen f streng wachsend, so ist* $h \circ f$ *streng fallend.*

(iii) *Die vorangehenden Aussagen bleiben richtig, wenn die türkisfarbigen Textteile weggelassen und/oder die Wörter "wachsend" und "fallend" gegeneinander ausgetauscht werden.*

Wir können es auch so ausdrücken: Sind f und h gleichläufig monoton, so ist $h \circ f$ monoton wachsend, sind f und h gegenläufig monoton, so ist $h \circ f$ monoton fallend. Sind *beide* Funktionen f und h streng monoton, so ist auch $h \circ f$ streng monoton.

Achtung: *Für die strenge Monotonie von* $h \circ f$ *reicht es im Allgemeinen nicht aus, wenn nur eine der beiden monotonen Funktionen h oder f auch streng monoton ist!*

(Siehe hierzu das Beispiel 9.15 unten.)

Unsere Regeln in tabellarischer Form:

Komposition und Wachstum

h	f	$h \circ f$	Stichworte
$s \nearrow$	$s \nearrow$	$s \nearrow$	"wachsender Gleichsinn"
$s \searrow$	$s \searrow$	$s \nearrow$	
$s \nearrow$	$s \searrow$	$s \searrow$	"fallender Gegensinn"
$s \searrow$	$s \nearrow$	$s \searrow$	

Hinweis: s durchgehend weglassbar

Beispiel 9.13. Die Grundfunktion $h : x \to e^x$ ist streng monoton wachsend, die Funktion $f : x \to -x$ dagegen ist streng monoton fallend. Die zusammengesetzte Funktion $h \circ f$ mit $h \circ f(x) = e^{-x}$ ist also streng monoton fallend. △

Beispiel 9.14. Wir betrachten die Funktion $m(x) := (\ln x)^3$, $x > 0$. Hier können wir schreiben $m(x) = v(x)^3 = u(v(x))$ mit $v(x) := \ln x$ $(x > 0)$ und $u(v) := v^3$, $v \in \mathbb{R}$. Beide Funktionen (u und v) sind in unserem Grundkatalog enthalten und beide streng wachsend. Als Komposition gleichläufig monotoner Funktionen ist m streng wachsend. △

Beispiel 9.15. Bei der Funktion $n(x) := (\ln x)^0$, $x > 1$, ist die innere Funktion $x \to \ln x$ streng monoton wachsend, die äußere Funktion $y \to y^0$, $y > 0$, dagegen konstant, also nur "wachsend" (aber nicht streng). Das Ergebnis lautet $n(x) = 1$ für alle $x > 1$; also ist n konstant und somit *nicht* streng monoton. △

Beispiel 9.16. Natürlich können wir auch mehrfach geschachtelte Funktionen betrachten. So sei etwa für $x \geqslant 1$ $\psi(x) := e^{\sqrt{\ln x}}$. Die Färbung verrät, dass hier drei – und zwar wachsende, also gleichläufig monotone – Funktionen ineinander geschachtelt sind. Wir sehen zunächst, dass die innere Funktion (rot/grün) als Komposition wachsender Funktionen wächst. Wendet man hierauf die ebenfalls wachsende äußere Funktion (blau) an, so ist auch das Gesamtergebnis eine wachsende Funktion. $\triangle$

Beispiel 9.17 ($\nearrow$Ü, $\nearrow$L, *"Kehrwert kehrt Monotonie um"*)**.**
 Es sei $f : D \to \mathbb{R}$ eine Funktion, die entweder nur positive oder nur negative Werte annimmt. Dann ist durch $x \mapsto \dfrac{1}{f(x)}, x \in D$, die zu f "reziproke" Funktion wohldefiniert. Wir nennen sie kurz "$\dfrac{1}{f}$".
Dann gilt:

(i) *Ist f wachsend, so ist $\dfrac{1}{f}$ fallend.*

(ii) *Ist f fallend, so ist $\dfrac{1}{f}$ wachsend.*

(iii) *Beide Aussagen bleiben richtig, wenn man "wachsend" bzw. "fallend" jeweils im strengen Sinne versteht.*

Zur Illustration betrachten wir die bereits untersuchte Funktion $x \mapsto q(x) := e^{-x}, x \in \mathbb{R}$, unter dem aktuellen Blickwinkel.
Wir können schreiben: $q(x) = \dfrac{1}{f(x)}$ mit $f(x) := e^x, x \in \mathbb{R}$. Die letztgenannte Katalogfunktion ist streng wachsend, also ist die dazu reziproke Funktion q streng fallend. $\triangle$

9.5.4   Weitere Beispiele

Beispiel 9.18. Es sei auf $[0, \infty)$ die Funktion z mit $z(x) := \frac{1}{\sqrt{1+x^3}}$ gegeben.
Es ist $z(x) = \dfrac{1}{\sqrt{1+x^3}}$

im Nenner:

$s \nearrow$ (nach Katalog)

$s \nearrow$ (als Summe von $\nearrow$ und $s \nearrow$)

$s \nearrow$ (als gleichsinnige Komposition)

Gesamtbruch:

$s \searrow$ (als Reziprokwert bzw. als gegensinnige Komposition)

Nach all der Mühe kann man sich ja einmal eine Skizze der Funktion ansehen:

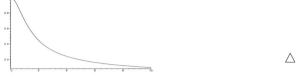

$\triangle$

Beispiel 9.19 ($\nearrow$Ü). Zum Schluss betrachten wir als etwas komplizierteres Beispiel die auf $\left[0, \dfrac{\pi}{2}\right]$ durch

$$\tau(x) := \ln\left(5x^2 - \sqrt{1 - \sin(x)^3}\right)$$

definierte Funktion τ. Analog zur oben gezeigten "grafischen Methode" finden wir hier:

$$\tau(x) := \ln\ \left(5\ x^2 \quad -\sqrt{1 - (\sin x)^3}\ \right)$$

$x^2, \sin x : s \nearrow$ (Katalog)

$(\sin x)^3$: Komposition $s \nearrow \circ\, s \nearrow$

Vorzeichenumkehr

Summe: $\searrow + s \nearrow$

$\sqrt{\sim}$: Komposition $s \nearrow \circ\, s \nearrow$

Vorzeichenumkehr

Summe $s \nearrow + s \nearrow$

$\ln(\sim)$: Komposition $s \nearrow \circ\, s \nearrow$

Ergebnis:

Also ist die Funktion τ streng wachsend. *(Achtung: Dasselbe Ergebnis lässt sich auch mit Hilfe der Differentialrechnung erzielen (Übungsaufgabe!), wobei eine dreifach geschachtelte Kettenregel zur Anwendung kommt.)*   △

9.5.5   Beliebte Fehler

Fehlerquelle: *"Das Produkt monoton wachsender Funktionen ist wachsend."*

Gegenbeispiel 9.20. Wählt man etwa $f(x) := x$, $g(x) := x^3$, $x \in \mathbb{R}$, handelt es sich um zwei streng monoton wachsende Funktionen, deren Produkt $f \cdot g : x \mapsto x^4$ nicht (überall) wachsend ist.   △

Fehlerquelle: *"Die Differenz monotoner Funktionen ist monoton".*

Gegenbeispiel 9.21. Wir betrachten auf $D := (0, \infty)$ drei Situationen:

a) $u(x) := e^x$ und $v(x) := x$

b) $u(x) := x$ und $v(x) := e^x$

c) $u(x) := x$ und $v(x) := \ln x$.

In allen Fällen sind u und v streng wachsende Funktionen. Betrachten wir jedoch die Differenz $d(x) := u(x) - v(x)$, so ist diese im Fall

a) $d(x) := e^x - x$, also streng wachsend, im Fall

b) $d(x) := -(e^x - x)$ streng fallend.

c) Wir betrachten das Verhalten der Funktion an den beiden Randpunkten von D. Am linken Randpunkt 0 haben wir offensichtlich

$$\lim_{x \downarrow 0} d(x) = \lim_{x \downarrow 0} (x - \ln x) = 0 - (-\infty) = \infty;$$

am (uneigentlichen) rechten Randpunkt ∞ dagegen (nach Bernoulli-L'Hospital (siehe Beispiel 8.66))

$$\lim_{x \uparrow \infty} d(x) = \lim_{x \uparrow \infty} (x - \ln x) = \infty.$$

Andererseits sind die Werte von d im Inneren von D endlich (z.B. $d(1) = 1$); also kann d nicht wachsend, aber auch nicht fallend sein.   △

9.6   Monotonie und Ableitung

Satz 9.22 (Globale Monotonieaussage). *Es seien $D \subseteq \mathbb{R}$ ein Intervall mit nichtleerem Inneren D° und $f : D \to \mathbb{R}$ eine stetige und im Inneren von D differenzierbare Funktion. Dann gilt*

(i) $f' \geq 0$ auf D° $\Longleftrightarrow$ f ist monoton wachsend.

(ii) $f' > 0$ auf D° $\Longrightarrow$ f ist streng monoton wachsend.

(iii) Beide Aussagen bleiben richtig, wenn die Textteile in Türkis weggelassen werden.

Wir haben hier eigentlich *zwei* Sätze vor uns: einen "Satz in Schwarz" und einen "Satz in Türkis". Wir gehen zunächst auf den "Satz in Schwarz" ein, denn er ist kürzer und einprägsamer.

Bemerkung 9.23.

(i) Die Formulierung: "$f' \geq 0$" bzw. "$f' > 0$" steht kurz für "$f'(x) \geq 0$ *für alle* $x \in D$" bzw. "$f'(x) > 0$ *für alle* $x \in D$".

(ii) Analog zum Satz Nr. 9.22 "in Schwarz" gilt:

$$f' \leq 0 \quad \Leftrightarrow \quad f \text{ ist monoton fallend,}$$
$$f' < 0 \quad \Rightarrow \quad f \text{ ist streng monoton fallend.}$$

(iii) Wichtig: Der einseitige Pfeil "$\Rightarrow$" lässt sich nicht umkehren (siehe nachfolgendes Beispiel 9.30).

Der *Nutzen* des Satzes 9.22 liegt auf der Hand: Die Monotonie einer differenzierbaren Funktion kann durch ihre Ableitung charakterisiert werden, und der (strenge) Monotonienachweis gelingt nun auch in solchen Fällen, die sich den bisher betrachteten einfacheren Methoden entziehen. Wir betrachten drei Beispiele zum "Satz in Schwarz":

Beispiel 9.24. Die durch $f(x) := e^{2x} - e^x$ auf $D := (0, \infty)$ definierte Funktion ist nicht Summe, sondern *Differenz* zweier wachsender Funktionen; daher sind die einfachen Methoden des vorigen Abschnittes nicht direkt anwendbar:

Es gilt hier wegen $x > 0$ $f'(x) = 2e^{2x} - e^x = e^{2x} + e^{2x} - e^x > e^{2x} + e^x - e^x > 0$ für alle $x \in D$, also ist f nach Satz 9.22 streng monoton wachsend. $\triangle$

Bemerkung 9.25. Man könnte versucht sein, im letzten Beispiel statt

$$f(x) = e^{2x} - e^x$$

zu schreiben

$$f(x) = e^{2x} + (-e^x)$$

und dieselbe Funktion f nicht mehr als *Differenz*, sondern vielmehr als *Summe* aufzufassen. Das ist natürlich immer möglich. Das ursprüngliche Problem ist damit aber nicht gelöst, denn der zweite Summand $x \to -e^x$ ist infolge des Vorzeichenwechsels nicht mehr monoton *wachsend*, sondern fallend.

Auf diese Weise haben wir die *Differenz gleichsinniger Funktionen* in eine *Summe ungleichsinniger Funktionen* verwandelt – und über beide Fälle sagt Satz 9.22 nichts aus!

Beispiel 9.26. Für $x \in D := (0, \infty)$ sei $h(x) = \frac{e^x}{x+1}$. Diese Funktion ist das Produkt der *wachsenden* Funktion $x \to e^x$ und der *fallenden* Funktion $x \to \frac{1}{x+1}$. Daher ist auch hier das Wachstumsverhalten nicht offensichtlich. Wir finden $h'(x) = e^x(\frac{1}{x+1} - \frac{1}{(x+1)^2}) = e^x \frac{x}{(x+1)^2} > 0$ für alle x, also ist h streng monoton wachsend. $\triangle$

Beispiel 9.27. Die durch $g(x) := x + \sin x, x \in \mathbb{R}$, definierte Funktion ist Summe der *streng wachsenden* Funktion $x \to x$ und der *oszillierenden* Sinus-funktion. Wie verhält sie sich? Es gilt für alle x

$$g'(x) = 1 + \cos x \quad \geq \quad 1 + (-1) \quad = 0,$$

also ist diese Funktion monoton wachsend.   △

Im folgenden Beispiel sehen wir, wie sich der "Monotonieabschluss" vorteilhaft einsetzen lässt.

Beispiel 9.28. Diesmal werde die Quadratwurzelfunktion $q : x \to \sqrt{x}$ auf $D := [0, \infty)$ betrachtet. Auch hier ist (strenges) Wachstum bereits vorab bekannt. Wie sähe es aber mit einem Nachweis mit Hilfe der Ableitung aus? Die Ableitung

$$q'(x) = \frac{1}{2\sqrt{x}} > 0$$

ist nicht auf dem gesamten Intervall D definiert, sondern nur auf dessen Innerem $D^\circ := (0, \infty)$. Mit Hilfe von Satz 9.22 "in Schwarz" können wir aus $q'(x) > 0$ für alle $x > 0$ zunächst nur folgern, dass q auf $(0, \infty)$ streng monoton wächst. Weil die (Wurzel-) Funktion q auf dem Abschluss $D = [0, \infty)$ von D° laut Katalog stetig ist (vgl. Satz 7.5 auf S.208), ist sie dort auch streng monoton (Monotonieabschluss).   △

Wir verstehen nun auch die Rolle des "Satzes in Türkis" besser, denn mit seiner Hilfe hätten wir im letzten Beispiel dasselbe Ergebnis erzielen können. Vereinfacht können wir sagen:

"Satz in Türkis" $\overset{\wedge}{=}$ "Satz in Schwarz" + Monotonieabschluss.

Im nächsten Beispiel untersuchen wir, auf welchen Teilintervallen des Definitionsbereiches die gegebene Funktion wachsend oder fallend ist.

Beispiel 9.29. Es sei p die auf ganz $\mathbb{R}$ durch $p(x) := 3x^5 - 25x^3 + 60x$, $x \in \mathbb{R}$, definierte Funktion. Dafür gilt

$$p'(x) = 15x^4 - 75x^2 + 60 = 15n(x)$$

mit $n(x) := x^4 - 5x^2 + 4$. Wir wollen feststellen, für welche $x \in \mathbb{R}$ gilt $p'(x) \geq 0$ bzw. gleichbedeutend $n(x) \geq 0$. Dazu ermitteln wir zunächst die Nullstellen von $n(x)$. Wir können schreiben

$$n(x) = (x^2)^2 - 5x^2 + 4;$$

dieser bezüglich x^2 quadratische Ausdruck wird Null genau für $x^2 = 1$ und $x^2 = 4$ und hat folglich die vier Nullstellen -2, -1, 1 und 2. Mit ihnen als Randpunkte erhalten wir die folgenden 5 Intervalle, auf denen p' jeweils ein einheitliches Vorzeichen besitzt:

$$I_1 := (-\infty, -1] \qquad \text{``}+\text{''}$$
$$I_2 := [-2, -1] \qquad \text{``}-\text{''}$$
$$I_3 := [-1, 1] \qquad \text{``}+\text{''}$$
$$I_4 := [1, 2] \qquad \text{``}-\text{''}$$
$$I_5 := [2, \infty) \qquad \text{``}+\text{''}$$

Die Zeichen "+" (bzw. "−") sollen hier besagen, dass die Funktion p' auf dem jeweiligen Intervall nichtnegativ (bzw. nichtpositiv) und im *Inneren* sogar positiv (bzw. negativ) ist, was z.B. durch Einsetzen von Testpunkten leicht zu erkennen ist.

Wir folgern aus dem "Satz in Schwarz", Teil *(i)*: Die Funktion p ist:

(a) wachsend auf I_1,

(b) fallend auf I_2,

(c) wachsend auf I_3,

(d) fallend auf I_4,

(e) wachsend auf I_5.

Der Teil *(ii)* des Satzes in Schwarz ist leider nur auf das *Innere* dieser Intervalle anwendbar, weil an den Randpunkten jeweils $p'(x) = 0$ und eben nicht $p'(x) > 0$ (bzw. < 0) gilt. Wir behelfen uns mit dem Monotonieabschluss (denn p ist überall stetig) und schließen: Das Wachstum ist in allen Fällen (a) bis (e) sogar *streng*!

Zum selben Ergebnis wären wir gekommen, wenn wir direkt den "Satz in Türkis" verwendet hätten.   △

Schließlich betrachten wir das Problem der *strengen* Monotonie etwas näher.

Beispiel 9.30. Es bezeichne f die auf ganz $\mathbb{R}$ definierte kubische Funktion $f : x \to x^3$ mit $f'(x) = 3x^2$ für alle $x \in \mathbb{R}$.
Aus Beispiel 9.4 wissen wir bereits, dass f auf ganz $\mathbb{R}$ nicht nur monoton wachsend, sondern sogar *streng* monoton wachsend ist. Wir wollen uns hier einmal ansehen, wie wir mit Hilfe der *Ableitung* zu dieser Erkenntnis kommen können.

Es gilt $f'(x) = 3x^2$ und damit $f'(x) \geq 0$ für alle $x \in \mathbb{R}$, kurz "$f' \geq 0$". Aus Satz 9.22 *(i)* können wir folgern: *f ist monoton wachsend.*
Um aus Teil *(ii)* desselben Satzes folgern zu können "*f ist streng monoton wachsend*" benötigen wir die Voraussetzung "$f' > 0$", ausführlich $f'(x) > 0$ *für alle x*. Diese Voraussetzung ist jedoch an der Stelle $x = 0$ verletzt, denn es gilt $f'(0) = 0$!

Wir sehen hieran *erstens*, dass eine Funktion f streng monoton wachsend sein kann, obwohl nicht gilt "$f' > 0$". (Anders gesagt, ist diese Voraussetzung für strenge Monotonie zwar hinlänglich, jedoch nicht notwendig; der Pfeil $\Rightarrow$ in Satz 9.22 ist nicht umkehrbar).

Zweitens sehen wir, dass aus diesem Grunde unsere auf Ableitungen beruhende Argumentation nach Satz 9.22 bereits bei einfachsten Beispielen stecken bleiben kann. $\triangle$

Hier besteht also eine kleine, aber sehr störende Lücke zwischen "hinreichend" und "notwendig". Diese ist Anlass, über eine mögliche Verfeinerung von Satz 9.22 *(ii)* nachzudenken. Zur präzisen Formulierung benutzen wir die Bezeichnungen

$$\{f' > 0\} := \{x \in D \,|\, f'(x) \geq 0\} \text{ und entsprechend}$$
$$\{f' \not> 0\} := \{x \in D \,|\, f'(x) \leq 0\}.$$

Satz 9.31 (Charakterisierung strenger Monotonie)**.** *Es seien $D \subseteq \mathbb{R}$ ein Intervall mit $D° \neq \emptyset$ und $f : D \to \mathbb{R}$ eine stetige und im Inneren von D stetig differenzierbare Funktion. Die Funktion f ist genau dann streng monoton wachsend, wenn die Ausnahmemenge $\{f' \not> 0\}$ keine inneren Punkte enthält.*

(Auch dieser Satz bleibt richtig, wenn die türkisfarbenen Textteile weggelassen werden.) Die Voraussetzung "... *keine inneren Punkte* ..." über die Ausnahmemenge ist erfüllt, wenn diese kein offenes Intervall enthält, also insbesondere wenn sie

- leer ist,
- nur endlich viele Punkte enthält,
- unendlich viele Punkte enthält, die einen festen Mindestabstand nicht unterschreiten.

In ökonomischen Anwendungen treffen derartige Voraussetzungen fast immer zu.

Beispiel 9.32 (↗F 9.27)**.** Für die durch $g(x) := x + \sin x$, $x \in \mathbb{R}$, definierte Funktion fanden wir

$$g'(x) = 1 + \cos x \geq 1 + (-1) = 0,$$

für alle x, also schlossen wir zunächst nur: Die Funktion g ist monoton wachsend. Allerdings gilt hier sogar *unendlich oft*

$$g'(x) = 1 + \cos x = 0,$$

nämlich genau dann, wenn x ein Vielfaches von 2π ist: $x = 2k\pi, k \in \mathbb{Z}$. Je zwei benachbarte dieser Ausnahmepunkte haben den Abstand 2π. Also enthält die Ausnahmemenge keine inneren Punkte, und aus Satz 9.22 (ii) schließen wir: g ist sogar *streng* monoton wachsend! $\triangle$

Wir schließen noch ein Beispiel an, in dem wir ein für das Kapitel 14 "Elemetare Finanzmathematik" wichtiges Ergebnis erhalten.

Beispiel 9.33. Es soll nachgewiesen werden, dass für beliebige $a > 0$ und $b > 1$ gilt

$$(1+a)^{\frac{1}{b}} < 1 + \frac{a}{b} \tag{9.2}$$

Lösung:
Wir bemerken zunächst, dass beide Ausdrücke (sogar für $a \geq 0$ und $b > 0$) wohldefiniert sind, und betrachten ihre Differenz. Dazu setzen wir bei festem Wert b

$$f(a) := (1+a)^{\frac{1}{b}} - \left(1 + \frac{a}{b}\right), \qquad (a \geq 0).$$

Dann gilt offenbar $f(0) = 0$ und weiterhin

$$f'(a) = \frac{1}{b}(1+a)^{\beta} - \frac{1}{b} = \frac{1}{b}\left((1+a)^{\beta} - 1\right)$$

wenn $\beta := \frac{1}{b} - 1$ gesetzt wird. Aufgrund der Annahme $b > 1$ ist β negativ und somit für $a > 0$

$$(1+a)^{\beta} < 1$$

also $f'(a) < 0$ für $a > 0$. Also ist f auf $[0, \infty)$ streng fallend (Monotonieabschluss). Wegen $f(0) = 0$ folgt $f(a) < 0$, d.h. (9.2), für alle $a > 0$. $\triangle$

Anmerkung: Für $\beta \in (0, 1)$ hätte sich in (9.2) die entgegengesetzte Ungleichung ergeben.

Folgerung 9.34. *Für beliebige $i > 0$ und $0 < x < y$ gilt*

$$\left(1 + \frac{i}{x}\right)^{x} < \left(1 + \frac{i}{y}\right)^{y}. \tag{9.3}$$

Denn: Wir setzen in (9.2) $a := \frac{i}{x}$ und $b := \frac{y}{x}$; dann gilt $a > 0$ und $b > 1$. Also können wir (9.2) ausrechnen und finden

$$\left(1 + \frac{i}{x}\right)^{\frac{x}{y}} < 1 + \frac{i}{y}.$$

Potenzieren wir beide Seiten mit y, folgt (9.3).

Bemerkung 9.35. Indem wir in (9.3) $x := 1$ setzen, erhalten wir als einen Spezialfall die folgende Ungleichung:

$$1 + i < \left(1 + \frac{i}{y}\right)^{y}$$

$(i > 0, y > 1)$.

9.7 Aufgaben

Aufgabe 9.36. Zeigen Sie: *Es seien $f : D \to \mathbb{R}$ und $g : D \to \mathbb{R}$ beide positiv ($f > 0$, $g > 0$). Dann gilt:*

(i) *Sind f und g beide wachsend (fallend), so ist auch das Produkt $f \cdot g$ wachsend (fallend).*

(ii) *Ist zusätzlich eine der beiden Funktionen sogar streng wachsend (fallend), so auch $f \cdot g$.*

Aufgabe 9.37. Untersuchen Sie die folgenden Funktionen auf Monotonie:

(a) $f(x) = \frac{4}{3}x^3 + 2x$, $D_f = \mathbb{R}$

(b) $g(x) = \sqrt{x + 1} + 4x^3$, $D_g = \{x \in \mathbb{R} | x \geq -1\}$

(c) $m(x) = (4x - 5)^3 + 8x$, $D_m = \mathbb{R}$

(d) $n(x) = \frac{1}{2\sqrt{x+3}} - 5x^2$, $D_n = \{x \in \mathbb{R} | x > 0\}$

(e) $h(x) = -\frac{1}{3}e^{2x+2}$, $D_h = \mathbb{R}$.

Aufgabe 9.38 (↗L). Stellen Sie mit Hilfe der Differentialrechnung fest, ob bzw. auf welchem Teil ihres Definitionsbereiches die folgenden Funktionen (streng) monoton wachsend bzw. fallend sind:

(a) $f(x) = 5 - 24x$ $D_f = \mathbb{R}$

(b) $g(x) = (\frac{x}{3} + 2)(x - \frac{21}{19})$ $D_g = \mathbb{R}$

(c) $h(x) = \frac{x^3}{6} - x^2 - 6x + 2$ $D_h = \mathbb{R}$

(d) $k(x) = \ln(1 + x^2)$ $D_k = \mathbb{R}$

(e) $l(x) = \ln(1 + \sqrt{x})$ $D_l = \{x \in \mathbb{R} | x \geq 0\}$

(f) $m(x) = (x + 1)^{\frac{3}{7}} + (x - 1)^{\frac{1}{2}}$ $D_m = \{x \in \mathbb{R} | x \geq 1\}$

Aufgabe 9.39. Auf dem Definitionsbereich $D := [0, \infty)$ wird eine Funktion $f : D \to \mathbb{R}$ mit $f(x) := ax^2 + x$ betrachtet. Geben Sie Bedingungen an die darin enthaltene Konstante a an, die notwendig und hinreichend dafür sind, dass f monoton wachsend ist.

Aufgabe 9.40 (↗L). Zeigen Sie: *Sind alle* Funktionen der Folge $(f_n)_{n \in \mathbb{N}}$ auf ein- und derselben Menge $D \subseteq \mathbb{R}$ definiert sowie monoton wachsend und existiert weiterhin die durch $f(x) := \lim f_n(x)$ für $n \to \infty$, $x \in D$, definierte Grenzfunktion f, so ist auch diese monoton wachsend.

(Diese Aussage wird unrichtig, wenn man "wachsend" durch "streng wachsend" ersetzt.)

10

Konvexe Funktionen

10.1 Motivation und Übersicht

Die folgenden Bilder zeigen Beispiele für Graphen reeller Funktionen, die sich in ihrem Krümmungsverhalten unterscheiden:

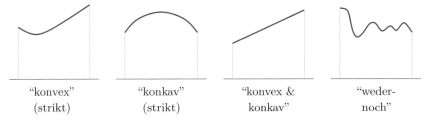

| "konvex" (strikt) | "konkav" (strikt) | "konvex & konkav" | "weder-noch" |

Je nach Art der Krümmung könnte man die Bezeichnungen "konvex", "konkav" (jeweils in striktem Sinne), "beides" bzw. "weder-noch" vergeben. In ökonomischem Kontext ist das Krümmungsverhalten äußerst wichtig. Zugespitzt formuliert: "Ohne Konvexität kein Markt!".

Wir haben hier nur Bilder vor Augen, benötigen aber präzise, nachrechenbare Bedingungen. Dazu formulieren wir zunächst die nötigen *Definitionen*. Wir wenden uns dann der Frage zu, wie wir von einer gegebenen Funktion entscheiden können, ob bzw. auf welchem Teil ihres Definitionsbereiches *sie (strikt) konvex bzw. konkav ist*. Damit dies so einfach wie nur möglich geschehen kann, stellen wir – ähnlich wie schon bei monotonen Funktionen – einen passenden Werkzeugkasten zusammen. Darin werden enthalten sein:

(1) die Definitionen mit ersten Folgerungen

(2) der Zusammenhang von Konvexität und Ableitungen

(3) der Katalog von Grundfunktionen

(4) Konvexitäts-"Erhaltungssätze"

Auf ökonomische Anwendungen gehen wir dann im Kapitel 13 "Reelle Funktionen in der Ökonomie" ein.

10.2   Begriffe

10.2.1   Definitionen

Wir betrachten das folgende Bild einer Funktion, die wir als "konvex" bezeichnen wollen, etwas näher:

Wesentlich ist offenbar, dass der Graph von f (blau) zwischen je zwei beliebigen Punkten $(x, f(x))$ und $(y, f(y))$ "durchhängt", genauer: die Verbindungsstrecke (rot) zwischen beiden Punkten nicht übersteigt.

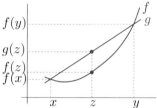

Wählt man einen beliebigen Punkt z zwischen x und y, so muss also gelten

$$f(z) \leq g(z) \tag{10.1}$$

und - wenn der Graph "strikt durchhängt" sogar

$$f(z) < g(z). \tag{10.2}$$

Als innerer Punkt der Strecke $[x, y]$ ist z ein gewichtetes Mittel der Endpunkte, d.h., z besitzt eine Darstellung $z = \lambda x + (1 - \lambda)y$ mit einer passenden Konstanten λ in $(0, 1)$. Da es sich bei g um eine affine Funktion handelt, gilt weiterhin $g(z) = az + b$ mit passenden Konstanten $a, b \in \mathbb{R}$. Drücken wir z durch x, y und λ aus wie zuvor, folgt

$$\begin{aligned} g(z) &= a\left(\lambda x + (1 - \lambda)\,y\right) + b \\ &= a\left(\lambda x + (1 - \lambda)\,y\right) + \left(\lambda + (1 - \lambda)\right)b \\ &= \lambda(ax + b) + (1 - \lambda)(ay + b), \end{aligned}$$

also $g(z) = \lambda g(x) + (1 - \lambda)g(y)$. Dabei gilt $g(x) = f(x)$ und $g(y) = f(y)$, weil an den Endpunkten x und y des Intervalls $[x, y]$ der Graph von f und die Verbindungsstrecke zusammenfallen. Also kann die Forderung (10.1) unter Verzicht auf die Bezeichnung g so geschrieben werden:

$$f\left(\lambda x + (1 - \lambda)y\right) \leq \lambda f(x) + (1 - \lambda)f(y).$$

Wir kommen zu

Definition 10.1. *Es seien $D \subseteq \mathbb{R}$ ein Intervall und $f : D \to \mathbb{R}$ eine reelle Funktion. Die Funktion f heißt $\left\{ \begin{array}{c} \text{konvex} \\ \text{strikt konvex} \end{array} \right\}$, wenn für alle $x, y \in D$ mit $x \neq y$ und $\lambda \in (0, 1)$ gilt*

$$f(\lambda x + (1 - \lambda)y) \left\{ \begin{array}{c} \leq \\ < \end{array} \right\} \lambda f(x) + (1 - \lambda)f(y). \tag{10.3}$$

Definitionsgemäß ist jede strikt konvexe Funktion auch konvex, umgekehrt braucht eine konvexe Funktion nicht strikt konvex zu sein ($\nearrow$ Beispiel 10.24 auf Seite 296).

Die folgende Definition bezieht sich auf das gegenteilige Verhalten (siehe Bild "konkav" auf Seite 287):

Definition 10.2. *Es seien $D \subseteq \mathbb{R}$ ein Intervall und $f : D \to \mathbb{R}$ eine reelle Funktion. Die Funktion f heißt $\left\{ \begin{array}{l} \text{konkav} \\ \text{strikt konkav} \end{array} \right\}$, wenn für alle $x, y \in D$ mit $x \neq y$ und $\lambda \in (0,1)$ gilt*

$$f(\lambda x + (1-\lambda)y) \left\{ \begin{array}{l} \geq \\ > \end{array} \right\} \lambda f(x) + (1-\lambda)f(y). \tag{10.4}$$

Offenbar gelangt man sehr einfach von Definition 10.1 zu Definition 10.2 und zurück, indem man folgende Zeichenketten simultan gegeneinander austauscht:

$$\text{vex} \quad \longleftrightarrow \quad \text{kav} \quad \text{und} \quad < \quad \longleftrightarrow \quad >$$

Insbesondere gilt

Satz 10.3. *f ist genau dann (strikt) konkav, wenn die Funktion $-f$ (strikt) konvex ist.*

Eine Funktion ist genau dann gleichzeitig konvex und konkav (und zwar beides nicht strikt), wenn sie affin ist (siehe Bild "konvex & konkav" auf Seite 287). Umgekehrt braucht eine Funktion, die *nicht* konvex ist, keinesfalls konkav zu sein (siehe Bild "weder-noch" auf Seite 287). "Konvex" bzw. "konkav" sind Eigenschaften, die sich auf den *gesamten* Definitionsbereich D der Funktion f beziehen. Daher geht der Definitionsbereich – quasi "unsichtbar" – mit in die Definition ein. Mitunter besitzt eine Funktion die erwünschten Eigenschaften nur auf einem Teil des Definitionsbereiches. Wenn die Bedingungen vom Typ (10.3) bzw. (10.4) zumindest für alle x aus einer Teilmenge $I \subseteq D$ erfüllt sind, nennen wir die Funktion f (strikt) konvex (bzw. konkav) *auf* I.

Wegen des einfachen Zusammenhanges von "konvex" und "konkav" werden wir im Weiteren meist nur über konvexe Funktionen sprechen.

10.2.2 Alternative Charakterisierungen der Konvexität

Die folgende Charakterisierung hilft uns zwar weniger, eine Funktion auf Konvexität zu untersuchen, ist jedoch mitunter in Anwendungen nützlich.

Satz 10.4. *Es sei $D \subseteq \mathbb{R}$ ein Intervall, $D° \neq \emptyset$. Eine Funktion $f : D \to \mathbb{R}$ ist genau dann strikt konvex, wenn es zu jedem inneren Punkt $x°$ von D eine affine Funktion $g : D \to \mathbb{R} : x \to ax + b$ gibt, die den folgenden beiden Bedingungen genügt:*

(i) $f(x°) = g(x°)$ und

(ii) $f(x) \geqslant g(x)$ (genauer: $f(x) > g(x)$) für alle $x \in D$ mit $x \neq x°$.

(Diese Aussage bleibt auch ohne türkisfarbene Textteile richtig.)

(Wir bemerken, dass die Koeffizienten a und b von g im Allgemeinen von $x°$ abhängen.)

Die anschauliche Bedeutung dieser Aussage wird aus dem nachfolgenden Bild links ersichtlich: Ist f konvex, so gibt es eine Gerade g, die an einer Stelle $x°$ mit f zusammenfällt: es gilt $f(x°) = g(x°)$ (Bedingung *(i)*); ansonsten gilt zumindest $f(x) \geq g(x)$ (Bedingung *(ii)*) – insofern wird der Graph von f durch die g verkörpernde Gerade "gestützt". Daher nennt man eine derartige Gerade "Stützgerade". Oft gibt es genau eine Stützgerade – in diesem Fall ist sie gleichzeitig *Tangente* an den Graphen von f im Punkt $(x°, f(x°))$. Es kann jedoch auch mehrere Stützgeraden geben (dann allerdings auch gleich unendlich viele); dies ist genau dann der Fall, wenn f an der Stelle $x°$ nicht differenzierbar ist (mittleres Bild). Der folgende Satz bezieht sich auf das Bild rechts:

Satz 10.5. *Es sei $D \subseteq \mathbb{R}$ ein nichtleeres Intervall. Eine Funktion $f : D \to \mathbb{R}$ ist genau dann konvex, wenn ihr Epigraph Epi(f) eine konvexe Menge ist.*

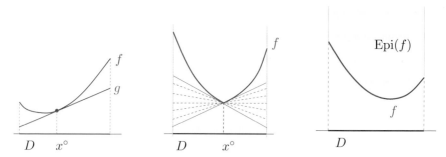

Zur Erläuterung dieses Satzes: Unter einer *konvexen* Menge versteht man eine Menge, die mit je zwei beliebigen Punkten auch deren Verbindungstrecke vollständig enthält. Als *Epigraph von f* (kurz Epi(f)) wird die Menge aller derjenigen Punkte des $\mathbb{R}^2$ bezeichnet, die oberhalb des Graphen von f oder genau darauf liegen; formal

$$\text{Epi}(f) := \{ (x, y) \in \mathbb{R}^2 \mid x \in D, \, y \geq f(x) \}.$$

Diese Menge ist unserem Satz zufolge genau dann konvex, wenn f konvex ist. (Aus dieser Aussage können wir hauptsächlich im Band *KO* Math 3 von wertvollen Nutzen ziehen; hier führen wir sie schon einmal aus Gründen der Vollständigkeit an. Auch das Konzept konvexer Mengen ist in der Ökonomie von großer Bedeutung. Wir werden es im Band *KO* Math 2 ausführlicher besprechen.)

Wir erwähnen noch, dass bei einer *konkaven* Funktion nicht etwa Epi(f) "konkav" ist (denn "konkave" Mengen existieren nicht), sondern Epi($-f$) konvex!

Satz 10.6 (↗S.502)**.** *Es sei $D \subseteq \mathbb{R}$ ein nichtausgeartetes Intervall. Eine Funktion $f : D \to \mathbb{R}$ ist genau dann konvex [strikt konvex], wenn für alle $u < v < w$ aus D gilt*

$$\frac{f(v) - f(u)}{v - u} \leqslant [<] \frac{f(w) - f(u)}{w - u}. \tag{10.5}$$

(Diese Bedingung lässt sich einfach anschaulich interpretieren, wie dieses Bild zeigt. Der linke Bruch beschreibt den Anstieg der gelben Geraden, der rechte Bruch den Anstieg der roten Geraden.)

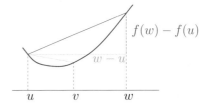

Bemerkung 10.7. Aus Symmetriegründen kann die Bedingung (10.5) durch die folgende ersetzt werden:

$$\frac{f(w) - f(u)}{w - u} \leqslant [<] \frac{f(w) - f(v)}{w - v}. \tag{10.6}$$

Setzt man nun beide Bedingungen zusammen, ergibt sich

Folgerung 10.8. *Es sei $D \subseteq \mathbb{R}$ ein nichtleeres Intervall. Eine Funktion $f : D \to \mathbb{R}$ ist genau dann [strikt] konvex, wenn für alle $u < v < w$ aus D gilt*

$$\frac{f(v) - f(u)}{v - u} \leqslant [<] \frac{f(w) - f(v)}{w - v}. \tag{10.7}$$

(Auch diese Bedingung lässt sich einfach anschaulich interpretieren, wie die nebenstehende Skizze zeigt. Wiederum gibt der linke Bruch die Steigung der gelben Geraden an, der rechte Bruch diesmal die Steigung der grünen.)

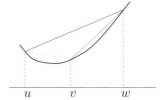

10.3 Erste Anwendungen und Ergänzungen

10.3.1 Konvexitätsprüfung mittels Definition

Allein mit Hilfe der Definition können wir auf rechnerischem Wege überprüfen, ob eine gegebene Funktion konvex ist. Dazu betrachten wir nun zwei Beispiele. Allerdings werden wir sehen, dass der Aufwand sehr hoch ist, und nachfolgend nach anderen Überprüfungsmöglichkeiten suchen.

Beispiel 10.9. Es sei $f : R \to \mathbb{R}$ eine beliebige affine Funktion mit der Zuordnung $x \to ax + b$ (mit gewissen Konstanten a, b). Wenn unser Konvexitätsbegriff richtig gefasst wurde, muss diese Funktion sowohl konvex als auch konkav im Sinne unserer Definition sein - beides allerdings nicht strikt. Wir wählen $x, y \in \mathbb{R}$ mit $x \neq y$ sowie ein $\lambda \in (0, 1)$ beliebig und prüfen, ob die geforderte Ungleichung zwischen der linken Seite L und der rechten Seite R von (10.3) besteht. Hier lautet die linke Seite

$$L = f(\lambda x + (1 - \lambda)y) = a(\lambda x + (1 - \lambda)y) + b$$

die rechte Seite

$$R = \lambda f(x) + (1 - \lambda)f(y) = \lambda(ax + b) + (1 - \lambda)(ay + b) = a(\lambda x + (1 - \lambda)y) + b;$$

also gilt sogar $L = R$, d.h., $L \leq R$ und $L \geq R$.   △

Beispiel 10.10.

Wir betrachten die quadratische Funktion $q : R \to \mathbb{R} : x \to x^2$. Die Form des Graphen passt visuell zum Begriff "strikt konvex". Wir haben dies jedoch nachzurechnen. Dazu wählen wir $x \neq y$ aus $D = \mathbb{R}$ und λ aus $(0, 1)$ beliebig aus. Es ist nun zu entscheiden, ob die linke Seite von (10.3) kleiner gleich der rechten Seite ist, d.h., ob für

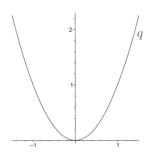

$$L := f(\lambda x + (1 - \lambda)y) \quad \text{und} \quad R := \lambda f(x) + (1 - \lambda)f(y)$$

gilt $L \leq R$. Unter Beachtung der konkreten Form von f lautet die Frage, ob gilt

$$L = (\lambda x + (1 - \lambda)y)^2 \leqslant \lambda x^2 + (1 - \lambda)y^2 = R$$

bzw. gleichbedeutend, ob die Differenz von linker und rechter Seite nichtpositiv ist. Wir berechnen nun diese Differenz:

$$
\begin{aligned}
L - R &= (\lambda x + (1 - \lambda)y)^2 - (\lambda x^2 + (1 - \lambda)y^2) \\
&= \lambda^2 x^2 + 2\lambda(1 - \lambda)xy + (1 - \lambda)^2 y^2 - \lambda x^2 - (1 - \lambda)y^2 && \text{(Ausmultiplizieren} \\
&&& \text{des linken Terms)} \\
&= \lambda(\lambda - 1)x^2 + 2\lambda(1 - \lambda)xy + (1 - \lambda)(1 - \lambda - 1)y^2 && \text{(Zusammenfassung} \\
&&& \text{der Potenzen)} \\
&= -\lambda(1 - \lambda)x^2 - 2(-\lambda(1 - \lambda)xy) - (1 - \lambda)\lambda y^2 && \text{(Vereinheitlichung} \\
&&& \text{der Vorfaktoren)} \\
&= [-\lambda(1 - \lambda)](x^2 - 2xy + y^2) && \text{(Ausklammern von} \\
&&& -\lambda(1 - \lambda)) \\
&= [-\lambda(1 - \lambda)](x - y)^2 && \text{(Vereinfachung des} \\
&&& \text{2. Faktors)}
\end{aligned}
$$

Da λ im Intervall $(0,1)$ liegt, ist der Faktor in eckigen Klammern negativ, während der andere Faktor positiv ist. Es folgt $L - R < 0$. Weil x, y, λ beliebig gewählt wurden und in (10.3) stets "$<$" gilt, ist q sogar *strikt* konvex auf $\mathbb{R}$.

△

10.3.2 Stetigkeit und Differenzierbarkeit

Konvexität ist nicht zuletzt deswegen eine so geschätzte Eigenschaft, weil sie auch Stetigkeit und Differenzierbarkeit "fast" impliziert. Die folgende Aussage lässt sich allein unter Verwendung der *Definition* von Konvexität herleiten:

Satz 10.11. *Eine auf einem Intervall $D \subseteq \mathbb{R}$ definierte konvexe Funktion ist im Inneren D° von D stetig und sowohl rechts- als auch linksseitig differenzierbar.*

Beispiel 10.12. Als zwar künstliches, aber doch einigermaßen typisches Beispiel betrachten wir die durch

$$V(x) := \begin{cases} |x| & \text{für} \quad x \in (-1, 1) \\ 2 & \text{für} \quad x \in \{-1, 1\} \end{cases}$$

auf $[-1, 1]$ definierte Funktion (siehe Skizze).

Diese ist konvex, jedoch an den beiden Randpunkten -1 und $+1$ unstetig (und auch nicht differenzierbar). Im Intervallinneren $(-1, 1)$ ist V überall stetig, aber an der Stelle $x = 0$ nicht differenzierbar. Immerhin existieren auch dort zumindest die einseitigen Ableitungen $D^- V(0) = -1$, $D^+ V(0) = +1$.

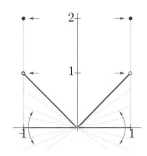

△

Bemerkung 10.13. Man kann überdies zeigen, dass die rechts- und linksseitige Ableitung fast überall auf D° übereinstimmen, genauer: Die Punkte von D°, an denen sich beide einseitigen Ableitungen unterscheiden und der Graph von f sozusagen einen "Knick" hat, lassen sich numerieren.

Welchen Nutzen haben diese Ausführungen in der Ökonomie? Wir werden später sehen, dass aus *ökonomischen* Gründen sehr oft gefordert wird, dass eine gegebene Funktion konvex ist. Wir haben hier nun gesehen, dass es keine nennenswerte Einschränkung bedeutet, zusätzlich noch die *mathematisch* angenehmen Eigenschaften Stetigkeit und Differenzierbarkeit vorauszusetzen.

10.3.3 Konvexitätsabschluss

Auch die folgende, weiterhin oft nützliche Aussage ergibt sich direkt aus der Konvexitätsdefinition.

Satz 10.14. *Es seien $D \subseteq \mathbb{R}$ ein Intervall mit nichtleerem Inneren $\overset{\circ}{D}$ und $f : D \to \mathbb{R}$ eine stetige Funktion.*

(i) Ist f konvex auf $\overset{\circ}{D}$, so auch auf ganz D.

(ii) Ist f strikt konvex auf $\overset{\circ}{D}$, so auch auf ganz D.

Merke: "Bei stetigen Funktionen machen die Randpunkte mit". Wir brauchen (strikte) Konvexität also nur im Inneren des Definitionsbereiches nachzuweisen und können die oft kniffligen Randuntersuchungen beiseite lassen.

10.4 Konvexität und Ableitungen

10.4.1 Bedingung erster Ordnung

Satz 10.15. *Es sei $D \subseteq \mathbb{R}$ eine konvexe Menge mit nichtleerem Inneren $\overset{\circ}{D}$ und $f : D \to \mathbb{R}$ eine stetige und im Inneren von D differenzierbare Funktion. Dann gilt:*

(i) f ist genau dann konvex, wenn f' auf $\overset{\circ}{D}$ monoton wächst.

(ii) f ist genau dann strikt konvex, wenn f' auf $\overset{\circ}{D}$ streng monoton wächst.

(Beide Aussagen bleiben richtig, wenn die türkisfarbenen Textteile weggelassen werden.)

Wir haben hier eigentlich *zwei Sätze* vor uns: einen "Satz in Schwarz" und einen "Satz in Türkis". Bevor wir zu jeder Version ein Beispiel angeben, wollen wir uns das Wesentliche an folgender Skizze veranschaulichen:

Konvexität ist (für differenzierbare) Funktionen gleichbedeutend mit zunehmenden Tangentenanstiegen.

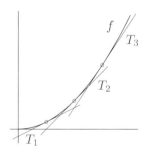

Beispiel 10.16. Die Funktion $f : \mathbb{R} \to \mathbb{R} : x \to x^4$ besitzt die Ableitung $f'(x) = 4x^3$, $x \in \mathbb{R}$. Diese ist, wie wir aus Kapitel 9 wissen, eine (auf ganz $\mathbb{R}$) streng monoton wachsende Funktion, also ist f nach Teil (ii) des "Satzes in Schwarz" (auf ganz $\mathbb{R}$) strikt konvex. $\triangle$

Beispiel 10.17. Die bekannte Wurzelfunktion $w(x) := \sqrt{x}$, $x \geq 0$, ist auf $D := [0, \infty)$ definiert und stetig, aber nur auf $D° = (0, \infty)$ differenzierbar mit der dort streng fallenden Ableitung $w'(x) = \frac{1}{2\sqrt{x}}$, $x > 0$. Diesmal verwenden wir Teil (ii) des "Satzes in Türkis" und schließen: w ist strikt konkav.   △

10.4.2 Bedingung zweiter Ordnung

Satz 10.18. *Es sei $D \subseteq \mathbb{R}$ eine konvexe Menge mit nichtleerem Inneren $\overset{\circ}{D}$ und $f : D \to \mathbb{R}$ eine stetige und im Inneren von D zweimal differenzierbare Funktion. Dann gilt:*

(i) $f'' \geq 0$ auf $\overset{\circ}{D} \Longleftrightarrow f$ ist konvex .

(ii) $f'' > 0$ auf $\overset{\circ}{D} \Longrightarrow f$ ist strikt konvex.

(Beide Aussagen bleiben richtig, wenn die Textteile in Türkis weggelassen werden.)

Wiederum haben hier – ähnlich wie bei Satz 9.22 über die Monotonie – eigentlich *zwei* Sätze vor uns: einen "Satz in Schwarz" und einen "Satz in Türkis". Der erstere ist kürzer und einprägsamer, versagt aber, wenn seine Voraussetzungen am Rand von D verletzt werden. Dann müssen wir oft zusätzlich den Konvexitätsabschluss heranziehen, um zum gewünschten Ergebnis zu kommen. Der Satz in Türkis zieht beide Schritte zusammen; vereinfachend könnten wir sagen

$$\text{"Satz in Türkis"} \overset{\wedge}{=} \text{"Satz in Schwarz"} \quad + \quad \text{Konvexitätsabschluss.}$$

Bemerkung 10.19. zu Satz 10.18 "in Schwarz":
Ganz analog gilt:

$f'' \leqslant 0 \iff f$ ist konkav,
$f'' < 0 \implies f$ ist strikt konkav.

Dabei bedeutet die Formulierung "$f'' \leq 0$" ausführlich "$f''(x) \leq 0$ *für alle* $x \in D$"; sinngemäß ist die andere Ungleichung zu interpretieren.
Wichtig: Der einseitige Pfeil "$\implies$" lässt sich nicht umkehren.

Beispiel 10.20. Die bekannte Wurzelfunktion $w(x) := \sqrt{x}$, $x \geq 0$, ist auf $D := [0, \infty)$ definiert und stetig, aber nur auf $D° = (0, \infty)$ zweimal stetig differenzierbar mit der zweiten Ableitung $w''(x) = -\frac{1}{4}x^{\frac{-3}{2}} < 0$, $x > 0$, die durchweg negativ ist. Aus unserem Satz folgt nun: w ist strikt konkav.   △

Beispiel 10.21. Die Potenzfunktion $f : \mathbb{R} \to \mathbb{R} : x \to x^4$ ist strikt konvex (Beispiel 10.16). Es gilt jedoch $f''(x) = 12x^2$, $x \in \mathbb{R}$, und damit $f''(x) > 0$ nur für diejenigen $x \in \mathbb{R}$, die von 0 verschieden sind. Also ist die Voraussetzung "$f'' > 0$" von 10.18 (ii) *nicht* erfüllt. (Allein mittels Satz 10.18 können wir daher *nicht* nachweisen, dass f strikt konvex ist.)   △

Ähnlich wie bei der strengen Monotonie sehen wir, dass bei strikter Konvexität gewisse Ausnahmen von der Bedingung $f''(x) > 0$ zulässig sein können, solange die Menge von Ausnahmepunkten nicht zu groß ist. Wir benutzen die Bezeichnungen

$$\{f'' > 0\} := \{x \in D \mid f''(x) > 0\} \quad \text{und entsprechend}$$
$$\{f'' \not> 0\} := \{x \in D \mid f''(x) \leq 0\}.$$

Satz 10.22 (Charakterisierung strikter Konvexität). *Es seien $D \subseteq \mathbb{R}$ ein Intervall mit $D° \neq \emptyset$ und $f : D \to \mathbb{R}$ eine stetige und im Inneren von D zweimal stetig differenzierbare Funktion. Die Funktion f ist genau dann strikt konvex, wenn die Ausnahmemenge $\{f'' \not> 0\}$ keine inneren Punkte enthält.*

(Auch dieser Satz bleibt richtig, wenn die türkisfarbenen Textteile weggelassen werden.) Die Voraussetzung über die Ausnahmemenge ist insbesondere dann erfüllt, wenn sie

- leer ist,
- nur endlich viele Punkte enthält,
- unendlich viele Punkte enthält, die einen festen Mindestabstand nicht unterschreiten.

(Siehe die Beispiele 10.21 und 10.29.)

Bei Extremwertuntersuchungen sind die Voraussetzungen für *globale* (also auf ganz D bezogene) Konvexitätsaussagen nicht immer erfüllt. Vielmehr muss man sich oft mit auf einen einzigen Punkt bezogenen Aussagen der Art "$f''(x°) \geq 0$" begnügen. Aus Satz 10.22. erhalten wir in einem solchen Fall die

Folgerung 10.23. *Ist eine Funktion $f : D \to \mathbb{R}$ in einer Umgebung eines inneren Punktes $x° \in D$ zweimal stetig differenzierbar und gilt $f''(x°) > 0$, so existiert eine Umgebung von $x°$, in der f strikt konvex ist.*

Anwendungsbeispiele folgen im Kapitel 11 über "Extremwertprobleme".

10.4.3   Beispiele

Beispiel 10.24 (affine Funktionen). Jede auf $D = \mathbb{R}$ durch $f(x) = ax + b$ definierte Funktion hat die zweite Ableitung $f'' = \text{const} = 0$. Nun gilt einerseits $0 \geq 0$, nach Satz 10.18 *(i)* folgt: f ist konvex; ebenso gilt aber $0 \leq 0$, also ist f ebenso konkav (beides jedoch nicht strikt).   △

Beispiel 10.25 (Potenzfunktionen mit nichtnegativer Basis). Wir betrachten für ein beliebiges $p \in \mathbb{R}$ die Funktion $f : D \to \mathbb{R} : x \to x^p$, wobei wir als Definitionsbereich zunächst $D := (0, \infty)$ wählen, diesen aber dann schrittweise vergrößern wollen. Die Ableitungen von f sind durch die Formeln

$$f'(x) = px^{p-1} \quad \text{und} \quad f''(x) = p(p-1)x^{p-2}$$

gegeben, und für alle $x > 0$ gilt $x^{p-2} > 0$. Das Vorzeichen der zweiten Ableitung f'' wird also vollständig durch den Vorfaktor $p(p-1)$ bestimmt. Es gilt nun

$$p(p-1) \begin{cases} > 0 & \text{für } p > 1 \text{ und für } p < 0 \\ = 0 & \text{für } p = 1 \text{ und für } p = 0 \\ < 0 & \text{für } 0 < p < 1 \,. \end{cases}$$

Wichtig: Im Fall $p > 0$ lässt sich der Definitionsbereich von f zumindest auf das Intervall $[0, \infty)$ erweitern, wobei die Potenzfunktion dort stetig ist. Also bleiben die Konvexitätseigenschaften dort erhalten ("Konvexitätsabschluss").

$\triangle$

Sinngemäß wie in diesen beiden Beispielen lassen sich auch alle anderen Grundfunktionen behandeln. Die Ergebnisse werden im nächsten Abschnitt zusammengestellt.

Mit Hilfe von Satz 10.18 lassen sich auch Teilintervalle des Definitionsbereiches identifizieren, auf denen eine gegebene Funktion konvex ist.

Beispiel 10.26 (Polynome). Wir untersuchen die durch das Polynom $f(x) = 3x^5 - 10x^3 + x + 10$, $x \in \mathbb{R}$, gegebene Funktion auf Konvexität. Es gilt

$$f'(x) = 15x^4 - 30x^2 + 1 \tag{10.8}$$
$$f''(x) = 60x^3 - 60x = 60(x-1)x(x+1)$$

und somit

$$f''(x) \begin{cases} < 0 & \text{für } x < -1 \text{ oder } 0 < x < 1 \\ = 0 & \text{für } x \in \{-1, 0, 1\} \\ > 0 & \text{für } -1 < x < 0 \text{ oder } 1 < x \,. \end{cases}$$

Wir wenden Satz 10.18 getrennt auf die Intervalle $(-\infty, -1]$, $[-1, 0]$, $[0, 1]$ und $[1, \infty)$ an und finden:

- f ist strikt konkav auf $(-\infty, -1]$ und auf $[0, 1]$
- f ist strikt konvex auf $[-1, 0]$ und auf $[1, \infty)$.

$\triangle$

Im letzten Beispiel ist die Stelle $x = 1$ eine besondere, weil dort die Krümmung der Funktion wechselt. Man spricht dann von einem Wendepunkt. Genauer:

Definition 10.27. *Ein innerer Punkt x_W des Definitionsbereiches D einer Funktion $f : D \to \mathbb{R}$ heißt* Wendepunkt *von f, wenn für ein $\varepsilon > 0$ eine der beiden folgenden Aussagen (a) und (b) zutrifft:*

(a) f ist auf $(x_W - \varepsilon, x_W]$ strikt konvex und auf $[x_W, x_W + \varepsilon)$ strikt konkav,

(b) f ist auf $(x_W - \varepsilon, x_W]$ strikt konkav und auf $[x_W, x_W + \varepsilon)$ strikt konvex.

Notwendig dafür, dass eine zweimal differenzierbare Funktion an einer Stelle x einen Wendepunkt hat, ist die Bedingung

$$f''(x) = 0. \tag{10.9}$$

Deswegen wird die Untersuchung des Krümmungsverhaltens einer Funktion typischerweise mit der Bildung der zweiten Ableitung und der Suche nach ihren Nullstellen verbunden. Die Bedingung (10.9) ist allerdings nicht hinreichend für das Vorliegen eines Wendepunktes (so hat die Abbildung $x \to x^4$, $x \in \mathbb{R}$, an der Stelle $x = 0$ keinen Wendepunkt, obwohl die zweite Ableitung dort verschwindet). Ob im konkreten Fall ein Krümmungswechsel vorliegt ist dennoch meist leicht zu sehen.

Beispiel 10.28. Auf $D := \mathbb{R}$ werde die durch $\tau(x) := e^{-x^2}$ definierte Funktion betrachtet. Wir finden für $x \in \mathbb{R}$

$$\tau'(x) = -2xe^{-x^2},$$
$$\tau''(x) = (4x^2 - 2)e^{-x^2}.$$

Das Vorzeichen der zweiten Ableitung wird ausschließlich durch den Vorfaktor in Klammern bestimmt; es gilt

$$4x^2 - 2 \begin{Bmatrix} > \\ < \end{Bmatrix} 0 \iff x^2 \begin{Bmatrix} > \\ < \end{Bmatrix} \frac{1}{2} \iff |x| \begin{Bmatrix} > \\ < \end{Bmatrix} \alpha,$$

mit $\alpha = \frac{1}{\sqrt{2}}$. Also ist das Krümmungsverhalten von τ auf ganz $\mathbb{R}$ uneinheitlich; wir folgern: Die Funktion τ ist strikt konvex auf $(-\infty, -\alpha]$, strikt konkav auf $[-\alpha, \alpha]$ und wiederum strikt konvex auf $[\alpha, \infty)$, und die Nullstellen $-\alpha$ und α von τ'' sind Wendepunkte von τ.   △

Im folgenden Beispiel haben wir es mit Ausnahmepunkten zu tun:

Beispiel 10.29. Die durch $f(x) := \frac{x^2}{2} - \cos(x)$, $x \in \mathbb{R}$, auf ganz $\mathbb{R}$ definierte Funktion ist strikt konvex.

Denn: Man erkennt schnell, dass $f'(x) = x + \sin(x)$ und $f''(x) = 1 - \cos(x)$ gilt. Mithin ist $f''(x) \geqslant 0$ für alle $x \in \mathbb{R}$. Allerdings gilt $f''(x) = 0$ für $x = \ldots, (-4)\pi, (-2)\pi, 0, 2\pi, 4\pi, \ldots$; allgemein $f''(x) = 0$ für $x = 2k\pi$, $k \in \mathbb{Z}$. Die Ausnahmemenge $\{f'' \not> 0\} = \{2k\pi | k \in \mathbb{Z}\}$ enthält keinen einzigen inneren Punkt (denn wäre ein Punkt der Form $2k\pi$ innerer Punkt, müsste es ein $\epsilon > 0$ derart geben, dass $f''(x) = 0$ auf dem gesamten Intervall $(2k\pi - \epsilon, 2k\pi + \epsilon)$ gilt, was offensichtlich nicht zutrifft). Nach Satz 10.22 ist f strikt konvex.   △

10.5   Krümmungseigenschaften der Grundfunktionen

In diesem Abschnitt stellen wir die Konvexitätseigenschaften der Grundfunktionen übersichtlich zusammen. Die Aussagen sind zumeist in Form von Beispielen formuliert, die eigentlich den Charakter von Übungsaufgaben haben. Diese lassen sich mit den Mitteln des vorigen Abschnittes lösen.

10.5.1 Affine Funktionen

Es gilt: *Jede affine Funktion ist sowohl konvex als auch konkav, beides aber nicht strikt.*

10.5.2 Potenzfunktionen

Es gilt: *Die Potenzfunktionen $x \to x^p$ sind*

(i) *strikt konvex auf $[0,\infty)$ für $p > 1$*

(ii) *sowohl konvex als auch konkav auf $[0,\infty)$ für $p = 1$ (linearer Fall)*

(iii) *strikt konkav auf $[0,\infty)$ für $0 < p < 1$*

(iv) *sowohl konvex als auch konkav (und zwar konstant) auf $(0,\infty)$ für $p = 0$*

(v) *strikt konvex auf $(0,\infty)$ für $p < 0$.*

Die nachfolgende Skizze verdeutlicht diese Aussage: Blau steht für konvex, Rot für konkav.

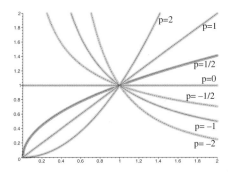

Beispiel 10.30 (↗Ü, *Potenzfunktionen mit ganzzahligen Exponenten*). *Für ganzzahlige Exponenten lassen sich die Potenzfunktionen bekanntlich auf $(-\infty, 0)$ bzw. $(-\infty, 0]$ fortsetzen. In diesem Fall ist die Funktion $x \to x^p$* <u>*strikt*</u>

- *konkav auf $(-\infty, 0]$, konvex auf $[0,\infty)$ für ungerade $p > 1$*

- *konvex auf $\mathbb{R}$ für gerade $p > 0$*

- *konvex auf $(-\infty, 0)$, konvex auf $(0,\infty)$ für gerade $p < 0$*

- *konkav auf $(-\infty, 0)$, konvex auf $(0,\infty)$ für ungerade $p < 0$.*

Weiterhin ist diese Funktion gleichzeitig konkav und konvex

- *auf $\mathbb{R}$ für $p = 1$*

- *auf $(-\infty, 0)$ und auf $(0,\infty)$ für $p = 0$.*

(Siehe nachfolgende Skizze.)

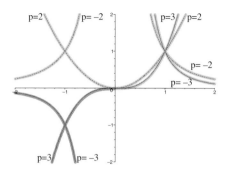

$\triangle$

10.5.3   Exponentialfunktionen

Beispiel 10.31 (↗Ü, Exponentialfunktionen). *Die Exponentialfunktionen* $x \to e^{ax}$ *sind auf ganz* $\mathbb{R}$
- *strikt konvex, falls* $a \neq 0$ *gilt;*
- *sowohl konvex als auch konkav (nämlich konstant* $= 1$*), falls* $a = 0$ *gilt.*

$\triangle$

10.5.4   Logarithmusfunktionen

Beispiel 10.32 (↗Ü, natürliche Logarithmusfunktion). *Die natürliche Logarithmusfunktion* $x \to \ln(x)$ *ist strikt konkav.* $\triangle$

Beispiel 10.33 (↗Ü*, weitere Logarithmusfunktionen).
  (i) *Ebenfalls strikt konkav sind*
- *die dyadische Logarithmusfunktion* $x \to \mathrm{ld}(x)$
- *die dekadische Logarithmusfunktion* $x \to \lg(x)$.
  (ii) *Allgemein ist eine Logarithmusfunktion* $x \to \log_a(x)$ *zu einer beliebigen Basis* $0 < a \neq 1$
- *strikt konkav, falls* $a > 1$ *gilt*
- *strikt konvex, falls* $0 < a < 1$ *gilt.*

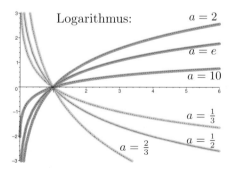

$\triangle$

10.5.5   Winkelfunktionen

Es gilt:

(i) *Die Sinusfunktion $x \to \sin(x)$ ist*

- *strikt konkav auf allen Intervallen $2k\pi + [0, \pi]$, $k \in \mathbb{Z}$, und*

- *strikt konvex auf allen Intervallen $2k\pi + [\pi, 2\pi]$, $k \in \mathbb{Z}$*

(ii) *Die Cosinusfunktion $x \to \cos(x)$ ist*

- *strikt konkav auf allen Intervallen $2k\pi + \left[-\frac{\pi}{2}, \frac{\pi}{2}\right]$, $k \in \mathbb{Z}$ und*

- *strikt konvex auf allen Intervallen $2k\pi + \left[\frac{\pi}{2}, \frac{3\pi}{2}\right]$, $k \in \mathbb{Z}$.*

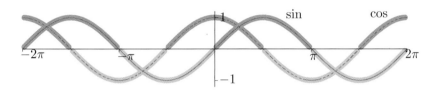

10.6   Erhaltungseigenschaften konvexer Funktionen

10.6.1   Das Wesentliche

Wir sahen, dass das Krümmungsverhalten einer gegebenen Funktion mit Hilfe der zweiten Ableitung untersucht werden kann. Oft können wir jedoch auch ohne Ableitungen zum Ziel kommen - und das obendrein schneller. Das Zauberwort heißt wiederum "Schnelltests". Dabei führen wir die Krümmungseigenschaften einer "neuen" Funktion auf diejenigen bekannter Funktionen zurück.

Zusammenfassend lässt sich sagen, dass

- *Summen, positive Vielfache, Verschiebungen, "monotone" Zusammensetzung, Maxima und Minima sowie Grenzwerte von Folgen konvexer Funktionen wiederum konvex und*

- *negative Vielfache konvexer Funktionen konkav sind.*

(Sinngemäßes gilt, wenn man die Wörter "konvex" und "konkav" austauscht.)

Für alles Weitere treffen wir folgende **generellen Voraussetzungen:**
Es seien $D \subseteq \mathbb{R}$ ein Intervall, $f, f_1, f_2, f_3, \ldots$ und g auf D definierte reelle Funktionen, $E \subseteq \mathbb{R}$ ein Intervall mit $f(D) \subseteq E$ sowie $h : E \to \mathbb{R}$ eine reelle Funktion.

10.6.2   Summen und Vielfache konvexer Funktionen

Satz 10.34.

(i) Ist f konvex und g *strikt* konvex, so ist die Summe $f + g$ *strikt* konvex.

(ii) Ist f *strikt* konvex und $\lambda > 0$, so ist λf wiederum *strikt* konvex.

(iii) Ist f *strikt* konvex und $\lambda < 0$, so ist λf *strikt* konkav.

(iv) Alle vorangehenden Aussagen bleiben richtig, wenn die *türkisfarbigen* Wörter weggelassen und/oder die Wörter "konvex" und "konkav" gegeneinander ausgetauscht werden.

Die Aussagen des Satzes in Tabellenform:
(mit den Abkürzungen ∪/ ∩ / ↗ /↘ bzw. s für *konvex/ konkav/ wachsend/ fallend* bzw. *streng*):

Konvexität und Addition

f	g	$f + g$	Stichworte
∪	s∪	s∪	"Gleichsinn"
∩	s∩	s∩	
andere Fälle			"UnGleichsinn": keine Aussage

Konvexität und Multiplikation

f	λ	λf	Stichworte
s∪	> 0	s∪	"positiv erhält"
s∩	> 0	s∩	
s∪	< 0	s∩	"negativ kehrt um"
s∩	< 0	s∪	
beliebig	$= 0$	∪ und ∩	"Null neutralisiert"

Hinweis: s durchgehend weglassbar

Zum Punkt (i) ist hervorzuheben, dass die Summe konvexer Funktionen bereits dann *strikt* konvex ist, wenn ein einziger Summand strikt konvex ist.

Mit Hilfe dieses Satzes können wir schon erste Schnelltests ausführen.
Gegeben ist dabei eine "komplizierte" Funktion f, die sich als Summe von Vielfachen gewisser Katalogfunktionen darstellen lässt. Ihre Krümmung ist zu ermitteln. Wir gehen so vor:

(1) Katalogbausteine und deren Krümmung identifizieren

(2) Vorfaktoren der Bausteine berücksichtigen

(3) Summenkrümmung ermitteln.

Beispiel 10.35. Zu untersuchen ist
$a(x) := \dfrac{74}{x^{92}}$, $x > 0$. Wir schreiben

$$a(x) = 74\,\underbrace{x^{-92}}_{s\,\cup}$$

(1) (nach Katalog)

$$\underbrace{\qquad}_{s\,\cup}$$

(2) (pos. Vorfaktor)

also ist die Funktion a strikt konvex.   △

Beispiel 10.36. Zu untersuchen sei auf $D := [0, \infty)$ die Funktion b mit
$b(x) := \underbrace{e^x}_{s\,\cup} - \underbrace{\sqrt{x}}_{s\,\cap}$. Es gilt

$$\underbrace{\qquad}_{s\cup}$$
$$\underbrace{\qquad\qquad}_{s\cup}$$

(1) (nach Katalog)
(2) (neg. Vorfaktor)
(3) (als Summe bei Gleichsinn).

Also ist g strikt konvex.   △

Beispiel 10.37. Es soll die Krümmung der durch

$$z(x) := \frac{24}{x^2} - 30\,\ln x + 2e^{-ax}$$

auf $(0, \infty)$ definierten Funktion untersucht werden. Wir finden

$$z(x) := 24\,\underbrace{x^{-2}}_{s\,\cup} + (-30)\underbrace{\ln x}_{s\,\cap} + 2\,\underbrace{e^{-ax}}_{s\,\cup} + \underbrace{33x - 411}_{\cup,\,\cap}$$

$$\underbrace{\qquad}_{s\,\cup}\quad\underbrace{\qquad\quad}_{s\,\cup}\quad\underbrace{\qquad}_{s\,\cup}$$

$$\underbrace{\qquad\qquad\qquad\qquad}_{s\,\cup}$$

(1) (laut Katalog)

(2) (Korrektur durch Vorzeichen)

(3) (als gleichsinnige Summe)

also ist auch die Funktion z strikt konvex.

Anmerkung: Erstens: Der vierte Summand $33x - 411$ ist affin, damit sowohl konvex als auch konkav. Von diesen beiden Eigenschaften verwenden wir nur diejenige, die zum übrigen *Gleichsinn* passt – hier ist es: "konvex". Zweitens besteht die Gesamtsumme aus vier Summanden, von denen die ersten drei strikt konvex, der vierte nur noch konvex (aber nicht strikt) ist. Dies genügt jedoch, um die Summe *strikt* konvex zu machen.   △

Achtung: *Über die Krümmung der Summe ungleichsinnig gekrümmter Funktionen sagt Satz 10.34 nichts aus! In einem derartigen Fall müssen wir andere Untersuchungsmethoden einsetzen.*

Beispiel 10.38. Zu untersuchen sei auf $D := (-2,0)$ die Funktion d mit $d(x) := x^2 + \dfrac{1}{x}$. Wir finden

$$d(x) = x^2 + \frac{1}{x}$$

$$\underbrace{\underset{s\,\cup}{\smile} \quad \underset{s\,\cap}{\frown}}_{??????}$$ (1) (nach Katalog)

(2) (mangels Gleichsinn)

Es handelt sich um eine *ungleichsinnige* Summe, über die unser Satz nichts aussagt. △

Anmerkung 1: Wir können die Ableitungsmethode einsetzen. Dazu setzen wir für $x \in D$ d $d(x) = f(x) + g(x)$ mit $f(x) := x^2$, $g(x) := \frac{1}{x}$ und finden

$$\begin{aligned} f'(x) &= 2x, & g'(x) &= -x^{-2}, \\ f''(x) &= 2, & g''(x) &= 2x^{-3}, \end{aligned}$$

sowie

$$d''(x) = 2(1 + x^{-3}).$$

Nun gilt

$$x^{-3} \begin{cases} < -1 & \text{für } x \in (-1,0) \\ = 0 & \text{für } x = -1 \\ > -1 & \text{für } x \in (-2,-1) \end{cases} \quad \text{also} \quad d''(x) \begin{cases} < 0 & \text{für } x \in (-1,0) \\ = 0 & \text{für } x = -1 \\ > 0 & \text{für } x \in (-2,-1). \end{cases}$$

Demzufolge ist d auf unterschiedlichen Teilen des Definitionsbereiches unterschiedlich gekrümmt (siehe Abbildung). Auf $(-2,-1]$ ist d strikt konvex (hellblaue Zone), auf $[-1,0)$ ist d strikt konkav (hellrote Zone), auf $(-2,0)$ dagegen weder konvex noch konkav.

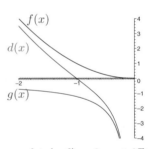

Anmerkung 2: Betrachten wir dagegen die Summe $f + (-f) = 0$, so trifft hier eine strikt konvexe auf eine strikt konkave Funktion. Die Summenfunktion 0 ist sowohl konvex als auch konkav! △

Fazit: *Die Summe ungleichsinnig gekrümmter Funktionen kann konvex, konkav, weder konvex noch konkav, aber auch beides sein.*

10.6.3   Mittelbare Funktionen

Wir erinnern: Unter der *"Komposition"* bzw. *"Zusammensetzung"* $h \circ f$ der Funktionen h und f versteht man die durch $h \circ f(x) := h(f(x))$, $x \in D$, definierte Funktion, die auch als *mittelbare* Funktion bezeichnet wird. (Zu den Voraussetzungen siehe Seite 301.)

Beispiel 10.39. Wir betrachten auf $D := \mathbb{R}$ die Funktionen h und f, definiert durch
$$h(y) := e^{-y} \quad \text{und} \quad f(x) := x^2, \quad x, y \in \mathbb{R}.$$
Dann wird $h \circ f(x) = e^{-x^2}$, $x \in \mathbb{R}$. $\qquad\qquad\qquad\qquad\qquad \triangle$

Wenn wir aus den Krümmungseigenschaften von h und f auf diejenigen von $h \circ f$ schließen wollen, benötigen wir etwas mehr Sorgfalt als im Fall der Monotonie.

Beispiel 10.40 (╱F 10.39)**.** Die soeben betrachteten Funktionen h und f sind beide strikt konvex. Es wäre naheliegend anzunehmen, dass $h \circ f$ als *Komposition konvexer Funktionen* wiederum konvex sein müsse. Wir wissen jedoch aus Beispiel 10.28, dass $h \circ f$ auf dem Intervall $[-\sqrt{\frac{1}{2}}, \sqrt{\frac{1}{2}}]$ strikt konkav ist! Unsere Annahme ist also zwar naheliegend, aber trotzdem falsch! $\qquad \triangle$

Bei näherer Betrachtung zeigt sich, dass die Komposition konvexer Funktionen zumindest dann wieder konvex ist, wenn noch eine *Zusatzbedingung* erfüllt ist:

Satz 10.41.

  (i) *Ist h streng monoton wachsend und sind h und f beide strikt konvex, so ist auch $h \circ f$ strikt konvex.*

  (ii) *Ist h streng monoton fallend und strikt konvex , dagegen f strikt konkav, so ist $h \circ f$ strikt konvex.*

(iii) *Ist h strikt konvex und f affin, so ist $h \circ f$ strikt konvex.*

Alle vorangehenden Aussagen bleiben richtig, wenn man

  (iv) *die türkisfarbenen Textteile weglässt und/oder*

  (v) *die Wörter "konvex" und "konkav" gegeneinander austauscht.*

Außer im Fall *(iii)* einer affinen inneren Funktion kommt es hier auf die

Monotonie der äußeren Funktion

als Zusatzbedingung an, wobei diese außerdem "in der richtigen Richtung" gefordert wird. Die Aussagen des Satzes in Tabellenform:

Übersicht: Komposition und Konvexität

h	f	$h \circ f$	Stichworte
$s \nearrow$	$s\mathrm{U}$	$s\mathrm{U}$	$s\mathrm{U}$	wachsender Gleichsinn
$s \nearrow$	$s\cap$	$s\cap$	$s\cap$	
$s \searrow$	$s\mathrm{U}$	$s\cap$	$s\mathrm{U}$	fallender Gegensinn
$s \searrow$	$s\cap$	$s\mathrm{U}$	$s\cap$	
	$s\mathrm{U}$	$\mathrm{U}\cap$	$s\mathrm{U}$	f affin
	$s\cap$	$\mathrm{U}\cap$	$s\cap$	
andere Fälle				!!!keine Aussage!!!

Merke:

- Gesamt-Krümmung $(h \circ f) \ \widehat{=} \ $ äußere Krümmung (h)
- Bedingungen:
  - "Harmonie außen"
    $\widehat{=}$ "wachsender Gleichsinn"
    $\widehat{=}$ "fallender Gegensinn"
  - "affin innen"
- s durchgehend verzichtbar

Achtung:

- Keine Aussage "außerhalb" der Tabelle!
- Definitionsbereiche beachten!

Der Hinweis "Keine Aussage 'außerhalb' der Tabelle!" ist so zu verstehen: In Fällen, die *nicht* ausdrücklich in der Tabelle aufgeführt sind, können wir unter *alleiniger* Verwendung der Tabelle keine Schlüsse ziehen, siehe das Beispiel 10.28 weiter unten. Interessanter sind natürlich Beispiele "innerhalb der Tabelle":

Beispiel 10.42. Gegeben sei eine beliebige strikt konkave Funktion $f : D \to \mathbb{R}$. Wir betrachten dann folgende daraus "abgeleiteten" Funktionen:

- $x \to f(-x)$ $(x \in -D$; Spiegelung an der y-Achse$)$
- $x \to f(2x)$ $(x \in \frac{1}{2}D$, Horizontalstauchung$)$
- $x \to f(x - 74)$ $(x \in 74 + D$, Horizontal-Shift$)$
- $x \to f(ax + b)$ $(a \neq 0, x \in \frac{1}{a}(-b + D))$

(Ein Wort zu unserer Kurzschreibweise: Wir setzen formal

$$\Box D \quad := \quad \{ \Box x \ \mid x \in D \},$$

wobei $\Box$ ein Platzhalter für verschiedene Zeichenfolgen ist , also z.B. $74 + D :=$ $\{ 74 + x \ \mid x \in D \}$, womit erklärt wird, wie sich die Definitionsbereiche verändern.)

All diese Funktionen sind dann ebenfalls strikt konkav (nach Punkt *(iii)* und *(v)* des Satzes), denn die Änderung des ursprünglichen Argumentes x in $-x$, $2x$ etc. ist affin.

Konkrete Beispiele:

- $x \to \sqrt{x}$ $(x \geq 0)$ ist strikt konkav (nach Katalog). Dann sind ebenfalls strikt konkav:

- $x \to \sqrt{-x}$ $(x \leq 0)$

- $x \to \sqrt{2x}$ $(x \geq 0)$

- $x \to \sqrt{x - 74}$ $(x \geq 74)$

- $x \to \sqrt{144 - 3x}$ $(x \leq 48)$ $\triangle$

Beispiel 10.43. Auf $D := \mathbb{R}$ werde die Funktion ϕ mit $\phi(x) = e^{x^2}$, $x \in \mathbb{R}$, betrachtet. Man kann schreiben $\phi = \exp \circ \psi$ mit $\psi(x) = x^2$. Die innere Funktion ψ ist strikt konvex auf $\mathbb{R}$, die äußere (Exponential-) Funktion $\exp$ ist streng *wachsend* und *ebenfalls* strikt konvex auf $\mathbb{R}$. Es handelt sich um einen Fall "wachsenden Gleichsinns", d.h., die äußere Funktion bestimmt das Krümmungsverhalten. Mithin ist die zusammengesetzte Funktion strikt konvex. $\triangle$

Beispiel 10.44. Zu untersuchen sei $\alpha(x) := e^{-\sqrt{x}}, x \geq 0$. Wir schreiben $\alpha(x) = h(f(x))$ mit $h(y) = e^y, y \in \mathbb{R}$, (streng wachsend, strikt konvex) und $f(x) := -\sqrt{x}, x \geq 0$ (strikt konvex).

Es liegt der Tabellenfall "*wachsender Gleichsinn*" vor, mithin ist die Gesamtfunktion α genauso gekrümmt wie die äußere Funktion h, nämlich strikt konvex. $\triangle$

Bemerkung 10.45. Die Zerlegung der gegebenen Funktion α in die beiden "Faktoren" h und f ist natürlich nicht eindeutig bestimmt. So hätten wir im letzten Beispiel z.B. auch lesen können $\alpha(x) = e^{-\sqrt{x}}, x \geq 0$, mit der Interpretation $h(y) = e^{-y}, y \in \mathbb{R}$ (streng <u>fallend</u>, strikt konvex) und $f(x) := \sqrt{x}, x \geq 0$ (strikt <u>konkav</u>).

Bei dieser Interpretation liegt "fallender Gegensinn" vor. Auch dies ist ein Tabellenfall – mithin ist die Gesamtfunktion α strikt konvex – wie die äußere Funktion h.

Die folgenden Beispiele erklären den Hinweis "Definitionsbereiche beachten" in der Tabelle.

Beispiel 10.46. Es sei $\beta(x) = \frac{1}{\ln x}, x > 1$. Wir betrachten zunächst den Berechnungs*ausdruck*. Es liegt nahe, diesen in den äußeren Ausdruck $\frac{1}{y}$ und den inneren Ausdruck $\ln x$ zu zerlegen. Diese beiden Ausdrücke an sich sind noch keine Funktionen; vielmehr sind noch die entsprechenden Definitionsbereiche festzulegen. Für die innere Funktion ergibt sich unmittelbar aus der Aufgabenstellung; wir setzen $f(x) := \ln x$ mit $D_f := (1, \infty)$. Der Definitionsbereich der äußeren Funktion ist zumindest so groß zu wählen, dass sämtliche Funktionswerte der inneren Funktion darin liegen. Hier nimmt die innere Funktion

durchweg positive Werte an, also wählen wir als Definitionsbereich der äuße-
ren Funktion $D_h := (0, \infty)$ und setzen $h(y) := \frac{1}{y}$ für $y > 0$. Diese Funktion ist
streng fallend und strikt <u>konvex</u>. Die innere Funktion f dagegen strikt konkav.
Es liegt somit "fallender Gegensinn" vor – mithin ist die Gesamtfunktion β
wie die äußere Funktion h strikt konvex. $\triangle$

Beispiel 10.47. Auf $D := [-\frac{\pi}{2}, \frac{\pi}{2}]$ sei eine Funktion ρ durch
$\rho(x) := \sqrt{1 + \cos x}$ gegeben. Wir notieren unsere Argumentation schematisch:

$$\rho(x) := \sqrt{1 + \cos x}$$

$s \cap$ nach Katalog (*)

$s \cap$ als Summe

$s \nearrow \; s \cap$ äußere Funktion

$s \cap$ als Komposition
("wachsender Gleichsinn").

Also ist die Funktion ρ strikt konkav. $\triangle$

Anmerkung: Auch hier operieren wir nur vordergründig mit *Ausdrücken*,
meinen aber *Funktionen* – wir haben also stets auf die zugehörigen Definitionsbereiche zu achten. In diesem Beispiel wirkt sich das in der Zeile (*)
aus, denn die Cosinus-Funktion ist bekanntlich keinesfalls auf ganz $\mathbb{R}$ strikt
konkav, wohl aber auf dem hier verwendeten Definitionsbereich $D = [-\frac{\pi}{2}, \frac{\pi}{2}]$.

Das letzte Beispiel zeigt sehr schön, welchen Gewinn wir aus Schnelltests ziehen können. Während wir unser Ergebnis mit relativer Leichtigkeit erhielten,
hätte uns der Weg über die zweite Ableitung vor einige Schwierigkeiten gestellt
– dem interessierten Leser sei das zur Überprüfung empfohlen.

Beispiel 10.48. Wir betrachten $\Omega(x) := \sin\left(1 - \frac{1}{x}\right)$, $x > 1$. Hier "sehen" wir

$$\Omega(x) := \sin\left(1 - \frac{1}{x}\right)$$

$s \cup$ nach Katalog

$s \cap$ Vorzeichenumkehr

$s \cap$ als Summe;
Werte $\in (0, 1)$ ($\circ$)

$s \nearrow \; +s \cap$ äußere Funktion

$s \cap$ als Komposition
("wachsender Gleichsinn").

die Funktion ist strikt konkav.

Weil die Werte der Summe (∘) sämtlich im Intervall $(0,1)$ liegen, brauchen wir die Sinusfunktion nur auf diesem Teil ihres größtmöglichen Definitionsbereiches zu betrachten; dort ist sie wachsend und konkav. △

Mit Hilfe von Schnelltests können auch abstraktere Schlüsse gezogen werden.

Beispiel 10.49. Man beweise: *Das Quadrat*

- *einer positiven konvexen Funktion*
- *einer negativen konkaven Funktion*

ist konvex.

<u>Beweis:</u> Es sei f die betreffende Funktion. Falls f positiv ist, gilt

$$\underbrace{\{ \ f \ \}^2}_{\cup} \qquad \text{nach Voraussetzung; Werte positiv}$$

$$\underbrace{\overbrace{} \ \nearrow \ \cup \ \overbrace{}}_{} \qquad \text{als äußere Funktion auf } (0,\infty)$$

$$\underbrace{}_{\cup} \qquad \text{als Komposition (wachsender Gleichsinn).}$$

Falls f negativ ist, gilt

$$\underbrace{\{ \ f \ \}^2}_{\cap} \qquad \text{nach Voraussetzung; Werte negativ}$$

$$\overbrace{} \ \searrow \ \cup \ \overbrace{} \qquad \text{als äußere Funktion auf } (-\infty,0)$$

$$\underbrace{}_{\cup} \qquad \text{als Komposition (fallender Gegensinn).} \quad △$$

Nun das angekündigte Beispiel zu dem Hinweis "Keine Aussage 'außerhalb' der Tabelle!" am Ende unserer Tabelle. Zur Erinnerung: In Fällen, die *nicht* ausdrücklich in der Tabelle aufgeführt sind, können wir unter *alleiniger* Verwendung der Tabelle *keine Schlüsse ziehen*.

Beispiel 10.50 (↗F 10.28)**.** Bei der Komposition $h \circ f$ der Funktionen $h : y \to e^{-y}$ und $f : x \to x^2$ ist die äußere Funktion h monoton fallend. Beide Funktionen – h und f – sind strikt konvex. Das Beispiel könnte also mit dem Stichwort "fallender Gleichsinn" bedacht werden. Dieses kommt in der Tabelle aber nicht vor, also können wir aus der Tabelle *nichts* schließen. (Hier wussten wir allerdings bereits zuvor: $h \circ f$ ist weder konvex noch konkav.) △

Beispiel 10.51. Die Funktion $m : x \to -\frac{1}{x^2}, x > 0$, kann als Komposition der "äußeren" Funktion $a : y \to \frac{1}{y}$ auf $(-\infty,0)$ und der "inneren" Funktion $i : x \to -x^2$ auf $(0,\infty)$ aufgefasst werden. Die äußere Funktion a ist streng fallend, beide Funktionen a und i sind strikt konkav (Katalog!). Wiederum eine Situation "fallenden Gleichsinns", in der die Tabelle nicht weiterhilft. Die zusammengesetzte Funktion $x \to -\frac{1}{x^2}$ ist diesmal jedoch offensichtlich strikt konkav. △

Die beiden Beispiele zeigen, dass bei Fällen "außerhalb der Tabelle" ganz unterschiedliches Krümmungsverhalten vorliegen kann. Da die Tabelle hier nicht weiterhilft, müssen wir dies mit anderen Methoden untersuchen.

10.6.4   Beliebte Fehler

Wie in jedem Thema gibt es auch hier plausibel klingende Annahmen, die zwar in Einzelfällen zutreffen *können*, jedoch nicht *allgemeingültig* sind.

Fehlerquelle: *"Die Differenz strikt konvexer Funktionen ist strikt konvex."*

Gegenbeispiel 10.52. Auf $D := \mathbb{R}$ werden die beiden Funktionen α und β wie in nachfolgender Skizze links betrachtet: $\alpha(x) := e^x$ (blaue Kurve), $\beta(x) := e^{-x}$ (rote Kurve); die Differenz ist $\gamma(x) = e^x - e^{-x}$; dabei gilt

$$\gamma''(x) = \gamma(x) \begin{cases} > 0 & \text{für } x > 0 \\ = 0 & \text{für } x = 0 \\ < 0 & \text{für } x < 0. \end{cases}$$

Die Differenzfunktion γ ist daher auf $(-\infty, 0]$ strikt konkav und auf $[0, \infty)$ strikt konvex, insgesamt (d.h., auf ganz D) weder konvex noch konkav (violette Kurve). △

Fehlerquelle: *"Das Produkt strikt konvexer Funktionen ist strikt konvex."*

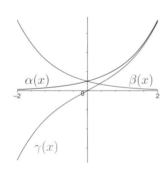
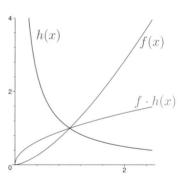

Gegenbeispiel 10.53. Das Bild oben rechts zeigt folgende Funktionen: $f(x) := x^{\frac{3}{2}}, x > 0$ (rot); $h(x) := x^{-1}, x > 0$ (blau): Beide Funktionen sind strikt konvex; das Produkt ist $f \cdot h(x) = \sqrt{x}, x > 0$: diese Funktion ist jedoch strikt konkav (lila Kurve). △

Fehlerquelle: *"Der Reziprokwert kehrt die Krümmung um."*

Gegenbeispiel 10.54. Für die positive Funktion $x \to e^x$, $x \in \mathbb{R}$, ist der Reziprokwert gegeben durch $x \to e^{-x}$, $x \in \mathbb{R}$; beide Funktionen sind strikt konvex; die Krümmung von f wurde also nicht umgekehrt. △

Fehlerquelle: *"Eine strikt konvexe Funktion einer strikt konvexen Funktion ist strikt konvex."*

Gegenbeispiel 10.55. Beispiel 10.28 aus Abschnitt 10.4.3. (Ursache des Fehlers: Die Zusatzbedingung ist hier in keiner der Formen *"wachsender Gleichsinn"*, *"fallender Gegensinn"* oder *"Affinität der inneren Funktion"* erfüllt.) △

Wir heben jedoch hervor: Differenzen, Produkte, Reziprokwerte und Kompositionen konvexer Funktionen *können* durchaus wieder konvex sein, sie *können* aber auch ein *abweichendes* Krümmungsverhalten zeigen. Dies ist im Einzelfall zu untersuchen – z.B. anhand zusätzlicher Bedingungen oder mit Hilfe der Ableitungen.

10.7 Aufgaben

Aufgabe 10.56 (↗L). Zeigen Sie: Die "Reziprokfunktion" $r : x \to \frac{1}{x}$ ist auf $(0, \infty)$ strikt konvex.

Aufgabe 10.57. Zeigen Sie: Die durch $f(x) := 2x^6 - 10x^4 + 30x^2 - 200$, $x \in \mathbb{R}$ auf ganz $\mathbb{R}$ definierte Funktion ist strikt konvex. (Hinweis: Man wende eine binomische Formel an.)

Aufgabe 10.58. Es sei $r(x) = 3x^5 - 10x^3 + x + 10$ für $x \in \mathbb{R}$. Man bestimme möglichst große Teilintervalle von $\mathbb{R}$, auf denen r ein einheitliches Krümmungsverhalten besitzt, d.h., konvex oder konkav ist.

Aufgabe 10.59. Gegeben seien die beiden Funktionen $a(x) := e^x$ und $b(x) := e^{-x}$, $x \in \mathbb{R}$. Man untersuche die Funktionen $c := \max\{a, b\}$ und $d := \min\{a, b\}$ auf Konvexität.

Aufgabe 10.60. Man untersuche die nachfolgenden Funktionen mit möglichst einfachen Mitteln auf Konvexität:

- $f_0 : [0, \infty) \to \mathbb{R} : f_0(x) = 7x - 2$
- $f_1 : [0, 10) \to \mathbb{R} : f_1(x) = x^3 - 12x^2 + 60x + 15$
- $f_2 : [0, \infty) \to \mathbb{R} : f_2(x) = 1 - e^{-x}$
- $f_3 : (0, \infty) \to \mathbb{R} : f_3(x) = \frac{1}{x}e^x$

Aufgabe 10.61. Gegeben seien die folgenden Funktionen:

- $f(x) = 4x^3 - 2\ln x - \sqrt{x}$ $(x > 0)$
- $g(x) = \sqrt{x - 3} + 4\ln x - \frac{1}{2}x^3$ $(x > 3)$
- $h(x) = e^{-2x} - \sqrt{x + \frac{1}{2}} + \frac{1}{\sqrt{x}}$ $(x > 0)$
- $k(x) = 1 - e^{-x} + 2\sqrt{5 + x}$ $(x > -5)$

(i) Stellen Sie ohne Verwendung der Differentialrechnung fest, ob diese Funktionen konkav oder konvex sind.

(ii) Überprüfen Sie ihre Ergebnisse mit Hilfe der Differentialrechnung.

Aufgabe 10.62. Man untersuche die Funktion $\gamma(x) = \frac{1}{\ln x}$, $0 < x < 1$, auf ihre Krümmungseigenschaften. Lässt sich ein Schnelltest anwenden?

Aufgabe 10.63. Man zeige mit Hilfe von Schnelltests: Die durch

$$h(x) := e^{1/(1+x)} - \sqrt{x} + x^2$$

für $x \in [0, \infty)$ definierte Funktion h ist strikt konvex.

Aufgabe 10.64. Es sei $f : I \to \mathbb{R}$ eine beliebige Funktion, die auf einem Intervall $I \subseteq \mathbb{R}$ definiert ist. Daraus werde eine "neue" Funktion ϕ vermöge $\phi(x) = e^{f(x)}$, $x \in I$, definiert. **Man zeige:** *Ist f (strikt) konvex, so ist auch ϕ (strikt) konvex.*
Beispiele für f könnten sein:

- $f : \mathbb{R} \to \mathbb{R} : x \to e^{ax} \quad (a \neq 0)$
- $f : [\pi, 2\pi] \to \mathbb{R} : x \to \sin(x)$
- $f : (0, \infty) \to \mathbb{R} : x \to \dfrac{1}{x}$
- $f : \mathbb{R} \to \mathbb{R} : x \to \dfrac{x^2}{2} - \cos(x)$

Aufgabe 10.65. Es sei $f : I \to \mathbb{R}$ eine beliebige nichtnegative Funktion ($f \geqslant 0$), die auf einem Intervall $I \subseteq [0, \infty)$ definiert ist, und daraus werde eine "neue" Funktion τ vermöge $\tau(x) = \sqrt{f(x)}$, $x \in I$, bestimmt. **Man zeige:** *Ist f (strikt) konkav, so ist auch τ (strikt) konkav.* (Hinweis: "wachsender Gleichsinn.")
Beispiele für f könnten sein:

- $f : [1, \infty) \to \mathbb{R} : x \to \ln(x) \quad (a \neq 0)$
- $f : [0, \pi] \to \mathbb{R} : x \to \sin(x)$
- $f : [1, \infty) \to \mathbb{R} : x \to 1 - \dfrac{1}{x}$

Aufgabe 10.66. Es seien $f : D \to \mathbb{R}$ und $g : D \to \mathbb{R}$ beide auf ganz D positiv ($f > 0, g > 0$). Man zeige:

(i) Sind f und g beide streng wachsend und strikt konvex, so ist auch $f \cdot g$ streng wachsend und strikt konvex.

(ii) Sind f und g beide streng wachsend und strikt konvex, so ist auch $f \cdot g$ streng wachsend und strikt konvex.

Aufgabe 10.67. Die Voraussetzungen von Aufgabe 10.66 sind beispielsweise erfüllt für $f(x) = x^2$, $g(x) = e^x$, also $(f \cdot g)(x) = x^2 e^x$, $x > 0$.

Aufgabe 10.68 (↗L). Geben Sie (weitere) Beispiele für strikt konvexe Funktionen f und g derart an, dass

(i) die Differenz $f - g$

(ii) das Produkt $f \cdot g$

(iii) der Reziprokwert $\dfrac{1}{f}$

(iv) die Komposition $f \circ g$

(a) strikt konvex,   (b) strikt konkav ist.

Aufgabe 10.69. Gegeben seien auf $D := [0, \infty)$ die Funktionen a und b gemäß $a(x) := e^{2x}$, $b(x) := x^2$. Zeigen Sie: Die Differenz beider Funktionen c, gegeben durch $c(x) := a(x) - b(x), x \in D$, ist eine strikt konvexe Funktion.

Aufgabe 10.70 (↗L). Man zeige: *Es seien D ein Intervall und $f, g : D \to \mathbb{R}$ Funktionen.*

(i) *Sind f und g strikt konvex, so auch ihr Maximum $f \vee g$.*

(ii) *Sind f und g strikt konkav, so auch ihr Minimum $f \wedge g$.*

(iii) *Beide Aussagen bleiben richtig, wenn das Wort strikt weggelassen wird.*

Aufgabe 10.71 (↗L). Es seien $D \subseteq \mathbb{R}$ ein Intervall mit $D^\circ \neq \emptyset$ und f, $f_n : D \to \mathbb{R}$ Funktionen ($n \in \mathbb{N}$). Man zeige: Sind alle Funktionen $f_n, n \in \mathbb{N}$, konvex und gilt

$$f(x) = \lim_{n \to \infty} f_n(x)$$

für alle $x \in D$, so ist auch f konvex.

11

Extremwertprobleme

11.1 Ökonomische Motivation

Angenommen, ein Unternehmen kann beim Absatz von x Mengeneinheiten eines Gutes X einen Gewinn in Höhe von $G(x)$ Geldeinheiten erzielen.

Der Handlungsspielraum des Unternehmens werde durch eine Kapazitätsgrenze in Höhe von C Mengeneinheiten bestimmt (Bild rechts).

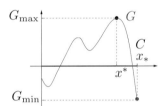

Bild 11.1:

Ein typisches Unternehmensziel ist der *absolute Maximalgewinn*, d.h. der größtmögliche Wert $G_{\max}$, den die Gewinnfunktion G innerhalb der gegebenen Kapazitätsgrenzen annehmen kann. Die Stelle x^* gibt den zugehörigen Absatz an. Diesen Absatz wird das Unternehmen anstreben.

Dagegen muss sich das Unternehmen davor hüten, mit dem Absatz an die Stelle x_* zu geraten, an der die Funktion G ihren *kleinst*möglichen Wert $G_{\min}$ annimmt (in der Skizze rot markiert). (Es kann – wie in unserem Beispiel – vorkommen, dass dieser Wert negativ ist; dann handelt es sich in Wirklichkeit also um einen *Verlust*, den das Unternehmen erleidet.)

Wir betrachten im nächsten Bild noch die Stelle x°. Der dort erreichte Gewinn $G(x^\circ)$ ist ebenfalls "größtmöglich", solange als Alternative zu x° nur sehr dicht benachbarte Werte zugelassen werden – etwa aus der orange gefärbten Zone des "unternehmerischen Handlungsspielraumes" $[0, C]$.

Den Wert $G(x^\circ)$ werden wir als ein *lokales* Gewinnmaximum bezeichnen.

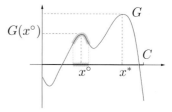

Nicht zu unterschätzen ist die Rolle der Kapazitätsgrenze C. Die Antwort auf die Ausgangsfrage, bei welchem Absatz der Gewinn am größten wird, hängt nämlich sehr stark davon ab. Nehmen wir an, aufgrund unvorhersehbarer Engpässe sinke die Kapazitätsgrenze auf den Wert $c < C$. Plötzlich nehmen Höchstgewinn bzw. Höchstverlust völlig andere Werte an und werden auch bei völlig anderen Absatzmengen (nämlich x^c bzw. x_c) erreicht (Bild rechts).

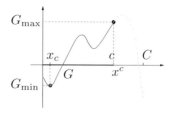

In diesem Beispiel ist also von Interesse, wie groß der absolute Maximalgewinn bzw. -verlust ist, bei welcher Ausbringungsmenge er erreicht wird, bei welchen Ausbringungsmengen lokale Höchstwerte von Gewinn bzw. Verlust erreicht werden und welche Rolle Kapazitätsveränderungen spielen. In einer Reihe ökonomischer Probleme treten ähnliche Fragestellungen auf. Das Ziel dieses Kapitels ist es, die erforderlichen mathematischen Methoden bereitzustellen. Wir werden das überwiegend in "mathematischer Sprache" tun, ausgesprochen ökonomische Anwendungen folgen dann im Kapitel 13.

11.2   Begriffe

11.2.1   Globale Extrema

Wir betrachten nochmals das Bild 11.1 auf Seite 315 (diesmal mit etwas abgewandelten Bezeichnungen) und darin den Punkt x^*:

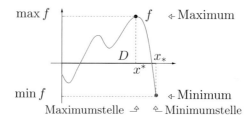

Definition 11.1. *Gegeben seien eine nichtleere Menge D und eine Funktion $f : D \to \mathbb{R}$. Existiert ein Punkt $x^* \in D$ mit*

$$f(x^*) \geq f(x) \quad \text{für alle} \quad x \in D, \tag{11.1}$$

so nennt man $f(x^*)$ das Maximum *und x^* einen* Maximumpunkt *(oder eine* Maximumstelle*) von f. In diesem Fall schreibt man symbolisch:*

$$f(x^*) =: \max f \quad und \quad x^* \in \arg\max f,$$

wobei $\arg\max f$ die Menge aller Maximumpunkte von f bezeichnet.

Wir heben hervor:

- das *Maximum* von f gehört zum *Wertebereich*
- ein Maximum*punkt* x^* gehört zum *Definitionsbereich* von f

Denn: Das Maximum ist der größtmögliche Funktions*wert*, ein Maximumpunkt hingegen ein *Argument*.

Bemerkung 11.2. Die hier verwendeten Bezeichnungen sind mathematischer Standard. Dennoch sind verschiedentlich – vor allem in Schulbüchern – auch etwas andere Sprechweisen anzutreffen. Deswegen ist es wichtig, bei jedem Text zu beachten, wie darin die Grundbegriffe definiert wurden. Hervorzuheben ist, dass wir hier – wie in der Mathematik überwiegend üblich – nicht zwischen Maximum*punkt* und Maximum*stelle* unterscheiden.

Wir werden später sehen, dass es Funktionen gibt, die kein Maximum (und somit auch keinen Maximumpunkt) besitzen. In diesem Fall sagen wir, max f *existiere nicht*, und es gilt arg max $f = \emptyset$. Wenn eine Funktion f dagegen ein Maximum besitzt, ist dieses *eindeutig bestimmt* (es gibt nämlich nur einen absolut größten Funktionswert). Dann gibt es *mindestens* einen Maximumpunkt. Weiter unten folgen Beispiele, in denen zahlreiche Maximumpunkte existieren.

Wir hatten weiter oben in Abschnitt 3.2 bereits den Begriff des Maximums einer *Menge* M reeller Zahlen kennengelernt. Begrifflich sind das *Maximum einer Menge* und das *Maximum einer Funktion* zu unterscheiden. Das Maximum einer Funktion f ist nun nichts anderes als das Maximum der Menge aller angenommenen Funktionswerte:

$$\underbrace{\max f}_{\text{Maximum einer Funktion}} = \underbrace{\max f(D) = \max\{f(x) \mid x \in D\}}_{\text{Maximum einer Menge}}.$$

Man kann sich statt für die größtmöglichen auch für die kleinstmöglichen Funktionswerte interessieren.

Definition 11.3. *Gegeben seien eine nichtleere Menge D und eine Funktion $f : D \to \mathbb{R}$. Existiert ein Punkt $x_* \in D$ mit*

$$f(x_*) \leq f(x) \quad \textit{für alle} \quad x \in D, \tag{11.2}$$

so nennt man $f(x_*)$ das Minimum und x_* einen Minimumpunkt von f. In diesem Fall schreibt man symbolisch:

$$f(x_*) =: \min f \quad \textit{und} \quad x_* \in \arg\min f,$$

wobei $\arg\min f$ die Menge aller Minimumpunkte von f bezeichnet.

Max-Min-Dualität

Unsere zweite Definition unterscheidet sich von der ersten lediglich dadurch, dass wir einige Zeichenketten austauschten:

$$x^* \quad \longleftrightarrow \quad x_* \quad , \quad \geq \quad \longleftrightarrow \quad \leq \quad \text{sowie} \quad \max \quad \longleftrightarrow \quad \min .$$

Daher besteht eine enge Dualitätsbeziehung zwischen Maximum und Minimum. Das Wesentliche ist anhand der folgenden Skizze leicht zu sehen :

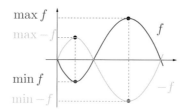

Wir sehen den Graphen einer Funktion f (dunkelblau) und – spiegelbildlich dazu – den Graphen der Funktion $-f$ (hellblau). Wir können direkt ablesen:

$$\max f = -\min \, (-f) \quad \textbf{und} \quad \min f = -\max \, (-f)$$

Eine allgemeine Formulierung des Sachverhaltes lautet so:

Satz 11.4.

(i) f besitzt ein Maximum $\Leftrightarrow -f$ besitzt ein Minimum. In diesem Fall gilt

$$\max f = -\min(-f) \quad \textit{und} \quad \arg\max f = \arg\min(-f).$$

(ii) f besitzt ein Minimum $\Leftrightarrow -f$ besitzt ein Maximum. In diesem Fall gilt

$$\min f = -\max(-f) \quad \textit{und} \quad \arg\min f = \arg\max(-f).$$

Wir bemerken, dass sich der Teil (ii) des Satzes dadurch erhalten lässt, dass im Teil (i) die Zeichenfolgen ax und in durchgehend gegeneinander ausgetauscht werden.

Der Nutzen dieser Beobachtung besteht hauptsächlich darin, dass wir uns im Weiteren viel Schreibarbeit sparen können. So brauchen wir nur noch Aussagen über M ax ima hinzuschreiben, die entsprechenden Aussagen über M in ima folgen dann sofort in ähnlicher Weise.

Zu den Bezeichnungen:

Für "Minimum" und "Maximum" hat sich die Sammelbezeichnung *Extremum* eingebürgert; demzufolge heißen Maximum- bzw. Minimumpunkte summarisch *Extrempunkte* oder auch *Extremstellen* von f. Einige übliche Variationen unserer Bezeichnungen sind

$$\max f =: \max_D f =: \max_{x \in D} f(x)$$

$$\arg\max f =: \arg\max_D f =: \arg\max_{x \in D} f(x)$$

Die Rolle des Definitionsbereichs

Folgende Beobachtung ist sehr wichtig: *Sowohl die Extrema als auch die zugehörigen Extremstellen hängen vom jeweils betrachteten Definitionsbereich ab.*

Inhaltlich ist das sehr schön in diesem Bild zu sehen; formal spiegelt es sich in der Definition in Gestalt der kleinen Floskel "für alle $x \in D$" wieder. Ökonomisch gesehen handelt es sich um die Auswirkungen von z.B. Kapazitätsbeschränkungen, allgemeiner: des Handlungsspielraumes.

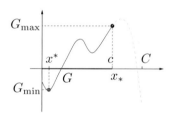

Weil sich die so definierten Extrema und Extremstellen auf den *gesamten* Definitionsbereich D von f beziehen, werden sie auch als *globale* (oder auch *absolute*) Extrema bezeichnet. Dieses Selbstverständnis steht auch hinter den Kurzbezeichnungen $\max f$, $\arg\max f$ usw.

Mitunter soll allerdings nicht der gesamte Definitionsbereich D der Funktion f, sondern nur eine Teilmenge K davon betrachtet werden. In diesem Fall nennt man naheliegenderweise

$$\max_K f := \max f\big|_K \quad \text{und} \quad \arg\max_K := \arg\max f\big|_K$$

das *Maximum von f auf K*, bzw. *die Menge der Maximumpunkte von f bezüglich K*.

Strikte Extrema

Wenn eine Funktion ein Maximum (Minimum) besitzt, kann es beliebig viele Maximum- bzw. Minimum*punkte* geben.

Das Bild 11.2 zeigt eine solche Situation. (Die Menge $A := \arg\max f$ enthält hier sogar unendlich viele Punkte.) Von besonderem Interesse ist naturgemäß der Fall, in dem jeweils genau ein Extrempunkt vorliegt (ökonomisch gesagt: Es gibt nur eine zugehörige Handlungsalternative) .

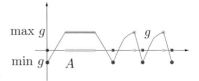

Bild 11.2:

Daher die folgende

Definition 11.5. *Ein Maximum bzw. Minimum von f heißt* strikt *(oder* streng*), wenn* $\arg\min_D f$ *bzw.* $\arg\max_D f$ *genau einen Punkt enthält.*

11.2.2 Lokale Extrema

In nachfolgendem Bild links heben wir neben dem globalen Maximum- und Minimumpunkt weitere interessante Punkte hervor:

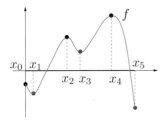

Bild 11.3:

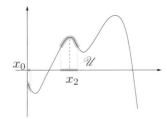

Bild 11.4:

Betrachten wir etwa den markierten Punkt x_2 etwas näher (Bild 11.4). Wenn wir den Definitionsbereich von f auf die (hellrot unterlegte) ε-Umgebung $\mathscr{U} := \mathscr{U}_\varepsilon(x_2)$ von x_2 einschränken, so wird erkennbar, dass x_2 auf diesem verkleinerten Definitionsbereich $\mathscr{U}$ ein *globaler* Maximumpunkt von f ist!

Für alle im Bild 11.3 rot bzw. schwarz markierten Punkte x_0, ..., x_5 gilt Sinngemäßes: In jedem Fall findet sich eine – eventuell sehr kleine – Umgebung in D, innerhalb derer ein globales Maximum oder Minimum vorliegt. Im Bild 11.4 ist dies auch für den Punkt x_0 angedeutet.

Definition 11.6. *Ein Punkt* $x^{**} \in D$ *heißt* lokaler Maximumpunkt von f*, wenn eine Umgebung* $\mathscr{U}_\varepsilon(x^{**})$ *von* x^{**} *derart existiert, dass* x^{**} *globaler Maximumpunkt von f bezüglich des eingeschränkten Definitionsbereiches*

$\mathscr{U}_\varepsilon(x^{**}) \cap D$ ist. In diesem Fall heißt der zugehörige Funktionswert $f(x^{**})$ ein lokales Maximum von f.

Sinngemäß werden die Begriffe "lokaler Minimumpunkt" und "lokales Minimum" definiert.

In Bild 11.3 sind die Punkte x_0, x_2 und x_4 lokale Maximumpunkte und die Werte $f(x_0)$ ... $f(x_4)$ lokale Maxima von f; x_1, x_3 und x_5 sind lokale Minimumpunkte mit den lokalen Minima $f(x_1)$, $f(x_3)$ und $f(x_5)$. Folgende Beobachtung ist hervorzuheben:

Satz 11.7. *Jedes globale Extremum einer auf einer Menge $D \subseteq \mathbb{R}^n$ definierten Funktion $f : D \to \mathbb{R}$ ist auch ein lokales Extremum.*

Achtung: *Ein lokales Extremum braucht nicht global zu sein!*

So sind die Punkte x_0, x_1, x_2 und x_3 im Bild 11.3 ausschließlich *lokale* Extrempunkte, keiner von ihnen ist *globaler* Extrempunkt!

Definition 11.8. *Ein lokales Extremum heißt strikt, wenn es für ein passendes $\varepsilon > 0$ bezüglich $\mathscr{U}_\varepsilon(x^{**}) \cap D$ strikt ist.*

M.a.W.: Einen lokalen Extrempunkt bezeichnet man als *strikt* (bzw. *streng*), wenn er eine (eventuell sehr kleine) Umgebung in D besitzt, in der keine weiteren Extrempunkte gleicher Art liegen.

Auch hier eine kleine Feinheit: Wir haben zu unterscheiden zwischen "striktes globales Extremum" und "striktes lokales Extremum".

- Ein striktes globales Extremum ist es auch in seiner Eigenschaft als lokales Extremum strikt.
- Wenn ein striktes lokales Extremum zugleich globales Extremum ist, braucht es trotzdem kein striktes globales Extremum zu sein.

Sehen wir uns dazu noch einmal das Bild 11.2 an:

- Sowohl $\max g$ als auch $\min g$ sind (als globale Extrema) *nicht strikt*, weil es jeweils mehrere zugehörige Extremstellen gibt.
- $\min g$ ist zudem vierfaches lokales Minimum von g, dabei jedesmal *strikt*.
- Weiterhin gibt es *nicht strikte* lokale Maximumpunkte (blau ausgezogener Bereich in Bild 11.2).

11.3   Zur Existenz globaler Extrema

Bevor wir uns auf die Suche nach den Extrema bzw. Extrempunkten einer Funktion begeben, sollten wir uns vergewissern, dass solche überhaupt existieren. Ist eine beliebige Funktion f gegeben, so können wir es ja keineswegs als selbstverständlich ansehen, dass diese ein Maximum bzw. Minimum besitzt.

Wir beschreiben einige Situationen, in denen dies *nicht* der Fall ist.

Erstens: Direkt aus der Definition 11.1 bzw. 11.3 folgt:

Satz 11.9. *Besitzt eine Funktion f ein Maximum (Minimum), so ist sie nach oben (unten) beschränkt.*

Also besitzt jede nach oben (unten) *unbeschränkte* Funktion *kein* Maximum (Minimum).

Zweitens: Auch wenn die Funktion f beschränkt ist, braucht sie keines von beiden Extrema zu besitzen. Die folgenden Bilder zeigen solche Situationen:

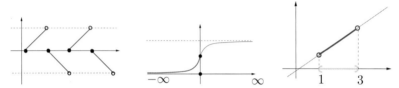

Für die beschränkte Funktion f im Bild links gilt $\sup f = 1$ und $\inf f = -1$. Dennoch existieren weder Maximum noch Minimum, weil die Werte $+1$ und -1 nicht als Funktionswerte angenommen werden. Die Ursache liegt in diesem Fall offensichtlich darin, dass die Funktion f *unstetig* ist, denn der Graph enthält Sprünge. Wir sehen hieran, dass Unstetigkeit zum Verlust des Maximums bzw. Minimums führen *kann*. (Übrigens nicht *muss*, wie wir von der unstetigen Signum-Funktion wissen; für diese gilt $\max \mathrm{sgn} = 1$ und $\min \mathrm{sgn} = -1$.)

Drittens: Selbst wenn wir nur beschränkte und stetige Funktionen betrachten (mittleres und rechtes Bild), sehen wir, dass auch hier weder ein Maximum noch ein Minimum zu exisitieren braucht. In beiden Fällen sehen wir auch die Ursache dafür: Sie besteht in der Existenz "unerreichbarer" Randpunkte, in denen die Funktion anscheinend ihre größten bzw. kleinsten Funktionswerte anzunehmen trachtet. Im mittleren Bild handelt es sich um uneigentliche Randpunkte, die sozusagen "im Unendlichen" liegen, im Bild rechts haben wir es mit den realen Randpunkten 1 und 3 zu tun, die jedoch nicht zum Definitionsbereich gehören.

Wenn wir jedoch all solche Situationen ausschließen, erreichen wir das Gewünschte. Wir geben zwei nützliche Ausagen an – die erste mit einer, die zweite ohne eine Kompaktheitsvoraussetzung. (Wir erinnern daran, dass eine Menge *kompakt* heißt, wenn sie beschränkt und abgeschlossen ist.)

Satz 11.10. *Jede auf einer nichtleeren kompakten Menge $D \subseteq R^n$ definierte stetige Funktion $f : D \to \mathbb{R}$ besitzt ein Maximum und ein Minimum, d.h., es existieren Punkte x_* und $x^* \in D$ mit*

$$f(x_*) = \min_D f \quad und \quad f(x^*) = \max_D f.$$

Hier interessiert uns primär der Fall $n = 1$. Die wichtigen kompakten Mengen D sind hierbei Intervalle der Form $[a, b]$ mit $a < b$. Damit eine Funktion $f : [a, b] \to \mathbb{R}$ sowohl Minimum als auch Maximum besitzt, genügt somit, dass sie *stetig* ist. Dies ist in vielen ökonomischen Anwendungen der Fall.

Leider trifft unser Satz 11.9 nur eine reine Existenzaussage und gibt zunächst keine Hinweise darauf, *wie* das Extremum bzw. Extremstellen *zu bestimmen* sind. Worin besteht also sein Nutzen?

- Er stellt sicher, dass es unter den genannten Voraussetzungen sinnvoll ist, nach Extrempunkten zu suchen.

- Er gibt einen Hinweis darauf, wann dieses Vorhaben eventuell vergebens sein könnte.

Wir betrachten nun beispielhaft noch eine Situation, in der der Definitionsbereich D *nicht* kompakt ist.

Satz 11.11. *Es seien $D = (a, b)$ ein nichtleeres Intervall und $f : D \to \mathbb{R}$ eine stetige Funktion. Existieren die Grenzwerte $f(a+)$ und $f(b-)$, sind beide verschieden von $-\infty$ und existiert weiterhin eine Stelle $x \in D$ mit $f(x) < f(a+)$ und $f(x) < f(b-)$, so besitzt f auf D ein globales Minimum.*

Der Inhalt unseres Satzes wird durch die nachfolgende Skizze verdeutlicht:

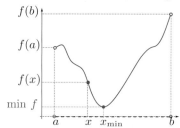

Anwendungen finden sich z.B. beim Studium von Kostenfunktionen.

11.4   Extremwertbestimmung

11.4.1   Vorbemerkung

Ein Missverständnis

In den nächsten Abschnitten wenden wir uns der Frage zu, wie die Extremwerte und -stellen einer gegebenen Funktion $f : D \to \mathbb{R}$ *praktisch* bestimmt werden können. Bevor wir richtig einsteigen, weisen wir auf ein verbreitetes Missverständnis hin: Oft wird auf unsere Frage so geantwortet:

> ''Man bestimmt die Ableitung $f'(x)$ von $f(x)$, setzt diese Null: $f'(x) = 0$, und löst nach x auf. Mit der zweiten Ableitung stellt man dann fest, ob es sich um ein Maximum oder ein Minimum handelt...''

Was hat es damit auf sich? Wir betrachten ein Beispiel:

Beispiel 11.12. Die Funktion $f : [1, 2] \to \mathbb{R}$ mit $f(x) = x^2$ nimmt an der Stelle $x_* = 1$ ihr globales Minimum 1 und an der Stelle $x^* = 2$ ihr globales Maximum 4 an.

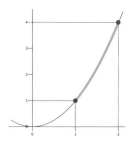

Es gilt aber weder $f'(x_*) = 0$ noch $f'(x^*) = 0$ (sondern vielmehr $f'(x_*) = 2$ und $f'(x^*) = 4$), und die zweite Ableitung ist konstant: $f''(x) = 2$, erlaubt also nicht, zwischen Minimum und Maximum zu unterscheiden!   △

Die Antwort im Kasten hilft hier also überhaupt nicht weiter. Woran liegt das? Sie gibt Auskunft über lokale Extremstellen einer zweimal stetig differenzierbaren Funktion im Inneren ihres Definitionsbereiches. Hierbei bedeuten alle farbigen Wörter Einschränkungen. Nichts wird dagegen ausgesagt über *globale* Extremwerte, die in der Ökonomie von besonderem Interesse sind (z.B. das absolute Gewinnmaximum oder das absolute Kostenminimum) und nicht selten am *Rande* des Definitionsbereiches angenommen werden. Mehr noch: Extremwertuntersuchungen kommen oft *ohne Ableitungen* aus – und das schnell und bequem! Auf all diese Aspekte wollen wir im Weiteren eingehen.

Ausgangspunkt der Extremwertuntersuchung

Unser Ziel besteht darin, ein Repertoire von Techniken zusammenzustellen, mit deren Hilfe Extremwertaufgaben möglichst *schnell und einfach* gelöst werden können.

Dazu müssen wir uns zu Beginn einer Extremwertuntersuchung Klarheit darüber verschaffen,

- worin die *Aufgabe* besteht,
- auf welche *Voraussetzungen* wir uns stützen können und
- ob es offensichtliche Möglichkeiten gibt, das Problem zu *vereinfachen*.

Hinsichtlich der *Aufgabenstellung* ist zu unterscheiden:

- Interessieren wir uns für lokale oder globale Extrema (oder beides),
- für Minima oder Maxima (oder beides),
- nur für die Extrema oder auch für die zugehörigen Extremstellen?

In ökonomischen Anwendungen sind oft nicht alle Aspekte gleichzeitig von Interesse. Deswegen gehen wir bei der Lösung von Extremwertaufgaben sozusagen nach einem Bausteinprinzip vor. Je nachdem, wonach gefragt wird, bauen wir uns die passende Lösungsmethode aus Bausteinen zusammen.

Wir werden generell *voraussetzen*, dass die zu untersuchende Funktion f auf einem *Intervall* gegeben ist, weil dies in so gut wie allen ökonomischen Anwendungen zutrifft. Dabei unterscheiden wir zwischen "Spezialfall" und "allgemeinem" Fall wie folgt:

- *Spezialfall:* f ist "glatt".

Hierbei nehmen wir an, dass die Funktion f hinreichend oft differenzierbar ist. Dadurch können wir Standardtechniken einsetzen, die sich auf die Ableitung(en) von f stützen.

- *Allgemeiner Fall:* f ist "stückweise glatt".

Hierbei lassen wir zu, dass die Funktion f eventuell an endlich vielen "Ausnahmepunkten" nicht differenzierbar oder sogar unstetig ist, nehmen aber an, dass sie auf den Intervallen dazwischen glatt ist. In dieser Situation kombinieren wir die aus dem glatten Fall bekannten Techniken mit einer Inspektion der Ausnahmepunkte.

Vereinfachend wirkt sich zusätzliches Vorwissen über die Funktion f aus. Wenn wir z.B. wissen, dass sie

- *(streng) monoton wachsend bzw. fallend*
- *(strikt) konvex bzw. konkav*
- *durch bekannte Konstanten beschränkt oder*
- *eine Komposition mit monotoner äußerer Funktion*

ist, können wir wesentlich schneller und einfacher zum Ziel kommen.

Vorgehensweise

Jede Extremwertuntersuchung verläuft in zwei Schritten:

Schritt 1: *Kandidatenauswahl*

Hierbei wählen wir aus dem Definitionsbereich D möglichst wenige "Kandidaten"-Punkte aus, unter denen sich garantiert *alle* gesuchten Extrempunkte befinden. Damit vereinfacht sich das Problem erheblich. Wir werden sehen, dass als Kandidaten nur Punkte aus folgenden, weiter unten näher erläuterten Kategorien in Betracht kommen:

- im Fall (I): *stationäre Punkte* und *Randpunkte*
- im Fall (II): *stationäre Punkte, Randpunkte* und *Sonderpunkte.*

Schritt 2: *Beurteilung*

Nun wird untersucht, welche Kandidaten tatsächlich Extrempunkte sind; die "blinden" Kandidaten werden ausgeschieden. Dabei sind zwei Aspekte zu unterscheiden: Bei der *lokalen Beurteilung* soll für jeden einzelnen Kandidatenpunkt festgestellt werden, ob es sich um einen *lokalen* Extrempunkt handelt und wenn ja, von welcher Art. Bei der *globalen Beurteilung ("Globalisierung")* geht es dagegen darum, vorhandene *globale* Extrema und die zugehörigen Extrempunkte als global zu identifizieren.

Solange eine rein lokale Beurteilung genügt, kommen wir im glatten Fall meist mit einem oder mehreren *Ableitungstests* weiter. Diese stützen sich auf die Vorzeichen gewisser Ableitungen der Funktion f an den Kandidatenpunkten. Für eine globale Beurteilung sind dagegen globale Methoden erforderlich – also solche, die sich auf den gesamten Definitionsbereich (und nicht nur auf Umgebungen einzelner Punkte) beziehen. Sehr effizient ist hierbei im glatten wie im allgemeinen Fall der *Kandidatenvergleich*. Als Nebenprodukt liefert er auch eine lokale Beurteilung aller Kandidaten.

Bei zusätzlichem Vorwissen können die beschriebenen Schritte weiter vereinfacht werden.

11.4.2 Extrempunktkandidaten im glatten Fall

Hier setzen wir von der zu untersuchenden Funktion $f : D \to \mathbb{R}$ voraus, dass ihr Definitionsbereich D ein nichtausgeartetes Intervall und die Funktion f dort differenzierbar ist[1]. Wir fragen uns nun, durch welche *nachrechenbare* Eigenschaft sich Extrempunkte von f von allen anderen Punkten unterscheiden. Das folgende Beispiel kann hier hilfreich sein:

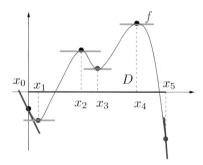

Das Bild zeigt eine auf dem Intervall $D := [a, b]$ definierte Funktion f. Direkt aus dem Bild können wir ablesen, dass diese Funktion folgende Extrempunkte besitzt: In x_0, x_2 und x_4 liegen lokale Maxima vor, in x_1, x_3 und x_5 lokale

---

[1]Es genügt, wenn f auf D stetig und im Inneren von D differenzierbar ist

Minima. (Das Maximum bei x_4 und das Minimum bei x_5 sind sogar jeweils global.) Die Extrempunkte x_1 bis x_4 liegen im Intervall*inneren*, die anderen beiden am Rand.

Wir halten folgende **Beobachtungen** fest:

- Alle Extrempunkte im *Inneren* (a,b) des Definitionsbereiches führen auf eine "waagerechte" Tangente.
- Für die Randpunkte braucht dies *nicht* zu gelten.

Auf die erste Beobachtung zielt folgende

Definition 11.13. *Ein Punkt $x \in D$ heißt* stationärer Punkt *der Funktion f, wenn gilt $f'(x) = 0$.*

Damit lautet unser Fazit im glatten Fall:

Extrempunktkandidaten sind die stationären Punkte *und die zu D gehörenden* Randpunkte.

Bezeichnen wir die Menge der zu D gehörenden Randpunkte mit $\mathcal{R}$, die Menge der stationären Punkte mit $\mathcal{S}$ und die Kandidatenmenge mit $\mathcal{K}$, so können wir also schreiben:

$$\mathcal{K} = \mathcal{R} \cup \mathcal{S}.$$

Da die Randpunkte von vornherein bekannt sind, bleibt als eigentliche Arbeit, die stationären Punkte von f zu berechnen. In der Regel bleiben so – von den ursprünglich unendlich vielen Punkten aus D – nur wenige Kandidaten übrig, die dann weiter untersucht werden müssen.

Folgendes ist hervorzuheben:

1) Die Kandidatenmenge $\mathcal{K}$ enthält *alle lokalen* und erst recht *alle globalen* Extrempunkte von f (soweit existent).
2) Es können aber auch Punkte in $\mathcal{K}$ enthalten sein, die *keine* Extrempunkte sind (deswegen sprechen wir zunächst nur von "Kandidaten"). Ein Beispiel eines solchen Punktes zeigt das nachfolgende Bild links. Der hervorgehobene Punkt ist ein stationärer Punkt, jedoch offensichtlich *kein* Extrempunkt.
3) Ein Randpunkt *kann* zugleich ein stationärer Punkt sein oder auch *nicht* (nachfolgendes Bild rechts).

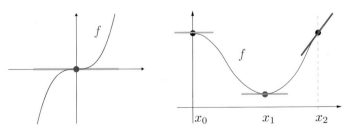

Achtung: *Obwohl die zu D gehörenden Randpunkte immer Extrempunktkandidaten sind, werden sie gern vergessen. Dies kann zu fatalen Fehlern führen.*

Bisher haben wir rein intuitiv – anhand von Abbildungen – argumentiert. Der zuständige Satz lautet so:

Satz 11.14 (notwendige Bedingung 1. Ordnung für ein lokales Extremum; "Maximumprinzip"). *Es seien $D \subseteq \mathbb{R}$ eine nichtleere Menge, $f : D \to \mathbb{R}$ eine Funktion und $x°$ ein innerer Punkt von D. Besitzt f an der Stelle $x°$ ein lokales Extremum und ist f an der Stelle $x°$ differenzierbar, so gilt $f'(x°) = 0$.*

(Der Satz kommt übrigens mit noch weniger als unseren Standardvoraussetzungen aus.) Er stellt sicher, dass die Menge $\mathcal{K} = \mathcal{R} \cup \mathcal{S}$ auch wirklich *alle* Extrempunkte enthält, die f besitzt, also keine Extrempunkte übersehen werden. Dagegen können Punkte außerhalb der Menge $\mathcal{K}$ *keine* Extrempunkte sein und entfallen aus der Betrachtung. Was wir *nicht* wissen ist: ob alle Kandidatenpunkte tatsächlich Extrempunkte sind (und falls ja, von welcher Art).

Beispiel 11.15. Die Funktion $p : x \to x^4$, $x \in [-1, 1]$, besitzt die Ableitung $p'(x) = 4x^3$. Es gilt $p'(x) = 0 \iff x = 0$. Einziger stationärer Punkt ist also Null: $\mathcal{S} = \{0\}$. Die Intervallendpunkte in $\mathcal{R} = \{-1, 1\}$ sind ebenfalls Extrempunktkandidaten; wir finden also $\mathcal{K} = \{-1, 0, 1\}$.   △

Beispiel 11.16. $f : [-2, 2] \to \mathbb{R}$ sei durch $f(x) := x^4 - 2x^2$ definiert. Es gilt $f'(x) = 4x^3 - 4x = 4x(x^2 - 1) = 4x(x + 1)(x - 1)$ und somit $f'(x) = 0 \iff x = -1 \lor x = 0 \lor x = 1$. Die Menge stationärer Punkte ist hier $\mathcal{S} = \{-1, 0, 1\}$, die Menge $\mathcal{K}$ von Extrempunktkandidaten entsteht durch Hinzunahme der beiden Randpunkte -2 und 2: $\mathcal{K} = \{-2, -1, 0, 1, 2\}$.   △

Beispiel 11.17. Bei der durch

$$q(x) := \frac{x^2 + 1}{x^2 + 3x + 5} \quad , x \in D := [-10, 10],$$

definierten Funktion liefert etwas Rechnung die Ableitung

$$q'(x) := \frac{3x^2 + 8x - 3}{N(x)^2},$$

wobei $N(x) := x^2 + 3x + 5$ den Nenner des Bruches $q(x)$ bezeichnet.
Wir finden durch Nullsetzen des Zählers der Ableitung die beiden stationären Punkte $x_1 = -3$ und $x_2 = \frac{1}{3}$. Zusammen mit den beiden Randpunkten haben wir dann als Kandidatenmenge $\mathcal{K} = \{-10, -3, 1/3, 10\}$.

(Hinweis: Man hat sich zu vergewissern, dass der Nenner des die Funktion q definierenden Bruches für kein $x \in D$ verschwinden kann. (Nach der p-q-Formel müssten sich potentielle Nullstellen zu $\frac{-3}{2} \pm \sqrt{\frac{9}{4} - 5}$ ergeben. Da der Ausdruck unter dem Wurzelzeichen negativ ist, hat der Nenner keine reellen Nullstellen.))   △

Beispiel 11.18. Die wohlbekannte Sinusfunktion $\sin : R \to \mathbb{R}$ hat die Ableitung $\sin' = \cos$. Es gilt

$$\cos x = 0 \quad \Longleftrightarrow \quad \exists\, k \in \mathbb{Z} : \; x = \frac{\pi}{2} + k \cdot \pi,$$

also hat die Sinus-Funktion unendlich viele stationäre Punkte. Weil keine erreichbaren Randpunkte existieren, folgt

$$\mathcal{K} = \mathcal{S} = \left\{ \frac{\pi}{2} + k \cdot \pi \;\mid k \in \mathbb{Z} \right\}. \qquad\qquad \triangle$$

Beispiel 11.19. Wir betrachten eine kleine Abwandlung des vorigen Beispiels: Es sei s durch $s(x) = \sin x + x$, $x \in \mathbb{R}$, definiert. Dann folgt $s'(x) = \cos x + 1$. Dieser Ausruck wird zu Null, wenn die Cosinusfunktion den Wert -1 annimmt, was bekanntlich an der Stelle π und allen um Vielfache von 2π dazu versetzten Stellen der Fall ist; hier finden wir

$$\mathcal{K} = \mathcal{S} = \left\{ (2k + 1)\pi \;\mid k \in \mathbb{Z} \right\}. \qquad\qquad \triangle$$

Wenn nicht wirklich alle Extrempunkte, sondern z.B. nur die globalen gesucht sind, kann es u.U. sinnvoll sein, nicht zunächst *alle* Kandidaten zu berechnen und erst dann mit der Beurteilung zu beginnen, sondern jeden berechneten Kandidaten sofort zu beurteilen und nur bei Bedarf den nächsten Kandidaten zu berechnen. Dies ist immer dann von Vorteil, wenn die Ermittlung der Kandidaten sehr aufwendig ist.

Beispiel 11.20. Auf $D := [0, \infty)$ werde die Funktion ψ durch $\psi(x) := \frac{1}{(1+x)} + \frac{x^3}{12}$ definiert. Die Ableitung lautet

$$\psi'(x) = \frac{-1}{(1 + x)^2} + \frac{x^2}{4}$$

Nullsetzen ergibt die Gleichung

$$\frac{1}{(1 + x)^2} = \frac{x^2}{4}$$

bzw. äquivalent

$$4 = x^2 (1 + x)^2.$$

Durch "Hinsehen" stellen wir fest, dass z.B. $x = 1$ eine Lösung (und damit stationärer Punkt) ist. Es handelt sich nun um eine Gleichung 4. Grades, so dass wir grundsätzlich mit bis zu 4 verschiedenen Lösungen rechnen müssen.Wir könnten versuchen, auf dem Wege der Polynomdivision nach weiteren Lösungen zu suchen. Diese Rechnung wollen wir jedoch vermeiden. Dazu beobachten wir, dass die Funktion ψ strikt konvex ist und vermuten, dass sie nur einen *einzigen* globalen Minimumpunkt besitzen kann, den wir nun in Gestalt des stationären Punktes $x = 1$ bereits gefunden haben. (Diese Vermutung wird später durch Satz 11.56 bestätigt werden.) Also brauchen wir nicht nach weiteren stationären Punkten zu suchen. $\qquad\qquad \triangle$

11.4.3 Lokale Bewertung im glatten Fall

Wir sahen, dass ein Kandidatenpunkt zwar ein Extrempunkt sein *kann*, aber *nicht muss*. Wie kann man rechnerisch erkennen, ob ein solcher Punkt x° ein zumindest lokaler Extrempunkt ist oder nicht? (Im letzteren Fall kann er erst recht kein globaler Extrempunkt sein). Beginnen wir mit stationären Punkten.

Bedingungen zweiter Ordnung für stationäre Punkte

Um die Idee des nächsten Satzes zu verstehen, betrachten wir die folgenden beiden Skizzen:

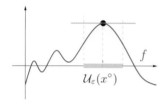
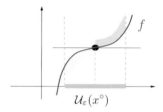

Bild 11.5:   Bild 11.6:

Wir beobachten: In beiden Skizzen ist x° stationärer Punkt; es gilt also $f'(x^\circ) = 0$, und der Graph von f besitzt im Punkt $(x^\circ, f(x^\circ))$ eine waagerechte Tangente. Wenn sich der Graph von f in der Nähe dieses Punktes nur nach oben oder nur nach unten von der Tangente "wegkrümmt", liegt ein Extrempunkt vor (Bild 11.5), andernfalls liegt *kein* Extrempunkt vor (Bild 11.6). Bei einem stationären Punkt x° handelt es sich daher um

- einen strikten Maximumpunkt, wenn f in einer Umgebung $\mathcal{U}$ von x° strikt konkav ist,

- einen strikten Minimumpunkt, wenn f in einer Umgebung $\mathcal{U}$ von x° strikt konvex ist,

- *keinen* Extrempunkt, wenn die strikte Krümmung von f an der Stelle x° wechselt.

(Die ersten beiden Aussagen bleiben offensichtlich auch ohne türkisfarbene Textteile richtig.) Die Krümmungsannahmen sind sehr einfach zu überprüfen, wenn die Funktion f zweimal stetig differenzierbar ist. Wir gelangen so zu folgendem

Satz 11.21 (hinlängliche Bedingung 2. Ordnung für ein lokales Extremum). *Es seien $D \subseteq \mathbb{R}$ ein Intervall, x° ein innerer Punkt von D und $f : D \to \mathbb{R}$ eine in einer Umgebung von x° zweimal stetig differenzierbare Funktion. Gilt $f'(x^\circ) = 0$ und weiterhin*

$$\left\{ \begin{array}{l} f''(x^\circ) > 0 \\ f''(x^\circ) < 0 \end{array} \right\}, \text{ so besitzt } f \text{ an der Stelle } x^\circ \text{ ein striktes lokales } \left\{ \begin{array}{l} Minimum \\ Maximum \end{array} \right\}.$$

Wir sehen uns einmal an, was die Voraussetzung *"in einer Umgebung von $x°$ zweimal stetig differenzierbar …"* bewirkt. Infolge der Stetigkeit folgt aus $f''(x°) > 0 \, (< 0)$ nämlich, dass sogar für alle x aus einer ganzen Umgebung $\mathcal{U}$ von $x°$ gilt $f''(x) > 0 \, (< 0)$. Nach Satz 10.18 ist f dann dort strikt konvex (konkav).

(Ergänzend sei angemerkt, dass unsere Voraussetzung nicht sehr restriktiv ist. Fälle, in denen f zwar differenzierbar, aber nicht zweimal stetig differenzierbar ist, sind zwar mathematisch möglich, spielen aber in ökonomischen Anwendungen keine Rolle.)

Beispiel 11.22 (↗F 11.16). Bei der Funktion $f(x) := x^4 - 2x^2, x \in [-2, 2]$, fanden wir $f'(x) = 4x^3 - 4x$ und drei stationäre Punkte: $\mathcal{S} = \{-1, 0, 1\}$. Wir berechnen die zweite Ableitung allgemein

$$f''(x) = 12x^2 - 4 = 4(3x^2 - 1)$$

und an den drei interessanten Punkten:

$$f''(-1) = 8, \quad f''(0) = -4 \quad \text{und} \quad f''(1) = 8.$$

Wir schließen: Bei $x = -1$ und $x = 1$ hat die Funktion f ein striktes lokales Minimum, bei $x = 0$ ein striktes lokales Maximum.   △

Beispiel 11.23 (↗F 11.15). Bei der Potenzfunktion $p : [-1, 1] \to \mathbb{R}$ mit $p(x) = x^4$ fanden wir als einzigen stationären Punkt $x° = 0$. Es gilt hier allgemein $p''(x) = 12x^2$ und somit $p''(x°) = 0$. Die Voraussetzungen des Satzes 11.21 sind hier *nicht* erfüllt, denn es gilt weder $p''(x°) > 0$ noch $p''(x°) < 0$. Heißt das nun, dass $x°$ *kein* Extrempunkt ist?

Offenbar *nein*, denn es gilt $p(x°) = 0^4 = 0$ und $p(x) = x^4 > 0$ für alle $x \neq 0$. Mithin besitzt die Funktion p an der Stelle $x° = 0$ ihr globales Minimum. Dies können wir allerdings mit Hilfe des Satzes 11.21 nicht feststellen. Wir halten fest: Die in Satz 11.21 genannten Voraussetzungen sind zwar *hinlänglich* für ein lokales Extremum, aber *nicht notwendig*.   △

Leider besteht Anlass zur

Achtung: *Gilt $f''(x°) = 0$, so liefert Satz 11.21 keine Aussage!*

In derartigen Fällen können wir höhere Ableitungen heranziehen (nächster Abschnitt) oder individuelle Überlegungen anstellen, um den Punkt $x°$ zu beurteilen. Gelegentlich ist auch schon eine "Negativaussage" willkommen – also eine Erkenntnis, die besagt, dass es sich bei $x°$ um *keinen* Extrempunkt handelt:

Satz 11.24 (↗ S.503). *Es seien $D \subseteq \mathbb{R}$ ein nichtausgeartetes Intervall, $x°$ ein innerer Punkt von D und $f : D \to \mathbb{R}$ in einer Umgebung von $x°$ dreimal stetig differenzierbar. Gilt weiterhin $f'(x°) = f''(x°) = 0$ sowie $f'''(x°) \neq 0$, so ist $x°$ kein Extrempunkt.*

Bei dem in Satz 11.24 betrachteten Punkt x° handelt es sich selbstverständlich um einen sogenannten Wendepunkt. Weil hier zugleich eine waagerechte Tangente vorliegt, nennt man x° auch *Terrassenpunkt*.

Beispiel 11.25. Wir betrachten $k(x) := x^5 + x^4$ für $x \in \mathbb{R}$. Es gilt hier

$k'(x) = 5x^4 + 4x^3$ und daher $k'(0) = 0$,

$k''(x) = 20x^3 + 12x$ und daher $k''(0) = 0$, sowie

$k'''(x) = 60x^2 + 12$,   also $k'''(0) = 12 > 0$.

Wir schließen aus Satz 11.24: $x^\circ = 0$ ist ein stationärer Punkt, aber kein Extrempunkt (vielmehr ein Terrassenpunkt). $\triangle$

Es gibt allerdings Fälle, in denen weder Satz 11.21 noch Satz 11.24 weiterhilft. Hier ist ein Beispiel:

Beispiel 11.26. Für die Funktion $v(x) := x^4$, $x \in \mathbb{R}$, gilt $v'(x) = 4x^3$, weiter $v''(x) = 12x^2$ und $v'''(x) = 24x$. Also ist $x^\circ := 0$ der einzige stationäre Punkt. Weil aber weiterhin gilt $v''(0) = 0$ können wir Satz 11.21 *nicht* verwenden, um auf ein lokales Extremum zu schließen. *Ebensowenig* können wir mit Satz 11.24 darauf schließen, dass kein lokales Extremum vorläge, denn seine Voraussetzung $v'''(x^\circ) \neq 0$ ist hier verletzt. $\triangle$

Sind wir in Beispielen wie diesen am Ende unseres Lateins? Natürlich nicht. Als einen von mehreren möglichen Auswegen nennen wir nun Bedingungen, die höhere Ableitungen verwenden.

Bedingungen höherer Ordnung für stationäre Punkte

Satz 11.27. *Es seien $D \subseteq \mathbb{R}$ ein Intervall, $n \in \mathbb{N}$, x° ein innerer Punkt von D, $f : D \to \mathbb{R}$ eine in einer Umgebung von x° $(n + 1)$-fach stetig differenzierbare Funktion sowie $f^{(1)}(x^\circ) = f^{(2)}(x^\circ) = \ldots = f^{(n)}(x^\circ) = 0$ und $f^{(n+1)}(x^\circ) \neq 0$.*

(i) *Ist n ungerade, so besitzt f an der Stelle x° ein striktes lokales Extremum, und zwar*

– *ein Minimum, falls gilt $f^{(n+1)}(x^\circ) > 0$*

– *ein Maximum, falls gilt $f^{(n+1)}(x^\circ) < 0$.*

(ii) *Ist n gerade, besitzt f an der Stelle x° kein Extremum (sondern einen Terrassenpunkt).*

Beispiel 11.28 (↗F 11.26). Für die Funktion $v(x) := x^4$, $x \in \mathbb{R}$, bestimmen wir noch $v^{(4)}(x) = 24$. Also gilt $v'(0) = v''(0) = v'''(0) = 0$ und $v^{(4)}(0) > 0$. Die Bedingungen des Satzes 11.27 sind hier erfüllt für $n = 3$ – dies ist eine ungerade Zahl. Also schließen wir aus Teil (i) dieses Satzes, dass v an der Stelle $x^\circ = 0$ ein striktes lokales Minimum besitzt. $\triangle$

Beispiel 11.29. Sei $c(x) := x^5$, $x \in \mathbb{R}$. Analog zum vorigen Beispiel finden wir als einzigen stationären Punkt $x^\circ = 0$, und es gilt $c^{(1)}(0) = c^{(2)}(0) = c^{(3)}(0) = c^{(4)}(0) = 0$, jedoch $c^{(5)}(0) = 5 \cdot 4 \cdot 3 \cdot 2 \cdot 1 = 120 \neq 0$. Diesmal ist die $n = 4$-te Ableitung die höchste, die an der Stelle $x^0 = 0$ verschwindet; diese Zahl ist gerade, und wir schließen aus Satz 11.27. (ii): $x^\circ = 0$ ist kein Extrempunkt, sondern ein Terrassenpunkt. $\triangle$

Mit Hilfe von Satz 11.27 gelingt es in den weitaus meisten Fällen, in denen eine Funktion an einer Stelle ein striktes Extremum besitzt, dies auch zu entdecken. Leider ist der Preis dafür vergleichsweise hoch - es sind nämlich zahlreiche Ableitungen zu berechnen. Deswegen empfiehlt es sich im Grunde eher, beim Versagen der Sätze 11.21 und 11.24 auf einfachere Überlegungen zurückzugreifen, auf die wir etwas weiter unten eingehen werden.

Bedingungen für Randpunkte

Wir erinnern daran, dass Randpunkte durchaus zugleich stationäre Punkte sein können. In solchen Fällen findet das bisher über stationäre Punkte Gesagte Anwendung. Daher betrachten wir nunmehr nur noch den Fall, in dem Randpunkte *keine* stationären Punkte sind. Wir nehmen an, es sei D ein Intervall der Form $D = [a, b]$ mit $a < b$, und $f : D \to \mathbb{R}$ sei stetig differenzierbar (an den Randpunkten im Sinne der einseitigen Ableitung). Es gilt folgende einleuchtende Aussage:

Satz 11.30.

(i) $f'(a) \left\{ \begin{matrix} > \\ < \end{matrix} \right\} 0 \Rightarrow f$ *nimmt bei a ein striktes lokales* $\left\{ \begin{matrix} Minimum \\ Maximum \end{matrix} \right\}$ *an.*

(ii) $f'(b) \left\{ \begin{matrix} > \\ < \end{matrix} \right\} 0 \Rightarrow f$ *nimmt bei b ein striktes lokales* $\left\{ \begin{matrix} Maximum \\ Minimum \end{matrix} \right\}$ *an.*

Die obere Voraussetzung $f'(a) > 0$ in der ersten Zeile besagt, dass f in einer (einseitigen) Umgebung dieses Randpunktes streng wachsend ist. Dann muss a natürlich strikter lokaler Minimumpunkt sein.

Beispiel 11.31 ($\nearrow$F 11.22). Bei der Funktion $f(x) := x^4 - 2x^2$, $x \in [-2, 2]$, fanden wir $f'(x) = 4x^3 - 4x$.
Es folgt für die beiden Randpunkte $f'(-2) = -24$ und $f'(2) = 24$, also liegt in beiden Randpunkten jeweils ein striktes lokales Maximum vor.

$\triangle$

11.4.4   Extrempunktkandidaten allgemein

Wir gehen nun zum allgemeinen, nicht notwendig glatten Fall über. Dabei betrachten wir wieder eine auf einem nichtausgearteten Intervall D gegebene Funktion $f : D \to \mathbb{R}$ und setzen "allgemein" voraus:

Es gibt eine endliche Menge $\mathscr{A} \subseteq D$ derart, dass

(i) *f auf $D \setminus \mathscr{A}$ hinreichend oft differenzierbar ist und*

(ii) *diese Eigenschaft für keine echte Teilmenge von $\mathscr{A}$ gegeben ist.*

Zum Verständnis: Wir nennen einen Punkt $x \in D$ einen *Ausnahmepunkt* (oder auch *Sonderpunkt*), wenn f an der Stelle x unstetig ist oder wenn stetig, dann nicht hinreichend oft differenzierbar. (Je nachdem, welcher von beiden Fällen vorliegt, könnte man bei Ausnahmepunkten weiter zwischen *Unstetigkeitspunkten* und *Knickpunkten* unterscheiden.) Unsere Voraussetzung besagt also nichts anderes, als dass unsere Menge D höchstens endlich viele Ausnahmepunkte enthält und genau diese zusammen die Menge $\mathscr{A}$ bilden.

Wir bemerken, dass die Menge $\mathscr{A}$ selbstverständlich auch leer sein darf (in diesem Fall ist sie ja ebenfalls endlich, und wir haben dann den glatten Fall vor uns; der "allgemeine Fall" enthält also den glatten tatsächlich als Spezialfall). Es gilt nun:

Extrempunktkandidaten sind im allgemeinen Fall die stationären Punkte*, die zu D gehörenden* Randpunkte *sowie die* Ausnahmepunkte:

$$\mathscr{K} = \mathscr{S} \cup \mathscr{R} \cup \mathscr{A}$$

Satz 11.32. *Jeder Extrempunkt von f ist ein stationärer Punkt, ein zu D gehörender Randpunkt oder ein Ausnahmepunkt; formal:*

$$\arg\max f \subseteq \mathscr{K} = \mathscr{S} \cup \mathscr{R} \cup \mathscr{A}$$

$$\arg\min f \subseteq \mathscr{K} = \mathscr{S} \cup \mathscr{R} \cup \mathscr{A}.$$

Beispiel 11.33. Die Betragsfunktion abs: $\mathbb{R} \to \mathbb{R} : x \to |x|$ ist an der Stelle $x = 0$ nicht differenzierbar. Es handelt sich um einen Ausnahmepunkt (Knickpunkt). Da es keine stationären Punkte und auch keine Randpunkte in $D = \mathbb{R}$ gibt (formal: $\mathscr{S} = \mathscr{R} = \emptyset, \mathscr{A} = \{0\}, \mathscr{K} = \{0\}$), ist $x = 0$ der einzige Extrempunktkandidat.   △

Beispiel 11.34. Bei der auf $D = [0, \infty)$ durch

$$K(x) := \begin{cases} 2x & x \in [0, 1] \\ x + 1 & x \in (1, 5] \\ x^2 - 19 & \text{sonst} \end{cases}$$

definierten Kostenfunktion soll das Minimum der Durchschnittskosten ermittelt werden.

Die Durchschnittskostenfunktion ist hier $k : (0, \infty) \to \mathbb{R}$ gemäß

$$k(x) := \frac{K(x)}{x} = \begin{cases} 2 & x \in [0, 1] & \text{(a)} \\ 1 + \frac{1}{x} & x \in (1, 5] & \text{(b)} \\ x - \frac{19}{x} & x \in (5, \infty). & \text{(c)} \end{cases}$$

Zunächst untersuchen wir, ob es sich hier um den "glatten" oder den "allgemeinen" Fall handelt. Da die Funktion stückweise durch verschiedene Ausdrücke definiert wurde, müssen wir damit rechnen, dass die Glattheit verloren geht.

Wir bemerken, dass die Funktion k an den beiden potentiellen Unstetigkeitsstellen $x = 1$ und $x = 5$ zumindest *stetig* ist, denn dort stimmen die Funktionswerte aus den "zuständigen" benachbarten Zeilen der Weiche überein:

$$\begin{aligned} \text{K}(1-) &= 2 & \text{(Berechnung aus Zeile (a))} \\ \text{K}(1+) &= 2 & \text{(Berechnung aus Zeile (b)).} \end{aligned}$$

Analog gilt

$$K(5-) = \tfrac{6}{5} = K(5+) \,.$$

Sie ist an diesen Stellen jedoch *nicht differenzierbar*, denn es gilt

$$k'(x) = \begin{cases} 0 & x \in (0, 1) \\ \frac{-1}{x^2} & x \in (1, 5) \\ 1 - \frac{19}{x^2} & x \in (5, \infty) \end{cases}$$

und daher

$$\begin{aligned} D^- k(1) &= & 0 &\neq& -1 &=& D^+ k(1) \\ D^- k(5) &= & -\tfrac{1}{25} &\neq& \tfrac{6}{25} &=& D^+ k(5). \end{aligned}$$

Wir sind also im nicht-glatten Fall und haben 2 Ausnahmepunkte zu berücksichtigen; diese bilden die Menge $\mathscr{A} = \{1, 5\}$. Weiterhin ist jeder Punkt $x \in (0, 1)$ stationär und sonst keiner: $\mathscr{S} = (0, 1)$. Da es keine zu D gehörenden Randpunkte gibt, folgt

$$\begin{aligned} \mathscr{K} &= & \mathscr{S} &\cup& \mathscr{R} &\cup& \mathscr{A} \\ &= & (0, 1) &\cup& \emptyset &\cup& \{1, 5\}. \end{aligned}$$

$\triangle$

Auf die Bewertung dieser Kandidatenpunkte gehen wir in den folgenden Abschnitten ein.

11.4.5   Globale Bewertung: Kandidatenvergleich

Das Prinzip

Gegeben sei eine Funktion $f : [a, b] \to \mathbb{R}$, die auf globale Extremwerte und -stellen zu untersuchen ist. Wir nehmen an, dass die Kandidatenmenge $\mathcal{K}$ bereits bestimmt wurde und *endlich* viele Punkte enthalte, die wir der besseren Übersicht halber nach aufsteigender Größe nummerieren:

$$a = x_0 \quad < \quad x_1 \quad < \quad \ldots \quad < \quad x_n = b$$

Dies seien sämtliche Extrempunktkandidaten; weitere mögen nicht existieren. Wir notieren uns nun die dazu gehörigen Funktionswerte

$$f(x_0), \quad f(x_1), \quad \ldots, \quad f(x_n)$$

und vergleichen diese untereinander: Der größte ergibt das globale Maximum $\max f$, der kleinste das globale Minimum $\min f$ der Funktion f. Voilà!

Beispiel 11.35. In einer Extremwertuntersuchung wurden die folgenden Kandidaten und zugehörige Funktionswerte ermittelt:

i	0	1	2	3	4	5	6	7	8	9
x_i	0	$\frac{1}{2}$	2	17	18	22	31	48	52	77
$f(x_i)$	111	88	17	15	31	28	50	66	111	102

Wir stellen fest: Größtmöglicher Funktionswert ist $\max f = 111$ und wird an den beiden Stellen $x_0 = 0$ und $x_8 = 52$ angenommen; kleinstmöglicher Funktionwert ist $\min f = 15$ und wird an der Stelle $x_3 = 17$ erreicht. $\triangle$

Beispiel 11.36 ($\nearrow$F 11.17). Bei der durch

$$q(x) := \frac{x^2 + 1}{x^2 + 3x + 5} \quad , x \in D := [-10, 10],$$

definierte Funktion hatten wir als Kandidatenmenge $\mathcal{K} = \{-10, -3, \frac{1}{3}, 10\}$ ermittelt. Wir berechnen nun noch die Funktionswerte; in Tabellenform:

i	0	1	2	3
x_i	-10	-3	$\frac{1}{3}$	10
$q(x_i)$	$\frac{101}{75}$	2	$\frac{2}{11}$	$\frac{101}{135}$

Es folgt $\max q = 2$, $\arg\max q = \{-3\}$, $\min q = \frac{2}{11}$, $\arg\min q = \{\frac{1}{3}\}$.

   $\triangle$

Uneigentliche Kandidaten

Bisher hatten wir angenommen, dass unsere Funktion f auf einem *kompakten* (d.h., beschränkten und abgeschlossenen) Intervall $I = [a, b]$ gegeben ist. Als Folge waren die beiden Randpunkte a und b stets zugleich Extrempunktkandidaten. Nun wollen wir auch den Fall nicht-kompakter Intervalle betrachten. Dies sind Intervalle I der Form

$$(a, b), \ (a, b], \ [a, b), \ (-\infty, b), \ (-\infty, b], \ [a, \infty) \ (a, \infty) \text{ oder } (-\infty, \infty),$$

$a < b \in \mathbb{R}$, die jeweils mindestens einen "unerreichbaren" Randpunkt enthalten. Solche Punkte kommen in den bisher ermittelten Kandidatenmengen nicht vor, weil die Funktion f an unerreichbaren Randpunkten auch gar nicht definiert ist. Beim Kandidatenvergleich wollen wir jedoch größtmögliche Einheitlichkeit und Einfachheit erzielen. Was ist zu tun?

Wir nehmen einfach die unerreichbaren Randpunkte mit in unsere Kandidatenmenge auf! Die dort von Hause aus fehlenden Funktionswerte ersetzen wir durch die entsprechenden Grenzwerte der Funktion f. Wenn wir endlich viele Extrempunktkandidaten haben, erhalten wir so wie bisher eine geordnete Kandidatenliste

$$a = x_0 \ < \ x_1 \ < \ ... \ < \ x_n = b.$$

Diesmal ist jedoch zugelassen, dass die Punkte a und b nicht beide zu I gehören, insbesondere kann $a = -\infty$ oder $b = \infty$ gelten. Wir müssen nun lediglich die zugehörige Funktionswertliste wie folgt modifizieren:

$$f(x_0+), \quad f(x_1), \quad ..., \quad f(x_n-).$$

Dabei bezeichnen die rechts geschriebenen Plus- bzw. Minuszeichen die einseitigen Grenzwerte:

$$f(x_0+) = \lim_{x \downarrow x_0} f(x)$$

$$f(x_n-) = \lim_{x \uparrow x_n} f(x).$$

Der Rest verläuft genauso wie im vorhergehenden Punkt beschrieben.

Damit unsere Vorgehensweise funktioniert, müssen wir *voraussetzen*, dass die genannten Grenzwerte existieren, wobei wir auch die uneigentlichen Grenzwerte $+\infty$ oder $-\infty$ zulassen. Weiterhin müssen wir natürlich in der Lage sein, die Grenzwerte zu bestimmen. Praktisch wird das meist gelingen.

Beispiel 11.37. Zur Einstimmung betrachten wir einmal die Quadratfunktion $qu(x) := x^2$ auf $D := \mathbb{R}$ und vergessen zu Übungszwecken alles, was wir bisher schon darüber wissen. Die Ableitung $qu'(x) = 2x$ liefert den einzigen stationären Punkt $x_1 = 0$. $D := \mathbb{R}$ besitzt nun die uneigentlichen Randpunkte $x_0 := -\infty$ und $x_2 := +\infty$, und als Grenzwerte erhalten wir

$$f(x_0+) = \lim_{x \downarrow -\infty} x^2 = \infty$$

$$f(x_2-) = \lim_{x \uparrow \infty} x^2 = \infty.$$

Die Tabelle lautet nun

Nr.	i	0	1	2
Kandidat	x_i	$-\infty$	0	∞
Funktionswert:		∞	0	∞

Wir schließen wie bisher: Absolut kleinster Funktionswert und damit globales Minimum ist $\min qu = 0$, angenommen an der Stelle 0. Es gibt jedoch keinen größten Funktionswert (denn die beiden Werte ∞ sind *uneigentlich*), also schließen wir: qu besitzt kein Maximum. $\triangle$

Beispiel 11.38. Wir betrachten die durch

$$Q(x) := \frac{x^2 + 1}{x^2 + 3x + 5}$$

auf ganz $D := \mathbb{R}$ definierte Funktion. Die Berechnungsformel ist dieselbe wie im Beispiel 11.36 , und mit exakt derselben Rechnung finden wir als stationäre Punkte $x_1 := -3$ und $x_2 := \frac{1}{3}$. Diesmal haben wir es jedoch wiederum mit zwei unerreichbaren Randpunkten $x_0 := -\infty$ und $x_2 := +\infty$ zu tun. Wir benötigen die Grenzwerte von Q an diesen Stellen.Dazu steht uns die Methode nach Bernoulli-L'Hospital zur Verfügung. Wir können hier jedoch noch einfacher zum Ziel kommen, und zwar so:
Wir dividieren das Zähler- und Nennerpolynom von Q jeweils durch den Term höchsten Grades, also durch x^2; es folgt:

$$Q(x) = \frac{1 + x^{-2}}{1 + 3x^{-1} + 5x^{-2}}.$$

Wenn x betragsmäßig sehr groß wird, gehen die türkisfarbenen Summanden gegen Null, also gilt

$$Q(-\infty+) = Q(\infty-) = 1.$$

Unsere Tabelle lautet demzufolge

i	0	1	2	3
x_i	$-\infty$	-3	$\frac{1}{3}$	∞
Q	1	2	$\frac{2}{11}$	1

Es folgt $\max Q = 2$, $\arg\max q = \{-3\}$, $\min Q = \frac{2}{11}$, $\arg\min Q = \{\frac{1}{3}\}$.

Beispiel 11.39. Auf $D := (0, \infty)$ werde die Funktion χ gemäß $\chi(x) := x \ln x$ betrachtet.

Die Ableitung nach Produktregel liefert $\chi'(x) = \ln x + 1$; es gilt

$$\chi'(x) = 0 \quad \Leftrightarrow \quad \ln x = -1 \quad \Leftrightarrow \quad x = e^{-1} =: x_1.$$

Außer diesem stationären Punkt sind die uneigentlichen Randpunkte $x_0 := 0$ und $x_2 := \infty$ zu bewerten. Es gilt nach Bernoulli-L'Hospital (Satz 8.57)

$$
\begin{aligned}
\lim_{x \downarrow 0} x \ln x &= \lim_{x \downarrow 0} \frac{\ln x}{\frac{1}{x}} && \text{[Zähler und Nenner}\\
&&& \text{durch Ableitung ersetzen]}\\
&= \lim_{x \downarrow 0} \frac{\frac{1}{x}}{\frac{-1}{x^2}} && \text{[Bruch kürzen]}\\
&= \lim_{x \downarrow 0} -x \\
&= 0,
\end{aligned}
$$

leicht zu sehen ist dagegen $\lim_{x \uparrow \infty} x \ln x = \infty$. Die Tabelle lautet also

i	0	1	2
x_i	0	e^{-1}	∞
χ	0	$-e^{-1}$	∞

Ergebnis: $\min \chi = -e^{-1}$, $\arg\min \chi = \{e^{-1}\}$, ein globales Maximum existiert nicht. △

Beispiel 11.40 (↗F 11.34). Die Durchschnittskostenfunktion $k : (0, \infty) \to \mathbb{R}$ gemäß

$$k(x) := \frac{K(x)}{x} = \begin{cases} 2 & x \in [0, 1] \\ 1 + \frac{1}{x} & x \in (1, 5] \\ x - \frac{19}{x} & x \in (5, \infty) \end{cases}$$

ergibt folgende Kandidatentabelle:

x	0	$\in (0,1)$	1	5	∞
$k(x)$	2	2	2	$\frac{6}{5}$	∞

Wir sehen, dass die Funktion k kein globales Maximum besitzt, dagegen das (nicht strikte) lokale Maximum 2 an jeder Stelle $x \in [0, 1]$ und schließlich das (einzige und) globale Minimum $\frac{6}{5}$ an der Stelle $x = 5$ annimmt. △

Nebenprodukt: Lokale Klassifikation

Wir hatten erwähnt, dass als Nebenprodukt einer globalen Klassifikation auch die lokale Klassifikation von Extrempunkten erhältlich ist. Am einfachsten ist das an einem Beispiel zu sehen.

Beispiel 11.41 ($\nearrow$F 11.35). Wir betrachten nochmals die gegebene Tabelle, diesmal allerdings unter dem Aspekt der Bewertung *aller* Kandidaten. Dazu tragen wir in eine vierte Zeile der Tabelle zusätzlich die Wachstumsrichtung von jedem Punkt zu seinem rechten Nachbarpunkt ein:

NR. i	0	1	2	3	4	5	6	7	8	9
x_i	0	$\frac{1}{2}$	2	17	18	22	31	48	52	77
$f(x_i)$	111	88	17	15	31	28	54	50	111	102
Anstieg		$\searrow$	$\searrow$	$\searrow$	$\nearrow$	$\searrow$	$\nearrow$	$\searrow$	$\nearrow$	$\searrow$
Natur	max	%	%	min	max	min	max	min	max	min
Wertung	g			g	l	l	l	l	g	l

Punkte, bei denen die Pfeilrichtung *wechselt*, sowie die beiden Randpunkte sind Extrempunkte, deren Art direkt aus den Pfeilrichtungen ablesbar ist. So sind die vier roten Einträge Maxima, die vier blauen Einträge sind Minima. Dies ist auch in der fünften Zeile so festgehalten. Punkte mit dem Eintrag % sind keine Extrempunkte.

Ob ein Extrempunkt nur lokale oder sogar globale Bedeutung hat, muss wiederum durch Kandidatenvergleich ermittelt werden. Das Ergebnis ist in der Zeile "Wertung" enthalten.   △

Modifikationen

Statt anhand ihrer Funktionswerte kann man Extrempunktkandidaten natürlich auch anhand anderer verfügbarer Informationen beurteilen. Es geht darum, vorhandenes Wissen sinnvoll zu kombinieren, um möglichst schnell und bequem zum Ziel zu kommen.

Ausnutzung von Nachbarschaftsinformationen

Beispiel 11.42.

(1) Von zwei benachbarten stationären Punkten $x_1 < x_2$ sei bekannt, dass x_1 ein Maximumpunkt ist. Dann kann x_2 kein Maximumpunkt sein.

(2) Von drei benachbarten stationären Punkten $x_1 < x_2 < x_3$ sei bekannt, dass x_1 und x_3 Maximumpunkte seien. Dann ist x_2 ein Minimumpunkt.

(3) Von drei benachbarten stationären Punkten $x_1 < x_2 < x_3$ sei bekannt, dass x_1 ein Maximum- und x_3 ein Minimumpunkt ist. Dann ist x_2 ein Terrassenpunkt.   △

Ausnutzung von Existenzinformationen

Beispiel 11.43. Die differenzierbare Funktion $f : R \to \mathbb{R}$ besitze einen einzigen stationären Punkt x°.

(i) Wenn bekannt ist, dass f ein globales Maximum besitzt, so muss x° globaler Maximumpunkt sein.

(ii) Wenn bekannt ist, dass f weder ein globales Maximum noch ein globales Minimum hat, muss x° ein Terrassenpunkt sein.   △

11.4.6   Globale Bewertung: Monotonieargumente

Bewertung von Kandidaten

Auch das Monotonieverhalten einer Funktion kann für eine globale Bewertung ausgenutzt werden. (Informationen darüber können wir z.B. mit Hilfe von Schnelltests erhalten.) Wir betrachten wiederum zwei instruktive Skizzen, die eine Umgebung stationärer Punkte zeigen:

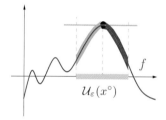
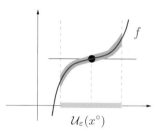

Wir beobachten: Genau wenn sich der Graph von f nur *unterhalb* (oberhalb) der waagerechten Tangente an $(x^\circ, f(x^\circ))$ bewegt, ist x° ein lokaler Maximumpunkt (Minimumpunkt) (Bild links); andernfalls liegt kein Extremum vor (Bild rechts).

Dem Leser sei empfohlen, die beiden Skizzen einmal mit den beiden auf den ersten Blick relativ ähnlichen Skizzen auf Seite 330 zu vergleichen. Dort hatten wir davon gesprochen, dass sich der Graph von der Tangente "wegkrümmt" (als Folge von Konvexität oder Konkavität); hier bemerken wir, dass es genügt, wenn er sich "wegbewegt" (was bereits durch Monotonie erreicht werden kann).

Bei einem Kandidatenpunkt x° handelt es sich also insbesondere dann um

(M1) einen Maximumpunkt, wenn f linkerhand von x° wächst, rechterhand von x° fällt,

(M2) einen Minimumpunkt, wenn f linkerhand von x° fällt, rechterhand von x° wächst,

(M3) keinen Extrempunkt, wenn f *beidseits* von x° streng wächst oder *beidseits* von x° streng fällt.

Diese Beurteilung ist *lokal*, solange (M1) bis (M3) jeweils nur innerhalb einer gewissen Umgebung von x° gelten, und sogar *global*, wenn (M1) bis (M3) auf ganz D gelten. Sie ist bei (M1) und (M2) überdies *strikt*, wenn die vorausgesetzte Monotonie *streng* ist.

Beispiel 11.44. Wir betrachten die durch $\varphi : x \to e^{-x^2}$ auf ganz $\mathbb{R}$ definierte Funktion φ und den einzigen stationären Punkt $x^\circ = 0$. Ein Schnelltest ergibt: φ ist streng wachsend auf $(-\infty, 0]$ und streng fallend auf $[0, \infty)$. Also besitzt φ an der Stelle $x^\circ = 0$ ein striktes Maximum, und zwar *global*.
(Zum Schnelltest: Wir deuten φ als Komposition: $\varphi = f \circ g$ mit $g(x) = x^2$ und $f(y) = e^{-y}$ für $x, y \in \mathbb{R}$. Die äußere Funktion f ist streng fallend (als gespiegelte Katalogfunktion), die innere ist (ebenfalls als Katalogfunktion) streng fallend auf $(-\infty, 0]$ und streng wachsend auf $[0, \infty)$. Der Rest ergibt sich aus der Übersicht auf Seite 276).   △

Beispiel 11.45. Wir betrachten die Funktion $\beta : \mathbb{R} \to \mathbb{R}$ mit

$$\beta(x) = x \cdot e^x.$$

Diese ist überall differenzierbar und besitzt die Ableitung

$$\beta'(x) = (1 + x) \cdot e^x.$$

Ganz offensichtlich ist $x^\circ = -1$ einziger stationärer Punkt von β, und es gilt $\beta'(x) < 0$ für $x < x^\circ = -1$ sowie $\beta'(x) > 0$ für $x > x^\circ = -1$. Somit ist β streng fallend auf $(-\infty, -1]$ und streng wachsend auf $[-1, \infty)$. Also ist x° globaler Minimumpunkt von β.   △

Bisher waren alle betrachteten Extrempunktkandidaten stationäre Punkte. Unsere Argumentation lässt sich jedoch ebenfalls auf solche Extrempunktkandidaten anwenden, die *keine* stationären Punkte sind. Auch wird die Existenz einer Ableitung *nicht* vorausgesetzt.

Beispiel 11.46. Bei der Betragsfunktion abs : $\mathbb{R} \to \mathbb{R}$ ist aus Symmetriegründen $x^\circ := 0$ ein interessanter Punkt. Nun gilt $abs(x) = |x| = x$ für $x \geq 0$, also ist abs auf $[0, \infty)$ streng wachsend. Analog sieht man: abs ist auf $(-\infty, 0]$ streng fallend. Also liegt an der Stelle $x^\circ = 0$ das strikte globale Minimum von abs.   △

Beispiel 11.47. Es bezeichne κ die durch $\kappa : x \to e^{-|x|}$ auf ganz $\mathbb{R}$ definierte Funktion. Aus Symmetriegründen interessieren wir uns für den Punkt $x^\circ = 0$. Ein Schnelltest ergibt auch hier: κ ist streng wachsend auf $(-\infty, 0]$ und streng fallend auf $[0, \infty)$. Also besitzt κ an der Stelle $x^\circ = 0$ ein striktes Maximum, und zwar *global*.   △

Gelegentlich ist es einfacher, das Wachstumsverhalten aus dem Vorzeichen der Ableitung (und nicht aus der Funktion selbst) zu erklären.

Beispiel 11.48. Gesucht sei das globale Maximum der auf $D := [0, \infty)$ durch $\chi : x \to x^2 e^{-x^2}$ definierten Funktion χ.

Wir ermitteln zunächst die stationären Punkte. Die Ableitung von χ berechnet sich mittels Produktregel:

$$\chi'(x) = (2x - 2x^3)e^{-x^2} = 2x(1 - x^2)e^{-x^2}, \qquad x \in D.$$

Als Produkt der drei blau, rot bzw. schwarz eingefärbten Faktoren wird dieser Ausdruck genau dann Null, wenn dies für mindestens einen Faktor zutrifft; wir finden daher in D (!) zwei stationäre Punkte: $x_1 = 0$, $x_2 = 1$. Dies sind unsere ersten Extrempunktkandidaten; der erste außerdem zugleich ein Randpunkt. Weil das Monotonieverhalten von χ nicht offensichtlich ist, untersuchen wir das Vorzeichen der drei Faktoren der Ableitung: Es gilt

$$\underbrace{2x}_{>0} \quad \underbrace{(1 - x^2)}_{} \quad \underbrace{e^{-x^2}}_{>0} \qquad \text{für } x > 0 \text{ bzw. } x \geq 0$$

$$\underbrace{}_{>0} \qquad \text{für } 0 \leq x < 1$$

$$\underbrace{}_{<0} \qquad \text{für } 1 < x < \infty$$

und daher $\chi'(x) > 0$ genau für $x \in (0, 1)$, $\chi'(x) < 0$ genau für $x \in (1, \infty)$. Mithin ist χ

a) streng wachsend auf $[0, 1]$

b) streng fallend auf $[1, \infty)$

(Monotonieabschluss). Wir schließen daraus: $x_2 = 1$ ist strikter globaler Maximumpunkt.

$\triangle$

Bemerkung 11.49. Hinsichtlich des anderen Kandidaten x_1 des letzten Beispiels können wir sofort sagen, dass es sich um einen *lokalen* Minimumpunkt handelt. Die Monotonie allein lässt aber nicht zu, zu entscheiden, ob dieser auch *globaler* Minimumpunkt ist. Wir nehmen zwecks Kandidatenvergleich den uneigentlichen rechten Randpunkt $x_3 := \infty$ hinzu und finden $\chi(\infty-) = 0$. Erst recht gilt: $\chi(\infty-) \geq 0 = \chi(0)$. Also ist $x_1 = 0$ globaler Minimumpunkt. Wir bemerken, dass für $x > 0$ gilt $\chi(x) > 0$, somit ist $x_1 = 0$ zugleich einziger globaler Minimumpunkt.

Spezialfall: "Monotone Optimierung"

Wir betrachten nun den Spezialfall, dass die betrachtete Funktion f sogar "insgesamt" monoton ist. Folgende Aussage ist offensichtlich:

Satz 11.50. *Es sei* $f : [a, b] \to \mathbb{R}$ *eine monoton wachsende Funktion (mit* $a < b \in \mathbb{R}$*).*

(i) *Dann gilt* $\min_D f = f(a), \max_D f = f(b)$ *sowie* $a \in \arg\min_D f$, $b \in \arg\max_D f$.

(ii) *Wächst* f *sogar streng monoton, sind beide Extrema strikt:* $\{a\} = \arg\min_D f, \{b\} = \arg\max_D f.$

Der Nutzen:

> *Bei streng monotonen Funktionen sind die Randpunkte – und nur diese – Extrempunktkandidaten!*

Jegliche Suche nach stationären Punkten kann also entfallen. – Umgekehrt haben wir bei unerreichbaren Randpunkten eine Negativaussage:

Satz 11.51. *Die Funktion* $f : (a, b) \to \mathbb{R}$ *sei streng monoton wachsend* ($-\infty \le a < b \le \infty$). *Dann existiert weder ein Maximum noch ein Minimum.*

Für Definitionsbereiche in Form halboffener Intervalle kann man die Aussagen beider Sätze sinnvoll kombinieren. (Und natürlich gelten "seitenverkehrte" Ausssagen für monoton fallende Funktionen.)

Beispiel 11.52 (↗F 11.48)**.** Ein Schnelltest hatte ergeben, dass die durch

$$\psi(x) := e^{\frac{1}{(1+x)} - \sqrt{x}}$$

auf $D := [0, \infty)$ definierte Funktion streng fallend ist. Es folgt sofort: Das Maximum wird genau im linken Randpunkt 0 angenommen; ein Minimum existiert dagegen nicht; formal:

$$\max \psi = \psi(0) = 1, \arg\max \psi = \{0\}. \qquad \triangle$$

Beispiel 11.53 (↗F 9.19)**.** Wir hatten ebenfalls durch einen Schnelltest gezeigt, dass die auf dem Intervall $(0, \frac{\pi}{2}]$ durch $\tau(x) := \ln(1 + 5 \cdot x^2 - \sqrt{1 - (\sin x)^3})$ definierte Funktion streng wachsend ist. Hieraus folgt sofort zweierlei:

- $\max_D f = f(\frac{\pi}{2}) = \ln\left(1 + 5 \cdot (\frac{\pi}{2})^2\right)$ (im strikten Sinne);
- $\min_D f$ existiert nicht!
  (Es gilt überdies $\ln(1 + 5 \cdot x^2 - \sqrt{1 - (\sin x)^3}) \to -\infty$ für $x \to 0$.) $\triangle$

11.4.7   Globale Bewertung: Konvexitätsargumente

Noch einfacher wird die globale Bewertung von Kandidaten, wenn die Ausgangsfunktion f konvex (bzw. konkav) ist (was außer mit Hilfe von Abeitungen auch durch Schnelltests untersucht werden kann). Es gilt nämlich

Satz 11.54.

(i) *Jedes Minimum einer konvexen Funktion ist global.*

(ii) *Jedes Minimum einer strikt konvexen Funktion ist strikt.*

(iii) *Beide Aussagen bleiben richtig, wenn man "konvex" durch "konkav" und gleichzeitig "Min" durch "Max" ersetzt.*

Zum Nutzen dieses Satzes: Im Fall einer konvexen Funktion genügt es, sich auf irgend einem Wege einen Minimumpunkt zu verschaffen – dieser ist dann automatisch global. Bei strikter Konvexität gibt es zudem keine weiteren Minimumpunktkandidaten.

Beispiel 11.55. Sie erfahren, dass für eine konvexe differenzierbare Funktion $f : [a, b] \to \mathbb{R}$ gilt $f'(a) > 0$. Daraus schließen sie zunächst: a ist strikter *lokaler* Minimumpunkt. Weil f konvex ist, ist a zugleich *globaler* Minimumpunkt. Als solcher ist er strikt, weil er auch schon als lokaler Minimumpunkt strikt ist.

$\triangle$

Natürlich sind stationäre Punkte von besonderem Interesse. Deswegen ist der folgende Satz äußerst hilfreich:

Satz 11.56. *Es seien $D \subseteq \mathbb{R}$ ein nichtausgeartetes Intervall und $f : D \to \mathbb{R}$ eine konvexe differenzierbare Funktion.*

(i) *Jeder stationäre Punkt von f ist globaler Minimumpunkt.*

(ii) *Jeder isolierte stationäre Punkt von f ist strikter globaler Minimumpunkt.*

(iii) *Ist f strikt konvex, so existiert höchstens ein stationärer Punkt.*

Zum Nutzen dieses Satzes:

Nach (i) genügt es, einen einzigen stationären Punkt zu finden, um das globale Minimum zu ermitteln. (Es könnten allerdings noch weitere Minimum*punkte* existieren.) Wenn der gefundene stationäre Punkt ein *isolierter* stationärer Punkt ist, gibt es nach (ii) weder weitere stationäre Punkte noch weitere Minimumpunkte. (Wir erinnern: Ein isolierter stationärer Punkt ist ein solcher stationärer Punkt, der eine Umgebung besitzt, in der es keine weiteren stationären Punkte gibt; vergl. Definition 3.18.) Wenn die Funktion f *strikt* konvex ist, existiert höchstens ein stationärer Punkt; dieser ist dann automatisch isoliert.

Umgekehrt können wir sagen: Wenn eine Funktion zwei oder mehr stationäre Punkte besitzt, kann sie nicht *strikt* konvex bzw. *strikt* konkav sein; wenn diese stationären Punkte *isoliert* sind, kann sie nicht einmal konvex oder konkav sein.

Beispiel 11.57. Gesucht ist das globale Minimum der auf $(0, \infty)$ durch $\nu(x) := 3x^2 - 10x + 30 + \frac{224}{x}$ definierten Funktion.
Ein Schnelltest zeigt:

$$\underbrace{3x^2}_{s\cup} \underbrace{- 10x}_{\cup} \underbrace{+ 30}_{\cup} \underbrace{+ \frac{224}{x}}_{s\cup}$$

also ist die Funktion ν strikt konvex. Wir bestimmen stationäre Punkte:

$$\nu'(x) = 6x - 10 - \frac{224}{x^2}, \text{ also } \nu'(x) = 0 \Longleftrightarrow 6x^3 - 10x^2 - 224 = 0.$$

Ein wenig Probieren ergibt als erste Nullstelle der Gleichung rechts den Wert $x = 4$; dieses ist der erste stationäre Punkt. Im Standardfall müssten wir nach weiteren Nullstellen suchen (z.B. nach einer Polynomdivision), weiterhin müssten alle Kandidaten verglichen werden. Diese Arbeit können wir uns nun sparen: $x = 4$ ist einziger globaler Minimumpunkt und $\nu(4) = 94$ das strikte globale Minimum von ν. △

Wir schließen die Diskussion um die Sätze 11.54 und 11.56 mit dem Hinweis, dass diese natürlich nur dann weiterhelfen, wenn die betrachtete konvexe Funktion ein Minimum besitzt. Das braucht aber nicht immer der Fall zu sein (siehe die Exponentialfunktion).

Wie steht es um die *Maxima* konvexer Funktionen? Auch diese brauchen nicht zu existieren. Wenn aber doch, finden wir sie schnell:

Satz 11.58. *Besitzt eine nicht konstante konvexe Funktion ein Maximum, so gibt es einen Randpunkt des Definitionsbereiches, in dem dieses Maximum als Funktionswert angenommen wird.*

Dieser Satz erleichtert die Suche nach Maxima konvexer Funktionen wesentlich: Wir brauchen uns nur die Randpunkte des Definitionsbereiches anzusehen.

Beispiel 11.59. Die durch $x \to (x - 1)^4$ auf $[-10, 12]$ definierte Funktion χ ist stetig. Wir wissen aus Satz 7.11, dass dann ein globales Maximum existiert. Weil die Funktion χ nicht konstant und strikt konvex ist, können wir Satz 11.58 anwenden und schließen: Die Randpunkte $x_0 := -10$ und $x_1 := 12$ sind die einzigen Kandidaten für Maximumpunkte. Der Vergleich der Funktionswerte zeigt nun $\chi(x_0) = 11^4$ und $\chi(x_1) = 11^4$; damit ist jeder der beiden Punkte globaler Maximumpunkt und 11^4 das globale Maximum von χ. △

Beispiel 11.60. Die durch $h(x) := e^{\frac{1}{1+x} - \sqrt{x}} + x^2$ auf $D := [0, 1]$ definierte Funktion ist strikt konvex (vgl. Aufgabe 10.63). Wir brauchen nur die beiden Randpunkte anzusehen und finden

$$h(0) = e \quad \text{und} \quad h(1) = e^{\frac{-1}{2}} + 1;$$

es gilt also
$$h(0) > 2 \quad \text{und} \quad h(1) < 1 + 1 = 2;$$
mithin liegt das globale Maximum von h an der Stelle 0 und hat den Wert
$\max h = e$. △

11.4.8   Einfachstmethoden

In diesem Abschnitt wollen wir einige äußerst einfache und trotzdem sehr
nützliche Ideen aufzeigen.

"Schrankenmethode"

Die folgende Aussage ist offensichtlich:

Es gilt: *Wenn eine Funktion $f : D \to \mathbb{R}$ durch eine reelle Konstante O nach
oben beschränkt ist, dann ist jeder Punkt $x^\circ \in D$ mit $f(x^\circ) = O$ globaler
Maximumpunkt von f* (siehe Bild).

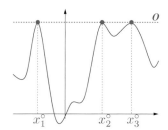

Die Gleichung $f(x^\circ) = O$ kann natürlich nur gelten, wenn O nicht irgendei-
ne, sondern die kleinstmögliche obere Schranke ist. In diesem Fall gilt dann
$O = \sup f = \max f$.
Eine sinngemäße Aussage gilt natürlich auch für jede nach unten beschränkte
Funktion.

Zum Nutzen: Bei einer (einseitig) beschränkten Funktion kann man sich bei
der Extrempunktsuche auf solche Stellen beschränken, in denen Schranken
als Funktionswerte angenommen werden. Es ist mitunter nicht schwer, diese
Stellen zu finden.

Beispiel 11.61. Für die durch $v(x) := x^4$ auf $\mathbb{R}$ definierte Funktion v gilt offensichtlich $v \geq 0$. Also ist Null untere Schranke; diese wird als Funktionswert
an der Stelle $x = 0$ (und nur dort) angenommen. Also ist 0 gleichermaßen
(striktes) globales Minimum wie strikte globale Minimumstelle. △

Beispiel 11.62. Die durch $\alpha(x) := \dfrac{1}{1 + (x^2 - 4x + 3)^2}$ auf ganz $\mathbb{R}$ definierte
Funktion α genügt der Beziehung $\alpha \leq 1$ (denn der Nenner ist niemals kleiner

als Eins). Somit ist jede Stelle, an der 1 als Funktionswert angenommen wird, globale Maximumstelle. Offenbar muss dazu gelten $x^2 - 4x + 3 = 0$. Letztere Gleichung ist für $x_1 = 1$ und $x_2 = 3$ erfüllt. Also sind x_1 und x_2 globale Maximumstellen, 1 ist globales Maximum von α. $\triangle$

Wir heben hervor, dass in beiden Beispielen weder Ableitungen, noch Monotonie noch Konvexität eine Rolle spielen.

"Monotone Entflechtung"

Wir präsentieren die Idee an folgendem

Beispiel 11.63. Gesucht werde das Maximum von $z(p) := \sqrt{p(1-p)}$ bezüglich $p \in [0,1]$.
Lösung: Wir lesen $z(p) = \sqrt{etwas}$, und natürlich wird $\sqrt{etwas}$ am größten, wenn *etwas* am größten wird. Wir suchen also das Maximum von *etwas* $= p(1-p) =: h(p)$ auf $[0,1]$. Der Graph dieser Funktion ist eine "hängende" Parabel mit den Nullstellen $p = 0$ und $p = 1$, das Maximum wird an der Stelle $p^* = \frac{1}{2}$ (genau in der Mitte zwischen beiden Nullstellen) angenommen und hat den Wert $e^* := p^*(1-p^*) = \frac{1}{4}$. Es folgt: $\max z = \sqrt{e^*} = \sqrt{\frac{1}{4}} = \frac{1}{2}$. $\triangle$

Das Wesen dieser Idee: Ein *kompliziertes* Problem (im Beispiel: Maximierung der Funktion z) wird auf ein *einfacheres* Problem (im Beispiel: Maximierung von *etwas*) zurückgeführt. (Wie dann dieses einfachere Problem gelöst wird, ist eine andere Frage.)

Der Kern unseres Argumentes beruhte darauf, dass die Wurzelfunktion streng monoton wächst. Dieser einfache Sachverhalt lässt sich auch formal notieren und braucht dazu erstaunlich viel Platz.

Satz 11.64. *Die Funktion* $f : D \to \mathbb{R}$ *lasse sich mit geeigneten Funktionen* g *und* h *in der Form* $f = g \circ h$ *darstellen.*

(i) *("Gleichsinn":) Es sei* g *streng wachsend. Dann gilt:*
$$\exists \max_D f \quad \Leftrightarrow \quad \exists \max_D h,$$
im Existenzfall gilt weiterhin
$$\max_D f = g(\max_h) \quad sowie \quad \arg\max_D f = \arg\max_D h.$$

(ii) *("Gegensinn":) g sei streng fallend. Dann gilt:*
$$\exists \max_D f \quad \Leftrightarrow \quad \exists \min_D h,$$
im Existenzfall gilt weiterhin
$$\max_D f = g(\min_h) \quad sowie \quad \arg\max_D f = \arg\min_D h.$$

(iii) *Alle Aussagen bleiben richtig, wenn man durchweg "max" gegen "min" austauscht.*

Beispiel 11.65. Gesucht sei das globale *Maximum* der durch
$k(x) = e^{-\sqrt{x^2-30x+289}}$, $x \geq 0$, definierten, einigermaßen komplizierten Funktion k. Um schnell zum Ziel zu kommen, wollen wir diesen geschachtelten Ausdruck möglichst *nicht* ableiten. Was dann? Wir lesen $k(x) = e^{-(\sqrt{x^2-30x+289})}$ $= g(h(x))$ mit $g(y) = e^{-\sqrt{y}}$. Die äußere Funktion g ist, wie wir aus einem Schnelltest wissen, streng fallend. Im Existenzfall gilt $max\, g = g(\min h)$ ("Gegensinn"). Also brauchen wir nur das *Minimum* der inneren Funktion h zu ermitteln, und dieses Problem ist schon bedeutend einfacher.

Obzwar die Anwendung von Satz 11.64 hier endet, lösen wir der Vollständigkeit halber noch das einfachere Problem: Der Ausdruck $h(x) = x^2 - 30x + 289$ beschreibt eine nach oben geöffnete Parabel mit der Scheitelstelle $x^\circ = 15$, an der das globale Minimum $\min h = h(15) = 64$ angenommen wird. Es folgt $\min k = g(\min h) = g(64) = e^{-\sqrt{64}} = e^{-8}$ und $\arg\min k = \arg\min h = \{15\}$.
△

Beispiel 11.66. Bei der durch $t(x) := \sqrt{1 + (\sin x)^2}$ auf $[0, 2\pi]$ definierten Funktion sei das globale Maximum zu bestimmen. Wir lesen
$t(x) = \sqrt{1 + (\sin x)^2}$. Die äußere Funktion $\sqrt{\cdot}$ ist streng wachsend, daher brauchen wir nur das Maximum der inneren Funktion zu kennen. Offensichtlich gilt $1 + (\sin x)^2 \leq 2$, wobei Gleichheit an den Stellen $x = \frac{\pi}{2}$ und $x = \frac{3\pi}{2}$ eintritt, an denen die Sinusfunktion die Werte $+1$ bzw. -1 annimmt. Wir finden:

$$\max t = \sqrt{\max(1 + \sin^2)} = \sqrt{2}\,; \qquad \arg\max t = \left\{\frac{\pi}{2}, \frac{3\pi}{2}\right\}. \qquad △$$

11.5   Aufgaben

Aufgabe 11.67. Bestimmen Sie -soweit vorhanden- die globalen Extremwerte und zugehörigen Extremstellen folgender Funktionen:

(i) $f(x) = 2x^3 - 21x^2 + 60x + 15$ $D_f = [0, 4]$

(ii) $g(x) = 2x^3 - 21x^2 + 60x + 15$ $D_g = [0, 6]$

(iii) $h(x) = e^{-x^2}$ $D_h = \mathbb{R}$

(iv) $k(x) = \frac{1}{x}e^x$ $D_k = [\frac{1}{2}, \frac{3}{2}]$

Hinweis: Die zweite Ableitung wird nicht benötigt.

Aufgabe 11.68. Man skizziere die Graphen folgender auf ganz $\mathbb{R}$ definierter Funktionen:

- $f(x) = xe^x$
- $g(x) = (x^2 - 2x + 1)e^{-x}$
- $h(x) = 3x^5 - 50x^3 + 135x + 2$

Alle Extremstellen und -werte sowie Monotonie und Krümmung sind korrekt wiederzugeben.

Aufgabe 11.69. Bestimmen Sie die globalen und lokalen Extremwerte und -stellen der Funktion $\phi(x) = (x^2 - 1)e^{-x}$, $x \geq 0$.

Aufgabe 11.70. Stellen Sie fest, welcherart Extrema die durch

$$\phi(x) = (x - 1)e^x - x, \ x \in \mathbb{R},$$

definierte Funktion besitzt. (Hinweis: Die explizite Angabe der Extremstelle(n) ist nicht erforderlich.)

Aufgabe 11.71 (↗L). Ein Unternehmen erzielt beim Absatz von x [ME] eines beliebig teilbaren Gutes X einen Gewinn von

$$G(x) = 2x^2 e^{-x/31} \quad [\text{GE}]$$

Das Gut kann - zumindest theoretisch - in unbegrenzter Menge hergestellt werden. Der mathematisch befähigtste Ökonom des Unternehmens wird beauftragt, den höchstmöglichen Gewinn G_{max} und die zugehörige Absatzmenge x_{opt} zu ermitteln.
Er findet schon einmal heraus, dass der Gewinn gegen Null tendiert, wenn die Absatzmenge unendlich groß wird, bleibt dann aber wegen akuter Übelheit nach dem Rosenmontag in seinen Überlegungen stecken. Führen Sie sie zu Ende!

Aufgabe 11.72 (↗Ü). Ergänzen Sie die globale Klassifikation aus Beispiel 11.36 durch eine lokale Klassifikation.

Aufgabe 11.73 (↗Ü). Die Extremwertuntersuchung einer Funktion f auf dem Intervall $[0, 7]$ ergibt folgende Kandidatentabelle:

i	0	1	2	3	4	5	6	7
x_i	1	2	5	6	22	33	34	40
$f(x_i)$	-1	3	7	11	8	12	6	9

Geben Sie eine vollständige Klassifikation aller Kandidatenpunkte an.

12

Integralrechnung

12.1 Motivation

Viele Autofahrer wissen, dass der werksseitig angegebene sogenannte Durchschnittsverbrauch ihres Pkw nur eine Rechengröße ist. In Abhängigkeit von Wetter, Fahrsituation und anderen Faktoren kommt es jedoch auf den Momentanverbrauch an. Dieser ist insbesondere im Winter bei einem Kaltstart besonders hoch – er kann z.B. in der Größenordnung von 40 l/100km liegen – und pegelt sich erst nach einigen gefahrenen Kilometern, wenn der Motor Betriebstemperatur erreicht hat, in der Nähe des Normwertes – z.B. bei 8 l/100km – ein.

Die Frage lautet nun: Wieviel Kraftstoff wird auf einer bestimmten Wegstrecke S nach dem Kaltstart insgesamt verbraucht? Unser Diagramm zeigt, wie dieser Wert – nennen wir ihn V – näherungsweise ermittelt werden kann: Die rote Kurve zeigt den Verlauf des Momentanverbrauchs $M(s)$ (in l/100km) entlang des gefahrenen Weges s (in 100km).

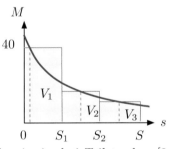

Wir zerlegen die Gesamtstrecke S beispielsweise in drei Teilstrecken $[0, S_1]$, $[S_1, S_2]$, $[S_2, S]$, und betrachten zuerst die Teilstrecke $[0, S_1]$. Nun nehmen wir vereinfachend an, der Momentanverbrauch sei konstant (und zwar gleich irgendeinem Wert, der auf der ersten Teilstrecke auftreten kann). Dann können wir die rote Kurve durch die hellblaue waagerechte Linie ersetzen, und der Flächeninhalt des Rechtecks V_1 als Produkt aus Streckenlänge und (konstantem Näherungs-) Verbrauch gibt uns den gesamten Kraftstoffverbrauch auf der ersten Teilstrecke *näherungsweise* an. Verfahren wir bei den weiteren Teilstrecken entsprechend, so erhalten wir die Rechtecke V_2 und V_3. Die Summe aller drei Rechteckflächen ist eine Näherung für den gesuchten absoluten Kraftstoffverbrauch V auf der Strecke S.

Wir können erwarten, dass sich diese Näherung verbessern wird, wenn wir die Gesamtstrecke in wesentlich mehr Teilstrecken zerlegen (Bild links) und erkennen durch Grenzübergang, dass der gesuchte Wert nichts anderes ist als der Flächeninhalt V der türkisfarbenen Fläche (Bild rechts)

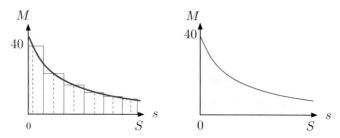

An dieser Stelle ist auf zweierlei hinzuweisen:

- Der Gesamtverbrauch V ist eine *ökonomische* Größe!
- Er berechnet sich als Flächeninhalt einer krummlinig berandeten Fläche.

Auf diese Weise müssen wir uns mit einer mathematischen Technik befassen, die u.a. zur Berechnung des Inhaltes krummlinig berandeter Flächen geeignet ist. Diese ist die sogenannte *bestimmte Integration*.

12.2 Das bestimmte Integral

Wir gehen nun daran, diese Technik zu formalisieren. Dazu gehen wir etwa so vor wie schon beim Problem des Momentanverbrauchs, wählen jedoch diesmal die "Höhen" der Treppenstufen kleinst- bzw. größtmöglich. Bei dem eben betrachteten Problem des Gesamtverbrauches erhalten wir dadurch *zwei* Treppenflächen:

Die blaßblau eingefärbte Treppenfläche, die ganz innerhalb der rot berandeten Fläche liegt, und die gepunktet umrandete Treppenfläche, die die gesuchte Fläche umschließt. Der gesuchte Flächeninhalt lässt sich also nach unten bzw. oben durch einfach berechenbare Flächen abschätzen.

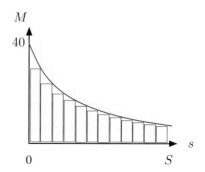

1. Schritt: Unter- und Obersummen

Wir nehmen also an, es seien ein Intervall $I = [a, b]$ und eine beliebige Funktion $f : [a, b] \to \mathbb{R}$ gegeben. Weiterhin betrachten wir eine beliebige Zerlegung Z des Intervalls I; d.h., eine endliche Menge $Z = \{x_0, ..., x_k\}$ von Punkten mit $a = x_0 < x_1 < ... < x_k = b$, die das Ausgangsintervall in kleinere Teilintervalle

zerlegen. Für jedes dieser Teilintervalle $[x_{i-1}, x_i]$ bestimmen wir nun einen konstanten Näherungswert für $f(x)$ auf zweierlei Arten:
Einerseits wählen wir das Minimum von f auf diesem Intervall:

$$m_i := \min_{x \in [x_{i-1}, x_i]} f(x)$$

(welches der Höhe der blaßblauen Treppenstufe entspricht), andererseits das Maximum von f auf diesem Intervall:

$$M_i := \max_{x \in [x_{i-1}, x_i]} f(x)$$

(entsprechend der Höhe der gepunkteten Treppenstufe). Damit bilden wir die Werte

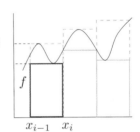

$$U_Z(f) := \sum_{i=1}^{k} m_i(x_i - x_{i-1}) \quad \text{und} \quad O_Z(f) := \sum_{i=1}^{k} M_i(x_i - x_{i-1})$$

und nennen dies die *Untersumme* bzw. *Obersumme* von f bei der Zerlegung Z. (In unserem Beispiel handelt es sich gerade um die Gesamtfläche der blaßblauen bzw. gepunktet berandeten Treppe.) Wir heben nochmals hervor, dass sich der gesuchte Flächeninhalt F zwischen $U_Z(f)$ und $O_Z(f)$ einschachteln lässt:

$$U_Z(f) \le F \le O_Z(f). \tag{12.1}$$

2. Schritt: Verfeinerung

Für eine beliebige Zerlegung $Z = x_0, ..., x_k$ nennen wir die größte Länge eines Teilintervalls die *Feinheit* $\mathcal{F}(Z)$ von Z. Wir betrachten nun Folgen (Z_n) von Zerlegungen, die immer feiner werden, für die also gilt

$$Z_n \subseteq Z_{n+1} \tag{12.2}$$

für alle $n \in \mathbb{N}$ und

$$\mathcal{F}(Z_n) \to 0 \tag{12.3}$$

für $n \to \infty$. Es ist anschaulich klar, dass "mehr Treppenstufen" dazu führen, dass die zugehörigen Untersummen und Obersummen näher aneinanderrücken. Genauer: Die Untersummen werden im Zuge dieser Verfeinerung nicht kleiner, die zugehörigen Obersummen nicht größer:

$$U_{Z_n}(f) \le U_{Z_{n+1}}(f) \quad \text{sowie} \quad O_{Z_n}(f) \le O_{Z_{n+1}}(f)$$

3. Schritt: Grenzübergang

Aufgrund von Satz 4.36 existieren die Grenzwerte

$$\lim_{n\to\infty} U_{Z_n}(f) = \underline{U} \quad \text{und} \quad \lim_{n\to\infty} O_{Z_n}(f) = \overline{O}$$

und es gilt

$$\underline{U} \leq \overline{O}.$$

Interessant ist natürlich der Fall, in dem beide Werte übereinstimmen:

Definition 12.1. *Gilt für jede Folge (Z_n) von Zerlegungen mit (12.2) und (12.3)*

$$\underline{U} = \overline{O}$$

und ist diese Zahl reellwertig sowie unabhängig von der gewählten Folge (Z_n), so nennt man diese das bestimmte Integral *von f in den Grenzen a und b, symbolisch*

$$\int_a^b f(x) \; dx := \underline{U} = \overline{O}.$$

In diesem Fall nennt man f bestimmt integrierbar *auf $[a,b]$.*

Wir erläutern zunächst die Bezeichnung $\int_a^b f(x) \; dx$ etwas näher:

- Das Integralzeichen $\int$ wurde von Leibniz eingeführt und kann als ein gestrecktes Summenzeichen interpretiert werden.

- Die zu integrierende Funktion f wird als *Integrand* bezeichnet.

- Mit x wurde hier die sogenannte *Integrationsvariable* bezeichnet. Diese hat eine reine Hilfsfunktion[1], ist nur innerhalb des Integralausdrucks ("lokal") von Bedeutung und kann durch beliebige andere Variablennamen (z.B. s, t, τ, "Eisern Union" etc.) ersetzt werden. (Das gesamte Integral hängt also *nicht* von x ab, sondern nimmt vielmehr einen konstanten Zahlenwert an.)

- Den Ausdruck "dx" nennt man das *Differential* von x.

- Die Variablen a und b spielen die Rolle der unteren bzw. oberen *Integrationsgrenze*.

Zur Interpretation des bestimmten Integrals

In unserem Kraftstoffverbrauchsbeispiel und den zugehörigen Skizzen haben wir das bestimmte Integral stets als einen Flächeninhalt interpretieren können, weil die zu integrierende Funktion f nichtnegativ war. Die folgende Skizze zeigt nun eine stetige Funktion mit wechselndem Vorzeichen: Wir sehen hier die Untersumme einer gegebenen Zerlegung Z (die Oberkanten aller "Treppenstufen" verlaufen unterhalb des Graphen von f).

---

[1] Für den Fall, dass der Integrand weitere Variablenbezeichnungen enthält, soll gekennzeichnet werden, auf welche Variable sich die Integration bezieht.

Die zugehörigen Funktionswerte sind dort, wo dieser Graph unterhalb der x-Achse verläuft, *negativ*, also werden die zugehörigen Treppenstufen mit *negativen* Zahlen bewertet (deren absolute *Beträge* dann wiederum als Flächeninhalte gedeutet werden könnten).

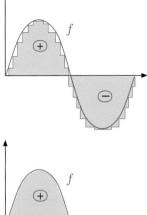

In unserem Beispiel ist das zugehörige bestimmte Integral dann Null (weil sich positiv und negativ bewertete kongruente Flächen gegenseitig aufheben).

Das Fazit lautet also:

Das bestimmte Integral ist nur dann ein Flächeninhalt, wenn der Integrand nichtnegativ ist !

Zur Existenz des bestimmten Integrals

Die vorsichtige Formulierung der Definition 12.1 lässt befürchten, es könne Funktionen geben, die *nicht* bestimmt integrierbar sind. Dies trifft tatsächlich zu, allerdings handelt es sich hierbei um gewissermaßen exotische Funktionen, die in unserem Kontext keine große Rolle spielen. Für die für uns wichtigsten Funktionen gilt folgender

Satz 12.2. *Es sei* $f : [a, b] \to \mathbb{R}$ *stetig oder monoton. Dann ist* f *auf* $[a, b]$ *bestimmt integrierbar.*

Wir können diese Voraussetzungen sogar noch abmildern: Es genügt, wenn das Ausgangsintervall $[a, b]$ durch endlich viele abgeschlossene Intervalle überdeckt werden kann, so dass die Funktion f auf jedem dieser Intervalle stetig oder monoton ist.

Nichtsdestoweniger sollte der Leser sich die Formulierung genau ansehen. Wir betrachten folgendes

Beispiel 12.3. Auf $D := [0, 1]$ sei eine Funktion f wie folgt definiert:

$$f(x) := \begin{cases} 0 & \text{für } x = 0 \\ \frac{1}{x} & \text{sonst} \end{cases}.$$

Wir zerlegen das Intervall D in n gleiche Teile $[0, \frac{1}{n}]$, $[\frac{1}{n}, \frac{2}{n}]$, ..., $[\frac{n-1}{n}, \frac{n}{n}]$. Mit Ausnahme des ersten Teilintervalls wird das Minimum von f jeweils im rechten Randpunkt angenommen, d.h.

$$m_k = \min_{[\frac{k-1}{n}, \frac{k}{n}]} f = f\left(\frac{k}{n}\right) = \frac{1}{\frac{k}{n}} = \frac{n}{k}.$$

Die zugehörige Untersumme summiert die Produkte aus diesen Minima $\frac{n}{k}$ und den zugehörigen Intervallbreiten $(= \frac{1}{n})$, also

$$U(f) = \sum_{k=2}^{n} \frac{n}{k} \cdot \frac{1}{n} = \left(\sum_{k=1}^{n} \frac{1}{k}\right) - \frac{1}{1}.$$

Wir fügen den dem Index $k = 1$ entsprechenden Summanden künstlich hinzu und ziehen ihn gleich wieder ab; so finden wir

$$U(f) = \left(\sum_{k=1}^{n} \frac{1}{k}\right) - \frac{1}{1}.$$

Diese Untersumme hängt von der Wahl der Konstanten n ab; man kann also schreiben

$$U_n(f) = \left(\sum_{k=1}^{n} \frac{1}{k}\right) - 1.$$

Dies ist – bis auf die Konstante -1 – nichts anderes als eine Partialsumme der harmonischen Reihe, die wir im Punkt 4.2.5 betrachteten. Bei Verfeinerung unserer Zerlegungen müssen wir n gegen Unendlich gehen lassen. Wir wissen jedoch aus Satz 4.58:

$$\lim_{n \to \infty} U_n(f) = \infty.$$

Dieses ist keine reelle Zahl, also kann die Funktion f *nicht* bestimmt integrierbar sein!

Wir fragen nun, wieso unser Satz 12.2 hier versagt: Die Funktion f ist auf $D = [0,1]$ nicht monoton (obwohl sie auf dem halboffenen Intervall $(0,1]$ streng monoton fallend ist) und auch nicht stetig (obwohl sie ebenfalls auf $(0,1]$ stetig ist). Am linken Intervallrand werden also alle geforderten Voraussetzungen verletzt!   △

Ein erster Berechnungsversuch

Nachdem wir nun zunächst den Begriff "bestimmtes Integral" definiert haben, fragen wir uns, ob es mithilfe der Definition möglich ist, ein solches Integral tatsächlich zu berechnen. Dazu betrachten wir folgendes

Beispiel 12.4. Auf dem Intervall $[0, b]$ werde die Quadratfunktion $x \to x^2$ betrachtet. Zerlegen wir das Intervall D zunächst wiederum in n gleiche Teile

$[0, \frac{b}{n}]$, $[\frac{b}{n}, \frac{2b}{n}]$, ..., $[\frac{b(n-1)}{n}, \frac{bn}{n}]$, so wird das Minimum von f jeweils im *linken* Randpunkt angenommen, d.h.

$$m_k = \min_{[\frac{b(k-1)}{n}, \frac{bk}{n}]} f = f\left(\frac{b(k-1)}{n}\right) = \left(\frac{b(k-1)}{n}\right)^2.$$

Die zugehörige Untersumme summiert die Produkte aus diesen Minima und den zugehörigen Intervallbreiten $(= \frac{b}{n})$, also

$$U_n(f) = \sum_{k=1}^{n} \left(\frac{b(k-1)}{n}\right)^2 \cdot \frac{b}{n} = \frac{b^3}{n^3} \sum_{l=0}^{n-1} l^2,$$

wobei wir von der mittleren zur Formel rechts gelangen, indem wir $l := k - 1$ setzen. In Beispiel 4.47 hatten wir den Wert der rechts stehenden Summe als $\frac{n(n+1)(2n+1)}{6}$ berechnet; also gilt

$$U_n(f) = b^3 \frac{n}{n} \frac{n+1}{n} \frac{n+\frac{1}{2}}{n} \frac{1}{3} = b^3 1 \left(1 + \frac{1}{n}\right)\left(1 + \frac{1}{2n}\right)\frac{1}{3}.$$

Lassen wir nun n gegen Unendlich gehen, folgt $U_n \to \frac{b^3}{3}$. Das Ergebnis lautet:

$$\int_0^b x^2 \, dx = \frac{b^3}{3} \qquad\qquad \triangle$$

Fazit: Die Berechnung eines bestimmten Integrals unter Verwendung der Definition ist zwar im Prinzip möglich, jedoch bereits in einfachsten Beispielen mühselig. Wir müssen uns also Gedanken über alternative Berechnungsmethoden machen, was nachfolgend geschehen wird.

Die Definition kann trotzdem sehr hilfreich sein, z.B. bei der relativ einfachen Herleitung der folgenden

Rechenregeln

Die folgenden Rechenregeln besagen zusammenfassend:

- Summen und Vielfache bestimmt integrierbarer Funktionen sind bestimmt integrierbar und Summation und Integration bzw. Vervielfachung und Integration sind miteinander vertauschbar.
- Das Integral ist "monoton".
- Nichtnegative Integranden führen auf nichtnegative Integrale.
- Das Integral über die Vereinigung zweier aneinander grenzender Intervalle ist Summe der Einzelintegrale.
- Bei der Integration lassen sich Symmetrieeigenschaften ausnutzen.

Satz 12.5. *Gegeben seien* $D := [a, b]$, $\lambda \in \mathbb{R}$ *sowie* $f : D \to \mathbb{R}$ *und* $g : D \to \mathbb{R}$.

(i) *Sind* f *und* g *bestimmt integrierbar, so auch* $f + g$, *und es gilt*

$$\int_a^b (f + g)(x) \ dx = \int_a^b f(x) \ dx + \int_a^b g(x) \ dx.$$

(ii) *Ist* f *bestimmt integrierbar, so auch* λf, *und es gilt*

$$\int_a^b (\lambda f)(x) \ dx = \lambda \int_a^b f(x) \ dx.$$

(iii) f *ist genau dann bestimmt integrierbar, wenn* $|f|$ *bestimmt integrierbar ist. Dabei gilt*

$$\left| \int_a^b f(x) dx \right| \le \int_a^b |f|(x) dx.$$

(iv) *Sind* f *und* g *beide integrierbar und gilt* $f \le g$, *so folgt*

$$\int_a^b f(x) \ dx \le \int_a^b g(x) \ dx.$$

(v) *Ist* f *integrierbar und gilt* $f \ge 0$, *so folgt*

$$\int_a^b f(x) \ dx \ge 0.$$

Da diese Regeln fast alle unmittelbar einsichtig sind, können wir hier auf illustrierende Beispiele verzichten und stattdessen auf Anwendungen im Punkt 13.7 verweisen.

Satz 12.6 ("Stückweise Integration"). *Gegeben seien reelle Konstanten* a, b, c *mit* $a < b < c$ *und eine Funktion* $f : [a, c] \to \mathbb{R}$.

(i) *Ist* f *auf* $[a, c]$ *integrierbar, so auch auf* $[a, b]$ *und auf* $[b, c]$; *dabei gilt*

$$\int_a^c f(x) \ dx = \int_a^b f(x) \ dx + \int_b^c f(x) \ dx. \tag{12.4}$$

(ii) *Ist* f *sowohl auf* $[a, b]$ *als auch auf* $[b, c]$ *bestimmt integrierbar, so auch auf* $[a, c]$, *und es gilt* (12.4).

Eine erste Anwendung der stückweisen Integration wird uns im folgenden Abschnitt entschieden weiterbringen.

Satz 12.7 ("Symmetrische Integration"). *Gegeben seien eine Konstante $a > 0$ und eine Funktion $f : D := [-a, a] \to \mathbb{R}$.*

(i) *Ist f gerade (d.h. gilt $f(-x) = f(x)$ für alle $x \in D$) und auf $[-a, a]$ integrierbar, so gilt*

$$\int_{-a}^{a} f(x) \, dx = 2 \int_{0}^{a} f(x) \, dx.$$

(ii) *Ist f ungerade (d.h. gilt $f(-x) = -f(x)$ für alle $x \in D$) und auf $[-a, a]$ integrierbar, so gilt*

$$\int_{-a}^{a} f(x) \, dx = 0.$$

Aus systematischen Gründen *definiert* man noch für jede auf einem Intervall $[a, b]$ integrierbare Funktion f

$$\int_{b}^{a} f(x) \, dx := - \int_{a}^{b} f(x) \, dx.$$

(Anschaulich gesprochen: Wird eine Funktion beim Integrieren in umgekehrter Richtung durchlaufen, so ändert das Ergebnis sein Vorzeichen.) Hieraus folgt insbesondere

$$\int_{a}^{a} f(x) \, dx = 0,$$

(denn setzt man $a = b$, so gilt

$$X := \int_{a}^{a} f(x) \, dx = \int_{a}^{b} f(x) \, dx = - \int_{b}^{a} f(x) \, dx) = - \int_{a}^{a} f(x) \, dx = -X,$$

was nur für $X = 0$ möglich ist.)

Das bestimmte Integral mit variabler oberer Grenze

Wir beginnen nun mit den Vorbereitungen für eine einfachere Berechnung des bestimmten Integrals. Dazu seien $D \subseteq \mathbb{R}$ ein (offenes) Intervall, $f : D \to \mathbb{R}$ stetig und $a \in D$ ein beliebiger, weiterhin aber fixierter Punkt. Für jedes $x \in D$ setzen wir nun

$$F(x) := \int_{a}^{x} f(s) \, ds, \tag{12.5}$$

betrachten also die obere Integrationsgrenze als variabel. Auf diese Weise wird eine Funktion $F : D \to \mathbb{R}$ definiert. Wir wollen uns diese etwas näher ansehen.

Für jede Konstante $h > 0$, für die $x + h$ in D liegt, gilt gemäß stückweiser Integration

$$\int_a^{x+h} f(s)\ ds - \int_a^x f(s)\ ds = \int_x^{x+h} f(s)\ ds =: \Delta(h)$$

d.h.

$$F(x + h) - F(x) = \Delta(h) \qquad (12.6)$$

In unserer Skizze kann man den Wert $\Delta(h)$ als Inhalt der pastellgelben Fläche rechts erkennen. Diese ist in dem grünen Rechteck enthalten und enthält ihrerseits das blaue Rechteck.

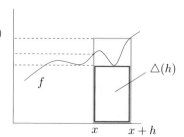

Die Höhen des grünen bzw. blauen Rechtecks werden durch den kleinsten bzw. größten Funktionswert $m(h)$ bzw. $M(h)$ von f auf dem Intervall $[x, x+h]$ angegeben:

$$m(h) := \min_{[x,x+h]} f \qquad M(h) := \max_{[x,x+h]} f.$$

Die Rechteckbreite ist in beiden Fällen h. Also können wir symbolisch schreiben

$$\square \quad \subseteq \quad \square \quad \subseteq \quad \square$$

und für die Flächeninhalte gilt

$$hm(h) \quad \leq \quad \Delta(h) \quad \leq \quad hM(h). \qquad (12.7)$$

Wir dividieren diese Ungleichung durch h und finden

$$m(h) \quad \leq \quad \frac{F(x+h)-F(x)}{h} \quad \leq \quad M(h). \qquad (12.8)$$

Lassen wir h gegen Null gehen, so verengt sich der pastellgelbe Streifen immer mehr nach links. Dabei bewegen sich die blauen und grünen Oberkanten aufeinander zu, um sich in Höhe $f(x)$ zu treffen; d.h., es gilt $m(h) \to f(x)$ und $M(h) \to f(x)$. Dadurch verändert sich unsere Ungleichung (12.8) wie folgt:

$$m(h) \quad \leq \quad \frac{F(x+h)-F(x)}{h} \quad \leq \quad M(h)$$
$$\downarrow \qquad\qquad \downarrow \qquad\qquad \downarrow$$
$$f(x) \quad \leq \quad F'(x) \quad \leq \quad f(x).$$

"Eingeklemmt" zwischen $m(h)$ und $M(h)$, bleibt dem Differenzenquotienten $\frac{F(x+h)-F(x)}{h}$ nichts anderes übrig, als ebenfalls gegen $f(x)$ zu konvergieren. Es folgt

$$F'(x) = f(x) \ .$$

Die Berechnung bestimmter Integrale

Wir wollen nun die Formel (12.5) zur Berechnung bestimmter Integrale ausnutzen. Setzen wir für die Variable x die obere Grenze b ein, so finden wir in Gestalt von $F(x) = F(b)$ das bestimmte Integral

$$I := \int_a^b f(s)ds. \tag{12.9}$$

Wenn also eine Funktion f und die Grenzen a und b gegeben sind, finden wir das bestimmte Integral I als Funktionswert $F(b)$. Allerdings kennen wir die Funktion F nicht. Immerhin wissen wir jedoch

(1) $F'(x) = f(x)$ für alle $x \in D$.

(2) $F(a) = \int_a^a f(s) \ ds = 0$.

Diese beiden Bedingungen erlauben, die Funktion F (und damit das Integral $F(b)$) exakt zu bestimmen.
Die Bedingung (1) besagt, dass die gegebene Funktion f von der gesuchten Funktion durch Ableitung *abstammt*. Dafür hat sich ein spezieller Name eingebürgert:

Definition 12.8. *Jede differenzierbare Funktion $S : D \to \mathbb{R}$ mit $S' = f$ heißt eine Stammfunktion von f auf D.*

Die Suche nach einer solchen Stammfunktion ist mitunter nicht schwierig.

Beispiel 12.9. Gesucht sei $I_1 := \int_0^2 x^3 \ dx$. Hierbei ist $f : \mathbb{R} \to \mathbb{R}$ durch $f(x) := x^3$ gegeben. Dann ist die Funktion G mit $G(x) := \frac{x^4}{4}, x \in \mathbb{R}$, eine Stammfunktion von f. *Wichtig:* Auch jede Funktion der Bauart $G_c(x) := \frac{x^4}{4} + c$, wobei c eine beliebige Konstante ist, ist eine Stammfunktion von f! △

D.h., zu jeder stetigen Funktion f existieren unendlich viele Stammfunktionen. Wie in unserem Beispiel unterscheiden sich diese nur durch Konstanten:

Satz 12.10.

(i) *Ist F eine Stammfunktion von f auf D, so ist auch jede Funktion $F + c$ (wobei c eine beliebige reelle Konstante ist) eine Stammfunktion von f.*

(ii) *Umgekehrt gilt: Je zwei beliebige Stammfunktionen F und G von f unterscheiden sich nur um eine additive Konstante.*

Der Nutzen dieses Satzes: Es genügt, eine einzige Stammfunktion zu kennen – man kennt dann automatisch alle! Für deren Gesamtheit hat sich folgende Bezeichnung eingebürgert:

Definition 12.11. *Es sei D ein gegebenes Intervall und* $f : D \to \mathbb{R}$ *stetig. Die Gesamtheit aller Stammfunktionen von f auf D wird als* unbestimmtes Integral von f *bezeichnet; symbolisch*

$$\int f(x) \ dx.$$

Für unbestimmte Integrale hat sich eine typische Schreibweise eingebürgert, die am einfachsten den folgenden Besipielen entnommen werden kann:

Beispiel 12.12 (↗F 12.9)**.** Das unbestimmte Integral ist hier die Gesamtheit aller Funktionen $x \to \frac{x^4}{4} + c$, $x \in D$, wobei c für eine beliebige reelle Konstante steht. Man schreibt dafür

$$\int x^3 \ dx = \frac{x^4}{4} + c. \tag{12.10}$$

(Der Zusatz "$c \in \mathbb{R}$" wäre hier sicherlich zweckmäßig, allerdings wird zumeist aus Bequemlichkeit darauf verzichtet.)   △

Beispiel 12.13. Gesucht sei $I_2 := \int_0^\pi \cos x \ dx$. Hier ist $h : \mathbb{R} \to \mathbb{R}$ gegeben durch $h(x) = \cos x$. Jede Funktion der Form $H(x) = \sin x + c$, $x \in \mathbb{R}$, mit einer beliebigen Konstanten c ist eine Stammfunktion von h; man schreibt also

$$\int \cos x \ dx = \sin x + c$$

($c \in \mathbb{R}$).   △

Um Verwechslungen des unbestimmten mit dem bestimmten Integral zu vermeiden, stellen wir hier beide Integrale einmal gegenüber:

	bestimmtes Integral	unbestimmtes Integral
Form:	$\int_a^b f(x) \ dx$	$\int f(x) \ dx$
Unterscheidung:	Grenzen *vorhanden*	Grenzen *fehlen*
Natur:	Zahl	Funktionen (-menge)
Bedeutung von x	nur innerhalb des Integrals	Argument der Funktion
Beispiel	$\int_0^1 x^2 \ dx = \frac{1}{3}$	$\int x^2 \ dx = \frac{x^3}{3} + c$

Wir fassen zusammen: Um unser Ausgangsproblem zu lösen, schreiben wir für das gesuchte Integral

$$F(b) = \int_a^b f(x) \ dx.$$

Nun benötigen wir (1) das unbestimmte Integral von f (also *eine* Stammfunktion und damit gleichzeitig *alle*). Anschließend muss mittels (2) "die richtige" Stammfunktion gefunden werden. Wir wenden uns nun der Frage zu, wie dies geschehen kann. Dazu nehmen wir an, wenigstens *irgendeine* Stammfunktion von f – nennen wir sie G – zu kennen.

Dann gibt es eine Konstante c derart, dass gilt $F(x) = G(x) + c$ für alle $x \in D$. Diese ist leicht bestimmt, indem wir $x = a$ einsetzen: $0 = F(a) = G(a) + c$; also gilt $c = -G(a)$. Das Ergebnis lautet:

$$I = \int_a^b f(x)\ dx = F(b) = G(b) - G(a).$$

Wir gelangen so zum

Satz 12.14 (Hauptsatz der Infinitesimalrechnung). *Es sei $D := [a, b]$ und $f : D \to \mathbb{R}$ stetig. Dann gilt*

$$\int_a^b f(x)\ dx = G(b) - G(a)$$

mit jeder beliebigen Stammfunktion G von f auf D.

Beispiel 12.15 ($\nearrow$F 12.12). Wir verwenden die "einfachste Stammfunktion" $G(x) := \frac{x^4}{4}$ und finden $I_1 := \int_0^2 x^3\ dx = G(2) - G(0) = \frac{2^4}{4} - \frac{0^4}{4} = 4$. $\triangle$

Beispiel 12.16 ($\nearrow$F 12.13). Hier folgt mit der Stammfunktion $K(x) = \sin x$ $I_2 := \int_0^\pi \cos x\ dx = G(\pi) - G(0) = \sin \pi - \sin 0 = 0$. $\triangle$

Beispiel 12.17. Es soll $I_3 := \int_{-1}^1 e^{\frac{x}{2}}\ dx$ bestimmt werden. Dazu setzen wir $\psi(x) = e^{\alpha x}, x \in \mathbb{R}$ mit einer Konstanten $\alpha \neq 0$. Offenbar ist Ψ mit $\Psi(x) := \frac{1}{\alpha} e^{\alpha x}$ eine Stammfunktion von ψ. Man schreibt also

$$\int e^{\alpha x} = \frac{1}{\alpha} e^{\alpha x} + c.$$

Wegen $\alpha = \frac{1}{2}$ verwenden wir hier $K(x) = 2e^{\frac{x}{2}}$ als Stammfunktion und finden

$$I_3 := \int_{-1}^1 e^{\frac{x}{2}}\ dx = K(1) - K(-1) = 2\left(e^{\frac{1}{2}}\right) - e^{-\frac{1}{2}}.$$

$\triangle$

Bemerkung zur Schreibweise: Um praktische Berechnungen zu vereinfachen, bemüht man sich oft nicht erst darum, passende Bezeichnungen wie G, H oder K aufzuschreiben. Vielmehr notiert man das Ergebnis in der kompakteren Form

$$\int_a^b f(x)\ dx = \ <Ausdruck> \ \Big|_a^b,$$

wobei der "Ausdruck" gerade die Berechnungsvorschrift einer geeigneten Stamm-funktion ist. Sie wird erst auf die Stelle b, dann auf die Stelle a angewandt und die Differenz aus beiden gebildet:

$$\int_0^2 x^3 \; dx = \left.\frac{x^4}{4}\right|_0^2 = \frac{2^4}{4} - \frac{0^4}{4} = 4.$$

Bei komplizierteren Ausdrücken, die mehrere Terme umfassen, schreibt man auch

$$\int_a^b f(x) \; dx = [< (zusammengesetzter)Ausdruck >]_a^b \, .$$

Flächenberechnungen

Wie bereits angemerkt, stellt das bestimmte Integral nur dann einen Flä-cheninhalt dar, wenn der Integrand nichtnegativ ist. Nicht selten interessiert man sich jedoch auch für Flächen, deren berandende Kurven als Graphen von Funktionen mit (teils) negativen Funktionswerten anzusehen sind.

Beispiel 12.18. Gesucht sei der Inhalt F der Fläche, die zwischen dem Gra-phen der Funktion $x \to f(x) = (x-1)(x-3)$, der x-Achse, der y-Achse und der Geraden $x = 5$ eingeschlossen wird. Wir können sofort schreiben $I = \int_0^5 |f(x)| \; dx$, womit zwar eine exakte Antwort gegeben ist, jedoch im Grunde nicht weitergerechnet werden kann (denn wir benötigen zuvor eine Stammfunktion von $|f(x)|$).

Der Ausweg besteht darin, die in der Aufgabe beschriebene Fläche so in möglichst wenige Teilflächen zu zerle-gen, dass jede Teilfläche mit einem ein-heitlichen Vorzeichen bewertet ist.

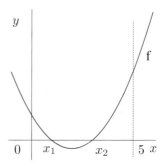

(Wir können dann die Absolutbeträge dieser vorzeichenbehafteten Teilflächen summieren und erhalten so den gewünschten Gesamtflächeninhalt.) Praktisch bedeutet das, die gegebene Funktion auf Nullstellen zu untersuchen und den gegebenen Integrationsbereich entlang der Nullstellen aufzuteilen.

In unserem Beispiel handelt es sich bei $f(x)$ um ein einfaches quadratisches Polynom mit den Nullstellen $x_1 = 1$ und $x_2 = 3$, wobei f zwischen diesen Nullstellen negative Werte annimmt, ansonsten aber nichtnegativ ist. D.h., es gilt

$$|f(x)| = \begin{cases} f(x) = (x-1)(x-3) & \text{für } x \in (-\infty, 1) \cup (3, \infty) \\ -f(x) = -(x-1)(x-3) & \text{für } x \in (1, 3). \end{cases}$$

Wir finden so

$$I = \int_0^1 f(x)\ dx + \int_1^3 (-f(x))\ dx + \int_3^5 f(x)\ dx.$$

Als Stammfunktion von $f(x) = x^2 - 4x + 3$ kann offenbar $F(x) := \frac{x^3}{3} - 2x^2 + 3x$ dienen (Probe!). Es folgt (ausführlich gerechnet)

$$
\begin{aligned}
I &= F(x)\big|_0^1 - F(x)\big|_1^3 + F(x)\big|_3^5 \\
&= F(1) - F(0) - (F(3) - F(1)) + F(5) - F(3) \\
&= F(5) - 2F(3) + 2F(1) - F(0) \\
&= \left[\frac{125}{3} - 50 + 15\right] - 2\left[\frac{27}{3} - 18 + 9\right] + 2\left[\frac{1}{3} - 2 + 3\right] - 0 \\
&= \frac{28}{3}.
\end{aligned}
$$

$\triangle$

12.3   Unbestimmte Integration

12.3.1   Übersicht

In diesem Abschnitt setzen wir generell voraus, dass ein nichtausgeartetes Intervall I und darauf eine (stetige) Funktion $f : I \to \mathbb{R}$ gegeben seien. Gesucht sei das unbestimmte Integral $\int f(x)dx$.

Wie wir sahen, kann die unbestimmte Integration als eine Operation angesehen werden, die die Differentiation umkehrt. Insofern braucht man hier sozusagen nur die "Denkrichtung" der Ableitung umzukehren, um zu Ergebnissen zu kommen. Im ersten Schritt werden wir daher die Tabelle der Grundableitungen "rückwärts lesen" und einige Rechenregeln beachten. Interessanter wird es, wenn Differentiationsregeln wie die Produkt- oder Kettenregel umgekehrt werden.

12.3.2   Grundintegrale

Im Abschnitt 8.2.2 hatten wir eine Tabelle der Grundableitungen vorgestellt. Lesen wir diese sozusagen "rückwärts", erhalten wir folgende Tabelle von Grundintegralen:

Funktionentyp	Bildungsvorschriften $f(x) = ...$ | $\int f(x)dx = ...$		Parameter	D_f
Potenzen	x^p	$\frac{1}{p+1}x^{p+1} + c$	$p \in \mathbb{R}\backslash\{-1\}$	! abh. von p !
	x^{-1}	$\ln|x| + c$		$(-\infty, 0)$
				oder $(0, \infty)$
Exponentialfkt.	e^x	$e^x + c$		$\mathbb{R}$
Winkelfkt.	$\sin x$	$-\cos x + c$		$\mathbb{R}$
	$\cos x$	$\sin x + c$		$\mathbb{R}$
Exponentialfkt.	e^{ax}	$\frac{1}{a}e^{ax} + c$	$a \in \mathbb{R}\backslash\{0\}$	

In Kombination mit einigen nun folgenden einfachen Rechenregeln lassen sich bereits aus dieser Tabelle alle unbestimmten Integrale ermitteln, die in diesem Text benötigt werden.

12.3.3 Einfachste Rechenregeln

Im Sinne einer Merkhilfe können wir die einfachsten Regeln so formulieren:

Unbestimmte Integrale von Vielfachen bzw. Summen sind Vielfache bzw. Summen von unbestimmten Integralen.

Etwas formaler: Für alle (stetigen) Funktionen $f, g : I \to \mathbb{R}$ und alle $\lambda \in \mathbb{R}\backslash\{0\}$ gilt

$$\int \lambda f(x) \, dx \quad = \quad \lambda \int f(x) \, dx \qquad (12.11)$$

$$\int (f(x) + g(x)) \, dx = \int f(x) \, dx + \int g(x) \, dx \qquad (12.12)$$

Hierbei ist zu beachten, dass unbestimmte Integrale ihrer Natur nach mengenwertige Ausdrücke sind, die auch in der Form

unbestimmtes Integral = (beliebige, aber feste) Stammfunktion $+c$

notiert werden können. Verwendet man diese Notation, treten auf beiden Seiten von (12.11) bzw. (12.12) Konstanten auf, bei deren Auswahl einige Sorgfalt angeraten ist, damit tatsächlich Gleichheit eintritt.

Beispiel 12.19. (12.11) besagt z.B.

$$\int 3\cos x \, dx = 3 \int \cos x \, dx \qquad (12.13)$$

Für den Integranden $3\cos$ auf der linken Seite ist offenbar $3\sin$ eine Stammfunktion; entsprechend wählen wir z.B. $\sin$ als Stammfunktion des Integranden $\cos$ auf der rechten Seite. Wir können (12.13) daher umschreiben zu

$$3\sin x + c_{links} = 3(\sin x + c_{rechts})$$
$$= 3\sin x + 3c_{rechts}$$

Hieraus folgt:

$$c_{links} = 3c_{rechts}, \qquad (12.14)$$

d.h., auf den beiden Seiten der Gleichung treten tatsächlich verschiedene Konstanten auf.   △

(Im letzten Beispiel hatten wir es mit der Konstanten $\lambda = 3$ zu tun. Anhand der Gleichung (12.14) wird deutlich, dass wir mit der Konstanten $\lambda = 0$ auf das unsinnige Ergebnis $c_{links} = 0$ kämen, weswegen in (12.11) $\lambda = 0$ ausgeschlossen wird.)

Beispiel 12.20. $f : \mathbb{R} \to \mathbb{R}$ sei affin: $f(x) = ax + b$, $x \in \mathbb{R}$ (mit $a, b \neq 0$). Wir lesen dies so:

$$f(x) = ax^1 + bx^0.$$

Zur Beachtung: Streng genommen sind nur die blauen Bestandteile in der Tabelle der Grundintegrale enthalten; die Konstanten a und b spielen die Rolle von Vervielfachungsfaktoren. Es folgt

$$\int f(x) \ dx = a \int x^1 \ dx + b \int x^0 \ dx$$
$$= a \left(\frac{1}{2}x^2 + c_1 \right) + b \left(\frac{1}{1}x^1 + c_2 \right)$$
$$= \frac{a}{2}x^2 + bx + ac_1 + bc_2$$
$$= \frac{a}{2}x^2 + bx + c \qquad (c \in \mathbb{R}).$$

Wir sehen, dass zunächst zwei Konstanten c_1 und c_2 benötigt werden, weil zwei unbestimmte Integralausdrücke im Spiel sind; zusammen mit den Vorfaktoren werden diese bequemerweise zu einer neuen Konstanten c verrechnet. (Die übliche Vorliebe für die Bezeichnung "c" für Integrationskonstanten rührt sicherlich daher, dass das englische Wort "constant" mit c beginnt.)   △

Beispiel 12.21. Wir betrachten die Funktion $g : (0, \infty) \to \mathbb{R}$ gemäß $g(x) :=$ $4x^3 - \frac{6}{x} + \frac{1}{2}\sqrt{x} + 23e^x - \sin x$, $x > 0$. Aufgrund unserer Linearitätsregeln können wir schreiben

$$\int g(x) \ dx = 4 \int x^3 dx - 6 \int x^{-1} \ dx + \frac{1}{2} \int x^{\frac{1}{2}} \ dx + 23 \int e^x \ dx + \int (-\sin x) \ dx.$$

Die Ausdrücke unter den Integralzeichen sind nun durchweg in unserer Tabelle von Grundintegralen enthalten. Verfahren wir hinsichtlich der Konstanten wie im vorigen Beispiel – d.h., vergeben wir für alle Integrale auf der rechten Seite eine gemeinsame Konstante c –, so folgt

$$\int g(x)\ dx = 4 \cdot \frac{1}{4}x^4 - 6\ln x + \frac{1}{2} \cdot \frac{2}{3}x^{\frac{3}{2}} + 23e^x + \cos x + c$$

$$= x^4 - 6\ln x + \frac{1}{3}x^{\frac{3}{2}} + 23e^x + \cos x + c.$$

12.3.4 Partielle Integration   △

Zu den wichtigsten Ableitungsregeln gehört die Produktregel, die wir hier in der prägnanten Kurzform

$$(uv)' = u'v + uv'$$

notieren. Gleichbedeutend ist selbstverständlich die Formel

$$u'v = (uv)' - uv'. \qquad (12.15)$$

Wir wollen diese nun "rückwärts" interpretieren, um aus dieser Ableitungsregel eine Integrationsregel zu erhalten. Dazu bilden wir auf beiden Seiten von (12.15) das unbestimmte Integral:

$$\int u'(x)v(x)\ dx = \int (u(x)v(x))'\ dx - \int u(x)v'(x)\ dx.$$

Da uv eine Stammfunktion von $(uv)'$ ist, können wir schreiben

$$\int u'(x)v(x)\ dx = u(x)v(x) - \int u(x)v'(x)\ dx. \qquad (12.16)$$

Diese Formel verkürzen wir als Merkregel auf die Form

$$\int u'v = uv - \int uv'. \qquad (12.17)$$

Man bezeichnet dies als Formel der *partiellen Integration*. Sie eignet sich besonders zur Integration von Produkten. Ihre Anwendung ist am einfachsten anhand einiger Beispiele zu trainieren.

Beispiel 12.22. Gesucht sei

$$I(x) := \int x\ln x\ dx \quad (x > 0).$$

Im ersten Schritt liest man den Integrand als ein Produkt

$$I(x) = \int x \ln x\ dx.$$

Im zweiten Schritt entscheidet man sich dafür, welcher Faktor den Part von u' und welcher den von v übernehmen soll. Hier probieren wir es mit der gegebenen Reihenfolge:

$$x = u'(x), \quad \ln x = v(x).$$

Im dritten zitiert man das Ergebnis aus (12.17):

$$\int u'v = uv - \int uv'$$

und konkretisiert im vierten Schritt die rechte Seite von (12.17):

$$u(x) = \frac{x^2}{2}, \quad v'(x) = \frac{1}{x}$$

mit dem Ergebnis

$$\int x \ln x \; dx = \frac{x^2}{2} \ln x - \int \frac{x^2}{2} \frac{1}{x} \; dx.$$

Das rechts stehende Integral ist natürlich

$$\frac{1}{2} \int x dx = \frac{x^2}{4} + C.$$

Es folgt

$$\int x \ln x dx = \frac{x^2}{2} \left(\ln x - \frac{1}{2} \right) + c$$

(wir haben hier die Konstante bereits wieder verändert).

An dieser Stelle ist eine generelle Bemerkung angebracht: Die Möglichkeit, sich zu verrechnen, besteht natürlich auch beim Thema unbestimmte Integration. Deswegen empfiehlt es sich nach derlei Berechnungen grundsätzlich, eine Probe anzuschließen. Dazu braucht das Ergebnis lediglich abgeleitet zu werden. Hier im Beispiel könnte die Probe nach der Produktregel so aussehen:

$$\left(\frac{x^2}{2} \left(\ln x + \frac{1}{2} \right) + c \right)' = \left(\frac{x^2}{2} \right)' \left(\ln x - \frac{1}{2} \right) + \left(\frac{x^2}{2} \right) \left(\ln x - \frac{1}{2} \right)'$$

$$= x \left(\ln x - \frac{1}{2} \right) + \left(\frac{x^2}{2} \right) \frac{1}{x}$$

$$= x \ln x \left(-\frac{x}{2} + \frac{x}{2} \right)$$

$$= x \ln x. \quad \checkmark$$

$\triangle$

In den folgenden Beispielen überlassen wir die Proben dem Leser.

Beispiel 12.23. Etwas komplizierter, sei nun $J(x) := \int x^2 \ln x \, dx \; (x > 0)$ gesucht. Wir stellen den Rechengang diesmal schematisch dar:

$$
\overset{1}{\int x^2 \ln x \, dx} \qquad = \qquad \overset{4}{\frac{x^3}{3} \ln x - \int \frac{x^3}{3} \frac{1}{x} \, dx}
$$

$$
\overset{2}{\int u'v \, dx} \qquad = \qquad \overset{3}{uv - \int uv' \, dx}
$$

Es bleibt, den Ausdruck im vierten Kästchen rechts oben zu vereinfachen:

$$
J(x) = \frac{x^3}{3} \ln x - \frac{1}{3} \int x^2 \, dx = \frac{x^3}{3} \left(\ln x - \frac{1}{3} \right) + c.
$$

Beispiel 12.24. Gelegentlich ist es hilfreich, ein Produkt auch dort zu sehen, wo formal gar keins dasteht. Wir betrachten das Integral

$$
H(x) := \int \ln x \, dx \quad (x > 0).
$$

Der Kunstgriff besteht darin, richtig zu lesen:

$$
H(x) = \int 1 \cdot \ln x \, dx.
$$

Eine analoge Rechnung wie im vorigen Beispiel liefert

$$
H(x) = x(\ln x - 1) + c.
$$

Auch wenn der Integrand erkennbar Produktform hat, braucht die Rolle der Faktoren nicht sofort klar zu sein. Die Formel (12.17) zur partiellen Integration kann ja auch so gelesen werden:

$$
\int uv' = uv - \int u'v. \tag{12.18}
$$

Hierbei wurden lediglich die Rollen von u und v vertauscht.

Beispiel 12.25. Zu bestimmen sei

$$K(x) = \int xe^x \ dx.$$

Mögliche Rollen der beiden Faktoren sind

(a) $x = u'$ und $e^x = v$ (wie in (12.17))

(b) $x = u$ und $e^x = v'$ (wie in (12.18)).

Wir probieren es zunächst wie bisher mit der Variante (a) und finden

$$\int xe^x \ dx = \frac{x^2}{2}e^x - \int \frac{x^2}{2}e^x \ dx.$$

Zur Bestimmung des Ausgangsintegrals (links) müssen wir nun das Integral auf der rechten Seite bestimmen – dieses ist aber noch komplizierter als das Ausgangsintegral!

Also versuchen wir es mit der Variante (b). Diesmal läuft die Rechnung so:

$$
\begin{array}{ccc}
{}^{1}\ \int xe^x \ dx & = & {}^{4}\ xe^x - \int 1e^x \ dx \\[2mm]
\triangledown & & \triangle \\[2mm]
{}^{2}\ \int uv' \ dx & \underset{\triangleright}{=} & {}^{3}\ uv - \int u'v \ dx
\end{array}
$$

mit dem Ergebnis

$$K(x) = \int xe^x \ dx = (x-1)e^x + c. \qquad \triangle$$

Manchmal hilft die partielle Integration erst auf den zweiten Blick weiter – hier ein Beispiel:

Beispiel 12.26. Gesucht sei $L(x) := \int (\sin x)(\cos x) \ dx$. Wir setzen $u := \sin x$, $v' = \cos x$ mit Stammfunktion $v = \sin x$ und finden

$$\int (\sin x)(\cos x) \ dx = \sin^2 x - \int (\sin x)'(\sin x) \ dx$$

$$= \sin^2 x - \int (\cos x)(\sin x) \ dx. \qquad (12.19)$$

Das Integral rechts ist dasselbe wie das Ausgangsintegral. Wo ist die Erleichterung? Wir können das Integral rechts (mit Sorgfalt!) auf die linke Seite bringen und finden

$$2 \int (\sin x)(\cos x) \ dx = \sin^2 x + C \qquad (12.20)$$

und gelangen so zum Ergebnis

$$\int (\sin x)(\cos x) \; dx = \frac{1}{2} \sin^2 x + c. \tag{12.21}$$

(Beim Übergang von (12.19) zu (12.20) ist zu beachten, dass unbestimmte Integrale mengenwertig sind. Die Konstante C in (12.20) ist somit erforderlich, damit alle Funktionen, auf die sich die linke Seite bezieht, auch auf der rechten Seite erscheinen. Beim Übergang von (12.20) zu (12.21) haben wir dann $c := \frac{C}{2}$ gesetzt.)   △

Schließlich wird die partielle Integration mitunter mehrfach hintereinander benötigt, um zum Ziel zu kommen, z.B. bei Produkten aus mehreren Faktoren.

Beispiel 12.27. Wir bestimmen $M(x) := \int \frac{(\ln x)^2}{x} \; dx$ und setzen dabei $u' := \frac{\ln x}{x}$ und $v = \ln x$. Wir bestimmen nun zunächst eine Stammfunktion u von u', wofür wiederum die partielle Integration eingesetzt wird:

$$\int \frac{\ln x}{x} \; dx = \int \frac{1}{x} \ln x \; dx = (\ln x)(\ln x) - \int (\ln x) \frac{1}{x} \; dx.$$

Wie im vorangehenden Beispiel finden wir

$$\int \frac{\ln x}{x} \; dx = \int \frac{1}{x} \ln x \; dx = \frac{(\ln x)^2}{2} + C$$

und wählen $u(x) = \frac{(\ln x)^2}{2}$. Damit haben wir

$$M(x) = \int \left((\ln x) \frac{1}{x} \right) (\ln x) \; dx = \left(\frac{(\ln x)^2}{2} \right) (\ln x) - \int \left(\frac{(\ln x)^2}{2} \right) \frac{1}{x} \; dx$$

bzw. im Sinne einer mengenwertigen Gleichung

$$M(x) = \frac{(\ln x)^3}{2} - \frac{1}{2} M(x).$$

Wir lösen diese analog zu (12.19) und (12.20) auf und finden

$$M(x) = \frac{(\ln x)^3}{3} + c.$$

△

Wir fassen zusammen: Mit Hilfe der partiellen Integration ist es möglich, Produkte von Funktionen unbestimmt zu integrieren. Dabei ist mitunter etwas Geschick vonnöten, wenn es gilt, die vorhandenen Faktoren und deren Rolle innerhalb der Formel (12.17) zu interpretieren. Es ist also durchaus möglich, dass die richtige Lösung erst nach einigem Probieren gefunden wird. Weiterhin soll aber auch nicht verschwiegen werden, dass es Funktionen gibt, für deren unbestimmtes Integral keine einfache Formel existiert.

12.3.5   Die Substitutionsregel

Wir wenden uns nun einer weiteren wichtigen Ableitungsregel zu – nämlich der Kettenregel – und versuchen, sie für die unbestimmte Integration nutzbar zu machen. Eine mögliche Art, die Kettenregel formal zu notieren, ist diese:

$$(F(u(x)))' = F'(u(x))u'(x)$$

worin F und u auf geeigneten Intervallen gegebene differenzierbare Funktionen seien (siehe hierzu Punkt 8.2.3). Mit der Bezeichnung f für F' können wir auch schreiben

$$(F(u(x)))' = f(u(x))u'(x).$$

Integrieren wir beide Seiten unbestimmt, so finden wir

$$F(u(x)) + c = \int f(u(x))u'(x) \ dx. \tag{12.22}$$

Die Funktion F auf der linken Seite spielt die Rolle *(irgend)einer* Stammfunktion von f, d.h., es gilt

$$F'(u) = f(u) \quad \text{für alle } u \in I.$$

In Verbindung mit der Konstanten c enthält die linke Seite von (12.22) dann jede beliebige Stammfunktion von f, also das unbestimmte Integral

$$\int f(u) \ du = F(u) + c.$$

Daher findet sich für (12.22) auch die Schreibweise

$$\int f(u) \ du\big|_{u=u(x)} = \int f(u(x))u'(x) \ dx \tag{12.23}$$

Diese Formel wird üblicherweise als Substitutionsregel bezeichnet. Sie wirkt auf den ersten Blick etwas kompliziert, kann aber – einmal richtig verstanden – sehr gute Dienste leisten. Die grau markierten Teile der Formel weisen darauf hin, dass auf der linken Seite nach Berechnung des unbestimmten Integrals das Argument u durch das Argument $u(x)$ zu ersetzen (also zu "substituieren") ist, worauf die Bezeichnung dieser Regel beruht.
(Wenn die Zuordnung $x \rightarrow u(x)$ injektiv ist, kann man stattdessen auch x durch u ausdrücken und auf der rechten Seite schreiben "$x = x(u)$"

$$\int f(u) \ du = \int f(u(x))u'(x) \ dx\big|_{x=x(u)}. \ , \tag{12.24}$$

Wir werden hauptsächlich zwei Anwendungsrichtungen dieser Regel kennenlernen:

- Unter dem Stichwort "*Vater-Sohn-Regel*" verstehen wir die "Anwendung durch Hinsehen".
- Wenn Hinsehen allein noch nicht hilft, versuchen wir *formal* zu substituieren.

Diese beiden Richtungen lassen sich selbstverständlich nicht sauber trennen. Einige Beispiele werden jedoch schnell klarmachen, worum es geht.

"Vater-Sohn-Regel"

Die Grundidee besteht hier darin, die Gleichung (12.22) sozusagen von rechts nach links zu lesen und bei einem gegebenen Integralausdruck die Struktur

$$\int f(u(x))\underline{u'(x)} \; dx \qquad (12.25)$$

zu erkennen, die auf der rechten Seite von (12.22) steht. Wesentlich an dieser Struktur ist Folgendes:

- Es gibt eine "äußere" Funktion f.
- Es gibt eine "innere" Funktion u und dazu
- (als Faktor) die Ableitung $\underline{u'}$ der inneren Funktion.

(Um uns die Struktur besser einprägen zu können, werden wir die Funktion u als "Vater" bezeichnen, weil auch ihre Ableitung u' – als "Sohn" – in der Formel vorkommt. (Allerdings genügt es nicht, dass diese vorkommt – sie muss vielmehr als Faktor neben der äußeren Funktion f stehen.))

Wenn diese Struktur einmal erkannt ist, ist alles andere relativ einfach: Das Integral (12.25) kann als linke Seite von (12.22) berechnet werden. Dazu brauchen wir lediglich eine Stammfunktion F von f zu bestimmen – fertig.

Wir sehen uns einige Beispiele an, in denen die "Vater-Sohn-Struktur" leicht zu erkennen ist. Um schnell zu erkennen, welche Terme welche Rolle spielen, verwenden wir dieselbe Färbung wie oben.

Beispiel 12.28.

(a) $A(x) := \int \underline{3}(3x)^2 \; dx$: $f(u) = u^2$, $u(x) = 3x$, $u'(x) = 3$
Wir benötigen eine Stammfunktion F von f und wählen die einfachstmögliche: $F(u) = \frac{u^3}{3}$. Nun ist lediglich noch statt u das Argument $u(x)$ einzusetzen und die Konstante c hinzuzufügen, fertig:

$$A(x) = \frac{(3x)^3}{3} + c = 9x^3 + c.$$

(b) $B(x) := \int \underline{7}e^{7x} \; dx$: $f(u) = e^u$, $u(x) = 7x$, $u'(x) = 7$
Hier passt $F(u) = e^u$; es wird mit $u = u(x)$

$$B(x) = e^{u(x)} + c = e^{7x} + c.$$

(c) $C(x) := \int \underline{-}\ln(72 - x) \; dx$: $f(u) = \ln u$, $u(x) = 72 - x$, $u'(x) = -1$. Als Stammfunktion von f hatten wir mittels partieller Integration gefunden

$$F(u) = u(\ln u - 1).$$

Also folgt

$$C(x) = (72 - x)(\ln(72 - x) - 1) + c.$$

$\triangle$

Wir bemerken, dass in allen drei Beispielen dieselbe Struktur vorliegt:

$$\int a f(ax + b) \ dx$$

mit einer äußeren Funktion f und der inneren Funktion $u(x) = ax + b$. Wenn der (rot hervorgehobene) konstante Vorfaktor a im Integranden fehlen sollte, können wir ihn innerhalb des Integrals künstlich hinzufügen und außerhalb des Integrals wieder wegdividieren. So gelangen wir zu folgendem allgemeinen Ergebnis: Für $a \neq 0$, $b \in \mathbb{R}$ und jede beliebige Stammfunktion F von f gilt

$$\int f(ax + b) \ dx = \tfrac{1}{a} F(ax + b) + c.$$

Insbesondere ergibt sich daraus folgende Erweiterung der Tabelle der Grundintegrale:

$$
\begin{aligned}
\int e^{ax} \ dx &= \tfrac{1}{a} e^{x} + c \\
\int \sin ax \ dx &= -\tfrac{1}{a} \cos ax + c \\
\int \cos ax \ dx &= \tfrac{1}{a} \sin ax + c
\end{aligned}
$$

(jeweils für $a \neq 0$). Natürlich funktioniert die Methode auch in weniger einfachen Fällen.

Beispiel 12.29. $D(x) := \int 2x e^{x^2} \ dx$ mit $f(u) = e^u$, $u(x) = x^2$, $u'(x) = 2x$. Wir wählen die einfachstmögliche Stammfunktion $F(u) = e^u$ und finden somit

$$D(x) = F(u(x)) + c = e^{x^2} + c$$

$\triangle$

Beispiel 12.30. $E(x) = \int \dfrac{e^x}{\sqrt{1 + e^x}} \ dx$ mit $f(u) = \frac{1}{\sqrt{u}} = u^{-\frac{1}{2}}$, $u(x) = 1 + e^x$ und $u'(x) = e^x$: Mit $F(u) = 2\sqrt{u}$ ergibt sich

$$F(x) = 2\sqrt{1 + e^x} + c.$$

$\triangle$

Beispiel 12.31. Gelegentlich muss man genauer hinsehen, um alle Bestandteile zu erkennen: Bei $F(x) = \int \frac{(\ln x)}{x} \ dx$ haben wir $f(u) = u$, $u(x) = \ln x$ und $u'(x) = \frac{1}{x}$. Es folgt

$$F(x) = \frac{(\ln x)^2}{2} + c.$$

$\triangle$

Auch komplizierter scheinende Integrale lassen sich so behandeln:

Beispiel 12.32. $G(x) = \int e^{x \ln x}(\ln x + 1) \; dx$ mit $f(u) = e^x$, $u(x) = x \ln x$ und $u'(x) = \ln x + 1$ führt auf

$$G(x) = e^{x \ln x} + c.$$

$\triangle$

Beispiel 12.33. $H(x) = \int \ln(\sin \sqrt{x})(\cos \sqrt{x}) \frac{1}{(2\sqrt{x})} \; dx$ mit $f(u) = \ln u$, $u(x) = \sin \sqrt{x}$ und $u'(x) = (\cos \sqrt{x}) \frac{1}{(2\sqrt{x})}$. Aus Beispiel 12.24 kennen wir eine Stammfunktion von $\ln$: $F(u) = u(\ln u - 1)$ und finden so

$$H(x) = \sin \sqrt{x}(\ln(\sin \sqrt{x}) - 1) + c.$$

$\triangle$

Bemerkung 12.34. Im letzten Beispiel haben wir es eigentlich mit einer "doppelten" Substitutionsregel mit folgender Struktur zu tun:

$$\int f(g(h(x)))g'(h(x))h'(x) \; dx = F(g(h(x))) + c$$

lies:

$$\int \ln(\sin\sqrt{x})(\cos\sqrt{x})\frac{1}{(2\sqrt{x})} \; dx = \ldots\text{usw.}$$

"Formale Substitution"

Leider gibt es viele Situationen, in denen die "Vater-Sohn-Struktur" nicht offensichtlich ist. Dennoch kann die Formel (12.22) auch hier hilfreich sein. Angenommen, es sei das Integral $\int f(x) dx$ zu bestimmen. Wir bemerken nun, dass dieses auf der linken Seite der Formel (12.22) vorkommt (das ist leichter zu erkennen, wenn die Variablenbezeichnungen x und u gegeneinander ausgetauscht werden):

$$\int f(x) \; \underline{dx} = \int f(x(u)) \; \underline{x'(u) \; du}\big|_{u=u(x)}. \tag{12.26}$$

Wir können also statt des gesuchten Integrals selbst den Ausdruck auf der rechten Seite berechnen. Dieser sieht auf den ersten Blick recht kompliziert aus. Wenn wir jedoch den gesamten Integranden einmal mit h bezeichnen, liest er sich kurz und bündig so:

$$\int f(x) \; dx = \int h(u) \; du\big|_{u=u(x)}.$$

Statt des "blauen" Integrals links können wir also auch das "rote" Integral rechts berechnen, was dann ein großer Vorteil ist, wenn das rote Integral wesentlich einfacher bestimmt werden kann als das blaue. (Das rote Integral ist nun allerdings eine Funktion von u (und nicht von x), deswegen besagt der grau gedruckte Teil der Formel (12.26), dass nach der Berechnung des roten Integrals die Variable u wiederum durch x ausgedrückt werden muss.)

Die Formel (12.26) zeigt auch die vier Schritte, in denen wir vorzugehen haben: Wir müssen

(1) die Integrationsvariable x möglichst geschickt als Funktion $x = x(u)$ von u darstellen,

(2) das Differential dx durch den Ausdruck $x'(u)\, du$ ersetzen,

(3) das rote Integral berechnen und

(4) schließlich die Integrationsvariable u wiederum durch x ausdrücken.

Dagegen weisen die Worte "möglichst geschickt" darauf hin, worin die Kunst im Schritt (a) besteht: Es ist eine solche Darstellung gesucht, die dafür sorgt, dass das rote Integral auch wirklich einfacher ist als das blaue. Es soll nicht verhehlt werden, dass dies mitunter Intuition und einiges Probieren erfordert, bei dem nicht jeder Versuch den gewünschten Erfolg haben wird. Ausgiebige Übung kann hier Erstaunliches bewirken. (So beruhen die Erfolge des Ingenieurwesens bis Mitte des 20. Jahrhunderts nicht zuletzt auf den faszinierenden Fähigkeiten vieler Ingenieure, selbst kniffligste Integrale "zu knacken". Im Rahmen dieses Textes werden wir mit einigen wenigen, nachfolgend dargestellten Beispielen auskommen.) Der Schritt (2) ist hierbei einfach und fast routinemäßig zu erledigen.

Beispiel 12.35. Gesucht sei das Integral $I(x) := \int e^{\sqrt{x}}\, dx$. Hier stört uns die komplizierte Form des Integranden, genauer: der Wurzelausdruck im Exponenten. Einfacher wäre z.B. ein Integral der Bauart e^u. Wir gelangen dahin, indem wir setzen $x(u) := u^2$, wobei wir annehmen $u \geq 0$. Es folgt dann nämlich zunächst

$$I(x) = \int e^{\sqrt{x(u)}}\, dx = \int e^u\, dx.$$

Hiermit ist an sich noch nicht viel gewonnen, denn das Argument des Integranden ist u. Statt nach dx würden wir lieber nach dem Differential du integrieren. Aus (12.26) folgt nun

$$I(x) = \int e^{\sqrt{x(u)}}\, \underline{dx} = \int e^{\sqrt{x(u)}}\underline{x'(u)\, du}\big|_{u=u(x)}.$$

Wir haben

$$x = x(u) = u^2 \tag{12.27}$$

also

$$\underline{dx} = \underline{x'(u)\, du} = \underline{2u\, du}.$$

Aus (12.27) folgt weiterhin

$$u = u(x) = \sqrt{x}. \tag{12.28}$$

Wir finden

$$I(x) = \int e^{\sqrt{x(u)}} \, dx = \int e^u 2u \, du.\big|_{u=\sqrt{x}}$$

Statt des kniffligen Ausgangsintegrals (links) können wir nun das folgende Hilfsintegral (rechts)bestimmen:

$$H(u) := \int e^u 2u \, du,$$

welches – bis auf den Faktor 2 – bereits im Beispiel 12.25 bestimmt wurde:

$$H(u) = 2e^u(u - 1) + c.$$

Es bleibt nun nur noch, u wieder durch x auszudrücken: Gemäß (12.28) haben wir: $u = u(x) = \sqrt{x}$, also folgt

$$I(x) = \int e^{\sqrt{x(u)}} \, dx = |2e^u(u-1) + c|_{u=\sqrt{x}}$$

also

$$I(x) = 2e^{\sqrt{x}}(\sqrt{x} - 1) + c.$$

(Dem aufmerksamen Leser wird in jedem Fall eine Probe empfohlen.)   △

Beispiel 12.36. Gesucht ist $J(x) := \int e^x \cos(e^x) \, dx$. Der hierbei am meisten störende Term ist $\cos(e^x)$; einfacher wäre z.B."$\cos u$". Setzen wir also probeweise die Gleichung $e^x = u$ (mit $u > 0$) an, finden wir $x = \ln u$ und daher $dx = x'(u)du = \frac{1}{u}du$. Folglich wird

$$\begin{aligned}
I(x) = \int e^x \cos(e^x) \, dx &= \int u(\cos u)\frac{1}{u} \, du|_{u=e^x} \\
&= \int \cos u \, du|_{u=e^x} \\
&= [\sin u + c]|_{u=e^x} \\
&= \sin e^x + c.
\end{aligned}$$

△

Beispiel 12.37. Wir bestimmen das (nur für $|x| \le 1$) sinnvolle Integral

$$K(x) := \int \frac{1}{\sqrt{1-x^2}} \, dx.$$

Diesmal ist die gesuchte Substitution keinesfalls naheliegend: Nach einigem Probieren erweist sich der Ansatz $x = \sin u$ (für $-\frac{\pi}{2} \le u \le \frac{\pi}{2}$) als sinnvoll. (Es wird dann $u = \arcsin x$.) Wir finden hier

$$dx = \cos u \, du$$

und somit

$$K(x) = \int \frac{1}{\sqrt{(1 - \sin^2 u)}} \cos u \ du\Big|_{u=\arcsin(x)}.$$

Warum ist dieses Integral einfacher? Wir erinnern an das bekannte Additions-
theorem für Winkelfunktionen $\sin^2 u + \cos^2 u = 1$. Damit können wir schreiben

$$K(x) = \int \frac{1}{\sqrt{\cos^2 u}} \cos u \ du\Big|_{u=\arcsin(x)}.$$

Da wir nur Werte u in $[-\frac{\pi}{2}, \frac{\pi}{2}]$ zu berücksichtigen haben, für die $\cos u \geq 0$
gilt, folgt $\sqrt{\cos^2 u} = \cos u$ und daher

$$K(x) = \int \frac{1}{\cos u} \cos u \ du\Big|_{u=\arcsin(x)}$$
$$= [u + c]_{u=\arcsin(x)}$$
$$= \arcsin x + c.$$

$\triangle$

12.4   Aufgaben

Aufgabe 12.38. Bestimmen Sie die folgenden unbestimmten Integrale:

a) $\int xe^{3x-2} \ dx$ b) $\int \frac{\ln^3 x}{x} \ dx$ c) $\int \frac{(2-x)^2}{\sqrt{x}} \ dx$

d) $\int \frac{3x^2-4x+1}{x^3-2x^2+x+1} \ dx$ e) $\int \sqrt[3]{x} \ln x \ dx$ f) $\int f'(g(x))g'(x) \ dx$

Aufgabe 12.39. Bestimmen Sie die folgenden bestimmten Integrale:

a) $\int_0^1 (x^2 - \sqrt{x}) \ dx$ b) $\int_1^2 \left(x - \frac{1}{x}\right)^2 \ dx$ c) $\int_2^3 \frac{x}{(\sqrt{x^2-4})^3} \ dx$

d) $\int_{-1}^1 \sqrt{x-1} \ln(x+1) \ dx$

Aufgabe 12.40. Man berechne das bestimmte Integral der Funktion

$$y = \frac{24}{1 - x^2} \quad \text{im Intervall} \quad 3 \leq x \leq 7.$$

Aufgabe 12.41. Berechnen Sie für die folgenden Funktionen die Fläche zwischen dem Graphen und der x-Achse im jeweils angegebenen Intervall

(a) $y = 4xe^{x^2}$ zwischen $-1 \leq x \leq 1$

(b) $y = x^3 - x$ zwischen $-2 \leq x \leq 2$

(c) $y = \frac{1}{1+x^2}$ zwischen $0 \leq x \leq 4$

Aufgabe 12.42. Man berechne die Fläche, die von der Kurve $y = x^3$ und
der Geraden $y = x$ eingeschlossen wird.

Aufgabe 12.43. Gegeben ist die Funktion $f(x) = 20xe^{2x^2}$.

(a) Man bestimme *alle* Stammfunktionen.

(b) Wie groß ist die Fläche zwischen der gegebenen Funktion f und der Geraden $y = -x$ im Intervall $0 \leq x \leq 1$?

Aufgabe 12.44 ($\nearrow$L). Bestimmen Sie:

a) $\int_0^1 (x^2 - \sqrt{x})\, dx$

b) $\int xe^{2x-5}\, dx$

c) $\int \frac{\ln^2 x}{x}\, dx$

d) $\int_1^2 \left(x - \frac{1}{x}\right)^2 dx$

e) $\int f'(g(x))g'(x)\, dx$

Aufgabe 12.45. Berechnen Sie die Flächen *zwischen* den beiden Kurven

$$y = \sqrt{4x - 4} \quad \text{und} \quad y = 2x - 2 \qquad (x \geq 0).$$

13

Reelle Funktionen in der Ökonomie

13.1 Wünschenswerte Eigenschaften ökonomischer Funktionen

13.1.1 Vorbemerkung

In diesem Abschnitt wollen wir der Frage nachgehen, in Gestalt welcher mathematischen Eigenschaften sich ökonomische Anforderungen an Produktions-, Kosten- und andere Funktionen widerspiegeln. Dabei ist es grundsätzlich Angelegenheit des Anwenders – also des bzw. der Ökonomen –, zu entscheiden, über welche ökonomischen Eigenschaften solche Funktionen verfügen sollen. Wir leisten hier lediglich Hilfe bei der "Übersetzung" der ökonomischen in mathematische Eigenschaften (und zurück). Einmal in die Sprache der Mathematik übersetzt, können ökonomische Funktionen mathematisch untersucht und daraus weitergehende Schlüsse gezogen werden.

Die Auffassungen darüber, welches die maßgebenden Eigenschaften dieser oder jener Klasse von Funktionen sein sollen, sind allerdings selbst in der ökonomischen Literatur nicht einheitlich und variieren beispielsweise in Abhängigkeit vom gewählten Betrachtungsrahmen. Um nun das Zusammenspiel von Mathematik und Ökonomie wenigstens beispielhaft umreißen zu können, schlagen wir dem Leser vor, über einige der von uns für wesentlich gehaltenen Eigenschaften gewissermaßen *Verabredungen* zu treffen, auf die wir uns im folgenden Text beziehen wollen.

Das Ziel der folgenden Unterabschnitte ist es, diese Verabredungen zu motivieren, möglichst allgemein zu formulieren und in einer tabellarischen Übersicht zusammenzustellen. (Wenn dann im weiteren z.B. von einer "neoklassischen Produktionsfunktion" die Rede ist, wird klar sein, über welche mathematischen Eigenschaften diese – vereinbarungsgemäß – verfügt.) Weiterhin geben wir zu jeder ökonomischen Funktionenklasse einige konkrete "mathematische Beispiele" an.

Im Interesse der Kürze und Übersichtlichkeit belassen wir es dabei, diese Beispiele zu *benennen*; der Leser sollte sich jedoch davon überzeugen, dass sie tatsächlich zu den jeweiligen Verabredungen passen. Als Hilfestellung demonstrieren wir die Vorgehensweise im Unterabschnitt "Beispiele für Eignungsprüfungen".

Eine technische Anmerkung: Um ein möglichst umfassendes Bild einzelner Klassen ökonomischer Funktionen zu gewinnen, werden unseren Verabredungen jeweils größtmögliche Definitionsbereiche zugrundegelegt. (Oft wird es sich um Intervalle der Form $[0, \infty)$, $(0, \infty)$, $[0, a]$, $[0, a)$ oder $(0, a)$ mit $0 < a < \infty$ handeln, die wir im weiteren als *Standardintervalle* bezeichnen werden.) Gleichzeitig wird angestrebt, die den Funktionen auferlegten Bedingungen möglichst allgemein zu halten.

13.1.2 Produktionsfunktionen

Eine Produktionsfunktion $p : [0, \infty) \to \mathbb{R}$ kann naturgemäß nur nichtnegative Werte annehmen. Oft – aber nicht immer – wird angenommen, dass ein *höherer Faktoreinsatz zu höherem Output* führt; mathematisch als Wachstum von p zu interpretieren. Weiterhin wird überwiegend davon ausgegangen, dass *ohne Faktoreinsatz* kein Output zu erzielen ist. *Neoklassische* Ansätze schließlich nehmen strenges Wachstum und eine *mit zunehmender Ausbringung sinkende Grenzproduktivität* an. In leichter Verallgemeinerung der letzten Forderung gelangen wir zu folgender

Verabredung 13.1. $p : [0, \infty) \longrightarrow \mathbb{R}$ *wird als* Produktionsfunktion *bezeichnet, wenn p wachsend ist und $p(0) = 0$ gilt. p heißt neoklassische* Produktionsfunktion, *wenn p zudem strikt konkav ist.*

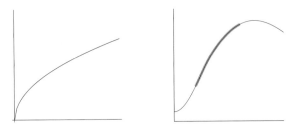

Das Bild links zeigt eine neoklassische Produktionsfunktion.

Nicht unter unsere Verabredung fallen die sogenannten *ertragsgesetzlichen* Produktionsfunktionen, wie z.B. im rechten Bild dargestellt. Ein typischer Anwendungsfall für eine derartige Produktionsfunktion könnte der Ernteertrag $p(x)$ eines Getreidefeldes in Abhängigkeit von der eingesetzten Menge x eines Mineraldüngers sein (dabei werden alle anderen den Ertrag beeinflussenden Faktoren wie Arbeitseinsatz, Düngung, Bewässerung etc. als konstant angesehen und daher außer Acht gelassen.)

Man wird nun auch ohne jede Düngung einen (kleinen) Ertrag erzielen, also gilt $p(0) > 0$. Darüber hinaus führt Überdüngung in der Regel nicht zu weiterer Ertragssteigerungen, sondern eher zu einem Abfall, denkbar bis zum (Total-) Verlust. Es ist jedoch klar, dass in ökonomischem Kontext eigentlich nur ein kleiner Teil der Kurve von Interesse ist, etwa der im Bild rot hervorgehobene. Dieser widerspricht unserer Verabredung *nicht*.

Beispiel 13.2. Die folgenden Berechnungsvorschriften definieren Produktionsfunktionen ($x \geq 0$):

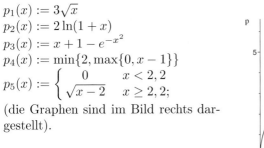

$$p_1(x) := 3\sqrt{x}$$
$$p_2(x) := 2\ln(1 + x)$$
$$p_3(x) := x + 1 - e^{-x^2}$$
$$p_4(x) := \min\{2, \max\{0, x - 1\}\}$$
$$p_5(x) := \begin{cases} 0 & x < 2,2 \\ \sqrt{x - 2} & x \geq 2,2; \end{cases}$$

(die Graphen sind im Bild rechts dargestellt).

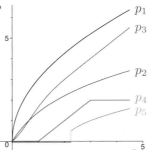

Die Produktionsfunktionen p_1 und p_2 sind neoklassisch, die übrigen nicht; p_4 und p_5 können als stückweise linear bezeichnet werden. Wir lassen zu, dass eine Produktionsfunktion nicht (überall) streng wächst; z.B. erlischt das Wachstum von p_4 für $x \geq 3$. (Ursache könnte eine Kapazitätsbeschränkung sein.) Ebenso wird nicht gefordert, dass eine Produktionsfunktion stetig sein müsse (bei p_5 "springt" die Produktion erst ab einem Mindestinput von $x = 2,2$ an, was z.B. in der Natur chemischer Reaktionen liegen könnte).   △

Wir regen den Leser an, sich nicht allein anhand der Graphik davon überzeugen zu lassen, dass es sich bei unseren Beispielen um Produktionsfunktionen handelt, sondern dies vielmehr auch rechnerisch nachzuprüfen. Dazu ist für jede der Funktionen p_i nachzuweisen, dass $p_i(0) = 0$ gilt und dass p_i wachsend ist. Wie letzteres zu tun ist, haben wir im Kapitel "Monotone Funktionen" eingehend besprochen. Beispielhafte Prüfungen dieser Art folgen im Unterabschnitt 13.1.11.

13.1.3   Kostenfunktionen

Eine Kostenfunktion K soll bekanntlich die gesamten Kosten $K(x)$ abbilden, die bei der Produktion von x Mengeneinheiten eines Gutes X entstehen. Das Wort "gesamten" kann dabei durchaus auf einen bestimmten Zeitraum, auf eine bestimmte Region, einen Unternehmensteil o.ä. bezogen werden, was hier aber nicht von Interesse ist. Klar ist, dass Kosten positiv oder günstigstenfalls gleich Null sind. Weiterhin wird man annehmen dürfen, dass ein echt größerer Output auch nur mit einem echt größeren Aufwand erzielbar ist. Wir treffen also folgende

Verabredung 13.3. *Eine Funktion* $K : [0, \infty) \longrightarrow \mathbb{R}$ *heißt* Kostenfunktion, *wenn sie nichtnegativ und streng monoton wachsend ist.*

Bemerkung 13.4. Eine Funktion $K : [0, \infty) \longrightarrow \mathbb{R}$ ist genau dann eine Kostenfunktion, wenn sie streng wachsend ist und $K(0) \geq 0$ gilt.

(Statt der Bedingung "K ist nichtnegativ" – d.h. $K(x) \geq 0$ für *alle* $x \geq 0$ – brauchen wir so nur Nichtnegativität an der Stelle $x = 0$ zu prüfen. Letzteres besagt wegen $K(0) = K_F$ lediglich, dass die Fixkosten (selbstverständlich!) nichtnegativ sind.)

Unter den Kostenfunktionen spielen drei Arten eine herausragende Rolle (siehe nachfolgende Skizzen):

Verabredung 13.5. *Eine Kostenfunktion* $K : [0, \infty) \longrightarrow \mathbb{R}$ *heißt*

- neoklassisch, *wenn sie strikt konvex ist (Bild links)*
- ertragsgesetzlich, *wenn es eine Konstante* $a > 0$ *derart gibt, dass* K *auf* $[0, a]$ *strikt konkav und auf* $[a, \infty)$ *strikt konvex ist (Bild rechts)*
- linear, *wenn sie im üblichen Sinne affin ist (Bild Mitte).*

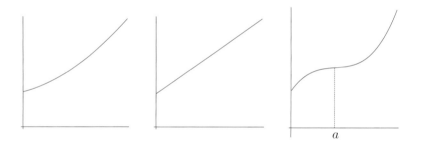

Charakteristisch für eine ertragsgesetzliche Kostenfunktion ist der zu beobachtende Krümmungswechsel von konkav zu konvex, der am Punkt a erfolgt; es handelt sich dabei um den *Wendepunkt* von K. Die Intervalle $[0, a]$ bzw. $[a, \infty)$ bilden den *Konkavitäts- bzw. Konvexitätsbereich* von K.

Neoklassische Kostenfunktionen kann man sich als Grenzfälle ertragsgesetzlicher mit dem "Wendepunkt ≤ 0" vorstellen. Würde man z.B. den Graphen der ertragsgesetzlichen Kostenfunktion (rechts) um den Betrag a nach links verschieben, bliebe im ersten Quadranten nur sein konvexer Zweig erhalten. Das Resultat: Der Graph einer neoklassischen Kostenfunktion! Diese hat den auf die Länge Null zusammengeschrumpften "Konkavitätsbereich" $[0, a]$ und den Konvexitätsbereich $[a, \infty)$ mit $a = 0$. Diese Vorstellung erlaubt gelegentlich, beide Funktionenklassen unter einheitlichen Gesichtspunkten zu sehen.

Wir geben einige Beispiele an. Diese sind als Übungsaufgaben gedacht; die Aufgabe der LeserIn besteht darin, die getroffenen Aussagen zu überprüfen. Dabei hat man sich zu vergewissern, dass die in unseren Vereinbarungen aufgeführten Bedingungen (nichtnegativ, streng monoton wachsend etc.) erfüllt sind.

Beispiel 13.6. Die Funktion

$$I(x) := \frac{x}{2} + \frac{1}{2}, \quad x \geq 0,$$

ist eine lineare Kostenfunktion. Sie ist weder neoklassisch noch ertragsgesetzlich.   △

Beispiel 13.7 (↗Ü, ↗L). Durch die Festlegung $J(x) := x^2 + 2x + 25$, $x \geq 0$, wird auf $[0, \infty)$ eine neoklassische Kostenfunktion definiert.   △

Beispiel 13.8 (↗Ü, ↗L). Die durch $K(x) = 3x^3 - 30x^2 + 106x + 216$, $x \geq 0$, definierte Funktion ist eine ertragsgesetzliche Kostenfunktion.   △

Beispiel 13.9 (↗Ü, ↗L). Durch $L(x) := \sqrt{x} + \sqrt{x^3}$, $x \geq 0$, wird ebenfalls eine ertragsgesetzliche Kostenfunktion definiert.
(*Anmerkung:* Ein geläufiges Missverständnis unterstellt, jede Stückkostenfunktion sei konvex. Hier ist ein Gegenbeispiel: Die zu L gehörige Stückkostenfunktion ist *nicht* konvex. (Auch dies gilt es zu überprüfen!))   △

Beispiel 13.10 (↗Ü, ↗L). Die durch $M(x) := x + e^{-x^2}$, $x \geq 0$, definierte Kostenfunktion ist ertragsgesetzlich.
(*Hinweis:* Um sich zunächst zu vergewissern, dass die Funktion M überhaupt eine Kostenfunktion ist, genügt es in diesem Fall nachzuweisen, dass ihre Ableitung positiv ist. Dies kann geschehen, indem man die Ableitung von M auf Extremwerte untersucht.)   △

Beispiel 13.11 (↗Ü). Durch $N(x) := \sqrt{x}$ wird eine Kostenfunktion definiert, die weder neoklassisch noch ertragsgesetzlich ist.   △

13.1.4 Nachfragefunktionen

Eine Nachfragefunktion $N : p \to N(p)$, die dem Preis p eines Gutes [in GE/ME] die auf einem Markt zu beobachtende Nachfrage $N(p)$ [in ME] zuordnet, kann naturgemäß keine negativen Werte annehmen. Soweit es sich um ein "normales" Gut handelt, wird die Nachfrage bei einer Steigerung des Preises zurückgehen, zumindest jedoch nicht anwachsen. (Dies trifft nicht auf die sogenannten inferioren oder GIFFEN-Güter zu, die wir hier als "anormale" Güter ausklammern.) Der stets nichtnegative Preis selbst kann – zumindest im Prinzip – kontinuierlich variieren.

Vereinbarung 13.12. *Wir bezeichnen eine auf einem Standardintervall D definierte reelle Funktion N als Nachfragefunktion, wenn sie nichtnegativ und monoton fallend ist.*

Beispiele 13.13. für Nachfragefunktionen:

1) $N_1(p) = \frac{1}{p}, p \in (0, \infty)$

2) $N_2(p) = 3e^{-p^2}, p \in [0, \infty)$

3) $N_3(p) = \begin{cases} 2 - \frac{p}{2} & p \in [0, 4] \\ 0 & p \in (4, \infty) \end{cases}$

4) $N_4(p) = \begin{cases} 4 - p^2 & p \in [0, 2] \\ 0 & p > 2 \end{cases}$

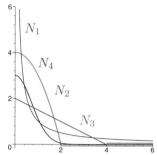

Wir sehen, dass im Falle der Funktion N_1 die Nachfrage beliebig groß wird, wenn der Preis beliebig klein wird, und umgekehrt. Bei der Funktion N_2 steigt die Nachfrage niemals über den Wert 3, wir bezeichnen diesen als *Maximal-nachfrage* $N_{\max}$. Dagegen gibt es bei den Funktionen N_3 und N_4 mit $p = 4$ bzw. $p = 2$ eine Obergrenze aller Preise, zu denen noch nachgefragt wird; wir nennen diese den *Maximalpreis* $p_{\max}$. (Man spricht davon, dass bei diesem Preis "die Nachfrage erlischt".) $\triangle$

Nichtbeispiele 13.14. im Sinne unserer Vereinbarung sind

a) $N_5(p) = (p+1)(3-p), p \in [0, 3]$ (diese Funktion ist nicht monoton fallend)

b) $N_6(p) = 2 - p/2, p \geq 0$ (diese Funktion kann negative Werte annehmen). $\triangle$

Es ist leicht, weitere Eigenschaften zu benennen, die für Nachfragefunktionen wünschenswert sein könnten. So besitzt offensichtlich jede unserer Beispiel-funktionen $N \in \{N_1, ..., N_4\}$ folgende zusätzlichen Eigenschaften:

(1) N ist stetig,

(2) N ist auf $\{N > 0\}$ streng monoton fallend,

(3) $\inf N = 0$.

Die erste besagt, dass kontiniuierliche Preisänderungen durch kontinuierliche Nachfrageänderungen beantwortet werden; die zweite, dass die Nachfrage bei echten Preissteigerungen echt kleiner wird, sofern sie nicht ohnehin schon auf Null gesunken ist. Die dritte Eigenschaft ist ebenfalls plausibel: Sie drückt aus, dass die Nachfrage bei hinreichend hohen Preisen beliebig klein wird.

Das folgende Bild zeigt in Blau eine Nachfragekurve, wie sie für volkswirt-schaftliche Texte typisch ist. (Wir sehen, dass die Eigenschaft (3) fehlt – hier wohl deshalb, weil die Grafik nur einen Auszug der Realität wiedergibt. Man kann sich jedoch z.B. auch Güter vorstellen, die überlebenswichtig sind – die Nachfrage (als Bedarf aufgefasst) würde niemals auf Null sinken).

– In Rot wird dargestellt, wie die Nachfragefunktion für ein Stückgut, welches nur in kleinen Mengen handelbar ist, aussehen könnte – sie ist weder stetig noch streng monoton.

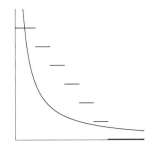

Ein Wort zur Verwendung des Wortes "Nachfragefunktion": Bei der Motivation unserer Vereinbarung haben wir das *Argument als Preis p* und den zugehörigen *Funktionswert* $x = x(p)$ als nachgefragte Gütermenge interpretiert. Davon ausgehend haben wir wünschenswerte Eigenschaften einer Nachfragefunktion formuliert. In der Ökonomie wird diese Zuordnung nicht selten umgekehrt: die nachgefragte Menge x wird als Ausgangsgröße, der für diese Menge zutreffende Preis p als Funktionswert $p = p(x)$ dargestellt. Interessant ist nun Folgendes: Wenn eine solche Zuordnung möglich ist, verfügt die Funktion $x \to p(x)$ über dieselben wünschenswerten Eigenschaften, wie wir sie bei umgekehrter Zuordnung hätten. Wir halten daher fest:

- Unser Begriff "Nachfragefunktion" kann auf zwei unterschiedliche Weisen interpretiert werden.

- Unsere *Vorzugsinterpretation* wird sein: Argument $\cong$ Preis, Funktionswert $\cong$ Menge. (Wir sprechen auch von einer Nachfragefunktion als *Funktion des Preises* bzw. von einer *Nachfrage-Preis-Funktion*.)

- Falls diese ausnahmsweise nicht gemeint ist, zeigen wir das im Kontext an. (Dann sprechen wir auch von einer Nachfragefunktion als *Funktion der Menge* bzw. von einer *Preis-Nachfrage-Funktion*.)

  Wenn davon ausgegangen werden kann, dass die nachgefragte Menge tatsächlich gehandelt wird, werden wir statt "Nachfrage" auch "Absatz" sagen.

Ist eine Nachfragefunktion N mit festgelegter Interpretation gegeben – z.B. als Funktion des Preises –, entsteht oft der Wunsch, den gegebenen Zusammenhang umzukehren, also z.B. den Preis in Abhängigkeit von der Menge darzustellen. Eine solche funktionale Darstellung ist möglich, wenn die Funktion N umkehrbar ist; sie wird dann durch die Umkehrfunktion N^{-1} vermittelt. Wenn die Funktion N nicht umkehrbar ist, existiert immerhin noch die Umkehr*relation* N^{-1}; wir sprechen dann von einer Preis-Nachfrage-*Relation*.

Unser Bild rechts verdeutlicht diese Situation: Unsere Nachfrage-Preis-Funktion $N := N_4$ wird in blaßblauer Farbe dargestellt; die Umkehrrelation N^{-1} in Rot – dies ist *keine Funktion* im mathematischen Sinne, weil der Nachfrage Null unendlich viele Preise zuzuordnen wären.

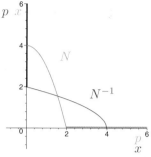

Schränken wir die Ausgangsfunktion N hingegen auf das Intervall $[0,2]$ ein, wird sie umkehrbar. Graph der Umkehrfunktion (nennen wir sie kurz P) ist dann die rote Kurve im unteren Teil des Bildes (ohne die darüber stehende senkrechte rote Linie). Ihre Berechnungsvorschrift erhalten wir, indem wir diejenige von N für $p \le 2$ nach p auflösen:

$$x = N(p) = 4 - p^2, \quad p \in [0,2] \Longleftrightarrow p = P(x) = \sqrt{4 - x}, \quad x \in [0,4].$$

Beispiel 13.15 ($\nearrow$Ü, $\nearrow$L). Man stelle für jede der nachfolgenden Funktionen fest, ob sie als Nachfragefunktion interpretiert werden kann. Falls ja, stelle man fest, ob es einen Maximalpreis bzw. eine Maximalnachfrage gibt, über welche der zusätzlichen Eigenschaften (1) – (3) sie verfügt und ob ihre Umkehrrelation zugleich eine Umkehr*funktion* ist:

a) $x \to \cos x, x \in [0, 2\pi]$

b) $\lambda \to \cos \lambda, \lambda \in [0, \frac{\pi}{2}]$

c) $p \to [\frac{1}{p}], p \in (0, \infty)$

d) $u \to \frac{23}{2u+3} - 1, u \in [0, 10]$

e) $x \to \begin{cases} 4 - x & x \in [0,2] \\ 2 & x \in (2,4] \\ 6 - x & x \in (4,6] \\ 1 & x > 6. \end{cases}$

$\triangle$

13.1.5 Angebotsfunktionen

Eine Angebotsfunktion $A : p \to A(p)$ ordnet dem Marktpreis p eines Gutes [in GE/ME] ein mengenmäßiges Angebot $A(p)$ [in ME] an diesem Gut zu. Je nach Kontext kann dieses Angebot die Reaktion eines einzelnen Unternehmens auf den gegebenen Marktpreis oder aber das aggregierte Angebot aller am Markt tätigen Unternehmen widerspiegeln. Dieses Angebot ist von Natur aus nichtnegativ, verschwindet beim Preis Null und wird bei steigendem Preis tendenziell steigen.

Vereinbarung 13.16. *Wir bezeichnen eine auf $[0, \infty)$ definierte reelle Funktion A als* Angebotsfunktion, *wenn sie nichtnegativ und monoton wachsend ist.*

Beispiele 13.17. für Angebotsfunktionen:

1) $A_1(p) = \sqrt{p}, p \in D = [0, \infty)$

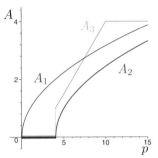

2) $A_2(p) = \begin{cases} \sqrt{p-4} & p \in (4, \infty) \\ 0 & p \in [0, 4] \end{cases}$

3) $A_3(p) = \begin{cases} 0 & p \in [0, 4] \\ \frac{p}{2} - 1 & p \in (4, 10] \\ 4 & p \in (10, \infty) \end{cases}$

Die Graphen dieser Funktionen sind im Bild rechts dargestellt. Wir sehen, dass im Falle der Funktion A_1 das Angebot bei beliebig kleinem Preis einsetzt und mit wachsendem Preis beliebig groß wird. Bei der Funktion A_2 dagegen setzt erst ab Preisen größer als $p = 4$ ein echtes Angebot ein; wir bezeichnen diesen Preis als Minimalpreis $p_{\min}$ und definieren ihn allgemein durch $p_{\min} := \inf\{A > 0\}$. (Ökonomische Sprechweise: Das Angebot "erlischt beim Preis $p_{\min}$".) Überdies gibt es bei der Funktion A_3 ein Maximalangebot $A_{\max} := \max A$, welches selbst bei höheren Preisen nicht mehr überschritten wird. $\triangle$

Nichtbeispiele 13.18. im Sinne unserer Vereinbarung sind

a) $A_4(p) = (p+1)(p-3), p \in [0, \infty)$ (diese Funktion ist nicht wachsend)

b) $A_5(p) = \frac{p}{2} - 2, p \geq 0$ (diese Funktion kann negative Werte annehmen). $\triangle$

Auch im Falle von Angebotsfunktionen ist es leicht, weitere wünschenswerte Eigenschaften zu benennen. Wir erwähnen nur die folgenden beiden:

(1) A ist stetig auf $\{A > 0\}$,

(2) A ist auf $\{0 < A < \sup A\}$ *streng* monoton wachsend.

Die erste Eigenschaft drückt aus, dass sich das Angebot kontinuierlich verändert, solange es positiv ist (ein sprunghafter Wechsel kann also nur vom Angebot 0 hin zu einem positiven Angebot erfolgen). Die zweite: Sobald ein echtes Angebot eingesetzt hat, wächst dies mit jedem Preisanstieg echt an, solange das Maximalangebot noch nicht erreicht ist. Bei unseren drei Beispielen sind diese Eigenschaften gegeben; können in anderen Beispielen jedoch auch fehlen.

Für die Darstellungsweise von Angebotsfunktionen gilt das für Nachfragefunktionen Gesagte sinngemäß. Unsere Vorzugsinterpretation wird also sein: Argument $\cong$ Preis, Funktionswert $\cong$ Menge; wir werden auch von einer *Angebots-Preis-Funktion* sprechen. Auf die umgekehrte Interpretation wird im

Kontext hingewiesen, z.B. indem von einer *Preis-Angebots-Funktion* gesprochen wird. (Statt von "Angebot" werden wir auch von "Absatz" sprechen, wenn davon auszugehen ist, dass die angebotene Menge auch abgesetzt wird.)

13.1.6   Nutzenfunktionen

Bei einer Nutzenfunktion $u : x \rightarrow u(x)$ repräsentiert das Argument x eine konkrete Menge an einem Gut X, die sich im Besitz eines ökonomischen Subjektes – nennen wir es "Haushalt" – befindet oder befinden könnte, und der Funktionswert $u(x)$ den subjektiven Nutzen, den der Haushalt diesem Besitz beimisst. Da in allen ökonomisch einigermaßen interessanten Situationen der Grundsatz "mehr ist besser" gelten dürfte, wird der Besitz von "mehr" höher einzuschätzen sein als von "weniger". Oft, aber nicht immer wird zusätzlich verlangt, dass das erste Gossensche Gesetz[1] gelte:

> *Der Zusatznutzen aus dem Besitz einer weiteren (marginalen) Einheit des Gutes nimmt mit wachsendem Ausgangsbesitz ab.*

Je nachdem, ob dieses Gesetz berücksichtigt wird oder nicht, sind zwei verschiedene Nutzenfunktions-Begriffe denkbar:

Vereinbarung 13.19. *Eine auf* $[0, \infty)$ *oder* $(0, \infty)$ *definierte reelle Funktion* u *heißt*

- ordinale Nutzenfunktion,*wenn sie stetig und streng monoton wachsend ist,*

- (kardinale) Nutzenfunktion, *wenn sie stetig, streng monoton wachsend und konkav ist.*

Wir benutzen die Attribute "ordinal" und "kardinal" hier zunächst nur als Unterscheidungsmerkmal; ihre Bedeutung wird sich besser erschließen, wenn das Konzept der Nutzenfunktion von einem einzelnen Gut auf Güterbündel übertragen wird. Auch die Forderung nach Stetigkeit wird dort plausibler. – Jede kardinale Nutzenfunktion ist auch eine ordinale Nutzenfunktion, aber nicht umgekehrt. Für "(kardinale) Nutzenfunktion" werden wir abkürzend schreiben "Nutzenfunktion".

(Die hier vereinbarte Bedeutung der Attribute "ordinal" und "kardinal" sollte übrigens nicht mit der in der Statistik üblichen verwechselt werden.)

---

[1]Oft wird vereinfachend von "abnehmendem Grenznutzen" gesprochen, was das Gesetz auf differenzierbare Nutzenfunktionen einschränkt.

Beispiele 13.20. für kardinale Nutzenfunktionen:

1) $u_1(x) := \ln x, x > 0$
2) $u_2(\alpha) := \sqrt{\alpha} + 1, \alpha \geq 0$
3) $u_3(y) := 3y, y \geq 0$
4) $u_4(z) := \min(z+1, 2z-1), z \geq 0$
5) $u_5(h) := 1 - \frac{1}{1+h^2}, h \geq 0$

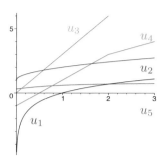

$\triangle$

Die Beispiele zeigen auch, welche Eigenschaften eine Nutzenfunktion *nicht* zwingend besitzen muss: Sie braucht weder nichtnegativ (u_1, u_4), noch strikt konkav (u_3, u_4), noch differenzierbar (u_4) zu sein. Der Nutzen des "Besitzes Null" braucht nicht definiert (u_1) oder wenn doch, nicht Null zu sein (u_2, u_4) (er muss lediglich kleiner sein als der Nutzen aus dem Besitz jedweder von Null verschiedenen Menge).

Nichtbeispiele 13.21. Keine kardinalen Nutzenfunktionen sind

6) $u_6(x) := \min(x, 1), x \geq 0$ (es liegt keine strenge Monotonie vor);

7) $u_7(y) := e^y, y \geq 0$ (diese Funktion ist nicht konkav);

8) $u_8(w) := \begin{cases} \sqrt{w} & w \in [0,4] \\ w & w > 4 \end{cases}$ (hier liegt eine Unstetigkeit an der Stelle $w = 4$ vor).

(Man beachte, dass u_7 immerhin noch als ordinale Nutzenfunktion angesehen werden kann, während das für u_6 und u_8 nicht zutrifft.) $\triangle$

13.1.7 Spar- und Konsumfunktionen

Eine *Konsumfunktion* $C : Y \to C(Y)$ ordnet dem Einkommen Y eines Haushaltes (oder einer gesamten Volkswirtschaft) die Ausgaben $C(Y)$ zu, die für Konsumzwecke verwendet werden. Die Differenz $Y - C(Y) =: S(Y)$ wird oft als ersparter Einkommensanteil angesehen, und die Abbildung $Y \to S(Y)$ kann als *Sparfunktion* bezeichnet werden. In diesem Zusammenhang sind Y und C(Y) selbstverständlich nichtnegative Größen. Eine verbreitete Hypothese über den Konsum besagt, dass *mit wachsendem (sinkendem) Einkommen der Konsum unterproportional zunimmt (abnimmt)*, anders formuliert, der Anteil des Konsums am Gesamteinkommen fällt. (Eine solche Hypothese wurde mit Blick auf die Ausgaben von Haushalten für Nahrungsmittel erstmals 1857 durch den sächsischen Statistiker Ernst Engel empirisch belegt.)

Vereinbarung 13.22. *Eine auf $D = [0, \infty)$ oder $D = (0, \infty)$ definierte reellwertige Funktion C wird als Engel- Funktion bezeichnet, wenn gilt:*

(i) $C \geq 0$,

(ii) C *ist monoton wachsend,*

(iii) *die Abbildung $Y \to C(Y)/Y, Y \in D\backslash\{0\}$, ist monoton fallend.*

Die Bedingungen $(i) - (iii)$ ziehen automatisch nach sich, dass jede Engel-Funktion auf $D\backslash\{0\}$ stetig ist (*-Aufgabe 13.48).

Beispiele 13.23.

1) $C_1(Y) := aY + b, y \in D$, mit $a \in (0, 1)$ und $b > 0$.

2) $C_2(Y) := a\sqrt{Y}, Y \geq 0, (a > 0)$.

3) $C_3(Y) := \frac{Y}{2} + \sqrt{Y}, Y \geq 0$.

$\triangle$

In diesen einfachen Beispielen können die Bedingungen *(i)* bis *(iii)* durch Hinsehen überprüft werden.

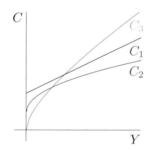

Dasselbe gilt für die folgenden

Nichtbeispiele 13.24.

a) $C_4(Y) := aY - b$, $Y \in D$ mit $0 < a < 1$ und $b < 0$ (Bedingungen *(i)* und *(iii)* sind verletzt)

b) $C_5(Y) := 2Y^2 - Y$, $Y \geq 0$ (Bedingung *(ii)* ist verletzt).

c) $C_6(Y) := \begin{cases} \sqrt{Y} & 0 \leq Y \leq 1 \\ \sqrt{Y} + \frac{Y}{2} & 1 < Y \end{cases}$ (diese Funktion ist unstetig).

$\triangle$

Wenn C differenzierbar ist, kann die Ableitung C' zur Überprüfung der Bedingungen *(i)* und *(ii)* verwendet werden.

Aufgabe 13.25 (↗L). *Man zeige: Eine auf $D = [0, \infty)$ oder $D = (0, \infty)$ definierte differenzierbare reellwertige Funktion C mit $C(x) > 0$ für $x > 0$ ist genau dann eine Engel-Funktion, wenn gilt $0 \leq \varepsilon_C \leq 1$.*

Beispiel 13.26 ($\nearrow$Ü, $\nearrow$L). Folgende Funktionen sind Engel-Funktionen:

1) $C_7(Y) := \ln(e + Y), Y \geq 0,$

2) $C_8(\rho) := a(\rho + 1/(1 + \rho)), \rho \geq 0 \ (a \in (0, 1))$

3) $C_9(x) := a(x + e^{-x^2}), x \geq 0 \ (a > 0)$ $\triangle$

Beispiel 13.27 ($\nearrow$Ü, $\nearrow$L). Man zeige, dass (und warum) die folgenden Funktionen keine Engel-Funktionen sind:

1) $C_{10}(\tau) := \tau \ln(3 + \tau), \tau \geq 0;$

2) $C_{11}(x) := \frac{(x^2+1)}{(x+1)}, x \geq 0;$

3) $C_{12}(u) := u^{\frac{3}{2}} - u, u > 0.$ $\triangle$

13.1.8 Isoquanten

Angenommen, ein Unternehmen produziert ein Gut Y unter Einsatz zweier Produktionsfaktoren X_1 und X_2, die partiell substituierbar sind: Verminderter Einsatz des ersten kann durch erhöhten Einsatz des zweiten Faktors ausgeglichen werden. Eine festgelegte Menge y des Gutes Y lässt sich daher durch verschiedene Kombinationen (x_1, x_2) von Faktoreinsatzmengen des ersten bzw. zweiten Faktors herstellen. Die Gesamtheit aller solchen Kombinationen lässt sich grafisch darstellen – oft als Kurve.

Eine typische Darstellung einer Schar solcher Kurven, die verschiedenen Mengen des Gutes Y entsprechen, zeigt nebenstehendes Bild. Jede derartige Kurve wird auch als *Isoquante* (der Produktion bzw. des Outputs) oder als *Iso-Produktionslinie* bezeichnet. Die Farben dieser Kurven variieren hier von von Blau nach Gelb mit wachsendem Produktionsniveau. Diagramme wie dieses sind für die *Produktionstheorie* typisch.

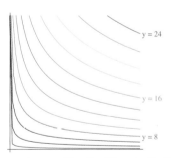

Ein analoges Bild zeigt sich auch in einem anderen, für die *Haushaltstheorie* typischen ökonomischen Zusammenhang. Nehmen wir z.B. an, ein Haushalt könne zwei bestimmte Güter X_1 und X_2 in beliebigen Mengen x_1 und x_2 besitzen und ordne jeder denkbaren Besitzkombination (x_1, x_2) als Maß der subjektiven Wertschätzung einen "Zufriedenheitsindex" y zu. Stellt man die Gesamtheit aller Besitzkombinationen (x_1, x_2), die zu ein- und derselben Zufriedenheit y führen, in einem Koordinatensystem grafisch dar, würde sich tpischerweise wiederum eine Kurve wie in unserem Bild ergeben. Die von Blau nach Gelb gefärbten Kurven entsprechen Güterbündeln mit immer höherem

Zufriedenheitsindex. Zwischen Güterbündeln, die auf ein- und derselben Kurve liegen, würde der Haushalt wertschätzungsmäßig nicht unterscheiden – er verhielte sich indifferent. In diesem Zusammenhang bezeichnet man die im Bild dargestellten Kurven als *Indifferenzkurven*.

Mit Blick auf Beispiel 1.10 im Abschnitt 1.3 sehen wir, dass Indifferenzkurven ihrer Natur nach Graphen von Relationen sind. Wenn die Güter X_1 und X_2 *substituierbar* sind (was hier unterstellt wurde), sind diese Relationen sogar *Funktionen*. Jede Kurve in unserem Bild ist daher Graph einer gewissen Funktion ϕ. Das Bild zeigt die wichtigsten Merkmale, über die eine solche Funktion ϕ verfügen sollte: Sie ist

(i) *auf einem Teilintervall von $[0, \infty)$ definiert*

(ii) *nichtnegativ*

(iii) *stetig*

(iv) *streng monoton fallend und*

(v) *konvex.*

Diese Eigenschaften sind intuitiv plausibel, lassen sich jedoch auch aus typischen Eigenschaften von Nutzenfunktionen *mehrerer* Veränderlicher ableiten, auf die wir im Band $\overline{H\hspace{-0.3em}O}$ Math 3 ausführlich eingehen. Daher belassen wir es hier bei ihrer Erwähnung.

Beispiele 13.28.

1) $\phi(x) := \frac{1}{x}$, $x > 0$

2) $\phi(x) := ax^{-p}$, $x > 0$, mit Konstanten $a > 0$ und $p > 0$

3) $\phi(x) := c - \frac{ax}{(x+b)}$, $x \geq 0$, $x \in [0, \frac{a}{c-b}]$, mit Konstanten $a, b, c > 0$, $\frac{a}{c} > b$

4) $\phi(x) := e^{-3x}$, $x \geq 0$,

5) $\phi(x) := b - ax$, $x \in [0, \frac{b}{a}]$, mit Konstanten $a, b > 0$ (diese Funktion ist konvex, aber nicht strikt).

$\triangle$

Nichtbeispiele 13.29.

a) $\phi(x) := e^x$, $x \geq 0$, (ϕ ist nicht fallend)

b) $\phi(x) := \frac{1}{x} - \frac{1}{2}$, $x > 0$, (ϕ kann negative Werte annehmen)

c) $\phi(x) := \sqrt{49 - x}$, $x \in [0, 7]$ (ϕ ist nicht konvex).

$\triangle$

13.1.9   Transformationskurven

Ein Unternehmen produziere zwei Güter Y_1 und Y_2. Die Gesamtheit aller Outputmengenkombinationen (y_1, y_2), die das Unternehmen bei gegebener (festgehaltener) Faktorausstattung F herstellen kann, bildet eine konvexe Teilmenge von $\mathbb{R}_+^2$ – die Produktionsmöglichkeitenmenge $\mathcal{M}$.

Ihr "nordöstlicher Rand" T (im Bild rechts in Blau dargestellt) enthält genau diejenigen Outputkombinationen, die bei effizienter Technologie produziert werden können.

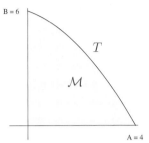

Sie wird als *Transformationskurve* (oder *Produktionsmöglichkeitenkurve*) bezeichnet[2]. Unter plausiblen Annahmen an die Produktionsfunktion des Unternehmens handelt es sich bei T um den Graphen einer (ebenso bezeichneten) Funktion $T : [0, A] \to [0, B]$ ($A > 0, B > 0$ passend). Diese Funktion ist zudem

(i) *streng monoton fallend*

(ii) *stetig*

(iii) *konkav und*

(iv) *bijektiv*

oft überdies differenzierbar. (Näheres hierzu siehe Band ~~BO~~ Math 3.)

Beispiele 13.30.

1) $T(x) := B - \frac{B}{A}x, x \in [0, A]$, mit Konstanten $A, B > 0$ (diese Funktion ist konkav, aber nicht strikt).

2) $T(x) := \sqrt{49 - x}, x \in [0, 7]$.

3) $T(x) := 32 - (x - 2)(x + 12), x \in [0, 4]$.

4) $T(x) := \sqrt{25 - x^2}, x \in [0, 5]$.

$\triangle$

Nichtbeispiele 13.31.

a) $T(x) := (49 - x)^2, x \in [0, 49]$ (T ist nicht konkav)

b) $T(x) := \frac{1}{x} - \frac{1}{2}, 0 < x \le 2$ (T ist bei 0 nicht definiert und nicht konkav)

c) $T(x) := \frac{1}{x+1}, x \ge 0$ (T ist nicht konkav und nimmt niemals den Wert 0 an.)

d) $T(x) := \begin{cases} 10 & x \in [0, 10) \\ 0 & x = 10. \end{cases}$ (diese Funktion ist unstetig).

$\triangle$

---

[2]Genauer: Es handelt sich um die Menge aller Maximalpunkte von $\mathcal{M}$, vgl. Punkt 1.3

Wir bemerken, dass sich Isoquanten und Transformationskurven gewissermaßen "dual" zueinander verhalten: Eine Produktions*isoquante* beschreibt die Möglichkeiten der *Input*substitution, wenn ein Unternehmen ein- und denselben *festgehaltenen Output* aus zwei verschiedenen Input-Faktoren herstellt; eine *Transformationskurve* dagegen beschreibt die Möglichkeiten der *Out*putsubstitution, wenn ein Unternehmen aus ein- und demselben *festgehaltenen Input* – der gegebenen Faktorausstattung – zwei verschiedene Produkte herstellt. Im Teil IV wird ausführlicher hierauf eingegangen.

13.1.10 Übersicht

Die folgende Tabelle stellt unsere bisher getroffenen Vereinbarungen zusammenfassend dar.

Übersicht: Eigenschaften ökonomischer Funktionen

Typ	Bedingungen			
	Wachstum	Krümmung	Vorzeichen	weitere
Produktionsf.	↗	–	$f(0)=0$	–
~ neoklassisch	s ↗	s ∩	$f(0)=0$	–
Kostenfunktion	s ↗	–	≥ 0	–
~ neoklassisch	s ↗	s ∪	≥ 0	–
~ ertragsgesetzlich	s ↗	s ∩ / s∪	≥ 0	–
Nachfragefunktion	↘	–	≥ 0	–
Angebotsfunktion	↗	–	≥ 0	–
Nutzenfunktion	s ↗	∩	–	stetig
~ ordinal	s ↗	–	–	stetig
Engelfunktion	↗	–	≥ 0	$\frac{f(y)}{y}$ fallend
Isoquanten	s ↘	∪	≥ 0	stetig
Transformationsk.	s ↘	∩	≥ 0	stetig, bij.

Als Definitionsbereich wird grundsätzlich die Menge $[0,\infty)$ angesehen; Abweichungen sind wie folgt möglich:

(1) $[0,\infty)$ oder $(0,\infty)$ (Nutzenfunktionen oder Engel-Funktionen)

(2) Standardintervall (Nachfragefunktionen)

(3) beliebiges Teilintervall von $[0,\infty)$ (Isoquanten)

(4) $[0,A]$ (Transformationskurven)

13.1.11 Beispiele für "Eignungsprüfungen"

Wie kann man erkennen, ob eine gegebene "mathematische Funktion" f ein Beispiel für einen bestimmten ökonomischen Funktionentyp (T) ist? Die nächstliegende Antwort besteht in folgender "Rezeptur":

(1) Man bilde eine "Checkliste" aller für (T) geforderten mathematischen Eigenschaften.

(2) Man checke für jede dieser Eigenschaften, ob sie bei der "Kandidaten-funktion" f vorliegt.

Wir merken an, dass der Leser bereits über alles Notwendige verfügt, um diese Rezeptur abzuarbeiten:

- Die "Checkliste" ist durch unsere Übersichtstabelle gegeben.
- Die Checks auf mathematische Eigenschaften wie Monotonie, Konvexi-tät usw. werden genauso vorgenommen, wie es in den vorangehenden Kapiteln theoretisch und an zahlreichen Beispielen beschrieben wurde.

Zur Illustration können daher hier wenige Beispiele genügen.

Beispiel 13.32. Es ist zu überprüfen, ob die durch $p(x) := x^2 + \sqrt{x}, x \geq 0$, definierte Funktion als Produktionsfunktion anzusehen ist.

Lösung: Gemäß unserer Vereinbarung 13.3 haben wir uns davon zu überzeu-gen, dass

(a) p wachsend ist und

(b) $p(0) = 0$ gilt.

Beide Eigenschaften sind hier offensichtlich für jeden der beiden Summanden und somit auch für ihre Summe ($\nearrow$ Satz 9.8 auf Seite 274) erfüllt, also ist p tatsächlich eine Produktionsfunktion. $\triangle$

Beispiel 13.33. Es ist zu überprüfen, ob die Funktion p aus dem vorigen Beispiel auch als *neoklassische* Produktionsfunktion angesehen werden kann.

Lösung: Um *neoklassische* Produktionsfunktion zu sein, müsste p über die vorhandenen Eigenschaften hinaus (c) streng wachsend und (d) strikt konkav sein. Die Funktion p ist in der Tat sogar streng wachsend, denn dies trifft ersichtlich auf beide Summanden zu, also auch auf deren Summe. Wir haben daher noch zu überprüfen, ob p strikt konkav ist. Wir bilden dazu die ersten beiden Ableitungen von p; dies sind

$$p'(x) = 2x + \frac{1}{2}x^{-\frac{1}{2}}$$

$$p''(x) = 2 - \frac{1}{4}x^{-\frac{3}{2}}.$$

Es gilt daher $p''(x) > 0 \iff x > \frac{1}{4}$, folglich ist p auf $[\frac{1}{4}, \infty)$ strikt konvex und daher nicht strikt konkav.

Ergebnis: p ist keine neoklassische Produktionsfunktion im Sinne unserer Ver-abredung.

$\triangle$

Bemerkung 13.34. Wie die Rechnungen zeigen, ist die Funktion p nichtnegativ, streng wachsend, auf $[0, \frac{1}{4}]$ strikt konkav und auf $[\frac{1}{4}, \infty)$ strikt konvex; sie kann daher nicht nur als Produktionsfunktion, sondern auch als ertragsgesetzliche Kostenfunktion (ohne Fixkosten) angesehen werden.

Beispiel 13.35. Eine Funktion H sei durch $H(x) = \sqrt{x}$, $x \geq 0$ definiert. Handelt es sich um eine Kostenfunktion? Wenn ja, ist sie überdies neoklassisch oder ertragsgesetzlich?

Ergebnis: Es handelt sich um eine Kostenfunktion; diese ist jedoch weder neoklassisch noch ertragsgesetzlich.

Denn: Um als Kostenfunktion zu gelten, müsste H

(a) streng wachsend sein und

(b) $H(0) \geq 0$ gelten.

Beides trifft offensichtlich zu. Um neoklassisch oder ertragsgesetzlich zu sein, müsste H zusätzlich auf dem gesamten oder "überwiegenden" Teil des Definitionsbereiches strikt konvex sein. Dies ist jedoch nicht der Fall, den die Wurzelfunktion ist überall strikt konkav. △

Beispiel 13.36 (∕F 13.7). Wir zeigen, dass

$$J(x) := x^2 + 2x + 25, x \geq 0,$$

tatsächlich eine neoklassische Kostenfunktion ist.

Denn: Wir haben uns zu überlegen, dass J folgende Eigenschaften besitzt:

(*a*) J ist streng wachsend;

(*b*) es gilt $J(0) \geq 0$ (damit eine Kostenfunktion vorliegt);

(*c*) J ist strikt konvex (um neoklassisch zu sein).

Zu (*a*): Es gilt $J'(x) = 2x + 2 \geq 0$ für alle $x \geq 0$ und sogar $J'(x) > 0$ für $x > 0$, also ist die stetige Funktion J auf $[0, \infty)$ streng wachsend (∕ Satz 9.31). Wegen $J(0) = 25$ ist auch (*b*) erfüllt.

Zu (*c*): Wir haben $J''(x) = 2 = \text{const}$, also ist J strikt konvex. △

Anmerkung: In diesem Beispiel hätten wir auf Argumente aus der Differentialrechnung verzichten (und stattdessen auf die elementaren Eigenschaften parabolischer Funktionen verweisen) können. Ihr Vorteil besteht in ihrer breiteren Anwendbarkeit.

Beispiel 13.37 (∕F, ∕L 13.8). Wir überzeugen uns davon, dass durch

$$K(x) = 3x^3 - 30x^2 + 106x + 216, \quad x \geq 0,$$

tatsächlich eine ertragsgesetzliche Kostenfunktion definiert wird.

Denn: Diesmal sieht unser Katalog von zu prüfenden Anforderungen so aus:

(a) K ist streng wachsend

(b) es gilt $K(0) \geq 0$ (damit überhaupt eine Kostenfunktion vorliegt);

(c) es gibt eine Konstante $a > 0$ derart, dass K auf $[0, a]$ strikt konkav und auf $[a, \infty)$ strikt konvex ist (um ertragsgesetzlich zu sein).

Wir bilden zunächst die Ableitungen von K:

$$K'(x) = 9x^2 - 60x + 106$$

$$K''(x) = 18x - 60.$$

Zu (a): Wir wollen feststellen, ob $K'(x) \geq 0$ für alle $x \geq 0$ gilt und $K'(x)$ auf keinem offenen Teilintervall von $D = [0, \infty)$ verschwindet (vgl. Satz 9.31). Dazu untersuchen wir K' auf Nullstellen: Es gilt $K'(x) = 0 \iff x \geq 0$ und $x^2 - \frac{20}{3}x + \frac{106}{9} = 0$; die p-q-Formel zur Gleichung rechts ergibt

$$x_{1,2} = \frac{10}{3} + \sqrt{\frac{100}{9} - \frac{106}{9}};$$

anhand des negativen Radikanden schließen wir: K' besitzt keine einzige Nullstelle. Da nun die stetige Funktion K' nirgends den Wert Null annimmt, kann nur entweder $K'(x) > 0$ für alle $x \geq 0$ oder $K'(x) < 0$ für alle $x \geq 0$ gelten. Welcher Fall hier vorliegt, ist durch Einsetzen irgendeines x-Wertes leicht erkannt; es gilt z.B. $K'(0) = 106 > 0$. Also gilt $K'(x) > x$ für alle $x \geq 0$, und K ist streng wachsend.

Zu (b): Es gilt $K(0) = 216 > 0$; (b) ist erfüllt.

Zu (c): Der gesuchte Punkt a ist nichts anderes als ein Wendepunkt von K, identifizierbar als Nullstelle der zweiten Ableitung. Hier gilt $K''(x) = 18x - 60 = 0 \iff x = \frac{10}{3}$; dabei haben wir $K''(x) < 0$ für $0 \leq x < \frac{10}{3}$ und $K''(x) > 0$ für $\frac{10}{3} < x$. Also ist K auf $[0, \frac{10}{3}]$ strikt konkav und auf $[\frac{10}{3}, \infty)$ strikt konvex. Das *Ergebnis*: Alle Forderungen sind erfüllt, und K ist ertragsgesetzliche Kostenfunktion. $\triangle$

In allen bisherigen Beispielen wurde jeweils nur eine einzige Funktion untersucht. Die Methodologie der Untersuchungen ist jedoch von den verwendeten Zahlenwerten weithin unabhängig. Ersetzen wir diese Zahlenwerte durch abstrakte Konstanten, können wir Erkenntnisse über ganze Klassen von Funktionen gewinnen, und künftig können zahlreiche Einzeluntersuchungen eingespart werden. So lässt sich z.B. Folgendes zeigen:

Satz 13.38. *Jede Funktion der Form $f(x) := ax^2 + bx + c, x \geq 0$, ist eine neoklassische Kostenfunktion, wenn die Konstanten a, b, c nichtnegativ sind und $a > 0$ gilt.*

Die Begründung kann exakt so verlaufen wie im Beispiel 13.36, wobei lediglich die Zahlen 1,2 und 25 durch die abstrakten Größen a, b bzw. c zu ersetzen sind. Für Interessenten wird sie ausführlich im Abschnitt 13.8 dargestellt.

13.1.12 Aufgaben

Aufgabe 13.39. Eine auf $D = [0, \infty)$ oder $D = (0, \infty)$ definierte differenzierbare reellwertige Funktion C ist genau dann eine Engel- Funktion, wenn gilt:

   (i) $C \geq 0$

   (ii) $0 \leq \varepsilon_C < 1$.

Aufgabe 13.40 (↗L). Welche der nachfolgenden Ausdrücke definieren auf $[0, \infty)$ Kostenfunktionen? In welchen Fällen handelt es sich um ertragsgesetzliche, in welchen Fällen um neoklassische Kostenfunktionen?

a) $2x^3 - 2x^2 + x + 42$

b) $x^3 - 2x^2 + x + 37$

c) $3x^3 - 2x^2 - x + 104$

d) $2x^3 + 2x^2 + x - 42$

e) $x^3 + 2x^2 + x + 37$

Aufgabe 13.41. Man überlege sich für jeden der nachfolgend angegebenen Ausdrücke, ob er geeignet ist, auf einem passenden Definitionsbereich (und zwar welchem?) eine Produktions-, Kosten-, Nachfrage-, Angebots-, Nutzen- oder Konsumfunktion zu definieren:

a) $\frac{40}{(x-8)} + 20$

b) $25 + 2x^{\frac{7}{3}}$

c) $3x^2 + 6x - 24$

d) $3 - 2e^{-\frac{x}{2}}$

e) $2 - \cos x$

Aufgabe 13.42. Zeigen Sie, dass das Polynom fünften Grades

$$K(x) := 3x^5 - 10x^3 + 15x + 108$$

für $x \geq 0$ eine ertragsgesetzliche Kostenfunktion definiert.

Aufgabe 13.43. Von einer Nachfragefunktion wird angenommen, dass sie auf ihrem Definitionsbereich gemäß

   (i) $N(p) = b - ap$

   (ii) $N(p) = a\sqrt{b - p}$

   (iii) $N(p) = ae^{-bp}$

beschrieben wird, wobei a und b passende Konstanten bezeichnen und p der jeweils geltende Preis ist. Man weiß, dass bei einem Preis von 2 [GE/ME] die Nachfrage 10 [ME] beträgt und bei einer Erhöhung des Preises um eine marginale Einheit ein Nachfragerückgang um 2 marginale Einheiten eintritt. Bestimmen Sie die Konstanten a und b! Wie groß sind – sofern existent - Maximalpreis und Maximalnachfrage?

Aufgabe 13.44. Eine Nachfragefunktion lasse sich auf einem geeigneten Definitionsbereich mit Hilfe des Ausdrucks $p = 64(27 - x)^{\frac{2}{3}}$ darstellen. (Dabei bezeichne p den Preis eines Gutes [in GE/ME] und x die nachgefragte Menge [in ME].)

a) Bei welchem Preis p_{max} erlischt die Nachfrage?

b) Wie groß ist die größmögliche Nachfrage x_{max}?

c) Legen Sie Definitionsbereich D und Wertevorrat W dieser Funktion so fest, dass diese eine Umkehrfunktion besitzt.

d) Geben Sie eine Formel für die Umkehrfunktion an.

e) Bestimmen Sie die Grenznachfrage allgemein als Funktion der Menge x und konkret an der Stelle $x = 19$.

f) Interpretieren Sie den zuletzt gefundenen Wert.

Aufgabe 13.45. Stellen Sie die in Aufgabe 13.43 genannten Nachfragefunktionen als Preis-Absatz-Funktionen dar. (Achten Sie auf die Definitions- und Wertebereiche.)

Aufgabe 13.46. Man überlege sich, dass bei jeder neoklassischen oder ertragsgesetzlichen Kostenfunktion K die Kosten mit zunehmendem Output über alle Grenzen wachsen (d.h., es gilt $\lim_{x \to \infty} K(x) = \infty$).

Aufgabe 13.47 (✎L). Man überlege sich, dass zu jeder konkaven, nicht konstanten Nachfragefunktion $N : [0, A] \to \mathbb{R}$ eine affine Nachfragefunktion Q gefunden werden kann, die N in folgendem Sinne dominiert: für alle $p \in [0, A]$ gilt $N(p) \leq Q(p)$. (*Hinweis:* Beginnen Sie mit einer Skizze und erinnern Sie sich an Abschnitt 10 "Konvexe Funktionen".)

Aufgabe 13.48. Jede Engel-Funktion ist – mit eventueller Ausnahme der Stelle 0 – überall stetig.

13.2 "Mehr" über Kostenfunktionen

13.2.1 "Stückkosten" beim Output 0

Gegeben sei eine beliebige Kostenfunktion $K : D \longrightarrow \mathbb{R}$. Wir hatten verabredet, die durch

$$k(x) := \frac{K(x)}{x}, \quad x > 0, \tag{13.1}$$

auf $(0, \infty)$ definierte Funktion als *Durchschnitts-* oder *Stückkostenfunktion* zu bezeichnen. Aufgrund dieses Ansatzes sind Stückkosten zunächst nur für *positive* Argumentwerte definiert. Das ist auch ökonomisch sinnvoll, denn durch (13.1) werden die Gesamtkosten $K(x)$ auf die ausgebrachte Menge x bezogen, was unsinnig erscheint, wenn nichts ausgebracht wird ($x = 0$).

Im weiteren Text werden wir jedoch sehen, dass sich verschiedene Ausführungen deutlich und systematisch vereinfachen lassen, wenn die Funktion k

auch an der Stelle $x = 0$ definiert ist. Dies gelingt dann, wenn der (endliche) Grenzwert

$$k(0+) := \lim_{x \to 0} k(x)$$

existiert, denn diesen können wir als "Stückkosten an der Stelle 0" auffassen und so den Definitionsbereich von k um den Nullpunkt erweitern. Wir werden das in Zukunft tun, wann immer das möglich ist.

Definition 13.49. *Es sei k eine beliebige Stückkostenfunktion auf $(0, \infty)$. Existiert der endliche Grenzwert*

$$k(0+) := \lim_{x \to 0} k(x),$$

setzen wir $D_k^* := [0, \infty)$ und $k(0) := k(0+)$. Andernfalls setzen wir $D_k^* := (0, \infty)$.

Ab sofort werden wir jede Stückkostenfunktion stillschweigend in diesem erweiterten Sinne betrachten.

> *Der Rest dieses Abschnittes wird aufzeigen, wann und wie eine derartige Erweiterung möglich ist, und kann beim ersten Lesen übersprungen werden.*

Was bedeutet die Erweiterung in konkreten Fällen? Wir nehmen an, es sei eine beliebige Kostenfunktion K gegeben. Dann sind zwei Fälle zu unterscheiden:

(1) Wenn K positive Fixkosten besitzt – d.h. gilt $K_F = K(0) > 0$ – wachsen die Stückkosten für $x \longrightarrow 0$ über alle Grenzen, es gilt also

$$k(0+) := \lim_{x \neq 0} k(x) = \lim_{x \neq 0} \frac{K(x)}{x} = \infty.$$

(Der Zähler des Bruches strebt nämlich gegen einen positiven Wert[3], während der Nenner gegen Null geht.)

(2) Wenn dagegen $K(0) = 0$ gilt (dies ist bei *allen* variablen Kostenfunktionen der Fall), streben die Stückkosten $k(x)$ für $x \to 0$ "meistens" gegen einen endlichen Wert $k(0+)$. (Genaueres dazu siehe unten.)

Das Bild rechts verdeutlicht beide Situationen – Fall (1) in Dunkelblau, Fall (2) in Hellblau. Natürlich lassen sich die beiden Fälle nicht nur grafisch, sondern auch rechnerisch unterscheiden. Wir betrachten je zwei Beispiele:

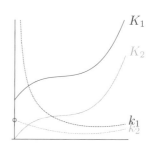

---

[3]selbst dann, wenn K nicht als stetig vorausgesetzt wird

Beispiel 13.50 ($\nearrow$F 13.36). Für $J(x) = x^2 + 2x + 25$, $x \geq 0$, gilt $j(x) = x + 2 + \frac{25}{x}$, $x > 0$, und damit $j(0+) = \infty$. $\triangle$

Beispiel 13.51 ($\nearrow$F 13.37). Für $K(x) = 3x^3 - 30x^2 + 106x + 216$, $x \geq 0$, gilt $k(x) = 3x^2 - 30x + 106 + \frac{216}{x}$, $x > 0$, und damit $k(0+) = \infty$. $\triangle$

Beispiel 13.52 ($\nearrow$F 13.50). Die *variablen* Kosten sind gegeben durch $J_v(x) = x^2 + 2x$, $x \geq 0$, und die stückvariablen Kosten durch $j_v(x) = x + 2$, $x > 0$. Es gilt $j_v(0+) = \lim_{x \to 0} j_v(x) = 2$. Wir setzen also $j_v(0) := 2$ $\triangle$

Beispiel 13.53 ($\nearrow$F 13.51). Auch hier betrachten wir diesmal die *variablen* Kosten $K_v(x) = 3x^3 - 30x^2 + 106x$ und die daraus gebildeten Stückkosten (das sind die *stückvariablen* Kosten der ursprünglichen Kostenfunktion K): $k_v(x) = \frac{K_v(x)}{x} = 3x^2 - 30x + 106$. Es ist offensichtlich, dass gilt $\lim_{x \to 0} k_v(x) = k_v(0+) = 106$. Folglich setzen wir $k_v(0) := 106$. $\triangle$

Wir hatten oben geschrieben "... streben die Stückkosten $k(x)$ für $x \to 0$ "meistens" gegen einen endlichen Wert $k(0+)$." Wir fassen "meistens" nun etwas genauer:

Satz 13.54 ($\nearrow$S.503). *Wenn K stetig differenzierbar, linear oder neoklassisch ist und $K(0) = 0$ gilt, existiert der endliche Grenzwert* $k(0+) := \lim_{x \to 0} k(x)$, *und es gilt*[4]

$$k(0+) = K'(0).$$

Die Begründung findet sich im Anhang.

Beispiel 13.55 ($\nearrow$F 13.52). Im Falle der variablen Kostenfunktion $J_v(x) = x^2 + 2x$, $x \geq 0$ waren die stückvariablen Kosten durch $j_v(x) = x + 2 (x > 0)$ mit $j_v(0+) = 2$ gegeben. Es gilt andererseits für die "Original-funktion" J : $J'(x) = 2x + 2 (x \geq 0)$ und $J'(0) = 2$ – wie behauptet, gilt also $j_v(0+) = J'(0+) = 2$. $\triangle$

Beispiel 13.56 ($\nearrow$F 13.53). Wir fanden hier – mit Bezug auf die stückvaria-blen Kosten – $k_v(0+) = 106$. Die von der Ausgangsfunktion K gebildete Grenzkostenfunktion K' ist $K'(x) = 9x^2 - 60x + 106$; also gilt auch hier wie behauptet $K'(0) = 106 = k_v(0+)$. $\triangle$

Erhöhte Aufmerksamkeit ist bei Funktionen geboten, die den Voraussetzungen von Satz 13.54 *nicht* genügen.

---

[4]Im neoklassischen Fall ist K rechtsseitig differenzierbar ($\nearrow$ Definition 8.4); in diesem Sinne ist $K'(0)$ aufzufassen.

Beispiel 13.57 (↗F 13.9). Die Kostenfunktion

$$L(x) := \sqrt{x} + \sqrt{x}^3, \quad x \geq 0,$$

ist bereits "variabel". Die Stückkosten sind

$$l(x) = \frac{1}{\sqrt{x}} + \sqrt{x}, \quad x > 0.$$

Es gilt hier $l(0+) = \infty$; eine Erweiterung des Definitionsbereiches um den Nullpunkt ist also nicht sinnvoll möglich. Woran liegt das? Die Funktion L ist an der Stelle 0 nicht differenzierbar und genügt den Voraussetzungen von Satz 13.54 *nicht*.   △

13.2.2   Das Betriebsoptimum

Gegeben sei eine beliebige Kostenfunktion K auf $[0, \infty)$. Die zugehörigen Stückkosten $k(x) = \frac{K(x)}{x}, x \in D_k^*$, repräsentieren die Kosten je produzierter Einheit des betreffenden Gutes, wenn insgesamt ein Los von x Mengeneinheiten hergestellt wird. Aus ökonomischer Sicht ist nun von Interesse, ob es einen Output x mit kleinstmöglichen Stückkosten gibt.

Definition 13.58. *Es seien $K : [0, \infty) \to \mathbb{R}$ eine beliebige Kostenfunktion und k die zugehörige Stückkostenfunktion. Besitzt k ein globales Minimum, so heißt $k_{BO} := \min k$ das* Betriebsoptimum *von K, und jeder Output $x_{BO} \in D_k^*$ mit $k(x_{BO}) = k_{BO}$ heißt* betriebsoptimal.

Es gilt also

$$k_{BO} = \min k = k(x_{BO}) = \frac{K(x_{BO})}{x_{BO}}. \tag{13.2}$$

Bemerkungen 13.59.

(1) Wir erinnern an Abschnitt 13.2.1: Der erweiterte Definitionsbereich D_k^* der Stückkostenfunktion entsteht durch Hinzunahme des Nullpunktes zum gewöhnlichen Definitionsbereich, soweit sinnvoll möglich.

(2) Wenn x_{BO} *eindeutig* bestimmt und daher Missverständnisse ausgeschlossen sind, sprechen wir einfach von "betriebsoptimalen Kosten" (↗ K_{BO}) oder "im Betriebsoptimum" ($x = x_{BO}$) usw.

(3) Um die Werte k_{BO} und x_{BO} rechnerisch zu ermitteln, löst man die globale Extremwertaufgabe

$$k(x) \to \min. \tag{13.3}$$

Beispiel 13.60 (↗F 13.55). Wir betrachten die Kostenfunktion $J(x) = x^2 + 5x + 25, \quad x \geq 0$. Die zugehörigen Stückkosten sind $j(x) := x + 5 + \frac{25}{x}, \quad x > 0$ (eine Erweiterung des Definitionsbereiches um die Null ist wegen positiver Fixkosten nicht möglich.) Es soll – sofern existent – das Betriebsoptimum von J bestimmt werden.

Lösung: Wenn j ein globales Minimum besitzt, wird dies im Inneren des Definitionsbereiches angenommen (denn Randpunkte sind nicht vorhanden) und führt auf einen stationären Punkt. Wir ermitteln daher die Grenzstückkostenfunktion:

$$j'(x) = 1 - \frac{25}{x^2}, \quad x > 0$$

und anullieren sie:

$$j'(x) = 0 \iff x^2 - 25 = 0 \quad (x > 0).$$

Nur die Nullstelle $x = 5$ ist ökonomisch sinnvoll. Wegen

$$j''(x) = \frac{50}{x^3} > 0, \quad x > 0,$$

ist j global konvex und nimmt an der gefundenen Nullstelle das globale Minimum an: $x_{BO} = 5$. Als Betriebsoptimum finden wir die zugehörigen Stückkosten: $j_{BO} = j(x_{BO}) = 15$. △

Beispiel 13.61 (↗F 13.56). Die zu der Kostenfunktion K mit

$$K(x) = 3x^3 - 30x^2 + 106x + 216, \quad x \geq 0,$$

gehörenden Stückkosten sind

$$k(x) = 3x^2 - 30x + 106 + \frac{216}{x}, \quad x > 0$$

(die Erweiterung des Definitionsbereiches um die Null ist wegen positiver Fixkosten nicht möglich). Es soll festgestellt werden, ob K ein Betriebsoptimum besitzt.

Lösung: Wie im vorigen Beispiel ermitteln wir zuerst die Grenzstückkostenfunktion:

$$k'(x) = 6x - 30 - \frac{216}{x^2}, \quad x > 0$$

und anullieren sie:

$$k'(x) = 0 \iff 6x^3 - 30x^2 - 216 = 0 \iff x^3 - 5x^2 - 36 = 0, \qquad (13.4)$$

für ($x > 0$). Der Einfachheit halber prüfen wir zunächst, ob diese Gleichung ganzzahlig lösbar ist. Wenn ja, muss die Lösung ein Teiler von 36 sein. Die Primfaktorzerlegung von 36 lautet $36 = 6 \cdot 6 = 2^2 \cdot 3^2$. Man prüft leicht nach: $k(2) < 0$, $k(3) < 0$, $k(2 \cdot 2) < 0$, $k(2 \cdot 3) = 0$ – voilá; also ist $x = 6$ ein stationärer Punkt. Wir haben uns zu überzeugen, dass es keine weiteren Nullstellen von

(13.4) gibt. Eine Polynomdivision ergibt $(x^3 - 5x^2 - 36) : (x - 6) = x^2 + x + 6$, dieses Polynom nimmt für kein $x \geq 0$ den Wert Null an, und mithin ist $x = 6$ der einzige stationäre Punkt von k in ganz $(0, \infty)$. Es gilt weiterhin $k''(x) = 6 + \frac{432}{x^3} > 0$ für alle $x > 0$; die Funktion k ist also global konvex und nimmt bei $x = 6$ ihr globales Minimum an. Dieses ist das Betriebsoptimum: $k_{BO} = k(6) = 70$; dazugehöriger Output ist $x_{BO} = 6$.   △

Bemerkung 13.62. Man beachte, dass eine Schwierigkeit des letzten Beispiels in der Polynomdivision bestand, mit Hilfe derer festgestellt werden sollte, ob $x = 6$ der einzige stationäre Punkt von k ist.– In ökonomischen Anwendungen wird meist unterstellt, dass die betrachtete Kostenfunktion – wie in unserem Beispiel – ein Stückkostenminimum besitzt. Selbst im ertragsgesetzlichen oder neoklassischen Fall kann es jedoch vorkommen, dass die Stückkostenfunktion auf ganz $(0, \infty)$ streng monoton fällt und dann zwar ein Infimum, jedoch kein Minimum besitzt.

Beispiel 13.63 (⟋Ü). Die lineare Kostenfunktion I aus Beispiel 13.6 und die ertragsgesetzliche Kostenfunktion M aus Beispiel 13.10 besitzen jeweils kein Betriebsoptimum.   △

13.2.3 Das Betriebsminimum

Gegeben sei eine beliebige Kostenfunktion K. Dann kann die aus ihr gebildete variable Kostenfunktion K_v als "neue" (=selbständige) Kostenfunktion angesehen und *wie im vorigen Punkt auf ihr Betriebsoptimum* untersucht werden. Das Betriebsoptimum von K_v, soweit vorhanden, wird nun im Allgemeinen von dem "gewöhnlichen", aus K gebildeten Betriebsoptimum verschieden sein. Damit keine Verwechselungen entstehen, nennt man die entsprechende Größe "Betriebsminimum":

Definition 13.64. *Es seien* $K : [0, \infty) \longrightarrow \mathbb{R}$ *eine beliebige Kostenfunktion und* K_v *die zugehörige variable Kostenfunktion. Besitzt die Funktion* K_v *ein Betriebsoptimum* $k_{v_{BO}}$*, so wird dieses* Betriebsminimum *(von K oder K_v) genannt und mit* k_{BM} *bezeichnet. Jeder Wert* $x_{BM} \geq 0$ *mit* $k_v(x_{BM}) = k_{BM}$ *heißt* betriebsminimaler Output.

(Zur Erinnerung: es ist $k_v(x) = \frac{K_v(x)}{x}, x \in D^*_{k_v}$.) Ökonomisch bezeichnet x_{BM} einen Output, zu dem mit den geringstmöglichen variablen Stückkosten produziert wird, die sich auf

$$k_{BM} = \min k_v = k_v(x_{BM}) = \frac{K_V(x_{BM})}{x_{BM}} \tag{13.5}$$

belaufen. Durch (13.5) ist zugleich ein Ansatz zur *rechnerischen* Bestimmung von k_{BM} und x_{BM} gegeben: Man löse die globale Extremwertaufgabe

$$k_v(x) \longrightarrow \min .$$

Beispiel 13.65 (↗F 13.61). Wir wollen das Betriebsminimum zu der Kostenfunktion

$$K(x) = 3x^3 - 30x^2 + 106x + 216, \quad x \geq 0,$$

bestimmen. Dazu erinnern wir uns: Die stückvariablen Kosten k_v betragen

$$k_v(x) = 3x^2 - 30x + 106,$$

und sind auch an der Stelle 0 definiert (siehe Seite 403). Das globale Minimum kann hier durch scharfes Hinsehen wie folgt ermittelt werden: Wir schreiben

$$k_v(x) = 3 \left(x^2 - 10x + \frac{106}{3} \right)$$

und sehen: der Graph von k_v ist Teil einer aufrechten Parabel mit dem Scheitel (und globalen Minimum) an der Stelle $5 = x_{BM}$. Einsetzen in k_v liefert

$$k_{BM} = k_v(x_{BM}) = 31.$$

△

Beispiel 13.66 (↗F 13.60). Wir bestimmen nun das Betriebsminimum für

$$J(x) = x^2 + 5x + 25, \quad x \geq 0.$$

Die zugehörigen *variablen* Stückkosten sind

$$j_v(x) := x + 5, \quad x \geq 0$$

(die Aufnahme der Null in den Definitionsbereich ist hier problemlos möglich).

Lösung: Die stückvariable Kostenfunktion j_v ist affin-linear und wächst streng monoton; sie nimmt ihr Minimum am linken Randpunkt 0 des Definitionsbereiches an: $x_{BM} = 0$. Die zugehörigen stückvariablen Kosten ergeben das Betriebsminimum: $j_{BM} = j_v(x_{BM}) = 5$.   △

Beispiel 13.67 (↗Ü). Die durch $P(x) := \frac{5}{3}x + 220, x \geq 0$, definierte lineare Kostenfunktion besitzt ein Betriebsminimum, aber kein Betriebsoptimum. △

Beispiel 13.68 (↗ F 13.10, ↗Ü). Die durch

$$M(x) := x + e^{-x^2}, \quad x \geq 0,$$

definierte ertragsgesetzliche Kostenfunktion besitzt weder Betriebsminimum noch Betriebsoptimum.   △

13.2.4 Aufgaben

Aufgabe 13.69. Wir betrachten die Kostenfunktionen

  (i) $I(x) := \frac{1}{2}x + \frac{1}{2}$

  (ii) $K(x) := \frac{x^4}{4} + 2x^3 + 120x^2 + x$

  (iii) $L(x) := e^{\frac{x}{3}} - 1$

  (iv) $Q(x) := 3\ln(1 + x) + 4$

$(x \geq 0)$. Welche davon sind linear, welche neoklassisch, welche ertragsgesetzlich? In welchen Fällen ist es sinnvoll, von (endlichen) Stückkosten an der Stelle Null zu sprechen (und wie hoch sind diese)? (*Hinweis*: Prüfen Sie, ob Satz 13.54 anwendbar ist!)

Aufgabe 13.70. Ein Unternehmen produziert ein Gut mit den internen Gesamtkosten $K(x) = 3x^2 + 5x + 363$ [GE] bei einer Ausbringung von x [ME]. Bestimmen Sie das Betriebsminimum und das Betriebsoptimum sowie die zugehörigen Ausbringungsmengen.

Aufgabe 13.71. Lösen Sie die Aufgabe 13.70 unter der veränderten Annahme, die Gesamtkostenfunktion sei $K(x) = x^3 - 8x^2 + 31x + 144, x \geq 0$.

Aufgabe 13.72. Bestimmen Sie das Betriebsoptimum mit zugehörigem Output für die durch $L(x) := \sqrt{x} + \sqrt{x}^3, x \geq 0$, definierte ertragsgesetzliche Kostenfunktion (vgl. 13.57).

Aufgabe 13.73 (↗L). Ein Mühlenbetrieb kann x [t] Roggenmehl mit durchschnittlichen variablen Kosten in Höhe von $7\sqrt{x} + 5$ [T€/t] herstellen. Bei einem Output von 16 [t] Roggenmehl wird das Betriebsoptimum erreicht. Wie hoch sind die Fixkosten?

Aufgabe 13.74. (*): Es sei K eine (a) lineare, (b) neoklassische, (c) ertragsgesetzliche bzw. (d) beliebige Kostenfunktion und zudem differenzierbar. Man überlege sich, welche der folgenden Aussagen richtig oder falsch sind.

- Wenn K ein Betriebsoptimum besitzt, dann auch ein Betriebsminimum.

- Wenn K ein Betriebsminimum hat, dann auch ein Betriebsoptimum.

- Es ist möglich, dass K weder Betriebsoptimum noch Betriebsminimum besitzt.

13.3 Fahrstrahlanalyse von Kostenfunktionen

13.3.1 Vorbemerkung

Wir hatten in Abschnitt 5.1 gesehen, dass außer einer gegebenen ökonomischen Funktion selbst oft auch die zugehörigen *marginalen und Durchschnittsgrößen*, die durch die Ableitungs- bzw. Durchschnittsfunktion beschrieben werden, von Interesse sind. Der Zusammenhang zwischen diesen drei Funktionen (Ausgangs-, Grenz- und Durchschnittsfunktion) lässt sich mit Hilfe der sogenannten *Fahrstrahlanalyse* sehr anschaulich aufzeigen. Besonders weitreichende qualitative Erkenntnisse gewinnt man hierbei im Falle von Kostenfunktionen.

Die Fahrstrahlanalyse arbeitet als grafische Methode grundsätzlich anhand eines *Beispiels*, gleichgültig, ob dieses durch eine formelmäßige Beschreibung oder lediglich durch die Skizze eines bestimmten Graphen festgelegt ist. Die gewonnenen Einsichten sind daher im Grunde an das Beispiel gebunden und haben, soweit sie über das Beispiel hinausweisen, zunächst den Charakter von *Thesen*. Sehr oft gelingt es jedoch, diese innerhalb weiter Grenzen als gültig zu bestätigen (siehe Abschnitt 13.3.5 "Mathematische Erweiterungen").

13.3.2 Der Fahrstrahl und seine Interpretation

Wir nehmen einmal an, auf $[0, \infty)$ sei eine beliebige Kostenfunktion K gegeben.

Die Verbindungsstrecke F zwischen dem Koordinatenursprung des $\mathbb{R}^2$ und einem beliebigen Punkt $(x, K(x))$, $x > 0$, des Graphen von K wird als *Fahrstrahl* bezeichnet. (Bild rechts)

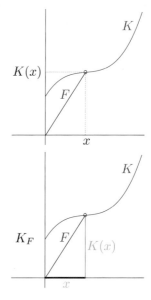

Die Steigung dieses Fahrstrahls kann wie gewöhnlich als das (vorzeichenbehaftete) Verhältnis "Höhe : Grundseite" eines geeigneten Steigungsdreiecks bestimmt werden. Hier bietet sich das im nebenstehenden Bild skizzierte Steigungsdreieck an. Man liest unmittelbar ab: Fahrstrahl-

$$\text{Steigung} = \frac{\text{Höhe}}{\text{Grundseite}} = \frac{K(x)}{x}.$$

Die Fahrstrahlsteigung liefert uns also einen visuellen Ausdruck für den Wert der *Durchschnitts*funktion (nennen wir sie k). Das hat mehrere Vorteile:

Erstens können Durchschnittswerte, die zu verschiedenen x-Werten gehören, visuell verglichen werden.

Nehmen wir an, es seien zwei beliebige Punkte $x_1 > 0$ und $x_2 > 0$ der x-Achse gegeben. Wie kann man feststellen, zu welchem von beiden der höhere Durchschnittswert gehört?

Ganz einfach: Man zeichnet die Fahrstrahlen F_1 und F_2, die zu $(x_1, K(x_1))$ bzw. $(x_2, K(x_2))$ führen und vergleicht deren Anstiege. Im nebenstehenden Bild besitzt F_1 den größeren Anstieg, daher gilt $k(x_1) > k(x_2)$, voilá!

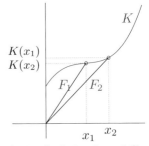

Zweitens können Funktionswerte von Durchschnittsfunktion k und Grenzfunktion K' visuell verglichen werden.

Unser Bild demonstriert diese Möglichkeit. Wir sehen einen Fahrstrahl, an dessen Endpunkt zugleich die Tangente an den Graphen von K angezeichnet ist. Der Fahrstrahl ist steiler als die Tangente; es gilt also $k(x) > K'(x)$.

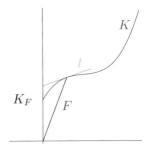

Drittens kann man einen Überblick über die gesamte Durchschnittsfunktion gewinnen.

Dazu lässt man den Endpunkt $(x, K(x))$ des Fahrstrahls den Graphen von K entlang"fahren" (daher der Name "*Fahrstrahl*") und beobachtet währenddessen die sich verändernde Fahrstrahlneigung. Es lässt sich, wie wir weiter unten sehen werden, eine Reihe interessanter Schlüsse ziehen, die unter dem Namen *Fahrstrahlanalyse* zusammengefasst werden.

Im Fall von Kostenfunktionen sind die Durchschnittswerte – auch als Stückkosten bezeichnet – von besonderer ökonomischer Aussagekraft. Es gilt hier

Fahrstrahlsteigung = Stückkosten!

Bei Kostenfunktionen liefert daher die Fahrstrahlanalyse besonders interessante Schlussfolgerungen.

13.3.3   Ein Analysebeispiel: Ertragsgesetzliche Kosten

Wir werden nun die Fahrstrahlanalyse am Beispiel der uns schon bekannten Kostenfunktion

$$K(x) = 3x^3 - 30x^2 + 106x + 216, \quad x \geq 0,$$

demonstrieren und dabei einige interessante Einsichten gewinnen. Diese werden als "ökonomische Thesen" hervorgehoben. Es bleibt, ihren Geltungsbereich etwas genauer abzustecken; dies ist dem Abschnitt 13.3.5 vorbehalten.

Die Stückkostenkurve

Wir lassen den Fahrstrahlendpunkt von links nach rechts auf dem Graphen von K entlang"fahren" und beobachten dabei die Fahrstrahlneigung.

Das nebenstehende Bild 13.1 zeigt den Graphen von K sowie beispielhaft einige während einer Fahrstrahl-"Fahrt" durchlaufene Fahrstrahlpositionen, wobei sich die Farbe der Fahrstrahlen mit zunehmender Größe von x von anfänglich Rot nach Hellblau verändert.

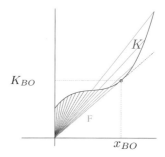

Bild 13.1: Strahlenbündel

Aus dieser beispielhaften "Fahrt" sind einige wichtige Beobachtungen hervorzuheben:

(1) Die Veränderungen in der Fahrstrahlneigung erfolgen *kontinuierlich*, weil K stetig ist.

(2) Zunächst nimmt die Fahrstrahlneigung monoton *ab*.

(3) Nachdem der hervorgehobene Punkt $(x_{BO}, K(x_{BO}))$ auf dem Graphen von K erreicht ist, nimmt die Fahrstrahlneigung monoton *zu*.

Der hervorgehobene Punkt zeichnet sich somit durch die geringste Fahrstrahlneigung aus. Diese ist identisch mit dem Minimum der Stückkosten bzw. dem *Betriebsoptimum*. Die zugehörigen Koordinaten lauten daher x_{BO} und $K_{BO} := K(x_{BO})$ und geben den betriebsoptimalen Output bzw. die betriebsoptimalen Kosten an, die wir so auf grafischem Wege ermittelt haben. (Das Betriebsoptimum k_{BO} selbst ist, wie gesagt, als Fahrstrahl*neigung* leider *nicht* direkt auf der Ordinatenachse ablesbar.)

Unsere Überlegungen weisen darauf hin, dass der Graph der Stückkostenfunktion einen U-ähnlichen Verlauf besitzt. Den exakten Verlauf gibt das folgende Bild 13.2 wieder.

Bild 13.1 erlaubt ferner zu erkennen, warum unsere Kostenfunktion ein Betriebsoptimum besitzt: Dies liegt offenbar an der ausreichend starken Krümmung im konvexen Zweig. Bei schwächerer Krümmung müsste der Punkt x_{BO} nämlich weiter rechts liegen - bei zu schwacher Krümmung eventuell unendlich weit.

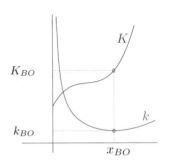

Bild 13.2: Stückkosten

(Auf diese Weise wird vorstellbar, warum nicht jede Kostenfunktion ein Betriebsoptimum besitzt.) Wir sehen jedoch, dass die anfänglich fallende Monotonie von k hiervon nicht berührt ist und formulieren als allgemeine These

(T_M) *Die Stückkosten einer ertragsgesetzlichen Kostenfunktion mit Wendepunkt a nehmen mindestens auf $(0, a]$ streng monoton ab.*

Stückkosten und Grenzkosten

Eine weitere wesentliche Beobachtung soll hervorgehoben werden:

Der in (x_{BO}, K_{BO}) endende Fahrstrahl ist zugleich Teil der Tangente t an den Graphen von K (Bild rechts). Während die Fahrstrahlsteigung durch die Stückkosten gegeben ist, wird die (identische) Steigung der Tangente t durch die entsprechenden Grenzkosten gegeben.

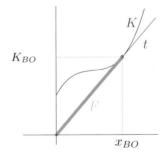

Wir gewinnen daraus unsere nächste These:

(T_{BO}) *Im Betriebsoptimum sind Stückkosten und Grenzkosten identisch: $k(x_{BO}) = K'(x_{BO})$.*

Ökonomisch bedeutet dies, dass die Kosten der nächsten produzierten Einheit im Betriebsoptimum etwa den bisher aufgetretenen durchschnittlichen

Gesamtkosten entsprechen. *Mathematisch* gilt dann notwendigerweise die genannte Gleichung und liefert einen zweiten, von (13.2) verschiedenen Ansatz zur Ermittlung des betriebsoptimalen Outputs.

Wir sehen uns nun noch das Verhältnis von Grenz- und Stückkosten an verschiedenen Stellen des Graphen von K an.

Die Neigungen der zugehörigen Fahrstrahlen entsprechen den Stückkosten, die Neigungen der angedeuteten Tangenten den Grenzkosten. Linkerhand des Betriebsoptimums verlaufen die Tangenten flacher, rechterhand des Betriebsoptimums steiler als die Fahrstrahlen. Wir lesen daraus ab:

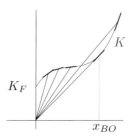

Bild 13.3: Tangentenbündel

(T_{VBO}) Die Stückkosten sind auf $(0, x_{BO})$ höher, auf (x_{BO}, ∞) geringer als die Grenzkosten.

Variable Kosten und ihre "Verwandtschaft"

Wir wollen die soeben angestellten Überlegungen nun auf die *variable* Kostenfunktion K_v übertragen. Grundsätzlich können wir dabei so vorgehen, dass wir K_v (statt K) in einem Koordinatensystem darstellen und einer Fahrstrahlanalyse unterziehen.

Das folgende Bild zeigt den Graphen der variablen Kostenfunktion K_v und beispielhaft einen zugehörigen Fahrstrahl F (blau). Wir beobachten jedoch, dass sich der Graph von K_v aus demjenigen von K einfach durch eine vertikale Verschiebung nach unten ergibt – und zwar um den Betrag der Fixkosten.

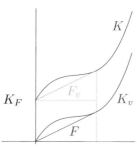

Es ist nun viel bequemer, nicht den Graphen von K nach *unten*, sondern vielmehr den entsprechenden Fahrstrahl nach *oben* zu verschieben. Das Ergebnis ist in unserem Bild mit der Bezeichnung F_v in Hellblau dargestellt. Es ist unmittelbar einsichtig, dass die allein interessierende Fahrstrahl*neigung* sich bei diesem Vorgehen nicht ändert. Also werden wir K_v einfach anhand des Graphen von K analysieren, wobei die verwendeten Fahrstrahlen ihren Ursprung im Punkt $(0, K_F)$ statt in $(0, 0)$ haben.

Bild 13.4 zeigt wiederum ein mög-
liches Fahrstrahlenbündel. Der Fahrstrahl mit geringster Neigung liefert
uns diesmal das *Betriebsminimum* von
K (als *Betriebsoptimum* von K_v);
der Endpunkt hat die Koordinaten
(x_{BM}, K_{BM}).

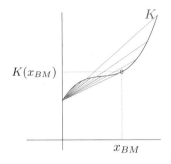

Bild 13.4: variables Strahlenbündel

Auch alle weiteren Schlussfolgerungen
lassen sich übertragen; insbesondere
konstatieren wir einen U-ähnlichen
Verlauf der Variable-Stückkosten-
Funktion k_v (Das Bild rechts gibt den
exakten Verlauf wieder).

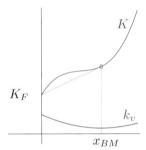

Als nächstes betrachten wir den Zusammenhang zwischen den stückvariablen
Kosten k_v und den Grenzkosten K', (hier in ihrer Eigenschaft als Ableitung
von K_v statt K). Direkt aus Bild 13.4 ist abzulesen:

(T_{BM}) *Im Betriebsminimum sind stückvariable Kosten und Grenz-*
kosten identisch: $k_v(x_{BM}) = K'(x_{BM})$.

Ökonomisch bedeutet dies, dass die Kosten der nächsten produzierten Einheit
im Betriebsminimum etwa den bisher aufgetretenen durchschnittlichen variablen Gesamtkosten entsprechen. *Mathematisch* liefert die zugehörige Gleichung – neben (13.5) – einen zweiten Ansatz zur rechnerischen Bestimmung
von k_{BM} und x_{BM}.

Fragen wir nach dem Verhältnis von Grenz- und variablen Stückkosten an
verschiedenen Stellen des Graphen von K, so können wir die aus Bild 13.3
gewonnenen Vergleichsaussagen direkt auf unseren Fall übertragen:

(T_{VBM}) *Die stückvariablen Kosten sind auf* $(0, x_{BM})$ *höher, auf*
(x_{BM}, ∞) *geringer als die Grenzkosten.*

Vergleich von Betriebsoptimum und -minimum

Schließlich vergleichen wir noch die Werte x_{BM} und x_{BO} untereinander, ebenso auch die Werte k_{BM} und k_{BO}.

Unser Bild liefert die Antwort: Es gilt

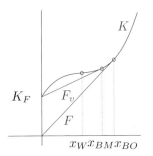

$$x_{BM} < x_{BO} \quad \text{sowie} \quad k_{BM} < k_{BO}$$

(letzteres, weil der betriebsminimale Fahrstrahl F_v eine geringere Neigung hat als der betriebsoptimale F).

Die Grenzkostenkurve

Wir werfen nun noch einen ergänzenden Blick auf die Grenzkostenkurve K'. Da unsere Kostenfunktion K ertragsgesetzlich ist, besitzt ihr Graph einen Wendepunkt (x_W, K_W), an dem die Krümmung von strikt konkav auf strikt konvex wechselt. In unserem Bild können wir die Lage dieser Stelle relativ zu den anderen ablesen: Es gilt

$$0 < x_W < x_{BM}.$$

Weil K zudem differenzierbar ist, findet Satz 10.15 über den Zusammenhang von Krümmung einer Funktion und Monotonie ihrer Ableitung hier Anwendung. Daraus ergibt sich, dass die *Grenzkosten* auf dem Intervall $[0, x_W]$ streng fallen und auf $[x_W, \infty)$ streng wachsen. Also nehmen die Grenzkosten an der Stelle x_W ein striktes globales Minimum an; es gilt

$$K'_W := K'(x_W) = \min_{x \geq 0} K'(x).$$

Insgesamt gilt für die drei signifikanten Punkte der x-Achse *mathematisch* die Ungleichung

(U_{EG}) $\qquad 0 < x_W < x_{BM} < x_{BO} \quad \text{mit} \quad K'_W < k_{BM} < k_{BO}$

verbal:

(U_{EG}) $\qquad$ *Die Minima der Grenzkosten, stückvariablen Kosten und Stückkosten werden nacheinander mit zunehmender Größe erreicht.*

Das Vierphasendiagramm ertragsgesetzlicher Kostenfunktionen

Nun können wir unsere Erkenntnisse über den Verlauf der vier Funktionen K, K_v, k und k_v in einem Diagramm zusammenfassen.

Der Definitionsbereich dieser Funktionen wird durch die Punkte x_W, x_{BM} und x_{BO} in vier Zonen I - IV zerlegt, die in unserem Bild farblich unterlegt sind. Sie entsprechen aufeinanderfolgenden Phasen der Fahrstrahl-"Fahrt".

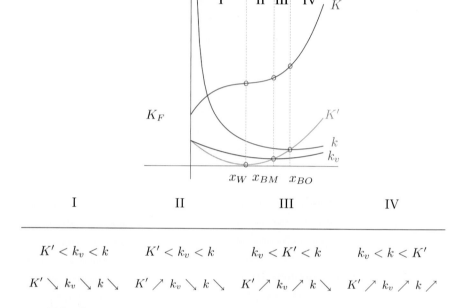

I	II	III	IV
$K' < k_v < k$	$K' < k_v < k$	$k_v < K' < k$	$k_v < k < K'$
$K' \searrow \; k_v \searrow \; k \searrow$	$K' \nearrow \; k_v \searrow \; k \searrow$	$K' \nearrow \; k_v \nearrow \; k \searrow$	$K' \nearrow \; k_v \nearrow \; k \nearrow$
K konkav	K konvex	K konvex	K konvex

Zur Rolle der Fixkosten

Abschließend bleibt hervorzuheben, dass in unserem Beispiel Betriebsoptimum und Betriebsminimum nur deshalb verschieden sind, weil positive Fixkosten vorausgesetzt wurden. Fehlende Fixkosten ($K_F = 0$) bewirken nun, dass $K = K_v$ gilt. In diesem Fall ergeben die Überlegungen zu Betriebsoptimum und -minimum buchstäblich identische Ergebnisse: Wir haben $x_{BO} = x_{BM}$, $k_{BO} = k_{BM}$ usw. Aus unserem Vierphasendiagramm wird dann ein Dreiphasendiagramm, weil die Phase III auf die Breite 0 zusammenschrumpft.

13.3.4   Neoklassische Kostenfunktionen

Die zweite typische Art von Kostenfunktionen ist die neoklassische. Neo-klassische Kostenfunktionen lassen sich genauso mit Hilfe der Fahrstrahlanalyse analysieren wie soeben gesehen. Inwiefern werden sich die Ergebnisse von denen bei ertragsgesetzlichen Kostenfunktionen unterscheiden? Um diese Frage zu beantworten, betrachten wir als "typisches" Beispiel die Funktion

$$K(x) = x^2 + 2x + 25, x \geq 0,$$

die uns aus (13.7) bekannt ist.

Stückkosten und Grenzkosten

Das folgende Bild zeigt ein vom Koordinatenursprung ausgehendes Fahr-strahlenbündel. Wir sehen sofort, dass eine völlig analoge Situation vorliegt wie im ertragsgesetzlichen Fall; wir erhalten eine Stückkostenkurve, die zunächst fällt und dann wieder steigt; der Fahrstrahl geringster Neigung identifiziert das Betriebsoptimum, und die Thesen (T_{BO}) und (T_{VBO}) können sozusagen "durch Abschreiben" übernommen werden.

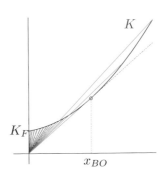

Stückvariable Kosten und Grenzkosten

Ein weiteres Bild zeigt ein diesmal von $(0, K_F)$ (statt von $(0,0)$) ausgehendes Fahrstrahlbündel. Die Fahrstrahlneigung ist nun desto geringer, umso näher der Schnittpunkt des Fahrstrahls mit dem Graphen von K der y-Achse kommt.

Der "Fahrstrahl" G mit geringster Neigung ist kein eigentlicher Fahrstrahl, sondern vielmehr ein "Grenzstrahl", seine Steigung also Grenzwert der Steigungen der auf ihn zulaufenden Fahrstrahlen:

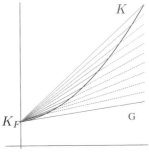

$$k_v(0) = k_v(0+) = \lim_{x \downarrow 0} k_v(x) = \min_{x \geq 0} k_v(x). \qquad (13.6)$$

Dieses sind die minimalen (erweiterten) stückvariablen Kosten, also das *Betriebsminimum* k_{BM}. Damit gilt $x_{BM} = 0$, in Worten:

(T_{BMN}) *Der betriebsminimale Output einer neoklassischen Kosten-*
          funktion ist Null.

Wir beobachten weiterhin, dass der Grenzstrahl zugleich Tangente an den
Graphen von K im Punkt $(0, K_F)$ ist und daher die Steigung $K'(0)$ hat. Es
gilt somit wie im ertragsgesetzlichen Fall

(T_{BM}) *Im Betriebminimum sind stückvariable Kosten und Grenz-*
          kosten identisch,

d.h., formal auch hier

(T_{BM}) $$k_v(x_{BM}) = K'(x_{BM}).$$

Der Fahrstrahlverlauf im letzten Bild zeigt einen weiteren Unterschied zum
ertragsgesetzlichen Fall: Je größer der Output x, umso größer ist die Steigung
des Fahrstrahls zum Punkt $(x, K(x))$. Die stückvariablen Kosten wachsen also
von Anfang an, genauer: *überall* streng monoton; anders als dort hat k_v hier
also keinen U-ähnlichen Verlauf. Es gilt aber erkennbar (siehe Bild unten):

(T_{VBM}) *Auf $(0, \infty)$ sind die variablen Stückkosten geringer als die*
          Grenzkosten.

Auch der Vergleich von Betriebsoptimum und -minimum fällt genauso aus wie
im ertragsgesetzlichen Fall; es gilt offensichtlich $x_{BM} < x_{BO}$ und $k_{BM} < k_{BO}$.
Die Grenzkostenkurve dagegen sieht anders aus: Da der Graph der Kostenfunktion keinen Krümmungswechsel aufweist, gibt es keine (echte) Wendestelle x_W. Ihre Rolle wird hier durch den Nullpunkt übernommen, an dem
der "konvexe Ast" der Kostenkurve beginnt. An dieser Stelle nehmen auch die
Grenzkosten ihr Minimum an. Wir können also schreiben:

$(U1_{NK})$ $$0 = x_W = x_{BM} < x_{BO} \text{ mit } K'_W = k_{BM} < k_{BO}.$$

Im Bild rechts sind alle 4 Funktionen
K, K', k, k_v in einem **Zweiphasendia-**
gramm vereint. Die beiden Zonen I
und II entsprechen inhaltlich den Zonen III und IV im ertragsgesetzlichen
Fall.

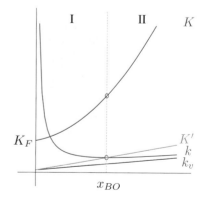

Zur Rolle der Fixkosten

Bei der Herleitung des Zweiphasendiagramms spielte eine Rolle, dass in unserem Beispiel mit $K_F = 25$ positive Fixkosten gegeben waren. Fehlende Fixkosten ($K_F = 0$) würden sich auch hier so auswirken, dass $K = K_v$ gälte und als Folge Betriebsoptimum und -minimum zusammenfielen: Wir hätten $x_{BO} = x_{BM}$, $k_{BO} = k_{BM}$ usw. Aus unserem Zweiphasendiagramm würde ein Einphasendiagramm, weil die Phase I auf die Breite 0 zusammenschrumpfte.

Zusammenfassung

Vereinfacht gesagt, bleiben alle Erkenntnisse aus dem ertragsgesetzlichen Fall auch im neoklassischen Fall bestehen, soweit sie dort eine sinnvolle Interpretation haben. Anschaulich wird das durch die Vorstellung unterstützt, der Graph einer neoklassischen Kostenfunktion[5] sei nichts anderes als der nach links verschobene konvexe Teil des Graphen einer ertragsgesetzlichen Kostenfunktion. Bei dieser Verschiebung wandern die Werte x_W und x_{BM} in den Nullpunkt und die beiden ersten Phasen des Vierphasendiagramms schmelzen auf die Breite 0 zusammen. (Bei fehlenden Fixkosten trifft dies auch noch auf die dritte Phase zu.) Mathematisch liegt eine Besonderheit des neoklassischen Falles darin, dass die Lösung des Minimierungsproblems zur Bestimmung des Betriebsminimums diesmal nicht im Inneren des Definitionsbereiches, sondern auf dessen Rand gefunden wird. Nichtsdestoweniger bleibt die Bestimmungsgleichung (T_{BM}) in Kraft.

13.3.5   Mathematische Erweiterungen

Im Ergebnis unserer Fahrstrahlanalyse zweier Beispiele gelangten wir zu ökonomischen *Thesen* über ertragsgesetzliche bzw. neoklassische Kostenfunktionen. Diese Thesen beruhen bislang rein auf der Anschauung in zwei konkreten grafischen Beispielen. Es bedarf daher noch eines exakten Nachweises dafür, dass die Thesen über diese Beispiele hinaus Gültigkeit haben. Wir wollen in den folgenden Sätzen nun zeigen, dass dies in weitem Umfang der Fall ist. Gleichzeitig erhalten wir dadurch nützliche Hilfestellungen zur praktischen Berechnung der Betriebskenngrößen. Die Begründungen der Sätze beruhen ganz überwiegend auf einfachen Konvexitätsargumenten und werden für interessierte Leser in den Anhang aufgenommen.

---

[5]mit $K(0) > 0$

Satz 13.75. *Es sei* $K : [0, \infty) \longrightarrow \mathbb{R}$ *eine ertragsgesetzliche oder neoklassische Kostenfunktion mit (erweiterter) Stückkostenfunktion* k.

(1) *Wenn* K *ein Betriebsoptimum – also ein globales Minimum* k_{BO} *von* k *– besitzt,*

(i) *wird dieses an genau einer Stelle* x_{BO} *angenommen;*

(ii) *existieren keine weiteren lokalen Minima von* k,

(iii) *ist* k *auf* $(0, x_{BO})$ *– sofern nichtleer – streng fallend, auf* (x_{BO}, ∞) *streng wachsend.*

(2) *Wenn* K *kein Betriebsoptimum besitzt, hat* k *kein lokales Minimum.*

(3) *Alle Aussagen bleiben richtig, wenn gleichzeitig "Betriebsoptimum" durch "Betriebsminimum",* k *durch* k_v, x_{BO} *durch* x_{BM} *und* k_{BO} *durch* k_{BM} *ersetzt werden.*

Zum praktischen Nutzen von Satz 13.75: Sei K wie vorausgesetzt. Um festzustellen, ob K ein Betriebsoptimum besitzt (und ggf. welches), genügt es, die Stückkostenfunktion k auf *lokale* Minima zu untersuchen. Findet man eins, ist es *automatisch* das einzige und global – fertig. Ohne dieses Wissen wären oft aufwendige Untersuchungen zur Existenz weiterer Minima bzw. zur Globalität erforderlich (vgl. Beispiel 13.61 auf Seite 405 und Aufgabe 13.43), die nun entfallen können. Sinngemäßes gilt für das Betriebsminimum.

Bei differenzierbaren Kostenfunktionen wird man k zwecks Minimierung auf stationäre Punkte untersuchen. Es gibt jedoch noch einen zweiten Ansatz:

Satz 13.76. *Unter den Voraussetzungen von Satz 13.75 sei* K *überdies differenzierbar.*

(1) *Wenn* K *ein Betriebsoptimum besitzt, hat die Gleichung*

$$K'(x) = k(x) \tag{13.7}$$

genau eine Lösung in der Menge

$$\begin{cases} (0, \infty) & \text{wenn } K \text{ ertragsgesetzlich ist} \\ [0, \infty) & \text{wenn } K \text{ neoklassisch ist;} \end{cases}$$

diese ist identisch mit dem betriebsoptimalen Output x_{BO}. *Weiterhin gilt*

$$\begin{cases} k(x) > K'(x) & \text{für } x \in (0, x_{BO}) \ (\text{soweit nichtleer}) \\ k(x) < K'(x) & \text{für } x \in (x_{BO}, \infty). \end{cases}$$

(2) *Wenn* K *kein Betriebsoptimum besitzt, ist die Gleichung* (13.7) *unlösbar.*

(3) *Alle Aussagen bleiben richtig, wenn gleichzeitig "Betriebsoptimum" durch "Betriebsminimum",* k *durch* k_v, x_{BO} *durch* x_{BM} *und* k_{BO} *durch* k_{BM} *ersetzt werden.*

Auch hier ein Wort zum *praktischen Nutzen*: Sei K eine ertragsgesetzliche oder neoklassische Kostenfunktion. Um festzustellen, ob K ein Betriebsoptimum besitzt (und ggf. welches), haben wir mit Gleichung (13.7) einen zur Minimierung von k alternativen Ansatz. Ist sie unlösbar, so existiert kein Betriebsoptimum; ist sie lösbar, dagegen doch. (Im letzteren Fall ist eine Formulierungsfeinheit zu beachten: Wenn K neoklassisch ist, hat die Gleichung (13.7) ohnehin nur eine einzige (nichtnegative) Lösung, und zwar x_{BO}. Wenn K dagegen ertragsgesetzlich ist, hat (13.7) genau eine Lösung, die größer als 0 ist – nämlich x_{BO} –, es ist aber möglich, dass sich auch die Zahl 0 als Lösung erweist. Diese ist für unsere Untersuchung jedoch unerheblich.) Die Brücke zwischen den beiden Sätzen 13.75 und 13.76 ist folgende: Satz 13.75 spricht über lokale Minima der Stückkostenfunktion k. Wenn diese differenzierbar ist, wird man sie auf stationäre Punkte untersuchen. Jeder stationäre Punkt ist jedoch eine Lösung von (13.7), mithin Thema von Satz 13.76. Wir können damit über eventuelle stationäre Punkte von k folgendes aussagen:

> *Ist K ertragsgesetzlich, differenzierbar und besitzt k einen positiven stationären Punkt, so ist dies automatisch der betriebsoptimale Output; besitzt k keinen positiven stationären Punkt, so existiert kein Betriebsoptimum.*

Dasselbe gilt für neoklassische Kostenfunktionen, die differenzierbar sind und positive Fixkosten haben. Auch bei dieser Erkenntnis ist der praktische Nutzen erheblich.

Sinngemäßes gilt mit Blick auf das Betriebsminimum. Hervorzuheben ist jedoch die folgende Besonderheit neoklassischer Kostenfunktionen:

Satz 13.77. *Jede neoklassische Kostenfunktion besitzt ein Betriebsminimum, und zwar an der Stelle 0.*

Schließlich sei noch die wechselseitige Lage wichtiger Größen beleuchtet:

Satz 13.78. *Es sei K eine differenzierbare, ertragsgesetzliche oder neoklassische Kostenfunktion mit Wendepunkt $x_W \geq 0$, die sowohl ein Betriebsoptimum als auch ein Betriebsminimum besitzt. Dann gelten folgende Ungleichungen:*

	K *ertragsgesetzlich*	K *neoklassisch*
$K_F > 0:$	$0 < x_W < x_{BM} < x_{BO}$	$0 = x_W = x_{BM} < x_{BO}$
$K_F = 0:$	$0 < x_W < x_{BM} = x_{BO}$	$0 = x_W = x_{BM} = x_{BO}$

Alle schwarz gedruckten Ungleichungen bleiben richtig, wenn gleichzeitig x_W durch K'_W, x_{BM} durch k_{BM} und x_{BO} durch k_{BO} ersetzt werden.

Wenn K nicht differenzierbar ist, brauchen die aufgeführten Ungleichungen nicht mehr in jedem Fall streng zu gelten. – Wir fügen zum Schluss eine kleine Hilfsaussage von selbständigem Interesse mit Begründung an – letztere, weil sie ein auch für die übrigen Begründungen typisches Argument enthält. Sie beweist die These (T_M).

Satz 13.79. *Es sei K eine ertragsgesetzliche Kostenfunktion mit Wendepunkt x_W. Dann ist die Stückkostenfunktion k auf $(0, x_W]$ streng fallend.*

Denn: Angenommen, dies wäre nicht so; es gäbe also Stellen x_1, x_2 mit $0 < x_1 < x_2 \leq x_W$ und $k(x_1) \leq k(x_2)$.

Unser Bild zeigt den zu $(x_2, K(x_2))$ führenden Fahrstrahl F und den von $(0, K_F)$ zu $(x_2, K(x_2))$ führenden Fahrstrahl F_v. (Letzterer kann mit F zusammenfallen, nämlich dann, wenn die Fixkosten K_F Null sind.)

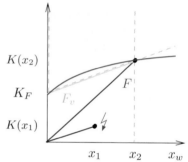

Weil K auf $(0, x_W]$ strikt konkav ist, müsste graph(K) durch das *Innere* der pastellgelben Zone oberhalb von F_v und damit strikt *oberhalb* von F verlaufen. Dies ist aber nicht möglich, weil der zu $(x_1, K(x_1))$ führende Fahrstrahl höchstens dieselbe Steigung hat wie F – ein Widerspruch.

13.3.6 Praktische Bestimmung von Betriebskenngrößen

Gegeben sei eine Kostenfunktion K, die auf ein Betriebsoptimum bzw. -minimum untersucht werden soll. Wir gehen der Einfachheit halber von der generellen Annahme aus, es sei bereits bekannt, dass K differenzierbar und ertragsgesetzlich oder neoklassisch ist. Die folgenden Übersichten stellen die zur Ermittlung der Betriebskenngrößen anwendbaren Ansätze noch einmal übersichtlich zusammen

Bestimmung des **Betriebsoptimums**:

Voraussetzung: K neoklassisch mit $K(0) > 0$ oder
$\qquad\qquad$ K ertragsgesetzlich

Ansätze	Ergebnisse bei Lösbarkeit	
	x_{BO} als einzige...	$k_{BO} =$
$k \to \min$	lokale Minimumstelle	$\min k$
$k' = 0$	positive Lösung	$k(x_{BO})$
$k = K'$	positive Lösung	$K'(x_{BO})$

Bei Unlösbarkeit existiert kein Betriebsoptimum!

Bestimmung des **Betriebsminimums**:

Man ersetze in obiger Tabelle simultan

$$x_{BO} \leftrightarrow x_{BM}, \quad K_{BO} \leftrightarrow K_{BM}, \quad k \leftrightarrow k_v.$$

Sie gilt

- *vollständig* weiter, wenn K ertragsgesetzlich ist;

- *ohne blaue Textteile* weiter, wenn K neoklassisch ist; in diesem Fall existiert stets ein Betriebsminimum mit $x_{BM} = 0$.

Neu an unserer Übersicht ist der Ansatz $k = K'$ zur Ermittlung der Betriebsgrößen. Sehen wir uns einige Beispiele an:

Beispiel 13.80 (↗F 13.65). Es sollen die Betriebsgrößen der ertragsgesetzlichen Kostenfunktion K mit

$$K(x) = 3x^3 - 30x^2 + 106x + 216, \quad x \geq 0,$$

über den Ansatz $k = K'$ bestimmt werden.

Lösung: Wir bestimmen zunächst das Betriebs*optimum*. Die Stückkosten und Grenzkosten betragen $k(x) = 3x^2 - 30x + 106 + \frac{216}{x}, \quad x > 0$,
$K'(x) = 9x^2 - 60x + 106, \quad x \geq 0$. Der Ansatz $k(x) = K'(x)$ führt daher auf die Gleichung $6x^2 - 30x - \frac{216}{x} = 0$, nach Division durch 6 und Multiplikation mit x $\quad x^3 - 5x^2 - 36 = 0$. Wir suchen zunächst nach ganzzahligen Lösungen; es kommen dann nur Teiler von 36 in Frage. Es ist schnell zu sehen, dass $x = 6$ diese Gleichung löst. Wir wissen aus Satz 13.76: Eine weitere positive Lösung

kann nicht existieren; mithin gilt $x_{BO} = 6$. (Wüssten wir dies nicht, müssten wir eine Polynomdivision ausführen und die Nullstellen der verbleibenden quadratischen Gleichung bestimmen.) Einsetzen dieses Wertes in k liefert das Betriebsoptimum: $k_{BO} = 70$. – Zur Ermittlung des Betriebs*minimums* setzen wir an $k_v(x) = K'(x)$; hier:

$$3x^2 - 30x + 106 \quad = \quad 9x^2 - 60x + 106,$$

bzw. gleichbedeutend

$$x^2 - 5x = 0$$

mit den beiden Lösungen $x = 0$ und $x = 5$. Nur die positive Lösung ist von Interesse; es folgt $x_{BM} = 5$ und $k_{BM} = K'(5) = 31$.   △

Beispiel 13.81 (╱F 13.66). Diesmal sollen die Betriebsgrößen der neoklassischen Kostenfunktion J mit

$$J(x) = x^2 + 5x + 25, \quad x \ge 0,$$

über den Ansatz $k = K'$ bestimmt werden.

Lösung: Zur Bestimmung des Betriebs*optimums* betrachten wir die Stückkosten $j(x) = x + 5 + \frac{25}{x}, \quad x > 0$, und vergleichen sie mit den Grenzkosten $J'(x) = 2x + 5, \quad x \ge 0$. Die Gleichung $j(x) = J'(x)$ lautet

$$x + 5 + \frac{25}{x} \quad = \quad 2x + 5.$$

Multiplikation mit x liefert die Gleichung $25 = x^2$ mit der einzigen nichtnegativen Lösung $x_{BO} = 5$ mit zugehörigem Betriebsoptimum $j_{BO} = j(5) = 15$. Nunmehr wird das Betriebs*minimum* bestimmt; wir setzen $j_v(x) = J'(x)$ – konkret $x + 5 = 2x + 5$ mit der einzigen (nichtnegativen!) Lösung $x_{BM} = 0$ mit zugehörigem Betriebsminimum

$$j_{BM} = j_v(0) = 5.$$

△

13.3.7   Aufgaben

Aufgabe 13.82. Das Traditionsunternehmen $Q3$ produziert das Ferment $Q4$ zu internen Gesamtkosten von $K(x) = \frac{x^3}{3} - 6x^2 + 43x + 122$ [10 T €] bei einer Ausbringung von x Litern. Wie groß ist das Betriebsminimum? Wie groß der zugehörige Output?

Aufgabe 13.83. Die Firma $Q5$ bietet ebenfalls das Ferment $Q4$ an, wobei die interne variable Kostenstruktur dieselbe ist wie beim Konkurrenten $Q3$ (vgl. Aufgabe 13.82). Der betriebsoptimale Output liegt bei 12 l $Q4$. Wie hoch sind die Fixkosten der Firma $Q5$?

Aufgabe 13.84 (↗F 13.42). Es wurde bereits festgestellt, dass die Kosten-funktion $K(x) := 3x^5 - 10x^3 + 15x + 108, x \geq 0$, ertragsgesetzlich ist. Be-stimmen Sie das Betriebsoptimum und den zugehörigen Output. (*Hinweis:* Sie werden auf eine Gleichung fünften Grades stoßen. Warum genügt es, eine einzige Lösung zu finden – z.B. durch gezieltes Probieren?)

Aufgabe 13.85. Bestimmen Sie alle Betriebskenngrößen der Kostenfunktion $\Theta(x) = 5x + 2e^{x/10}, x \geq 0$.

Aufgabe 13.86 (↗F 13.100). Wir betrachten die stückweise lineare Kosten-funktion

$$L(x) = \begin{cases} x + 1 & 0 \leq x \leq 2 \\ \frac{x}{2} + 2 & 2 \leq x \leq 12 \\ x - 4 & 12 \leq x < \infty. \end{cases}$$

Bestimmen Sie alle Betriebskenngrößen. (*Hinweis:* Nehmen Sie eine Skizze zu Hilfe.)

Aufgabe 13.87. Begründen Sie die Aussage "*Der Grenznutzen ist stets klei-ner als der Durchschnittsnutzen*" unter der Annahme, der Nutzen werde durch eine differenzierbare, nichtnegative kardinale Nutzenfunktion abgebildet.

Aufgabe 13.88. Eine Kostenfunktion sei durch die allgemeine Formel $\Psi(x) = ax^p + bx + c, x \geq 0$, gegeben, wobei a, p, b und c (feste) positive Konstanten sind. Wie groß ist der betriebsoptimale Output x_{opt}?

13.4   Kosten, Erlös, Gewinn und Angebot

13.4.1   Die allgemeine Situation

In diesem Abschnitt gehen wir der Frage nach, welche Konsequenzen sich für ein gewinnorientiertes Unternehmen aus seiner internen Kostenstruktur ergeben. Dabei nehmen wir zur Vereinfachung an, dass das Unternehmen nur ein einziges Produkt X produzieren will und jede gewünschte Menge davon herstellen wie auch absetzen könnte. Weiterhin nehmen wir an, dass es sich über die Gesamtkosten $K(x)$ bei der Herstellung jeder denkbaren Menge x des Gutes X im Klaren ist und ebenso klare Vorstellungen über den Erlös $E(x)$, den es beim Absatz dieser Menge des Gutes X erzielen wird, besitzt.

Unsere Annahmen besagen mathematisch, dass sowohl die Kostenfunktion K als auch die Erlösfunktion E bekannt seien, wobei als ökonomisch sinn-voller Definitionsbereich die Menge $D_{oec} := [0, \infty)$ angesehen wird. (In der Funktion K sind gewisse Rahmenbedingungen enthalten – wie etwa ein Zeit-horizont der Betrachtung, die Anwendung einer kosteneffizienten Technologie etc. –, die hier nicht explizit berücksichtigt werden müssen.)
Sobald das Unternehmen die Gesamtmenge x absetzt und dabei einen Erlös

in Höhe von $E(x)$ Geldeinheiten erzielt, sind diesem Erlös auf der anderen Seite die entsprechenden Kosten gegenüberzustellen; die Differenz

$$G(x) := E(x) - K(x), \quad x \geq 0, \tag{13.8}$$

bezeichnen wir definitionsgemäß als *Gewinn*. Die durch (13.8) definierte neue Funktion G nennen wir *Gewinnfunktion*. Der hier enthaltene Begriff *Gewinn* sollte nicht mit dem umgangssprachlichen Verständnis von "Gewinn" verwechselt werden, denn die Größe $G(x)$ kann auch negative Werte annehmen. In diesem Fall würde man umgangssprachlich von einem "Verlust" sprechen.

Wenn das Unternehmen wie vorausgesetzt die Funktionen K, E und damit G vorab kennt, wird es sein Produktionsziel derart bestimmen, dass der erzielte Gewinn möglichst groß wird, genauer: sein absolutes Maximum

$$G_{\max} := \max\nolimits_{D_{oec}} G$$

annimmt. Gesucht wird daher jeder Output x_{opt}, für den der Gewinn sein Maximum annimmt:

$$G_{\max} = G(x_{opt}). \tag{13.9}$$

Im Idealfall wird der Maximalgewinn $G_{\max}$ endlich und "groß", also zumindest positiv sein, an einer eindeutig bestimmten Stelle x_{opt} erzielt werden, und das Unternehmen wird diese gewinnoptimale Menge x_{opt} produzieren und *anbieten*. Unser Bild illustriert diese Situation. Rot dargestellt ist die Kostenfunktion K, dunkelblau die Erlösfunktion E, die hier beide als stetig angenommen wurden.

Die Differenz "$E - K$" kann man sich durch Verschiebung der blauen Stäbchen zwischen den Graphen von E und K auf die x-Achse vorstellen; als Resultat ergibt sich der Graph von G (hellblau).

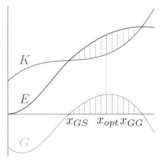

Typisch ist, dass nicht für *jeden* Output ein positiver Gewinn entsteht. Insbesondere wird mit dem Output 0 kein Erlös zu erzielen sein, so dass der "Gewinn" $G(0)$ gerade den negativen Wert der Fixkosten K_F ausmacht. Die Interpretation: Wenn das Unternehmen die zur Produktionsaufnahme notwendigen Investitionen (=Fixkosten) bereits verausgabt, aber noch nicht mit der Produktion begonnen hat, hat es bis dato also (noch) einen Verlust in Höhe von K_F erzielt.

Echter (=positiver) Gewinn wird frühestens dann erzielt, wenn der Output den Wert x_{GS} – die sogenannte *Gewinnschwelle*, auch als *break-even-Punkt* bekannt – überschreitet, aber höchstens solange, bis der Wert x_{GG} – die sogenannte *Gewinngrenze* – erreicht wird. Dass danach der Gewinn in echten Verlust übergeht, ist durch unverhältnismäßige Kosten weiterer Produktionssteigerung begründet. Wir bezeichnen das Intervall $[x_{GS}, x_{GG}]$ als *Gewinnzone* und die darüber befindliche schraffierte Fläche zwischen den Graphen von E und K als *Gewinnlinse*. Das Innere der Gewinnzone gibt all diejenigen Outputwerte an, die mit echtem Gewinn produziert werden; insofern beschreibt sie einen positiven unternehmerischen Handlungsspielraum. Gut erkennbar ist darin die Stelle x_{opt} als diejenige mit dem größtmöglichen Gewinn.

Leider gibt es in der Praxis auch weniger ideale Fälle – nämlich solche, in denen sich das Gewinnmaximum als negativ erweist, also der größtmögliche "Gewinn" auch nur echter Verlust ist. Das Bild rechts illustriert eine solche Situation. Diesmal wird die unternehmerische Entscheidung vom Zeitpunkt abhängen, *wann* es sich über die Situation klar wird:

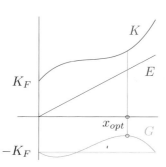

- Ist die Situation absehbar, bevor die notwendigen *Investitionen* (in Höhe der Fixkosten) getätigt sind, wird das Unternehmen *nicht nur auf die Produktion des Gutes X, sondern auch auf die notwendigen Investitionen verzichten* – das Angebot des Unternehmens ist *Null* und es erleidet weder Gewinn noch Verlust.

- Wenn dagegen die Fixkosten verausgabt wurden, die Produktion aber noch nicht oder gerade erst aufgenommen wurde, wird das Unternehmen danach streben, den bereits eingetretenen Verlust in Höhe der Fixkosten zu verringern (oder wenigstens nicht zu vergrößern), indem es eine gewinnoptimale Menge x_{opt} des Gutes X produziert (d.h., "anbietet").

Aufgrund dieser Betrachtungen haben wir zwischen dem gewinnmaximalen Output und dem "Angebot" zu unterscheiden. Im Interesse klarer Begriffsbildungen treffen wir die folgende

Vereinbarung 13.89. *Das Angebot (des Unternehmens) vor Investition ist*

$$x_{AV} = \begin{cases} x_{opt} & \text{falls } G_{\max} > 0 \\ 0 & \text{sonst;} \end{cases} \qquad (13.10)$$

das Angebot (des Unternehmens) nach Investition ist

$$x_{AN} = x_{opt}, \qquad (13.11)$$

wobei x_{opt} im Falle der Mehrdeutigkeit kleinstmöglich gewählt wird.

Wir sehen, dass es aus der Sicht des Unternehmens zur Ermittlung seines Angebotes in *jedem* Fall erforderlich ist, den maximal möglichen Gewinn $G_{\max}$ sowie den (oder die) gewinnoptimalen Output(s) zu ermitteln. "Unternehmensintern" ist hierzu die Extremwertaufgabe

$$G(x) \to \max \quad \text{bezüglich} \quad x \in D_{oec}$$

zu lösen. Wie dies mathematisch geschieht, haben wir in Theorie und Praxis ausführlich im Kapitel 11 "Extremwertprobleme" behandelt. Insbesondere finden sich dort genügend konkrete Berechnungsbeispiele, die genau in den hiesigen Kontext passen. Die folgenden Bemerkungen sollen unser mathematisches Bild der Extremwerttheorie ökonomisch abrunden:

(1) Wenn Kosten- und Erlösfunktion differenzierbar sind und ein Optimalpunkt x_{opt} *im Inneren* von D_{oec} liegt, gilt notwendigerweise

$$G'(x_{opt}) = E'(x_{opt}) - K'(x_{opt}) = 0,$$

also

$$K'(x_{opt}) = E'(x_{opt}). \tag{13.12}$$

Wir gelangen zu der ökonomischen These

In einem inneren gewinnoptimalen Output stimmen Grenzkosten und Grenzerlös überein. (13.13)

Das Bild rechts zeigt die grafische Interpretation: Die Graphen von E und K besitzen für $x = x_{opt}$ parallele Tangenten.

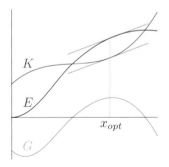

(2) Bisher sind wir von der Annahme ausgegangen, dass das Unternehmen eine beliebig große Produktionskapazität hat. Nicht selten gibt es jedoch eine Kapazitätshöchstgrenze C derart, dass nur Outputwerte $x \le C$ realisiert werden können.

In diesem Fall sind sämtliche Funktionen lediglich auf dem verkleinerten ökonomischen Definitionsbereich $D_{oec} := [0, C]$ statt $[0, \infty)$ zu betrachten und der optimale Output kann sich verschieben.

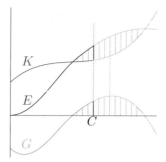

Insbesondere ist möglich, dass der höchste Gewinn erst bei voller Ausschöpfung der Produktionskapazität erzielt wird. Die These (13.13) greift dann *nicht*, weil ein *Randextremum* vorliegt.

(3) Es kann – zumindest theoretisch – mehrere gewinnoptimale Stellen geben, die wir in der Menge $X_{opt} := \arg\max_{D_{oec}} G$ zusammenfassen[6]. Da all diese Outputwerte zum selben Maximalgewinn führen, unterstellen wir, dass das Unternehmen den kleinstmöglichen bevorzugt.

Bei unserer Beschreibung der Kosten-Erlös-Gewinn-Situation haben wir angenommen, dass die Erlösfunktion bekannt sei. Es stellt sich die Frage: "Woher kommt" die Erlösfunktion? Eine griffige Formel lautet

$$\text{Erlös} = \text{Preis} \cdot \text{Menge},$$

wobei wir unter Menge den produzierten (und vollständig abgesetzten) Output x und unter Preis denjenigen Preis verstehen, der beim Absatz der Menge x zum Tragen kommt. Zwischen diesem Preis und der abgesetzten Menge kann also eine mehr oder weniger starke Abhängigkeit bestehen. Dabei sind zwei Extreme denkbar, die ihr ökonomisches Gegenstück in zwei gegensätzlichen Marktmodellen finden: Wir unterscheiden zwischen dem

- *Monopolmarkt*, auf dem das Unternehmen jeden Preis p durchsetzen kann, dafür aber in Kauf nehmen muss, dass der Absatz x – im Sinne einer Nachfrage – mit zunehmendem Preis sinkt, und dem

- *Polypolmarkt*, auf dem das Unternehmen in freier Konkurrenz agiert und *keinerlei* Einfluss auf den konstanten Preis p hat, dafür aber beliebig hohe Mengen x absetzen kann.

Je nach gewählter Annahme lassen sich alle bisherigen Aussagen weiter konkretisieren (siehe die beiden folgenden Abschnitte). Bei einem Polypolmarkt macht sich das Marktumfeld in Form eines skalaren Parameters – des Preises p – bemerkbar. Es liegt daher nahe, das Verhalten des Unternehmens bei veränderlichem Marktumfeld zu studieren (Band *EO* Math 3).

---

[6]Zur Bezeichnungsweise siehe S.317

13.4.2 Monopolistische Märkte

Auf einem monopolistischen Markt besteht der engstmögliche Zusammenhang zwischen absetzbarer Produktmenge – also der Nachfrage – und dem Preis. Wir nehmen an, dieser Zusammenhang sei in Form einer Preis-Absatz-Funktion

$$x \to p(x), \quad x \geq 0,$$

gegeben – dies ist ihrer Natur nach eine Nachfragefunktion – und dem monopolistischen Unternehmen bekannt. Die Erlösfunktion nimmt also die Form

$$E(x) = xp(x), \quad x \geq 0,$$

an, und die Gewinnfunktion lautet $G(x) = xp(x) - K(x)$, $x \geq 0$. Bei positivem Maximalgewinn $G_{\max}$ wird das Unternehmen die gewinnmaximale Menge x_{opt} produzieren und anbieten.

Unser Bild rechts illustriert diese Situation. Es zeigt die vier genannten Funktionen, das Gewinnmaximum und den gewinnoptimalen Output x_{opt}. Der besonders hervorgehobene Punkt hat die Koordinaten (x_{opt}, p_{opt}) und wird als COURNOTscher Punkt bezeichnet.

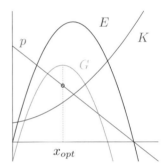

Er fasst die beiden zentralen Größen des Marktes zusammen: x_{opt} als das Marktvolumen und p_{opt} als den tatsächlichen Markt- bzw. Monopolpreis.

Wir können den Punkt x_{opt} auch auf eine zweite Art grafisch lokalisieren, wenn (wie im Bild rechts) Nachfrage und Kosten differenzierbar sind, denn dort[7] stimmen Grenzerlös und Grenzkosten überein:

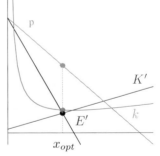

$$E'(x_{opt}) = K'(x_{opt}). \tag{13.14}$$

Also ist x_{opt} Abszisse des Schnittpunktes von Grenzerlös- und Grenzkostenkurve, wie im Bild gezeigt. (Wir sehen nebenbei, dass die gewinnoptimalen Stückkosten $k(x_{opt})$ als interner "Kostenpreis" deutlich unterhalb des Monopolpreises p_{opt} liegen; die Differenz ist der Stückgewinn. Multipliziert man

---

[7]x_{opt} ist *innerer* Punkt von D_{oec}!

diesen mit der abgesetzten Menge x_{opt}, erhält man den Monopolgewinn $G_{\max}$ – auf diese Weise kann der Monopolgewinn als Flächeninhalt des pastellgelben Rechtecks interpretiert werden.)

Selbstverständlich lassen sich die Größen $x_{opt}, G_{\max}$ und p_{opt} nicht nur grafisch, sondern auch rechnerisch ermitteln. Beispiele zur rechnerischen Ermittlung der Größen $x_{opt}, G_{\max}$ und p_{opt} folgen unter Punkt 13.4.4.

Wir heben noch folgende Beobachtung hervor: In unseren Bildern ist x_{opt} eindeutig bestimmt, insbesondere ist die Bestimmungsgleichung $E'(x) = K'(x)$ *eindeutig* lösbar. Daher besitzt die Gewinnfunktion genau einen stationären Punkt, was bei der praktischen Ermittlung von x_{opt} sehr hilfreich ist. Dabei zeigen die Bilder eine "einigermaßen typische" Situation – die Kostenfunktion wurde neoklassisch, die Preis-Absatz-Funktion wurde linear, also mit zur Kostenfunktion "gegenläufiger" Krümmung, gewählt. Wir formulieren daher als These:

(TCP)   *Der gewinnoptimale Output eines Monopolisten mit neoklassischen Kosten ist bei konkaver (und insbesondere linearer) Nachfrage eindeutig bestimmt.*

13.4.3 Polypolistische Märkte

Ein polypolistischer Markt mit perfekter Konkurrenz zeichnet sich dadurch aus, dass einzelne Unternehmen den Preis p des Gutes X durch ein höheres oder vermindertes Angebot nicht (merklich) beeinflussen können. Dieser entsteht vielmehr im Ergebnis eines Marktgleichgewichtes und ist in gewissen Grenzen als konstant anzusehen. Die beteiligten Unternehmen agieren als "*price taker*" und müssen den konstanten Marktpreis p als Grundlage ihrer Unternehmensentscheidung hinnehmen. Gleichzeitig wird unterstellt, dass sie – zumindest theoretisch – unbegrenzte Mengen X des Gutes anbieten könnten (dies aus Gründen, die wir gleich einsehen werden, in der Praxis jedoch nicht tun).

Als Konsequenz nimmt die Erlösfunktion unseres Unternehmens eine besonders einfache Form an: $E(x) = px$, $\quad x \geq 0$, d.h., sie ist linear.

Damit können wir bei gegebenem Preis p unsere Vorstellung von der allgemeinen Gewinnsituation wie im Bild rechts konkretisieren, in der wir den Graphen von E in Gestalt einer Erlösgeraden sehen.

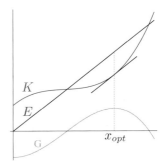

Folgende Beobachtungen sind hier hervorzuheben:

- *Der Grenzerlös – als Anstieg der Erlösgerade – ist hier konstant und identisch mit dem Marktpreis p.*
  Die Bestimmungsgleichung (13.12) für den gewinnoptimalen Output x_{opt} nimmt daher die mathematische Form

$$K'(x_{opt}) = p \qquad (13.15)$$

an (rechnerische **Beispiele** folgen im nächsten Punkt); ökonomisch formuliert:

> *Im gewinnoptimalen Output sind die Grenzkosten gleich dem Marktpreis.*

- *Die "gewinnoptimale" Tangente an den Graphen von K ist parallel zur Erlösgeraden.*
  Auf diese Weise ist die Bestimmung von x_{opt} – zumindest im Prinzip – auf grafischem Wege möglich.

- *Die Erlösgerade ist ein (verlängerter) Fahrstrahl.*
  Damit kann die Erlös- und Gewinnsituation bei variierenden Preisen mit Hilfe der Fahrstrahlanalyse studiert werden (Abschnitt 13.5).

Wir heben hervor, dass unserer Skizze ein ausreichend hoher Marktpreis p zugrundegelegt wurde, der es dem Unternehmen erlaubt, tatsächlich Gewinn zu erzielen (die Gewinnlinse ist nicht leer). In diesem Fall stimmt x_{opt} mit dem Angebot des Unternehmens (vor wie nach Investition) überein. (Im gegenteiligen Fall wird das Unternehmen nur dann die Menge x_{opt} anbieten, wenn die Fixkosten bereits verausgabt wurden).

Wir halten fest: Sowohl $x_{opt} = x_{AN}$ als auch x_{AV} beruhen auf dem gegebenen Preis p; man kann schreiben $x_{AV} = x_{AV}(p)$ und $x_{AN} = x_{AN}(p)$. Fassen wir den Preis p als variabel auf, gelangen wir so zum Begriff der *Angebotsfunktion* (mehr dazu in Abschnitt 13.6).

13.4.4   Berechnungsbeispiele

Wir wenden uns zunächst dem monopolistischen Markt zu.

Beispiel 13.90 ("Schreber's Gartencenter"). Mit seiner Produktion an Kamillen-Sämereien der Sorte "Wiesenglück" ist der Gärtnereiunternehmer G. Schreber Jun. zum Alleinanbieter aufgerückt. Er kann eine Jahresmenge von x Dezitonnen (dt) "Wiesenglück"-Sämereien zu Gesamtkosten von $120x + 200$ € herstellen und schätzt, dass zwischen dem Preis p [€/dt] und dem möglichen Gesamtabsatz x [dt] ein Zusammenhang der Form $p = 1800 - 40x$ besteht. Welche Menge an Sämereien wird er herstellen und zu welchem Preis wird er sie verkaufen? Welchen Gewinn wird er insgesamt erzielen?

Lösungsweg: Wir "glauben" Herrn Schreber und unterstellen eine lineare Preis-Absatz-Funktion $p(x) = 1800 - 40x$ für $x \in D_{oec} := [0, 45]$ (außerhalb dieses Intervalls erlischt der Nachfragepreis, kann also kein Absatzoptimum liegen). Die Erlösfunktion ist dort durch $E(x) = 1800x - 40x^2$ [€], der Grenzerlös durch $E'(x) = 1800 - 80x$ [€/dt] gegeben, während sich die Grenzkosten konstant auf 120 [€/dt] belaufen. Die Gleichsetzung von Grenzerlös und Grenzkosten führt auf die Gleichung $1800 - 80x = 120$ mit der eindeutigen Lösung $x = x_{opt} = 21[dt]$. Der zugehörige Preis ist gegeben durch $p_{opt} = p(x_{opt}) = 1800 - 40 \cdot 21 = 960$ [€/dt], der Gewinn ist die Differenz von Erlös ($960 \cdot 21 = 20160$ €) und Kosten ($120 \cdot 21 + 200 = 2720$ €).

Ergebnis: Die Gesamtproduktion an "Wiesenglück"-Sämereien umfasst 21 dt, wird zu einem Preis von 960 [€/dt] verkauft und erbringt einen Gewinn von 17440 €. △

Beispiel 13.91 ("Zweck's Monopolmarkt"). Die Brauerei Zweck ("Zwecks Bier löscht Kennerdurst") hat mit ihrem "Radelzweck" Monopolstellung erlangt und kann bei einem Preis von p [GE/ME] eine Menge von $32 - 2p$ Einheiten jährlich absetzen. Die internen Produktionskosten von x [ME] betragen $\frac{x^2}{2} + 2x + 33$ [GE]. Bei welchen Outputs wird "echter" Gewinn, bei welchem Output maximaler Gewinn erzielt? Wie groß ist dieser? Zu welchem Preis wird das Getränk verkauft?

Lösung: Aufgrund der vorliegenden Angaben bestimmen wir zunächst die Preis-Absatz-Funktion. Wollen wir sie auf ganz $\mathbb{R}_+$ notieren, können wir das (wie im Beispiel 5.18 auf Seite 178) mit Hilfe der Formel $p(x) = \max\{16 - \frac{x}{2}, 0\}$ (man beachte, dass der Absatz niemals negativ werden kann!). Daraus folgt für die Erlösfunktion $E(x) := xp(x) = (16x - \frac{x^2}{2})^+$, $x \geq 0$. Es ist leicht zu sehen, dass der Erlös genau für $0 < x < 32$ positiv ist; nur innerhalb dieser Grenzen ist positiver Gewinn möglich. Für die Gewinnfunktion ergibt sich dort $G(x) = E(x) - K(x) = (16x - \frac{x^2}{2}) - (\frac{x^2}{2} + 2x + 33) = -x^2 + 14x - 33$. Um Gewinnschwelle und -grenze zu ermitteln, setzen wir diesen Gewinn Null. Nach Auflösung der zugehörigen quadratischen Gleichung finden wir $G(x) = 0 \iff x \in \{3, 11\}$. Wir bemerken, dass der Graph von G eine "hängende" Parabel mit dem Scheitel bei $x = 7$ ist. Ohne weitere Rechnung können wir daher feststellen, dass das Gewinnmaximum an der Stelle $x = 7$ mit dem Wert $G(7) = 16$ angenommen wird. Der zugehörige Preis ist $p_{opt} = p(7) = 12,5$ [GE/ME]. Wir fassen zusammen:

$$x_{GS} = 3, \quad x_{GG} = 11, \quad x_{opt} = 7, \quad \text{(jeweils in [ME])};$$

$$G_{\max} = 16 \text{ [GE]}; \quad p_{opt} = 12,5 \text{ [GE/ME]}.$$

△

Bemerkung 13.92. In der Praxis werden Problemstellungen oft ungenau formuliert. In unserem Beispiel trifft dies auf die Angabe zur Preis-Nachfrage-Relation zu. – Dank einfacher Kostenfunktion brauchten wir hier nicht nach stationären Punkten der Gewinnfunktion zu suchen.

Beispiel 13.93. Der Monopolist KUMO produziert ein Gut mit internen Kosten in Höhe von

$$K(x) = x^3 + 4x^2 + 37x + 48 \ [\text{GE}]$$

bei einem Output von x [ME], wobei für das Gut ein Maximalpreis von 100 [GE] und eine konstante Grenznachfrage zu verzeichnen ist. KUMO entscheidet sich, insgesamt 3 [ME] des Gutes anzubieten. Wie hoch ist die Grenznachfrage? Wie hoch ist der Gewinn?

Lösung: Bei nicht ganz so vertrauten Aufgabenstellungen wie dieser sollte der erste Blick der Plausibilität gelten: Aufgrund der Angaben haben wir es mit einer (innerhalb sinnvoller Grenzen) linearen Nachfragefunktion der Form $p(x) = 100 - ax$ zu tun, wobei die konstante Grenznachfrage $p'(x) = -a$ zu ermitteln ist. Die Kostenfunktion ist strikt konvex, also neoklassisch. Wir können daher ein eindeutig bestimmtes Monopolangebot x_{opt} unterstellen, welches zugleich stationärer Punkt der Gewinnfunktion ist. Hier ist nun $x_{opt} = 3$ bereits gegeben. Als Lösungsstrategie bietet sich somit an: Die Gewinnfunktion (mit unbekannter Konstanten a) bilden, ableiten, den Grenzgewinn an der Stelle $x_{opt} = 3$ berechnen und Null setzen. Man wird eine Gleichung für a erhalten, die hoffentlich leicht lösbar ist.

Gewinn- und Grenzgewinnfunktion haben nun (innerhalb sinnvoller Grenzen) die Form

$$G(x) = x(100 - ax) - (x^3 + 4x^2 + 37x + 48)$$
$$G'(x) = 100 - 2ax - (3x^2 + 8x + 37);$$

die Gleichung

$$G'(x_{opt}) = G'(3) = 100 - 6a - 88 \stackrel{!}{=} 0$$

ist nicht allein eindeutig, sondern auch überaus leicht lösbar: es gilt $a = 2$. Mit diesem Wert lautet die Nachfrage $p(x) = 100 - 2x$, $x \in [0, 50]$, und ist mit $p(3) = 94$ [GE/ME] an der Stelle $x_{opt} = 3$ positiv. Der Gewinn beträgt dort $3(100 - 2 \cdot 3) - (3^3 + 4 \cdot 3^2 + 37 \cdot 3 + 48) = 60$ [GE].

"Außerhalb sinnvoller Grenzen" brauchen wir die Gewinnfunktion nicht zu betrachten, denn dort sind Nachfrage und Erlös Null; ein positiver Gewinn unmöglich. Das *Ergebnis* lautet also: Die Grenznachfrage beträgt -2 [GE/ME], der Gewinn 60 [GE]. △

Die folgenden Beispiele beziehen sich auf einen polypolistischen Markt.

Beispiel 13.94 (↗F 13.81). Das Unternehmen BackFix produziert die Fertigbackmischung "SoSoVital" mit den internen arbeitstäglichen Kosten von

$$J(x) = x^2 + 5x + 25 \ [\text{GE}]$$

bei einem Output von $x \geq 0$ [ME], wobei die Fixkosten auf die täglichen Arbeitsvorbereitungen entfallen. Das Fertigmehl kann zu einem (konstanten) Marktpreis von $p = 25$ [GE/ME] abgesetzt werden. Welche Angebotsmenge x_A "SoSoVital" wird die Firma "BackFix" an einem Arbeitstag herstellen, an dem der Preis p vor Beginn der Arbeitsvorbereitungen ermittelt wird, wenn

a) beliebige Mengen "SoSoVital" produziert werden können,

b) eine Produktionskapazität von 14 [ME] je Arbeitstag gegeben ist?

Ergebnis:

a)

$$x_A = \begin{cases} \frac{p-5}{2} & \text{für } p > 15 \\ 0 & \text{sonst,} \end{cases}$$

b)

$$x_A = \begin{cases} 14 & p > 33 \\ \frac{p-5}{2} & 15 < p \leq 33 \\ 0 & \text{sonst.} \end{cases} \tag{13.16}$$

Denn: Gesucht ist hier in beiden Fällen das Unternehmensangebot *vor Investition*, weil mit den Arbeitsvorbereitungen noch nicht begonnen wurde. Es handelt sich um den gewinnmaximalen Output, wenn der Maximalgewinn positiv ist (andernfalls wird nicht produziert). Zur Lösung des Problems ist also das *globale* Gewinnmaximum zu ermitteln und auf Positivität zu prüfen.

a) Wir lassen die Kapazitätsbeschränkung zunächst außer Acht. Die Gewinnfunktion ist gegeben durch

$$G(x) = px - K(x) = px - (x^2 + 5x + 25), \quad x \geq 0$$

der Grenzgewinn ist $G'(x) = p - (2x + 5), \quad x \geq 0$; die zweite Ableitung $G''(x) = -2$ für alle x. G ist strikt konkav und nimmt das globale Maximum an der einzigen nichtnegativen Nullstelle von G'

$$x = \frac{p-5}{2} \tag{13.17}$$

an, wenn $p \geq 5$ gilt; ansonsten gilt $G'(x) < 0$ für alle $x \geq 0$ und das globale Gewinnmaximum wird an der Stelle 0 angenommen. Also gilt

$$x_{opt} = \begin{cases} \frac{p-5}{2} & \text{falls } p > 5 \\ 0 & \text{sonst.} \end{cases}$$

Wir ermitteln also noch den zu x_{opt} gehörigen Maximalgewinn. Es gilt

$$G_{\max} = G(x_{opt}) = \begin{cases} G(0) = -25 & \text{für } p \leq 5 \\ G(\frac{p-5}{2}) & \text{für } p > 5 \end{cases}$$

mit

$$G\left(\frac{p-5}{2}\right) = \frac{(p-5)^2}{4} - 25$$

im zweiten Fall; dieser Wert ist dann und nur dann positiv, wenn $p > 15$ gilt. Daraus folgt die Lösung a).

b) Die Kapazitätsschranke (von 14 [ME] arbeitstäglich) bewirkt zunächst, dass der ökonomische Definitionsbereich D_{oec} von bisher $[0, \infty)$ auf $[0, 14]$ zusammenschrumpft. Auswirkungen auf das Angebot enstehen nur dann, wenn der bisherige gewinnoptimale Output $x_{opt,bisher}$ nicht mehr in dieser Menge enthalten ist; hier ist das der Fall, sobald

$$x_{opt,bisher} = \frac{p-5}{2} > 14 \quad \text{bzw.} \quad p > 33$$

gilt. In diesem Fall ist die Gewinnfunktion auf $[0, 14]$ streng monoton wachsend und nimmt daher ihr Maximum am rechten Rand an. Es folgt für den "neuen" gewinnoptimalen Output

$$x_{opt,neu} = \begin{cases} 14 & p > 33 \\ \frac{p-5}{2} & 5 < p \leq 33 \\ 0 & \text{sonst.} \end{cases}$$

Daraus ergibt sich die Lösung zu b).   △

Bemerkung 13.95. Das in diesem Beispiel ermittelte Angebot x_A bei wirksamer Kapazitätsbeschränkung hängt vom gegebenen Marktpreis p ab und kann als Funktionswert einer Angebotsfunktion interpretiert werden.

Das Bild rechts zeigt den Graphen dieser Funktion (blau); bei Wegfall der Kapazitätsbeschränkung wäre der Graph wie in Rot weiterzuführen.

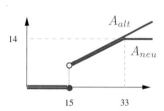

Beispiel 13.96. Ein Unternehmen kann ein Gut gemäß der Kostenfunktion

$$K(x) = 11x + 440, \quad x \geq 0,$$

produzieren und zu einem konstanten Marktpreis von $p = 21$ [GE/ME] in unbegrenzter Menge absetzen (die Fixkosten seien noch nicht verausgabt). Allerdings beträgt die Kapazitätsgrenze des Unternehmens
a) 82 [ME]
b) 42 [ME].
Wie wird sich das Unternehmen in beiden Fällen verhalten?

Lösung: Da die Kostenfunktion affin und der Preis konstant ist, haben wir es mit einer affinen Gewinnfunktion zu tun: Es gilt

$$G(x) = px - K(x) = 10x - 440,$$

(wobei x aus $[0, 82]$ im Fall a) bzw. aus $[0, 42]$ im Fall b) zu wählen ist). G ist streng monoton wachsend, also wird das Maximum am rechten Randpunkt angenommen: $x_{opt} = 82$ (Fall a)) bzw. $x_{opt} = 42$ (Fall b)). Es gilt $G(x_{opt}) = G(82) = 380$ [GE] im Fall a), $G(x_{opt}) = G(42) = -20$ [GE] im Fall b). Wir fassen zusammen:

a) Es wird ein Maximalgewinn von $G_{\max} = 380$ [GE] bei einem Angebot von $x_A = 82$ [ME] erzielt.

b) Die Investition unterbleibt.

$\triangle$

Bemerkung 13.97. Selbstverständlich ist dieses Beispiel nicht schwierig. Interessant ist vielmehr, dass es ohne Kapazitätsgrenzen keine sinnvolle Lösung gäbe.

Beispiel 13.98 (↗F 13.80, ↗Ü, ↗L). Es sollen beide Angebotsfunktionen für ein Unternehmen ermittelt werden, welches ein Gut X gemäß der (uns schon bekannten) *ertragsgesetzlichen* Kostenfunktion K mit

$$K(x) = 3x^3 - 30x^2 + 106x + 216, \quad x \geq 0,$$

ohne Kapazitätsbeschränkungen produzieren und in beliebiger Menge zu einem konstanten Preis $p > 0$ absetzen kann.

Lösung: Auch in diesem Fall gilt offenbar $E(x) = px$, $x \geq 0$; es folgt

$$G(x) = E(x) - K(x) = px - (3x^3 - 30x^2 + 106x + 216), \quad x \geq 0,$$

wobei der konstante Preis p hier die Rolle eines exogenen Parameters übernimmt. Zur Lösung des Problems $G(x) \longrightarrow \max$ gehen wir wie üblich in zwei Schritten vor:

(1) Es werden die stationären Punkte von G ermittelt. (Der Leser kann die entsprechenden Rechnungen selbst ausführen; Einzelheiten werden im Lösungsteil auf Seite 525 wiedergegeben.) Im Ergebnis stellen wir fest:

- für $p < 6$ besitzt G keine stationären Punkte, sondern ist vielmehr überall streng fallend,

- für $p \geq 6$ besitzt G nur einen einzigen lokalen Maximumpunkt und zwar an der Stelle $x° = \frac{10 + \sqrt{p-6}}{3}$.

(2) Wir haben anschließend über das globale Maximum von G und die zugehörigen Maximumstellen zu entscheiden. Bisher wissen wir:

- Für $p < 6$ wird das globale Maximum am linken Rand des Definitionsbereiches angenommen: es gilt $x_{opt} = 0$.

- Im Fall $p \geq 6$ besitzt G ein lokales Maximum an der Stelle x_2. Um zu prüfen, ob dieses auch global ist, müssten die Funktionswerte $G(0)$ am Rand und $G(x^0)$ miteinander verglichen werden (der uneigentliche Randpunkt ∞ ist wegen $\lim_{x \to \infty} G(x) = -\infty$ uninteressant).

An dieser Stelle bekommen wir ein kleines Problem, denn dieser Vergleich ist mit den uns zur Verfügung stehenden Mitteln zwar möglich, aber sehr unübersichtlich und aufwendig (denn der Preis p liegt ja nur in symbolischer Form vor). Es lohnt sich also, darüber nachzudenken, ob er durch eine einfache Überlegung eingespart werden kann. Das Ergebnis werden wir im Abschnitt 13.5 "Preisvariation auf einem Polypolmarkt" darstellen. Im Vorgriff darauf nennen wir bereits das Endergebnis: Es gilt

$$x_{opt} = \begin{cases} x_2 = \frac{10+\sqrt{p-6}}{3} & \text{für } p > 31 \\ \in \{0,5\} & \text{für } p = 31 \\ 0 & \text{für } p < 31. \end{cases}$$

Dieses ist aber nur dann das Angebot des Unternehmens, wenn die Fixkosten bereits verausgabt wurden; andernfalls ist noch zu prüfen, wann der zu x_{opt} gehörige Gewinn positiv ist. Nach weiteren aufwendigen Rechnungen würden wir finden

$$x_{AV}(p) = \begin{cases} \frac{10+\sqrt{p-6}}{3} & \text{für } p > 70 \\ 0 & \text{sonst,} \end{cases} \tag{13.18}$$

und

$$x_{AN}(p) = \begin{cases} \frac{10+\sqrt{p-6}}{3} & \text{für } p > 31 \\ 0 & \text{sonst.} \end{cases} \tag{13.19}$$

Das folgende Bild zeigt die Graphen beider Funktionen im Vergleich.

Wir merken an, dass in den Formeln (13.18) und (13.19) wiederum das im Beispiel 13.98 ermittelte Betriebsoptimum von 70 [GE/ME] und das Betriebsminimum von 31 [GE/ME] eine signifikante Rolle spielen.

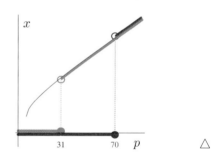

13.4.5   Aufgaben

Aufgabe 13.99 ($\nearrow$F 13.94, $\nearrow$L). Bekanntlich produziert das Unternehmen BackFix die Fertigbackmischung "SoSoVital" mit den internen arbeitstäglichen Kosten von

$$K(x) = x^2 + 5x + 25 \text{ [GE]}$$

bei einem Output von $x \geq 0$ [ME], wobei die Fixkosten auf die täglichen Arbeitsvorbereitungen entfallen. Das Fertigmehl kann zu einem (konstanten) Marktpreis von $p = 25$ [GE/ME] abgesetzt werden. Ist zu diesem Preis ein Gewinn erzielbar? Falls ja, interessiert man sich für die Gewinnschwelle und -grenze.

Aufgabe 13.100. Ein Unternehmen produziert ein Gut mit stückweise linearen Gesamtkosten

$$L(x) = \begin{cases} x+1 & 0 \leq x \leq 2 \\ \frac{x}{2}+2 & 2 \leq x \leq 12 \\ x-4 & 12 \leq x < \infty \end{cases}$$

[GE] bei einer Ausbringungsmenge von x [ME]. Die Kapazitätsgrenze beträgt 80 [ME].

(i) Das Gut kann zu einem konstanten Marktpreis von $3/4$ [GE/ME] in beliebig großen Mengen abgesetzt werden. Bestimmen Sie Gewinnschwelle, Gewinngrenze, Maximalgewinn und den gewinnmaximalen Output.

(ii) Wie würde die Antwort zu (i) lauten, wenn ein Marktpreis von 2 [GE/ME] vorläge?

(*Hinweis*: Es empfiehlt sich mit einer Skizze zu arbeiten.)

Aufgabe 13.101 (╱L). Ein Monopolist kalkuliert für die Produktion von x [ME] seines Monopolgutes variable Kosten in Höhe von $\frac{11}{2}x^2 + 41x$ [GE] ein, rechnet aber gleichzeitig damit, diesen Output nur zu einem Preis von höchstens $305 - \frac{x}{2}$ [GE/ME] absetzen zu können. Bei optimaler Wahl des Outputs erwartet er einen Gewinn in Höhe von 2400 [GE].

(i) Wie hoch sind die Fixkosten seiner Produktion?

(ii) Wie groß ist der gewinnmaximale Output?

(iii) Ermitteln Sie Gewinnschwelle und -grenze.

Aufgabe 13.102 (╱L). Eine Zementfabrik ist mit ihrem wasser- und säurefesten Spezialzement zum Alleinanbieter geworden. Bei einem Output von x [ME] entstehen interne Kosten in Höhe von $x^3 - 4x^2 + 6x + \frac{7}{27}$ [GE]. Das Management geht von einer konstanten Grenznachfrage in Höhe von -10 [GE/ME^2] aus und schätzt die absolute Preisobergrenze des Marktes auf $\frac{46}{3}$ [GE/ME]. Welche Menge des Spezialzementes wird produziert werden? Wie hoch ist der Monopolgewinn?

Aufgabe 13.103. Ein Gut werde mit neoklassischen Gesamtkosten für einen polypolistischen Markt hergestellt. Der konstante Marktpreis sei ausreichend hoch, so dass mit Gewinn produziert werden kann. Überlegen Sie, welcher von den folgenden beiden Outputs größer ist:

– derjenige, der zum höchsten Gewinn führt, oder

– derjenige, der zum höchsten Stückgewinn führt?

(Sie können anhand einer Skizze argumentieren.)

Aufgabe 13.104 (╱L). Das Unternehmen "Redlich Ltd." beauftragt den Industriespion 4712, die interne Kostenstruktur des Konkurrenzunternehmens "G. Heim GmbH" aufzudecken. Beide produzieren die beliebte Schmierseife

"Über-Flüssig", deren polypolistischer Marktpreis derzeit 141 $[\text{€}/m^3]$ beträgt. Nach einem Techtel mit G. Heims Chefsekretärin erfährt 4712 Folgendes:

– G. Heim strebt ein Angebot von 91 $[m^3]$ an.

– Als betriebsoptimaler Output werden 14 $[m^3]$ angesehen.

– G. Heim hätte nicht in die Produktion investiert, wenn "Über-Flüssig" zu einem Marktpreis von 119 $[\text{€}/m^3]$ oder darunter verkauft werden müsste.

Mangels weiterer Daten unterstellt 4712, dass G. Heim mit quadratischen Kosten rechnet. Wie lautet die Kostenfunktion, die er seinem Auftraggeber übermittelt?

Aufgabe 13.105 (↗L). Ein Unternehmen produziert ein Gut X nach der Kostenfunktion

$$K(x) = x^4 - 32x^3 + 376x^2 + 500[\text{GE}], \quad x \geq 0,$$

in theoretisch uneingeschränkter Menge. Das Gut kann zu einem festen Marktpreis in Höhe von $p = 1920$ [GE/ME] abgesetzt werden. Bestimmen Sie die Ausbringungsmenge(n), bei denen der höchste Gewinn erzielt wird!

Aufgabe 13.106 (↗L). Weisen Sie nach, dass eine konkave Preis-Absatz-Funktion p auf eine konkave Erlösfunktion E führt (wobei wie üblich $E(x) := xp(x), x \in D_p$, gesetzt wird).

Hinweis: Verwenden Sie die Erkenntnisse aus dem Kapitel 10 "Konvexe Funktionen". Die Lösung ist mit elementaren Mitteln und ohne Verwendung von Ableitungen möglich. Sie können jedoch hilfsweise annehmen, p sei zweimal differenzierbar und mit den Ableitungen argumentieren.

Aufgabe 13.107. Zeigen Sie, dass die These (TCP) auf Seite 431 immer dann gilt, wenn die Nachfrage nicht konstant ist.

Hinweis: Überlegen Sie sich, dass die Erlösfunktion (a) konkav und (b) nach oben beschränkt ist, und wenden Sie anschließend unsere Erkenntnisse aus dem Abschnitt 11.4.7 "Globale Bewertung: Konvexitätsargumente", S. 344 ff, an. Sie können zum Nachweis von (a) und (b) auf Aussagen zurückgreifen, die in anderen Aufgaben z.B. in (13.46, 13.47 oder 13.106 nachzuweisen waren.)

13.5 Preisvariation und Angebot auf einem Polypolmarkt

13.5.1 Vorbemerkung

Die entscheidende externe Einflussgröße für ein Unternehmen, welches als "price taker" auf einem polypolistischen Markt agiert, ist der vorgegebene Marktpreis p. Wir wollen daher im nächsten Schritt fragen: Wie wirken sich unterschiedliche Preise auf den möglichen Unternehmensgewinn und das Angebot aus? Die Antwort gewinnen wir auf dem Wege der *Preisvariation* im Diagramm, d.h., durch Variation der Erlösgeraden. Aufgrund der letzten Beobachtung aus Abschnitt 13.4.3 ist dies weitgehend dasselbe wie eine Fahrstrahlanalyse. Also drehen wir die Erlösgerade aus einer anfänglich senkrechten Position (mit dem fiktiven Marktpreis "unendlich") kontinuierlich im Uhrzeigersinn bis in eine waagerechte Position (mit dem ebenfalls fiktiven Marktpreis 0) und fassen sie – soweit möglich – als Fahrstrahl auf.

13.5.2 Preisvariation bei ertragsgesetzlichen Kosten

Die Preiszonen

Wir demonstrieren dies zunächst für ein Beispiel ertragsgesetzlicher Kosten, in dem die Kostenfunktion differenzierbar ist und sowohl Betriebsminimum als auch Betriebsoptimum besitzt. Weiterhin nehmen wir an, dass die Produktionskapazität unbegrenzt sei. Bei der Preisvariation durchläuft der Preis – und mit ihm die Erlösgerade – drei qualitativ unterscheidbare Zonen, die in den folgenden Skizzen pastellgelb hervorgehoben sind:

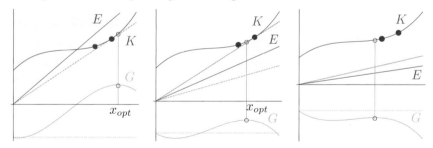

(1) Der Preis p ist so groß, dass "echter" – also positiver Gewinn – entstehen kann (Bild links). Eine solche qualitative Situation liegt genau dann vor, wenn die Erlösgerade durch das Innere der pastellgelben Zone verläuft. Den größtmöglichen Gewinn wird das Unternehmen bei einer Produktion von x_{opt} Einheiten des Gutes X erzielen. Diese stellt dann auch das Angebot des Unternehmens dar – gleich, ob vor oder nach Investition der Fixkosten.

(2) Der Preis ist zu klein, um noch echten Gewinn zu erzielen; vielmehr minimiert der "gewinnoptimale" Output x_{opt} den Verlust (mittleres Bild). Wir können jedoch an der Skizze ablesen: Solange die Erlösgerade sich im Inneren des pastellgelben Feldes oder auf dessen oberem Rand bewegt, ist der kleinst-

mögliche Verlust – also $|G(x_{opt})|$ – immerhin noch kleiner als die Fixkosten K_F, günstigstenfalls Null. Es lohnt sich also, die Menge x_{opt} zu produzieren und anzubieten, sofern die Fixkosten bereits investiert wurden; andernfalls wird auf die Investition von vornehrein verzichtet.

(3) Wie im rechten Bild zu sehen, ist der Preis nunmehr so gering, dass das Gewinnmaximum gleich den negativen Fixkosten ist; es gilt $x_{opt} = 0$. Das Unternehmen wird daher die Produktion gar nicht erst aufnehmen, und zwar selbst dann nicht, wenn die Fixkosten bereits investiert wurden – das Angebot ist in jedem Fall Null.

"Grenzlagen"

Vor einer etwas formaleren Betrachtung dieser Zonen wollen wir die Grenzen zwischen ihnen beleuchten:

Auf der Grenze zwischen Zone (1) und Zone (2) deckt sich die Erlösgerade mit dem *betriebsoptimalen* Fahrstrahl, beide tangieren den Graphen von K im selben Punkt und haben denselben Anstieg.

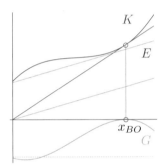

Tangentialpunkt ist (x_{opt}, px_{opt}) für die Erlösgerade und $(x_{BO}, K(x_{BO}))$ für den Fahrstrahl; Anstieg der Erlösgerade ist p, der des Fahrstrahls k_{BO}. Es folgt also

$$x_{opt} = x_{BO}, \quad p = k_{BO}. \tag{13.20}$$

Gleichzeitig ist der Maximalgewinn offensichtlich Null: $G_{\max} = 0$.
Wir haben somit eine Interpretation des Betriebsoptimums gefunden:

> (IBO)   *Das Betriebsoptimum gibt die Untergrenze aller Marktpreise an, bei denen das Unternehmen echte Gewinne erzielen kann.*

Das folgende Bild zeigt analog die Grenzlage der Erlösgerade zwischen Zone (2) und Zone (3).

Wir sehen diesmal, dass die Erlösgerade parallel zu dem von $(0, K_F)$
ausgehenden betriebsminimalen Fahrstrahl verläuft. Dieser hat den Anstieg k_{BM} und den Tangentialpunkt
$(x_{BM}, K(x_{BM}))$.

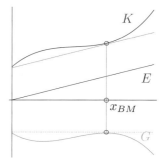

In jenem Punkt liegt also gerade diejenige Tangente an Graph K an, die zur
Erlösgerade parallel ist und somit den gewinnmaximalen Punkt markiert. Es
folgt

$$x_{opt} = x_{BM}, \quad p = k_{BM}. \tag{13.21}$$

Der höchstmögliche Gewinn gleicht den negativen Fixkosten: $G_{\max} = -K_F$.
Die verbale Interpretation des Betriebsminimums lautet also:

(IBM) *Das Betriebsminimum gibt die Untergrenze aller Markt-
preise an, bei denen das polypolistische Unternehmen seine
Anfangsverluste in Höhe der verausgabten Fixkosten durch
Produktion zumindest teilweise kompensieren kann.*

Weitere Beobachtungen

Wir wollen nun die drei Zonen hinsichtlich der Größe des Marktpreises p,
der Lage des Optimalpunktes x_{opt} und des Angebotes anhand unserer Bilder
etwas näher betrachten. Den Marktpreis p können wir als Steigung der jeweiligen Erlösgeraden mit den Steigungen der Zonengrenzen – also $0, k_{BM}$ und
k_{BO} – vergleichen. (So sehen wir z.B., dass in Zone 1 die Erlösgerade steiler
verläuft als der betriebsoptimale Fahrstrahl (als Zonenuntergrenze), mithin
gilt $p > k_{BO}$.)

Ebenso können wir die Lage von x_{opt}
relativ zu der von x_{BM} und x_{BO} ermitteln, indem wir uns fragen, wo die
zur jeweiligen Erlösgerade parallele gewinnoptimale Tangente den Graphen
von K berühren wird.

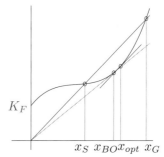

(In Zone 1 ist diese Tangente ebenfalls steiler als der betriebsoptimale Fahrstrahl und muss den Graphen von K rechts von diesem berühren, mithin gilt

$x_{opt} > x_{BO}$.) Auch die Größenordnung des Maximalgewinns ist aus den Bildern ersichtlich. Die Gesamtheit aller derartigen Beobachtungen fassen wir zu folgender Tabelle zusammen:

Übersicht: Drei Zonen des Polypolmarktes

	Zone 1	Zone 2					Zone 3	
Preis p	$p > k_{BO}$	$k_{BO} \geq$	p	$>$	k_{BM}		$k_{BM} \geq p$	
x_{opt}	$x_{opt} > x_{BO}$	$x_{BO} \geq$	x_{opt}	$>$	x_{BM}		0	
G_{max}	$G_{max} > 0$	0	$\geq$	G_{max}	$>$	$-K_F$	$-K_F \geq G_{max}$	
x_{AV}	x_{opt}	0					0	
x_{AN}	x_{opt}	x_{opt}					0	

Aus unseren Bildern lassen sich weiterhin die folgenden Beobachtungen hervorheben:

(T1)   *Der Optimalpunkt x_{opt} ist stets eindeutig bestimmt.*

(T2)   *Im Fall $p > k_{BM}$ stimmt x_{opt} mit dem größten stationären Punkt der Gewinnfunktion überein (von denen höchstens zwei existieren).*

(In der Tat: Wenn $p > k_{BM}$ ist, ist $x_{opt} > 0$ ein lokaler Maximumpunkt von G im Inneren von D_{oec}, also ein stationärer Punkt. Unsere Bilder suggerieren, dass es keinen größeren stationären Punkt von G gibt, daher die These (T2). Sie wird sich bei der praktischen Berechnung von x_{opt} als sehr nützlich erweisen.)

Wir weisen noch auf eine *Besonderheit* der Zone 3 hin, die dem *ertragsgesetzlichen* Verlauf unserer Kostenfunktion geschuldet ist: Diese Zone könnte nochmals unterteilt werden in zwei Teilzonen 3a (mit $K_W' < p \leq k_{BM}$) und 3b (mit $0 \leq p \leq K_W'$), wobei der Wert $K_W' = K'(x_W)$ die Grenzkosten im Wendepunkt x_W der Kostenfunktion K angibt. Anhand folgenden Bildes sehen wir:

Für Marktpreise im Intervall (K_W', k_{BM}) besitzt die Gewinnfunktion eine lokale Maximumstelle x^* im Intervall $(0, x_{BO})$, nimmt ihr globales Maximum jedoch auf dem Rand an (deswegen wird in (T2) verlangt "...$p > k_{BM}$..."). Erst bei noch kleineren Preisen – also in Zone 3b – ist die Gewinnfunktion überall streng fallend.

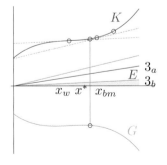

Die ökonomische Deutung ist folgende: In Zone 3a ist vorstellbar, dass bereits eine geringe Menge produziert worden ist, bevor der Preis p genau bekannt wird. Dann könnte es sich lohnen, noch bis zum lokalen Maximum weiterzuproduzieren. In Zone 3b hingegen vergrößert jede weitere Produktion den Verlust; die Produktion wird unmittelbar nach Bekanntwerden des zu kleinen Preises gestoppt.

Das folgende Bild fasst alle möglichen Erlös- und Gewinnsituationen in unserem ertragsgesetzlichem Fall nochmals zusammen: Wir sehen ein alle Preiszonen durchlaufendes Bündel von Erlösgeraden (blau) und das zugehörige Bündel von Gewinnkurven (türkis). Die Grenzlagen zwischen den Zonen sind kräftiger dargestellt. Neu ist die grüne Kurve: Sie zeigt die Wanderung aller *lokalen Maximumpunkte* (x^*, G^*) für Preise $p > K'_W$ und endet linkerhand im Punkt $(x_W, G(x_W))$, der nur noch Wendepunkt der Gewinnkurve zum Preis $p = K'_W$ ist. Gut zu erkennen ist anhand der untersten beiden Gewinnkurven, dass diese streng monoton fallen und keine stationären Punkte mehr enthalten, weil der Preis p unterhalb von K'_W liegt.

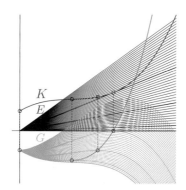

Die Angebotsfunktion

Wie wir sahen, entspricht jedem möglichen Marktpreis p eine eigene Gewinnfunktion $G(x) = G(x, p)$, $x \geq 0$; diese wiederum führt auf einen eindeutig bestimmten gewinnmaximalen Output x_{opt}, der natürlich ebenfalls von p abhängt. (Daher schreiben wir $x_{opt}(p)$ für x_{opt}.) Wir erinnern nun an unsere Vereinbarung 13.89 auf Seite 427: Bei gegebener Erlösfunktion unterscheiden wir zwischen dem Angebot x_{AV} des Unternehmens *vor* Investition und seinem Angebot x_{AN} *nach* Investition. Also hängen auch diese beiden Größen vom Preis p ab. Auf diese Weise gelangen wir zur Angebotsfunktion *vor Investition*

$$x_{AV}(p) := \begin{cases} x_{opt}(p) & p > k_{BO} \\ 0 & \text{sonst} \end{cases} \tag{13.22}$$

und zur Angebotsfunktion *nach Investition*

$$x_{AN}(p) \quad := \quad x_{opt}(p). \tag{13.23}$$

Die konkrete Berechnung anhand unseres Beispiels 13.98 folgt etwas weiter unten.

Im Vorgriff auf diese Berechnung zeigt das Bild schon einmal die Graphen beider Funktionen. Hervorzuheben ist, dass beide unstetig sind, genauer: an der Stelle $k_{BO} = 70$ bzw. $k_{BM} = 31$ einen Sprung haben. Aufgrund der Formel (13.22) und These (T2) wird dies bei ertragsgesetzlichen Kostenfunktionen immer so sein.

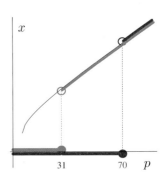

Es bleibt die Frage, ob die Angebotsfunktionen sich irgendwo in unseren Kostengrafiken wiederfinden lassen. Die Antwort ist positiv; eine griffige Formulierung könnte lauten:

(T3)   *Das Angebot gleicht überwiegend den Grenzkosten.*

Hierbei kommt es auf die richtige Interpretation an. (T3) könnte ausführlicher lauten: "Der Angebotspreis $p(x)$ gleicht für *hinreichend große* x den Grenzkosten $K'(x)$". Zur Erläuterung: Die unter (13.22) und (13.23) aufgeführten Angebotsfunktionen geben die durch das Unternehmen angebotene Menge x als Funktion des gegebenen Preises p wieder. Man könnte versucht sein, diese Beziehung umzukehren und den Preis als Funktion der angebotenen Menge anzugeben. Dabei nutzt man aus, dass der Zusammenhang zwischen Menge $x = x_{opt}$ und Preis p gegeben ist durch

$$p = K'(x(p)), \tag{13.24}$$

sobald der Preis eine bestimmte Mindestgröße übersteigt (s.u.).
Formales Umschreiben liefert dann

$$p(x) = K'(x). \tag{13.25}$$

Auch diese Gleichung gilt nur für *hinreichend große* x; genauer: Wie groß müssen p in (13.24) bzw. x in (13.25) sein? Aus (13.22) und (13.23) folgt:

$p > k_{BO}$ bzw. $x > x_{BO}$ für das Angebot vor Investition;
$p > k_{BM}$ bzw. $x > x_{BM}$ für das Angebot nach Investition.

Wir können mit Blick auf unsere Ausgangsfunktion K also feststellen:

Die Graphen von Preis-Angebots- und Grenzkostenfunktion stimmen für $x > x_{BO}$ (bzw. x_{BM}) überein. Damit bekommt auch unser 4-Phasendiagramm eine weitere Interpretation: Phase IV enthält die Angebotspreisrelation vor Investition (rot) und zusammen mit Phase III diejenige nach Investition (blau)!

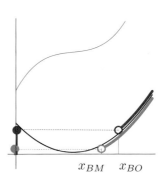

Beispiel 13.108 ($\nearrow$F 13.98). Es sollen die Angebotsfunktionen (vor und nach Investition) für ein Unternehmen ermittelt werden, welches ein Gut X gemäß der schon bekannten ertragsgesetzlichen Kostenfunktion K mit

$$K(x) = 3x^3 - 30x^2 + 106x + 216, \quad x \geq 0,$$

ohne Kapazitätsbeschränkungen produzieren kann.

Lösung: Zur Lösung verwenden wir den Ansatz (13.25) unter Berücksichtigung des Betriebsoptimums bzw. -minimums, die wir bereits auf unterschiedlichen Wegen ermittelt haben als

$$k_{BO} = 70 \quad (\text{mit } x_{BO} = 6) \quad \text{bzw.} \quad k_{BM} = 31 \quad (\text{mit } x_{BM} = 5).$$

Da wir auch die Grenzkostenfunktion kennen:

$$K'(x) = 9x^2 - 60x + 106, \quad x \geq 0,$$

gewinnen wir die Preis-Angebots-Relation[8] vor bzw. nach Investition durch einfaches Abschreiben:

$$p_{AV}(x) = \begin{cases} 9x^2 - 60x + 106 & x > 6 \\ \in [0, 70] & \text{sonst} \end{cases}$$

$$p_{AN}(x) = \begin{cases} 9x^2 - 60x + 106 & x > 5 \\ \in [0, 31] & \text{sonst.} \end{cases}$$

Falls wir stattdessen die Darstellung als Angebots(mengen)funktionen bevorzugen, muss die Gleichung

$$p = K'(x) = 9x^2 - 60x + 106$$

---

[8]Zur Schreibweise dieser Relationen siehe Abschnitt 13.1.5.

für $p > k_{BO} = 70$ bzw. $p > k_{BM} = 31$ nach x aufgelöst werden; man bestimmt also die Nullstellen von

$$9\left(x^2 - \frac{20}{3}x + \frac{(106 - p)}{9}\right) = 0,$$

formal sind dies

$$\frac{10}{3} \overset{+}{_-} \sqrt{\frac{100}{9} - \frac{(106 - p)}{9}} = \frac{10}{3} \overset{+}{_-} \frac{\sqrt{p - 6}}{3}.$$

Da nur Lösungen größer als $x_{BO} = 6$ bzw. $x_{BM} = 5$ von Interesse sind, bleibt jeweils nur die größere Nullstelle; wir finden

$$x_{AV}(p) = \begin{cases} \frac{10 + \sqrt{p - 6}}{3} & p > 70, \\ 0 & \text{sonst} \end{cases}$$

und

$$x_{AN}(p) = \begin{cases} \frac{10 + \sqrt{p - 6}}{3} & p > 31 \\ 0 & \text{sonst.} \end{cases}$$

$\triangle$

Bemerkungen 13.109.

(1) Das Beispiel zeigt, wie einfach die Angebotsfunktion bei Kenntnis der Betriebskenngrößen ermittelt werden kann. Der Leser vergleiche die Lösung hier einmal mit der aus Beispiel 13.98 auf Seite 437!

(2) Wir sehen, dass beide Angebotsfunktionen monoton wachsend – allerdings nicht streng monoton wachsend – sind. Man beachte: Hier wurde diese Monotonie nicht aus allgemeinen Plausibiltätsannahmen abgeleitet, sondern aus der konkreten Form der Kostenfunktion!

Auswirkungen von Kapazitätsbeschränkungen

Bisher wurde bei allen Betrachtungen angenommen, das Unternehmen habe eine unbeschränkte Produktionskapazität. Nun nehmen wir an, die Produktionskapazität werde durch eine (erreichbare) Schranke $C > 0$ beschränkt. Daher sind sämtliche unterschiedlichen Preisen entsprechenden Gewinnfunktionen nur noch auf $[0, C]$ statt $[0, \infty)$ zu betrachten. Wir bezeichnen mit $x_{opt,C}(p)$ denjenigen Output, der den Gewinn bei einem Preis von p innerhalb des beschränkten ökonomischen Definitionsbereiches $[0, C]$ maximiert; wie bisher bezeichnen dagegen $x_{opt}(p)$ den gewinnmaximalen Output ohne Kapazitätsbeschränkung[9]. Aufgrund des unseren Bildern zu entnehmenden Verlaufes aller möglichen Gewinnkurven können wir unmittelbar erkennen, dass der bisherige Optimalpunkt beibehalten wird, sofern er unterhalb der

---

[9]Dabei wird unterstellt, die Kostenfunktion K sei nach wie vor auf ganz $[0, \infty)$ definiert.

Kapazitätsgrenze C liegt, andernfalls wird er durch diese ersetzt. Entscheidend ist also der kleinere von beiden Werten; formal:

$$x_{opt,C}(p) = \min\{x_{opt}(p), C\}$$

Dieses Verhalten überträgt sich auch unmittelbar auf beide Angebotsfunktionen; mit sinngemäßen Bezeichnungen gilt daher

$$x_{A^*,C}(p) = \min\{x_{A^*}(p), C\},$$

wobei $*$ als Platzhalter für jedes der Symbole V und N steht. Verbal formuliert:

(T4)   *Das ursprüngliche Angebot ist durch die wirkende Kapazitätsgrenze zu ersetzen, wenn es diese überschreitet.*

Beispiel 13.110 (⟋F 13.108). Für das Unternehmen, welches ein Gut X gemäß der Kostenfunktion K:

$$K(x) = 3x^3 - 30x^2 + 106x + 216, \quad x \geq 0,$$

produziert, gelte nun eine Kapazitätsbeschränkung von 15 [ME]. Die Angebotsfunktion vor Investition ist nunmehr

$$x_{AV,C}(p) = \begin{cases} \min\{\frac{10+\sqrt{p-6}}{3}, 15\} & p > 70, \\ \min\{0, 15\} & \text{sonst} \end{cases}$$

und weil gilt

$$\frac{10+\sqrt{p-6}}{3} > 15 \quad \Leftrightarrow \quad \sqrt{p-6} > 35 \quad \Leftrightarrow \quad p > 35^2 + 6 = 1231$$

können wir ausführlicher schreiben

$$x_{AV,C}(p) = \begin{cases} 15 & 1231 \leq p \\ \frac{10+\sqrt{p-6}}{3} & 70 < p < 1231 \\ 0 & \text{sonst.} \end{cases}$$

△

13.5.3 Preisvariation bei neoklassischen Kosten

Wie wir sahen, sind neoklassische Kostenfunktionen nicht nur einfacher gebaut als ertragsgesetzliche, sondern können sozusagen als Extremfall derselben aufgefasst werden, indem angenommen wird, eine ursprünglich gegebene ertragsgesetzliche Kostenkurve sei solange nach links verschoben worden, bis ihr konkaver Anfangsteil nur noch die "Länge" Null besitzt. Daher führt die Preisvariation hier zu im wesentlichen analogen, teilweise jedoch einfacheren Ergebnissen. Das folgende Bild zeigt anhand der Funktion aus Beispiel 13.94 die drei Preiszonen, die analog zu interpretieren sind wie im ertragsgesetzlichen Fall.

Wir bemerken, dass die (nur technisch interessante) Zone 3a, die bei ertragsgesetzlichen Kosten "dank" deren konkaven Zweiges auftritt, hier entfällt. Außerdem gilt stets $x_{BM} = 0$. Daher wird die Ermittlung der Angebotsfunktion(en) hier einfacher.

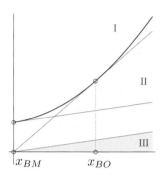

Beispiel 13.111 ($\nearrow$F 13.99). Es sollen die Angebotsfunktionen für unser Unternehmen "BackFix" ermittelt werden. (Die Kostenfunktion lautete

$$J(x) = x^2 + 5x + 25, \quad x \geq 0;$$

es wird eine beliebig große Produktionskapazität unterstellt.)

Lösung: Auch hier verwenden wir den Ansatz (13.25) zur Lösung. Dazu erinnern wir uns an die auf den Seiten 405 und 407 ermittelten Betriebskenngrößen:

$$j_{BO} = 15 \quad (\text{mit } x_{BO} = 5) \quad \text{bzw.} \quad j_{BM} = 5 \quad (\text{mit } x_{BM} = 0).$$

Die Grenzkostenfunktion ist äußerst einfach: $J'(x) = 2x + 5, \quad x \geq 0$. Wir "destillieren" hieraus die Gleichung $p = 2x + 5$ heraus, die für hinreichend große x bzw. p die Preis-Angebots-Relation beschreibt[10]; wir lösen diese nach x auf und finden die Angebotsfunktion in gewohnter Darstellung:

$$x_{AV/AN}(p) = \begin{cases} \frac{(p-5)}{2} & p > 15/p \geq 5 \\ 0 & \text{sonst.} \end{cases}$$

(Wir bemerken, dass nicht nur die Auflösung sehr einfach ist – vielmehr ist die Lösung auch eindeutig bestimmt.) $\triangle$

Aufgrund dieses Beispiels können wir unsere griffigen Formulierungen wie folgt ergänzen:

> *Bei neoklassischen Kosten ist das Angebot (nach Investition) durch die Grenzkosten gegeben.*

Schließlich bleibt festzustellen, dass sich Kapazitätsbeschränkungen völlig analog auswirken wie im ertragsgetzlichen Fall.

---

[10]genauer für $x > x_{BO}$ bzw. $p > k_{BO}$ $(x > x_{BM})$ bzw. $(p > k_{BM})$

13.5.4   Einige Erweiterungen

Zur Gültigkeit der ökonomischen Thesen

Mit Hilfe der Preisvariation haben wir das Angebotsverhalten eines Unternehmens vor bzw. nach Investition in zwei Grundsituationen untersucht, denen bislang nur unsere Standardbeispiele 13.110 und 13.111 zugrunde liegen. Auch hier stellt sich die Frage, ob unsere Beobachtungen über diese Beispiele hinaus Gültigkeit besitzen. Mit den folgenden Sätzen wollen wir den Rahmen, innerhalb dessen unsere Beobachtungen gültig sind, etwas genauer abstecken.

Satz 13.112. *Es sei $K : [0, \infty) \longrightarrow \mathbb{R}$ eine differenzierbare* ertragsgesetzliche *Kostenfunktion, die sowohl ein Betriebsoptimum k_{BO} als auch ein Betriebsminimum k_{BM} besitzt. Weiterhin sei G die aus K und einem gegebenen Polypolmarktpreis $p > 0$ auf $[0, \infty)$ gebildete Gewinnfunktion. Dann liegt genau einer der drei folgenden Fälle vor:*

(a) $p < K'_W$, und G besitzt im Intervall $(0, \infty)$ weder einen lokalen Maximumpunkt noch einen stationären Punkt,

(b) $p = K'_W$, und G besitzt im Intervall $(0, \infty)$ keinen lokalen Maximumpunkt und genau einen stationären Punkt,

(c) $p > K_{BM}$, und G besitzt im Intervall $(0, \infty)$ genau einen lokalen Maximumpunkt x^*, der zugleich einziger stationärer Punkt oder der größere von zwei stationären Punkten ist.

Das globale Gewinnmaximum wird an der Stelle

$$x_{opt} = \begin{cases} x^* & falls\ p > k_{BM} \\ 0 & sonst \end{cases}$$

angenommen.

Satz 13.113. *Es sei $K : [0, \infty) \longrightarrow \mathbb{R}$ eine differenzierbare* neoklassische *Kostenfunktion, die ein Betriebsoptimum k_{BO} besitzt. Weiterhin sei G die aus K und einem gegebenen Polypolmarktpreis $p > 0$ auf $[0, \infty)$ gebildete Gewinnfunktion. Dann liegt genau einer der beiden folgenden Fälle vor:*

(ab) $p \leq k_{BM}$, und G besitzt im Intervall $(0, \infty)$ weder einen lokalen Maximumpunkt noch einen stationären Punkt,

(c) $p > K'_W$, und G besitzt im Intervall $(0, \infty)$ genau einen lokalen Maximumpunkt x^*, der zugleich einziger stationärer Punkt ist.

Das globale Gewinnmaximum wird an der Stelle

$$x_{opt} = \begin{cases} x^* & falls\ p > k_{BM} \\ 0 & sonst \end{cases}$$

angenommen.

Folgerung 13.114. *Die Thesen* (T1) *bis* (T4) *und die "Übersicht: Drei Zonen des Polypolmarktes" auf Seite 444 gelten für jede ertragsgesetzliche bzw. neoklassische Kostenfunktion im Sinne von Satz* 13.112 *bzw. Satz* 13.113.

Die soeben angegebenen Aussagen erlauben, bei praktischen Berechnungen erheblich Arbeit einzusparen, weil sie die Vielfalt erforderlicher Untersuchungen einschränken. Ein konkretes "Arbeitsprogramm" hierzu folgt im nächsten Abschnitt.

Der Maximalgewinn

Aus der Sicht des Unternehmens mag es interessant sein, nicht nur das eigene Angebot (vor oder nach Invest) zu kennen, sondern auch den dabei erzielten Gewinn. Dieser hängt ebenfalls vom gegebenen Marktpreis p ab, und wir gelangen auf diese Weise zu einer "Maximalgewinnfunktion".

Zunächst nehmen wir einmal an, die Fixkosten seien bereits verausgabt worden. Bei gegebenem Preis p bietet das Unternehmen die Menge $x_{AN}(p) = x_{opt}(p)$ an. Der erzielte Gewinn ist nichts anderes als die Differenz aus dem Erlös, der beim Preis p und Angebot $x_{AN}(p)$ erzielt wird, und den internen Kosten. Setzen wir also

$$G(x, p) := px - K(x), \quad x \geq 0,$$

können wir für diesen Gewinn schreiben:

$$G_{\max, N}(p) := G(x_{opt}(p), p) = G(x_{AN}(p), p), \quad x \geq 0.$$

Natürlich ist dies gerade der größtmögliche Gewinn, der bei gegebenem Preis erzielt werden kann. Wir werden $G_{\max, N}$ daher als *Maximalgewinnfunktion*[11] *nach Investitionen* bezeichnen.

Beispiel 13.115 (⟋F 13.111). Die Angebotsfunktion unseres Unternehmens "BackFix" (nach Investition) lautete

$$x_{AN}(p) = \begin{cases} \frac{p-5}{2} & p > 5 (= k_{BM}) \\ 0 & \text{sonst.} \end{cases}$$

Da die Kostenfunktion durch $J(x) = x^2 + 5x + 25, \quad x \geq 0$, gegeben war, erhalten wir als Maximalgewinnfunktion bei Preisen $p > 5$

$$\begin{aligned} G_{\max, N}(p) &:= p\, x_{AN}(p) - J(x_{AN}(p)) \\ &= \frac{p(p-5)}{2} - \left(\frac{(p-5)^2}{4} + \frac{5(p-5)}{2} + 25 \right) \\ &= \frac{(p-5)^2}{4} - 25; \end{aligned}$$

---

[11] bzw. kurz *Maximalgewinn*

bei geringeren Preisen ist das Angebot Null: $G_{\mathrm{max},N}(p) := p \cdot 0 - J(0) = -25$.
Wir fassen zusammen:

$$G_{\mathrm{max},N}(p) = \begin{cases} \frac{(p-5)^2}{4} - 25 & p > 5(= k_{BM}) \\ -25 & \text{sonst.} \end{cases}$$

Wir sehen, dass dieser Maximalgewinn
negativ sein kann (blaue Kurve im Bild
rechts), was ökonomisch durchaus begründet ist: Bei sehr niedrigen Preisen wird sich der Maximalgewinn in
der Nähe der negativen Fixkosten bewegen.

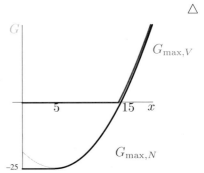

Wenn der Standpunkt vor Investitionen eingenommen wird, ist dies nicht möglich, denn hier wird ja gerade deshalb auf die Investitionen verzichtet, um
negativen Gewinn zu vermeiden. Es gilt daher für den Maximalgewinn vor
Investition

$$G_{\mathrm{max},V}(p) = \begin{cases} G(x_{AV}(p), p) & \text{falls } x_{AV}(p) > 0 \ (\Longleftrightarrow p > k_{BO}) \text{ ist,} \\ 0 & \text{sonst.} \end{cases}$$

Beispiel 13.116 ($\nearrow$F 13.115). Bei unserem Unternehmen "BackFix" finden
wir entsprechend

$$G_{\mathrm{max},V}(p) = \begin{cases} \frac{(p-5)^2}{4} - 25 & p > 15(= k_{BM}) \\ 0 & \text{sonst.} \end{cases}$$

$\triangle$

Unser kleines Beispiel lässt unmittelbar erkennen, dass gilt

$$G_{\mathrm{max},V}(p) = \max\{G_{\mathrm{max},N}(p), 0\}, \quad p \geq 0.$$

(rote Kurve im Bild oben). Es ist intuitiv plausibel, dass dies immer so sein
muss. – Eine weitere Beobachtung mag interessant sein: Wir differenzieren
einmal die für G_{max} gefundenen "oberen" Ausdrücke nach dem Preis p und
finden:

$$\frac{d}{dp} G_{\mathrm{max},v}(p) = \frac{(p-5)}{2} = x_{AV}(p) \quad (p > 15),$$

$$\frac{d}{dp} G_{\mathrm{max},N}(p) = \frac{(p-5)}{2} = x_{AN}(p) \quad (p > 5);$$

ökonomisch als These formuliert (siehe auch Band ~~EO~~ Math 3)

(TMH)   *Auf einem Polypolmarkt stimmen (echtes) Angebot und*
         marginaler Höchstgewinn überein.

Fehlendes Betriebsoptimum

Wir gehen abschließend auf die Frage ein, welche Rolle ertragsgesetzliche oder neoklassische Kostenfunktionen *ohne* Betriebsoptimum spielen.

Beispiel 13.117 ($\nearrow$F 13.68). Wir hatten gesehen, dass die ertragsgesetzliche Kostenfunktion

$$K(x) = x + e^{-x^2}, \quad x \geq 0,$$

auf ganz $(0, \infty)$ streng monoton fallende Stückkosten besitzt. Wir behaupten nun: $k_{BO}^* := \inf k = 1$. (Dieses Infimum – vgl. Seite 200 – wird jedoch nicht als Funktionswert angenommen und ist daher also kein Minimum.) Für den auf einem polypolistischen Markt bei einem konstanten Preis von p [GE/ME] erzielbaren Gewinn gilt daher

$$\lim_{x \to \infty} G(x) = \begin{cases} \infty & \text{falls } p > 1 \\ 0 & \text{falls } p = 1 \\ -\infty & \text{sonst.} \end{cases}$$

$\triangle$

Das nebenstehende Bild illustriert diese Situation anhand eines Fahrstrahlbündels: Die dunkelblau hervorgehobene Gerade hat den Anstieg 1 und ist Asymptote der Kostenkurve. Sobald ein Marktpreis p verzeichnet wird, der höher ist als $k_{BO}^* = 1$ [GE/ME], verläuft die Erlösgerade steiler als die blaue Gerade, schneidet die Kostenkurve und entfernt sich mit zunehmender Ausbringung unendlich weit von dieser. Also wächst mit zunehmender Ausbringung auch der Gewinn über alle Grenzen.

Die Aufgabe, den gewinnmaximalen Output zu ermitteln, kann also nur noch sinnvoll sein, wenn zugleich eine Kapazitätsgrenze C vorgegeben wird; diese stellt dann automatisch den gewinnmaximalen Output dar.

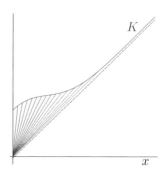

Interessanterweise besitzt der Wert k_{BO}^* dieselbe Interpretation wie jedes "normale" Betriebsoptimum (als Stückkosten*minimum* statt -infimum):

k_{BO}^* *ist die Untergrenze aller Marktpreise, zu denen mit echtem (=positivem) Gewinn produziert werden kann!*

13.5.5   Praktische Bestimmung des Angebotes

Wir unterscheiden den *allgemeinen* und den *speziellen* Ablauf:

Allgemeiner Ablauf   (*ohne* Verwendung von Betriebsgrößen):

1. **Bestimme** explizit: $G(x) = px - K(x)$, $x \geq 0$

2. **Prüfe**, ob G ein Maximum besitzen muss
   (falls <u>nein</u>: Abbruch!)

3. **Bestimme** alle stationären Punkte x^* von G
   ($\overset{\wedge}{=}$ alle Lösungen von $K'(x^*) = p$)

4. **Bestimme** x_{opt} als (kleinsten) globalen Maximumpunkt unter
   allen stationären Punkten und 0.

5. **Prüfe**: $G(x_{opt}) > 0$?

6. **Setze**
$$x_{AV}(p) := \begin{cases} x_{opt} & \text{falls ja} \\ 0 & \text{sonst} \end{cases} \quad x_{AN}(p) := x_{opt}.$$

Spezieller Ablauf   (*mit* Betriebsgrößen):

0. **Prüfe**: K ertragsgesetzlich/neoklassisch?
   (Falls <u>nein</u>: weiter mit allgemeinem Ablauf!)
   Bestimme: Betriebsgrößen
   (Falls <u>nicht</u> existent: Abbruch!)

1. **Bestimme** explizit: $G(x) = px - K(x)$, $x \geq 0$

2. –

3. **Bestimme** (maximal 2 stationäre Punkte x^* von G bzw.)
   maximal 2 Lösungen von $K'(x^*) = p$, falls existent.

4. **Setze**
$$x_{opt} = \begin{cases} \text{größter stationärer Punkt } x^* & \text{falls existent} \\ 0 & \text{sonst.} \end{cases}$$

5. –

6. **Setze**
$$x_{AV}(p) := \begin{cases} x_{opt} & \text{für } p > k_{BO} \\ 0 & \text{sonst;} \end{cases} \quad x_{AN}(p) := \begin{cases} x_{opt} & p > k_{BM} \\ 0 & \text{sonst.} \end{cases}$$

Der *allgemeine* Ablauf setzt keine Kenntnis der Betriebsgößen x_{BO}, K_{BO} usw. voraus, ist sozusagen "immer" möglich. Allerdings können die Schritte 3,4 und 5 rechnerisch schwierig werden, insbesondere wenn der Preis p nur in abstrakter Form bekannt ist.

Diese Schwierigkeiten können mit dem *speziellen* Ablauf umgangen werden; der Preis dafür: es sind zunächst die benötigten Betriebsgrößen zu ermitteln. Dies geschieht wie im Abschnitt 13.3.6 beschrieben und ist – insgesamt betrachtet – oft vorteilhaft.

13.5.6   Aufgaben

Aufgabe 13.118 (↗F 13.70)**.** Bestimmen Sie die Angebotsfunktion (nach Investition) für das Unternehmen, welches ein Gut mit den internen Gesamtkosten $K(x) = 3x^2 + 5x + 363$ [GE] (bei einer Ausbringung von x [ME]) produziert, über eine (theoretisch) unbegrenzte Kapazität verfügt und sein Produkt auf einem Polypolmarkt anbietet.

Aufgabe 13.119 (↗L)**.** Eine Zementfabrik produziert einen Spezialzement zu täglichen Gesamtkosten in Höhe von $K(x) = 3x^2 + 8x + 147$ [GE] bei einer Ausbringungsmenge von x [ME]. Die Kapazitätsgrenze liegt bei 35 [ME]. Bestimmen Sie die Angebotsfunktion des Unternehmens (vor Verausgabung der Fixkosten).

Aufgabe 13.120. (Vgl. Aufgabe 13.82) Bestimmen Sie die Polypolmarkt-Angebotsfunktion des Traditionsunternehmens $Q3$, welches bei einer Produktion von x Mengeneinheiten des Ferments $Q4$ mit internen Gesamtkosten von $K(x) = \frac{x^3}{3} - 6x^2 + 43x + 122$ [10 T€] rechnet. (Gehen Sie von einer unbeschränkten Produktionskapazität und bereits verausgabten Fixkosten aus. Was ändert sich unter der Annahme, die Fixkosten seien noch nicht verausgabt worden?)

Aufgabe 13.121 (↗F 13.85)**.** Angenommen, ein polypolistisches Unternehmen produziere ein einzelnes Gut mit internen Gesamtkosten von $\Theta(x) = 5x + 2e^{\frac{x}{10}}$ [GE] bei einem Output von x [ME]. Wie lautet die Angebotsfunktion (nach Investition)?

Aufgabe 13.122 (↗L)**.** Die Firma BruchFix stellt einen flüssigen Millisekundenkleber her. Bei einer Ausbringung von x [ME] betragen die stückvariablen Kosten $3x^{\frac{4}{3}} + 50$ [GE/ME], bei einer Ausbringung von 1 [ME] entstehen Stückkos-ten in Höhe von 245 [GE/ME]. Wie lautet die Angebotsfunktion der Firma BruchFix für einen polypolistischen Markt? (Nehmen Sie den Standpunkt "vor Investition" ein.)

Aufgabe 13.123. Bestimmen Sie die Maximalgewinnfunktion (n. I.) zu Aufgabe 13.70.

Aufgabe 13.124 ($\nearrow$F 13.84). Bestimmen Sie die Angebotsfunktion (v. I. und n. I.) für ein polypolistisches Unternehmen, welches ein Gut gemäß der ertragsgesetzlichen Kostenfunktion $K(x) := 3x^5 - 10x^3 + 15x + 108, x \geq 0$, produziert.

Aufgabe 13.125 ($\nearrow$L). Ein Unternehmen produziere ein Gut nach der Gesamtkostenfunktion $K(x) = (x+1)(x+a), x \geq 0$, wobei x die ausgebrachte Menge dieses Gutes [in ME] bezeichnet. Bestimmen Sie den Wert der Konstanten a so, dass

- (*i*) die Fixkosten 72 [GE] betragen,

- (*ii*) die Stückkosten bei einer Ausbringung von 8 [ME] des Gutes 27 [GE/ME] betragen,

- (*iii*) der betriebsoptimale Output 6 [ME] beträgt,

- (*iv*) sich das Angebot des Unternehmens (vor Investitionen) bei einem Preis von p [GE/ME] auf

$$x(p) = \begin{cases} \frac{p}{2} - 1 & \text{für } p > 4 \\ 0 & \text{sonst} \end{cases}$$

  [ME] beläuft,

- (*v*) das Unternehmen bei einem Marktpreis von p= 21 [GE/ME] einen Gewinn von 4 [GE] erzielt.

(Hinweis: Die Lösungen zu (*i*) bis (*v*) können sich unterscheiden!)

13.6 Marktgleichgewichte

Wir betrachten einen Markt für ein Gut, in dem eine große Zahl von Nachfragern einer ebenfalls großen Zahl von Anbietern gegenübersteht. Wenn "perfekte" Bedingungen herrschen – vollständige Konkurrenz, vollständige Information aller Marktteilnehmer etc. – wird sich der Preis des Gutes bei einem Wert einpendeln, der durch das Gleichgewicht von Gesamtangebot und Gesamtnachfrage bestimmt wird.

Unser Bild rechts kennzeichnet diese Situation: Die Nachfragekurve kennzeichnet die Gesamtnachfrage $N(p)$ aller Marktteilnehmer in Abhängigkeit von einem möglichen Preis p, während $A(p)$ als das aggregierte Angebot sämtlicher Anbieter bei diesem Preis zu interpretieren ist.

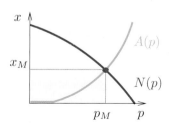

Im Schnittpunkt beider Kurven stimmen Angebot und Nachfrage überein. Wir bezeichnen den zugehörigen Preis p_M als den *Marktpreis*, die dabei abgesetzte Menge x_M als *Marktabsatz* bzw. wahlweise als Marktangebot oder Marktnachfrage. Das Produkt aus beiden – also der Flächeninhalt des pastellgelb unterlegten Rechtecks – ist der *Marktumsatz* U_M; es handelt sich dabei um den Geldwert der gesamten abgesetzten Gütermenge x_M, bewertet mit dem Marktpreis p_M. (Statt "Marktpreis" etc. werden wir auch sagen "Gleichgewichtspreis" etc.) – Wir merken an, dass die von uns gewählte Beschriftung der Achsen nicht zwingend ist (in der Ökonomie wird diese gern umgekehrt).[12]

Für die Ökonomie sind z.B. folgende Fragestellungen interessant:

(1) Welcher Gleichgewichtspreis und -absatz stellt sich bei gegebener Angebots- und Nachfragefunktion ein?

(2) Welche Schlüsse sind aus einem beobachteten Gleichgewicht auf Angebot bzw. Nachfrage möglich?

(3) Wie verändert sich das Marktgleichgewicht, wenn sich die Nachfrage- bzw. Angebotsfunktion verändert?

Wir beschränken uns hier darauf, (1) und (2) anhand einiger Beispiele zu illustrieren; die Frage (3) erfordert weitergehende mathematische Hilfsmittel und wird in $\cancel{EO}$ Math 3 wieder aufgegriffen. Zur Bestimmung von Gleichgewichtspreis und -absatz wird man Angebot und Nachfrage gleichsetzen und die entstehende Gleichung auflösen, was oft sehr einfach ist:

Beispiel 13.126. Angebot und Nachfrage mögen innerhalb sinnvoller Grenzen durch die Ausdrücke

$$A(p) := \frac{p}{2} - 1 \quad \text{und} \quad N(p) := 2 - \frac{p}{10}$$

beschrieben werden. Wie groß sind Marktpreis, -absatz und -umsatz?

Lösung: (Vorab bemerken wir, dass die erwähnten "sinnvollen Grenzen" für den Preis so zu setzen sind, dass Angebot und Nachfrage nichtnegativ bleiben. Damit ist der gegebene Ausdruck für $A(p)$ erst für Preise $p \geq 2$ sinnvoll, derjenige für $N(p)$ ist nur für Preise p in $[0, 20]$ sinnvoll; beide Ausdrücke sind genau im Intervall $[2, 20]$ gleichzeitig sinnvoll.) Wir setzen nun Angebot und Nachfrage gleich: Die Gleichung $\frac{p}{2} - 1 = 2 - \frac{p}{10}$ hat die Lösung $p = 5$, die im zulässigen Intervall $[2, 20]$ liegt. Außerhalb dieses Intervalls ist kein Gleichgewicht möglich, weil entweder das Angebot oder die Nachfrage erlischt. Also ist $p = 5$ der Marktpreis. Das zugehörige Angebot liefert den Marktabsatz: $A(5) = 3/2$. (Ebenso hätten wir die zugehörige Nachfrage ermitteln können: $N(5) = 3/2$.) Das Produkt aus Preis und Menge liefert den Umsatz.

Ergebnis: Marktpreis $p_M = 5$, Marktabsatz $= \frac{3}{2}$, Marktumsatz $U_M = \frac{15}{2}$. △

---

[12]Der Anwender sollte sich stets im Klaren sein, ob das Diagramm *Funktionen* oder – wegen Mehrdeutigkeit – nur *Relationen* darstellt.

(Wir haben hier der Einfachheit halber auf die Benennung der Maßeinheiten verzichtet. Grundsätzlich sind die entsprechenden Maßeinheiten vom Typ [GE/ME], [ME] bzw. [GE].) – Gelegentlich ist bei der rechnerischen Auflösung der Angebots-Nachfrage-Gleichung etwas mehr Sorgfalt geboten:

Beispiel 13.127. Angebot und Nachfrage auf einem Gütermarkt mögen durch die Funktionen

$$p_A(x) = \frac{x}{5} + 2, x \geq 0, \quad p_N(x) = \begin{cases} \sqrt{100 - 5x} & 0 \leq x \leq 20 \\ 0 & x > 20 \end{cases}$$

beschrieben werden. Bei welchem Preis befindet sich der Markt im Gleichgewicht? Welche Gütermenge wird zu diesem Preis abgesetzt?

Ergebnis: Marktpreis und -absatz sind gegeben durch $p_M = 5$ [GE/ME] und $x_M = 15$ [ME].

Denn: Angebot und Nachfrage können höchstens für $x \in [0, 20]$ gleich sein, denn für $x > 20$ ist die Nachfrage Null. Gleichsetzen der beiden dort geltenden Ausdrücke ergibt die Gleichung $\frac{x}{5} + 2 = \sqrt{100 - 5x}$. Um den Wurzelausdruck zu eliminieren, quadrieren wir sie und erhalten folgende *notwendige* Lösungsbedingung:

$$\left(\frac{x}{5} + 2\right)^2 = 100 - 5x \iff \frac{x^2}{25} + \frac{4x}{5} + 4 = 100 - 5x \iff x^2 + 145x - 2400 = 0.$$

Die beiden reellen Lösungen dieser quadratischen Gleichung sind (nach $p - q$-Formel) -160 und 15; hiervon ist nur die nichtnegative größere Lösung ökonomisch zulässig. Wir prüfen noch, ob diese auch eine Lösung der Ausgangsgleichung ist[13]: In der Tat gilt

$$p_A(15) = p_N(15) = 5;$$

daher das angegebene Ergebnis.   △

Beispiel 13.128. Die Nachfrage nach einem Gut auf einem polypolistischen Markt betrage $\frac{12}{p}$ [ME] bei einem Preis von p [GE/ME], während sich das Angebot – so vorhanden – bei demselben Preis auf $\sqrt{3p - 14}$ [ME] beläuft. Wie groß sind Gleichgewichtspreis, -absatz und -umsatz?

Ergebnis: Marktpreis, -absatz und -umsatz sind gleich 6 [GE/ME], 2 [ME] bzw. 12 [ME].

Denn : Wir interpretieren "so vorhanden" als "für $p \geq \frac{14}{3}$". Die Gleichsetzung von Angebot und Nachfrage führt auf die Ausgangsgleichung $\frac{12}{p} = \sqrt{3p - 14}$ und nach dem Quadrieren auf die *notwendige* Bedingung

$$\frac{144}{p^2} = 3p - 14 \iff 3p^3 - 14p^2 - 144 = 0 \iff p^3 - \frac{14}{3}p^2 - 48 = 0. \quad (13.26)$$

---

[13] Die zweite Lösung der *quadratischen* Gleichung ist nicht nur ökonomisch unsinnig, sondern auch keine Lösung der *Ausgangs*gleichung – die gefundene *notwendige* Lösungsbedingung ist also nicht hinlänglich!

Wir versuchen zunächst, eine ganzzahlige Lösung dieser kubischen Gleichung zu finden, wofür nur Teiler von 48 in Betracht kommen. Nach kurzem Probieren ist zu erkennen, dass $p = 6$ eine Lösung ist, somit der *notwendigen* Bedingung (13.26) genügt. Durch Einsetzen überprüft man, dass $p = 6$ tatsächlich die Ausgangsgleichung löst: $\frac{12}{6} = \sqrt{3 \cdot 6 + 14} = 2$ ist der dazugehörige Absatz und das Produkt $6 \cdot 2 = 12$ der dazugehörige Umsatz.   △

Eine Besonderheit des letzten Beispiels sei hervorgehoben: Als Teil des Lösungsweges war eine kubische Gleichung zu lösen, die bekanntlich bis zu drei verschiedene reelle Lösungen besitzen kann. Wir haben uns mit der ersten begnügt. Warum? Nun, sowohl Angebots- als auch Nachfragefunktion sind – soweit positiv – streng monoton. Der Gleichgewichtspunkt (p_M, x_M) ist daher *eindeutig* bestimmt. Von den bis zu drei Lösungen der notwendigen kubischen Gleichung hat sich gleich die erste als die Richtige erwiesen - voilà! – Unser letztes Beispiel illustriert die Fragestellung (2) von Seite 458.

Beispiel 13.129. Diesmal sei nur die Angebotsfunktion vollständig bekannt: $p_A(x) = x + 2, x \geq 0$. Die Grenznachfrage sei konstant gleich $\frac{-1}{3}[\text{GE}/\text{ME}^2]$, solange die Nachfrage positiv ist. Der Markt befinde sich bei einem Preis von 14 [GE/ME] im Gleichgewicht, Angebot und Nachfrage betragen bei diesem Preis gleichermaßen 12 [ME]. Wie lautet die Nachfragefunktion? Bei welchem Preis erlischt die Nachfrage?

Lösung: Wir rekonstruieren zunächst die Nachfragefunktion: Wegen der konstanten Grenznachfrage $-\frac{1}{3}$ ist diese – soweit positiv – affin, also von der Form $p_N(x) = cx + d$ mit $c = -\frac{1}{3}$. Die Konstante d gibt hierbei zugleich den Maximalpreis an. Um sie zu ermitteln, ziehen wir die Gleichgewichtsbedingung heran, die besagt

$$14 \quad = \quad p_A(12) \quad = \quad p_N(12) \quad = \quad b - \frac{12}{3}.$$

Hieraus folgt $b = 54$ und somit das

Ergebnis: Nachfragefunktion: $p_N(x) = \max\{\frac{54-x}{3}, 0\}, x \geq 0$; Maximalpreis: 54 [GE/ME].   △

13.6.1 Aufgaben

Aufgabe 13.130 (╱L, "Marktgleichgewichte"). Zwischen dem Preis p [in GE/ME] eines Gutes X, welches auf einem Markt gehandelt wird, und der nachgefragten Menge $x = x_N(p)$ wurde der Zusammenhang

$$x_N(p) = 15\sqrt{16 - p} - 24$$

[ME] beobachtet. Für das Angebot $x = x_A(p)$ gelte

$$x_A(p) = 3p$$

[ME].

   (i) Bei welchem Preis erlischt die Nachfrage?
  (ii) Wie groß ist die größtmögliche Nachfrage?
 (iii) Bei welchem Preis befindet sich der Markt im Gleichgewicht?
  (iv) Welche Menge des Gutes wird im Gleichgewicht nachgefragt?

13.7 Konsumenten- und Produzentenrente

Konsumentenrente

Wir betrachten einen polypolistischen Markt für ein Gut mit den aggregierten Angebots- und Nachfragefunktionen p_A bzw. p_N (hier als Funktionen der nachgefragten Gütermenge). Wir wissen aus dem vorigen Abschnitt: Wenn das Gut zu dem durch den Schnittpunkt von Angebots- und Nachfragekurve bestimmten Gleichgewichtspreis p_M angeboten wird, wird eine Menge von x_M Einheiten des Gutes abgesetzt und der Markt damit "geräumt".

Der Gesamtumsatz (also die Gesamtheit der Einnahmen der Anbieter) wird im rechten Bild durch das pastellgelbe Rechteck verdeutlicht.

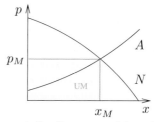

Wir nehmen nun einmal an, den Anbietern sei die Gesamtnachfragefunktion bekannt und sie könnten die freie Konkurrenz durch Absprachen umgehen. Auf diese Weise wäre es möglich, das Gut in einer Preisstaffel anzubieten: Zunächst würde ausschließlich der Preis p_1 verlangt, der dicht beim Maximalpreis p_max liegt. Natürlich könnte dabei nur die kleine Menge x_1 abgesetzt werden (Bild):

Der Gesamtumsatz beträgt bis hier $p_1 x_1$ (Flächeninhalt der linken rot schraffierten Säule). Danach könnte der Angebotspreis etwas abgesenkt werden – z.B. auf den Wert p_2. Der Absatz würde sich nun auf den Wert x_2 erhöhen.

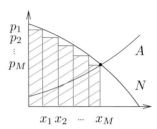

Der Gesamtumsatz erhöht sich dabei um den Wert $p_2\,(x_2 - x_1)$ (Flächeninhalt der zweiten rot schraffierten Säule). Auf diese Weise fortfahrend, könnten die Anbieter einen Gesamtumsatz erzielen, der dem Flächeninhalt der rot schraffierten Treppe entspricht.

Wenn die Preisstaffel in ausreichend feinen Schritten vorgenommen wird, ergibt sich im Idealfall keine treppenförmige, sondern eine krummlinig berandete Umsatzfläche.

Es ist die rot schraffierte Fläche unterhalb des Graphen der Nachfragefunktion und oberhalb der x-Achse, die durch die Linien $x = 0$ und $x = x_M$ berandet wird (siehe Bild). Der türkisfarbene Teil dieser Fläche entspricht demjenigen Teil des Umsatzes bei unendlich feiner Preisstaffelung, der den Gleichgewichtsumsatz übersteigt.

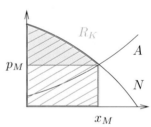

Man bezeichnet diesen als *Konsumentenrente*. Der Grund: Die Anbieter agieren in freier Konkurrenz, die Preisstaffel entfällt und das türkisfarbene Geldvolumen verbleibt "in den Taschen der Konsumenten".

Um dieses Volumen zu berechnen, übersetzen wir den allgemeinen Ansatz in die Formeln:

$$Konsumentenrente = Umsatz\ bei\ Preisstaffel - Gleichgewichtsumsatz$$

$$R_K := \int_0^{x_M} p_N(x)dx - p_M x_M \qquad (13.27)$$

Beispiel 13.131. Die Nachfragefunktion für ein Gut sei auf einem Polypolmarkt durch

$$p(x) = 4 - \frac{x^2}{8}, \quad 0 \leq x \leq \sqrt{32},$$

gegeben. Als Gleichgewichtspreis werde $p_M = 2$ beobachtet. Gesucht ist die Konsumentenrente R_K.

Lösung: Wir benötigen für unsere Berechnungen noch den Gleichgewichtsabsatz x_M, den wir über den Ansatz $p_N(x_M) = p_M$ ermitteln können, hier: $4 - \frac{x_M^2}{8} = 2 \iff x_M^2 = 16$ mit der eindeutigen nichtnegativen Lösung $x_M = 4$. Es wird also

$$R_K = \int_0^4 (4 - \frac{x^2}{8})dx - 2 \cdot 4$$

$$= \left[4x - \frac{x^3}{24} \right]_0^4 - 2 \cdot 4$$

$$= 16 - \frac{64}{24} - 8 = \frac{16}{3},$$

$$R_K = 5\frac{1}{3}.$$

$\triangle$

Bemerkungen 13.132.

(1) Alle hier vorkommenden Größen verfügen über Maßeinheiten, die wir der Einfachheit halber ausgeblendet haben. Insbesondere die Konsumentenrente als Umsatzgröße hat die Maßeinheit [GE].

(2) Wir können den Flächeninhalt $p_M x_M$ des Gleichgewichtsumsatz-Rechtecks auch als Integral der konstanten Funktion p_M in den genannten Grenzen auffassen und dieses Integral mit demjenigen in (13.27) zusammenziehen. Es folgt eine nur auf den ersten Blick "neue" Formel für die Konsumentenrente

$$R_K = \int_0^{x_M} (p_N(x) - p_M)dx. \qquad (13.28)$$

(3) Ein Flächeninhalt verändert sich nicht, wenn das Koordinatensystem gespiegelt wird. Das folgende Bild ist das Resultat des vorherigen bei einer solchen Spiegelung. Angebot und Nachfrage werden nun durch zwei Funktionen x_A und x_N des Preises dargestellt (dies sind die Umkehrfunktionen von p_A bzw. p_N). Wiederum stimmt der Inhalt der schraffierten Fläche mit der Konsumentenrente überein. Wir erhalten eine weitere Formel zu ihrer Berechnung, die sich direkt aus dem Bild ablesen lässt:

$$R_K = \int_{p_M}^{p_{\max}} x_N(p)dp. \qquad (13.29)$$

Diese[14] Formel sieht etwas einfacher aus als die vorigen beiden; sie ist es aber erst dann tatsächlich, wenn die Nachfrage als Funktion des Preises gegeben ist.

---

[14]Wenn kein endlicher Maximalpreis existiert, ist hier $p_{\max} = \infty$ zu setzen.

Beispiel 13.133 ($\nearrow$F 13.131). Es ist nicht schwer zu sehen, dass die Nachfrage als Funktion des Preises hier lautet $x_N(p) = \sqrt{32 - 8p}$, $p \in [0, 4]$, wobei $p_{\max} = 4$ zugleich Maximalpreis ist (die Nachfrage erlischt dort). Es wird

$$
\begin{aligned}
R_K &= \int_2^4 \sqrt{32 - 8p}\,dp \\
&= \left[-\frac{1}{12}(32 - 8p)^{\frac{3}{2}} \right]_2^4 \\
&= \frac{1}{12} 16^{\frac{3}{2}} = \frac{16}{3},
\end{aligned}
$$

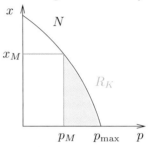

wie auch schon mit der anderen Formel berechnet.

$\triangle$

Produzentenrente

Unsere Überlegungen über die den Anbietern auf einem Polypolmarkt durch mangelnde Kooperation entgangenen Möglichkeiten lassen sich sinngemäß auf die Nachfragerseite übertragen: Angenommen, die Konsumenten könnten sich absprechen und würden zunächst alle Angebote oberhalb eines sehr geringen Einstiegspreises p_1 boykottieren. Dann würden nur eine geringe Gütermenge x_1 abgesetzt, weil nur ein so geringes Angebot vorliegt. Anschließend würden die Nachfrager einen etwas erhöhten Preis akzeptiern, womit sich der Gesamtabsatz auf x_2 erhöht. Im Ergebnis so einer Nachfragestaffel ergäbe sich ein Gesamtumsatz, der dem Inhalt einer Treppenfläche im folgendem entspricht. Im Idealfall einer unendlich feinen Staffel ginge die Treppenfläche in die Fläche der Angebotskurve über.

Der blau schraffierte Teil dieser Fläche gibt den potentiellen Mindestumsatz an, den die Anbieter bei einer Staffelnachfrage im Vergleich zum Gleichgewichtsumsatz hinnehmen müssten.

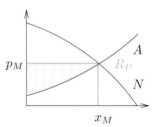

Dieses Geldvolumen wird als *Produzentenrente* bezeichnet, weil es mangels Kooperation der Konsumenten auf dem polypolistischen Markt bei den Produzenten verbleibt.

Aus unserem Bild können wir die Berechnungsformel für die Produzentenrente direkt ablesen:

$$
R_P := p_M x_M - \int_0^{x_M} p_A(x)\,dx, \tag{13.30}
$$

gleichwertig ist

$$R_P = \int_0^{x_M} (p_M - p_A(x))dx, \tag{13.31}$$

bzw. bei Verwendung der Umkehrfunktionen

$$R_P = \int_{p_{\min}}^{p_M} x_A(p)dp. \tag{13.32}$$

Beispiel 13.134 (↗F 13.128)**.** Die Nachfrage nach einem Gut auf einem polypolistischen Markt betrage $\frac{12}{p}$ [ME] bei einem Preis von p [GE/ME], während sich das Angebot – so vorhanden – bei demselben Preis auf $\sqrt{3p - 14}$ [ME] beläuft. Wie groß ist die Produzentenrente?

Lösung: Wir hatten den Marktpreis und den Minimalpreis bereits errechnet: $p_M = 6$, $p_{\min} = \frac{14}{3}$ [GE/ME]. Also bietet sich die Formel (13.32) zur Berechnung an. Wir finden

$$R_P = \int_{\frac{14}{3}}^{6} \sqrt{3p - 14} \, dp = \frac{2}{9} \left[(3p - 14)^{\frac{3}{2}} \right]_{\frac{14}{3}}^{6}$$

$$= \frac{2}{9} \cdot 4^{\frac{3}{2}}$$

$$R_P = \frac{16}{9}.$$

$\triangle$

13.7.1 Aufgaben

Aufgabe 13.135 (↗L, "Konsumentenrente")**.** Angebot und Nachfrage auf einem Gütermarkt mögen durch die Funktion

$$p_A(x) = \frac{x}{5} + 2 \, , \qquad x \geq 0$$

$$p_N(x) = \sqrt{(100 - 5x)^+} \, , \qquad x \geq 0$$

gegeben sein. (Mit x werde jeweils die Menge des betroffenen Gutes, mit p_A bzw. p_N der zugehörige Angebots- bzw. Nachfragepreis bezeichnet.)

a) Bei welchem Preis p_M befindet sich der Markt im Gleichgewicht?

b) Welche Menge x_M des Gutes wird bei diesem Preis nachgefragt?

c) Bestimmen Sie die Konsumentenrente R_K.

d) Bestimmen Sie die Produzentenrente R_P.

13.8 Einige Funktionenklassen mit "ökonomischer Eignung"

13.8.1 Problemstellung

Wir greifen das Problem aus Abschnitt 13.1.11 "Beispiele für Eignungsprüfungen" wieder auf und wollen nicht allein für einzelne Beispiele mathematischer Funktionen, sondern vielmehr für ganze Klassen davon untersuchen, welche "ökonomische Eignung" sie besitzen. Der Vorteil: Der Leser verfügt anschließend über ein gewisses Grundsortiment von Beispieltypen, was bei der Lektüre ökonomischer Literatur von Nutzen sein dürfte.

Unsere Untersuchungen können und sollen natürlich nicht umfassend sein; vielmehr wollen wir anhand einiger Beispiele aufzeigen, wie "Eignungsprüfungen" aussehen können, wenn die gegebenen Funktionen variierbare Parameter enthalten. Weitere Beispiele findet der Leser durch Lösung der Übungsaufgaben am Ende dieses Unterabschnittes.

13.8.2 Affine Funktionen

Beispiel 13.136. Es sind alle Kombinationen (a, b) von Konstanten derart gesucht, dass eine Funktion f mit der Bildungsvorschrift $f(x) := ax+b$, $a \neq 0$, auf einem geeigneten – möglichst großen – Definitionsbereich als

   (i) Kostenfunktion
   (ii) Produktionsfunktion
   (iii) Nachfragefunktion

angesehen werden kann. (Der Definitionsbereich ist mit zu ermitteln.)

Ergebnisse:

   (i) $a > 0, b \geq 0; D = [0, \infty)$
   (ii) $a > 0, b = 0; D = [0, \infty)$
   (iii) $a < 0, b > 0; D = [0, -\frac{b}{a}]$

Denn: Als Kostenfunktion oder Produktionsfunktion muss f auf $[0, \infty)$ definiert sein und streng wachsen. Letzteres trifft genau im Fall $a > 0$ zu. Überdies muss für eine Kostenfunktion gelten $f(0) \geq 0$, für eine Produktionsfunktion $f(0) = 0$, was mit $b \geq 0$ bzw. $b = 0$ gleichbedeutend ist. – Als Nachfragefunktion muss f dagegen monoton fallen, wenn auch nicht unbedingt streng. Äquivalent hierzu ist $a \leq 0$ (wobei $a = 0$ laut Aufgabenstellung entfällt). Weiterhin muss f nichtnegativ sein. Letzteres bedeutet $ax + b \geq 0$ bzw. (a ist negativ!) $x \leq -\frac{b}{a}$. Als obere Grenze eines Standardintervalls muss $-\frac{b}{a} > 0$, mithin auch $b > 0$, sein.   △

Anmerkung: Der Grenzfall $a = 0$ liefert die konstante Funktion $f(x) = b$, die für $b \geq 0$ auch als (zugegeben, nicht sehr interessante) Nachfragefunktion anzusehen ist.

13.8.3 Potenzen

Beispiel 13.137. Es sind alle Kombinationen (a, p) von Parametern $a \neq 0$ und $p \neq 0$ gesucht, bei denen eine Funktion f mit der Bildungsvorschrift $f(x) := ax^p$ auf $D = [0, \infty)$ oder $D = (0, \infty)$ als

(*i*) neoklassische Produktionsfunktion

(*ii*) Nachfragefunktion

angesehen werden kann.

Ergebnis:

   (i) $a > 0$, $0 < p < 1$; $D = [0, \infty)$

   (ii) $a > 0$, $p < 0$; $D = (0, \infty)$

Denn: Beide Funktionen können nur nichtnegativ sein, wenn $a > 0$ gilt (oder $a = 0$ ist, was laut Aufgabenstellung auszuschließen ist). In diesem Fall ist f genau für $p > 0$ streng wachsend und genau für $p \leq 0$ fallend (wobei $p = 0$ wiederum laut Aufgabenstellung entfällt). Um neoklassisch zu sein, bedarf es für f der strikten Konkavität, die für $0 < p < 1$ vorliegt.   △

Anmerkung: In den in der Aufgabe ausgeschlossenen Grenzfällen würden sich konstante Funktionen ergeben, die (wenn ≥ 0) auch als (uninteressante) Nachfrage deutbar wären.

13.8.4 Polynome zweiten und dritten Grades als Kostenfunktionen

Beispiel 13.138. *Durch die Festlegung* $f(x) := bx^2 + cx + d, x \geq 0$, *wird genau dann eine* neoklassische *Kostenfunktion* f *definiert, wenn gilt* $b > 0, c \geq 0$ *und* $d \geq 0$.

Denn: Wir ziehen die Ableitungen $f'(x) = 2bx + c$ sowie $f''(x) = 2b$, $x \geq 0$, zur Lösung heran.

Ist f eine neoklassische Kostenfunktion, so auch strikt konvex, mithin gilt $f''(x) = 2b \geq 0$ für alle $x \geq 0$, wobei f'' in keinem offenen Intervall verschwindet (Satz 10.22). Also gilt $b > 0$. Weiterhin ist f streng monoton wachsend; es folgt $f'(x) = 2bx + c \geq 0$ für alle $x \geq 0$ (Satz 9.22), erst recht für $x = 0$. Hieraus folgt $c \geq 0$. Schließlich sind die "Fixkosten" nichtnegativ: $f(0) = d \geq 0$. Also sind die drei Bedingungen notwendig dafür, dass f als neoklassische Kostefunktion angesehen werden kann.

Umgekehrt schließen wir aus $b > 0$ auf $f''(x) > 0$ für alle $x \geq 0$ (also ist f strikt konvex), aus $b > 0$ und $c \geq 0$ schließen wir ferner auf $f'(x) = 2bx + c \geq 2bx > 0$ für alle $x > 0$ (also ist f ist streng wachsend), und aus $f(0) = d \geq 0$ schließen wir noch auf $f \geq 0$, also sind die drei Bedingungen auch *hinreichend*.   △

Beispiel 13.139. *Durch die Festlegung* $f(x) := ax^3 + bx^2 + cx + d$, $x \geq 0$, *mit* $a \neq 0$, *wird genau dann eine* neoklassische *Kostenfunktion definiert, wenn gilt* $a > 0, b \geq 0, c \geq 0$ *und* $d \geq 0$.

Denn: Wir ziehen wiederum die Ableitungen, diesmal $f'(x) = 3ax^2 + 2bx + c$ sowie $f''(x) = 6ax + 2b$, $x \geq 0$, zur Lösung heran und setzen zunächst voraus, f sei eine neoklassische Kostenfunktion. Dann ist f zumindest nichtnegativ und es muss $a > 0$ gelten (sonst wäre $\lim_{x \to \infty} f(x) = -\infty$). Weiterhin ist f strikt konvex, mithin gilt $f''(x) = 6ax + 2b \geq 0$ für alle $x \geq 0$ und erst recht für $x = 0$; wir schließen hieraus $b \geq 0$. Schließlich ist f streng wachsend. Es folgt $f' \geq 0$, wobei f' in keinem offenen Intervall verschwindet (Satz 9.31); hier heißt dies $3ax^2 + 2bx + c \geq 0$ ($x^2 + \frac{2b}{3a}x + \frac{c}{3a} \geq 0$) für alle $x \geq 0$ mit eventueller Ausnahme einzelner Punkte. Also muss die größte Nullstelle von $x^2 + \frac{2b}{3a}x + \frac{c}{3a}$, sofern existent, kleiner oder gleich Null sein. Der einzige Kandidat für die größte Nullstelle wird nun durch die *p-q*-Formel in Gestalt von

$$-\frac{b}{3a} + \sqrt{\frac{b^2}{9a^2} - \frac{c}{3a}}$$

gegeben; wenn jedoch $\frac{c}{3a} < 0$ ist, ist der Ausdruck unter der Wurzel positiv, der Wurzelausdruck selbst betragsmäßig größer als $\frac{b}{3a}$ und die größere Nullstelle folglich positiv. Weil dieser Fall ausgeschlossen werden soll, muss $c \geq 0$ gelten.

Schließlich sind die "Fixkosten" $f(0) = d$ auch hier nichtnegativ, es folgt $d \geq 0$. Also sind die angegebenen Bedingungen wiederum *notwendig*. Ganz analog wie beim vorigen Beispiel überzeugen wir uns von ihrer Hinlänglichkeit.   △

Wir wollen uns nun den ertragsgesetzlichen Kostenfunktionen zuwenden. Das Hauptergebnis formulieren wir diesmal in Form einer Beispielaufgabe, deren Lösung im Lösungsteil enthalten ist. Als Einleitung empfehlen wir dem weniger geübten Leser, zunächst die folgende, zahlenmäßig konkretere Aufgabe zu lösen. Auch ihre Lösung ist im Lösungsteil enthalten.

Aufgabe 13.140 (↗L)**.** Welchen Bedingungen muss die Konstante b genügen, damit durch

$$K(x) := x^3 - bx^2 + x + 10, x \geq 0,$$

eine ertragsgesetzliche Kostenfunktion definiert wird?

Beispiel 13.141 (↗Ü, ↗L)**.** *Durch die Festlegung*

$$f(x) := ax^3 + bx^2 + cx + d, x \geq 0$$

mit $a \neq 0$, wird genau dann eine ertragsgesetzliche Kostenfunktion definiert, wenn gilt $a > 0, b < 0, c \geq 0, d \geq 0$ sowie $3ac \geq b^2$.   △

13.8.5   Erhaltungseigenschaften

Unsere Klassen von Beispielen können auf folgendem Weg leicht noch vergrößert werden:

Behauptung 13.142. *Es seien f_1 und f_2 zwei beliebige ökonomische Funktionen gleichen Typs[15] (gemäß unserer Übersicht auf Seite 396; ausgenommen ertragsgesetzliche Kostenfunktionen und Konsumfunktionen). $\lambda > 0$ sei eine beliebige Konstante. Dann sind die Funktionen $f_1 + f_2$ sowie λf_1 wiederum ökonomische Funktionen desselben Typs.*

Beispiel 13.143. Jede Funktion der Form

$$f(x) = \sum_{k=0}^{N} a_k x^k, \quad x \geq 0,$$

mit $N \geq 2$, $a_k \geq 0$ für alle k und $a_N > 0$ ist eine neoklassische Kostenfunktion.

Denn: Jeder nicht identisch verschwindende Summand mit $k \geq 1$ für sich definiert eine neoklassische Kostenfunktion, also ist auch deren Summe eine neoklassische Kostenfunktion. Durch Addition der "Fixkosten" a_0 bleibt der Funktionentyp erhalten.   △

13.8.6   Aufgaben

Aufgabe 13.144. Man stelle fest, ob und bei welcher Wahl der Parameter (a, b) eine

– Angebotsfunktion f
– Transformationskurve f
– Nutzenfunktion f

auf einem (nichtausgearteten) Teilintervall ihres Definitionsbereiches die Bildungsvorschrift $f(x) = ax + b$ besitzen kann. (Sofern möglich, gebe man das größte derartige Teilintervall an.)

Aufgabe 13.145. Es sind – sofern existent – alle Parameter p anzugeben, bei denen eine Funktion f mit der Bildungsvorschrift $f(x) := ax^p$ auf $D = [0, \infty)$ oder $D = (0, \infty)$ als

(i) Angebotsfunktion

(ii) Nutzenfunktion

(iii) Konsumfunktion

(iv) Isoquante

(v) Produktionsfunktion

---

[15]Gegebenenfalls ist dabei auf Übereinstimmung der Definitionsbereiche zu achten.

(vi) neoklassische Produktionsfunktion

(vii) Engel-Konsumfunktion

angesehen werden kann. (Hierbei bezeichnet a eine beliebige positive Konstante.)

Aufgabe 13.146 (⟋L). Welchen Bedingungen müssen die Konstanten a, b und c genügen, damit durch die Zuordnung $x \to \frac{a}{(x+b)} + c$ auf einem passenden Definitionsbereich eine

a) Produktionsfunktion

b) Kostenfunktion

c) Nachfragefunktion

definiert wird? (Geben Sie den jeweiligen Definitionsbereich mit an.)

Aufgabe 13.147.

(i) Welchen Bedingungen müssen die Konstanten $0 < p < q$ genügen, damit durch die Zuordnung $x \to x^p + x^q$ auf $[0, \infty)$ eine ertragsgesetzliche Kostenfunktion definiert wird?

(ii) Angenommen, diese Bedingungen seien erfüllt. Bestimmen Sie die Wendestelle x_W sowie den betriebsoptimalen und den betriebsminimalen Output x_{BO} bzw. x_{BM}.

Aufgabe 13.148. Welchen Bedingungen müssen die Konstanten a und b genügen, damit durch $K(x) := a(x+1)^2 - \frac{b}{(x+1)}, x \geq 0$, eine

a) neoklassische

b) ertragsgesetzliche

Kostenfunktion erklärt wird?

14

Elementare Finanzmathematik

14.1 Einführung

In Gestalt der modernen Finanzmathematik hat sich in den letzten Jahren ein hochaktuelles und breites Gebiet entwickelt, welches mit fortgeschrittenen mathematischen Techniken arbeitet, die die Möglichkeiten dieses Textes übersteigen. Wir können uns hier lediglich mit den Grundlagen beschäftigen. Unter dem Titel "Elementare Finanzmathematik" wollen wir einige einfache Probleme der Modellierung und Bewertung von Zahlungen und Guthaben, wie sie uns aus dem täglichen Leben bekannt sind, beleuchten.

- Wie lassen sich Zahlungs- und Guthabenverläufe zweckmäßig darstellen?
- Worin besteht das Wesen von "Verzinsung"?
- Was ist ein "Effektivzins" bzw. ein "interner Zinsfuß"?
- Wie werden Darlehen verzinst und getilgt?

Unser Ziel besteht darin, eine möglichst einfache und transparente Systematik bei der Behandlung dieser Fragen zu entwickeln. Unser Ziel ist *nicht*, alle in der Bankpraxis üblichen Feinheiten hier abzubilden. Faktoren, die in der Bankpraxis durchaus eine wichtige Rolle spielen wie Gebühren, zinsfreie Tage, Steuern etc. werden hier vernachlässigt, sind aber leicht einbeziehbar, wenn erst einmal die Systematik erkannt ist. Genaue Angaben hierzu finden sich in der Preisangabenverordnung (PAngV)[1].

14.2 Begriffe

Wir beginnen mit einem einfachen Beispiel:

Beispiel 14.1 (Girokonto). Herr Sorgsam unterhält bei der "SinPromise-Bank" ein kostenloses Girokonto, auf dem er sein Erspartes kurzfristig parken möchte. Die ersten Kontobewegungen könnten z.B. so aussehen:

---

[1]Z.B. in: A. Baumbach, W. Hefermehl; "Wettbewerbsrecht"; C. H. Beck; München 2004

Zeitpunkt	Aktivität		Guthaben
$t_0 \,\hat{=}\, 01.02.2006$	Einzahlung (Eröffnung)	$1000,00$ € H	$1000,00$ € H
$t_1 \,\hat{=}\, 01.05.2006$	Einzahlung	$200,00$ € H	$1200,00$ € H
$t_2 \,\hat{=}\, 11.07.2006$	Einzahlung	$250,00$ € H	$1450,00$ € H
$t_3 \,\hat{=}\, 01.02.2007$	Auszahlung	$350,00$ € S	$1100,00$ € H
...	...		...

$\triangle$

Die beiden farbigen Zahlenreihen haben verschiedene Bedeutungen: In Blau sehen wir eine Reihe zeitlich aufeinanderfolgender Zahlungen (englisch: payments), in Türkis dagegen eine Reihe von Guthabenständen (englisch: balances). Worin besteht der Unterschied? Durch Zahlungen fließt Geld zu oder ab (deswegen nennt man Zahlungen buchhalterisch auch *Fluß*- oder *Stromgrößen*). Jede Zahlung führt zu einer Veränderung des bestehenden Guthabens, ist im Idealfall von unendlich kurzer Dauer und kann einem eindeutig bestimmten Zeitpunkt zugeordnet werden (z.B. jeweils 12:00 Uhr an den genannten Tagen). Guthaben hingegen verkörpern einen vorhandenen Vermögensbestand (und zählen daher buchhalterisch zu den *Bestandsgrößen*). Jedes Guthaben bleibt zwischen zwei aufeinanderfolgenden Zahlungen konstant.

Der Unterschied kann durch Grafiken sehr gut sichtbar gemacht werden: Links im Bild werden die einzelnen Zahlungen dargestellt, rechts dagegen die Entwicklung des Guthabens.

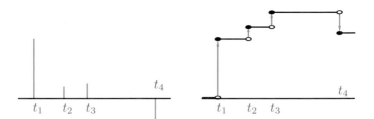

Unsere Bilder zeigen, dass wir sowohl die Gesamtheit aller Zahlungen als auch die Guthabenentwicklung mathematisch durch reelle Funktionen $P : [0, \infty) \to \mathbb{R}$ bzw. $B : [0, \infty) \to \mathbb{R}$ modellieren können. Dies ist aber nur *eine* Möglichkeit. In unserem Beispiel konnten wir beide auch einfacher darstellen, nämlich durch Angabe einer Tabelle mit Zeitpunkten und Geldbeträgen. (Das liegt daran, dass Zahlungen (und somit Guthabenveränderungen) nur zu "diskreten", d.h. numerierbar aufeinanderfolgenden Zeitpunkten möglich sind.) Natürlich muss man dabei die richtige Interpretation der Tabelle kennen. Den Inhalt jeder Tabellenspalte können wir mathematisch als Folge interpretieren:

Definition 14.2. *Ein* (diskreter) *Finanzstrom (oder -prozess) ist ein Paar zweier Folgen* $F = ((t_n), (x_n))_{n \in I}$ *reeller Zahlen mit folgenden Eigenschaften:*

- $I = \mathbb{N}_0$ *oder* $I = 0, \ldots, N$ *für ein* $N \in \mathbb{N}_0$
- *die Folge* $(t_n)_{n \in I}$ *wächst streng monoton.*

Die Menge I dient als Indexmenge; die Folge $T := (t_n)_{n \in I}$ gibt die relevanten *Zeitpunkte* an, und die Folge $X := (x_n)_{n \in I}$ benennt die zu diesen Zeitpunkten gehörenden Geldbeträge. Wir können diese einerseits als *Zahlungen* interpretieren (dann sprechen wir von einem *Zahlungsstrom*), andererseits können wir sie als Guthaben deuten, die jeweils ab dem entsprechenden Zeitpunkt bestehen (und sprechen hier von einem *Guthabenstrom*).

Zur Erleichterung des Verständnisses treffen wir hier folgende Konvention: Zahlungsströme werden in Kleinbuchstaben, Guthabenströme in Großbuchstaben geschrieben.

Beispiel 14.3 (⟋F 14.1). Das Girokonto von Herrn Sorgsam in mathematischer Notation (alle Angaben in €):

Zeitpunkt	Zahlungsstrom z	Guthabenstrom G
t_0 (= 01.02.2006)	$z_0 =\ \ 1000,00$	$G_0 = 1000,00$
t_1 (= 01.05.2006)	$z_1 =\ \ \ 200,00$	$G_1 = 1200,00$
t_2 (= 11.07.2006)	$z_2 =\ \ \ 250,00$	$G_2 = 1450,00$
t_3 (= 01.02.2007)	$z_3 = -350,00$	$G_3 = 1100,00$
...	...	...

△

Negative Werte (wie hier im Beispiel $z_3 = -350$) sind zulässig und werden als Auszahlungen bzw. "Soll"-Werte gedeutet; positive Werte z_n dagegen verkörpern Einzahlungen bzw. "echte" Guthaben. Aus technischen Gründen lassen wir auch den Wert $z_n = 0$ zu (deutbar als Einzahlung der "Höhe" Null).

Zwischen dem Zahlungsstrom z und dem Guthabenstrom G des letzten Beispiels besteht ein eindeutiger Zusammenhang, denn das (unverzinste) Guthaben wird vollständig aus den Zahlungen z_n aufgebaut ("kumuliert"): es gilt

$$G_n = \sum_{k=0}^{n} z_k.$$

Umgekehrt ist jede Zahlung $z_n (n > 0)$ als Differenz zweier Guthaben erhältlich:

$$z_n = G_n - G_{n-1} =: \Delta G_n,$$

weiterhin gilt

$$z_0 = G_0 - G_{0-}.$$

(mit der Konvention $G_{0-} := 0$). Zusammenfassend können wir sagen: Jeder Guthabenstrom ist ein *kumulativer Zahlungsstrom*, jeder Zahlungsstrom ist ein *differentieller Guthabenstrom*.

Ein Wort zur Notation der Zeitpunkte t_n: Diese werden in der Praxis meist kalendarisch, eventuell in Verbindung mit Uhrzeiten, angegeben. Wir wollen diese Zeitpunkte hier vereinfachend in Form reeller Zahlen angeben.

Die einfachsten Finanzströme sind diejenigen, bei denen nur an einem einzigen Zeitpunkt etwas passiert. Wir schreiben $1\!\!1_t$ für einen Zahlungsstrom, bei dem zur Zeit t eine Zahlung in Höhe 1 erfolgt. Die nächsteinfachsten Finanzströme sind solche, bei denen aufeinanderfolgende Zeitpunkte immer ein- und denselben festen Abstand Δ haben. Derartige Prozesse nennt man *äquidistant* oder *mehrperiodig*. Wir können dabei schreiben $t_0 = 0$, $t_1 = \Delta$, $t_2 = 2\Delta$, $t_3 = 3\Delta$ usw.; kurz: $(t_n)_{n \in I} = (n\Delta)_{n \in I}$. Die Zahl Δ wird auch als *Periodendauer* bezeichnet. Wenn speziell $\Delta = 1$ gilt, schreiben wir kurz $Z = (x_n)_{n \in I}$, denn in diesem Fall steckt jegliche weitere Information in der Folge $X = (x_n)$. Der Bequemlichkeit halber werden wir die Periodendauer $\Delta = 1$ als ein Jahr interpretieren.

14.3 Einfache Mehrperiodenmodelle

14.3.1 Verzinsung: Schlusswerte

Für Guthaben auf Spar- oder ähnlichen Konten findet sich meist eine Formulierung wie "verzinst mit 2% p.a." Hierbei gibt die Angabe 2% den sogenannten *Nominalzins* i wieder, während "p.a." die maßgebende Berechnungsperiode beschreibt; hier ist "per anno", also ein Kalenderjahr, gemeint. Auf ein während dieses Zeitraumes bestehendes konstantes Guthaben werden am Ende Zinsen in Höhe von $i = 2\%$ gezahlt. Das Guthaben erhöht sich dadurch auf das $(1 + i)$-fache. Daher nennt man $u := 1 + i$ den *Aufzinsungsfaktor*.

Verzinsung einer Einmalzahlung

Beispiel 14.4 (Sparbuchverzinsung). Herr Sorgsam legt sich nun auch noch ein Sparkonto zu, und zwar bei der "ConPromiseBank". Am 31.12. des Jahres 2005 zahlt er einen Betrag von 1000 Euro ein und lässt das Geld einige Jahre unangetastet liegen. Die Verzinsung erfolgt in dieser Zeit mit dem konstanten Zinssatz von 2% p.a. Sein Kontoauszug könnte so aussehen:

Datum	Aktivität		Saldo S_n zum Periodenschluß	
31.12.2005	Einzahlung	1000, 00 € H	1000, 00 € H $= S_0$	
31.12.2006	Zinsen 2006	20, 00 € H	1020, 00 € H $= S_1$	} Periode 1
31.12.2007	Zinsen 2007	20, 40 € H	1040, 40 € H $= S_2$	} Periode 2
31.12.2008	Zinsen 2008	20, 81 € H	1061, 21 € H $= S_3$	} Periode 3
. . .				

Erklärungsbeispiel: Für den Saldo S_1 nach einer Zinsperiode, der am 31.12.2006 erreicht wird, gilt

$$1020,00 = 1000,00 + (\ 0.02 \cdot 1000,00\ )$$
$$S_1 \quad = \quad S_0 \quad + \quad i\ \cdot \quad S_0. \qquad\qquad \triangle$$

Die Saldo-Zahlen S_n stellen den Wert des Gesamtguthabens am *Schluss* des jeweils bis dahin abgelaufenen Gesamtzeitraums dar und werden daher auch als *Schlusswerte* oder *Endwerte* bezeichnet. Bei einer beliebigen Periodenzahl, gleichbleibendem Nominalzins und unter der Annahme, dass außer der Einmalzahlung $S_0 = C$ und Zinsen keinerlei Einzahlungen oder Entnahmen erfolgen, gilt allgemein die Rekursion

$$S_n = u \cdot S_{n-1} \quad (n \in \mathbb{N}).$$

Eine kleine Rechnung zeigt nun: $S_n = u S_{n-1} = u^2 S_{n-2} = \ldots = u^n S_0$. Wir erhalten die

Aufzinsungs- bzw. Schlußwertformel einer Einmalzahlung:

$$S_n = S_0 \cdot u^n \quad (n \in \mathbb{N}_0). \qquad\qquad (14.1)$$

Diese Schlusswerte sind bezüglich der Anfangseinzahlung *linear*; d.h., bei einer Vervielfachung der Ersteinzahlung vervielfachen sie sich entsprechend. Daher brauchen wir streng genommen nur die Schlusswertfolge $U = (U_n)$ des Einheitsstromes $\mathbb{1}_0$ (Zahlung in Höhe 1 zum Zeitpunkt 0) zu kennen; diese ist durch $U_n = u^n$, $n \in \mathbb{N}$, gegeben.

Ein Bezug zur Exponentialfunktion

Infolge der Zinseszinswirkung wächst das verzinste Einheitsguthaben *exponentiell*. Wir können nämlich schreiben

$$U_n = u^n = e^{n \ln u} = e^{\alpha n}, \quad n \in \mathbb{N}_0. \qquad\qquad (14.2)$$

Dies lässt anklingen, warum die e-Funktion eine so herausragende Rolle spielt. Den Koeffizienten α nennen wir *exponentielle Zinsrate* zum Nominalzins i oder auch *Zinsintensität*.

Schlusswerte allgemeiner Zahlungen

Wir nehmen nun an, dass zu Beginn bzw. zum Ende jeder Zinsperiode weitere Einzahlungen erfolgen können.

Beispiel 14.5. Herr Sorgsam überlegt es sich anders und beginnt zum Ende 2006 weitere Transaktionen vorzunehmen. Das Ergebnis:

Datum	Aktivität		Saldo
31.12.2005	Einzahlung	1000, 000 € H	1000, 000 € H
31.12.2006	Zinsgutschrift für 2006	20, 000 € H	1020, 000 € H
31.12.2006	Einzahlung	1000, 000 € H	2020, 000 € H
31.12.2007	Zinsgutschrift für 2007	40, 400 € H	2060, 400 € H
31.12.2007	Auszahlung	600, 000 € S	1460, 400 € H
31.12.2008	Zinsgutschrift für 2008	29, 208 € H	1489, 608 € H
31.12.2008	Einzahlung	300, 000 € H	1789, 608 € H

Erklärungsbeispiel: Für den Schlusswert S_2 nach zwei Zinsperioden, der am 31.12.2007 erreicht wird, gilt

$$1460, 40 = 2020, 00 + (-600, 00) + (\ 0.02 \cdot 2020, 00 \ )$$
$$S_2 \ = \ S_1 \ + \ z_2 \ + \ i \ \cdot \ S_1.$$

(Die Auszahlung $z_2 = -600$ am Ende der zweiten Periode wird nicht mehr zinswirksam). $\triangle$

Ganz analog gilt für die Schlusswerte bei allgemeinen Zahlungsströmen die Rekursionsformel

$$S_n = S_{n-1} + z_n + i \cdot S_{n-1}, \quad (n \in \mathbb{N}) \tag{14.3}$$

mit der Anfangsbedingung

$$S_0 = z_0. \tag{14.4}$$

Die Formel (14.3) kann kürzer in der Form

$$S_n = z_n + u \cdot S_{n-1}, \quad (n \in \mathbb{N}) \tag{14.5}$$

geschrieben werden. Wir finden wiederum durch absteigende Induktion

$$S_n = z_n + u \cdot [z_{n-1} + u \cdot [z_{n-2} + u \cdot [z_{n-3} + \ldots + u \cdot [z_{n-n}] \ldots]]] \tag{14.6}$$

bzw.

$$S_n = z_n + u \cdot z_{n-1} + u^2 \cdot z_{n-2} + u^3 \cdot z_{n-3} + \ldots + u^n \cdot z_{n-n} \tag{14.7}$$

kürzer

$$S_n = \sum_{k=0}^{n} z_k u^{n-k} \tag{14.8}$$

Diese Formel ist völlig plausibel: Der Schlusswert nach n Perioden ist einfach die Summe aller bis dahin geleisteten Zahlungen, die jeweils mit einem Faktor aufgezinst werden, der der nach Zahlung bis zum Schluss verbleibenden Zeit entspricht.

Um eine weitere Interpretation der Schlusswerte S_n zu gewinnen, werfen wir noch einen zweiten Blick auf die Formel (14.3). Sie lässt sich auch in der folgenden Form schreiben:

$$S_k - S_{k-1} = z_k + S_{k-1} \cdot i \cdot 1, \qquad (14.9)$$

bzw. kürzer

$$\Delta S_k = \Delta Z_k + S_{k-1} \cdot i \cdot \Delta k, \qquad (14.10)$$

wobei Z den zu z gehörenden *kumulativen* Zahlungsstrom bezeichnet. Wir interpretieren hier ΔS_k, ΔZ_k und Δk als Zuwächse des Schlusswertprozesses, des kumulativen Einzahlungsprozesses bzw. des "Zeitprozesses" im Intervall $[k-1, k]$. Es handelt sich dabei um eine sogenannte *Differenzengleichung* für den gesuchten Schlusswertprozess bei gegebenem Zahlungsprozess Z und gegebener Verzinsung i. Summieren wir die Gleichungen (14.10) für $k = 1, \ldots, n$ und beachten die Anfangsbedingung

$$S_0 = Z_0,$$

so folgt sofort

$$S_n = Z_n + \sum_{k=1}^{n} S_{k-1} \cdot i \cdot \Delta k. \qquad (14.11)$$

Diese Gleichung besagt: Der Schlusswert S_n ist die kumulative Summe aller getätigten Einzahlungen zuzüglich der Summe aller Zinszahlungen.

Bemerkung 14.6. Die Schlusswertfolge $S = (s_n)$ ist – bei gegebenem Zinssatz i – ein Resultat des gesamten Zahlungsstromes $Z = (z_n)$. Es besteht also ein funktionaler Zusammenhang der Form $S = \mathscr{S}(Z)$. Dabei gibt $S_n = \mathscr{S}(Z)_n$ den Wert aller bis zum Ende der n-ten Periode aufgezinsten Einzahlungen an (eventuelle zukünftige Zahlungen sind noch nicht berücksichtigt).

Bei dieser Sichtweise ist $\mathscr{S}$ eine Funktion, deren Argumente beliebige (kumulative) Zahlungsströme Z sind und die als Funktionswerte die zugehörigen aufgezinsten Guthabenströme zurückgibt. Wichtig: Wie schon auf Seite 475 angemerkt, ist diese Funktion *linear* bezüglich Z:

- Vervielfacht man sämtliche Einzahlungen, vervielfachen sich die Schlusswerte entsprechend; formal: $\mathscr{S}(\lambda Z) = \lambda \mathscr{S}(Z)$.
- Addiert man die zeitgleichen Einzahlungen $Z = (z_n)$ und $Z' = (z'_n)$ auf zwei Konten gleicher Verzinsung, addieren sich auch die Schluss-werte; formal: $\mathscr{S}(Z + Z') = \mathscr{S}(Z) + \mathscr{S}(Z')$.

Rentenschlusswerte

Zahlungsströme, die für jede Periode genau eine Zahlung in immer gleicher Höhe r vorsehen, werden auch als *Renten* bezeichnet. Je nach Dauer der Zahlung unterscheidet man *befristete* und *ewige* Renten; je nachdem, ob die Zahlung zu Beginn oder am Ende jeder Periode erfolgt, unterscheidet man *vorschüssige* und *nachschüssige* Renten. Wegen der Linearität der Verzinsung brauchen wir nur den Fall $r = 1$ zu betrachten. Die Zahlungsströme haben dann folgende Form:

- *Vorschüssige N-jährige Rente:* $\ddot{R}_{\overline{N}} := (1, \ldots, 1, 0) \in \mathbb{R}^{N+1}$
- *Nachschüssige N-jährige Rente:* $R_{\overline{N}} := (0, 1, \ldots, 1) \in \mathbb{R}^{N+1}$
- *Vorschüssige ewige Rente:* $\ddot{R} := (1, \ldots, 1, \ldots) \in \mathbb{R}^{\infty}$
- *Nachschüssige ewige Rente:* $R := (0, 1, \ldots, 1, \ldots) \in \mathbb{R}^{\infty}$

Dabei steht "Rente" hier durchgängig für "Einheitsrente"; die Pünktchen über dem R kennzeichnen in der Versicherungsmathematik die Vorschüssigkeit. Da das Guthaben aufgezinster ewiger Renten über alle Grenzen wächst, betrachten wir nur die Schlusswerte von $\ddot{R}_{\overline{N}}$ und $R_{\overline{N}}$ nach N Perioden. Aus unserer Formel (14.8) folgt nun mit Hilfe der Partialsummenformel (4.11) auf Seite 154

$$\mathscr{S}(\ddot{R}_{\overline{N}})_N \;=\; \sum_{k=0}^{N-1} 1 \cdot u^{N-k} \;=\; \sum_{l=1}^{N} u^l \;=\; \frac{u^{N+1} - u}{u - 1}$$

$$\mathscr{S}(R_{\overline{N}})_N \;=\; \sum_{k=1}^{N} 1 \cdot u^{N-k} \;=\; \sum_{l=0}^{N-1} u^l \;=\; \frac{u^{N} - 1}{u - 1} \;.$$

(Der Übergang von den Summen links zu den Summen rechts beruht auf der Substitution $l := N - k$.) Für diese Rentenschlusswerte hat sich international die versicherungsmathematische Standardnotation

$$\ddot{s}_{\overline{N}} := \frac{u^{N+1} - u}{u - 1} \tag{14.12}$$

$$s_{\overline{N}} := \frac{u^{N} - 1}{u - 1} \tag{14.13}$$

durchgesetzt.

Wir sehen insbesondere, dass gilt $\ddot{s}_{\overline{N}} = u \cdot s_{\overline{N}}$, d.h., der Schlusswert der vorschüssigen Rente ist um den Aufzinsungsfaktor u höher als der der nachschüssigen Rente, was wegen der um eine Periode längeren Verweildauer aller Zahlungen nur folgerichtig ist.

14.3.2 Das Wesen der Verzinsung

Beispiel 14.7 ($\nearrow$F 14.5)**.** Wir sehen uns den Kontoauszug des Sparkontos von Herrn Sorgsam nochmals etwas genauer an, und zwar diesmal im Hinblick auf Eigen- und Fremdleistungen.

Datum	Aktivität		Saldo Z ohne Zinsen in €	Saldo S mit Zinsen in €
31.12.2005	Einzahlung	1000,00 H	1000,00 H	1000,00 H
31.12.2006	Zinsen für 2006	20,00 H	1000,00 H	1020,00 H
31.12.2006	Einzahlung	1000,00 H	2000,00 H	2020,00 H
31.12.2007	Zinsen für 2007	40,40 H	2000,00 H	2060,40 H
31.12.2007	Auszahlung	600,00 S	1400,00 H	1460,40 H
31.12.2008	Zinsen für 2008	29,21 H	1400,00 H	1489,61 H
31.12.2008	Einzahlung	300,00 H	1700,00 H	1789,61 H

Bei dieser Betrachtung sehen wir in Blau einen Guthabenprozess Z, den Herr Sorgsam ausschließlich durch seine eigenen Zahlungen – also ohne Verzinsung – aufbauen könnte. Diesen "gibt" er der Bank und "erhält" im Austausch dafür den Guthabenprozess S (lila) zurück.   △

Wir können die Verzinsung daher als eine Operation $\mathscr{V}$ auffassen, die einen Guthabenprozess Z in einen anderen Guthabenprozess S verwandelt: $\mathscr{V} : Z \to S$. Diese Operation ist *linear*: Die Summe gleichartig verzinster Einzahlungen liefert die Summe der jeweiligen Auszahlungen; vervielfacht man den Eingangsstrom Z, vervielfacht sich der Ausgangsstrom entsprechend. Formal:

$$\mathscr{V}(\alpha Z + \alpha' Z') = \alpha \mathscr{V}(Z) + \alpha' \mathscr{V}(Z').$$

14.3.3 Verzinsung: Barwerte

In der Praxis ist oft von Interesse, welchem momentan verfügbaren Betrag Zahlungen entsprechen, die erst in Zukunft zu erwarten sind.

Beispiel 14.8. Herr Sparsam erbt eine Summe von 20000 Euro und könnte sich sofort ein neues und größeres Auto kaufen. Weil aber sein altes Auto erst 15 Jahre alt ist, verschiebt er den Neukauf um ein Jahr. Er rechnet damit, dann die volle Summe zu benötigen. Kann er trotzdem heute schon einen darauf trinken?

Die Antwort lautet: JA. Legt er nämlich einen Betrag B auf einem – sagen wir, mit $i = 2\%$ p.a. verzinsten - Konto für ein Jahr an, erhält er am Ende die Summe $B \cdot u > B$ zurück. Er muss nun lediglich B so bestimmen, dass die Summe von 20000 Euro erreicht wird. Er setzt $d := \frac{1}{u} = 0.98\ldots$ und findet aus dem Ansatz $B \cdot u = 20000$ den Wert $B = \frac{20.000}{u} = d \cdot 20.000 = 19.607,84$ Euro. Es bleiben ihm deswegen heute schon rund $392,16$ Euro zum Feiern. △

Der hier verwendete Wert $d := \frac{1}{u}$ heißt *Abzinsungsfaktor (discount factor)*. In der Zukunft fällige Zahlungen sind damit zu diskontieren (abzuzinsen), um ihren heutigen Gegenwert zu ermitteln. Diesen bezeichnet man oft als Barwert (present value). Genauer:

Definition 14.9. *Es sei Z ein beliebiger äquidistanter Zahlungstrom. Unter dem* Barwert $\mathscr{B}(Z)_n$ *dieses Stromes zur Zeit n versteht man – soweit existent – die Summe aller zeitgerecht diskontierten Zahlungen, die vom Zeitpunkt n einschließlich an künftig erfolgen.*

(Anstatt von Barwert wird in der Investititonsrechnung auch von *Kapitalwert* gesprochen; der englische Begriff dafür lautet *(net) present value.*)

Es ist klar, dass eine **Einmalzahlung** in Höhe 1, die zum Zeitpunkt n erfolgen wird, zum Zeitpunkt 0 den Barwert

$$\mathscr{B}(\mathbb{1}_n)_0 := d^{n-0}$$

hat. Zu einem beliebigen Zeitpunkt $k \le n$ hat sie den Barwert $\mathscr{B}(\mathbb{1}_n)_k := d^{n-k}$. Ein beliebiger Zahlungsstrom $Z = (z_n)$ kann nun als Summe derartiger jeweils mit dem Faktor z_n vervielfachter Einmalzahlungen aufgefasst werden. Wir finden daher zunächst rein formal

$$\mathscr{B}(Z)_0 = \sum_{n=0}^{\infty} z_n d^{n-0},$$

$$\mathscr{B}(Z)_k = \sum_{n=k}^{\infty} z_n d^{n-k},$$

um hier tatsächlich von Barwerten sprechen zu können, müssen wir uns jedoch vergewissern, dass diese Reihen konvergieren. Aus Kapitel 4.2 (Reihen) wissen wir, dass dies zumindest dann immer der Fall ist, wenn

- der Zahlungsstrom nur endlich viele Zahlungen $z_n \ne 0$ umfasst,
- alle Zahlungen gleichmäßig beschränkt sind (d.h. mit einer passenden Konstanten K gilt $|z_n| \le K$ für alle n).

Dies trifft insbesondere auf unsere N-periodigen bzw. ewigen Renten (mit Zahlungen der Höhe 1) zu. Auf diese Weise finden wir die folgenden Rentenbarwertformeln für Einheitsrenten:

(0-) Barwert der vorschüssigen N-jährigen Rente:

$$\mathscr{B}(\ddot{R}_{\overline{N}})_0 = \sum_{n=0}^{N-1} d^n = \frac{d^N - 1}{d - 1} =: \ddot{a}_{\overline{N}}$$

(0-) Barwert der nachschüssigen N-jährigen Rente:

$$\mathscr{B}(R_{\overline{N}})_0 = \sum_{n=1}^{N} d^n = \frac{d^{N+1} - d}{d - 1} =: a_{\overline{N}}$$

(0-) Barwert der vorschüssigen ewigen Rente:

$$\mathcal{B}(\ddot{R})_0 = \sum_{n=0}^{\infty} d^n = \frac{1}{1-d} =: \ddot{a}_{\infty}$$

(0-) Barwert der nachschüssigen ewigen Rente:

$$\mathcal{B}(R)_0 = \sum_{n=1}^{\infty} d^n = \frac{d}{1-d} =: a_{\infty}$$

Auch hier haben wir – farblich hervorgehoben – die internationale versicherungsmathematische Standardnotation verwendet.

14.3.4 Zeitwerte von Zahlungsströmen

Gegeben sei ein beliebiger äquidistanter kumulativer Zahlungsstrom Z und ein beliebiger Zeitpunkt N. Der Schlusswert $\mathcal{S}(Z)_N$ liefert uns eine nachträgliche Bewertung aller bereits erfolgten Zahlungen, gesehen vom Zeitpunkt N aus. Der Barwert $\mathcal{B}(Z)_{N+}$ – soweit existent – hingegen bewertet alle "echt künftigen" Zahlungen aus Sicht[2] des Zeitpunktes N. Indem wir beide zusammenbringen, ermitteln wir den Wert des *gesamten* Zahlungsstromes aus Sicht des Zeitpunkes N. Dabei werden alle künftigen Zahlungen als nichtzufällig und bekannt vorausgesetzt. Auf diese Weise ergibt sich

$$\mathcal{Z}(Z)_N := \mathcal{S}(Z)_N + \mathcal{B}(Z)_{N+}$$

als der *Zeitwert* von Z zum Zeitpunkt N. Es ist dann nicht schwer zu sehen, dass für alle $N \in \mathbb{N}_0$ gilt

$$\mathcal{Z}(Z)_N = u^N \mathcal{Z}(Z)_0 = u^N \mathcal{B}(Z)_0.$$

Was ist der Sinn dieser kleinen Betrachtung? Wir wollen damit hervorheben, dass bei dem Objekt "Zahlungsstrom" die Zeit eine *zweifache* Rolle spielt: *Erstens* gehört die zeitliche Abfolge der Zahlungen, die den Strom ausmachen, zu dessen innerer Struktur. Soweit diese bekannt ist, spielt *zweitens* eine Rolle, zu welchem Zeitpunkt der Strom bewertet wird. Erfolgt die Bewertung zum Zeitpunkt Null, erhält man den Barwert, erfolgt sie an einem vereinbarten Ende, so erhält man den Schlusswert. Es ist jedoch prinzipiell ebenso möglich, eine Bewertung zu irgendeinem Zeitpunkt – z.B zwischen Anfang und Ende – vorzunehmen. Dann erhält man den Zeitwert.

Wir merken noch an, dass Barwerte besonders in der Investitionsrechnung von Interesse sind, denn Investitionsentscheidungen sind typischerweise vor Beginn aller Zahlungen zu treffen. Mit Schlusswerten hat in unserer Zivilisation fast jeder zu tun. Zeitwerte sind besonders geeignet, die Verläufe von

---

[2] $\mathcal{B}(Z)_{N+} := \mathcal{B}(Z)_N - \Delta Z_N$

Versicherungsverträgen zu beschreiben, wobei die Besonderheit auftritt, dass die jeweils zukünftigen Zahlungen zumindest teilweise zufällig sind, weshalb streng genommen von *erwarteten* Zeitwerten zu sprechen wäre.

14.3.5 Annuitätendarlehen

Viele Häuslebauer oder -käufer benötigen für ihr Vorhaben einen einmaligen Darlehensbetrag A in beträchtlicher Höhe. In der Regel wird vereinbart, dass die Zahlung von Zinsen und Tilgungsbeträgen in Raten konstanter Höhe a zu erfolgen hat (z.B. in nachschüssigen Jahresbeträgen bei einer Laufzeit von bis zu 30 Jahren). Nehmen wir an, ein Darlehen dieser Art werde für eine Laufzeit von N Jahren bei einem nominellen Zinssatz von i und vollständiger Rückzahlung am Ende dieses Zeitraumes vereinbart.

Einfachstfall

Unter Vernachlässigung eventueller Einbehalte der Bank sieht die Zahlungs-reihe bei einem Auszahlungszeitpunkt x aus Sicht des Darlehensnehmers so aus:

Zeitpunkt	Betrag	Erläuterung
x:	A H	Darlehenserhalt
$x+1$:	a S	Zinsen und Tilgung für das 1. Jahr
$x+2$:	a S	Zinsen und Tilgung für das 2. Jahr
...	...	...
$x+N$:	a S	Zinsen und Tilgung für das N. Jahr

(alle Angaben in €).

Der konstante Annuitätsbetrag a setzt sich aus den jeweils fälligen Zinsen auf das Restdarlehen (oder *Restkapital*) und einem Tilgungsanteil in passender Höhe zusammen und ist so zu bemessen, dass das Darlehen nach exakt N Jahren vollständig zurückbezahlt ist. Das Darlehen wird also in Gestalt einer nachschüssigen Rente der Höhe a verzinst und gleichzeitig getilgt.

Wir können diesen Vorgang so sehen: Der Darlehensgeber (Bank) "gibt" dem Kunden den Guthabenstrom $A\,\mathbb{1}_0$. Der Darlehensnehmer (Kunde) "gibt" der Bank den Zahlungsstrom $aR_{\overline{N}|}$ zurück. Dieses Geschäft ist nach dem kauf-männischen Äquivalenzprinzip genau dann fair, wenn beide Zahlungsströme zu jedem Zeitpunkt gleichwertig sind, d.h., denselben Zeitwert haben. Es genügt, dies z.B. am Ende des Darlehenszeitraumes in Gestalt der Gleichheit der Schlusswerte beider Ströme einzufordern:

$$\mathscr{S}(A\,\mathbb{1}_0) \stackrel{!}{=} \mathscr{S}(aR_{\overline{N}|})$$

d.h.

$$Au^N = as_{\overline{N}|} \qquad\qquad (14.14)$$

also

$$a = u^N \cdot \frac{A}{s_{\overline{N}|}}.$$

Für den Kunden wie für die Bank mag es interessant sein, während der gesamten Darlehenslaufzeit stets Klarheit über die Entwicklung der Restschulden zu haben. Diese liefert ein sogenannter *Tilgungsplan*. Wir berechnen diesen "von innen" und bezeichnen dazu die Zins- bzw. Tilgungszahlung des Darlehensnehmers am Ende des n-ten Jahres mit z_n bzw. t_n. Den unmittelbar danach erreichten "Kapitalstand" (gemeint ist die Restschuld) bezeichnen wir mit $K_n (n = 0, \ldots, N)$. Da sich die Zinszahlung z_n auf den seit einem Jahr konstanten Kapitalstand K_{n-1} bezieht, gilt

$$z_n = i \cdot K_{n-1}.$$

Getilgt wird nun derjenige Betrag, um den die Annuität a diesen Zinsbetrag übersteigt, d.h.

$$t_n = a - z_n.$$

Folglich stellt sich als neuer Kapitalstand

$$K_n = K_{n-1} - t_n = K_{n-1} - (a - i \cdot K_{n-1}) = u \cdot K_{n-1} - a$$

ein. Diese Rekursionsformel erlaubt, sämtliche Kapitalstände zu ermitteln.

Wer lieber eine geschlossene Formel hätte, setzt den Vorgängerterm ein:

$$K_n = u \cdot K_{n-1} - a = u \cdot [u \cdot K_{n-2} - a] - a = u^2 K_{n-2} - a[1 + u].$$

Durch sukzessives Einsetzen der weiteren Vorgängerterme findet sich

$$K_n = u^n \cdot K_0 - a[1 + u + u^2 + \ldots + u^{n-1}].$$

Hierbei ist K_0 der Anfangskapitalstand – also das Darlehen in Höhe $A-$, während in eckigen Klammern nach dem Faktor a nichts anderes steht als der Schlusswert einer nachschüssigen n-jährigen Rente $s_{\overline{N}|}$; also gilt

$$K_n = u^n \cdot A - a s_{\overline{N}|}. \tag{14.15}$$

Wäre uns an dieser Stelle der Wert von a noch nicht bekannt, könnten wir ihn auch hieraus berechnen. Zum Zeitpunkt $n = N$ hätten wir ja gern eine Restschuld in Höhe von $K_N = u^N \cdot A - a s_{\overline{N}|} = 0$. Diese Gleichung nach a aufgelöst liefert dasselbe Ergebnis wie (14.14).

Etwas mehr Praxis

Sind die Nominalzinsen für den Kunden günstig, hat die Bank kein besonderes Interesse an sehr lange laufenden Verträgen. So kommen u.U. Verträge zustande, die eine kürzere Laufzeit als eigentlich nötig haben und bei denen am Ende die Schuld noch nicht vollständig getilgt ist, sondern eine Restschuld K_{rest} verbleibt. Wenn man diese Restschuld *vorgibt*, ergibt sich die Annuität nicht mehr aus der Gleichung $K_N = 0$, sondern aus der Gleichung $K_N = K_{rest}$. Es folgt nun

$$a = \frac{u^N \cdot A - K_{rest}}{s_{\overline{N|}}}.$$

Praktisch wird oft umgekehrt verfahren: Es wird eine für den Kunden tragbare Annuität a festgelegt, die natürlich größer sein muss als die Zinsschuld des ersten Kreditjahres. Dann ergibt sich die Restschuld $K_{rest} = K_N$ aus der Formel (14.15).

Noch mehr Praxis

Für Darlehensnehmer ist es oft angenehmer, die jährliche Belastung auf 4 Quartalsraten oder 12 Monatsraten zu verteilen. Wir geraten damit in den Bereich "unterjähriger" Zahlungen, auf die im Abschnitt 14.4 kurz eingegangen wird. Für Banken eröffnen sich nun zahlreiche Gestaltungsmöglichkeiten in der Kreditrechnung, z.B. hinsichtlich der Frage, wann erfolgte Zinszahlungen gutgeschrieben werden. Wir können und wollen hier keine erschöpfende Darstellung aller Varianten und Möglichkeiten leisten. Diese werden durch die Preisangabenverordnung[3] geregelt.

14.3.6 Ratenkredite

Im Gegensatz zu den Annuitätendarlehen werden bei sogenannten Ratenkrediten nicht die periodisch fälligen gesamten Zahlungen des Schuldners in konstanter Höhe festgesetzt, sondern lediglich deren Tilgungsanteile. Ein Beispiel mag zur Illustration genügen.

Beispiel 14.10 (Ratenkredit). Nach dem Besuch der Schnüffelparty nimmt der Student Erwin S. Klamm am 30.11.2008 zur Überwindung eines (wie immer völlig unerwarteten) Liquiditätsengpasses bei einem guten Freund ein Privatdarlehen von 1000 Euro auf, welches mit 4% p.a. verzinst und in 5 gleichgroßen Jahresraten getilgt werden soll.

---

[3]Z.B. in: A. Baumbach, W. Hefermehl; "Wettbewerbsrecht"; C. H. Beck; München 2004

Die zugehörige Zahlungsreihe lautet aus seiner Sicht:

Datum:	Betrag:	Aktivität:		
30.11.2008	1000,00 H	Erhalt des Darlehensbetrages		
30.11.2009	240,00S	$Z = 40,00$	$T = 200,00$	$R = 800,00$
30.11.2010	232,00S	$Z = 32,00$	$T = 200,00$	$R = 600,00$
30.11.2011	224,00S	$Z = 24,00$	$T = 200,00$	$R = 400,00$
30.11.2012	216,00S	$Z = 16,00$	$T = 200,00$	$R = 200,00$
30.11.2013	208,00S	$Z = 8,00$	$T = 200,00$	$R = 0,00$

(alle Beträge in Euro; dabei bedeuten Z: Zinsen, T: Tilgung und R: Restschuld).   △

14.3.7 Das Problem der Effektivverzinsung

Wie soeben gesehen, kann man sich ein Annuitätendarlehen als den Austausch zweier Zahlungsströme vorstellen – nämlich denjenigen der Bank (Darlehen) gegen denjenigen des Kunden (Annuität). Bei einem fairen Handel sind diese äquivalent. Bei dem von uns betrachteten einfachsten Fall tritt diese Äquivalenz bei der Nominalverzinsung ein. In der Praxis behalten Banken jedoch oft einen Teil des Darlehensbetrages als ein sogenanntes *Disagio* ("Abgeld") ein, ohne dies bei der Berechnung des Tilgungsplanes zu berücksichtigen. Dann wird die Äquivalenz zum Nominalzins verletzt. Allerdings besteht durchaus eine Äquivalenz, wenn man einen wohlbestimmten (etwas höheren) Zinssatz zugrunde legt. Dieser ist bei dem Handel äquivalenz*wirksam*, deswegen bezeichnet man ihn als *Effektivzins(satz)* i_{eff}. Weil dieser in der Regel vom ("externen") Nominalzins verschieden ist, nennt man ihn auch "internen Zinsfuß". Wir sehen, wie man diesen bestimmen kann.

Das Problem der Effektivzinsermittlung durchzieht alle Geschäfte, die irgendwie mit Geld zu tun haben. In der Investitionsrechnung z.B. steht der Zahlungsreihe aller unvermeidlichen Anfangsausgaben (Investitionen) die Zahlungsreihe der erhofften zukünftigen Erträge gegenüber. Auch hier entsteht die Frage, bei welchem Zinssatz i_{eff} beide Zahlungsreihen äquivalent sind. Ist dieser Effektivzins geringer als z.B. eine bankenübliche Sparbuchverzinsung, kann der Unternehmer getrost auf seine Investition verzichten, stattdessen das Geld auf einem Sparkonto anlegen und seine Ruhe genießen.

Besonders genau wird es mit der Effektivverzinsung im Bank- und Wertpapiersektor genommen. Hierzu zwei Beispiele:

Beispiel 14.11. Wir erinnern an das unangetastete Konto des Herrn Sorgsam bei der "ConPromiseBank".

Datum	Aktivität		Guthaben
31.12.2005	Einzahlung	$1000,00$ € H	$1000,00$ € H
31.12.2006	Zinsgutschrift für 2006	$20,00$ € H	$1020,00$ € H
31.12.2007	Zinsgutschrift für 2007	$20,40$ € H	$1040,40$ € H
31.12.2008	Zinsgutschrift für 2008	$20,81$ € H	$1061,21$ € H
...			

Herr Sorgsam will nun doch schon am 31.12.2008 sein Sparkonto auflösen. Die "ComPromiseBank" zahlt ihm jedoch nicht sein nominelles, durch 2%-ige Verzinsung zum Stichtag auf $1061,21$ Euro angewachsenes Guthaben aus, sondern behält eine Kontoauflösungsgebühr in Höhe von $9,65$ Euro ein. Herr Sorgsam überlegt verärgert, dass er sein Geld vielleicht lieber beim "Bankhaus Tradition" angelegt hätte, welches einen zwar etwas niedrigeren Zinssatz j bietet, aber dafür auf jede Art von Gebühren verzichtet. Welchen Wert müsste j mindestens annehmen, damit das "Bankkaus Tradition" mindestens so lukrativ ist wie die "ConPromiseBank"?

Lösung:
Maßgebend für die Beurteilung dieses Geschäftes sind die anfängliche Einzahlung und als Gegenstück dazu die Schlussauszahlung, die sich wegen der Gebühren nur auf $1051,56$ € beläuft. Herr Sorgsam gab also der "ConPromiseBank" den Zahlungsstrom $A := 1000\,\mathbb{1}_0$ und erhält dafür den Zahlungsstrom $B := 1051,56\,\mathbb{1}_3$ zurück. Wir suchen einen Zinssatz α, zu dem beide Ströme äquivalent sind, also zur Zeit $t = 3$ denselben Schlusswert haben. Der Ansatz lautet

$$\mathscr{S}(A)_3 \overset{!}{=} \mathscr{S}(B)_3 \qquad (14.16)$$

d.h.

$$1000\,(1 + \alpha)^3 = 1051,56$$

also

$$\alpha = \left(\frac{1051,56}{1000}\right)^{\frac{1}{3}} - 1 \approx 1,69\%.$$

Wenn das Bankhaus Tradition also einen Zinssatz j nicht unter diesem Wert bietet, ist es vorteilhafter, dort zu investieren.   △

In diesem Beispiel waren zwei Zahlungsströme A und B wie in (14.16) zu vergleichen. Natürlich müssen nicht allein die Schlusswerte beider Ströme gleich sein, sondern auch ihre (0-) Barwerte:

$$\mathscr{B}(A)_0 \overset{!}{=} \mathscr{B}(B)_0.$$

Wegen der Additivität der Barwerte ist dies äquivalent zu

$$\mathscr{B}(A - B)_0 \overset{!}{=} 0.$$

Der gesuchte Zinssatz war genau derjenige, der den Barwert des Differenz-stromes $A - B$ zu Null machte.

Definition 14.12. *Gegeben sei ein Zahlungsstrom Z mit mindestens einer positiven und mindestens einer negativen Zahlung. Als* Effektivzins(satz) *oder auch* interner Zinsfuß *wird derjenige Zinssatz i_{eff} bezeichnet, bei dem der Barwert des Stromes Z zum Zeitpunkt 0 verschwindet; d.h., für den gilt*

$$\mathscr{B}[i_{eff}](Z)_0 = 0.$$

Beispiel 14.13 (Bundesobligationen). Der Student N.O.N. Speculatius erwirbt am 1.1.2008 an der Börse eine 6-jährige Bundesobligation zum Kurs-wert von 1020 Euro, die am Vortage zum Nennwert von 1000 Euro begeben und mit einem Nominalzins von $4,75\%$ p.a. ausgestattet wurde. Er will dieses Wertpapier bis zum Rückzahlungsstichtag halten und sieht damit aus seiner Perspektive folgenden Zahlungsereignissen entgegen:

Datum	Betrag	Aktivität
01.01.2008	1020, 00 € S	Kauf des Papiers
31.12.2008	47, 50 € H	Wertpapierzinsen 2007/2008
...	...	...
31.12.2012	47, 50 € H	Wertpapierzinsen 2011/2012
31.12.2013	1047, 50 € H	Rückzahlung zum Nominalbetrag von 1000 € zzgl. Wertpapierzinsen 2012/2013

Wie hoch ist die effektive Verzinsung dieses Papiers?

Lösung:
Wir betrachten den sechsperiodigen Zahlungsstrom $Z = (z_0, \ldots, z_6)$ mit $z_0 = -1020,00$; $z_1 = \ldots = z_5 = 47,50$ und $z_6 = 1047,50$. Unser Ansatz lautet

$$\mathscr{B}(R)_0 = z_0 + z_1 \cdot d^1 + z_2 \cdot d^2 + \ldots + z_5 \cdot d^5 + z_6 \cdot d^6 \overset{!}{=} 0, \qquad (14.17)$$

worin d den zu dem noch unbekannten Effektivzins gehörenden Diskontfaktor bezeichnet. Aus (14.17) ist ersichtlich, dass d Nullstelle eines Polynoms ist. Weil dieses Polynom den Grad 6 besitzt, nehmen wir einmal den Computer zu Hilfe und stellen fest, dass es nur eine einzige positive reelle Nullstelle gibt, nämlich $d \approx 0.9581853308$, woraus wir den gesuchten Zinssatz zumindest näherungsweise ermitteln können: $i_{eff} \approx 4.3639438\%$.   △

Die mathematisch interessierten LeserInnen werden sofort folgende Fragen parat haben:

(1) *Wenn es mehrere positive Nullstellen geben sollte: woher weiß ich, welche die richtige ist?*

Ein Blick auf das Polynom hilft sofort weiter: Gesucht sind die (positiven) Nullstellen von

$$P(x) := 1047,5 \cdot x^6 + 47,5 \cdot (x^5 + x^4 + x^3 + x^2 + x) - 1020.$$

Ein Schnelltest besagt: $x \to P(x)$ ist für $x \geq 0$ offensichtlich streng wachsend. Also kann es höchstens eine nichtnegative Nullstelle geben. Wir haben aber schon eine – also ist diese die richtige.

(2) *Wie könnte ich die gesuchte Nullstelle von (14.17) auch ohne Hochleistungscomputer berechnen?*

Nun endlich können wir unsere Verfahren zur numerischen Nullstellenermittlung anwenden. Wir erinnern an *Intervallhalbierung* und *Newtonverfahren*.

In unserem Beispiel dürfen wir vermuten, dass der Effektivzins zwischen Null und dem Nominalzins liegt. (Warum?) In der Tat gilt für die zu Null bzw. dem Nominalzins gehörigen Diskontfaktoren

$$x_1 := \frac{1}{1+0} \quad \text{und} \quad x_2 := \frac{1}{1+0.0475}$$

einerseits $P(x_1) > 0$ und andereseits $P(x_2) < 0$, also haben wir richtig vermutet. Wir können nun mit x_2 (und nötigenfalls x_1) unsere Iteration starten und diese beenden, wenn wir die gewünschte Genauigkeit erreicht haben.

14.4   Unterjährige Zahlungen

In allen bisherigen Beispielen konnten wir unterstellen, dass Zahlungen höchstens zu solchen Zeitpunkten möglich waren, an denen auch die Zinsgutschriften erfolgten, d.h., nur zu Zeitpunkten der Form $t = n\Delta$, $n \in \mathbb{N}_0$, wobei wir o.B.d.A. Δ als ein Jahr interpretiert haben. Anders gesagt, waren zwischen je zwei Verzinsungszeitpunkten keine Ein- oder Auszahlungen möglich. Die zum Zeitpunkt $t = n\Delta$ fälligen Zinsen wurden so stets auf der Basis eines im Intervall $[(n-1)\Delta, \, n\Delta)$ *konstanten* Guthabens berechnet. Was aber geschieht, wenn sich der Mindestabstand Δ für Zahlungen als zu groß erweist? Mehrere verschiedene Vorgehensweisen sind denkbar.

14.4.1   Gemischte Verzinsung

Die erste Vorgehensweise beruht darauf, dass zwar Zahlungen zu beliebigen Zeitpunkten zugelassen werden, die Zinsgutschrift aber nach wie vor nur am Ende eines Jahres erfolgt und sich nun auf das *durchschnittliche* Jahresguthaben bezieht.

Beispiel 14.14. Wir betrachten ein Sparkonto, welches am 1.1.2006 eröffnet, in 2006 mit 2% p.a. verzinst wird und folgende Kontobewegungen aufweist:

Datum	Aktivität		Saldo
01.01.2006	Einzahlung	1000,00 € H	1000,00 € H
01.07.2006	Einzahlung	1000,00 € H	2000,00 € H
01.10.2006	Auszahlung	400,00 € S	1600,00 € H
31.12.2006	Zinsgutschrift für 2006	28,00 € H	1628,00 € H
...			

Zur Berechnung der Zinsen wird zunächst das *Durchschnitts*guthaben während des Kalenderjahres 2006 ermittelt. Während des gesamten ersten, zweiten, dritten und vierten Quartals betrug das Guthaben jeweils 1000, 1000, 2000 bzw. 1600 Euro; das Durchschnittsguthaben bestimmt sich somit als arithmetisches Mittel dieser vier Zahlen. Die Berechnung der Zinsen lautet daher hier $z = i \cdot g = 0.02 \cdot \dfrac{(1000 + 1000 + 2000 + 1600)}{4} = 28\,€.$ △

Spätestens nach diesem einfachen Beispiel wird deutlich, dass zur genauen Beschreibung einer Verzinsung *mehrere* Angaben benötigt werden. Diese sind zumindest: der *Bezugszeitraum* (Dauer und kalendarische Lage), das *Bezugsguthaben*, der auf das Bezugsguthaben *angewandte* Zinssatz und der *Zeitpunkt* der Zinsgutschrift.

Wenn als Bezugsguthaben wie in diesem Beispiel das durchschnittliche Guthaben während der Bezugsperiode fungiert, spricht man von einer "gemischten Verzinsung". Sie ist für Sparguthaben typisch.

14.4.2 Unterjährig periodische Verzinsung

Bei diesem Verfahren erfolgen innerhalb jedes Jahres mehrere Zinsgutschriften in gleichen zeitlichen Abständen. Vorausgesetzt wird dabei, dass auch Ein- bzw. Auszahlungen nur zu Beginn bzw. Ende jeder Unterperiode möglich sind.

Beispiel 14.15. Als Alternative zum vorigen Beispiel betrachten wir ein sogenanntes "quartalsweise" verzinstes Konto, welches am 1.1.2008 eröffnet und denselben Ein- bzw. Auszahlungen unterworfen wird wie das zuvor betrachtete Konto. Allerdings erfolgen diesmal die Zinsgutschriften zum Nominalzins $i = 2\%$ p.a. quartalsweise. Das Konto entwickelt sich wie folgt:

Datum	Aktivität		Saldo
01.01.2008	Einzahlung	1000, 00 € H	1000, 00 € H
31.03.2008	Zinsgutschrift	5, 00 € H	1005, 00 € H
30.06.2008	Zinsgutschrift	5, 03 € H	1010, 03 € H
30.06.2008	Einzahlung	1000, 00 € H	2010, 03 € H
30.09.2008	Zinsgutschrift	10, 05 € H	2020, 08 € H
01.10.2008	Auszahlung	400, 00 € S	1620, 08 € H
31.12.2008	Zinsgutschrift für 2006	8, 10 € H	1628, 18 € H
. . .			

Erklärungsbeispiel: Der Saldo am 30.06.2008 wird so berechnet:

$$1010, 025 = 1005, 00 + (0.005 \cdot 1005, 00).$$

In unserem Beispiel haben wir unterstellt, dass kaufmännisch gerundet wird, so dass hieraus der Wert 1010, 03 in der Tabelle entsteht. Es wird also im wesentlichen wie in einem gewöhnlichen Mehrperiodenmodell gerechnet, lediglich wurde der tatsächlich angewandte Zinssatz der Periodendauer angepasst: Er beträgt nur $0.5\% = \frac{2\%}{4}$. Diese Verzinsungsform findet sich typischerweise bei sogenannten Festgeldkonten.   △

Allgemein wird bei einer "unterjährigen" Verzinsung mit n Zinsgutschriften die nominelle Bezugsperiode Δ in n gleichlange Unterperioden der Dauer $\frac{\Delta}{n}$ zerlegt. Es wird dann im Grunde wieder nur ein Mehrperiodenmodell mit der Periodendauer $\frac{\Delta}{n}$ betrachtet. Der darauf wirkende Zinssatz ist $i^{(n)} := \frac{i}{n}$; er ist also proportional zur Länge der tatsächlichen Bezugsperiode. Diesen Mechanismus werden wir kurz als "UP_n-Verzinsung" bezeichnen.

Zum Vergleich der UP_n-Verzinsung mit der gemischten Verzinsung betrachten wir eine anfängliche Einmalzahlung in Höhe 1. Diese liefert (bei ein- und demselben Nominalzins i) folgende einjährige Schlusswerte:

- $U_1 := u = (1 + i)$ bei gemischter Verzinsung,
- $U_1^{(n)} := u^{(n)^n} := (1 + \frac{i}{n})^n$ bei UP_n-Verzinsung.

Welche Verzinsung ist nun für den Sparer besser? Wir ziehen jetzt endlich Nutzen aus der knifflig zu beweisenden Ungleichung (9.3) und finden für $m < n$ die Beziehung

$$\left(1 + \frac{i}{m}\right)^m < \left(1 + \frac{i}{n}\right)^n.$$

D.h., bei gleichem p.a.-Nominalzins liefert die unterjährige Verzinsung der Einmalzahlung einen umso höheren Ertrag am Jahresende, je mehr Unterperioden gewählt werden.

Wir beobachten, dass es im Falle der unterjährigen Verzinsung (im Gegensatz zur gemischten Verzinsung) durchaus sinnvoll ist, auch unterjährige Schlusswerte zu betrachten. Um eine in sich stimmige Bezeichnungsweise beizubehalten, benennen wir den Schlusswert einfach nach seiner zeitlichen Lage. So bezeichnen wir z.B. mit $U_{\frac{3}{4}}^{(4)}$ den Schlusswert der anfänglichen Einmalzahlung nach einem Dreivierteljahr; es gilt also

$$U_{\frac{3}{4}}^{(4)} = \left(1 + \frac{i}{4}\right)^3 = \left(\left(1 + \frac{i}{4}\right)^4\right)^{\frac{3}{4}} = \left(U_1^{(4)}\right)^{\frac{3}{4}}. \tag{14.18}$$

Für einen beliebigen Zeitpunkt der Form $t = \frac{k}{4}(k \in \mathbb{N}_0)$ gilt dann

$$U_t^{(4)} = U_{\frac{k}{4}}^{(4)} = \left(1 + \frac{i}{4}\right)^k. \tag{14.19}$$

Unterjährig periodische Verzinsung von Standardströmen

Soweit haben wir nur die Entwicklung einer Einmalzahlung betrachtet. Grundsätzlich lassen sich beliebige Zahlungsströme, deren Zahlungen nur zu Zeitpunkten der Form $\frac{k}{n}$, $k \in \mathbb{N}_0$, bei festem n möglich sind, einer unterjährigen Verzinsung mit n Unterperioden unterziehen. Ebenso wie im allgemeinen Mehrperiodenmodell können dann wiederum die Schlusswert- und Barwertprozesse betrachtet werden.

Neben den Einmalzahlungen stellen Renten die wichtigste Kategorie von Standardströmen dar. Bisher wurden lediglich solche Renten betrachtet, bei denen nur am Periodenanfang bzw. -ende jeweils eine Zahlung in Höhe 1 erfolgte. In Modellen mit unterjährig periodischer Verzinsung werden in der Praxis typischerweise auch diese Zahlungen gleichmäßig auf die n Unterperioden aufgeteilt. Eine Rente, bei der ein Betrag in Höhe von $\frac{1}{n}$ für die Dauer von insgesamt N Perioden am Ende jeder Unterperiode – also nachschüssig – gezahlt wird, wäre dann mit dem Symbol $R_{\overline{N|}}^{(n)}$ zu bezeichnen; sinngemäß wären die Bezeichnungen $\ddot{R}_{\overline{N|}}^{(n)}$, $\ddot{R}^{(n)}$ und $R^{(n)}$ zu verstehen. Die Berechnung der zugehörigen Bar- und Schlusswerte (soweit existent) $a_{\overline{N|}}^{(n)}$, $\ddot{a}_{\overline{N|}}^{(n)}$, $\ddot{a}_{\infty}^{(n)}$, $a_{\infty}^{(n)}$, $s_{\overline{N|}}^{(n)}$, $\ddot{s}_{\overline{N|}}^{(n)}$, ist nicht schwierig und kann weitgehend dem Leser überlassen werden.

14.4.3 Exponentielle Verzinsung

Eine weitere Möglichkeit zum Umgang mit unterjährigen Zahlungen beruht auf der Beobachtung (14.2), dass der Schlusswert der Einmalzahlung $\mathbb{1}_0$ im Mehrperiodenmodell an den Periodenenden *exponentiell* wächst:

$$U_n = e^{\alpha n}, \quad n \in \mathbb{N},$$

mit $\alpha = \ln(1 + i)$. Die Idee besteht nun darin, zu unterstellen, dass die Schlusswerte an den Periodenenden durch ein kontinuierliches Wachstum im Periodeninneren entstehen. In der Tat lässt sich gemäß (14.2) jedem *beliebigen* Zeitpunkt $t \geq 0$ ein Schlusswert U_t zuordnen, indem man setzt

$$U_t := e^{\alpha t}, \quad t \geq 0.$$

Definition 14.16. *Wir sprechen von* exponentieller *Verzinsung (mit Zinsintensität α), wenn sich der Schlusswert der Einmalzahlung $\mathbb{1}_0$ nach Ablauf einer beliebigen Zeit $t \geq 0$ zu*

$$\mathscr{S}(\mathbb{1}_0)_t = e^{\alpha t} \tag{14.20}$$

beläuft.

Die Tatsache, dass in (14.20) zunächst nur von dem Einheitsstrom $\mathbb{1}_0$ die Rede ist, bedeutet keinerlei Einschränkung, denn jeder diskrete Zahlungsstrom $Z = ((t_n),(r_n))$ kann als Überlagerung von zeitlich versetzten Vielfachen des Einheitstroms angesehen werden. Für einen beliebigen diskreten Zahlungsstrom ergibt sich daher folgende Schlusswertformel:

$$\mathscr{S}(Z)_t = \sum_{k:\,t_k \leq t} r_k e^{\alpha(t-t_k)}. \tag{14.21}$$

Diese Schreibweise bezeichnet nichts anderes als die Summe aller Zahlungen r_k, die bis zum Zeitpunkt t einschließlich erfolgen, aufgezinst mit dem Faktor $e^{\alpha(t-t_k)}$, der der nach erfolgter Zahlung bis zum Erreichen des Zeitpunktes t noch verbleibenden Restzeit $t - t_k$ entspricht. Bei dieser Formel handelt es sich um eine offensichtliche Verallgemeinerung der Schlusswertformel (14.8) im Mehrperiodenmodell. (Weil bis zur Zeit t definitionsgemäß höchstens endlich viele Zahlungen erfolgen, ist die Summe in (14.21) eine mit nur endlich vielen Summanden und daher wohldefiniert.)

Ganz analog können wir entsprechende Barwertformeln aufstellen. Dabei sind zukünftige Zahlungen entsprechend zu diskontieren. Wenn wir vom Zeitpunkt t auf einen zukünftigen Zeitpunkt $u > t$ schauen und dort eine Zahlung in Höhe Eins erwarten, so vergehen bis dahin $u - t$ Zeiteinheiten. Daher ist die erwartete Zahlung mit dem Faktor $e^{-\alpha(u-t)}$ abzuzinsen. Es folgt

$$\mathscr{B}(Z)_t = \sum_{k:\,t \leq t_k} r_k e^{-\alpha(t_t - k)}, \tag{14.22}$$

sofern diese Reihe konvergiert. Wir können aus ökonomischen Gründen annehmen, dass dies in allen sinnvollen Anwendungen zutrifft. Auf diese Weise ist die exponentielle Verzinsung allen diskreten Zahlungsströmen, die in der Praxis auftreten, zugänglich.

Der Reiz dieses Modells besteht darin, dass es ermöglicht, die Aufzinsung während *beliebig* (endlich) langer Zeiträume präzise und logisch konsistent zu beschreiben. *Präzise*: Für einen Zeitraum der Dauer $t \geq 0$ beträgt der Aufzinsungsfaktor $e^{\alpha t}$. *Konsistent*: Der Gesamt-Aufzinsungsfaktor $e^{\alpha(s+t)}$ für die Aufzinsung während zweier aufeinanderfolgender Zeiträume beliebiger Dauern s und t ergibt sich folgerichtig als das Produkt der einzelnen Aufzinsungsfaktoren, denn es gilt

$$e^{\alpha(s+t)} = e^{\alpha s} e^{\alpha t}.$$

Die aufmerksamen LeserInnen bemerken, dass wir folgender Frage bisher ausgewichen sind: Welche Rolle spielen in diesem Modell Bezugsperioden und "Zinsgutschriften"? Wir gehen im übernächsten Abschnitt darauf ein.

14.4.4 Zwischenbilanz

Alle bisher betrachteten Modelle beschreiben die Verzinsung sogenannter "diskreter" Zahlungsströme, bei denen Zahlungen nur zu festen Zeitpunkten – also diskontinuierlich – möglich sind. Wir sahen, dass dafür die exponentielle Verzinsung das theoretisch schönste und einzig wirklich konsequente Modell darstellt. Wegen des Erfordernisses, alle Berechnungen über die e-Funktion abzuwickeln, spielt dieses Modell für praktische Zinsberechnungen allerdings bislang kaum eine Rolle – im Gegensatz zu den beiden anderen Modellen und einer Vielzahl von Mischformen und Modifikationen davon. Vielmehr kann die exponentielle Verzinsung als eine theoretische Idealisierung aller anderen Modelle aufgefasst werden. Es liefert die schönste Antwort auf die einfache Frage: Wie vermehrt sich Geld?

Ein zweiter Vorteil wird sichtbar, wenn wir zu kontinuierliche Zahlungsströme als Idealisierung diskreter Zahlungsströme mit einer hohen zeitlichen Dichte vieler kleiner Zahlungen zulassen. Diese betrachten wir im nächsten Abschnitt.

14.5 Kontinuierliche Modelle

14.5.1 Grenzbetrachtungen für unterjährige Mehrperiodenmodelle

Wir stellen ein Gedankenexperiment an: Was würde geschehen, wenn wir bei unterjähriger mehrperiodischer Verzinsung die Anzahl n der Unterperioden über alle Grenzen wachsen ließen? Beginnen wir unsere Überlegungen der Einfachheit halber wieder mit der Einmalzahlung $\mathbb{I}_0$ und ihrem einjährigen Schlusswert aus Abschnitt 14.4.2, S. 489:

$$U_1^{(n)} = \left(1 + \frac{i}{n}\right)^n.$$

Wir sahen im Beispiel 8.65, S. 248, dass der Term rechts beim Grenzübergang $n \to \infty$ gegen e^i konvergiert und können daher schreiben

$$U_1^{(\infty)} := \lim_{n \to \infty} U_1^{(n)} = \lim_{n \to \infty} \left(1 + \frac{i}{n}\right)^n = e^{i \cdot 1}. \tag{14.23}$$

Diese Formel suggeriert, dass das Guthaben im Grenzfall mit zunehmender Zeit *kontinuierlich* wachsen müsse, und zwar wiederum *exponentiell*.

In der Tat ist nach einem Grenzübergang $n \to \infty$ *jeder* beliebige Zeitpunkt $t > 0$ als das Ende einer ("unendlich kurzen") Unterperiode anzusehen, an deren Ende ein Schlusswert U_t erreicht wird. Deswegen fassen wir die Schlusswerte als reelle Funktion $t \to U_t$ auf. Aufgrund von (14.23) vermuten wir, dass nicht allein für $t = 1$, sondern für jeden Wert $t > 0$ gilt

$$U_t = e^{i \cdot t}. \tag{14.24}$$

In der Tat ergibt sich das aus sorgfältigen Grenzbetrachtungen für unterjährige Zeitpunkte, die für Interessenten dem Anhang beigefügt sind.

Unser in 14.4.3 betrachtetes exponentielles Zinsmodell ist also als Grenzfall der unterjährigen Mehrperiodenmodelle anzusehen. *Einen* feinen Unterschied gilt es allerdings zu beachten:

- Beim exponentiellen Modell gilt $\mathscr{S}(\mathbb{1}_0)_t = e^{\alpha t}$ mit $\alpha = \ln(1 + i)$, insbesondere gilt $\mathscr{S}(\mathbb{1}_0)_1 = 1 + i$.

- Beim Grenzübergang aus Mehrperiodenmodellen gilt $\mathscr{S}(\mathbb{1}_0)_t = e^{it}$, insbesondere $\mathscr{S}(\mathbb{1}_0)_1 = e^i$.

Auch hier zeigt sich der Vorteil des exponentiellen Zinsmodells: Der p.a.-Nominalzins i wird *konsequent* angewandt. Auf eine Unterperiode der Dauer $\frac{1}{n}$ wirkt der Aufzinsungsfaktor $e^{\frac{\alpha}{n}} = \sqrt[n]{1 + i}$. Bei den unterjährigen Mehrperiodenmodellen wird stattdessen der "linearisierte" Aufzinsungsfaktor $1 + \frac{i}{n}$ verwendet. Diese Gepflogenheiten aus der Praxis haben ihren Ursprung vermutlich noch im Vor-Computer-Zeitalter.

14.5.2   Ausblick: Asymptotische Dynamik

Wir fragen uns nun, ob es nach dem Grenzübergang von unterperiodischen zum kontinuierlichen Modell Bewegungsgleichungen für die Schlusswerte gibt, die denjengen im Mehrperiodenmodell entprechen, wie z.B. die Differenzengleichung:

$$\Delta S_k = \Delta Z_k + S_{k-1} \cdot i \cdot \Delta k. \tag{14.25}$$

Beginnen wir mit dem **Einheitsstrom** $\mathbb{1}_0$. Für diesen gilt bekanntlich $\Delta Z_k = 0$ für $k > 0$, also nimmt (14.25) die einfachere Form

$$\Delta S_k = S_{k-1} \cdot i \cdot \Delta k \tag{14.26}$$

an. Für den Grenzfall unendlich vieler Unterperioden können wir nun folgende Überlegung anstellen:

- Zu jedem Zeitpunkt $t > 0$ endet die "unendlich kurze" Bezugsperiode $[t - dt, t)$ der Dauer dt.

- Das in dieser Zeit bestehende konstante Guthaben ist S_t.

- Darauf wird ein Zinssatz angewandt, der der Länge der Bezugsperiode entspricht – nämlich $i\,dt$.

- Die Zinsgutschrift lautet also $S_t i\,dt$.

- Diese ergibt den Guthabenzuwachs dS_t.

Also geht (14.26) asymptotisch in die formale Gleichung

$$dS_t = S_t \cdot i \cdot dt \qquad (14.27)$$

über. Wir dividieren beide Seiten formal durch dt. Es folgt

$$\frac{dS_t}{dt} = iS_t. \qquad (14.28)$$

In dieser Gleichung kommt die gesuchte Schlusswertfunktion zusammen mit ihrer Ableitung vor. Man nennt dies eine *Differentialgleichung*. Derartige Gleichungen werden zwar erst in Band ℍ𝒪 Math 3 näher behandelt; wir können uns aber sofort überzeugen, dass unsere Schlusswertfunktion für den Einheitsstrom $S_t = e^{it}$ genau dieser Gleichung genügt und zusätzlich die *Anfangsbedingung* $S_0 = 1$ erfüllt.

Allgemeine kontinuierliche Zahlungsströme

Wir versuchen nun, die Gleichung (14.25) auch für den Fall asymptotisch zu interpretieren, in dem auch nach dem Zeitpunkt 0 noch Zahlungen möglich sind. Der momentane Stand unserer Überlegungen ist folgender:

$$\Delta S_k = \Delta Z_k + S_{k-1} \cdot i \cdot \Delta k,$$
$$dS_t = ?? \qquad + S_{t-} \cdot i \, dt.$$

Die Lücke an der Stelle ?? ist formal schnell geschlossen, wenn wir ΔZ_k ersetzen durch dZ_t, eine infinitesimale Größe, die den Einzahlungs"zuwachs" im Zeitintervall $[t - dt, t)$ beschreibt. Wenn wir uns unseren Einzahlungsprozess "sehr kontinuierlich" – sprich differenzierbar – vorstellen, können wir zudem schreiben $dZ_t = z_t \, dt$, anders formuliert: $\frac{dZ_t}{dt} = z_t$. Hierbei sehen wir den kumulativen Zahlungsstrom Z nicht mehr als das Ergebnis einer Reihe von einmaligen Zahlungen an, die einen sprunghaften Guthabenzuwachs bewirken, sondern als das Resultat einer unendlichen Anzahl unendlich kleiner Einzahlungen. Es handelt sich dann bei z um die Ableitung der differenzierbaren Funktion Z, die wir als "Zahlungsdichte" bezeichnen werden. Damit geht (14.25) über in

$$dS_t = z_t \, dt + S_t \cdot i \, dt. \qquad (14.29)$$

Dividieren wir diese Gleichung formal durch dt, so folgt

$$\frac{dS_t}{dt} = z_t + i \, S_t \qquad (14.30)$$

– wiederum eine Differentialgleichung für den gesuchten Schlusswertstrom S. Im Band ℍ𝒪 Math 3 werden wir uns ausführlich mit diesen Gleichungen beschäftigen und können damit Schlusswerte für eine große Klasse kontinuierlicher Zahlungsprozesse angeben.

14.6 Aufgaben

Aufgabe 14.17. Frau Bleibtreu, Mitarbeiterin des Unternehmens "Family", geht am 31.12.2008 in den verdienten Ruhestand. Aufgrund langjähriger Betriebszugehörigkeit hat sie sich die Anwartschaft auf eine 10-jährige Leibrente in Höhe von jährlich 1200 Euro erworben. Die Rente wird "nachschüssig", d.h., am Ende eines jeden Jahres nach Renteneintritt, an Frau Bleibtreu oder ggf. an ihre Erben ausbezahlt.

(i) Das Unternehmen "Family" möchte zur Absicherung seiner vollständigen Zahlungsverpflichtungen an Frau Bleibtreu am 31.12.2008 eine einmalige Rückstellung in Höhe von R Euro bilden. Dabei ist daran gedacht, diesen Betrag auf einem dauerhaft mit 2% p.a. verzinsten Sparkonto anzulegen. Wie hoch ist der Betrag R zu wählen?

(ii) Frau Bleibtreu hingegen beabsichtigt, ihre Betriebsrente während der gesamten Laufzeit ihrer Zahlung nicht anzurühren, sondern fasst ebenfalls die Anlage auf einem mit 2% verzinsten Sparkonto ins Auge. Welches Guthaben hat sie unmittelbar nach der letzten Rentenzahlung?

Aufgabe 14.18. Wie lauten die Ergebnisse in Aufgabe 14.17, wenn die Leibrente an Frau Bleibtreu nicht in Form einer jährlich nachschüssigen Zahlung in Höhe von 1200 Euro, sondern in Form einer monatlich nachschüssigen Zahlung von 100 Euro gezahlt wird?

Aufgabe 14.19. Wie lauten die Ergebnisse in Aufgabe 14.17, wenn sowohl das Unternehmen "Family" als auch Frau Bleibtreu die Geldanlage nicht auf einem Sparkonto, sondern auf einem mit 2% p.a.verzinsten Festgeldkonto mit monatlicher Zinsgutschrift vornehmen?

Aufgabe 14.20 (vgl. Beispiel 14.13 (Bundesobligationen)). Der Student N.O. N. Speculatius fragt sich, ob er dieselbe Zahlungsreihe wie die seiner Bundesobligation nicht auch mit Hilfe eines Sparkontos, welches mit einem Zinssatz i verzinst wird und auf jede Art von Gebühren verzichtet, erreichen könnte. Dazu interpretiert er die bekannte Zahlungsreihe nur etwas anders:

Datum	Betrag	Aktivität
01.01.2008	1020, 00 Euro S	"Einzahlung auf das Sparkonto"
31.12.2008	47, 50 Euro H	"Abhebung vom Sparkonto"
...	...	...
31.01.2012	47, 50 Euro H	"Abhebung von Sparkonto"
31.01.2013	1047, 50 Euro H	"Abhebung des gesamten Guthabens und Kontoauflösung"

Wie hoch müsste der Zinssatz i sein?

Aufgabe 14.21 (vgl. Beispiel 14.10 (Ratenkredit)). Ein noch besserer Freund bietet N.O.N. Speculatius folgende Kreditkonditionen an: 3% Zinsen p.a. auf den vollen Darlehensbetrag von 1000 Euro bei gleicher Laufzeit, ausbezahlt wird das Privatdarlehen aber nur in einer Höhe von 950 Euro. Sind die Konditionen des besseren Freundes besser als die des guten Freundes?

Aufgabe 14.22. Ein Annuitätendarlehen in Höhe von 100.000 Euro soll mit 4.5% verzinst und innerhalb von genau 10 Jahren vollständig getilgt werden. Zins- und Tilgungszahlungen sollen in 10 endfälligen Jahresraten gleichbleibender Höhe a erfolgen. Man berechne a.

Aufgabe 14.23. Ein besonders vorsichtiger Sparer legt am 02.03.2000 sein Vermögen in Aktien der von Bankanalysten vielgepriesenen Firma "Internet&Bubble AG" an. Er kauft 100 Stück zum Kurswert von je $75, 39$ DM und zahlt dafür $277, 32$ DM Provision an seine Bank. Am 08.07.2000 darf er sich nach der Hauptversammlung über eine Dividendengutschrift in Höhe von $2, 2$ Pfennig je Aktie freuen. Am 31.12.2000 zieht seine Bank Depotgebühren in Höhe von 45 DM ein. Als er am 04.04.2001 Geld für sein neues Auto benötigt, verkauft er notgedrungen seinen Gesamtbestand an "Internet&BubbleAG" Aktien. Die Provision beträgt diesmal nur 75 DM (Mindestsatz), denn der Kurswert hat sich leider etwas vermindert – auf $1, 69$ DM pro Stück. Bei Auflösung des Depots werden nochmals anteilige Depot- sowie Depotauflösungsgebühren in einer Gesamthöhe von $37, 52$ DM fällig.

Danach stellt sich der Sparer die Frage nach der Effektivverzinsung seiner Anfangsinvestition vom 02.03.2000 unter der Annahme eines kontinuierlichen Verzinsungsmodells. Geben Sie den Ansatz zur Ermittlung der effektiven Zinsintensität an. (Die eigentliche Berechnung ist nicht gefordert. Empfehlung: Rechnen Sie mit der Einheit $1 \hateq 1$ Jahr.)

Anhang I: Begründungen

Kapitel 0

Begründung von Satz 0.87: Wie wir in Abschnitt 0.7.2, Punkt Polynomdivision, sahen, ergibt jede Division von $P(x)$ durch $(x - z)$ eine Darstellung der Form

$$P(x) = Q(x)(x - z) + R(x), \qquad \text{(AI.1)}$$

wobei der "Divisionsrest" $R(x)$ entweder Null oder aber ein nichtverschwindendes Polynom von geringerem Grad als der Divisor $(x - z)$, in jedem Fall also eine Konstante ist. Nun folgt aus (AI.1) unmittelbar

$$P(z) = R(z),$$

mithin

$$P(z) = 0 \iff R(z) = 0.$$

Also ist $P(x)$ genau dann restlos durch $(x - z)$ teilbar, wenn gilt $P(z) = 0$. $\qquad \square$

Kapitel 3

Begründung von Bemerkung 3.2 (1): Dass M beschränkt ist, bedeutet nach Definition 3.1, dass für passende Schranken U und O sowie alle $x \in M$ gilt $U \leqslant x \leqslant O$. Diese Ungleichung gilt "erst recht", wenn man "weitere" Schranken wählt; genauer: für alle U' und O' mit $U' \leqslant U$ und $O \leqslant O'$ gilt ebenfalls $U' \leqslant x \leqslant O'$ für alle $x \in M$. Man kann nun insbesondere für O' den größeren der beiden Werte $|U|$, $|O|$ wählen und $U' := -O'$ setzen. Damit gilt $-O' \leqslant x \leqslant O'$, kürzer formuliert: $|x| \leqslant O' =: K$ für alle $x \in M$.
Wenn umgekehrt (3.1) gilt, folgt sofort $U := -K \leqslant x \leqslant K =: O$ für alle $x \in M$. $\square$

Kapitel 4

Begründung von Satz 4.58: Wir setzen $a_n = \frac{1}{n}$ und $s_n := a_1 + ... + a_n$, $n \in \mathbb{N}$. Nun betrachten wir für ein beliebiges $m \in \mathbb{N}$ die Partialsummendifferenz

$$s_{2^{m+1}} - s_{2^m} = a_{2^m+1} + ... + a_{2^{m+1}}.$$

Rechts stehen 2^m Summanden, und der kleinste von ihnen ist $\frac{1}{2^{m+1}}$. Also ist die Summe rechts größer als

$$\frac{1}{2^{m+1}} + ... + \frac{1}{2^{m+1}} = \frac{2^m}{2^{m+1}} = \frac{1}{2}.$$

Daraus folgt

$$s_{2m+1} > s_{2m} + \frac{1}{2} > s_{2m-1} + \frac{1}{2} + \frac{1}{2} > \dots > s_{2^0} + \frac{m}{2} = 1 + \frac{m}{2}$$

und folglich

$$\lim_{n \to \infty} s_n = \lim_{n \to \infty} s_{2^n+1} \geq \lim_{n \to \infty} \left(1 + \frac{n}{2}\right) = \infty.$$

$\square$

Kapitel 8

"Satz von Rolle" (Satz 8.52): *Die Funktion* $f : [a, b] \to \mathbb{R}$ *sei stetig und auf* (a, b) *differenzierbar. Gilt dann* $f(a) = f(b)$*, so existiert eine Stelle* $\xi \in (a, b)$ *mit* $f'(\xi) = 0$.

Begründung des Satzes von Rolle: Als stetige Funktion nimmt die Funktion f auf dem kompakten Intervall $[a, b]$ ihr Maximum und ihr Minimum an (Fermatsches Maximumprinzip). Wir unterscheiden zwei Fälle:

1) Minimum und Maximum stimmen überein: $\min_{[a,b]} f = \max_{[a,b]} f$. Dies ist nur möglich, wenn f auf ganz $[a, b]$ konstant ist. Dann aber verschwindet die Ableitung f' auf ganz (a, b) (Satz 8.16).

2) Minimum und Maximum stimmen nicht überein: $\min_{[a,b]} f < \max_{[a,b]} f$. Mindestens eine der beiden Größen muss von $f(a) = f(b)$ verschieden sein; wir nehmen an, es handele sich um das Maximum (andernfalls finden alle folgenden Überlegungen sinngemäße Anwendung auf das Minimum). Wir wählen eine beliebige Maximumstelle ξ aus. Für diese muss gelten $\xi \in (a, b)$, folglich existiert an der Stelle ξ die Ableitung $f'(\xi)$. Diese ist gleichzeitig Rechts- und Linksableitung. Für die erstere gilt

$$f'(\xi) = \lim_{h \to 0, h > 0} \frac{f(\xi + h) - f(\xi)}{h} \leq 0, \qquad (\text{AI.2})$$

denn der Zähler des Differentialquotienten ist wegen der Maximalität von $f(\xi)$ stets kleiner oder gleich 0, der Nenner h jedoch positiv. Für die Linksableitung hingegen folgt

$$f'(\xi) = \lim_{h \to 0, h < 0} \frac{f(\xi + h) - f(\xi)}{h} \geq 0, \qquad (\text{AI.3})$$

weil der nichtpositive Zähler hier durch den negativen Nenner h dividiert wird. Weil (AI.2) und (AI.3) gleichzeitig gelten, muss $f'(\xi) = 0$ sein. $\square$

Beweis des Mittelwertsatzes (Satz 8.53): Unter den Voraussetzungen des Mittelwertsatzes existiert eine eindeutig bestimmte affine Funktion g mit $g(a) = f(a)$, $g(b) = f(b)$. (Diese ist, wie man leicht nachrechnen kann, durch die Formel

$$g(x) = f(a) + \frac{f(b) - f(a)}{b - a}(x - a), x \in [a, b]$$

gegeben und überall auf $[a, b]$ differenzierbar mit der Ableitung $\frac{f(b)-f(a)}{b-a}$.) Wir definieren nun eine Funktion h durch $h := f - g$. Diese Funktion ist wiederum stetig auf $[a, b]$ und differenzierbar auf (a, b). Weiterhin gilt offenbar $h(a) = h(b) = 0$. Nach dem Satz von Rolle existiert eine Stelle $\xi \in (a, b)$ mit $h'(\xi) = 0$. Wegen $h' = f' - g'$ bedeutet das nun $f'(\xi) = g'(\xi) = \frac{f(b)-f(a)}{b-a}$. □

Kapitel 9

Begründung von Satz 9.6: Offenbar ist nur etwas zu zeigen, wenn sich $D°$ und D unterscheiden, also die untere oder die obere Intervallgrenze in D liegt. Wir nehmen an, der erste Fall läge vor, wobei D von der Form $[a, b)$ mit $a \in R$ und $b \leq \infty$ sei. Nach Voraussetzung gilt im Fall (ii) für alle $x, y \in D°$: $x < y \Rightarrow f(x) < f(y)$. Wir haben zu zeigen, dass dies auch noch gilt, wenn x den Wert a annimmt. Dazu sei y aus $D°$ beliebig gewählt und x_n eine streng fallende Folge aus $D°$ mit $x_n \to a$ für $n \to \infty$. Wir können dabei annehmen, dass für alle n gilt $x_n < y$ und folglich $f(x_n) < f(y)$. Es folgt wegen der vorausgesetzten Stetigkeit und der Monotonie $f(a) = \lim_{n \to \infty} f(x_n) < f(x_1) < f(y)$, also $f(a) < f(y)$, wie gewünscht. Ganz analog geht man vor, wenn die obere Intervallgrenze in D liegt. □

Begründung von Satz 9.12: *Zu (i):* Wir nehmen an, f und h seien beide monoton fallend. Sind x, y aus D gegeben und gilt $x < y$, so folgt

$x < y$	$\Rightarrow$	$f(x)$	$\geq$	$f(y)$	(denn f ist fallend)
	$\Rightarrow$	$f(y)$	$\leq$	$f(x)$	(Tausch der Seiten)
	$\Rightarrow$	$h(f(y))$	$\geq$	$h(f(x))$	(denn h ist fallend)
	$\Rightarrow$	$h(f(x))$	$\leq$	$h(f(y))$	(Tausch der Seiten)

Zu (ii): Liegt strenge Monotonie beider Funktionen vor, können alle "$\geq$" - bzw. "$\leq$" -Zeichen in den vorangehenden Betrachtungen durch "$>$" bzw. "$<$" ersetzt werden, woraus sich im Ergebnis strenge Monotonie für $h \circ f$ ergibt.

Zu (iii): Sind f und g beide wachsend, ersetzt man " $\geq$" und "fallend" durch "$\leq$" bzw. "wachsend" und erhält das Gewünschte (auf den Seitentausch kann man verzichten). □

Kapitel 10

Begründung von Satz 10.6: Wir beginnen mit folgender Vorbemerkung: Es seien $u < w$ aus D beliebig gegeben. Dann wird durch $\lambda \to v := \lambda u + (1-\lambda)w$ eine injektive Abbildung von $(0,1)$ auf (u,w) definiert.

Für $v = \lambda u + (1 - \lambda)w$ gilt nun

$$\frac{f(w) - f(u)}{w - u} = \frac{(1 - \lambda)f(w) - (1 - \lambda)f(u)}{(1 - \lambda)w - (1 - \lambda)u} = \frac{[\lambda f(u) + (1 - \lambda)f(w)] - f(u)}{[\lambda u + (1 - \lambda)w] - u}$$

$$= \frac{[\lambda f(u) + (1 - \lambda)f(w)] - f(u)}{v - u} .$$

Daher sind die beiden Ungleichungen

$$\frac{f(w) - f(u)}{w - u} \; [>] \geqslant \; \frac{f(v) - f(u)}{v - u}$$

und

$$[\lambda f(u) + (1 - \lambda)f(w)] \; [>] \geqslant f(v)$$

zueinander äquivalent. Hieraus ergeben sich alle Aussagen des Satzes ganz unmittelbar.   □

Begründung von Satz 10.15: Zu (ii):

a) f sei strikt konvex. Um nachzuweisen, dass f' streng monoton wächst, wählen wir x und y mit $x < y$ beliebig aus D. Wir wollen zeigen $f'(x) < f'(y)$. Aufgrund von Satz 10.6 und Folgerung 10.8 gilt nun für alle betragsmäßig hinreichend kleinen $h > 0$ und $k < 0$

$$\frac{f(x + h) - f(x)}{h} \; < \; \frac{f(y) - f(x)}{y - x} \; < \; \frac{f(y + k) - f(y)}{k} \qquad (\text{AI.4})$$

(siehe die Ableitungen auf S. 291). Dabei wird der Bruch auf der linken Seite mit abnehmendem $h > 0$ immer kleiner, der auf der rechten Seite mit zunehmendem $k < 0$ immer größer.

Dadurch bleiben die beiden Ungleichungen in (AI.4) auch beim Grenzübergang $h \to 0$ und $k \to 0$ in strenger Form erhalten und liefern dann die gewünschte Ungleichung:

$$f'(x) = D^+ f(x) \; < \; \frac{f(y) - f(x)}{y - x}$$

$$< D^- f(y) = f'(y). \quad (\text{AI.5})$$

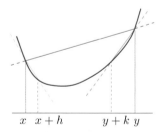

$$x \quad x + h \qquad y + k \; y$$

b) Umgekehrt nehmen wir nun an, f' wachse streng monoton. Zu zeigen ist, dass f strikt konvex ist. Nach Folgerung 10.8 genügt es zu zeigen, dass für beliebige $u < v < w$ in D gilt

$$\frac{f(v) - f(u)}{v - u} \; < \; \frac{f(w) - f(v)}{w - v}. \qquad (\text{AI.6})$$

Wir nehmen an, dies wäre nicht der Fall, es gelte also für gewisse Zahlen $u < v < w$

$$\frac{f(v) - f(u)}{v - u} \;\geqslant\; \frac{f(w) - f(v)}{w - v}. \qquad (AI.7)$$

Weil f auf D als differenzierbar vorausgesetzt wurde, ist f auch stetig, und der Mittelwertsatz ist auf die beiden abgeschlossenen Intervalle $[u, v]$ und $[v, w]$ einzeln anwendbar. Ihm zufolge gibt es Zahlen $\xi \in (u, v)$ und $\eta \in (v, w)$ derart, dass gilt

$$f'(\xi) = \frac{f(v) - f(u)}{v - u} \quad \text{und} \quad \frac{f(w) - f(v)}{w - v} = f'(\eta),$$

also

$$f'(\xi) \;\geqslant\; f'(\eta). \qquad (AI.8)$$

Gleichzeitig gilt jedoch

$$\xi \;<\; \eta,$$

also kann die Funktion f' nicht streng monoton wachsen – ein Widerspruch.

Zu (i):
Hier ist zu zeigen, dass aus (einfacher) Konvexität von f die (nicht notwendig strenge) Monotonie von f' folgt und umgekehrt. Dabei kann die bisher benutzte Argumentation im wesentlichen wiederholt werden; zu beachten ist lediglich, dass alle bisher strikten Ungleichungen nun nicht mehr strikt zu interpretieren sind.   □

Kapitel 11

Begründung von Satz 11.24: Hier wird vorausgesetzt $f'''(x^\circ) \neq 0$. Nehmen wir z.B. an, es gelte $f'''(x) > 0$. Wiederum können wir schließen, dass innerhalb einer ganzen Umgebung $\mathcal{U}$ von x° gilt $f''' > 0$. Dann aber ist f'' auf $\mathcal{U}$ streng wachsend, es gilt $f''(x) < 0$ für $x \in \mathcal{U}$ mit $x < x^\circ$, es gilt $f''(x^\circ) = 0$ und es gilt $f''(x) > 0$ für $x > x^\circ$. Also ist f auf $(-\infty, x^\circ) \cap \mathcal{U}$ strikt konkav ("links von x°"), auf $\mathcal{U} \cap (x^\circ, \infty)$ strikt konvex ("rechts von x°") – wir haben die Situation des Bildes 11.6, S. 330 .   □

Kapitel 13

Begründung von Satz 13.54: Wir betrachten zunächst den Fall, in dem K stetig differenzierbar ist. Für $x \to 0$ hat der Quotient $k(x) = \frac{K(x)}{x}$ die unbestimmte Form "$\frac{0}{0}$". Wir betrachten daher stattdessen den Quotienten der Ableitungen von Zähler und Nenner

$$\frac{K'(x)}{x'} = K'(x),$$

dieser strebt für $x \to 0$ nach der Regel von Bernoulli/L'Hospital gegen $K'(0)$. Es gilt also $k(0+) = K'(0) = D^+ K(0)$. – Wenn K hingegen neoklassisch ist, ist K innerhalb einer Nullumgebung strikt konvex. Daher existiert die (endliche) rechtsseitige Ableitung an der Stelle Null:

$$D^+ K(0) = \lim \frac{K(x) - K(0)}{x - 0} = \lim k(x).$$

Der lineare Fall ist offensichtlich.   □

Begründung von Satz 13.75: Wenn K ertragsgesetzlich ist, existiert voraussetzungsgemäß eine Konstante $a > 0$ derart, dass K auf $[0, a]$ strikt konkav und auf $[a, \infty)$ strikt konvex ist. Wenn K dagegen neoklassisch ist, setzen wir $a := 0$. Auf diese Weise können wir in jedem Fall sagen, dass K auf $[a, \infty)$ strikt konvex ist.

Schritt 1: Wenn k ein lokales Minimum besitzt, ist es global und strikt.

Denn: Angenommen, k besitze an (mindestens) einer Stelle x^* ein lokales Minimum. Dieses ist dann global in einer Umgebung $\mathcal{U}(x^*)$. Wir unterscheiden zwei Fälle:

(1) $x^* = 0$ ist eine solche Stelle. Dies ist nur möglich, wenn der Definitionsbereich von k um die 0 erweitert wurde, also $k(0+)$ endlich ist, und insbesondere $K(0) = 0$ gilt.

Wir können $k(0+)$ durch einen von $(0, 0)$ ausgehenden Grenzstrahl G mit dem Anstieg $k(0+)$ visualisieren.

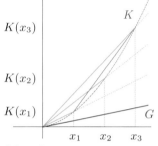

Da es sich bei $k(0+)$ um einen Grenzwert handelt, gibt es eine streng monoton fallende Nullfolge (x_n) in $\mathcal{U}$ derart, dass die Folge $k(x_n)$ gegen $k(0+)$ konvergiert. Wegen der Minimalität von $k(0+)$ in $\mathcal{U}$ können wir sogar annehmen, dass auch die Folge $(k(x_n))$ streng monoton fällt. Dann kann K aber in $\mathcal{U}$ nicht konkav sein. (Wir zeigen das anhand der ersten drei Folgenglieder x_1, x_2, x_3 im Bild 1: Der Punkt $(x_2, K(x_2))$ liegt unterhalb der Verbindungsstrecke von $(x_1, K(x_1))$ und $(x_3, K(x_3))$ im Widerspruch zu einer vermeintlichen Konkavität.) Also ist K neoklassisch. Als lokale Stützgerade einer strikt konvexen Funktion ist F sogar globale Stützgerade und enthält nur einen einzigen Punkt von graph(K), nämlich $(0, 0)$. Also ist das Stückkostenminimum sogar global, und zwar strikt.

(2) An der Stelle Null liegt kein lokales Minimum von K. Also gilt $x^* > 0$. Offensichtlich kann x^* auch nicht im Inneren $(0, a)$ des Konkavitätsbereichs von K liegen[4]. Folglich muss $x^* \in [a, \infty)$ gelten. ern: dies ist der Bereich strikter Konvexität von K.

Dieses Bild zeigt nun Folgendes: Aufgrund der Minimalität von $k(x^*)$ in $\mathcal{U}(x^*)$ muss graph(K) durch die türkis schraffierte Zone verlaufen. Der Fahrstrahl enthält den Punkt $(x^*, K(x^*))$ und ist somit eine lokale Stützgerade g von K.

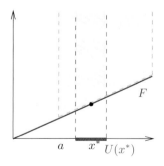

---

[4]Diese Feststellung ist nur für den ertragsgesetzlichen Fall relevant, in dem $a > 0$ ist.

Nach Satz 10.4 ist diese automatisch global auf dem Konvexitätsbereich $[a, \infty)$. graph(K) muss also in der pastellgelben Zone verlaufen und darf nur einen einzigen Punkt des gestrichelten unteren Randes enthalten, nämlich $(x^*, K(x^*))$. Damit ist x^* bezüglich $[a, \infty)$ ein strikter globaler Minimumpunkt, und er ist es sogar bezüglich ganz D^*, weil k stetig und auf (0,a) nach Satz 13.79 streng monoton fallend ist. Wir haben nunmehr gezeigt, dass x^* in beiden Fällen automatisch einziger globaler Minimumpunkt von k ist.

Schritt 2: Wenn k ein lokales Minimum besitzt, ist dies identisch mit dem Betriebs-optimum.

Denn: Nach Schritt 1 ist jeder lokale Minimumpunkt x^* automatisch global. Als solcher ist er identisch mit dem betriebsoptimalen Output x_{BO}, und das Betriebs-optimum ist gegeben durch $k_{BO} = k(x_{BO})$.

Schritt 3: k besitzt höchstens einen lokalen Minimumpunkt.

Denn: Wären x^* und x^{**} zwei lokale Minimumpunkte, so folgte für jeden von ihnen nach Schritt 1, dass er der einzige globale Minimumpunkt von k ist. x^* und x^{**} können also nicht verschieden sein.

Schritt 4: k besitzt keinen lokalen Minimumpunkt, wenn K kein Betriebsoptimum besitzt.

Denn: Anderes wäre ein Widerspruch zu Schritt 2.

Schritt 5: Wenn K ein Betriebsoptimum besitzt, ist k streng fallend auf $(0, x_{BO}]$ (sofern diese Menge nichtleer ist) und streng wachsend auf $[x_{BO}, \infty)$.

Denn: Wir hatten in Schritt 1 bereits gesehen, dass k auf $(0, a]$ streng fallend ist (vorausgesetzt, diese Menge ist nichtleer). Wir betrachten daher nun das Verhalten auf $[a, \infty)$ und zeigen zunächst, dass zwischen je zwei Punkten $x_1 < x_2$ aus (a, ∞) mit $k(x_1) = k(x_2)$ die Stelle x_{BO} liegen muss. In der Tat, es seien x_1 und x_2 zwei derartige Punkte. Wir betrachten nun statt der Stückkosten die Gesamtkosten und stellen fest, dass die Punkte $(x_1, K(x_1))$ und $(x_2, K(x_2))$ wegen gleicher Stückko-sten auf demselben Fahrstrahl F liegen. Da die Gesamtkostenfunktion K auf $[a, \infty)$ strikt konvex ist, muss ihr Graph zwischen diesen Punkten strikt unterhalb ihrer Verbindungsstrecke verlaufen. Also muss es einen Fahrstrahl mit noch geringerer Neigung als F geben, und mithin nehmen die Stückkosten zwischen x_1 und x_2 einen Wert an, der echt kleiner ist als $k(x_1) = k(x_2)$. Wegen der Stetigkeit von k besagt dies aber, dass k innerhalb (x_1, x_2) ein lokales Minimum annimmt, welches kleiner ist als $k(x_1) = k(x_2)$. Aus den Schritten 1 und 2 folgt: $x_1 < x_{BO} < x_2$. Was ist dadurch gewonnen? Auf jeweils "einer Seite von x_{BO}", genauer: auf $(a, x_{BO}]$ (falls nichtleer) und auf $[x_{BO}, \infty)$ nimmt die Funktion k keinen Funktionswert zweimal an und ist damit injektiv! Weil k stetig ist, so jeweils auch streng monoton. Wegen der Minimalität von $k(x_{BO})$ ist dies nur möglich, wenn k auf $(a, x_{BO}]$ (sofern nichtleer) streng fallend und auf $[x_{BO}, \infty)$ streng wachsend ist. $\square$

Begründung von Satz 13.76: *Schritt 1*: Für jede Stelle $x \geq 0$ mit $K'(x) = k(x)$ gilt $x = 0$ oder $x \geq a$.

Denn: Diese Aussage ist offensichtlich stets richtig, wenn K neoklassisch und $a = 0$ ist; wir können also annehmen, K sei ertragsgesetzlich (und daher $a > 0$). Wir neh-men an, die Behauptung wäre falsch. Dann gäbe es ein x in $(0, a)$ mit $K'(x) = k(x)$.

Das Bild zeigt den zu dem Punkt $(x, K(x))$ gehörigen Fahrstrahl F. Er verläuft mindestens so steil wie der Fahrstrahl F_v, der von $(0, K(0))$ zu $(x, K(x))$ führt.

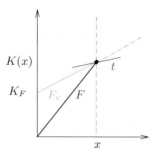

Wegen der strikten Konkavität von K in diesem Bereich muss graph(K) in dem pastellgelben Feld strikt oberhalb von F_v verlaufen und die Tangente t an graph(K) im Punkt $(x, K(x))$ eine echt geringere Steigung aufweisen als der Fahrstrahl F_v (vgl. Satz 10.6). Dann kann ihre Steigung aber nicht, wie angenommen, mit der von F übereinstimmen.

Schritt 2: Es sei $x \geq a$ ein Punkt mit $K'(x) = k(x)$. Für jeden Punkt $y > x$ gilt dann $K'(y) > k(y)$.

Denn: Dieses Bild liefert die Begründung:

Es seien $x < y$ zwei Punkte aus dem (strikten) Konvexitätsbereich von K. Die Voraussetzung $K'(x) = k(x)$ besagt, dass der vom Ursprung zum Punkt $(x, K(x))$ führende Fahrstrahl F_x zugleich Teil der Tangente an graph(K) im Punkt $(x, K(x))$ ist.

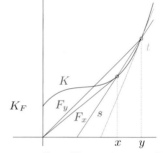

Der Punkt y liegt rechts von x, also muss – wegen strikter Konvexität von K in diesem Bereich – der Punkt $(y, K(y))$ oberhalb des verlängerten Fahrstrahls F_x liegen. Wir betrachten nun die Gerade s, die die beiden Punkte $(x, K(x))$ und $(y, K(y))$ verbindet, und die Tangente t an graph(K) im Punkt $(y, K(y))$. Letztere hat den Anstieg $K'(y)$, und wegen der strikten Konvexität von K ist dieser größer als der von s (Satz 10.6). Andererseits ist der Anstieg $k(y)$ des Fahrstrahls F_y offensichtlich geringer als der von s. Also gilt $K'(y) > k(y)$.

Schritt 3: Es kann höchstens ein Punkt $x \geq 0$ mit $K'(x) = k(x)$ existieren.

Denn: Gäbe es zwei verschiedene, könnte man den größeren mit y bezeichnen und würde nach Schritt 2 sofort finden $K'(y) > k(y)$ – Widerspruch!

Schritt 4: Wenn K ein Betriebsoptimum besitzt, gibt es eine Stelle $x \geq 0$ mit $K'(x) = k(x)$.

Denn: Wir unterscheiden zwei Fälle:

(1) $x_{BO} > 0$. Da hier das globale Minimum von k im Inneren von D^* angenommen wird, liegt dort notwendigerweise ein stationär Punkt von k (Satz 11.14). Mit

Hilfe der Quotientenregel folgt zunächst

$$k'(x) = \left(\frac{K(x)}{x}\right)' = \left(\frac{K'(x)x - K(x) \cdot 1}{x^2}\right), \qquad \text{(AI.9)}$$

für den stationären Punkt x ist dieser Bruch und damit sein Zähler Null:

$$K'(x)x = K(x).$$

Division durch x liefert $K'(x) = k(x)$, wie behauptet.

(2) $x_{BO} = 0$. In diesem Fall muss K neoklassisch sein (denn in Schritt 1 der Begründung von Satz 1 wurde gezeigt, dass die Stelle $x_{BO} \in [a, \infty)$ liegt, im ertragsgesetzlichen Fall also von Null verschieden ist). Weiterhin muss $K(0) = 0$ gelten (andernfalls wäre $k(0+) = \infty$ im Widerspruch zur Minimalität von $k(0+)$). Es handelt sich also bei unserem Betriebsoptimum zugleich um das Betriebsminimum. Für jede (streng monotone) Nullfolge (x_n) gilt nun einerseits nach Definition von $k(0+)$

$$k_{BO} = k(0) = k(0+) = \lim_{n \longrightarrow \infty} k(x_n).$$

Andererseits können wir wegen $K(0) = 0$ schreiben

$$\lim_{n \longrightarrow \infty} k(x_n) = \lim_{n \longrightarrow \infty} \frac{(K(x_n) - K(0))}{x_n} = K'(0).$$

Wir haben also den Limes einer Folge von Differenzenquotienten vor uns – wie wir wissen, nichts anderes als die Ableitung an der betrachteten Stelle: $k_{BO} = K'(0)$.

Schritt 5: Wenn K ein Betriebsoptimum besitzt, gilt

$$\begin{aligned} k(x) &> K'(x) \quad \text{für} \quad x \in (0, x_{BO}) \text{ (soweit nichtleer)} \\ k(x) &< K'(x) \quad \text{für} \quad x \in (x_{BO}, \infty). \end{aligned}$$

Denn: Wir wissen aus Satz 13.75, dass k auf $(0, x_{BO})$ (soweit nichtleer) streng fallend, auf (x_{BO}, ∞) streng wachsend ist. Mithin gilt $k'(x) \leq 0$ auf der ersten und $k'(x) \geq 0$ auf der zweiten Menge; aus (AI.9) folgern wir $K'(x) \leq k(x)$ auf der ersten und $K'(x) \geq k(x)$ auf der zweiten Menge. Wegen Schritt 3 sind die Gleichheitszeichen jedoch ausgeschlossen.

Schritt 6: Wenn K kein Betriebsoptimum besitzt, ist die Gleichung $K'(x) = k(x)$ für kein $x \geq 0$ lösbar.

Denn: Angenommen, die Gleichung wäre doch lösbar. Wir unterscheiden zwei Fälle:

(1) $x = 0$ ist eine Lösung. Wie im zweiten Teil von Schritt 4 folgern wir: K ist neoklassisch mit $K(0) = 0$. Dann liegt aber an der Stelle 0 das Betriebsoptimum (= Betriebsminimum) vor – ein Widerspruch!

(2) Jede Lösung ist positiv. Es sei x eine solche Lösung. Diese muss, wie in Schritt 1 gezeigt, in $[a, \infty)$ liegen. Dann ist der zu $(x, K(x))$ führende Fahrstrahl F zugleich Tangente an den Graphen von K und somit auch Stützgerade auf $[a, \infty)$; der Graph von K verläuft – ausgenommen die Stelle $(x, K(x))$ – strikt oberhalb dieser Stützgerade. Daher hat der Fahrstrahl F die geringstmögliche Neigung aller Fahrstrahlen mit einem Endpunkt $(y, K(y)), y \geq a$. Diese stimmt mit dem Betriebsoptimum überein – ein Widerpruch. □

Kapitel 14

Begründung von Formel (14.24): Für jeden *rationalen* Zeitpunkt $t = \frac{p}{q}$ mit $p \leq q \in \mathbb{N}$ können wir das präzise aus (14.19) ableiten. Dieser Zeitpunkt ist ja genau das Ende der p-ten Unterperiode bei einer UP_q-Verzinsung. Daher gilt

$$U_{\frac{p}{q}}^{(q)} = \left(\frac{1+i}{q}\right)^p = \left(\left(\frac{1+i}{q}\right)^q\right)^{\frac{p}{q}}.$$

Wird die Unterperiodenanzahl q vervielfacht – etwa um einen Faktor $l \in \mathbb{N}$ auf lq, bleibt es dabei, dass der Punkt $t = \frac{p}{q}$ das Ende einer Unterperiode ist, allerdings ist es diesmal nicht mehr die p-te, sondern schon die lp-te. Es folgt

$$U_{\frac{p}{q}}^{(lq)} = \left(\frac{1+i}{lq}\right)^{lp} = \left(\left(\frac{1+i}{lq}\right)^{lq}\right)^{\frac{p}{q}}.$$

Daher gilt für $l \to \infty$ wie erwartet

$$U_{\frac{p}{q}}^{(lq)} = \left(\frac{1+i}{lq}\right)^{lp} = \left(\left(\frac{1+i}{lq}\right)^{lq}\right)^{\frac{p}{q}} \longrightarrow (e^i)^{\frac{p}{q}} = e^{i\left(\frac{p}{q}\right)} = e^{it}.$$

Für *nicht-rationale* Zeitpunkte t folgt (14.24) durch Approximation mit Hilfe passender Brüche $\frac{p}{q}$.

$\square$

Anhang II: Lösungen ausgewählter Übungsaufgaben

Kapitel 0

Teil-Lösung zu Aufgabe 0.7:

- a) falsch
- b) falsch
- c) richtig $\qquad \triangle$

Teilergebnisse zu Aufgabe 0.8:

(i) $U = N{\wedge}S,\quad V= N \wedge \overline{S},\quad W = N{\wedge}(P{\vee}S),\quad X = (N{\wedge}B) \to P,$
$Y = P \to \overline{B},\quad Z = (S \wedge P) \to B$

(iii) a) $B{\wedge}P{\wedge}\overline{S}$ b) $S \to B$ c) $(\overline{B}{\wedge}\overline{S}){\vee}\overline{N}$ $\qquad \triangle$

Teil-Lösung zu Aufgabe 0.9:

(i) Dafür, dass es Nudeln gibt, ist notwendig, dass der Student P. Asta in der Mensa isst. (*Alternativ:* Dass es Nudeln gibt, ist hinreichend dafür, dass der Student P. Asta in der Mensa isst.) $\qquad \triangle$

Teil-Lösung zu Aufgabe 0.10: Steht s für "Student", $H(s)$ für "s entscheidet sich für ein Hauptgericht" sowie $D(s)$ für "s wählt ein Dessert", können wir die Aussage C formal so schreiben:

$$C = \underbrace{(\forall s : H(s))}_{} \quad \longrightarrow \quad \underbrace{(\exists s : D(s))}_{}$$

kurz: $\qquad\qquad\qquad\quad A \qquad \longrightarrow \qquad B$

Nach (14) Seite 21, folgt

$$\overline{C} \;=\; A \wedge \overline{B} \;=\; (\forall s : H(s)) \;\wedge\; \overline{(\exists s : D(s))} \qquad\qquad \text{(AII.1)}$$

Die wörtliche Übersetzung lautet:

    Jeder Student wählt ein Hauptgericht, aber keiner wählt ein Dessert.

Mit Satz 0.4 können wir (AII.1) weiter umschreiben

$$\overline{C} \;\;=\;\; (\forall s : H(s)) \quad \wedge \quad (\forall s : \overline{D(s)})$$
$$=\;\; \forall s : (H(s) \quad \wedge \quad \overline{D(s)})$$

und erhalten diese leicht nuancierte Formulierung:

> Jeder Student wählt ein Hauptgericht, aber kein Dessert.   △

Lösung zu Aufgabe 0.27:

$D = B \backslash A$

$E = (B \backslash A) \triangle C$

$F = A \cup \overline{B} \cup \overline{C}$

$G = \overline{B} \cup ((B \backslash A) \cap \overline{C})$ △

Ergebnis zu Aufgabe 0.28:

(i) $A \cap B$

(ii) $A \cup B$ △

Ergebnis zu Aufgabe 0.29:

- (i) Identität ist korrekt
- (ii), (iii) Identität ist nicht korrekt   △

Lösung zu Aufgabe 0.30: Es gibt sehr viele korrekte Darstellungsmöglichkeiten. Hier einige Beispiele:

a) $M \backslash (N \cup P)$

b) $M \backslash N$

c) $M \cup (O \cap P)$

d) $(M \cap P) \backslash N$

e) $(N \cup P) \backslash (M \cup O)$

f) $Q \backslash (N \cup O \cup P) \cup (M \cap P)$

Lösung zu Aufgabe 0.32:

Bild 14.1: A, B und C

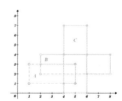

Bild 14.2: $(B \cup C) \backslash A$

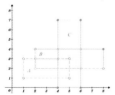

Bild 14.3: $(A \cap B) \cup (B \cap C)$

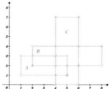

Bild 14.4: $(A \triangle B) \triangle C$ △

Ergebnis von Aufgabe 0.36:

$$\frac{2}{3}, \quad -\frac{1}{25}, \quad -\frac{33}{50}, \quad \frac{28}{33}, \quad \frac{6}{7}, \quad \frac{1}{3} \qquad \triangle$$

Teil-Lösung zu Aufgabe 0.37:

a) nicht sinnvoll

b) ∞ (sinnvoll)

c) $-\infty$ (sinnvoll); Ausmultiplizieren führt jedoch auf den Ausdruck $1 - \infty + \infty - \infty^2$, der nicht sinnvoll ist. $\qquad \triangle$

Lösung zu Aufgabe 0.57:

a) $x \in \left(\frac{3}{2}, \frac{21}{13}\right)$

b) $x \in (-\infty, -1) \cup (3, 4] \cup [6, \infty)$

c) $x \in (-\infty, -1) \cup (1, 3)$ $\qquad \triangle$

Lösung zu Aufgabe 0.60: Wir stellen hier einen Lösungsweg vor, der sozusagen "mechanisch" abgearbeitet werden kann. Dazu lesen wir die Ungleichung so:

$$|L| < \frac{1}{2} \qquad \text{(AII.2)}$$

mit

$$L := |x - 1| - |x - 2|.$$

Um die Betragsstriche in den beiden farbigen Ausdrücken zu eliminieren, sind jeweils zwei Fälle zu betrachten. Es entstehen so vier unterscheidbare Fälle, in denen L, die linke Seite von (AII.2), jeweils eine andere Form annimmt. Wir können diese dann z.B. tabellieren:

$|L|$	$x \geq 2$	$x < 2$
$x \geq 1$	$|(x-1) - (x-2)|$	$|(x-1) - (2-x)|$
$x < 1$	$|(1-x) - (x-2)|$	$|(1-x) - (2-x)|$

Nach Vereinfachung der vier Ausdrücke in der Tabelle erhalten wir eine Übersicht über die Ungleichungen, die in diesen vier Fällen *tatsächlich* zu betrachten sind:

$|L| < \frac{1}{2}$	$x \geq 2$	$x < 2$
$x \geq 1$	$1 < \frac{1}{2}$	$|2x - 3| < \frac{1}{2}$
$x < 1$	$|3 - 2x| < \frac{1}{2}$	$1 < \frac{1}{2}$

Hierbei ist jede schwarz gedruckte Ungleichung zusammen mit den zugehörigen Rand-Ungleichungen in Blau und Rot zu lösen. Auf diese Weise entfallen alle Fälle außer dem rechts oben. (Im Feld links unten sind die beiden Randbedingungen $x < 1$ und $x \geq 2$ nicht gleichzeitig erfüllbar. Die Ungleichung $1 < \frac{1}{2}$ ist für sich allein schon niemals erfüllt.) Die verbleibende Ungleichung rechts oben lässt sich so umformen:

$$|2x - 3| < \frac{1}{2} \iff \left|x - \frac{3}{2}\right| < \frac{1}{4} \iff \frac{5}{4} < x < \frac{7}{4}$$

Wir fassen die in den vier Fällen maßgebenden Bedingungen zusammen:

L	$x \geq 2$	$x < 2$
$x \geq 1$	(unmöglich)	$\frac{5}{4} < x < \frac{7}{4}$
$x < 1$	(unmöglich)	(unmöglich)

Ergebnis: $M = \left(\dfrac{5}{4}, \dfrac{7}{4}\right).$ $\qquad \triangle$

Ergebnisse zu Aufgabe 0.72:

(a) $x = 25$

(b) $x \in \mathbb{R}$

(c) $x = \log_{40} 500$

(d) $x = \log_5 100$

(e) $x = 100/97$

(f) $x \in (0, 10)$ △

Ergebnisse zu Aufgabe 0.73:

(i) $a = 7^{3/2}$ $b = 3/4$

(ii) $a = 45$ $b = 2$

(iii) $a = 64$ $b = 2$

(iv) $a = 5/64$ $b = -6$ △

Ergebnisse zu Aufgabe 0.74:

(i) $a = 64$ $b = -\ln 8$

(ii) $a = 2$ $b = -1$ △

Lösung zu Aufgabe 0.105:

(i) $(x-2)^2(x+3)$

(ii) $(x-1)^2(x-0)^2(x+1)^2$

(iii) $(x^2 + 2x + 2)(x - 3)$ △

Lösung zu Aufgabe 0.106:

(i) teilbar; Quotient: $x^3 + x^2 + x + 1$

(ii) nicht teilbar; "Quotient" $x^2 + x + 1$; Divisionsrest 2

(iii) Teilbarkeit liegt genau im Fall $n = 1$ vor (Quotient: $x + 1$), für $n > 1$ ist der "Quotient" x und der Divisionsrest $x - 1$

(iv) teilbar; Quotient: $2x^5 - x^3 - x + 10$. △

Lösung zu Aufgabe 0.107:

(i) $a + b = 2$, $3c - 4d = 15 - 46i$

(ii) $ab = ba = 2$

(iii) $(ab)d = a(bd) = 20i$

(iv) $a^* = 1 - i$, $b^* = 1 + i$, $(ab)^* = (ba)^* = 2$

(v) $a/b = i$, $c/d = -1/5 - i/2$ △

Kapitel 1

Teillösung von Aufgabe 1.20(i):

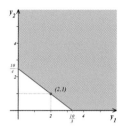

$\triangle$

Lösung von Aufgabe 1.22: Da die Güterbündel nichtnegative Koordinaten haben, gilt

$$\underline{x} \leq \underline{x}' \implies 3x + 4y \leq 3x' + 4y' \implies \underline{x} \trianglelefteq \underline{x}'.$$

Etwas übertrieben formuliert besagt (1.1) "mehr ist besser". $\triangle$

Lösung von Aufgabe 1.23:

(i) Für "<" sind nur (A) und (T) erfüllt, (R), (S) und (V) dagegen nicht.
(Hinweis: Dass (A) erfüllt ist, mag verwundern, denn (A) besagt:

$$x < y \ \wedge \ y < x \ \Rightarrow \ y = x,$$

wobei die Voraussetzung $x < y \wedge y < x$ niemals erfüllt ist. Als logische Aussage ist die Voraussetzung also stets falsch und die Implikation (A) somit wahr. Auch dass (V) verletzt ist, mag zunächst verwundern:

$$(V) \forall x, y \in \mathbb{N}: \quad x < y \ \vee \ y < x.$$

Beachtet man, dass " $\forall x, y$ " auch den Fall $x = y$ zulässt, wird verständlich, warum (V) verletzt ist.)

(ii) Für " | " gelten (R), (A) und (T), dagegen sind (S) und (V) nicht erfüllt.

(iii) Für " $\bowtie$ " gelten (R), (S) ,(T), degegen gelten (A) und (V) nicht. $\triangle$

Kapitel 2

Teil-Lösung zu Aufgabe 2.20:

(i) Im Fall $M := \{1, 2, 3, 4, 5\}$ gibt es keine injektive Abbildung $f : M \to M$, die nicht surjektiv ist. (Ist f nicht surjektiv, so wird eine der Zahlen $1, \ldots, 5$ nicht als Bild angenommen – es stehen also nur vier verschiedene Zahlen als Funktionswerte zur Verfügung. Somit müssen mindestens zwei verschiedene Argumente denselben Funktionswert haben – was der Injektivität von f widerspricht.)

(ii) Hier gibt es eine Abbildung der geforderten Art, z.B. die Abbildung $q : \mathbb{N} \to \mathbb{N} : n \to 2n$. Sie ist offensichtlich injektiv, aber nicht surjektiv (keine ungerade Zahl wird als Bild angenommen).

Der Unterschied der Ergebnisse von (i) und (ii) beruht darauf, dass M im Fall (i) endlich, im Fall (ii) unendlich viele Elemente enthält. "Endlich" und "unendlich" als *Mächtigkeit* von Mengen lassen sich durch diesen Unterschied charakterisieren. $\triangle$

Kapitel 3

Lösung zu Aufgabe 3.21: Es genügt, die Aussagen über das *Maximum* zu zeigen; die Aussagen über das Minimum lassen sich dann sinngemäß nachweisen.

(1) Wir nehmen an, M besitze *zwei* Maxima. Nach Definition 3.3 handelt es sich um Elemente x° bzw. $x^{\circ\circ}$ von M, die die folgende in Satz 3.4 beschriebene Eigenschaft haben:

   (a) $\quad x \le x^\circ$ für alle $x \in M$,

   (b) $\quad x \le x^{\circ\circ}$ für alle $x \in M$.

   Wählen wir in (a) $x = x^{\circ\circ}$ und in (b) $x = x^\circ$, so folgt

   aus (a): $\quad x^{\circ\circ} \le x^\circ$,

   aus (b): $\quad x^\circ \le x^{\circ\circ}$.

   Beide Ungleichungen können nur dann gleichzeitig erfüllt sein, wenn gilt $x^\circ = x^{\circ\circ}$. Die "zwei" Maxima sind also in Wirklichkeit nur eins.

(2) Wenn M ein Maximum x° besitzt, gilt wie eben gesehen die Ungleichung (a); also ist x° eine obere Schranke im Sinne von Definition 3.1. $\quad\triangle$

Lösung zu Aufgabe 3.22:

a) $\inf M = 0$, $\min M$ existiert nicht; $\sup M = \max M = 1$

b) $\inf M = \min M = 1$, $\sup M = \infty$, $\max M$ existiert nicht

c) $\inf M = 0$, $\min M$ existiert nicht, $\sup M = \max M = 1$ $\quad\triangle$

Lösung zu Aufgabe 3.23:

- Inneres:

  $A^\circ = E^\circ = F^\circ = \emptyset$ $\qquad\qquad B^\circ = C^\circ = (0,1)$

  $D^\circ = (-4, 11) \cup (12, 20)$ $\qquad G^\circ = \mathbb{R}$

- Rand:

  $\partial A = A = \{1\}$ $\qquad \partial B = \partial B = \{0,1\}$ $\qquad \partial D = \{-4, 11\} \cup \{12, 20\}$

  $\partial E = E = \mathbb{N}$ $\qquad\quad \partial F = F = \mathbb{Q}$ $\qquad\quad\; \partial G = \emptyset$

- Abschluss:

  $A^c = A = \{1\}$ $\qquad\;\; B^c = C^c = [0,1]$ $\qquad\; D^c = [-4, 11] \cup [12, 20]$

  $E^c = E = \mathbb{N}$ $\qquad\;\; F^c = \mathbb{R}$ $\qquad\qquad\quad G^c = \mathbb{R}$ $\quad\triangle$

Kapitel 4

Lösung zu Beispiel 4.21: Wäre nämlich irgendeine Konstante $m \in \mathbb{R}$ doch Grenzwert der Folge (m_n), die Folge $(m_n - m)$ also Nullfolge, so müsste für jedes beliebige $\varepsilon > 0$ und dazu passende $n_0(\varepsilon)$ gelten

$$|m_n - m| < \varepsilon \tag{AII.3}$$

für alle $n \geq n_0$. Für $\varepsilon = \frac{1}{4}$ heißt (AII.3) für gerade $n \geq n_0$

$$|1 - m| < \frac{1}{4} \quad \left(\text{also } m \in \left(\frac{3}{4}, \frac{5}{4}\right)\right) \tag{AII.4}$$

und für ungerade $n \geq n_0$

$$|-1 - m| < \frac{1}{4} \quad \left(\text{also } m \in \left(-\frac{5}{4}, -\frac{3}{4}\right)\right), \tag{AII.5}$$

was unmöglich ist, denn (AII.4) und (AII.5) widersprechen sich. Daher ist (m_n) nicht konvergent. $\triangle$

Lösung zu Aufgabe 4.65.: Wenn $\beta = 1$ gilt, haben wir

$$\lim_{n \to \infty} s_n = \lim(n + 1) = \infty.$$

Wenn $\beta > 1$ gilt, folgt aus Beispiel 4.42

$$\lim_{n \to \infty} \beta^n = \infty$$

und hieraus nach (4.11)

$$s_n = \frac{1 - \beta^n}{1 - \beta} \to \infty$$

. Wenn $\beta = -1$ gilt, sieht die Folge (s_n) so aus:

$$1, 0, 1, 0, 1, 0, \dots$$

Diese divergiert unbestimmt. Im verbleibenden Fall $\beta < -1$ schließlich gilt $|\beta|^n \to \infty$, wobei die Vorzeichen von β^n alternieren; deswegen gilt auch $|s_n| \to \infty$, wobei auch hier die Vorzeichen alternieren – mit dem Ergebnis unbestimmter Divergenz. $\triangle$

Lösung zu Aufgabe 4.67:
a) 0   b) ∞ c) 0   d) 0   e) -10 $\triangle$

Lösung zu Aufgabe 4.69: Wir berechnen in den ersten beiden Fällen die Quotienten $q_n := |\frac{a_{n+1}}{a_n}|$:

a) $q_n = \frac{e^{-n-1}}{e^{-n}} = \frac{1}{e} < 1$

b) $q_n = (\frac{1+e^{-n-1}}{(1+e^{-n})} \cdot \frac{1}{\alpha} < 1 \cdot \frac{1}{\alpha} < 1,$

also sind beide Reihen nach dem Kriterium von d'Alembert konvergent.
Im Fall c) bemerken wir, dass für $n \in \mathbb{N}$ gilt $n \leq n^2$ und somit

$$0 \leq e^{-n^2} \leq e^{-n},$$

also ist die Reihe a) eine konvergente Maorante für die Reihe c), die somit ebenfalls konvergieren muss. $\triangle$

Kapitel 6

Lösung zu Aufgabe 6.10:
1. f_0 ist unbeschränkt (aber nach unten beschränkt); D_0 ist unbeschränkt
2. f_1 und D_1 sind beschränkt
3. f_2 ist beschränkt, D_2 ist unbeschränkt
4. f_4 ist unbeschränkt (aber nach unten beschränkt); D_4 ist unbeschränkt   △

Lösung zu Aufgabe 6.12:
(i) f ist beschränkt $\Leftrightarrow a \leq 0$
(ii) g ist beschränkt $\Leftrightarrow a < 0$ △

Kapitel 7

Lösung zu Aufgabe 7.16:
stetig: (a) – (e), (h)
unstetig: (f) (Unstetigkeitsstellen: alle $x \in \mathbb{R}$)
        (g) (Unstetigkeitsstellen: alle $x \in \mathbb{Z}$)   △

Kapitel 8

Lösung von Aufgabe 8.12:
(a) sgn ist differenzierbar an jeder Stelle $x \neq 0$; die Ableitung ist konstant Null.
(b) g ist überall auf $(0, \infty)$ differenzierbar mit $g'(x) = -\frac{1}{x^2}$.   △

Teil-Lösung von Aufgabe 8.86:
$$h(x) = \sqrt{\ln(e^x + \sin x \cos x + 2)}, \quad (x \in \mathbb{R})$$
$$h'(x) = \frac{1}{2\sqrt{\ln(e^x + \sin x \cos x + 2)}} \; \frac{1}{e^x + \sin x \cos x + 2} \left\{ e^x + \cos^2 x - \sin^2 x \right\},$$
$x \in \mathbb{R}$
Verwendet wurden die Kettenregel, die Summenregel und die Produktregel.   △

Teil-Lösung von Aufgabe 8.87:
$$k(x) = (x+1)\ln(x+1), \quad (x > -1)$$
$$k'(x) = \ln(x+1) + 1, \quad (x > -1)$$
$$\varepsilon_k(x) = \frac{x\,k'(x)}{k'(x)} = \frac{x\,(1 + \ln(x+1))}{(x+1)\ln(x+1)}, \quad x \in (-1, 0) \cup (0, \infty)$$
$$\varepsilon_k(2) = \frac{2(1 + \ln 3)}{3 \ln 3}.$$ △

Teil-Lösung von Aufgabe 8.90:
(i) $\varepsilon_{x_A}(p) = \dfrac{p(2p+6)}{p^2 + 6p + 9} = \dfrac{2p(p+3)}{(p+3)^2} = \dfrac{2p}{p+3}; \quad 2 \leq p \leq 10$

(ii) $\varepsilon_{x_A}(7) = \dfrac{14}{10} = \dfrac{7}{5};$
Interpretation: Steigert man den Preis p – ausgehend vom derzeitigen Niveau $p = 7$ – um 1%, wird sich das Angebot ca. um $1,4\%$ erhöhen.

(iii) x_A ist definitionsgemäß unelastisch an jeder Stelle p mit $|E_A(p)| < 1$.
Unter Beachtung der Bedingung $2 \le p \le 10$ gilt hier

$$|\varepsilon_{x_A}(p)| < 1 \quad \Longleftrightarrow \quad \frac{2p}{p+3} < 1 \quad \Longleftrightarrow \quad p < 3,$$

also ist x_A für $p \in [2, 3)$ unelastisch.   △

Kapitel 9

Lösung zu Beispiel 9.3(B): Man wähle z.B. zunächst x, y beliebig aus dem Intervall $(-\infty, 0)$ aus, so dass gilt

$$x \quad < \quad y.$$

Durch Multiplikation mit dem *negativen* Faktor x folgt hieraus

$$x \cdot x > x \cdot y,$$

durch Multiplikation mit dem *negativen* Faktor y hingegen

$$x \cdot y > y \cdot y.$$

Auch hier sind die beiden letzten Zeilen zusammenzufassen und ergeben das Gewünschte:

$$x^2 \quad > \quad y^2.$$

Nimmt man $y = 0$ hinzu, ergibt sich nichts Neues.   △

Lösung zu Beispiel 9.4: Wir wählen beliebige Werte x, y aus $\mathbb{R}$ mit $x < y$ und unterscheiden der guten Sorgsamkeit halber folgende Fälle:

(i) x und y liegen "auf derselben Seite" der 0, genauer: es gilt entweder $x < y < 0$ oder $0 < x < y$.

(ii) x und y liegen "auf verschiedenen Seiten" der 0, genauer: es gilt $x < 0 < y$.

(iii) die Grenzfälle $x < y = 0$ oder $0 = x < y$.

Zu Fall (i): Es gelte etwa $x < y < 0$. Nun folgt aus

$$x < y$$

zunächst, weil die Quadratfunktion q auf $(-\infty, 0)$ streng fallend ist,

$$x^2 > y^2,$$

hieraus nun nach Multiplikation mit dem *negativen* Faktor x

$$x^3 < x \cdot y^2.$$

Andererseits folgt aus $x < y$ durch Multiplikation mit dem positiven Faktor y^2 auch

$$x \cdot y^2 < y^3.$$

Die letzten beiden Ungleichungen zusammen bewirken das Gewünschte:

$$x < y \Rightarrow x^3 < y^3;$$

(Sind x und y beide positiv, d.h. gilt $0 < x < y$, so geht man analog vor.)

Der Fall (ii) ist verblüffend einfach: Aufgrund der Voraussetzung $x < 0 < y$ ist x^3 negativ, y^3 hingegen positiv, also muss $x^3 < y^3$ gelten!

Im Fall (iii) ist entweder x^3 negativ und $y^3 = 0$, oder $x^3 = 0$ und y^3 positiv. Auch hier muss $x^3 < y^3$ gelten.   △

Lösung zu Beispiel 9.5: Angenommen, für gewisse $0 < x < y$ wäre die Aussage $\frac{1}{y} < \frac{1}{x}$ nicht richtig; es gelte vielmehr $\frac{1}{x} \leqslant \frac{1}{y}$. Wir multiplizieren die vorausgesetzte Ungleichung $x < y$ mit dem *positiven* Faktor $\frac{1}{x}$ und erhalten

$$1 = x \cdot \frac{1}{x} < y \cdot \frac{1}{x}. \qquad \text{(AII.6)}$$

Weiterhin multiplizieren wie die angenommene Ungleichung $\frac{1}{x} \leqslant \frac{1}{y}$ mit dem *positiven* Faktor y und erhalten

$$y \cdot \frac{1}{x} \leqslant y \cdot \frac{1}{x} = 1. \qquad \text{(AII.7)}$$

Setzt man (AII.6) und (AII.7) zusammen, so folgt

$$1 = x \cdot \frac{1}{x} < y \cdot \frac{1}{x} \leqslant y \cdot \frac{1}{x} = 1$$

also müsste gelten

$$1 < 1 \qquad \text{(– ein Widerspruch).} \quad △$$

Lösung zum Beispiel 9.17: Um die Aussagen von Satz 9.12 über mittelbare Funktionen verwenden zu können, stellen wir die Funktion $\frac{1}{f}$ als mittelbare Funktion dar. Wir können schreiben $\frac{1}{f(x)} = h(f(x))$ mit $h(y) := \frac{1}{y}$, wobei entweder $y \in (-\infty, 0)$ oder $y \in (0, \infty)$ zu wählen ist – je nachdem, ob f nur positive oder nur negative Werte annimmt. In beiden Fällen ist die äußere Funktion h eine streng fallende Grundfunktion. Das Verhalten der Gesamtfunktion $h \circ f$ hängt nun noch von der Monotonie der inneren Funktion f ab:

In der Teilaussage *(i)* ist f wachsend, also sind f und h *gegenläufig* monoton, mithin ist $\frac{1}{f}$ fallend.

In der Teilaussage *(ii)* ist f fallend, also sind f und h *gleichläufig* monoton, daher wird $\frac{1}{f}$ wachsend.

(Bei *strenger* Monotonie von f ist dann auch $\frac{1}{f}$ *streng* monoton.)   △

Ergebnisse zu 9.38:

   a) $s\searrow$ auf $D_f = \mathbb{R}$

   b) $s\searrow$ auf $(-\infty, -\frac{55}{38}]$, $s\nearrow$ auf $[-\frac{55}{38}, \infty)$

   c) $s\nearrow$ auf $(-\infty, -2]$, $s\searrow$ auf $[-2, 6]$, $s\nearrow$ auf $[6, \infty)$

   d) $s\searrow$ auf $(-\infty, 0]$, $s\nearrow$ auf $[0, \infty)$

   e) $s\nearrow$ für $x > 0$

   f) $s\nearrow$ für $x \geq 1$.   △

Lösung zu 9.40: Es gelte $x < y$ für $x, y \in D$. Voraussetzungsgemäß gilt dann $f_n(x) \leq f_n(y)$ für alle $n \in N$. Durch den Grenzübergang $n \to \infty$ geht diese Ungleichung über in $f(x) = \lim f_n(x) \leq \lim f_n(y) = f(y)$. Sind alle Funktionen f_n sogar streng monoton, können wir *nicht* schließen: $f(x) \; < \; f(y)$.
Gegenbeispiel: $D = [0, 1)$, $f_n(x) := x^n$, $x \in D$,. Es gilt: f_n ist streng wachsend für jedes n, jedoch

$$\lim_{n \to \infty} f_n(x) = \lim_{n \to \infty} x^n = 0 = f(x).$$

Die Grenzfunktion $x \to 0$ ist *nicht* streng monoton.   △

Kapitel 10

Lösung zu Aufgabe 10.56: Die "Reziprokfunktion" $r : x \to \frac{1}{x}$ ist auf $(0, \infty)$ strikt konvex.
Denn: Wir wählen $x, y > 0$ mit $x \neq y$ und λ aus $(0, 1)$ beliebig aus und schreiben der Bequemlichkeit halber $\mu := 1 - \lambda$. Zu prüfen ist, ob gilt $r(\lambda x + \mu y) < \lambda r(x) + \mu r(y)$, d.h. ob gilt

$$\frac{1}{\lambda x + \mu y} < \frac{\lambda}{x} + \frac{\mu}{y}$$

bzw. (nach Addition der Brüche rechts)

$$\frac{1}{\lambda x + \mu y} < \frac{\lambda y + \mu x}{xy}. \tag{AII.8}$$

Natürlich ist kaum unmittelbar zu sehen, ob diese Ungleichung gilt. Wir versuchen daher zunächst, sie durch Äquivalenzumformung auf eine etwas einfachere Gestalt zu bringen. Multiplikation mit den beiden positiven Nennern ergibt

$$xy < (\lambda x + \mu y)(\lambda y + \mu x);$$

Ausmultiplizieren der rechten Seite

$$xy < \lambda\mu(x^2 + y^2) + (\lambda^2 + \mu^2)xy. \tag{AII.9}$$

Nach Wahl von λ und μ gilt jedoch $1^2 = (\lambda + \mu)^2 = \lambda^2 + 2\lambda\mu + \mu^2$ und folglich $\lambda^2 + \mu^2 = 1 - 2\lambda\mu$, daher geht (AII.9) über in

$$xy < \lambda\mu(x^2 + y^2) + (1 - 2\lambda\mu)xy.$$

Abzug von xy auf beiden Seiten liefert

$$0 < \lambda\mu(x^2 + y^2) - 2\lambda\mu xy = \lambda\mu(x^2 - 2xy + y^2),$$

mithin ist (AII.8) äquivalent zu

$$0 < \lambda\mu(x - y)^2. \tag{AII.10}$$

Diese Ungleichung jedoch ist mit Sicherheit erfüllt, denn nach Wahl von λ, μ, x und y sind alle drei Faktoren auf der rechten Seite von (AII.10) positiv.   △

Lösung zu Aufgabe 10.68:

(ia) Man wähle auf $D := [0, \infty)$ die Funktionen a und b gemäß $f(x) := e^{2x}$, $g(x) := x^2$. Die Differenz beider Funktionen c, gegeben durch
$c(x) := a(x) - b(x)$, $x \in D$, ist eine strikt konvexe Funktion (Nachweis mit Hilfe der zweiten Ableitung).

(ib) Man vertausche einfach die Rollen von f und g in (i) (a).

(iia) $f(x) := x^{\frac{3}{2}}$ ($x \geq 0$) ist strikt konvex, $g(x) := x$ ($x \geq 0$) ist konvex (beide nach Katalog). Die Produktfunktion $f \cdot g$ berechnet sich gemäß $f \cdot g(x) = x^{\frac{5}{2}}$, $x \geq 0$, und ist strikt konvex ($\nearrow$ Katalog).

(iiia) $f(x) := x^2$ ($x > 0$) ist strikt konvex, der Reziprokwert ist $(\frac{1}{f})(x) = x^{-2}, x > 0$ – ebenfalls strikt konvex   △

Lösung zu Aufgabe 10.70:
Zu (i): Wir betrachten das Maximum $V := \max\{f, g\}$ aus beiden Funktionen. Wir zeigen, dass V konvex ist, wenn f und g konvex sind. Es seien dazu $x < y$ aus D und $\lambda \in (0, 1)$ beliebig gewählt. Zu zeigen ist, dass gilt

$$V(\lambda x + (1 - \lambda)y) \leqslant \lambda V(x) + (1 - \lambda)V(y)$$

bzw., unter Verwendung der Abkürzung $z := \lambda x + (1 - \lambda)y$,

$$V(z) \leqslant \lambda V(x) + (1 - \lambda)V(y). \tag{AII.11}$$

Nun gilt per definitionem $V(z) = f(z)$ oder $V(z) = g(z)$. Im ersten Fall folgt aus der Konvexität von f und der Ungleichung $f \leqslant V$

$$V(z) = f(z) \leqslant \lambda f(x) + (1 - \lambda)f(y) \leqslant \lambda V(x) + (1 - \lambda)V(y), \tag{AII.12}$$

d.h., es gilt (AII.11). Im zweiten Fall folgt aus der Konvexität von g und der Ungleichung $g \leqslant V$

$$V(z) = g(z) \leqslant \lambda g(x) + (1 - \lambda)g(y) \leqslant \lambda V(x) + (1 - \lambda)V(y), \tag{AII.13}$$

also gilt auch in diesem – und damit in jedem – Fall (AII.11).

Sind f und g beide strikt konvex, so können die linken Ungleichungen "$\leqslant$" in (AII.12) und (AII.13) durch "$<$" ersetzt werden – mit der Folge, dass auch in (AII.11) die echte Ungleichung "$<$" besteht, mithin V strikt konvex ist.

Zu (ii): Diese Behauptung wird ganz analog gezeigt – es ist lediglich die Richtung sämtlicher auftretenden Ungleichungen umzukehren.   △

Lösung zu Aufgabe 10.71: Wir wählen x, y aus D mit $x < y$ und $\lambda \in (0, 1)$ beliebig. Voraussetzungsgemäß gilt dann $f_n(\lambda x + (1 - \lambda)y) \leqslant \lambda f_n(x) + (1 - \lambda)f_n(y)$ für alle $n \in \mathbb{N}$. Durch Grenzübergang $n \to \infty$ auf beiden Seiten geht diese Ungleichung über in $f(\lambda x + (1 - \lambda)y) \leqslant \lambda f(x) + (1 - \lambda)f(y)$, was zu zeigen war.   △

Kapitel 11

Lösung von Aufgabe 11.71:

$$x_{opt} = 62 \quad G_{max} = G(x_{opt}) = 2 \cdot 62^2 \cdot e^{-2} (\approx 1040,46)$$

(Die Gewinnfunktion G besitzt die Ableitung $G'(x) = (4x - \frac{2}{31}x^2)e^{-x/31}$ und im Inneren des Definitionsbereiches $[0, \infty)$ nur bei $x = 62$ einen stationären Punkt. An den Rändern gilt $G(0) = 0$ sowie $G(\infty-) = 0$ (letzteres ist dem Aufgabentext zu entnehmen). Deswegen kann das Ergebnis durch Kandidatenvergleich gefunden werden.)   △

Kapitel 12

Lösung zu Aufgabe 12.44:

a) $-\frac{1}{3}$ b) $\frac{1}{2}e^{2x-5}(x - \frac{1}{2}) + c$ c) $\frac{1}{3}\ln^3 x + c$ d) $\frac{5}{6}$ e) $f(g(x)) + c$ △

Kapitel 13

Lösung von Aufgabe 13.7: Die Aussage ergibt sich aus einem Schnelltest, denn J ist Summe gleichsinniger Katalogfunktionen mit entsprechenden Eigenschaften. △

Lösung von Aufgabe 13.8: Es gilt für $x \geq 0$

$$K'(x) = 9x^2 - 60x + 106 = 9\left(x^2 - \frac{20}{3}x + \frac{106}{9}\right) > 0,$$

(denn der quadratische Term hat keine reellen Nullstellen), also ist K s$\nearrow$. Weiterhin gilt

$$K'' = 18x - 60 \quad \begin{cases} > 0 & x > 10/3 \\ = 0 & x = 10/3 \\ < 0 & x \in [0, 10/3) \end{cases}$$

also ist K s$\cap$ auf $[0, 10/3]$, s$\cup$ auf $[10/3, \infty)$. Insgesamt ist K ertragsgesetzlich. △

Lösung von Aufgabe 13.9: Für $x > 0$ gilt

$$L'(x) = \frac{1}{2}x^{-1/2} + \frac{3}{2}x^{1/2} > 0$$

$$L''(x) = -\frac{1}{4}x^{-3/2} + \frac{3}{4}x^{-1/2} = \frac{1}{4}x^{-3/2}(3x - 1) \quad \begin{cases} > 0 & x > 1/3 \\ = 0 & x = 1/3 \\ < 0 & x \in (0, 1/3) \end{cases}$$

also ist L s$\nearrow$, s$\cap$ auf $[0, 1/3]$ und s$\cup$ auf $[1/3, \infty)$; insgesamt ertragsgesetzlich. Die Stückkostenfunktion ist für $x > 0$ gegeben durch

$$l(x) = x^{-1/2} + x^{1/2}.$$

Es folgt

$$l'(x) = -\frac{1}{2}x^{-3/2} + \frac{1}{2}x^{-1/2}$$

$$l''(x) = \frac{3}{4}x^{-5/2} - \frac{1}{4}x^{-3/2} = \frac{1}{4}x^{-5/2}(3-x) \quad \begin{cases} > 0 & x \in (0,3) \\ < 0 & x > 3 \end{cases}$$

also hat L an der Stelle $x = 3$ einen Wendepunkt und ist *nicht* konvex. $\triangle$

Lösung von Aufgabe 13.10: Wir zeigen zunächst, dass M streng wächst. Für $x \geq 0$ gilt

$$M'(x) = 1 - 2xe^{-x^2} =: 1 - \varphi(x)$$

mit

$$\varphi(x) = 2xe^{-x^2}, \quad x \geq 0.$$

Wir wollen zeigen

$$M'(x) = 1 - \varphi(x) \quad > 0 \qquad \forall\, x \geq 0,$$

was gleichbedeutend ist mit

$$\varphi(x) \quad < \quad 1 \qquad \forall\, x \geq 0.$$

Hinreichend dafür ist

$$\max \varphi \quad < \quad 1.$$

Weil nicht offensichtlich ist, ob das gilt, untersuchen wir

$$\varphi : [0, \infty) \quad \to \mathbb{R}: \quad x \to 2xe^{-x^2}$$

auf Extremwerte: Es gilt für $x \geq 0$

$$\varphi'(x) = (2xe^{-x^2})' \quad = \quad 2(1-2x^2)e^{-x^2},$$

$$\varphi'(x) = 0 \quad \Leftrightarrow \quad x^2 = \frac{1}{2} \quad \Leftrightarrow \quad x = \sqrt{\frac{1}{2}},$$

also ist $x^\circ := \sqrt{\frac{1}{2}}$ einziger stationärer Punkt. Weiterhin gilt

$$\varphi(x) = 0, \quad \varphi \geq 0 \quad \text{und}$$

$$\varphi(\infty-) = \lim_{x\to\infty} \frac{2x}{e^{x^2}} = \lim_{x\to\infty} \frac{2}{2xe^{x^2}} = 0,$$

letzteres nach Bernoulli-L´Hospital. Deswegen ist der einzige stationäre Punkt $x^\circ = \sqrt{\frac{1}{2}}$ *globaler* Maximumpunkt von φ, und es folgt, wie gewünscht

$$\max \varphi = \varphi\left(\sqrt{\frac{1}{2}}\right) = 2\sqrt{\frac{1}{2}}\, e^{-\left(\sqrt{\frac{1}{2}}\right)^2} = \sqrt{\frac{2}{e}} \quad < 1.$$

Im zweiten Schritt untersuchen wir M auf Krümmungsverhalten. Es gilt

$$M'' = (4x^2 - 2)\, e^{-x^2} \quad \begin{cases} > 0 & x > \sqrt{\frac{1}{2}} \\ = 0 & x = \sqrt{\frac{1}{2}} \\ < 0 & x \in [0,\, \sqrt{\frac{1}{2}}). \end{cases}$$

also ist M s$\cap$ auf $[0,\, \sqrt{\frac{1}{2}}]$ und s$\cup$ auf $[\sqrt{\frac{1}{2}},\, \infty)$. Insgesamt ist M ertragsgesetzlich.

$\triangle$

Ergebnisse von Aufgabe 13.15:

a) keine NF (nicht fallend, nicht ≥ 0)

b) NF, $p_{\max} = \pi/2$, $x_{\max} = 1$, ZE : (1), (2), (3) bei $W = [0, 1]$

c) NF, $p_{\max} = x_{\max} = \infty$, ZE : (3); nicht umkehrbar

d) NF, $p_{\max} = \infty$, $x_{\max} = 20/3$, ZE : (1), (2), (3)

e) NF, $p_{\max} = \infty$, $x_{\max} = 4$, ZE : (1)

(Legende: NF: Nachfragefunktion, W: Wertevorrat, ZE: Zusatzeigenschaften) $\triangle$

Lösung von Aufgabe 13.25: Setzen wir $Q(x) := C(x)/x$, so gilt nach Quotientenregel $Q'(x) = \{C'(x)x - C(x)\}x^2$, $x > 0$. Wir haben dann die folgenden beiden Äquivalenzen:

$$\varepsilon_C \geq 0 \quad \Leftrightarrow \quad xC'(x)/C(x) \geq 0 \quad \forall x > 0 \quad \Leftrightarrow \quad C'(x) \geq 0 \quad \forall x > 0 \quad \Leftrightarrow \quad C$$

ist wachsend und

$$\varepsilon_C \leq 1 \quad \Leftrightarrow \quad xC'(x)/C(x) \leq 1 \quad \forall x > 0 \quad \Leftrightarrow \quad C'(x)x \leq C(x) \quad \forall x > 0$$

$$\Leftrightarrow \quad C'(x)x - C(x) \leq 0 \quad \forall x > 0 \quad \Leftrightarrow \quad Q'(x) \leq 0 \quad \forall x > 0 \quad \Leftrightarrow \quad Q$$

ist fallend; zusammen

$$0 \leq \varepsilon_C \leq 1 \quad \Leftrightarrow \quad C$$

ist wachsend, Q ist fallend wie gefordert. $\triangle$

Lösung von Beispiel 13.26: Für jede der Funktionen $x \to C_i(x)$ tabellieren wir die Ableitung sowie die Quotientenfunktion $x \to Q_i(x) := C_i(x)/x$ und deren Ableitung:

Ausgangsfunktion	Ableitung auf $(0, \infty)$	
$C_7 = \ln(e + Y)$	$C_7' = \frac{1}{e+Y} > 0$	
$C_8 = a(\rho + \frac{1}{1+\rho})$	$C_8' = a(1 - \frac{1}{(1+\rho)^2}) > 0$	
$C_9 = a(x + e^{-x^2})$	$C_9' = a(1 - 2xe^{-x^2}) > 0$	(*)

Ergebnis: $C_7 - C_9$ sind streng wachsend.

Quotientenfunktion	Ableitung auf $(0, \infty)$	
$Q_7 = \frac{\ln(e+Y)}{Y}$	$Q_7' = \left(\frac{Y}{e+Y} - \ln(e+Y)\right)/Y^2 < 0$	(**)
$Q_8 = a(1 + \frac{1}{\rho} \cdot \frac{1}{1+\rho})$	s$\searrow$	(***)
$Q_9 = a(1 + \frac{1}{x}e^{-x^2})$	s$\searrow$	(***)

Ergebnis: $Q_7 - Q_9$ sind streng fallend, wie gefordert.

Hinweise:

(*) folgt wie in Übung 13.10

(**) ergibt sich aus $\frac{Y}{e+Y} < 1$ in Verbindung mit $\ln(e + Y) > \ln e = 1$

(***) Das Produkt $\frac{1}{\rho} \cdot \frac{1}{1+\rho}$ hat positive, streng fallende Faktoren und ist damit streng fallend (vgl. Aufgabe 9.36)   △

Lösung von Beispiel 13.27:

1) $C_{10}(\tau)/\tau = \ln(3 + \tau)$ ist wachsend (statt fallend)

2) $Q_{11}(x) = C_{11}(x)/x = \frac{x^2+1}{x^2+x}$, $x > 0$, hat die Ableitung

$$Q'_{11}(x) = \frac{2x^2 - 2x}{(x^2 + x)^2} \quad \begin{cases} \geq 0 & x \geq 1 \\ < 0 & x \in (0, 1) \end{cases}$$

und ist also **nicht** fallend.

3) $Q_{12}(u) = \sqrt{u} - 1$, $u > 0$, ist wachsend (statt fallend).   △

Lösung von Aufgabe 13.40:

a) Kostenfunktion, ertragsgesetzlich

b) keine Kostenfunktion, da nicht wachsend

c) keine Kostenfunktion, da nicht wachsend

d) keine Kostenfunktion, da negative "Fixkosten"

e) Kostenfunktion, neoklassisch   △

Lösung von Aufgabe 13.47: Weil N nicht konstant ist, gibt es einen Preis p in D_N, zu dem die Nachfrage geringer ausfällt als die maximale; formal: $N(p) < N(0)$.

Da N konkav ist, gibt es eine (obere) Stützgerade g mit $g(p) = N(p)$, und $g(q) \geq N(q)$ für alle q. Diese kann nicht konstant sein, weil ansonsten $N(0) \leq g(0) = g(p) = N(p)$ gelten müsste im Widerspruch zur Annahme. Also leistet $Q := g$ das Verlangte.

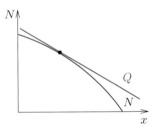

△

Lösung von Aufgabe 13.73: Die Fixkosten betragen 224000 Euro.

Denn: Aus den durchschnittlichen variablen Kosten ergeben sich die variablen Kosten $K_v(x) = 7x^{\frac{3}{2}} + 5x$, $x \geq 0$, daraus die Gesamtkosten $K(x) = 7x^{\frac{3}{2}} + 5x + C$, $x \geq 0$ (wobei C die noch unbekannten Fixkosten bezeichnet). Der betriebsoptimale Output ist stationärer Punkt der Stückkostenfunktion $k(x) = 7x^{\frac{1}{2}} + 5 + \frac{C}{x}$, $x > 0$, mit $k'(x) = \frac{7}{2}x^{-\frac{1}{2}} - Cx^{-2} = x^{-2}(\frac{7}{2}x^{\frac{3}{2}} - C)$. Da $k'(16) = 0$ gelten muss, ergibt sich $C = 224$.   △

Ergänzung zu Beipiel 13.98 (Seite 437): Die stationären Punkte werden über den Ansatz

$$G'(x) = p - (9x^2 - 60x + 106) = 0$$

bzw. äquivalent

$$x^2 - \frac{20}{3}x + \frac{(106 - p)}{9} = 0$$

bestimmt. Die potentiellen Nullstellen dieser Gleichung sind

$$x_{1,2} = \frac{10}{3} \; \overset{+}{} \sqrt{\frac{100}{9} - \frac{(106 - p)}{9}} = \frac{(10 \overset{+}{\underset{-}{}} \sqrt{(p-6)})}{3}. \qquad \text{(AII.14)}$$

Wir haben folgende Fälle zu unterscheiden:

(a) Es gilt $p < 6$: Dann besitzt (AII.14) keine reellen Lösungen. Welches Vorzeichen hat die Funktion G'? Weil G' stetig ist, ändert es sich auf ganz $[0, \infty)$ nicht und ist dasselbe wie dasjenige von $G'(0) = -106$. Mithin ist die Funktion G streng fallend.

(b) Es gilt $p \geq 6$; dann ist (AII.14) reellwertig lösbar. Die kleinere der beiden Nullstellen ist

$$x_1 = \frac{(10 - \sqrt{p-6})}{3};$$

(diese kann im Fall $p > 106$ negativ und damit für uns uninteressant werden), die größere ist

$$x_2 = \frac{(10 + \sqrt{p-6})}{3};$$

und beträgt in jedem Fall mindestens $\frac{10}{3}$. Der Charakter dieser Nullstellen ist schnell anhand der zweiten Ableitung G'' von G geklärt: Es gilt

$$G''(x) = 60 - 18x = 18(\frac{10}{3} - x);$$

also

$$G''(x_1) = 6\sqrt{p-6} \quad \text{und} \quad G''(x_2) = -6\sqrt{p-6};$$

bei x_2 liegt also ein lokales Maximum, bei x_1 ein lokales Minimum vor. △

Lösung von Aufgabe 13.99: Es gilt hier $G(x) = -(x^2 - 20x + 25), x \geq 0$. Die Nullstellen dieser Funktion werden bestimmt und ergeben Gewinnschwelle und -grenze:

$$x_{GS} = 10 - \sqrt{75} \quad \text{und} \quad x_{GG} = 10 + \sqrt{75}.$$

Der maximale Gewinn wird "genau in der Mitte", also bei $x = 10$ erreicht (die Gewinnfunktion ist parabolisch!); es gilt $G_{max} = G(10) = 70$ [GE]. △

Lösung von Aufgabe 13.101:
(i) 504 [GE]   (ii) 22 [ME]   (iii) $x_{GS} = 2$, $x_{GG} = 42$ [ME] △

Lösung von Aufgabe 13.102: Output: 2/3 [ME]; Monopolgewinn: 3 [GE]. △

Lösung von Aufgabe 13.104: $K(x) = \frac{x^2}{7} + 115x + 28, x \geq 0$. △

Lösung von Aufgabe 13.105: Die Gewinnfunktion G hat die Form

$$G(x) = E(x) - K(x) = 1920x - (x^4 - 32x^3 + 376x^2 + 500), \quad x \geq 0.$$

Gesucht werden zunächst Nullstellen der Ableitung

$$G'(x) = 1920 - 4x^3 + 96x^2 - 752x, \quad x \geq 0.$$

Wir schreiben:

$$G'(x) = 4H(x)$$

mit $H(x) = -x^3 + 24x^2 - 188x + 480$. Da es sich um ein Polynom dritten Grades handelt, versuchen wir uns die Anwendung einer komplizierten Formel zu ersparen und stattdessen eine ganzzahlige Nullstelle zu finden, die ein Teiler von 480 sein muss. Die Primfaktorzerlegung lautet: $480 = 2^5 \cdot 3 \cdot 5$; unsere Kandidaten lauten also $2, 3, 4, 6, 8...$ usw. Der kleinste, der das Gewünschte leistet, ist $x_1 = 6$. Eine Polynomdivision ergibt:

$$(-x^3 + 24x^2 - 188x + 480) : (x - 6) = -x^2 + 18x - 80$$

und es folgt $H(x) = -(x-6)(x^2 - 18x + 80)$. Der rechtsstehende quadratische Term liefert nun die beiden weiteren Nullstellen $x_{2,3} = 9 \pm 1$ von H. Extrempunktkandidaten sind also die 3 stationären Punkte $6, 8, 10$, sowie der Randpunkt 0. Es gilt $G(0) = -500$, $G(6) = G(10) = 3100$, $G(8) = 3084$. Mithin wird das globale Gewinnmaximum für die beiden Outputwerte $x = 6$ und $x = 10$ angenommen.   △

Lösung von Aufgabe 13.106: Wäre E nicht konkav, könnte man Punkte $x < y$ im Definitionsbereich und ein $\lambda \in (0, 1)$ derart finden, dass gilt

$$E(\lambda x + \mu y) < \lambda E(x) + \mu E(y), \tag{AII.15}$$

wobei $\mu := 1 - \lambda$ bedeutet. Wir setzen nun p in die Definition von E ein; dann geht (AII.15) über in

$$(\lambda x + \mu y)p(\lambda x + \mu y) < \lambda x p(x) + \mu y p(y). \tag{AII.16}$$

Nun ist p voraussetzungsgemäß konkav, also gilt

$$\lambda p(x) + \mu p(y) \leq p(\lambda x + \mu y). \tag{AII.17}$$

Setzen wir (AII.17) in (AII.16) ein, so folgt erst recht

$$(\lambda x + \mu y)(\lambda p(x) + \mu p(y)) < \lambda x p(x) + \mu y p(y). \tag{AII.18}$$

Wir multiplizieren das links stehenden Produkt aus und bringen zwei Summanden auf die rechte Seite; es bleibt

$$\lambda x \mu p(y) + \mu y \lambda p(x) < (\lambda - \lambda^2)x p(x) + (\mu - \mu^2)y p(y).$$

Wegen $\mu = 1 - \lambda$ gilt $\lambda - \lambda^2 = \mu - \mu^2 = \lambda \mu$, und (AII.18) geht über in

$$\lambda \mu (x p(y) + y p(x)) < \lambda \mu (x p(x) + y p(y)),$$

also

$$y(p(x) - p(y)) < x(p(x) - p(y)). \tag{AII.19}$$

Weil p fallend ist, gilt $p(x) - p(y) > 0$ oder $p(x) - p(y) = 0$. Im zweiten Fall geht (AII.19) in die Ungleichung $0 < 0$ über – ein Widerspruch. Im ersten Fall könnten wir (AII.19) durch Divison in die Ungleichung $y < x$ überführen – diese widerspricht unserer Voraussetzung $x < y$. Also ist die Annahme, E sei nicht konkav, nicht haltbar. △

Ergebnis von Aufgabe 13.119: Das Angebot x ergibt sich aus dem Marktpreis p gemäß

$$x_{AV}(p) = \left\{ \begin{array}{ll} 0 & p \leq 50 \\ (p - 8)/6 & 50 < p \leq 218 \\ 35 & 218 < p. \end{array} \right.$$

△

Ergebnis von Aufgabe 13.122:

$$x(p) = \left\{ \begin{array}{ll} (p - 50/2)^{3/4} & p > 290 \\ 0 & \text{sonst.} \end{array} \right.$$

△

Lösung von Aufgabe 13.125: (i) $a = 72$ (ii) $a = 16$ (iii) $a = 36$ (iv) $a = 1$ (v) $a = 12$ △

Lösung von Aufgabe 13.130:

(i) $p_{\max} = 13\frac{11}{25} = 13,44$ [GE/ME]

(ii) $x_{\max} = 36$ [ME]

(iii) Gleichgewichtspreis 7 [GE/ME]

(iv) Gleichgewichtsnachfrage 21 [ME] △

Lösung von Aufgabe 13.135:
a) $p_M = 5$ b) $x_M = 15$ c) $R_K = 41\frac{2}{3}$ d) $R_P = 22\frac{1}{2}$ △

Lösung von Aufgabe 13.140: Wir erinnern zunächst an die Bedingungen, denen eine ertragsgesetzliche Kostenfunktion genügen muss:
(1) K hat nichtnegative Fixkosten: $K_F \geq 0$,
(2) K ist streng monoton wachsend,
(3) K wechselt die Krümmung von konkav nach konvex.

(1) ist hier offensichtlich erfüllt, denn es gilt $K_F = 10$. (2) und (3) können mit Hilfe der ersten beiden Ableitungen von K überprüft werden. Diese sind

$$K'(x) = 3x^2 - 2bx + 1 \quad K''(x) = 6x - 2b.$$

Die zweite Ableitung ist "einfacher", also sehen wir uns erst einmal den Krümmungswechsel an: Es gilt[5]

$$\{K''(x) > 0 // K''(x) = 0 // K''(x) \leq 0\} \Longleftrightarrow \{x > \frac{b}{3} // x = \frac{b}{3} // 0 \leq x < \frac{b}{3}\}.$$

---

[5]Diese Notation ist als eine "Weiche" zu interpretieren.

Mithin hat K den geforderten Krümmungswechsel genau dann, wenn gilt $b > 0$. Es verbleibt K auf strenges Wachstum zu untersuchen. Notwendig hierfür ist zunächst, dass gilt

$$K'(x) = 3x^2 - 2bx + 1 \geq 0$$

für alle $x \geq 0$ bzw. gleichbedeutend

$$x^2 - \frac{2}{3}bx + \frac{1}{3} \geq 0. \tag{AII.20}$$

Der links stehende Ausdruck für sich genommen ist die Gleichung einer Parabel, deren Scheitelpunkt die positive Abszisse $\frac{b}{3}$ besitzt. Die Ungleichung (AII.20) ist genau dann erfüllt, wenn diese Parabel "oberhalb der x-Achse" verläuft, genauer: wenn die zu (AII.20) gehörige *Gleichung* keine oder höchstens eine reelle Nullstelle besitzt. Dies ist gemäß $p - q$-Formel für die potentiellen Nullstellen

$$x_{1,2} = \frac{b}{3} \overset{+}{-} \sqrt{\frac{b^2}{9} - \frac{1}{3}}$$

genau dann der Fall, wenn der Radikand nichtpositiv ist

$$\frac{b^2}{9} - \frac{1}{3} \leq 0 \iff b^2 \leq 3.$$

Da b positiv ist, schließen wir auf die notwendige Wachstumsbedingung $0 < b \leq \sqrt{3}$. Ist sie erfüllt, gilt andererseits die Ungleichung (AII.20) sogar überall im strengen Sinne (mit Ausnahme des Punktes $x = \frac{b}{3}$), also ist diese Bedingung hinlänglich für strenges Wachstum von K. Zusammengefasst ist K genau dann ertragsgesetzlich, wenn gilt $0 < b \leq \sqrt{3}$. $\triangle$

Lösung von Beispiel 13.141: Wir erinnern: Die Ableitungen von f sind $f'(x) = 3ax^2 + 2bx + c$ sowie $f''(x) = 6ax + 2b$, $x \geq 0$.

Zunächst setzen wir voraus, f sei eine ertragsgesetzliche Kostenfunktion. Dann ist f schon einmal nichtnegativ, es muss $f(0) = d \geq 0$ sowie $a > 0$ gelten (sonst wäre $\lim_{x \to \infty} f(x) = -\infty$). Weiterhin besitzt f an einer Stelle $x_W > 0$ einen Krümmungswechsel von strikt konkav auf strikt konvex. Notwendigerweise folgt $f''(x_W) = 6ax_W + 2b = 0$ und daher $b = -3ax_W < 0$. Außerdem ist f streng wachsend. Wir schließen wie im Beispiel 13.139 daraus $f' \geq 0$, wobei f' in keinem offenen Intervall verschwindet (Satz 9.31); was wiederum $3ax^2 + 2bx + c \geq 0$ ($x^2 + \frac{2b}{3a}x + \frac{c}{3a} \geq 0$) für alle $x \geq 0$ (mit eventueller Ausnahme einzelner Punkte) bedeutet. Dies trifft immer zu, wenn das angegebene quadratische Polynom keine oder genau eine reelle Nullstelle besitzt; sollte es zwei verschiedene Nullstellen besitzen, müsste die größere Nullstelle nichtpositiv sein (ansonsten würde f auf einem Intervall links davon streng fallen). Der letzte Fall aber ist unmöglich, denn wenn eine größere Nullstelle existiert, ist dies nach $p - q$-Formel

$$-\frac{b}{3a} + \sqrt{\frac{b^2}{9a^2} - \frac{c}{3a}}. \tag{AII.21}$$

Dieser Ausdruck ist stets positiv, weil $b < 0$ gilt. Also darf höchstens eine Nullstelle existieren, und der Radikand in (AII.21) muss nichtpositiv sein: $b^2 \leq 3ac$. Damit haben wir gezeigt, dass die angegebenen Bedingungen *notwendig* sind.

Sie sind jedoch auch *hinlänglich*, denn wie soeben gesehen, folgt $f'(x) > 0$ für alle

$x \geq 0$ (mit eventueller Ausnahme eines Punktes); also ist f streng wachsend und wegen $f(0) = d \geq 0$ auch nichtnegativ. Die Inspektion der zweiten Ableitung zeigt nun $f''(x) = 6ax + 2b < / = / > 0$ für $x < / = / > x_W = -\frac{b}{3a}$, womit der gewünschte Krümmungswechsel gegeben ist.   △

Lösung von Aufgabe 13.147: (i) $0 < p < 1$, $q > 1$

(ii) $x_W = \left\{ \frac{(1-p)p}{(q-1)q} \right\}^{\frac{1}{q-p}}$ $x_{BO} = x_{BM} = \left\{ \frac{1-p}{q-1} \right\}^{\frac{1}{q-p}}$ △

Literaturverzeichnis

[Ham02] K. Sydsaeter; P. Hammond. *Essential Mathematics for Economic Analysis*. Prentice Hall, Harlow u. a., 2002.

[Ham05] K. Sydsaeter; P. Hammond. *Mathematik für Wirtschaftswissenschaftler. Basiswissen mit Praxisbezug*. Pearson-Studium, München, 2005.

[lF00] A. De la Fuente. *Mathematical Methods and Models for Economists*. Cambridge University Press, Cambridge, 2000.

[Nol03] V. Nollau. *Mathematik für Wirtschaftswissenschaftler*. Teubner, Stuttgart u.a, 2003.

[Ree92] C.J. McKenna; R. Rees. *A Mathematical Introduction*. Oxford University Press, Oxford, 4. edition, 1992.

[Rei98] W. Reiß. *Mikroökonomische Theorie*. R. Oldenbourg Verlag, München, 5. edition, 1998.

[Tie84] J. Tiel. *Convex Analysis*. Wiley, Chichester u.a., 1984.

[Tie03] J. Tietze. *Einführung in die angewandte Wirtschaftsmathematik*. Vieweg, Wiesbaden, 2003.

[Vet05] B. Luderer; V. Nollau; K. Vetters. *Mathematische Formeln für Wirtschaftswissenschaftler*. Teubner, Stuttgart u.a., 2005.

[Wai05] A.C. Chiang; K. Wainwright. *Fundamental Methods of Mathematical Economics*. McGraw-Hill, Boston u.a., 2005.

[Wes00] F. Geigant; F. Haslinger; D. Sobotka; H.M. Westphal. *Lexikon der Volkswirtschaft*. Verlag Moderne Industrie, Landsberg, 2000.

[Ger95] H.U.Gerber. *Life Insurance Mathematics*. Springer, Zürich, 1995.

Symbolverzeichnis

Abkürzungsverzeichnis

Allgemeine Abkürzungen:

(URU 1)	50	(R)	106
(URU 2)	50	(S)	106
(URU 3)	50	(A)	106
(P 1)	63	(T)	106
(P 2)	63	(V)	106
(P 3)	63	[ME]	169
$(L\,1)$	77	[GE]	169
$(L\,2)$	77		
$(L\,3)$	77		

Thesen:

(T_M)	412	(TCP)	431
(T_{BO})	412	(IBO)	442
(T_{VBO})	413	(T1)	444
(T_{BM})	414	(T2)	444
(T_{VBM})	414	(T3)	446
(U_{EG})	415	(T4)	446
(T_{BMN})	418		
$(U1_{NK})$	418		

Stichwortverzeichnis

Printing and Binding: Stürtz GmbH, Würzburg